钣金展开计算与实际应用

（第二版）

高文君　编著

中国建筑工业出版社

图书在版编目（CIP）数据

钣金展开计算与实际应用/高文君编著. —2 版

北京：中国建筑工业出版社，2013.8

ISBN 978-7-112-15630-6

Ⅰ.①钣…　Ⅱ.①高…　Ⅲ.①钣金工-计算方法

Ⅳ.①TG936

中国版本图书馆 CIP 数据核字（2013）第 163933 号

责任编辑：刘　江　封　毅
责任设计：李志立
责任校对：张　颖　赵　颖

钣金展开计算与实际应用
（第二版）

高文君　编著

*

中国建筑工业出版社出版、发行（北京西郊百万庄）
各地新华书店、建筑书店经销
北京红光制版公司制版
北京世知印务有限公司印刷

*

开本：787×1092 毫米　1/16　印张：47　字数：970 千字
2013 年 9 月第二版　　2013 年 9 月第六次印刷
定价：**96.00** 元（含光盘）
ISBN 978-7-112-15630-6
（24176）

本书主要介绍了钣金展开技术与计算方法。分为上下两篇,上篇为基础知识,主要针对青年工人、大专院校和职业学校的读者学习;下篇为展开计算实例。主要内容包括:几种常用展开方法的比较;常用计算公式及计算软件;平面几何图形计算作图法及计算软件;传统的钣金展开的作图方法;钣金展开计算软件及应用实例;钣金展开计算软件编程方面的基本常识等。

本书是传统钣金展开方法与现代化计算机应用技术相结合的科技读物,内容新颖、展开方法先进、计算软件使用方便。书后附光盘一张,为与书配套的钣金展开计算软件,共有 210 个计算程序可供读者直接使用。

本书可供机械、冶金、化工、轻工等行业的铆工、钣金工、管道工及相关技术人员参考使用,也可供大专院校和职业学校相关专业的师生学习。

第 二 版 前 言

本书是传统钣金展开方法与现代化计算机应用技术相结合的科技读物，它具有内容新颖、展开方法先进、计算软件使用方便、基础知识与现代化的展开方法有机结合的特点。与传统方法相比，本书有以下的创新：

一、跨越行业界限

长期以来，有关钣金展开技术书籍介绍的大多是机械行业金属板材加工制造方面的内容，而实际上在建筑、冶金以及其他行业钣金展开技术应用更加广泛，基于上述情况，本书在第 2 章、第 3 章、第 7 章和第 8 章增加了建筑结构和冶金行业所需要的常用科学计算、几何作图计算、钢筋计算和多面体结构计算等内容，虽然不全面但是能起到抛砖引玉的作用。

二、现代化的展开放样技术

传统的展开放样侧重基础知识方面内容的介绍，是青年工人的入门基础知识。但是仅仅知道这些知识是远远不够的，你用这些知识放样一天，而用本书介绍的现代化的展开放样技术只要它的几分之一或者几百分之一的时间就能完成。

三、钣金展开计算软件

与书配套的钣金展开计算软件是本书的亮点，书本身介绍的一大堆展开计算公式与传统的放样展开计算没有什么本质上的区别，只作为基础知识介绍。但是与书配套的钣金展开计算软件确让你脱离一大堆公式计算的烦恼，它可让你不用去作三视图，不用去量取实长线或者不用去作烦心的计算，而是根据软件计算的数据直接就可画出展开图。

与书配套的计算软件共有 210 个程序可供读者使用，只要将光盘放入光驱，不用安装软件就能在计算机开机后直接调用和打开程序名就可使用。有关光盘的使用方法可参考本书提供的光盘使用说明的相关内容。

四、突破了长期难于解决的二面角的计算难题

长期以来，传统求多面体二面角时有两种方法：一是二次换面的作图方法；二是用计算法求二面角。用计算法求二面角的步骤是：(1) 求出多面体每一个角点的三个坐标值。(2) 计算 8 个三阶列行列式求出三元一次方程组的 6 个系数和两个常数项。(3) 然后再用计算二面角的公式计算出多面体的某一条棱线相邻两个平面所形成的二面角。

从上述步骤看出，计算一个二面角的工作量已如此之大，计算边数很多的多面体的二

4

面角就更加艰难了。由此可见，不管采用上述两种方法中的哪一种，都不能快而准确地解决这一难题，这就是几十年来不能突破瓶颈的原因。本书第 8 章介绍的多面体棱线以四条、六条和八条居多。程序在展开计算时能自动计算出各条棱线相邻两个平面的二面角并同其他展开计算数据如实长、面积和质量一道显示在屏幕界面上。

本书上篇为基础知识，这部分内容主要针对青年工人、大专院校和职业学校的读者学习；下篇为展开计算实例。两篇共 17 章，具体内容介绍如下：

第 1 章是介绍几种常用展开方法的比较。不管是初入门还是已经有数年工作经验的钣金工作者，往往对采用何种方法作展开图能取得既快又准确的效果难于作出明确的判断，那么从本章列出的五种情况，读者得到启发后能根据自身条件作出选择。

第 2 章为常用计算公式及计算软件，第 3 章为平面几何图形计算作图法及计算软件。它们是数学知识在钣金展开技术应用中的基本单元，也是钣金展开计算软件编程的基础。利用这些基本单元，建筑设计者们可以用它们处理一些设计上的计算问题，学生可以用它们检验或者对照某些数学题的答案，青年技工可用它们提高钣金展开的技术水平。

第 4~6 章是传统的钣金展开的作图方法，特别是在建立空间概念和理解展开原理等方面的内容对入门青年技工是必须掌握的基础知识。

第 7~16 章为钣金展开计算应用实例，按照结构件的外形特征分为型钢、棱锥和棱锥管、弯头、三通、椭圆构件、圆锥和圆锥管、圆方接头（天圆地方）、螺旋、球面构件和大圆弧计算。与之配套的有 210 个程序，其中包括两个自动生成展开图的程序。请注意，要运行这两个自动生成展开图程序必须要安装 AutoCAD 2008 版本以上的绘图软件。

第 17 章简要介绍了有关钣金展开计算软件编程方面的基本常识，这部分内容适用于那些想进一步提高业务水平和不断有创新意识的读者。

本书内容新颖、实用，计算数据准确可靠，适用范围广泛，图文并茂以及采用现代化的计算技术的效果，它将会给你带来耳目一新的感觉，会使你在传统的钣金展开工艺的基础上提高到一个新的水平，书、盘结合所发挥的作用将会在钣金展开工作中取得意想不到的成果。

由于编著者水平有限，兼之书中所涉及的内容较多，以及软件编程工程量巨大，虽经反复核改也难免有不到之处，希望读者批评指正并提供好的建议。

2013 年 6 月 20 日

第 一 版 前 言

钣金展开技术应用十分广泛，在工业与民用建筑、机械、冶金、化工、轻工等行业中占有的比重越来越大，随着我国国民经济的快速发展，传统的钣金展开技术已跟不上形势发展，迫切需要用更为先进的手段来改革较为落后的生产工艺，鉴于上述情况作者编著了本书。

钣金展开技术在我国已有几十年的发展过程，在已往出版的书籍大都以基础知识、手工计算为主，它是钣金展开技术发展的第一阶段，也是从事该行业的各类专业技术人员和工人必须掌握的基础知识。但是随着我国国民经济的飞速发展，显然用手工放样和手工计算其效率远不能满足这一需求。计算机应用技术的发展为这一需求提供了条件，用计算机来处理这一工艺，因其工期短、准确性高备受广大从业人员的欢迎。在国内一些金属结构厂和施工现场，已经采用了用数控管相贯切割机对金属管材进行全自动切割的专用数控设备，作者近期负责的某施工现场的 1000 多吨大型屋盖钢结构网架也采用了这一先进技术，用该设备加工的相贯线坡口光滑平整，三通的主管与支管相贯连接紧密，是传统工艺无法相比的。但是该设备的价值却高达几十万元一台，是一般个体人群不能接受的。目前在施工现场采用钣金展开放样的方法，由于受到设备和人员素质等原因的影响，大部分仍然停留在使用投影作图和用计算器计算作图这一传统的生产工艺上。

现在的问题是，在效率与成本、先进与落后之间的选择，要么花高的价钱去买计算机展开技术的软件和设备，要么延长工作时间降低效率来完成一个构件的展开计算工作，能否取其中间一个较能接受的手段来处理这件事情，我想当你读了本书及使用了配套光盘后，这个问题可能会给你满意的回答，请不妨一试。

作者编著此书的目的，主要是为以下两类人群提供一种手段和参考资料。第一类，对于那些想走捷径并想立竿见影地在很短的时间内完成展开图放样工作的人，本书的配套光盘就能满足这一要求。该配套光盘按书的目录顺序编排，调用十分方便。关于配套光盘的使用方法书中另有介绍。第二类，对于目前尚无电脑和需要对基础知识了解的人，可以根据自己不同的需要，利用本书提供的计算公式进行展开计算或补充一些有关展开放样的一些基础知识。

本书共分十四章，第一章至第十章为计算实例，第十一章至第十三章是基础知识，第十四章为应用软件简介。计算实例按构件的基本特征分为弯头、三通、椭圆、圆锥、棱锥、多面体、天圆地方、螺旋、球面及大圆弧计算共 106 个品种。它们基本上能满足常见构件的展开计算要求。本书中的数据除特殊标注外，单位均为毫米（mm）。

每个构件大都配有立体图，借以增加读者的空间概念，每个构件都可调用光盘进行展开计算，并且还能观看本构件的展开图、立体图、说明文件，在光盘文件的调用过程中像使用 Windows 操作系统中其他文件一样的方便和快捷。

本书的特点是图文并茂、内容新颖、计算手段先进、配套应用软件价廉物美，一书一盘在手将会给你带来极大的方便。本书是计算机应用技术和钣金展开传统生产工艺相结合的产物，也是作者多年实践经验与理论研究成果的结晶，希望本书的出版能给读者带来方便，给钣金展开先进技术的发展、应用和普及作出微薄的贡献，作者就感到心满意足了。

本书在编著的过程中得到了中国建筑工业出版社的大力支持，作者在使用 Photoshop 和 AutoCAD 应用软件的过程中得到重庆新鲁班监理公司张忠梅的帮助，李静蓉、高武林和鄢泽斌负责打字校验工作并付出了大量精力，在此一并表示感谢。

由于作者水平有限，书中观点不妥之处和缺点在所难免，恳请广大读者批评指正。

2007 年 6 月

光盘使用说明

本书的配套光盘是一种钣金展开计算的应用软件，它的装机和操作方法与其他的 CD 光盘完全一样。本光盘不需要用安装程序安装，开机后直接双击驱动器盘符（我的光盘）就能打开程序进行计算。光盘内容的编排顺序与书的目录章节顺序一致，现以调用"两节任意角度等径弯头"文件为例，说明使用光盘作展开计算的步骤和方法。

1. 将光盘插入光驱，一般情况光盘文件会自动装入内存。当发现光盘装入光驱后的数十秒钟后屏幕上仍无任何文件出现，此时可按下面第 2 步进行。

2. 用鼠标左键双击"我的电脑"→双击驱动器标识符号（或双击"我的光盘"）→双击"第 9 章　弯头"→双击"9.1　等径弯头展开计算"→双击"9.1.3　两节任意角度等径弯头"→单击"展开计算"在光标闪动处依次输入"1020"→按键盘左上角的 Tab 键（或用鼠标左键单击下一个方框）使光标移动到下一个方框→在光标闪动处输入"10"→按 Tab 键→输入"150"→按 Tab 键→输入"24"→然后单击"展开计算"。

3. 第 2 步全部完成后，在电脑屏幕上将会显示书中的第 9 章第 1 节表 9-1-3 的展开计算数表，假若你的电脑已经装上打印机，那么打印机将同时将表 9-1-3 的全部内容打印出来。

4. 通过调用"两节任意角度等径弯头"作展开计算的过程看出，在屏幕画面中有丰富的内容，它不单仅仅是作展开计算，还可浏览立体图、主视图。还可通过单击"说明"按钮查阅关于两节任意角度等径弯头的文件资料。你可以在任一个画面屏幕中单击中文标识按钮，当前画面立刻转换到你想看的另一个画面。从上面的例子可看出其使用方法与使用电脑时的普通操作方法完全一样。上面仅以两节任意角度等径弯头为例对光盘的使用作了说明，对其他展开计算文件名的调用过程完全一样，此处不再作叙述。

5. 在使用光盘作展开计算时，要求输入的数据要合理，所谓合理，就是实实在在有的东西，由于计算机计算和处理数据的快速准确给我们提供了极大的方便，但它也不是万能的，它毕竟是人通过编制程序让它这样做的。由于本书中的程序，作者只是按构件真实存在的情况下编制的，除了个别程序设置了边界控制条件外，大部分程序边界条件尚未考虑，那么计算机在处理那些不合理数据时，一部分可以提示（例如除数为零时，或者当你尚未输入任何数据就先单击"展开计算"按钮），但某些情况由于未设边界条件，只要数学模型不错，它照执行不误。举个例子来说明上面提到的真实性问题。

　　例如，我们要计算一个三通管构件的展开数据，按常规是支管管径比主管小，当你将支管输入的管径比主管大的时候，主管和支管的边界线已经不能相交，假若是工艺管道的话，比如排水支管流动的介质是水，那么就不会全部进入主管，部分要流到主管外面去了，因此前面所指的真实性和合理性，就是支管应比主管小，作展开计算时要先输入数据然后再计算就是这个道理。

　　6. 对电脑配置的基本要求：

　　(1) 计算光盘总的文件容量在 300 多兆，要求电脑配置很低，低档机奔Ⅲ-386、486 其内存在 128 兆以上，硬盘在 4G 以上均可使用，当然在有条件时电脑配置越高，调用程序的时间越短，图像画面越清晰美观，再配一台打印机还可免去你在屏幕上抄写之苦。主机产品的处理器用 Inter 和 AMD 均可。

　　(2) 关于操作系统的选择，由于光盘所有程序是在 Windows XP 和 Windows7 操作系统平台上利用可视化程序语言编制和调试的，因此建议读者仍然选用这两个操作系统。本光盘文件也能在 Windows 95、Windows 98、Windows Me 操作系统上运行，但是这几个操作系统稳定性远不如 Windows XP 和 Windows7。

　　7. 关于打印机：

　　本光盘文件的展开数据能通过惠普、佳能系列机型和其他喷墨或激光打印机顺利打印，甚至连针式打印机也能打印，假若你的打印机不能将显示在屏幕上的展开数据打印出来，建议你检查打印机的设置状况，看是否设置在默认位置上和接口是否正确。本书的所有的举例展开数表全由惠普打印机 HP 1020 打印输出的。

目　录

上　篇　钣金展开基础知识

下　篇　钣金展开计算应用实例与计算软件

注：＊括号中表示此层级正文中未体现，但光盘中有体现，加在目录中以便读者查阅方便。下同。

上 篇 钣金展开基础知识

第 1 章 几种作展开图方法的比较

在实际工程中作展开图一般有投影法、手工计算法、绘图软件作图法、程序计算作图法和自动生成图形法五种，到底采用哪一种方法能够快速而准确地作出展开图，一直是困扰初学者甚至是从事多年本行业工作者的难题，下面将通过用以上五种方法对同一个构件作展开图的介绍，会使你作出适合自己的选择。

1.1 用投影法作平面斜切圆柱管展开图

平面斜切圆柱管如图 1-1-1 所示。

图 1-1-1 平面斜切圆柱管

1. 如图 1-1-2 所示，首先作线段 AB 等于圆柱管的中心直径 D，分别过 A 点，B 点和线段

AB 的中点 *C* 作线段 *AB* 的垂直线段 *AG*, *BE* 和 *CF*, 并使 *CF* 等于圆柱管的高度 *H*。

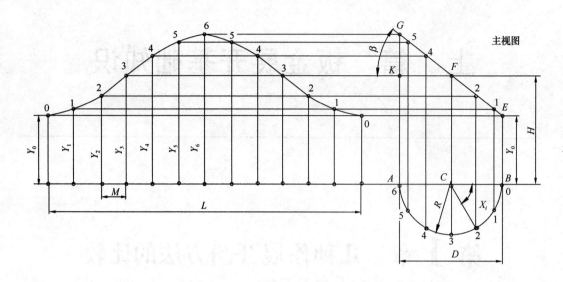

图 1-1-2 12 等分平面斜切圆柱管展开图

2. 过 *F* 点作平行于线段 *AB* 的平行线 *FK*, 过点 *F* 作线段 *FK* 倾斜线段 *EG* 交 *AG* 于 *G*, 交 *BE* 于 *E*, 并使其倾斜角度等于 *β*。关于任意角度的作图方法本书另有所述。

3. 以线段 *AB* 为辅助圆的直径并作半圆周, 将圆周 *N* 等分, 本例 *N*=12, 半圆周为 6 等分, 其等分点为 0, 1, 2, 3, 4, 5, 6。由各个等分点向上作 *AB* 垂直线并分别与倾斜线段 *EG* 相交于 1, 2, 4, 5 点。

4. 在线段 *AB* 的延长线上, 取一线段 *L* 并使其长度值等于圆周的展开长度即: $L = \pi D$。

5. *N* 等分 *L*, 得到 *N*+1 个等分点, 本例因 *N*=12 , 共有 13 个等分点, 每一等分值的长度为 $M\left(M = \dfrac{L}{N}\right)$。

6. 过各个等分点向上作线段 *L* 的垂直线, 与主视图向左所引的水平线对应相交 *N*+1 个等分点, 各个等分点到线段 *L* 的垂直距离就是斜切圆柱管展开素线的高度。圆滑连接每条展开素线的顶点后所形成的封闭图形就是斜切圆柱管的展开图。

从主视图可看出, 由于图形前后对称, 作出的展开图则为左右对称, 如图 1-1-2 所示, 当 *N*=12 时, 展开图以素线 $Y_{N/2} = Y_6$ 形成轴对称, 展开图左右两半部分完全相同。

7. 为了让读者一开始对各种展开法有一个初步了解, 在本小节配套的执行程序中, 除了投影法作展开图的内容外, 在程序运行后, 还可以直接在第一个界面中拉动滚动条查看计算法作展开图的步骤和方法, 还可以单击屏幕上方的计算按钮进入第二个界面用程序计算的方法来比较三种展开方法的不同。详细情况可通过图 1-1-3 查看。

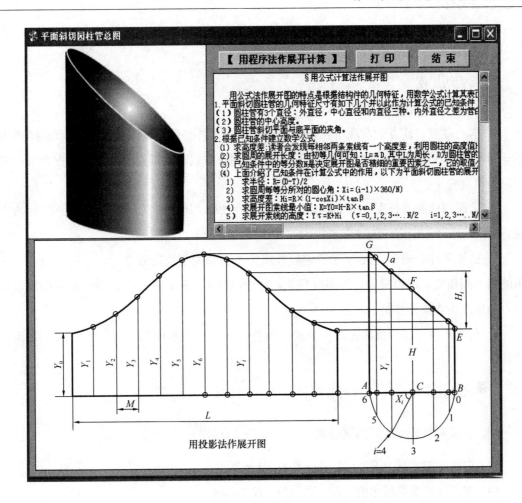

图 1-1-3　平面斜切圆柱管的几种作图方法比较

1.2　用公式计算法作展开图

　　计算法的特点是根据结构件的几何特征，用数学公式计算其表面特征素线的实长值，然后用三角形法、放射线法、旋转法或者用坐标变换的方法作出展开图。现在以平面斜切圆柱管为例，描述作展开图的步骤和方法。主视图、展开图以及立体图如图 1-1-1 和图 1-1-2 所示。

一、平面斜切圆柱管的几何特征尺寸

　　几何特征尺寸有如下几个并以此作为计算公式的已知条件。

　　1. 圆柱管有 3 个直径：外径、中心径和内径三种。内外直径之差为管厚度的两倍。考虑到板材在卷制过程中内侧压缩、外侧延伸而中心不变的特点，取中心直径作已知条件，当在已经卷好的成材管子上下料时，则要以管外径加上样板厚度为中心径作已知条件。

3

2. 圆柱管的中心高度。

3. 圆柱管斜切平面与底平面的夹角。

4. 圆管的厚度。

二、根据已知条件建立数学公式

1. 求高度差：读者会发现每相邻两条素线有一个高度差，利用圆柱的高度值 H 作为第一条素线，利用切平面的倾斜角度 β 和每相邻两条素线在底圆直径上的水平投影就可求出高差值。

2. 求圆周的展开长度：由初等几何可知，$L=\pi D$，其中 L 为周长，D 为圆柱管的直径。

3. 已知条件中的等分数 N 是决定展开图是否精细的重要因素之一，它的取值小，作出的展开图粗糙，取值过大，作图过程长，花的时间多，因此适当取值既可以保证质量又尽可能地减少作图工作量。

4. 上面介绍了已知条件在计算公式中的作用，以下是平面斜切圆柱管的展开计算公式：

(1) 求半径：$R=\dfrac{D-T}{2}$（将管外径作已知条件时）

(2) 求圆周每等分所对的圆心角：$X_i=(i-1)\times\dfrac{360°}{N}$

(3) 求高度差：$H_i=R\times(1-\cos X_i)\times\tan\beta$

(4) 求展开图素线最小值：$K=Y_0=H-R\times\tan\beta$

(5) 求展开素线的高度：$Y_\tau=K+H_i\left(\tau=0,1,2,3\cdots\cdots,\dfrac{N}{2};i=1,2,3,\cdots\cdots,\dfrac{N}{2}+1\right)$

(6) 求圆周的展开长度：$L=\pi\times(D-T)$

(7) 求展开长度的每一等分值：$M=\dfrac{L}{N}$

上面公式中的 i、τ 为圆周上的等分点编号，N 为圆周的等分数（即已知条件）。不难看出，当 N 的值很大时不管是用笔计算还是用计算器计算，其工作量都是很大的。而且计算后还要反复核查。本例所提供的示意图 1-1-1 的等分数 $N=12$，仅仅是为了图形清楚绘制的，而实际上稍微大一点的结构件等分值都是比较大的。例如当 $N=64$（N 应取双数）时，X_i、H_i、Y_τ 都要计算 $\dfrac{N}{2}+1=33$ 次。一共计算 99 次，还不包括复查次数。

5. 用计算法作展开图示例。

已知：管子的外径 $D=426$，管子厚度 $T=4$，斜切角度 $\beta=45°$，圆柱中心线高度 $H=800$（本书尺寸单位除另注明外，均为毫米，面积为平方米），圆周等分数 $N=12$。

求：试计算各素线的展开尺寸。

解：计算式如下，式中各符号的含义如图 1-1-2 所示。

（1）计算圆心角

$X_1=(1-1)\times\dfrac{360°}{12}=0°$ 　　　　　$X_2=(2-1)\times\dfrac{360°}{12}=30°$

$X_3=2\times X_2=2\times30°=60°$ 　　　　$X_4=3\times X_2=3\times30°=90°$

$X_5=4\times30°=120°$ 　　　　　　　$X_6=5\times30°=150°$

$X_7=6\times30°=180°$

（2）计算圆的半径：

$$R=\dfrac{D-T}{2}=\dfrac{426-4}{2}=211$$

（3）所计算的素线与最短素线的高度差

$H_1=211\times(1-\cos0°)\times\tan45°=0$（最短素线本身）

$H_2=211\times(1-\cos30°)\times\tan45°=28.3$

$H_3=211\times(1-\cos60°)\times\tan45°=105.5$

$H_4=211\times(1-\cos90°)\times\tan45°=211$

$H_5=211\times(1-\cos120°)\times\tan45°=316.5$

$H_6=211\times(1-\cos150°)\times\tan45°=393.73$

$H_7=211\times(1-\cos180°)\times\tan45°=422$

（4）计算最短素线高度

$$K=Y_0=H-R\times\tan\beta=800-211\times\tan45°=589$$

（5）计算其他展开素线的高度

$Y_1=K+H_2=589+28.3=617.5$ 　　　　$Y_2=K+H_3=589+105.5=694.5$

$Y_3=K+H_4=589+211=800$ 　　　　　$Y_4=K+H_5=589+316.5=905.5$

$Y_5=K+H_6=589+393.73=982.7$ 　　　$Y_6=K+H_7=589+422=1011$

（6）计算圆周长和每等分值

$L=\pi\times(D-T)=3.1416\times(426-4)=1325.8$ 　　$M=\dfrac{L}{N}=\dfrac{1325.8}{12}=110.5$

三、作展开图

1. 先作一线段使其长度值等于计算值 L。

2. N 等分 L，每一等分值应与计算值 M 相等。并在每一个等分点上标注编号。

3. 过每一个等分点作线段 L 的垂直线，并在各个垂直线上一一对应量取计算数据 Y_0，Y_1，Y_2，……，Y_N 的长度。

4. 圆滑连接各个展开素线的顶点所形成的封闭图形就是所求的展开图，如图 1-1-2 所示。

1.3　用 AutoCAD 绘图软件作展开图

1. 选择 AutoCAD 绘图软件的版本

截至目前，AutoCAD 的版本从 2000，2002，2004，2005，2006，2007，2008，2009，2010 直至现在的 2012 版本，更新速度之快是其他软件行业少见的。后面的版本不断更新和扩充前面版本的内容，但对于绘制二维的三视图和展开图而言，选择上述任意一个版本均可，但要注意的是，用前面的版本不能打开后面版本的图形，后面的可打开前面的版本图形。

2. 以 AutoCAD2008 为例来简要说明绘制展开图的基本步骤和方法

（1）先要学习 AutoCAD 的基本知识，新华书店一般只有后面几种版本的书有售，但由于后面的版本能够兼容前面的版本，因此在早期版本绘制的三视图和展开图在后期的绘图软件上仍然能够使用。学习和熟练掌握 CAD 的绘图功能一般而言要背诵大量的绘图命令，这让一些初学者望而却步，下面介绍的可以不用或者极少用输入命令就可绘制展开图的方法，这也是 CAD 软件设计者已考虑到的只需使用图标的简便作图方法。

（2）将上述任意一个如 AutoCAD2008 绘图软件安装到计算机，安装完毕后将会在屏幕桌面上显示 AutoCAD2008 的图标。用鼠标左键双击该图标，绘图界面很快就显示出来如图 1-3-1 所示，AutoCAD 绘图软件可以在网上下载。

（3）绘制三视图和展开图。

用 CAD 画三视图与用投影法的作图过程大体相同，不同的是 CAD 是在电脑屏幕上画图，而用投影法作图过程是在地面或者是在钢板平台上进行的。下面将简单介绍在 CAD 屏幕界面上绘制主视图和展开图的方法。作图前请将前面用投影法作图所使用的主视图和展开图（图 1-1-2）以及 CAD 界面图（图 1-3-1）同时放在面前，一边画一边对照这两张图将会取得很好的效果。

AutoCAD 屏幕界面上大体可分为 9 个区域，其中最常用的是工具栏、菜单栏、绘图区、状态栏、滚动条和命令行。作图步骤如下：

【1】**确定点显示的大小**：在菜单栏中单击"格式"→"点样式"→选择点的形状（例如圆）→选择点的大小输入数值（例如 2）→单击"确定"。

【2】**设置标注尺寸**：在菜单栏中单击"标注"→"标注样式"→"新建"→"继续"→出现对话框。

a）确定文字参数：在对话框顶部单击"文字"→在文字的高度右面框内输入 20→单击"ISO 标准"左面的圆→在"从尺寸线偏移"右面框内输入 10。

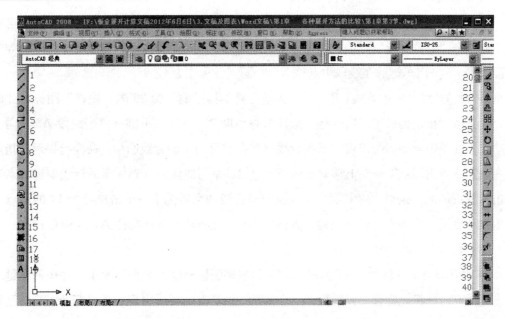

图 1-3-1　AutoCAD 2008 绘图界面

b) 确定箭头的大小：在对话框顶部单击"符号和箭头"→在"箭头大小"下面框内输入 20。

c) 确定文字位置：在对话框顶部单击"调整"→在标有"文字位置"标题下方单击"尺寸线上方，不带引线"左面的圆圈。

d) 单击"确定"→单击"关闭"。

【3】绘制主视图 （已知圆柱的外径 $D=270$，高度 $H=275$，斜切角度 $\beta=37°$，管壁厚 $T=2$，等分数 $N=12$）：

(1) 画线段 AB

1) 画线段 AB 的起点：单击屏幕左面工具栏编号为 14 的"点"图标（单击后松开手指），移动十字光标至屏幕右下方用左键单击形成一个圆点。

2) 标注文字：单击图 1-3-1 编号为 19 的文字符号 A（单击后松开手指），移动光标在圆点的左上方，按住鼠标左键并上下和左右键移动鼠标然后松开→矩形出现后再单击矩形框→在出现的对话框上方文字高度矩形框内输入 20（数值大显示的字也大）→按回车键→在光标闪烁处输入 A→单击"确定"。

3) 调整 A 的位置：单击编号 25 的移动光标，光标形状由十字变成正方形→单击 A→按回车键→用左键按住 A 并拖到圆点的左上角适当位置后单击 A。

4) 画线段 AB：单击状态栏的"正交"和"对象捕捉"→单击编号为 1 的直线图标→单击圆点 A 并将光标向右移动任意距离→键入中心直径 268→按回车键→按照标注 A 的方法在该线段终点的右上方标注字母 B。

(2) 画圆柱的中心线

7

1）确定 AB 线段的中点：单击菜单栏的"绘图"→选择"点"后在右面显示的选项栏中，单击"定数等分"→用方块光标单击线段 AB 并出现虚线→按数字键 2（即两等分线段 AB）→按回车键后在线段中点显示一个圆点并标注为 C。

2）画 AB 线段的中垂线 CF：单击屏幕右侧工具栏编号为 23 的"偏移"图标，此时命令行显示"指定偏移距离"→键入圆柱中心高度 275→按回车键→单击线段 AB→向上移动光标并单击屏幕后会出现一条平行线→单击编号为 1 的直线图标，命令行提示"指定第一点"→单击圆点 C→向上移动光标当超过 AB 平行线段后（光标离平行线要远一点），单击屏幕后形成一条 AB 的中垂线，该线与平行线的交点为 F→单击编号为 14 的圆点→单击交点显示一个圆点→在交点的上方标注 F，标注方法与前面标注 A，B 和 C 相同。

（3）画 BE，AG 和 EG 线段

1）画 BE 和 AG 线段：单击编号为 23 的偏移图标→输入半径尺寸 134 并按回车键→单击直线 CF→将光标移动到线段 CF 的左侧，并单击屏幕后出现一条平行于 CF 的平行线→再次单击 CF 线段→将光标移向 CF 线段的右侧，并单击屏幕后形成一条通过 B 点且平行于 CF 的直线。

2）画倾斜线段 EG：

单击编号为 23 的偏移图标→输入以半径为底，倾斜角度为 37°时的另一条直角边的值 100.976（如图中所示的 $GK=R\times\tan\beta=134\times\tan37°=100.976$）→按回车键→单击通过 F 点的水平线→将光标移动到水平线的上方并单击屏幕出现一条平行线与 AG 垂直线相交于 G 点→再次单击过 F 点的水平线→将光标移动到下方再次单击屏幕得到一条平行线与 BE 垂直线相交于 E 点→单击状态栏的"正交"（去掉黑边框）→单击编号为 1 的直线图标→单击 E 和 G（连接 EG）→尚未在各个交点上作圆点标注的地方作好字母和圆点标注。

3）清除多余线段：

单击编号 29 的"修剪"图标→在适当位置按住鼠标左键不放并移动鼠标，画一个矩形框将主视图包含在内并松开左键和单击屏幕（此时主视图变成虚线）→按回车键→单击各个交点两侧认为是多余的线段并配合编号为 20 的删除键清除多余的线段，一次不行，可反复多次进行。

用编号为 20 的删除键清除线段的步骤是：单击该删除键→单击要清除的线段并呈现虚线状态→按回车键→单击交点一侧要清除的线段后该线段就会消失。

4）等分半圆周：

单击编号为 7 的"圆"图标→单击 C 点→键入半径值 134→按回车键出现一个以 C 点为圆心的圆→单击编号为 29 的"修剪"图标→按回车键→按前面清除多余线段的方法去掉上半圆周→单击菜单栏的"绘图"→移动到"点"的位置再向右往下移动到"定数等分"并单击它→单击 AB 线段下面的半圆周任意处→输入等分数 6（已知条件 N=12 的一

半）→按回车键后半圆周上会出现等分圆点，并用编号 19 的文字图标按照主视图所示的编号——进行标注→单击状态栏中的"正交"（黑边框出现）→单击编号为 1 的"直线"图标由各个等分点向上作线段 AB 的垂直线，每条直线的顶端必须超过倾斜线段 EG →对每条直线与线段 AB 和 EG 的交点按图所示进行标注，每条直线的作图法与前面的 BE 和 AG 直线的作图法相同，标注方法也相同，每作完一个等分点的直线后，再单击编号为 1 的"直线"图标，再作第二个等分点的直线以此类推→单击编号为 29 的"修剪"图标→按回车键→去掉线段 EG 以上多余的线段方法同前。

【4】绘制展开图：

（1）从主视图引展开素线顶点的平行线。

单击倾斜线 EG 上各个交点，分别向左引平行于线段 AB 的平行线，本例引 7 条平行线，作平行线的方法是：例如单击编号 1 的"直线"图标，命令行显示"指定第一点"→单击倾斜线上的 G 点后，命令行显示"指定下一点"→向左移动光标到大于圆柱的展开长度处并单击屏幕后出现第一条平行线。其他 6 条平行线的作法完全相同。

（2）从主视图引 AB 线段的延长线。

用前面相同的方法从主视图的 A 点向左引一条大于圆柱管展开长度的水平线→单击编号为 14 的"点"图标→在水平线上离主视图 A 点一定距离的位置单击此水平线后出现一个圆点→单击编号为 1 的"直线"图标→按照上面作垂直线的相同方法，通过该圆点向上作一条大于主视图 AG 线段高度的垂直线→单击编号为 23 的"偏移"图标→输入展开长度 L 的尺寸 841.9（可用计算器计算 $L = \pi \times D = 3.1416 \times 268 = 841.9$）→按回车键→单击前面刚作的垂直线→向左移动光标在任意点单击屏幕后会出现另一条垂直线，两垂直线底部之间的距离为圆柱的展开长度尺寸 L →单击编号为 29 的"修剪"图标→用前面相同的方法去掉 L 两端多余的线段→单击菜单栏的"绘图"→"点"→"定数等分"→单击展开长度线段 L →键入等分数 12→按回车键后线段 L 出现 13 个等分圆点→由各个等分点向上引线段 L 的垂直线（同前面的垂直线作法），分别与主视图所引的平行线相交于 0，1，2，3，4，5，6 等分点→单击编号为 14 的"点"图标→分别单击各个交点并按示意图作 0，1，2，3，4，5，6 的标注→单击编号为 6 的"圆弧"图标→单击状态栏中的"正交"（黑边框消失）→单击 0，1，2 三点→再单击"圆弧"图标→再单击 2，3，4 三点……反复上述过程直到各个素线顶端连接完毕。

（3）用编号 29 的"修剪"图标和编号 20 的"删除"图标清除多余的线段，清除方法与前面相同。

（4）单击菜单栏的"标注"→"线性"→单击线段 L 的两个端点→按回车键→按 M 键→按回车键→按删除键去掉光标处的数字→按左键→单击"文字格式"对话框顶部右面的"确定"→移动光标到线段 L 的下方→单击屏幕后出现线段 L 的标注→对每一等分值

M 的标注方法与标注 L 的方法完全相同。

（5）测量每条素线的实长。

单击菜单栏的"标注"→"线性"→单击展开图中任意一条素线上下两个端点→移动光标到展开图左面适当位置并单击屏幕后，此条素线的实长值就会显示出来→重复上面的步骤可测量出所有素线的实长值。

单击菜单栏的"标注"→"对齐"→使状态栏的"正交"处于无黑边框状态（用反复单击方法）→单击主视图中的 EG 线段两端可测量倾斜线段的实长值。

（6）全部完成的展开图如图 1-1-2 所示。

1.4　用程序法作展开图

用程序法作展开计算如图 1-4-1 所示，计算步骤如下：

图 1-4-1　平面斜切圆柱管展开计算示例

1. 双击"平面斜切圆柱管"文件名。

2. 单击"展开计算"按钮，从光标闪烁处开始按上方提示输入圆管的外径 $D=426$。

3. 在键盘左面第一列的上方按"Tab"键（或者用左键单击下一个文本框），此时光标进入下一个文本框闪烁，按照此框上面的提示输入管壁厚度 $T=4$，再按"Tab"键，在光标闪烁处输入圆柱管的斜切角度 $a=45$，以此类推输入完毕所有已知数据。

4. 单击"展开计算"按钮，展开计算数据立即就会在屏幕上显示出来，如图 1-4-1 所示，同时屏幕上会出现"是否打印"对话框，单击"否"按钮，再单击"确认"按钮，表示不打印屏幕上的数据；若在对话框出现后单击"是"按钮，则表示要打印屏幕上的数据，若你未连接计算机则会显示错误提示。

5. 需要说明的是，本程序已经输入了一组已知条件（圆管外径 $D=426$，管中心高度 $H=800$，斜切角度 $\beta=45°$，管壁厚度 $T=4$，等分数 $N=12$），作为计算示例供读者参考，可以用程序计算值与 CAD 图的测量值互相对照，一般而言 CAD 测量值不如计算值准确，但也能满足质量要求。

如果不需要程序现有的已知数据，则单击"清零"按钮，然后再按照前面的步骤在光标闪烁处依次重新输入新的已知条件，再单击"展开计算"按钮，新的计算结果又会显示出来。你可以对照程序计算值与用公式法计算的数据是否吻合，两者计算速度差异有多大就可以比较两者的优劣了。

1.5　自动生成展开图

【例 1　平面斜切圆柱管】

1. 首先将 AutoCAD2008（或者高于它的其他版本）绘图软件安装到计算机。

2. 用左键双击文件名"自动生成平面斜切圆柱管展开图"或者用右键单击文件名再单击"打开方式"→选择"从列表中选择程序"→选择"AutoCAD"。

3. 单击菜单栏的"工具"→将鼠标向下移动到"宏"→再向右单击"宏"→单击"运行"→在出现 AutoCAD 的对话框的光标闪烁处键入圆管外径 268 →单击"确定"→再次按提示在光标闪烁处键入管壁厚度 2 →单击"确定"→键入圆管中心线的高度 275 →单击"确定"→键入斜切角度 37 →单击"确定"→键入圆柱管的直边高度 b（设计值）→单击"确定"→键入圆周等分数 12 →单击"确定"后，生成的展开图如图 1-5-1 所示。

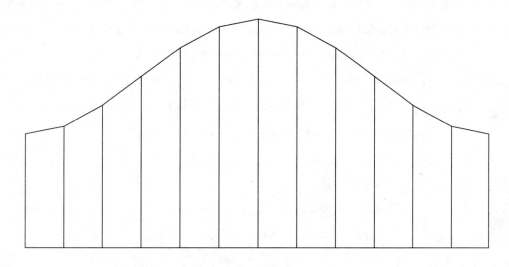

图 1-5-1　12 等分自动生成的平面斜切圆柱管展开示例图

4. 当计算机已安装 AutoCAD 绘图软件时，也可以用左键双击文件名打开文件后运行程序。

5. 本章节通过自动生成展开图的应用程序打印了 2 份不同等分数时的展开图，可明显看出 12 等分的斜切圆柱管展开图的顶部圆弧不圆滑，它们是由折线所组成，如图 1-5-1

所示。而当等分数为 64 时，顶部曲线就比较圆滑了，如图 1-5-2 所示。

自动生成64等分的展开图（顶部曲线圆滑）

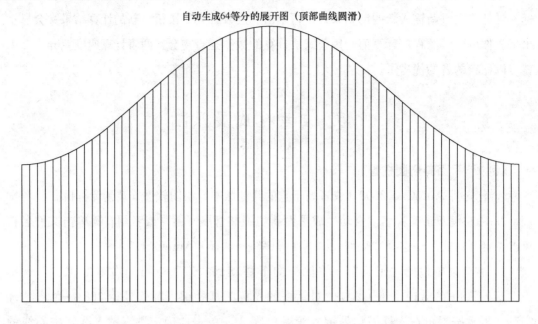

图 1-5-2 自动生成 64 等分的平面斜切圆柱管展开示例图

【例 2 天圆地方】

1. 用左键双击文件名"自动生成天圆地方展开图"后出现 AutoCAD 绘图界面。

2. 单击菜单栏的"工具"→将鼠标向下移动到"宏"→再向右单击"宏"→单击"运行"→在出现 AutoCAD 的对话框后单击"确定"→按命令行提示用鼠标左键单击屏幕中部任意点并出现一个对话框—按提示依次在光标闪烁处键入圆的半径 200 →单击"确定"（或者按回车键效果相同）→在光标闪烁处键入天圆地方的高度 500 →单击"确定"→在光标闪烁处键入正方形一边的长度 600 ）单击"确定"后展开图就会出现在屏幕上，如图 1-5-3 所示。

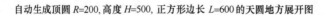
自动生成顶圆 R=200, 高度 H=500, 正方形边长 L=600 的天圆地方展开图

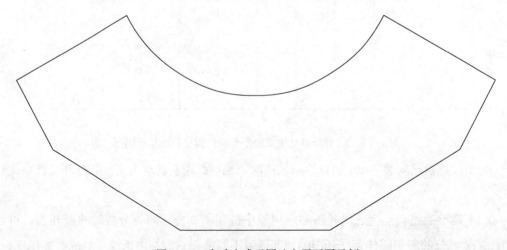

图 1-5-3 自动生成天圆地方展开图示例

3. 单击菜单栏的"文件"后可选择"保存"和"打印"等选项。

1.6　各种展开方法的比较

前面五个小节分别介绍了对同一个构件的五种不同的展开方法，它们各有优缺点，就看谁的优点多和少而已，读者可根据自己的具体情况选用。现在将它们的优缺点作简单介绍。

1. 用投影法作展开图的优点是不需要设备，只要一个粉线包，一把卷尺，一把圆规（或者地规），一条石笔和一块平整的场地就可以作出展开图。其缺点是要求放样人员必须具备展开放样的基础知识和较强的空间想象力。这种展开法功效低，放样时间长，作出的展开构件往往要修复多次才能达到基本要求，所以质量很难达到规范要求。

2. 用公式计算法作展开图只要一个计算器并根据计算公式计算出展开素线的实长就可作出展开图，计算数据准确，作出的展开图质量能得到保证，但对于计算公式复杂和等分数很多的构件而言就显得力不从心了，并且计算一遍后还要复查一次或者多次，所以这种方法受到一定程度的限制。

3. 用绘图软件（例如用 AutoCAD 绘图软件）画三视图和展开图的方法与用投影法作图基本相同，它们不同之处在于，用投影法作图是在平整的地面或者钢板平台上进行的，而用绘图软件作图是在电脑屏幕上绘制的。用绘图软件作图的优点是作出的展开图质量能得到保证，得到的展开数据和展开图可以保存、修改和打印。其缺点是要求绘图人员必须掌握使用这些软件的基本知识，背诵大量的绘图命令，使许多初学者望而却步，而且熟练掌握绘图软件的使用方法也是需要花较长的时间。另外，还需要配备一台电脑和打印机。

4. 用程序法作展开图的优点是将已知条件输入后，单击计算按钮后展开数据瞬间就会在屏幕上显示出来，假如配备了打印机还可以将屏幕上的数据和图形全部打印出来，不管构件的尺寸大和小，还是等分数多和少，计算机同样可在瞬间完成计算工作。程序计算法省略了作三视图和求实长线的过程，是前面三种方法完全不能相比的，快速和数据准确。不需要太多的基础知识就可作出展开图是此方法的最大优点，其不足之处是不能自动生成展开图。另外需要配备一台电脑和打印机。

5. 自动生成展开图的作图方法是在用绘图软件作图法和用程序计算法的基础上发展而形成的。其最大优点是将已知数据输入程序后在电脑屏幕上展开图自动就会显示出来，并且还可通过打印机打印。该方法看似完美，其实还有许多限制和不足。要想成功编制一个程序，除了熟练掌握绘图软件的基本功能外，还要掌握一门计算机程序设计语言才能利用绘图软件自身具有的二次开发功能作出展开图，因此一般由专业人员来完成此项工作，由此所提供的软件售价也高。另外，用此法作展开图的最终目的是将打印的展开图移植到钢板或其他非金属板材上，而打印机或者绘图仪一般只能用纸质打印，而纸质强度低，容易变形，移植到板材上所产生的误差是不容忽视的。若对大型构件的展开图，打印就更显得无能为力了。但是在打印机的打印尺寸范围内采用该方法还是可行的。

综上所述，作者认为用程序法作展开图由于不受构件大小的限制，并且投入少，效率高，可利用计算数据直接在板材上作出展开图，质量能得到保证，相对而言是上述五种方法中较好的方法。本书配套赠送的计算软件和两个自动生成展开图的程序范例，读者将体会到用程序法作展开图的无比优越性。

第 2 章　常用计算公式及计算软件

2.1　计　算　器

在用公式法作展开计算时可利用随书配套光盘所提供的计算器作展开计算，如图 2-1-1 和图 2-1-2 所示。双击"计算器"文件名即可开始计算，在屏幕顶部菜单栏中单击"查看"可以在"标准型"和"科学型"之间转换。两者之间的区别是：前者一般作加减乘除计算，后者增加了函数等功能的计算。

图 2-1-1　科学计算器

利用本节计算器作计算的方法与用实物计算器大体相同，不同的是实物计算器是用手指按键，而本节中的计算器的操作是用鼠标代替用实物计算器计算时用手指按键的方式，即用移动鼠标和不断单击计算器上的数字和符号的方式进行计算的。

图 2-1-2 标准型计算器

2.2 常用计量单位的换算

一、说明

1. 本节包括长度单位、面积单位、体积单位和质量单位 4 个换算表。4 个换算表是以某一计量单位为 1 时换算的其他单位值，若是想得到 1 的整数倍的换算值，则需要另外用计算器乘以表中的值就可以了。4 个换算表分别是：

①长度单位换算表，见表 2-2-1；②面积单位换算表，见表 2-2-2；③体积单位换算表，见表 2-2-3；④质量单位换算表，见表 2-2-4。

长 度 单 位 换 算   表 2-2-1

公 制				市 制		美英制			
毫米 （mm）	厘米 （cm）	米 （mm）	千米 （km）	市尺	市里	英寸 （in）	英尺 （ft）	码 （yd）	英里 （mile）
1	0.1	0.01	0.000001	0.003	0.000002	0.03937	0.00328	0.00109	0.00000062
10	1	0.01	0.00001	0.03	0.00002	0.3937	0.0328	0.0109	0.0000062
1000	100	1	0.001	3	0.002	39.3701	3.2808	1.0936	0.00062
1000000	100000	1000	1	3000	2	39370	3280.84	1093.61	0.6214
333.333	33.3333	0.3333	0.00033	1	0.0006666	13.1234	1.0936	0.3645	0.0002
500000	50000	500	0.5	1500	1	19684.8	1640.4	546.8	0.3107
25.4	2.54	0.0254	0.0000254	0.0762	0.0000508	1	0.083333	0.0278	0.00001579
304.8	30.84	0.3084	0.0003	0.9144	0.0006	12	1	0.3333	0.0002
914.4	91.44	0.9144	0.0009	2.7432	0.0018	36	3	1	0.000568
1609340	160934	1609.34	1.6093	4828.02	3.2186	63360	5280	1760	1

面积单位换算表　　　　　　　　　　　　　　　　　　表 2-2-2

单位	公制				市制		英美制					
	平方米 (m^2)	公亩 (a)	公顷 (ha)	平方公里 (km^2)	平方市尺	市亩	平方英寸 (in^2)	平方英尺 (ft^2)	平方码 (yd^2)	英亩 (acre)	美亩	平方英里 ($mile^2$)
1平方米 (m^2)	1	0.01	0.0001	0.000001	9	0.0015	1550	10.7639	1.1960	0.00025	0.00025	
1公亩 (a)	100	1	0.01	0.0001	900	0.15	155001.6	1076.39	119.6	0.02471	0.02471	0.00004
1公顷 (ha)	10000	100	1	0.01	90000	15	15500016	107639	11960	2.4711	2.471	0.00386
1平方公里 (km^2)		10000	100	1	9000000	1500		10763900	1196000	247.106	247.104	0.3858
1平方市尺	0.11111	0.00111	0.0000111		1	0.00017	172.22	1.19598	0.13289	0.00003	0.00003	
1市亩	666.666	6.66667	0.06667	0.00067	6000	1	1033333	7175.9261	793.34	0.16441	0.16474	0.00026
1平方英寸 (in^2)	0.0006452				0.0058		1	0.006944				
1平方英尺 (ft^2)	0.0929	0.00093	0.0000093		0.8361	0.000139	144	1	0.11111	0.00002	0.00002	
1平方码 (yd^2)	0.83612	0.00836	0.000084		7.52508	0.00126	1296	9	1	0.00021	0.00021	
1英亩 (acre)	4046.9	40.469	0.40469	0.00405	36421.65	6.07029	6272640	43560	4840.035	1	0.99999	0.00157
1美亩	4046.87	40.469	0.40469	0.0040469	36422	6.07037	6272640	43560.105	4840.059	1.000005	1	0.00157
1平方英里 ($mile^2$)	2589984	25899.84	259.0674	2.592	23309856	3884.986		27878188	3097606.6	640	639.9936	1

体积、容积单位换算　　　　　　　　　　　　　　　　表 2-2-3

立方厘米	立方米	升	立方市尺	立方英寸	立方英尺	美加伦	英加伦
1	0.000001	0.001	0.000027	0.061	0.000035	0.000264	0.00022
1000000	1	1000	27	61023.4	35.315	264.172	219.97
1000	0.001	1	0.027	61.0234	0.035	0.264	0.220
37037	0.037037	37.037	1	2260.13	1.30794	9.784	8.1515
16.387	0.0000164	0.0163871	0.004	1	0.0006	0.0043	0.0036
28316.85	0.028317	28.317	0.7646	1728	1	7.48055	6.22886
3787.9	0.003788	3.7879	0.1022	231.16	0.133	1	0.8327
4500	0.0045	4.54609	0.1227	277.42	0.1605	1.201	1

质　量　单　位　换　算　　　　　　　　　　　　　　表 2-2-4

克	千克	吨	市两	市斤	市担	盎司	磅	美（短）吨	英（长）吨
1	0.001	0.000001	0.02	0.002	0.00002	0.0353	0.0022	0.0000011	0.00000098
1000	1	0.001	20	2	0.02	35.274	2.2046	0.0011023	0.0009842
1000000	1000	1	20000	2000	20	35274	22046	1.1023	0.9842
50	0.05	0.00005	1	0.1	0.001	1.7637	0.11023	0.0000551	0.0000492
500	0.5	0.0005	10	1	0.01	17.637	1.1023	0.000551	0.000492
50000	50	0.05	1000	100	1	1763.7	110.23	0.0551	0.0492
28.35	0.0284	0.0000284	0.567	0.0567	0.000567	1	0.0625	0.0000312	0.0000279
453.59	0.4536	0.000454	9.072	0.9072	0.00907	16	1	0.0005	0.000446
907190	907.19	0.9072	18144	1814.4	18.144	32000	2000	1	0.8929
1016000	1016	1.016	20321	2032.1	20.321	35840	2240	1.12	1

2. 本节还包括与 4 个换算表对应的 4 个计算程序。若用程序计算就可以直接输入某一单位为 1 的整数倍数就可以得到其他单位换算的值。现以长度单位换算程序为例,说明其操作步骤:双击程序文件名"2-2-1 长度单位换算"后,闪烁光标出现在屏幕左上方第一个文本框内,此时程序提醒是否从海里单位开始换算,若是的话则输入 1 或者其他数值,然后单击上方标注有"海里"的计算按钮,则由海里换算成其他单位值就会出现在其他的文本框内。

对于其他计量单位的换算方法完全相同,即只要将光标移动到需要换算的计量单位文本框内并单击它,出现闪烁光标后,输入数值后再单击上方的计算按钮,其他单位的换算值同样会出现在其他对应的文本框内。

二、光盘计算

1. 双击程序文件名"2.2.1 长度单位换算程序",可以作长度单位换算,如图 2-2-1 所示。下表是输入 2000m、1 英里、5000m 时的计算结果。当程序启动后,在指定单位下面矩形框内输入 2、1、5,然后单击上面各个对应计量单位名称按钮即可显示如图 2-2-1 的计算结果。其他有关面积、体积、质量单位的计算步骤完全相同。

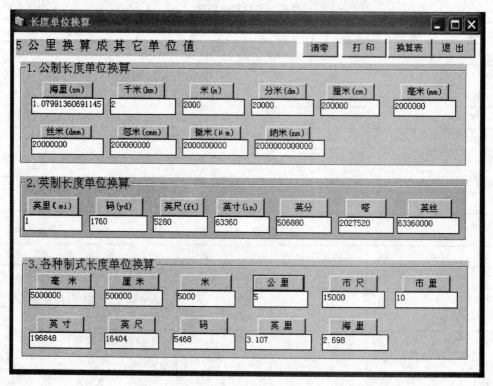

图 2-2-1 长度单位换算程序计算示例

2. 双击程序文件名"2.2.2 面积单位换算程序"可以作面积单位换算,如图 2-2-2 所示。

图 2-2-2　面积单位换算程序计算示例

3. 双击程序文件名"2.2.3 体积单位换算程序"可以作体积单位换算，如图 2-2-3 所示。

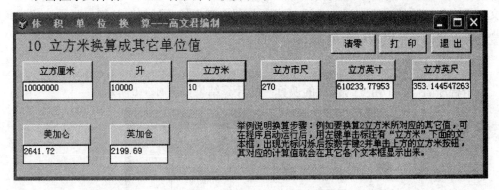

图 2-2-3　体积单位换算程序计算示例

4. 双击程序文件名"2.2.4 质量单位换算程序"可以作质量单位换算，如图 2-2-4 所示。

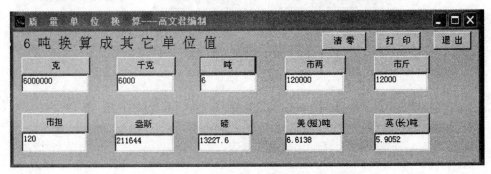

图 2-2-4　质量单位换算程序计算示例

2.3　角度与弧度的换算

一、换算公式

度换算成弧度：$1°=\dfrac{\pi}{180}=0.017453293$ 弧度

弧度换算成度：1 弧度 $=\dfrac{180}{\pi}=57.295779506°$

熟练掌握角度与弧度的换算是十分必要的，在通常计算时习惯用角度单位比较多，而计算机计算时一般使用弧度的时候较多，在扇形弧长计算时必须用弧长所对圆心角的弧度值才能计算就是一个例子。由于不管是手算还是用计算器计算它们的换算过程，都是比较麻烦的，由此本节提供的计算程序可以很方便地解决这一问题。

二、用程序计算的步骤

双击"角度与弧度的换算"程序文件名后，闪烁光标首先出现在"角度换算成弧度"下方的文本框内，只要键入角度值以后再单击下方的"计算"按钮，换算的弧度值就会出现在右半部分的文本框内。若是要将弧度换算成角度时，只要在"弧度换算成角度"下方的文本框内先清除原有数据后，输入弧度数并单击下方的"计算"按钮，弧度换算的角度值就会在左半部分的文本框内出现。

三、光盘计算

双击程序名"2.3 角度与弧度的换算"的计算结果如图 2-3-1 所示。

图 2-3-1　角度与弧度变换计算示例

2.4　直角坐标与极（球）坐标的相互转换

说明：

二维和三维直角坐标与球坐标的相互转换的总图，包括 3 图（图 2-4-1～图 2-4-3）、2 表（图 2-4-4 中的表）。特别需要注意的是，程序计算时对 x, y, z 坐标的正负与所计算的象限要统一，如图 2-4-1、图 2-4-2、图 2-4-3、图 2-4-4 所示。

一、二维直角坐标与极坐标的相互转换

1. 二维直角坐标转换成极坐标的计算公式

$R=\sqrt{X^2+Y^2}$，其中 X—点的横坐标；Y—点的纵坐标；R—极坐标半径（即该点到坐标原点的距离）。

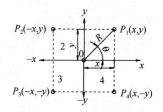

图 2-4-1　二维直角坐标与极坐标的变换示意图

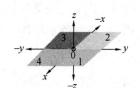

图 2-4-2　三维直角坐标系统示意图

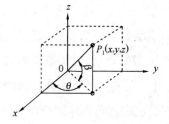

图 2-4-3　P 点在第一象限 xy 平面上方的三维直角坐标系统示意图

xy 平面上方四个象限对应的直角坐标			
第一象限	第二象限	第三象限	第四象限
x | y | z	x | y | z	x | y | z	x | y | z
+ | + | +	− | + | +	− | − | +	+ | − | +
程序运行时输入符号	程序运行时输入符号	程序运行时输入符号	程序运行时输入符号

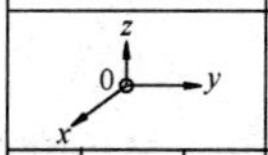

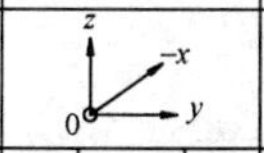

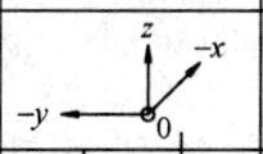

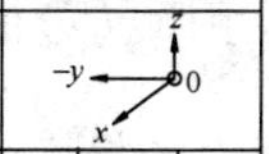

xy 平面下方四个象限对应的直角坐标			
第一象限	第二象限	第三象限	第四象限
x | y | z	x | y | z	x | y | z	x | y | z
+ | + | −	− | + | −	− | − | −	+ | − | −
程序运行时输入符号	程序运行时输入符号	程序运行时输入符号	程序运行时输入符号

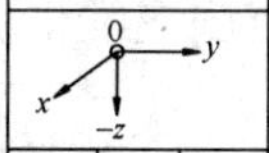

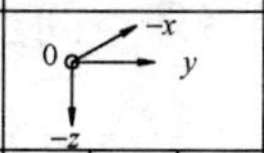

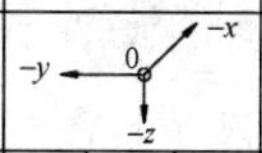

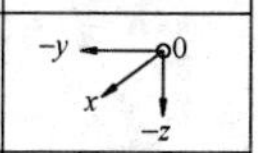

图 2-4-4　二维和三维直角坐标系统图

当 Y 大于和等于零时：

$\theta = \arccos\left(\dfrac{x}{R}\right)$，其中，$\theta$—表示线段 R 与横坐标正方向 X 轴之间的夹角（°）。

当 Y 小于零时：

$$\theta = -\arccos\left(\frac{X}{R}\right)$$

2. 二维极坐标转换成直角坐标的计算公式

$$X = R \times \cos\theta$$

$$Y = R \times \sin\theta$$

公式中的符号含义与前面相同。

二、三维直角坐标与球坐标的相互转换

三维坐标系统也称空间坐标系统，空间 X 轴，Y 轴，Z 轴相交于原点 0，它们把空间分为 8 个区间，我们以 X 轴和 Y 轴所在的水平面（简称 XY 平面）作为分界面，把 8 个区间分为上下两层，为了保持与平面几何直角坐标系统一致，我们把 XY 平面划分为四个象限，每个象限均有上下两个区间。怎样区别空间任意一点 P（球面上的一个点）在 8 个区间的球半径 R、平面角 θ、立体角 β、X 坐标、Y 坐标和 Z 坐标的表示方法，可以通过图 2-4-4 表中在各个参数前面设置正负号加以区别。例如当 X 值为负，Y 值为正，Z 值为负时，查表可知该点处于第二象限 XY 平面的下方。

利用本书提供的程序计算三维直角坐标与球坐标的换算时，可改变已知条件参数的正负来计算 8 个区间的变换值，它们两者之间的换算是可逆的，即用三维直角坐标的 X，Y，Z 作为已知条件换算成球坐标的 R，θ，β 值，再将此换算值（含负号）在球坐标系统中作为已知条件可以还原换算成 X，Y，Z 的直角坐标值，由于计算误差的原因，本书程序的计算误差一般在小数点后面 5 位左右。

1. 三维直角坐标转换成球坐标的计算公式

$$R=\sqrt{X^2+Y^2+Z^2}$$

其中，X，Y，Z 为点在三维空间坐标体系中的左右、前后、上下三个不同方向的坐标，如图 2-4-1～图 2-4-4 所示。

R 表示球坐标半径（即空间点到三维坐标系原点 O 的距离）。

$\theta=\arctan\left(\dfrac{Y}{X}\right)$，$\theta$ 表示线段 R 在 XY 平面上的投影与 X 轴正方向的夹角（与二维坐标公式中的 θ 含义相同）。

$\beta=\arctan\left(\dfrac{Z}{\sqrt{X^2+Y^2}}\right)$，$\beta$ 表示球坐标半径 R 与 XY 平面的夹角（°）。

2. 三维球坐标转换成直角坐标的计算公式

$X=R\times\cos\beta\times\cos\theta$，公式中符号含义同前（如图所示）。

$Y=R\times\cos\beta\times\sin\theta$

$Z=R\times\sin\beta$

三、用公式法计算举例

1. 二维计算

直角坐标→极坐标：已知 $X=100$，$Y=100$

$$R=\sqrt{X^2+Y^2}=\sqrt{100^2+100^2}=141.4213562$$

$$\theta=\arccos\left(\frac{X}{R}\right)=\arccos\left(\frac{100}{141.4213562}\right)=45°$$

极坐标→直角坐标：已知 $R=141.4213562$，$\theta=45°$

$$X=R\times\cos\theta=141.4213562\times\cos45°=100$$

$$Y=R\times\sin\theta=141.4213562\times\sin45°=100$$

2. 三维计算

直角坐标→球坐标：已知 $X=-100$，$Y=200$，$Z=-300$

$$R=\sqrt{X^2+Y^2+Z^2}=\sqrt{-100^2+200^2+(-300)^2}=374.1657387$$

$$\theta=\arccos\left(\frac{X}{\sqrt{X^2+Y^2}}\right)=\arccos\left(\frac{-100}{\sqrt{-100^2+200^2}}\right)=116.5650512°$$

$$\beta=\arctan\left(\frac{Z}{\sqrt{X^2+Y^2}}\right)=\beta=\arctan\left(\frac{300}{\sqrt{-100^2+200^2}}\right)=-53.3007748°$$

球坐标→直角坐标：已知 $R=374.1657387$，$\theta=116.5650512°$，$\beta=-53.3007748°$

$X=R\times\cos\beta\times\cos\theta=374.1657387\times\cos(-53.3007748°)\times\cos(116.5650512°)=-100$

$Y=R\times\cos\beta\times\sin\theta=374.1657387\times\cos(-53.3007748°)\times\sin(116.5650512°)=200$

$Z=R\times\sin\beta=374.1657387\times\sin(-53.3007748°)=-300$

四、用程序法计算举例

1. 二维计算

直角坐标→极坐标：已知 $X=100$，$Y=100$

双击"2.4.1. 二维直角坐标与极坐标的变换"程序文件名→在"请输入 X 的坐标值"下面文本框出现闪烁光标，计算机提示在此处输入数据时，按键 100 →按 Tab 键（或者移动光标到下一个文本框并单击此文本框）→光标进入下一个文本框闪烁→输入 Y 的坐标值 100 →单击"计算直角坐标变换极坐标"计算按钮→在屏幕下方文本框内计算值极坐标半径 $R=141.42135624$ 和角度值 $\theta=45°$就会显示出来。如图 2-4-5 所示。

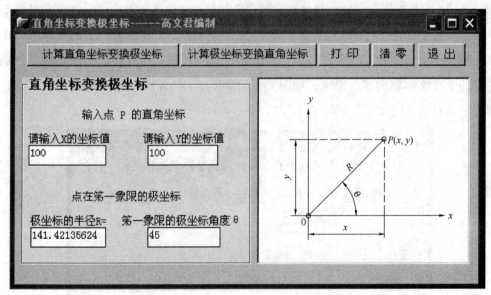

图 2-4-5　计算直角坐标变换极坐标

极坐标→直角坐标：已知 $R=141.42135624$，$\theta=45°$

双击"2.4.1. 二维直角坐标与极坐标的变换"程序文件名→单击"计算极坐标变换直角坐标"按钮→在"$R=$?"的下方光标闪烁处输入 141.42135624 →按 Tab 键→光标进入下一个文本框闪烁→输入 45 →单击"开始计算"按钮后，点的 X 和 Y 坐标值立即会显示出来，如图 2-4-6 所示。

2. 三维计算

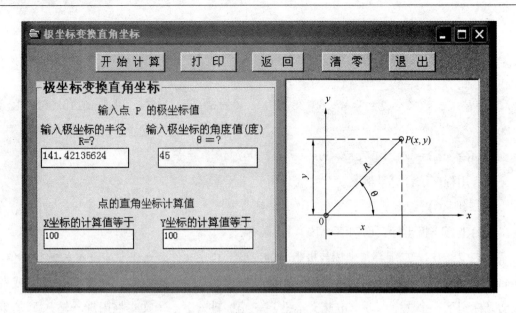

图 2-4-6 计算极坐标变换直角坐标

直角坐标→球坐标：已知 $X=100$，$Y=100$，$Z=100$

双击"2.4.2 三维直角坐标与球坐标的变换"程序文件名→单击"三维直角坐标变换球坐标"按钮→在光标闪烁处输入 X 的坐标值 100 →按 Tab 键→输入 Y 的坐标值 100 →按 Tab 键→输入 Z 的坐标值 100 →单击"开始计算"按钮后，变换后的球坐标值分别在第二排的 3 个文本框内显示出来。如图 2-4-7 所示。点在 XY 平面上方且在第二、第三、第四象限的变换示例如图 2-4-8、图 2-4-9、图 2-4-10 所示。

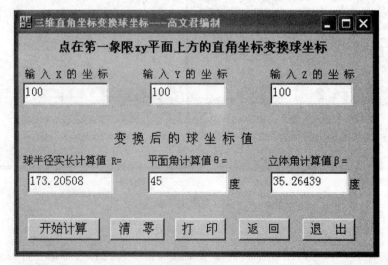

图 2-4-7 空间一点在 xy 平面上方第一象限时由直角坐标变换为球（极坐标）的计算示例

以上示例中如果将 Z 值取负，则计算的立体角 β 值也为负值，表示点在 XY 平面下方对应的象限内。当将 Z 值取零时表示点在 XY 平面上，此时三维坐标计算变成二维坐标计算，立体角 β 为零，其他计算值与二维坐标计算值完全相同。

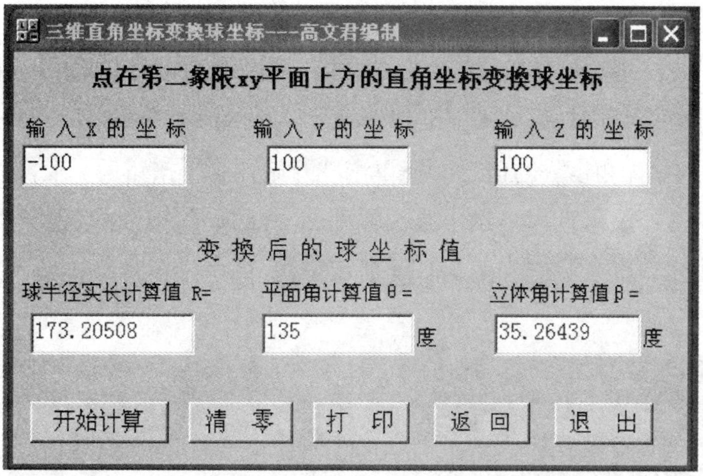

图 2-4-8　点在 *XY* 平面上方第二象限时由直角坐标变换为球（极坐标）的计算示例

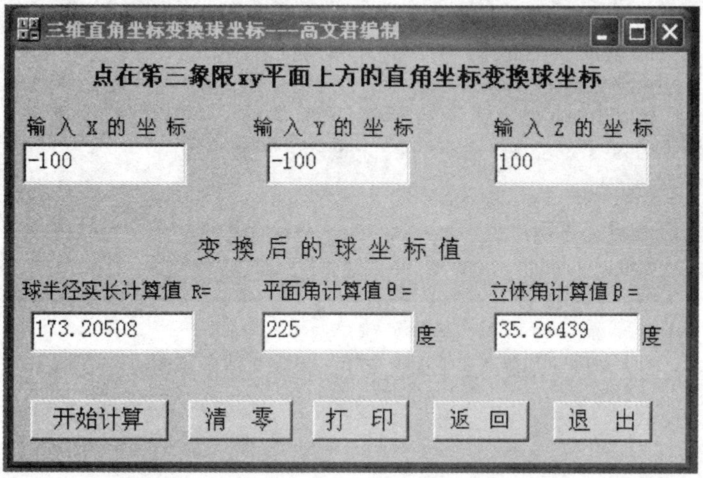

图 2-4-9　点在 *XY* 平面上方第三象限时由直角坐标变换为球（极坐标）的计算示例

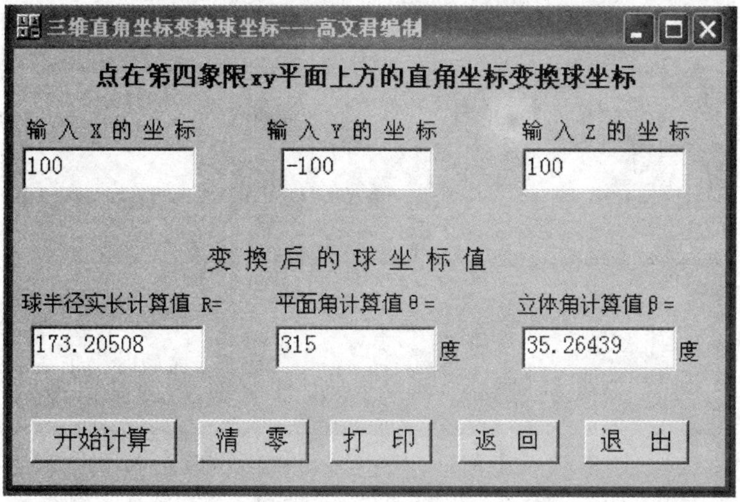

图 2-4-10　点在 *XY* 平面上方第四象限时由直角坐标变换为球（极坐标）的计算示例

球坐标→直角坐标：已知 $R=180$，$\theta=315°$，$\beta=-60°$

双击"2.4.2 三维直角坐标与球坐标的变换"程序文件名→单击"三维球坐标变换直角坐标"按钮→在光标闪烁处输入三维球坐标半径 R 的值 180→按 Tab 键→输入平面角度 θ 的值 315→输入立体角度 β 的值 -60→单击"开始计算"按钮后，变换后的直角坐标值分别在第二排的 3 个文本框内显示出来。如图 2-4-11 所示。点在其他象限的坐标变换计算示例如图 2-4-12，图 2-4-13 和图 2-4-14 所示。

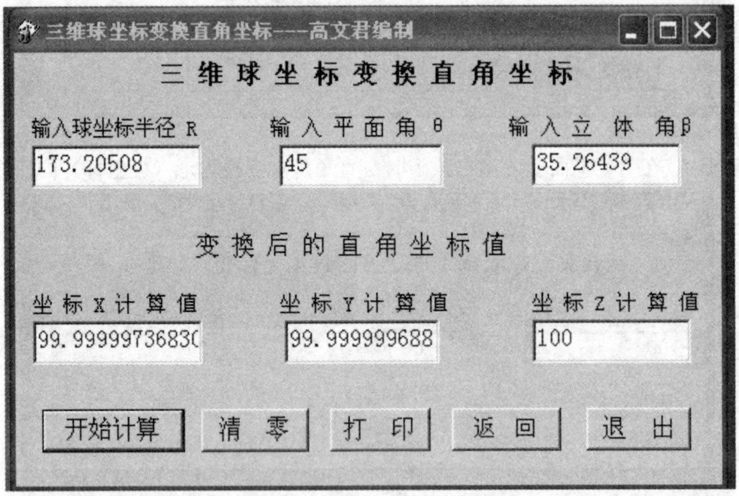

图 2-4-11 点在 XY 平面上方第一象限时球坐标变换直角坐标

图 2-4-12 点在 XY 平面上方第二象限时球坐标变换直角坐标

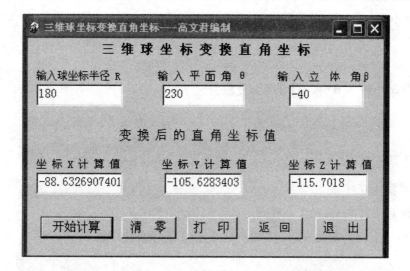

图 2-4-13　点在 XY 平面下方第三象限时球坐标变换直角坐标

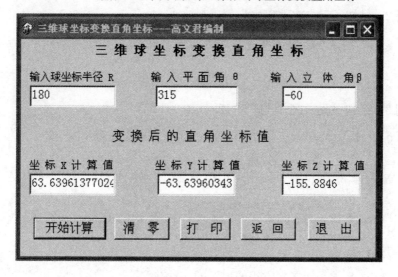

图 2-4-14　点在 XY 平面下方第四象限时球坐标变换直角坐标

2.5　求一元二次方程的根

一、计算公式

1. 设一元二次方程式为：$ax^2+bx+c=0$

2. 计算公式

已知方程式的系数为 a，b，c。判别式如下：

（1）当 $b^2-4ac > 0$ 时，得到不相等的两个实根为：

$$x_1=\frac{-b+\sqrt{b^2-4ac}}{2a} \qquad x_2=\frac{-b-\sqrt{b^2-4ac}}{2a}$$

(2) 当 $b^2-4ac=0$ 时，得到相等的两个实根为：

$$x_1=\frac{-b}{2a} \qquad x_2=\frac{-b}{2a}$$

(3) 当 $b^2-4ac<0$ 时，得到两个复根为

$$x_1=-\frac{b}{2a}+\frac{\sqrt{4ac-b^2}}{2a}i \qquad x_2=-\frac{b}{2a}-\frac{\sqrt{4ac-b^2}}{2a}i$$

二、计算举例

1. 用公式法计算

(1) 例1：已知一元二次方程式为 $3x^2+5x+2=0$

判别式：$5^2-4\times3\times2=1$ 大于零有两个不相等的两个实根

$$x_1=\frac{-5+\sqrt{5^2-4\times3\times2}}{2\times3}=-0.666666 \qquad x_2=\frac{-5-\sqrt{5^2-4\times3\times2}}{2\times3}=-1$$

(2) 例2：已知一元二次方程式为 $x^2+2x+1=0$

判别式：$2^2-4\times1\times1=0$ 等于零有相等的两个实根

$$x_1=x_2=\frac{-4}{2\times2}=-1$$

(3) 例3：已知一元二次方程式为 $12x^2-15x+54=0$

判别式：$(-15)^2-4\times12\times54=-2367$ 小于零有两个复根

$$x_1=-\frac{-15}{2\times12}+\frac{\sqrt{4\times12\times54-(-15^2)}}{2\times12}i=0.625+2.02716i$$

$$x_2=-\frac{-15}{2\times12}-\frac{\sqrt{4\times12\times54-(-15^2)}}{2\times12}i=0.625-2.02716i$$

2. 用程序计算

(1) 双击"2.5 求一元二次方程的根"的文件名

(2) 在光标闪烁处开始输入 A 的值 2，按 Tab 键，输入 B 的值 1，按 Tab 键，输入 C 的值 10，单击"求根"计算按钮后，计算结果立即会显示在下面一排的文本框内。如图 2-5-1 所示。

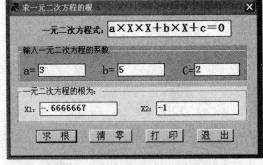

图 2-5-1 求一元二次方程的根示例

2.6　求一元三次方程的根

一、公式计算

一元三次方程式的表达式为：$y=f(x)$ 或 $y=ax^3+bx^2+cx+d$ 其中 a 为三次项的系数，b 为二次项的系数，c 为一次项的系数，d 为常数。

当使 $y=f(x)=0$ 或使 $y=ax^3+bx^2+cx+d=0$ 时的 x 就被称为一元三次方程式的根，其物理意义如图 2-6-1 所示的 x_1，x_2，x_3，它们的数值就能使 y 的值为零。

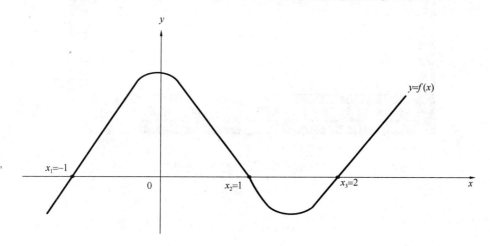

图 2-6-1　一元三次方程式求根示意图

一般求一元三次方程式的根的方法有牛顿迭代法、二分法等。牛顿迭代法计算根的近似值公式如下：

$$x_{i+1} = x_i - \frac{f(x_i)}{f'(x)}$$

其中：

$$f'(x) = \frac{f(x+\Delta x)-f(x)}{\Delta x}$$

由于计算过程十分精细，迭代次数（或者区间划分次数）少则数百次，多则成千上万次，所以使用手工计算比较困难，一般都采用计算机计算。本书在程序设计调试时做过试验，在对下面的一元三次方程式实例 $x^2-2x^2-x+2=0$ 进行计算时，当迭代次数为 50 时，单击计算"求根"按钮后，没有一个根显示。当迭代次数为 500 时，显示 -1 和 2 两个根。当迭代次数为 5000 时，三个根才全部显示出来，由此用手工计算的难度之大就可想而知了。

二、光盘计算

本程序位于第 2 章的电子文件夹内，双击"2.6 求一元三次方程的根"文件名，在光标闪烁处依次输入三次项系数 a，二次项系数 b，一次项系数 c 和常数项 d 的值，单击"求根"计算按钮后，根的值就会立即显示出来。例如，求三次方程式 x^3-2x^2 $-x+2$ 的根，此时 $a=1$，$b=-2$，$c=-1$，$d=2$，按照上述程序计算的步骤，依次输入 1，-2，-1 和 2 并单击"求根"计算按钮后，求出的 3 个根为 1，3，5，如图 2-6-2 所示。

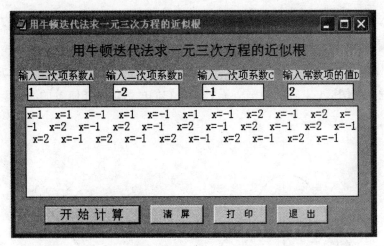

图 2-6-2 求一元三次方程的根

2.7 双曲函数及指数函数计算

一、指数函数（对数函数的底）计算

1. 计算公式

$$e=1+\frac{1}{1!}+\frac{1}{2!}+\frac{1}{3!}+\frac{1}{4!}+\cdots\cdots+\frac{1}{n!}$$

2. 算例：

当 $n=6$ 时

$$e=1+\frac{1}{1!}+\frac{1}{2\times1}+\frac{1}{3\times2\times1}+\frac{1}{4\times3\times2\times1}+\frac{1}{5\times4\times3\times2\times1}+\frac{1}{6\times5\times4\times3\times2\times1}=2.718$$

当 n 取值越大 e 的精度就越高。

二、双曲函数计算公式

1. 双曲正弦：$\sinh x=\dfrac{e^x-e^{-x}}{2}$

2. 双曲余弦：$\cosh x=\dfrac{e^x+e^{-x}}{2}$

3. 双曲正切：$\tanh x=\dfrac{e^x-e^{-x}}{e^x+e^{-x}}$

三、反双曲函数计算公式

1. 反双曲正弦：$\sinh^{-1}x=\ln(x+\sqrt{x^2+1})$

2. 反双曲余弦：$\cosh^{-1}x=\ln(x+\sqrt{x^2-1})$

3. 反双曲正切：$\tanh^{-1}x=\dfrac{1}{2}\ln\left(\dfrac{1+x}{1-x}\right)$

四、指数函数以及双曲函数和反双曲函数的程序计算步骤和算例

双击"2.7 双曲函数计算"文件名后出现的对话框右面有 8 个计算按钮，每单击一个计算按钮都会出现一个对话框，按照提示输入数据后单击"确定"按钮，计算示例如图 2-7-1 所示。

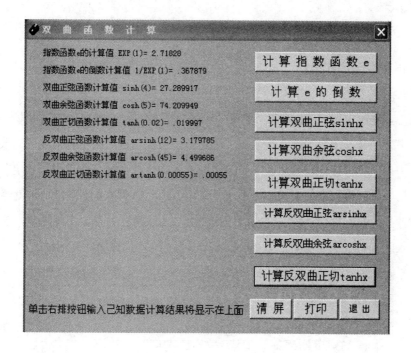

图 2-7-1　用计算软件作双曲函数计算示例

2.8　行列式计算

行列式在钣金展开计算求二面角时十分重要，一般用三阶行列式计算出三维坐标 X，Y，Z 前面的系数后，再用公式计算出两个平面的夹角。用公式法计算比较麻烦，若用程序计算就简单多了。

一、二阶行列式

$$\begin{vmatrix} a_1 & b_1 \\ a_2 & b_2 \end{vmatrix}=-a_1b_2-b_1a_2$$

二、三阶行列式

$$\begin{vmatrix} a_1 & b_1 & c_1 \\ a_2 & b_2 & c_2 \\ a_3 & b_3 & c_3 \end{vmatrix} = a_1b_2c_3 + b_1c_2a_3 + c_1b_3a_2 - a_1b_3c_2 - b_1a_2c_3 - c_1b_2a_3$$

三、用公式法计算实例

1. 二阶

$$\begin{vmatrix} 5 & 3 \\ 2 & 1 \end{vmatrix} = 5 \times 1 - 2 \times 3 = -1$$

2. 三阶

$$\begin{vmatrix} 1 & 4 & 2 \\ 2 & 4 & 2 \\ 3 & 5 & 1 \end{vmatrix} = 1 \times 4 \times 1 + 4 \times 2 \times 3 + 2 \times 5 \times 2 - 1 \times 5 \times 2 - 4 \times 2 \times 1 - 2 \times 4 \times 3 = 6$$

四、用程序法计算实例

以二阶行列式为例，双击"2.8行列式计算"文件名→单击"开始计算"→在出现的行列式对话框中首先输入行列式的阶数，按数字键2（表示二阶）→单击"确定"→按提示输入第1行第1列的数，按数字键5→单击"确定"→按提示输入第1行第2列的数，按数字键3→单击"确定"→按提示输入第2行第1列的数，按数字键2→单击"确定"→按提示输入第2行第2列的数，按数字键1→单击"确定"后，行列式的计算值−1就会出现在计算表的下方。三阶及三阶以上的行列式的计算方法与二阶完全一样，不同的是，输入的阶数不一样，输入的行列数也不相同，图2-8-1是3阶和4阶行列式的计算示例。

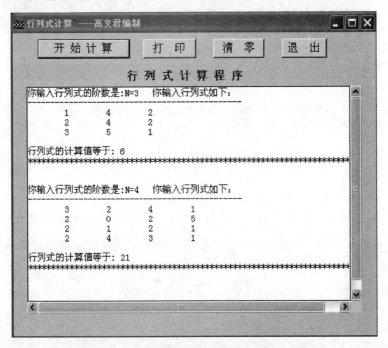

图 2-8-1 光盘计算三阶和四阶行列式示例

2.9　解线性方程组

解线性方程组一般有高斯消元法、矩阵求逆法等多种方法，若用手工或者用计算器求解线性方程组都是十分烦琐的。本节介绍用程序解线性方程组的方法，除了输入数据所占用的时间外，一般在一秒内就可完成全部的计算工作。用程序解线性方程组的步骤，下面以三元一次方程组为例说明其操作过程：

$$3X_1 + 9X_2 + 2X_3 = 85$$
$$5X_1 + 7X_2 + 9X_3 = 43$$
$$8X_1 + 6X_2 + 4X_3 = 37$$

双击"2.9 解线性方程组"文件名→单击"开始计算"按钮→按提示在光标闪烁处输入未知数的个数 3 →单击"确定"→以后按照提示在光标闪烁处依次输入第 1 行的数 3，9，2，85 →输入第 2 行的数 5，7，9，43 →输入第 3 行的数 8，6，4，37→当最后一个数 37 输入完毕并按回车键后，三个未知数 X_1，X_2，X_3 的计算值以及系数行列式全部都会显示在屏幕上。若单击"打印"按钮，屏幕上的数据还会由打印机打印出来。

需要说明的是：每输入完毕一个数后必须要记住单击"确认"。程序对上面三元一次方程组的计算数据如图 2-9-1 所示。

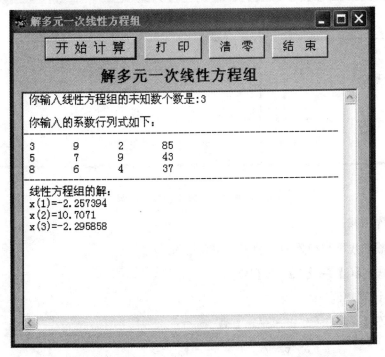

图 2-9-1　光盘计算线性方程组示例

2.10　矩　阵　运　算

一、矩阵相加

已知两个矩阵分别为【A】和【B】则两矩阵相加得到的新矩阵为：

【C】=【A】+【B】

矩阵相加的规则：矩阵 A 和矩阵 B 只有行数和列数相同时才能相加。

1. 公式计算示例

已知矩阵【A】=$\begin{bmatrix} 2 & 5 & 8 \\ 3 & 6 & 7 \end{bmatrix}$，【B】=$\begin{bmatrix} 1 & 4 & 7 \\ -3 & 5 & -6 \end{bmatrix}$

则矩阵【C】=【A】+【B】=$\begin{bmatrix} 2+1 & 5+4 & 8+7 \\ 3-3 & 6+5 & 7-6 \end{bmatrix}$=$\begin{bmatrix} 3 & 9 & 15 \\ 0 & 11 & 1 \end{bmatrix}$

2. 程序计算示例

双击"2.10.1 矩阵相加"文件名→单击"开始计算"按钮→按照对话框的提示输入矩阵的行数 2 和列数 3 →按照提示依次输入矩阵 A 和矩阵 B 各行和各列的数值，当最后一个数输入完毕时，两个矩阵之和则在第三个文本框内显示出来，如图 2-10-1 所示。

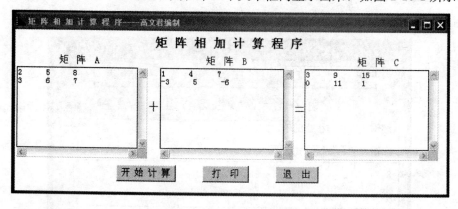

图 2-10-1　矩阵相加计算示例

二、矩阵相减

矩阵相减的规则与矩阵相加的规则完全相同。

计算公式：【C】=【A】-【B】

1. 公式计算示例

已知矩阵【A】=$\begin{bmatrix} 2 & 5 & 8 \\ 3 & 6 & 7 \end{bmatrix}$【B】=$\begin{bmatrix} 1 & 4 & 7 \\ 5 & 2 & 3 \end{bmatrix}$

则矩阵【C】=【A】-【B】=$\begin{bmatrix} 2-1 & 5-4 & 8-7 \\ 3-5 & 6-2 & 7-3 \end{bmatrix}$=$\begin{bmatrix} 1 & 1 & 1 \\ -2 & 4 & 4 \end{bmatrix}$

2. 程序计算示例

双击"2.10.2矩阵相减"文件名→单击"开始计算"按钮，以后的操作步骤与矩阵相加完全相同，计算结果如图2-10-2所示。

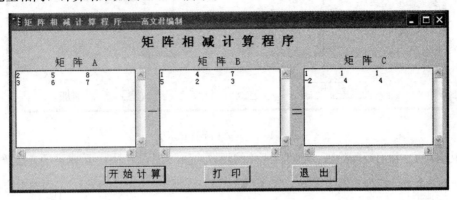

图 2-10-2　矩阵相减计算示例

三、矩阵相乘

有两个矩阵【A】和【B】，如果【A】矩阵的列数等于【B】矩阵的行数，则这两个矩阵可以相乘。新矩阵【C】的行数等于【A】矩阵的行数，新矩阵【C】的列数等于【B】矩阵的列数。新矩阵【C】中的任意一个元素 C_{ij} 等于【A】矩阵中第 i 行的各元素与【B】矩阵中第 j 列上对应各元素的乘积的代数和。符号 i 和 j 为 1，2，3…n，其中 n 为任意数。

计算公式：【C】＝【A】×【B】

1. 公式计算示例

已知矩阵【A】＝「2　5　8 ｜　【B】＝「1　4 ｜

　　　　　　｜3　6　7」　　　　　｜5　2 ｜

　　　　　　　　　　　　　　　　　｜7　9 ｜

则矩阵【C】＝「1×2＋5×5＋7×8　4×2＋2×5＋9×8｜＝「83　90 ｜

　　　　　　｜1×3＋5×6＋7×7　4×3＋2×6＋9×7」｜82　87 ｜

2. 程序计算示例

已知条件同前，计算步骤如下：

双击"2.10.3矩阵相乘"文件名→单击"开始计算"按钮→按照提示在光标闪烁处输入【A】矩阵的行数2→单击"确定"（或者按回车键）→输入【A】矩阵的列数3→输入【B】矩阵的列数2→在以后的操作步骤中按照提示，逐一的输入矩阵【A】和【B】的各个元素，当最后一个数输入完毕时，两个矩阵之乘积则在第三个文本框内显示出来，如图2-10-3所示。

四、矩阵求逆

矩阵求逆的规则：求逆的矩阵必须是方阵。

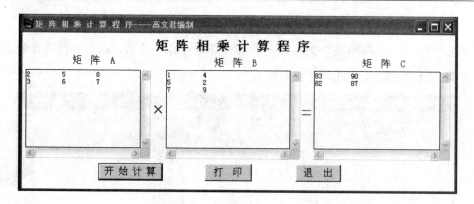

图 2-10-3 矩阵相乘计算示例

矩阵运算中没有矩阵除法。矩阵与矩阵的相除关系，可以通过用矩阵求逆的方法解决。若原矩阵是一个系数行列式不为零的方阵【A】，求逆后的同阶方阵为【A】$^{-1}$，当两者有如下的关系式成立，那么【A】$^{-1}$则为【A】的逆矩阵。假如有关系式：【C】＝【A】×【Y】在的等式的两边乘以 1/【A】得到

1/【A】×【C】＝1/【A】×【A】×【Y】简化后为：

【Y】＝1/【A】×【C】

这样我们就可以用矩阵相乘的方法来得到【X】矩阵中各个元素的值，而 1/【A】则称为【A】矩阵的逆矩阵，1/【A】由可以表示为【A】$^{-1}$。

用程序法求逆矩阵的实例：已知【A】＝┌7 2 5│
　　　　　　　　　　　　　　　　　│4 8 3│
　　　　　　　　　　　　　　　　　│2 1 6┘

双击"2.10.4 矩阵求逆"文件名→单击"求逆计算"→在光标闪烁处按提示输入矩阵的阶数 3→单击"确定"→按提示将【A】矩阵的各个元素输入完毕后，逆矩阵的各个元素就会在右面一个文本框显示出来，如图 2-10-4 所示。

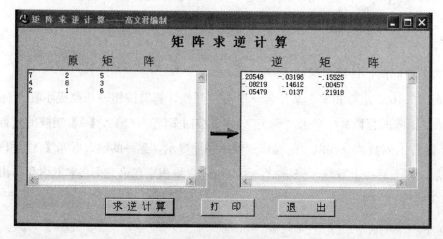

图 2-10-4 矩阵求逆计算示例

五、矩阵行列变换

在本节程序中有行颠倒，列颠倒，行列互换等三种形式，在双击"2.10.5 矩阵行列变换"文件名后，按照按钮上的文字标注即可进行上述三种行列变换，由于篇幅关系，就不再举例说明。

2.11　排列和组合计算

从 N 项中取出 M 项的组合值的计算公式如下：

1. 求排列值的计算公式

$$排列值 = \frac{N!}{(N-M)!} = N(N-1)(N-2)(N-3)\cdots(N-M+1)$$

2. 求组合值的计算公式

$$组合值 = \frac{排列值}{M!} = \frac{N!}{M!(N-M)!}$$

3. 用公式计算举例

已知：$N=6$，$M=2$，试求排列和组合数。

$$排列值 = \frac{N!}{(N-M)!} = \frac{6 \times 5 \times 4 \times 3 \times 2 \times 1}{4 \times 3 \times 2 \times 1} = 30$$

$$组合值 = \frac{排列值}{M!} = \frac{30}{2 \times 1} = 15$$

4. 用程序法计算举例

双击"排列和组合"文件名→按照提示先从光标闪烁处依次输入总数 N 和选项数 M →单击"开始计算"按钮后，排列值和组合值就会在下面两个文本框中显示出来。计算示例如图 2-11-1 所示。

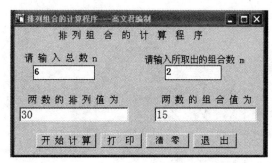

图 2-11-1　排列和组合计算示例

2.12　两平面夹角（二面角）计算

一、图解法

求二面角按传统的作图方法是通过二次换面后得到的，对于多面体构件少则三条棱线，多则 8 条甚至更多，一般而言若用换面法求一条棱线相邻两平面的二面角所用的时间，根据构件的复杂程度少则数十分钟多则几个小时，因为大部分时间都花费在作三视图和换面的作图过程中。随着棱线数量增加，换面作图工作量也是成倍增加，显然作图工作量大，出于无奈，目前仍是经常使用的方法。

二、用计算法求二面角

用计算法求二面角不必画正规的图而画示意图就可以了，只要计算各个特征点的三维坐标就行了，相对用换面法而言，用计算器计算出的角度值要比图解法准确得多。但计算公式比较复杂，特别是要计算一系列的行列式，而且在行列式展开的过程中还容易出错，花费的时间也很多，因此这种方法也不理想。通过下面计算两平面的夹角的计算公式就可想而知其麻烦程度了，如图 2-12-1 所示，例如要求相交于棱线 26 相邻两平面（1265 平面和 2376 平面）的夹角的计算公式如下：

1. 平面 1265 的方程式为：

$$\begin{vmatrix} X & Y & Z & 1 \\ X_1 & Y_2 & Z_2 & 1 \\ X_6 & Y_6 & Z_6 & 1 \\ X_5 & Y_5 & Z_5 & 1 \end{vmatrix} = 0$$

简化后的平面方程式为：$A_1 X + B_1 Y + C_1 Z + D_1 = 0$

其中系数行列式 $A_1 = \begin{vmatrix} Y_2 & Z_1 & 1 \\ Y_6 & Z_6 & 1 \\ Y_5 & Z_5 & 1 \end{vmatrix}$

$$B_1 = \begin{vmatrix} X_2 & Z_2 & 1 \\ X_6 & Z_6 & 1 \\ X_5 & Z_5 & 1 \end{vmatrix}$$

$$C_1 = \begin{vmatrix} X_2 & Y_2 & 1 \\ X_6 & Y_6 & 1 \\ X_5 & Y_5 & 1 \end{vmatrix}$$

$$D_1 = \begin{vmatrix} X_2 & Y_2 & Z_2 \\ X_6 & Y_6 & Z_6 \\ X_5 & Y_5 & Z_5 \end{vmatrix}$$

2. 平面 2376 的方程式为：

$$\begin{vmatrix} X & Y & Z & 1 \\ X_2 & Y_2 & Z_2 & 1 \\ X_6 & Y_6 & Z_6 & 1 \\ X_7 & Y_7 & Z_7 & 1 \end{vmatrix} = 0$$

简化后的平面方程式为：$A_2 X + B_2 Y + C_2 Z + D_2 = 0$

其中系数行列式 $A_2=\begin{vmatrix} Y_2 & Z_2 & 1 \\ Y_6 & Z_6 & 1 \\ Y_7 & Z_7 & 1 \end{vmatrix}$

$$B_2=\begin{vmatrix} X_2 & Z_2 & 1 \\ X_6 & Z_6 & 1 \\ X_7 & Z_7 & 1 \end{vmatrix}$$

$$C_2=\begin{vmatrix} X_2 & Y_2 & 1 \\ X_6 & Y_6 & 1 \\ X_7 & Y_7 & 1 \end{vmatrix}$$

$$D_2=\begin{vmatrix} X_2 & Y_2 & Z_2 \\ X_6 & Y_6 & Z_6 \\ X_7 & Y_7 & Z_7 \end{vmatrix}$$

两平面夹角的余弦值为：$\cos\theta=\dfrac{A_1A_2+B_1B_2+C_1C_2}{\sqrt{A_1^2+B_1^2+C_1^2}\times\sqrt{A_2^2+B_2^2+C_2^2}}$

两平面的二面角为：$\theta=\arccos\left(\dfrac{A_1A_2+B_1B_2+C_1C_2}{\sqrt{A_1^2+B_1^2+C_1^2}\times\sqrt{A_2^2+B_2^2+C_2^2}}\right)$

需要说明的是，上面所有公式中的 A_1，B_1，C_1，D_1，A_2，B_2，C_2，D_2 全部都是三阶行列式，还需要展开后得到的计算值将其代入两平面夹角的计算公式中，才能求出角度值。

三、用程序法计算二面角

本节将介绍用程序计算的方法计算二面角，与前面两种方法相比少了行列式和公式计算以及二次换面几个环节，既快速又准确，是一种非常适用的方法。下面以正棱锥管为例介绍用程序计算二面角的操作步骤。

1. 计算正棱锥管特征点的空间坐标

在第 8 章棱锥台（管）的某些程序中有此步骤，由程序自动完成此项工作。但单独使用此程序还必须掌握求坐标的方法。如图 2-12-1 所示，正棱锥台共有 8 个角点和 4 条完全相等的棱线 15，26，37，48，如果知道 8 个角点 1，2，3，4，5，6，7，8 的空间坐标 $(x，y，z)$，则可用本书光盘上的程序很快求出各条棱线相邻两平面的二面角来。假如已知图 2-12-1 正棱锥台的下底边长 $A=300$，边宽 $B=200$，上底边长 $A_1=160$，边宽 $B_1=100$。我们把坐标原点 O 设在下底矩形的中点，其坐标系如图所示。根据已知条件和已建立的坐标体系可以计算出 8 个角点的坐标：

$$x_1=-\frac{A}{2}=-\frac{300}{2}=-150 \qquad y_1=\frac{B}{2}=\frac{200}{2}=100 \qquad Z_1=0$$

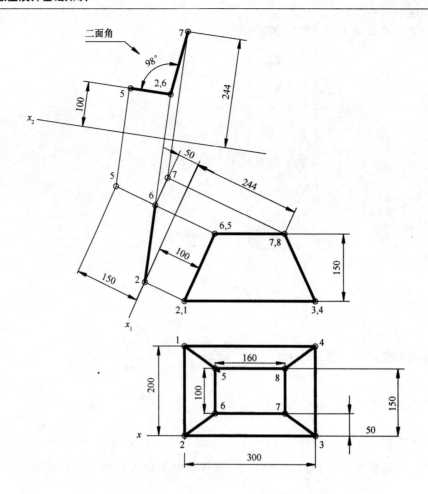

图 2-12-1 用换面法求正四棱锥管的二面角

$$x_2 = -\frac{A}{2} = -\frac{300}{2} = -150 \qquad y_2 = -\frac{B}{2} = -\frac{200}{2} = -100 \qquad Z_2 = 0$$

$$x_3 = \frac{A}{2} = \frac{300}{2} = 150 \qquad y_3 = -\frac{B}{2} = -\frac{200}{2} = -100 \qquad Z_3 = 0$$

$$x_4 = \frac{A}{2} = \frac{300}{2} = 150 \qquad y_4 = \frac{B}{2} = \frac{200}{2} = 100 \qquad Z_4 = 0$$

$$x_5 = -\frac{A_1}{2} = -\frac{160}{2} = -80 \qquad y_5 = \frac{B_1}{2} = \frac{100}{2} = 50 \qquad Z_5 = H = 150$$

$$x_6 = -\frac{A_1}{2} = -\frac{160}{2} = -80 \qquad y_6 = -\frac{B_1}{2} = -\frac{100}{2} = -50 \qquad Z_6 = H = 150$$

$$x_7 = \frac{A_1}{2} = \frac{160}{2} = 80 \qquad y_7 = -\frac{B_1}{2} = -\frac{100}{2} = -50 \qquad Z_7 = H = 150$$

$$x_8 = \frac{A_1}{2} = \frac{160}{2} = 80 \qquad y_8 = \frac{B_1}{2} = \frac{100}{2} = 50 \qquad Z_8 = H = 150$$

2. 双击"2.12 两平面夹角（二面角）计算"文件名→单击"计算两平面的夹角"→单击"开始计算"→对话框提示输入第 1 个平面方程式第 1 行第 1 列的坐标值（X_2），

在光标闪烁处键入－150→以后按照提示输入第 1 行第 2 列 Y_2 的坐标值－100 →输入第 1 行第 3 列 Z_2 的坐标 0 →输入第 1 行第 4 列常数 1→输入第 2 行点 6 的 3 个坐标和常数 1→输入第 3 行点 5 的 3 个坐标和常数 1→同输入第 1 个平面方程的步骤一样输入完第 2 个平面方程式点 2、点 6、点 7 各自的 x，y，z 三个坐标和常数 1→之后屏幕立即显示出两个平面方程式的系数行列式计算值和二面角的计算值，如图 2-12-2 所示。

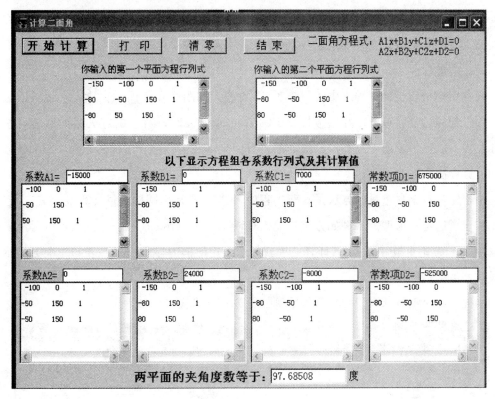

图 2-12-2　正四棱锥管两侧板夹角（二面角）的计算示例

请注意：图 2-12-2 上方的第一个平面方程行列式第 1 行前三位数是点 2 的 x，y，z 坐标值，第 2 行是点 6 的 3 个坐标，第 3 行是点 5 的 3 个坐标；第二个平面方程行列式的输入值从上到下依次是点 2，点 6 和点 7 的 3 个坐标值。这些坐标值前面已经算出，在程序运行后单击"开始计算"按钮后，按照屏幕上的提示输入完毕其计算的二面角度值在屏幕最下方，显示为 97.68508°，与图 2-12-1 用换面法求出 98°基本吻合，计算值更精确一些。

从前面的计算过程看出，要计算 8 个角点的三维坐标（计算 24 次），要展开和计算 8 个三阶行列式，还有通过二个公式计算才能求出二面角，所以采用手工计算十分麻烦；而用二次换面放大样的作图方法也是十分费工费时和误差比较大，因此两者均不如程序计算简单快捷。在本书第 8 章棱锥和棱锥管的计算中程序会自动给出二面角的计算结果，读者不必再进行上述过程的计算。

2.13 常用钢材质量计算及用表

本节包含钢材理论质量计算和数表两部分，由于型材在制造过程中允许国家标准内所规定的误差，所以理论计算值与实际钢材质量有一定出入，同样本节用程序计算的数值与数表也有较小的误差，一般在百分之几内。程序可以计算数表所不具备的功能，例如在计算大型工字吊车梁时，在程序运行中可以用编号为 5 的"5.H 钢计算"选项计算，但数表却无此功能。

在常用钢材质量计算程序中还包含了 24 份表，如图 2-13-1 所示。读者在无纸质数表时可用电脑通过程序查看。在阅读图 2-13-1 中每个分表时，对于内容太多的数表可按着鼠标左键不放，上下或者左右拉动滚动条可看完全部数据。由于篇幅的原因，下面仅列举几种计算方法和数表。

用程序计算钢材重量的方法是：双击程序名"2.13 常用钢材质量计算及用表"，启动程序后任意选定一个型钢（例如方钢）输入其断面尺寸（mm）和长度（m）然后单击计算按钮（1. 方钢重量计算），其计算结果就在右面矩形框内显示出来。表的左上方显示的是最后一个型钢的计算提示。

用程序计算钢材断面积和重量的示例如图 2-13-1 和图 2-13-2 所示。

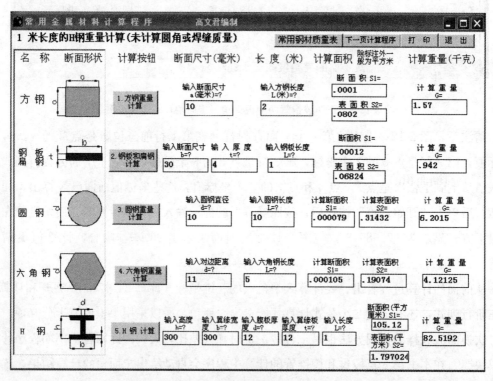

图 2-13-1 用程序计算型钢断面积和重量示例（一）

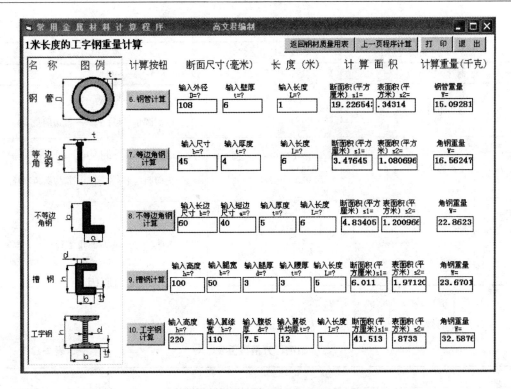

图 2-13-2　用程序计算型钢断面积和重量示例（二）

钢材理论质量的计算方法

一、基本公式

$$W = FLg \div 1000$$

式中　W——质量，kg；

　　　F——断面积，mm^2；

　　　L——长度，m；

　　　g——密度，g/cm^3。

二、钢材断面积的计算公式表（见表 2-13-1～表 2-13-6、图 2-13-3）

钢材断面积计算公式　　　　　　　　　　　　　　　　表 2-13-1

项目	钢材类别	断面积计算公式	符号说明
1	方钢	$F = a^2$	a——边宽
2	圆角方钢	$F = a^2 - 0.858 \times 4r^2$	a——边宽；r——圆角半径
3	钢板、扁钢、带钢	$F = a\delta$	a——边宽；δ——厚度
4	圆角扁钢	$F = a\delta - 0.858 \times 4r^2$	a——边宽；δ——厚度；r——圆角半径
5	圆钢、圆盘条、钢丝	$F = 0.785 \times 4d^2$	d——直径
6	六角钢	$F = 0.866a^2 = 2.598s^2$	a——对边距离；s——边宽
7	八角钢	$F = 0.828 \times 4a^2 = 4.828 \times 4s^2$	

续表

项目	钢材类别	断面积计算公式	符号说明
8	钢管	$F=3.1416\delta\,(D-\delta)$	D——外径；δ——壁厚
9	等边角钢	$F=d\,(2b-d)+0.2146$ $(r^2-2r_1^2)$	d——边厚；b——边宽；r——内面圆角半径；r_1——端边圆角半径
10	不等边角钢	$F=d\,(B+b-d)+$ $0.2146\,(r^2-2r_1^2)$	d——边厚；B——长边宽；b——短边宽；r——内面圆角半径；r_1——端边圆角半径
11	工字钢	$F=hd+2t\,(b-d)+$ $0.858\times4\,(r^2-r_1^2)$	h——高度；b——腿宽；d——腰厚；t——平均腿厚；r——内面圆角半径；r_1——端边圆角半径
12	槽钢	$F=hd+2t\,(b-d)+$ $0.4292\,(r^2-r_1^2)$	

注：1. 钢材密度一般按 7.85g/cm³ 计算。

2. 其他型材如铜材、铝材等一般也可按上表计算。

圆钢、方钢重量表　　　　　　　　　　　　　　表 2-13-2

圆　钢						方　钢		
直径 (mm)	截面积 (mm²)	重量 (kg/m)	直径 (mm)	截面积 (mm²)	重量 (kg/m)	对边 (mm)	截面积 (mm²)	重量 (kg/m)
4	12.60	0.099	18	254.50	2.000	7	49	0.39
5	19.63	0.154	19	283.50	2.230	8	64	0.50
5.5	23.76	0.187	20	314.20	2.470	9	81	0.64
6	28.27	0.222	21	346.00	2.720	10	100	0.79
6.5	33.18	0.260	22	380.10	2.980	11	121	0.95
7	38.48	0.302	24	452.40	3.550	12	144	1.13
8	50.27	0.395	25	490.90	3.850	13	169	1.33
9	63.62	0.499	26	530.90	4.170	14	196	1.54
10	78.54	0.617	28	615.80	4.830	15	225	1.77
11	95.03	0.746	30	706.90	5.550	16	256	2.01
12	113.10	0.888	32	804.20	6.310	17	289	2.27
13	132.70	1.040	34	907.90	7.130	18	324	2.54
14	153.90	1.210	35	962.00	7.550	19	361	2.83
15	176.70	1.390	36	1018.00	7.990	20	400	3.14
16	201.10	1.580	38	1134.00	8.900	21	441	3.46
17	227.00	1.780	40	1257.00	9.870	22	484	3.80

等边角钢重量表　　　　　　　　　　　　　　表 2-13-3

尺　寸 (mm)		断面积 (cm²)	重　量 (kg/m)	尺　寸 (mm)		断面积 (cm²)	重　量 (kg/m)
边宽	边厚			边宽	边厚		
20	3	1.13	0.89	25	3	1.43	1.12
	4	1.46	1.15		4	1.86	1.46

续表

尺寸(mm)		断面积(cm²)	重量(kg/m)	尺寸(mm)		断面积(cm²)	重量(kg/m)
边宽	边厚			边宽	边厚		
30	3	1.75	1.37	90	6	10.64	8.35
	4	2.28	1.79		7	12.30	9.66
	5	2.78	2.18		8	13.94	10.95
32	3	1.86	1.46		10	17.17	13.48
	4	2.43	1.91		12	20.31	15.94
35	4	2.67	2.10		14	23.40	18.40
	5	3.28	2.57	100	6	11.93	9.37
36	3	2.11	1.65		7	13.80	10.83
	4	2.76	2.16		8	15.64	12.28
	5	3.38	2.65		10	19.26	15.12
38	4	2.88	2.26		12	22.80	17.90
	5	3.55	2.79		14	26.26	20.61
40	3	2.36	1.85		16	29.63	23.26
	4	3.09	2.42	110	7	15.20	11.93
	5	3.79	2.98		8	17.24	13.53
	6	4.48	3.52		10	21.26	16.69
45	3	2.66	2.09		12	25.20	19.78
	4	3.49	2.74	120	10	23.30	18.30
	5	4.29	3.37		12	27.60	21.70
	6	5.08	3.99		14	31.90	25.10
50	3	2.97	2.33		16	36.10	28.40
	4	3.90	3.06		18	40.30	31.60
	5	4.80	3.77	130	10	25.30	19.80
	6	5.69	4.47		12	30.00	23.60
56	3	3.34	2.62		14	34.70	27.30
	4	4.39	3.45		16	39.30	30.90
	5	5.42	4.25	140	10	27.37	21.49
	8	8.37	6.57		12	32.51	25.52
63	4	4.98	3.91		14	37.57	29.49
	5	6.14	4.82		16	42.54	33.39
	6	7.29	5.72	150	12	34.90	27.40
	8	9.52	7.47		14	40.40	31.70
	10	11.66	9.15		16	45.80	36.00
70	4	5.57	4.37		18	51.10	40.10
	5	6.88	5.40		20	56.40	44.30
	6	8.16	6.41	180	12	42.24	33.16
	7	9.42	7.40		14	48.90	38.38
	8	10.67	8.37		16	55.47	43.54
75	5	7.37	5.82		18	61.96	48.63
	6	8.80	6.91	200	14	54.58	42.89
	7	10.16	7.98		16	62.00	48.68
	8	11.50	9.03		18	69.30	54.40
	10	14.13	11.03		20	76.50	60.06
80	5	7.91	6.21	200	14	60.38	47.40
	6	9.00	7.38		16	68.40	53.83
	7	10.86	8.53		20	84.50	66.43
	8	12.30	9.66		24	100.40	78.80
					28	115.90	91.00
				250	16	78.40	61.55
					18	87.72	68.86
					20	96.96	76.12

不等边角钢重量表 表 2-13-4

尺寸(mm) 边长	短边	边厚	断面积(cm²)	重量(kg/m)	尺寸(mm) 边长	短边	边厚	断面积(cm²)	重量(kg/m)
25	16	3	1.16	0.91	80	55	6	7.85	6.16
		4	1.50	1.18			8	10.30	8.06
30	20	3	1.43	1.12			10	12.60	9.90
		4	1.86	1.46	90	56	5.5	7.86	6.17
32	20	3	1.49	1.17			6	8.54	6.70
		4	1.94	1.52			8	11.17	8.77
35	20	4	2.06	1.62	100	75	8	13.50	10.60
		5	2.52	1.98			10	16.70	13.10
40	25	3	1.89	1.48			12	19.70	15.50
		4	2.49	1.94	120	80	8	15.60	12.20
45	30	4	2.88	2.26			10	19.20	15.10
		6	4.81	3.28			12	22.80	17.90
50	32	3	2.42	1.90	130	90	8	17.20	13.50
		4	3.17	2.49			10	21.30	16.70
56	36	4	3.58	2.81			12	25.20	19.80
		5	4.41	3.46			14	29.10	22.80
60	40	5	4.83	3.79	150	100	10	24.30	19.10
		6	5.72	4.49			12	28.80	22.60
		8	7.44	5.84			14	33.30	26.20
63	40	4	4.04	3.17			16	37.70	29.60
		5	4.98	3.91	180	120	12	34.90	27.40
		6	5.90	4.64			14	40.40	31.70
		9	7.68	6.03			16	45.80	35.90
70	45	4.5	5.07	3.98	200	120	12	37.30	29.20
		5	5.60	4.39			14	43.20	33.90
75	50	5	6.11	4.80			16	49.00	38.40
		6	7.25	5.69					
75	50	8	9.47	7.43					
		10	11.60	9.11					
80	50	5	6.36	5.00					
		6	7.55	5.92					

普通槽钢重量表　　　　　　　　　　　　　表 2-13-5

号数	高	腿长	腹厚	重量	号数	高	腿长	腹厚	重量
	(mm)			(kg/m)		(mm)			(kg/m)
5	50	37	4.5	5.44	24 甲		78	7.0	26.55
6.5	65	40	4.8	6.70	24 乙	240	80	9.0	30.62
					24 丙		82	11.0	34.36
8	80	43	5.0	8.04	27 甲		82	7.5	30.83
10	100	48	5.3	10.00	27 乙	270	84	9.5	35.07
12	120	53	5.5	12.06	27 丙		86	11.5	39.30
14 甲	140	58	6.0	14.53	30 甲		85	7.5	34.45
14 乙		60	8.0	16.73	30 乙	300	87	9.5	39.16
16 甲	160	63	6.5	17.23	30 丙		89	11.5	43.81
16 乙		65	8.5	19.74	33 甲		88	8.0	38.70
18 甲	180	68	7.0	20.17	33 乙	330	90	10.0	43.88
18 乙		70	9.0	22.99	33 丙		92	12.0	49.06
20 甲	200	73	7.0	22.63	36 甲		96	9.0	47.80
20 乙		75	9.0	25.77	36 乙	360	98	11.0	53.45
					36 丙		100	13.0	59.10
22 甲	220	77	7.0	24.99	40 甲		100	10.5	58.91
22 乙		73	9.0	28.45	40 乙	400	102	12.5	65.19
					40 丙		104	14.5	71.47

钢　　板　　　　　　　　　　　表 2-13-6

厚度	理论质量	厚度	理论质量	厚度	理论质量	厚度	理论质量
(mm)	(kg/m²)	(mm)	(kg/m²)	(mm)	(kg/m²)	(mm)	(kg/m²)
0.20	1.570	1.3	10.21	8	62.870	27	212.0
0.25	1.963	1.4	10.99	9	70.65	28	219.8
0.27	2.120	1.5	11.78	10	78.50	29	227.7
0.30	2.355	1.6	12.56	11	86.35	30	235.5
0.35	2.748	1.8	14.13	12	94.20	32	251.2
0.40	3.140	2.0	15.70	13	102.05	34	266.9
0.45	3.533	2.2	17.27	14	109.9	36	282.6
0.50	3.925	2.5	19.63	15	117.8	38	298.3
0.55	4.318	2.8	21.98	16	125.6	40	314.0
0.60	4.710	3.0	23.55	17	133.5	42	329.7
0.65	5.103	3.2	25.12	18	141.3	44	345.4
0.70	5.495	3.5	27.48	19	149.2	46	361.1
0.75	5.888	3.8	29.83	20	157.0	48	376.8
0.80	6.280	4	31.40	21	164.9	50	392.5
0.90	7.065	4.5	35.33	22	172.7	52	408.2
1	7.850	5	39.25	23	180.6	54	423.9
1.1	8.635	5.5	43.18	24	188.4	56	439.6
1.2	9.420	6	47.10	25	196.3	58	455.3
1.25	9.813	7	54.95	26	204.1	60	471.0

注：每平方米钢板质量的计算公式为 $W = 7.85\delta$；δ——厚度。

图 2-13-3 所示为单击"2.13"常用钢材质量计算及用表程序后，选"常用钢材质量表"的"3.圆钢，方钢质量表"所显示的图。

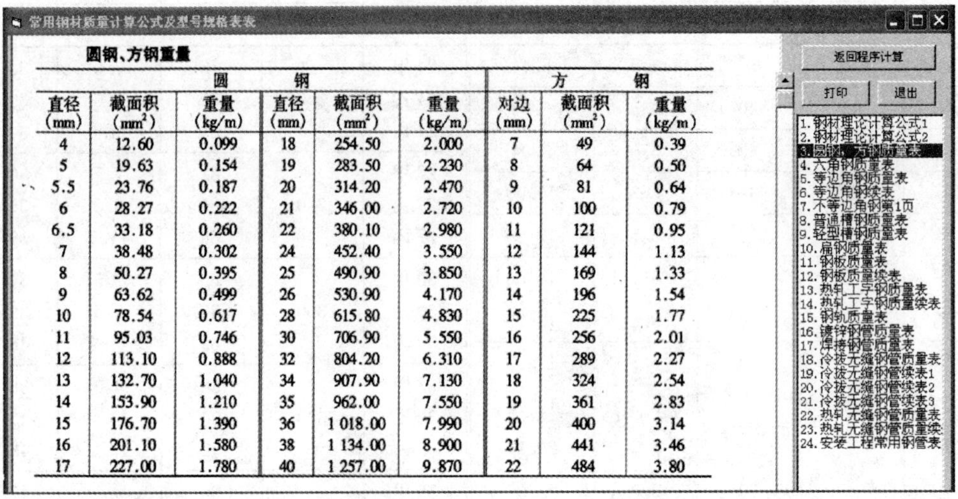

常用钢材质量计算公式及型号规格表表

圆钢、方钢重量

	圆　钢					方　钢		
直径(mm)	截面积(mm²)	重量(kg/m)	直径(mm)	截面积(mm²)	重量(kg/m)	对边(mm)	截面积(mm²)	重量(kg/m)
4	12.60	0.099	18	254.50	2.000	7	49	0.39
5	19.63	0.154	19	283.50	2.230	8	64	0.50
5.5	23.76	0.187	20	314.20	2.470	9	81	0.64
6	28.27	0.222	21	346.00	2.720	10	100	0.79
6.5	33.18	0.260	22	380.10	2.980	11	121	0.95
7	38.48	0.302	24	452.40	3.550	12	144	1.13
8	50.27	0.395	25	490.90	3.850	13	169	1.33
9	63.62	0.499	26	530.90	4.170	14	196	1.54
10	78.54	0.617	28	615.80	4.830	15	225	1.77
11	95.03	0.746	30	706.90	5.550	16	256	2.01
12	113.10	0.888	32	804.20	6.310	17	289	2.27
13	132.70	1.040	34	907.90	7.130	18	324	2.54
14	153.90	1.210	35	962.00	7.550	19	361	2.83
15	176.70	1.390	36	1 018.00	7.990	20	400	3.14
16	201.10	1.580	38	1 134.00	8.900	21	441	3.46
17	227.00	1.780	40	1 257.00	9.870	22	484	3.80

返回程序计算
打印　退出

1.钢材理论计算公式1
2.钢材理论计算公式2
3.圆钢，方钢质量表
4.六角钢质量表
5.等边角钢质量表
6.等边角钢质量表
7.不等边角钢质量1页
8.普通槽钢质量表
9.轻型槽钢质量表
10.扁钢质量表
11.钢板质量表
12.钢板质量续表
13.热轧工字钢质量表
14.热轧工字钢质量续表
15.钢轨质量表
16.镀锌钢管质量表
17.焊接钢管质量表
18.冷拔无缝钢管质量表
19.冷拔无缝钢管续表1
20.冷拔无缝钢管续表2
21.冷拔无缝钢管续表3
22.热轧无缝钢管质量表
23.热轧无缝钢管质量续表
24.安装工程常用的管表

图 2-13-3　圆钢、方钢重量图

第 **3** 章　平面几何图形计算作图法及计算软件

3.1　三　角　形

一、直角三角形的边角关系

如图 3-1-1 图所示，三角形三个顶点 A、B、C 分别表示 a、b、c 三边所对的角度。AD，BE，CF 分别为 a、b、c 三边的中线。其边角关系式如下：

1. $\sin A = \dfrac{a}{c}$，$\cos A = \dfrac{b}{c}$，$\sin B = \dfrac{b}{c}$，$\cos B = \dfrac{a}{c}$，$\tan A = \dfrac{a}{b}$，$\tan B = \dfrac{b}{a}$

2. $\angle A + \angle B = 90°$，$\angle C = 90°$

3. $a^2 + b^2 = c^2$

4. 周长 $L = a + b + c$

5. 面积 $S = \dfrac{1}{2}ab$

6. 中线长度

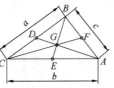
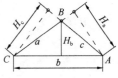

斜三角形的中线　　　斜三角形的高

直角三角形　　　钝角三角形

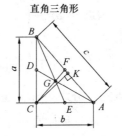
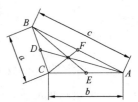

图 3-1-1　三角形的边角关系

$$AD = \sqrt{b^2 + \frac{a^2}{4}} \quad BE = \sqrt{a^2 + \frac{b^2}{4}} \quad CF = b^2 + \left(\frac{c}{2}\right)^2 - 2b\left(\frac{c}{2}\right)\cos A$$

7. 三角形的重心：G 点在 $\dfrac{1}{3}AD = DG$ 处

或者　G 点在 $\dfrac{1}{3}BE = EG$ 处

或者　G 点在 $\dfrac{1}{3}CF = FG$ 处

根据初等几何可知三角形三条中线必相交于 G 点，因此确定三角形重心时上面三种任取一种即可。

8. 直角三角形的高

A 点到对边 a 的高 $H_a = b$

B 点到对边 b 的高 $H_b = a$

C 点到对边 c 的高 $H_c = CK = b\sin A$

二、斜三角形的边角关系

1. 正弦定理

$$\frac{a}{\sin A} = \frac{b}{\sin B} = \frac{c}{\sin C} = 2R \quad (R \text{ 为三角形外接圆半径})$$

2. 余弦定理

$$a^2 = b^2 + c^2 + 2bc\,\cos A$$

$$b^2 = a^2 + c^2 + 2ac\,\cos B$$

$$c^2 = a^2 + b^2 + 2ab\,\cos C$$

3. 周长 $L = a + b + c$

4. 面积 $S = \sqrt{p\,(p-a)\,(p-b)\,(p-c)}\left(\text{其中 } p = \dfrac{L}{2}\right)$

5. 中线长度

$$AD = b^2 + \left(\frac{a}{2}\right)^2 - 2b\left(\frac{a}{2}\right)\cos C$$

$$BE = a^2 + \left(\frac{b}{2}\right)^2 - 2a\left(\frac{b}{2}\right)\cos C$$

$$CF = b^2 + \left(\frac{c}{2}\right)^2 - 2b\left(\frac{c}{2}\right)\cos A$$

6. 三角形的重心 G 点在三分之一 AD 处，或者在三分之一 BE 处，或者在三分之一 CF 处，确定三角形重心时上面三种任取一种即可。

7. 三角形三个角顶点到对边的高度

A 点到对边 a 的高度 $H_a = b\sin C$

B 点到对边 b 的高度 $H_b = a\sin C$

C 点到对边 c 的高度 $H_a = A\sin B$

三、程序计算

程序计算的内容有三角形的中线、高、三个内角、周长、面积、重心和 1mm 厚度钢板的质量。

用前面的计算公式可以计算出三角形的各种参数，但比较麻烦，若用程序计算的话，包含输入数据占用的时间一般数秒内就可计算完毕。程序计算时，按照习惯将输入已知条件分为输入三边、输入两边及其夹角和输入两角及其夹边三种形式。程序运行后，单击上面三种输入形式中的任意一种就可以开始计算了，程序运行的操作步骤与前面章节完全相同。图 3-1-2 是已知条件为三边时的计算数据。读者还可以用计算结果作为两边夹一角或者两角夹一边的已知条件，再用程序计算看看结果是否与三边作为已知条件的计算值吻合。

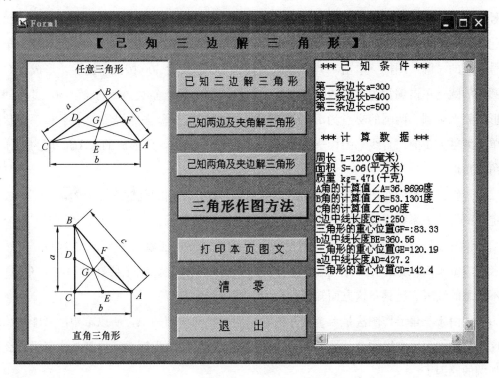

图 3-1-2　用程序计算三角形的边角和面积示例

四、传统三角形的作图方法

作图工具为直尺，圆规（或地规），粉线包，画笔和卷尺等。

已知 a，b，c 三边作三角形是钣金展开中最基本的作图方法，必须牢固掌握。

1. 如图 3-1-1 所示，作线段 AC 的长度等于 b，以 A 点为圆心 c 为半径画弧，再以 c 点为圆心 a 为半径画弧，两圆弧相交于 B 点。

2. 连接 AB 和 BC 与 AC 形成的三角形即为所求的三角形。

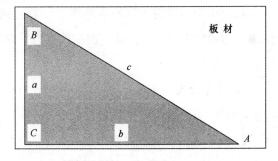

图 3-1-3　直角三角形在板材上下料作图的应用

3. 图 3-1-3 是用三角形作图方法的应用实例，例如板材是用来卷制圆筒的钢板，一般钢板不是理想的矩形，因此必须作两条直角边后，再作两条直角边的平行线使钢板切割后成为矩形，此时就可以利用作直角三角形的方法使 $\angle C$ 为直角，利用勾股定理可以使 $a=300$，$b=400$，$c=500$ 或者它们的整数倍，如 $a=600$，$b=800$，$c=1000$ 等，就可以作出直角三角形了。

五、用 AutoCAD 绘图软件作三角形

如图 1-3-1 AutoCAD 界面图所示，单击状态栏中的"正交"和"对象捕捉"→单击编号为 1 的"直线"图标→将光标移动到屏幕适当位置并单击屏幕，单击处作为线段 CA 的起点 C→此时在命令行中显示"指定下一点"，键入 CA 的长度 400 →按回车键→单击编号为 7 的"圆"图标→单击 C 点→输入直角边 BC 的长度 300 按回车键后，形成以 C 点为圆心的圆→单击编号为 7 的"圆"图标→单击 A 点→输入斜边 AB 的长度 500 并按回车键形成第二个圆，两圆的交点为 B →单击状态栏的"正交"去掉线段的水平和垂直状态→单击编号为 1 的"直线"图标→连续单击 A，B，C 三点，所形成的▲ABC 即为所作的直角三角形。

对于斜三角形的作图步骤与直角三角形完全一样，不同的是输入三边的尺寸不构成勾股定理的尺寸关系，因此斜三角形的作图参照上述步骤就行了。

请读者注意，上面描述过程看似复杂，而作图过程可能就 2～3min 的时间，当然与读者对 AutoCAD 绘图软件的熟悉程度有关。上面文字描述详细主要针对那些对 CAD 软件不熟悉的读者，已具备这方面知识的读者可阅读其他章节。

另外由于三角形作图法是钣金展开最常用的方法和基础知识，所以希望读者能熟练掌握这部分的内容。在以后章节涉及三角形的作图过程可能非常简单，这就是作者为什么反复强调的原因了。

3.2 平行四边形

图 3-2-1 为平行四边形的示意图，计算公式中各个符号与该图一致，在用程序计算时，θ 可为锐角也可以是钝角。面积单位为平方米（m^2），质量单位为千克（kg），其余为毫米（mm）。

一、计算公式

1. 已知两边长 a，b 及其夹角 θ

当 $\theta=90°$时，则变成对矩形的计算，若同时 $a=b$ 则变成计算正方形了。

对角线 $BD=\sqrt{a^2+b^2-2ab\cos\theta}$

$$AC=\sqrt{a^2+b^2-2ab\cos(180°-\theta)}$$

两对边的垂直距离（高）$H_1=b\times\sin\theta$

$$H_2=a\times\sin\theta$$

面积 $S=a\times H_1\times10^{-6}$ 或 $S=\dfrac{2\sqrt{P(P-A)(P-B)(P-BD)}}{10^6}$ 其中 $p=\dfrac{a+b+bd}{2}$

质量 $G=7.85\times S$（7.85 为每平方米 1mm 厚钢板的质量）

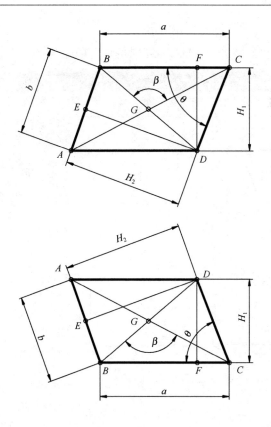

图 3-2-1 平行四边形

2. 已知两边长 a，b 及两平行边的距离 H_1

当 $H_1 = b$ 时则变成对矩形的计算，若同时 $a = b$ 则变成对正方形的计算了。

(1) $\angle A = \arcsin\left(\dfrac{H_1}{b}\right) = \angle C$　$\angle B = \angle D = 180° - \angle A$

(2) 建立直角坐标并以 B 点作为原点，求 A，B，C，D 四点的坐标

$x_A = -\sqrt{b^2 - h_1^2}$　$y_A = H_1$　$x_B = 0$　$y_B = 0$　$x_C = a$　$y_C = 0$

$x_D = a - \sqrt{b^2 - h_1^2}$　$y_D = H_1$

(3) 计算对角线 $BD = \sqrt{(x_B - x_D)^2 + (y_B - y_D)^2}$

$$AC = \sqrt{(x_A - x_C)^2 + (y_A - y_C)^2}$$

(4) 计算两平行线 b 之间的距离 H_2

$$H_2 = a \times \sin \angle A$$

(5) 面积 $S = a \times H_1 \times 10^{-6}$

(6) 质量 $G = 7.85 \times S$（7.85 为每平方米 1mm 厚钢板的质量）

二、光盘计算及算例

程序计算的步骤与前面各章节相同，即在双击"3.2 平行四边形"文件名后单击相关

计算按钮和按提示输入已知数据就可以计算了。

当已知条件 $a=500$ $b=300$ $\theta=41.8103°$ 时的计算数据见图 3-2-2。

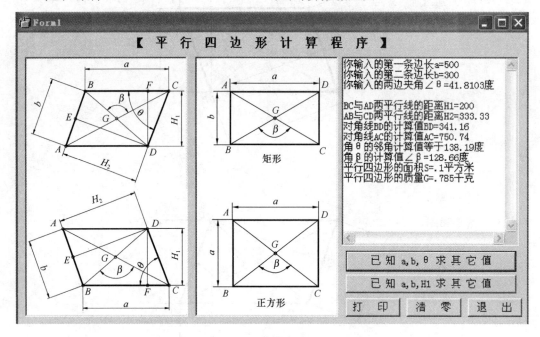

图 3-2-2 已知 a，b 和 θ 求其他值计算示例

当已知条件 $a=500$ $b=300$ $H_1=200$ 时的计算数据见图 3-2-3。

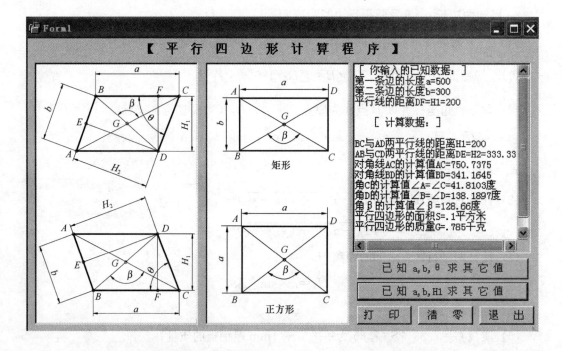

图 3-2-3 已知 a，b 和 H_1 求其他值计算示例

当已知条件 $a=500$ $b=300$ $\theta=90°$时是对矩形计算（未打印图）。

当已知条件 $a=500$ $b=500$ $\theta=90°$时是对正方形计算（未打印图）。

三、平行四边形的作图方法

可以将 a，b，BD 作为三角形三边并且以 BD 为分界线，在 BD 两侧画两个三角形，如图 3-2-1 所示由 AB，BC，CD，DA 四边所组成的图形就是平行四边形。有关三角形的作图方法与第 3.1 节完全相同。

3.3　任　意　四　边　形

一、程序计算说明

如图 3-3-1 和图 3-3-2 所示，本节程序可以对凸凹两种四边形均可进行计算。已知四边形四条边长和一条对角线的长度就可计算四边形的面积、质量、四个内角和外角、高及另外一条对角线的长度值，如图 3-3-3 所示。已知条件也可以用四条边长和高来求其他参数，如图 3-3-4 和图 3-3-5 所示。四边形的计算公式以解三角形的公式为基础，可参照第 3.2 节的内容。

双击"任意四边形"程序名后，出现的第一个屏幕是凸四边形的计算程序，程序预先设置了一组已知条件作为示例，单击"开始计算"按钮，就会显示计算结果。如果单击"清零"按钮，从光标闪烁处依次输入已知条件后，单击屏幕下面"输完数据单击此按钮开始计算"其计算结果很快就会显示出来。选择其他按钮可进行凹四边形的计算。有兴趣的读者可以用 AutoCAD 按照表中的已知条件绘制四边形后，再用查询或标注功能得到的测量数据与程序计算数据对照看是否吻合，可以做到心中有数。

另外，计算表中计算值 h_2 前面出现负号表示高 h_2 与 h_1 在线段 AB 的异侧（如图 3-3-2 中的下图），若两者计算值均为正，表示 h_1 和 h_2 都在 AB 的同侧（如图 3-3-2 中的上图）。

任意四边形计算程序还可以计算矩形和正方形的面积，质量等参数，计算前必须先用勾股定理计算对角线的长度并作为已知条件同其他四边输入后才能计算。

二、作图方法

任意四边形的作图同平行四边形一样，是通过两次作三角形完成的，三角形的作图方法可参考第 3.1 节的相关内容。

三、光盘计算示例

图 3-3-3 为凸四边形的计算示例，图 3-3-4 和图 3-3-5 为凹四边形的计算示例。

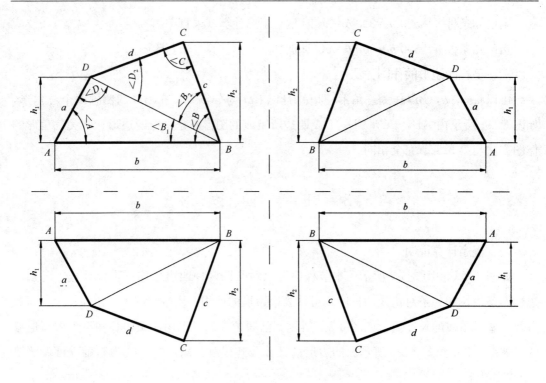

图 3-3-1 凸四边形

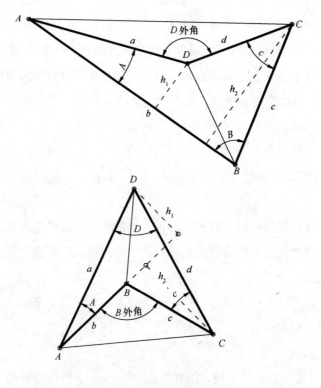

图 3-3-2 凹四边形

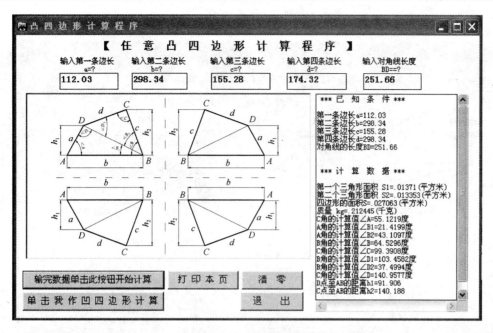

图 3-3-3　凸四边形计算示例

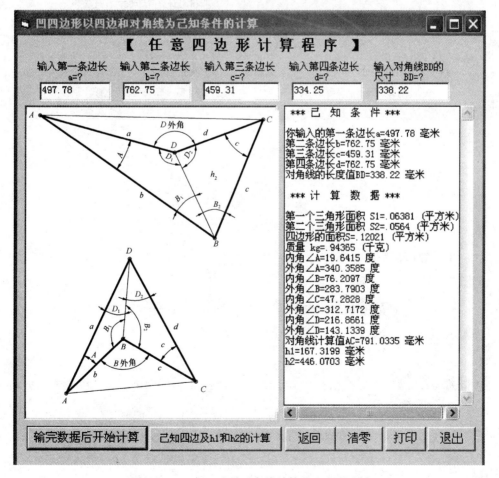

图 3-3-4　已知四边及对角线计算凹四边形示例

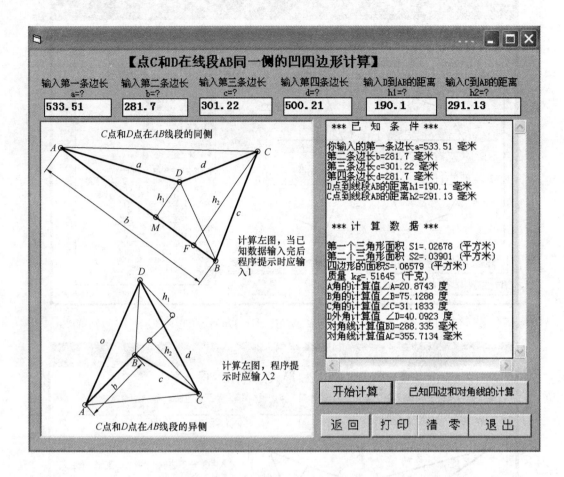

图 3-3-5　已知四边及高 h_1 和 h_2 计算凹四边形示例

3.4　矩　形　和　正　方　形

一、计算公式和实例

如图 3-4-1 所示，已知边长 $a=200$ 和 $b=100$

$$对角线\ BD=AC=\sqrt{a^2+b^2}=\sqrt{200^2+100^2}=223.607$$

面积 $S=a\times b\times 10^{-6}=200\times 100\times 10^{-6}=0.02$（$a$ 和 b 的单位为毫米，S 的单位为平方米）

质量 $G=7.85\times S=7.85\times 0.02=0.157$（7.85 为钢材的密度，$G$ 的单位为千克）

$$两对角线的夹角：\tan\left(\frac{\beta}{2}\right)=\frac{\left(\frac{a}{2}\right)}{\left(\frac{b}{2}\right)}=\frac{100}{50}=2$$

$$\beta = 2 \times \arctan\left[\frac{\left(\dfrac{a}{2}\right)}{\left(\dfrac{b}{2}\right)}\right] = 2 \times \arctan\,(2)$$

$$= 2 \times 63.43495 = 126.87°$$

二、用程序法计算的步骤和方法

双击"3.4 矩形和正方形"文件名，在光标闪烁处依次输入矩形（或者长方形）的尺寸 a 和 b，然后单击"开始计算"按钮后，计算值立刻在文本框内显示出来。计算示例如图 3-4-2 所示。

三、作图方法

由于 a，b，BD 全部为直角三角形的已知数据，所以直接按作三角形的方法就可以作出矩形或正方形了。详细作图过程可参考第 3.1 节的相关内容。

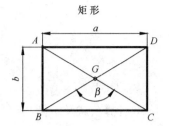
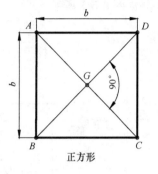

图 3-4-1 矩形和正方形

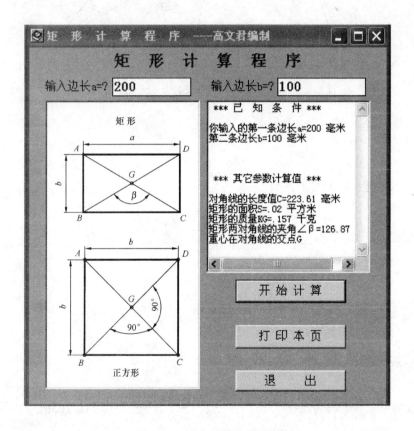

图 3-4-2 光盘计算矩形示例

59

3.5 不等腰梯形

一、计算

1. 计算公式及示例

如图 3-5-1 所示。

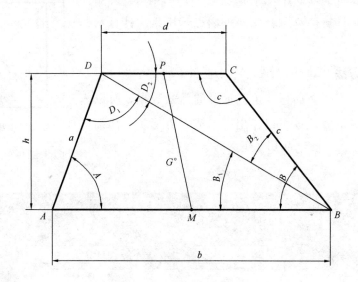

图 3-5-1 不等腰梯形边角关系

已知 $a=133.95$，$b=287.69$，$c=163.38$，$d=127.22$，$BD=265.78$

试计算不等腰梯形的其他参数：

$$\cos\angle A=\frac{a^2+b^2-BD^2}{2ab}=\frac{133.95^2+287.69^2-265.78^2}{2\times133.95\times287.69}=0.39$$

$$\angle A=\arccos（0.39）=\angle 67.037°$$

$$\cos\angle B_1=\frac{b^2+BD^2-a^2}{2\times b\times BD}=\frac{287.69^2+265.78^2-133.95^2}{2\times287.69\times265.78}=0.8858$$

$$\angle B_1=\arccos（0.8858）=27.64872°$$

$$\cos\angle B_2=\frac{c^2+BD^2-d^2}{2\times c\times BD}=\frac{163.38^2+265.78^2-127.22^2}{2\times163.38\times265.78}=0.934376361$$

$$\angle B_2=\arccos（0.934376361）=20.8742°$$

$$\angle B=\angle B_1+\angle B_2=20.8742°+27.64872°=48.52°$$

$\angle C=180°-\angle B=180°-48.52°=131.48°$

$\angle D=180°-\angle A=180°-67.037°=112.963°$

高度 $h=a\times\sin\angle A=133.95\times\sin67.037°=123.335$

面积 $S=\dfrac{(b+d)\times h}{2}=\dfrac{(287.69+127.22)\times123.335}{2}\times10^{-6}=0.0255$

质量 $G=S\times7.85=0.0255\times7.85=0.2$

重心计算公式比较复杂在此不举例计算，但程序计算表中有计算结果。

2. 程序计算示例

如图 3-5-2 所示，在程序运行时，各个文本框已经输入了已知数据，单击计算按钮后计算结果就显示出来。单击"清零"按钮就可重新输入新的数据进行计算，程序启动及操作步骤与前面章节相同。

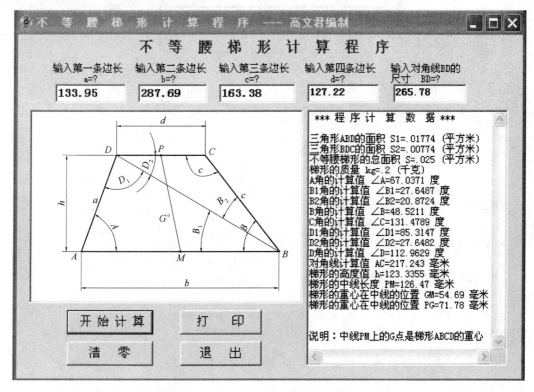

图 3-5-2 不等腰梯形光盘计算示例

3. 本节的不等腰梯形计算程序还可以对等腰梯形，平行四边形，矩形和正方形计算，其计算结果完全吻合（误差较小）。

二、作图

由于已知四边和对角线的长度，只需要以对角线为公共边画两个三角形就行了。

3.6 等 腰 梯 形

一、计算

1. 计算公式及计算实例

如图 3-6-1 所示，已知：$b=300$，$d=200$，$h=138.4$（单位为毫米），其他参数

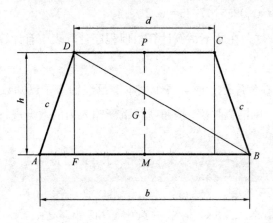

图 3-6-1　等腰梯形

$$c=\sqrt{h^2+\left(\frac{b}{2}-\frac{d}{2}\right)}=\sqrt{138.4^2+\left(\frac{300}{2}-\frac{200}{2}\right)^2}=147.155$$

$$\sin\angle A=\frac{h}{c}=\frac{138.4}{147.155}=0.9405$$

$$\angle A=\arcsin\,(0.9405)\,=70.137°=\angle B$$

$$\angle C=180°-70.137°=109.863°=\angle D$$

$$AF=\frac{b}{2}-\frac{d}{2}=\frac{300}{2}-\frac{200}{2}=50 \quad FB=b-AF=300-50=250$$

$$BD=\sqrt{h^2+FB^2}=\sqrt{138.4^2+250^2}=285.75$$

$$面积\ S=\frac{b+d}{2}\times h\times10^{-6}=\frac{300+200}{2}\times138.4\times10^{-6}=0.0346$$

$$质量\ G=7.85\times S=7.85\times0.0346=0.2716$$

2. 程序计算

双击"3.6 等腰梯形"程序名，在出现的输入文本框内已经有一组输入数据是供示例用的。单击"清零"按钮后可在光标闪烁处输入一组新的数据进行计算，用程序计算的操

作步骤同前面各个章节，在此就不作进一步叙述了。计算示例如图 3-6-2 所示。

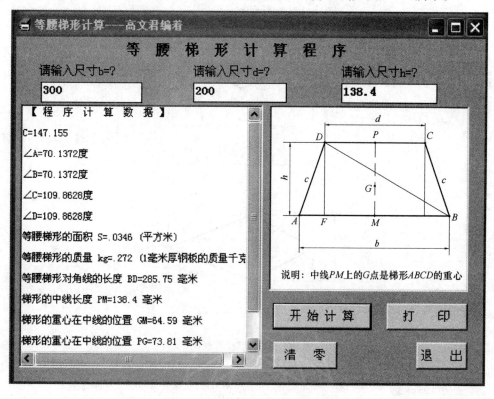

图 3-6-2 光盘计算等腰梯形示例

二、作图

用已知三边 b，d 和 BD 并以对角线 BD 为公共边作两次三角形就行了。

3.7 棱 形

一、计算

1. 计算公式和示例

如图 3-7-1 所示，已知棱形两对角线的长度 $a=100$，$b=240$ 和偏心距 $e=20$

$$AB = AD = \sqrt{\left(\frac{b}{2}-e\right)^2 + \left(\frac{a}{2}\right)2} = \sqrt{\left(\frac{240}{2}-20\right)^2 + \left(\frac{100}{2}\right)^2} = 111.8034$$

$$BC = CD = \sqrt{\left(\frac{b}{2}+e\right)^2 + \left(\frac{a}{2}\right)2} = \sqrt{\left(\frac{240}{2}+20\right)^2 + \left(\frac{100}{2}\right)^2} = 148.66$$

$$\angle A = 2 \times \arctan\left(\frac{\frac{a}{2}}{\frac{b}{2}-e}\right) = 2 \times \arctan\left(\frac{\frac{100}{2}}{\frac{240}{2}-20}\right) = 53.13°$$

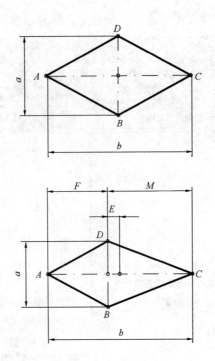

图 3-7-1　棱形计算简图

$$\angle C = 2 \times \arctan\left(\frac{\dfrac{a}{2}}{\dfrac{b}{2}+e}\right) = 2 \times \arctan\left(\frac{\dfrac{100}{2}}{\dfrac{240}{2}+20}\right) = 39.3°$$

$$\angle B = \angle D = 180° - \frac{\angle A}{2} - \frac{\angle C}{2} = 180° - \frac{53.13°}{2} - \frac{39.3°}{2} = 133.78°$$

面积 $S = \left(\dfrac{b-e}{2} \times \dfrac{a}{2} + \dfrac{b+e}{2} \times \dfrac{a}{2}\right) \times 10^{-6} = \left(\dfrac{240-20}{2} \times \dfrac{100}{2} + \dfrac{240+20}{2} \times \dfrac{100}{2}\right) \times$

$10^{-6} = 0.012$

质量 $G = S \times 7.85 = 0.012 \times 7.85 = 0.0942$

2. 用程序计算

双击"3.7棱形"程序名,程序预先输入了已知数据作为示例,单击"开始计算"按钮就可看见计算结果,如图 3-7-2 所示。预先输入的数据中偏心距为20,假如将偏心距置零,则表示是对正棱形的计算,此时 $AB=BC=CD=CA$,如图 3-7-1 的上图所示。单击"清零"后预先输入的数据消失,可在光标闪烁处重新输入新的数据计算。

二、作图

根据计算值 AB,AD,BC,CD 和已知条件 a,b 作两次三角形就可完成棱形的作图。

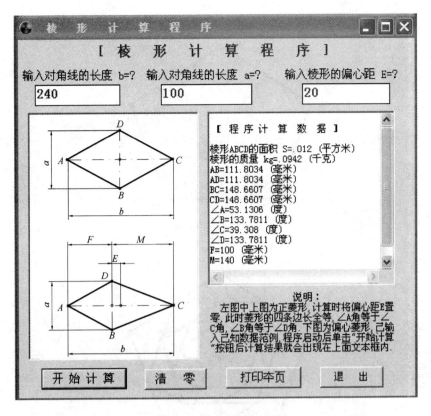

图 3-7-2 光盘计算棱形示例

3.8 正 五 边 形

一、计算

1. 计算公式和示例

如图 3-8-1 所示，已知边长 $L_1 = 3000$，个数 $n=1$，求其他参数。

计算式如下：

周长 $Z_1 = 5 \times L_1 = 5 \times 3000 = 15000$

每一边所对的外接圆圆心角 $\beta = \dfrac{360°}{5} = 72°$

$\angle A = 2 \times \left(90° - \dfrac{\beta}{2}\right) = 2 \times \left(90° - \dfrac{72°}{2}\right) = 108°$

$\angle B = \angle C = \angle D = \angle E = \angle A = 108°$

内切圆半径 $r_1 = \dfrac{L_1}{2} \times \tan\left(\dfrac{\angle A}{2}\right) = r_1 = \dfrac{3000}{2} \times \tan\left(\dfrac{108°}{2}\right) = 2064.573$

外接圆半径 $R_1 = \sqrt{r_1^2 + \left(\dfrac{L_1}{2}\right)^2} = \sqrt{2064.573^2 + \left(\dfrac{3000}{2}\right)^2} = 2551.95$

65

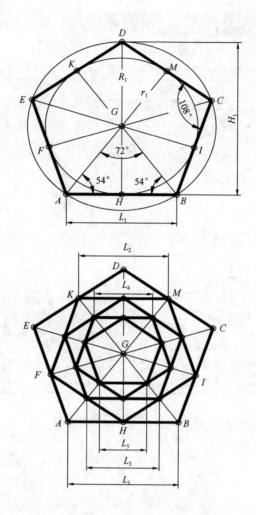

图 3-8-1 正五边形

每一个角顶至对边的距离为 $H_1 = R_1 + r_1 = 2064.573 + 2551.95 = 4616.52$

五边形的面积 $S_1 = 5 \times \frac{1}{2} \times L_1 \times r_1 \times 10^{-6} = 5 \times \frac{1}{2} \times 3000 \times 2064.573 \times 10^{-6} = 15.4843$

质量 $G_1 = S_1 \times 7.85 = 15.4843 \times 7.85 = 121.5517$

2. 用程序计算

上面用公式计算了最外面的一个五边形的各个参数，程序计算时 n 的取值为 1。计算结果如图 3-8-2 所示。如果当 n 取值比较多而文本框没有将计算数据显示完，可以拉动滚动条看完所有数据。

二、作图

1. 传统作图法

利用已知边长值 L_1，外接圆半径 R_1 和 R_1 计算值作为三边作出第 1 个三角形，连续作 5 个三角形就完成了第 1 个五边形的绘图工作。然后连接每边 L_1 的中点形成第 2 个五

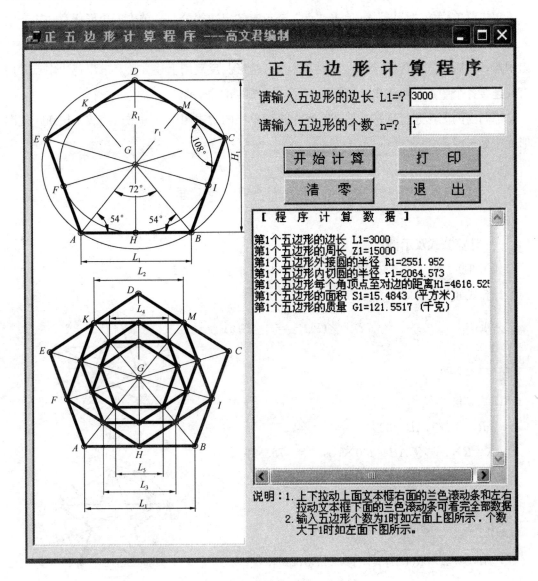

图 3-8-2　光盘计算正五边形示例

边形，以此类推作完第 n 个五边形。

2. 用 AutoCAD 绘图软件作五边形

单击菜单栏的"格式"→单击"点样式"→单击任意一个图样例如圆→在"点大小"右面框内输入 2 →单击确定。

单击编号为 7 的"圆"图标→单击屏幕上适当位置作为五边形外接圆的中心 G 点→按命令行提示输入外接圆半径 R_1 的计算值并按回车键出现外接圆→单击菜单栏的"绘图"→单击"点"→单击"定数等分"后此时命令行提示"选择定数等分的对象"→单击外接圆后呈现虚线状态→输入等分数 5 后按回车键，此时圆周上出现 5 个圆点→单击编号为 1 的"直线"图标→连续单击 5 个点就画完了第 1 个五边形。

单击菜单栏的"绘图"→单击"点"→单击"定数等分"→单击五边形任意一边→输入等分数 2 后按回车键，此时在此边的中点出现一个圆点→同样其他四边也用上述方法求出中点，然后用直线连接 5 个点形成第 2 个五边形。反复用上述方法，求出每边中点并用直线连接各个中点就可作出 n 个五边形了，如图 3-8-2 所示。

当画出的图形超过屏幕边缘时，可单击菜单栏的"视图"→单击"缩放"按钮，使图形完全处于屏幕之内。

3.9 平面五角星

一、计算公式及示例

如图 3-9-1 所示，已知外接圆半径 $R=300$，求其他参数。

计算式如下：

$$\angle AGB = \frac{360°}{5} = 72° \quad \angle GAB = \angle GBA =$$

$$\frac{180°-72°}{2} = 54°$$

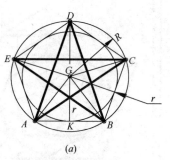

1. 内切圆半径

$r=R\times\sin\angle GAB=300\times\sin54°=242.7$

$AK=R\times\cos\angle GAB=300\times\cos54°=176.336$

2. 五边形的边长

$AB=2\times AK=2\times176.336=352.672$

$DK=R+r=300+242.7=542.7$

$$\angle ADB = 2\times\arctan\left(\frac{AK}{DK}\right) = 2\times\arctan\left(\frac{176.336}{542.7}\right) =$$

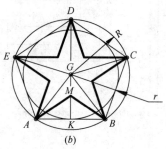

$36°=\angle MAK$

图 3-9-1 正五角星

3. 五角星的边长

$$AM=BM=\frac{AK}{\cos\angle MAK}=\frac{176.336}{\cos36°}=217.963$$

4. 五角星的面积

$$MK=\sqrt{AM^2-AK^2}=\sqrt{217.963^2-176.336^2}=128.115$$

三角形 AGK 的面积 $S_1=0.5\times AB\times r\times10^{-6}=\dfrac{0.5\times352.67\times242.7}{10^6\times}=0.04279675$

三角形 AMK 的面积 $S_2=0.5\times AB\times MK=\dfrac{0.5\times352.672\times128.115}{10^6}=0.022591286$

五角星的面积 $S=5\times(S_1-S_2)=5\times(0.04279675-0.022591286)=0.101$

5. 五角星的质量

$G=7.85\times S=7.85\times 0.101=0.793$

二、用程序计算

双击"3.9 平面五角星"程序名，程序预先输入了外接圆 $R=300$ 的已知数据，单击计算按钮，其计算结果立即就会在文本框内显示出来。单击"清零"按钮，在光标闪烁处可重新输入数据计算。光盘计算示例见图 3-9-2 所示。

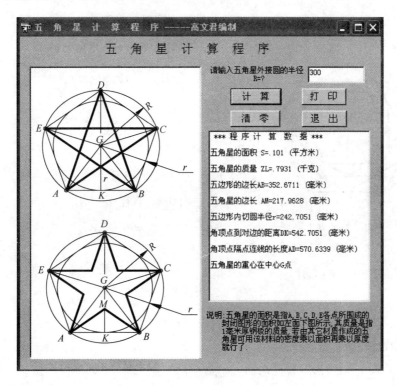

图 3-9-2　光盘计算五角星示例

三、作图

1. 在图 3-9-1（a）的五角星与第 3.8 节作正五边形类似，不同的是（a）图是用直线隔点连接。

2. 作图 3-9-1（b）的五角星只要用边长 AB，AM，BM 作 5 个三角形就行了。

3. 用 AutoCAD 作五角星可参考第 3.8 节的相关内容。

3.10　正　六　边　形

一、计算公式和示例

图 3-10-1 中的上图为单个正六边形，下图是由 5 个正六边形构成的平面网架。在网

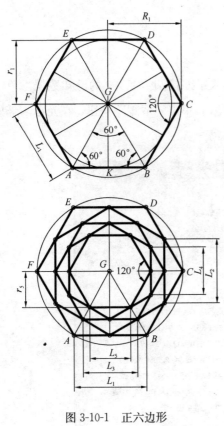

图 3-10-1 正六边形

架中可看出，内面一层六边形的 6 个顶点均在紧邻外面一层六边形的中点上。本节程序可以对网架中的多个六边形或者单个六边形进行计算。下面仅介绍单个六边形的计算公式及计算例示，光盘计算网架多个六边形的示例如图 3-10-2 所示。

已知边长 L_1 或者外接圆半径 $R_1(R_1=L_1)$ 为 300，试求其他参数。计算式如下：

周长 $Z_1=6\times L_1=6\times300=1800$

每一边所对的中心角 $\beta=\dfrac{360°}{6}=60°$

$\angle GAB=\angle GBA=\dfrac{180°-\beta}{2}=\dfrac{180°-60°}{2}=60°$

外接圆半径 $R_1=AG=L_1=300$

内切圆半径 $r_1=R_1\times\sin\angle GAB=300\times\sin60°=259.808$

面积 $S_1=6\times\dfrac{1}{2}\times L_1\times r_1=6\times0.5\times300\times259.808=0.2338272$

质量 $G_1=7.85\times S_1=7.85\times0.2338272=1.83554$

二、用程序计算

双击"3.10 正六边形"程序名后，单击"已知边长 L_1 求其他值"按钮，在出现对话框的光标闪烁处先输入正六边形的个数（例如 4）后按回车键，再在光标闪烁处输入最外层一个六边形的边长 L_1 的数值（例如 300）后按回车键，其计算结果会立即显示出来，如图 3-10-2 所示。

从工程实例上讲，图 3-10-1 的多个六边形你可把它想象成外形为六面体的一个钢结构的其中某一楼层的网架，各个边可以是钢管、角钢或者其他结构杆件，假如网架是由钢管所构成，那么构件之间就会出现三通、两节弯头的情况。六边形的计算面积可看做是平台钢板的面积，其计算重量可看做是平台钢板的重量，计算周长值可看做是钢管所需要的材料长度。这样一来，钣金展开的知识就可派上用场。作者介绍上面实例的意图是想通过此例说明学习基础知识要与实践相结合才能起到应有的作用。读者可以举一反三利用各个章节的内容去解决一些实际问题相信也不是十分困难的事情，不妨一试。

三、作图

如图 3-10-1 所示，由于六边形的边长和外接圆的半径相等，若已知边长 L_1 时，作 6

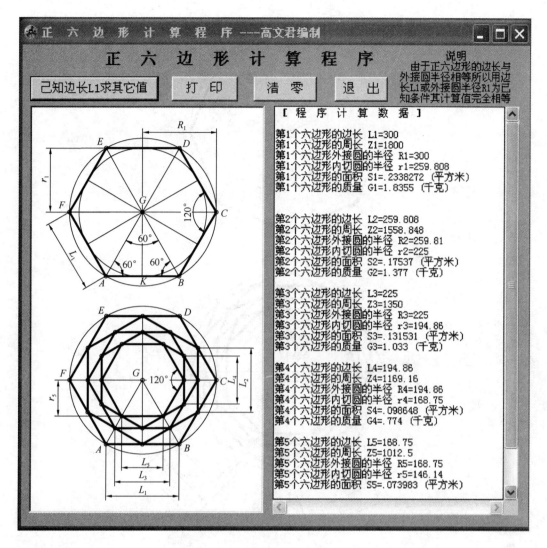

图 3-10-2　光盘计算正六边形示例

个首尾相连接的正三角形即可形成正六边形。若已知条件为外接圆半径时，将圆周 6 等分，即用边长值在圆周上量取 5 次得到 6 个点，连接各个等分点可画出六边形，绘图步骤可参照第 3.8 节五边形的作图过程。

3.11　任意正多边形

一、计算公式和示例

任意正多边形如图 3-11-1 所示。

已知条件：正多边形的个数 $n_1=6$，边数为 $n_2=8$，多边形外接圆半径 $R_1=300$。

试求正多边形的其他参数。下面仅对最外层 8 边形的参数进行计算，其他 5 个正多边

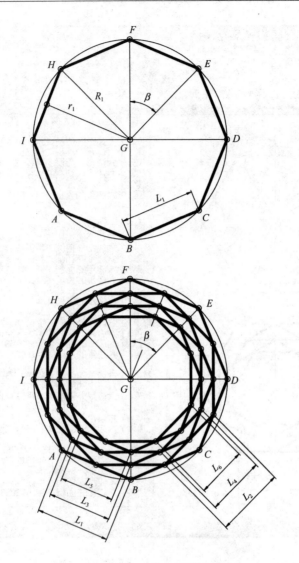

图 3-11-1 正 N 边形

形的计算由程序完成。

用公式法的计算步骤如下：

1. 每边所对的圆心角

$$\beta=\frac{360°}{n_2}=\frac{360°}{8}=45°$$

$$\angle GEF=\angle GFE=\frac{180°-\beta}{2}=\frac{180°-45°}{2}=67.5°$$

2. 内切圆半径

$$r_1=R_1\times\sin\angle GEF=300\times\sin67.5°=277.164$$

3. 正多边形边长

$$L_1=2\times R_1\times\sin\left(\frac{\beta}{2}\right)=2\times300\times\sin\left(\frac{45°}{2}\right)=229.61$$

4. 面积

$$S_1 = n_2 \times \frac{1}{2} \times L_1 \times r_1 \times 10^{-6} = 8 \times 0.5 \times 229.61 \times 277.164 \times 10^{-6} = 0.2546$$

5. 质量

$$G_1 = 7.85 \times S_1 = 7.85 \times 0.2546 = 1.9983$$

二、用程序计算

双击"3.11 任意正多边形"程序名，单击"2. 已知外接圆半径解正多边形"按钮，按照提示在光标闪烁处依次输入正多边形的个数 6，边数为 8，多边形外接圆半径 300 后，单击"确定"按钮，其计算结果如图 3-11-2 所示。

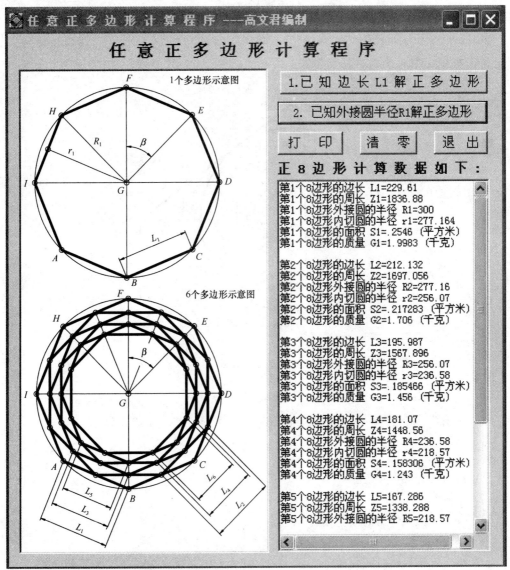

图 3-11-2　任意正多边形光盘计算示例

当已知条件为边长时的计算步骤，除了单击"1. 已知边长 L_1 解正多边形"外，其余的操作步骤完全相同。程序计算时拉动滚动条可看完全部计算数据。

三、作图

任意正多边形的作法与前面第 3.8 节的正五边形类似，不同之处是边的多少而已，在此就不作具体叙述了。

3.12 圆、圆环、扇形、弓形

一、圆的计算和示例

1. 用公式计算

如图 3-12-1 所示，已知半径 $R=300$，圆周等分数 $N=8$，圆外一点到圆心距离 $P=500$。试计算圆的其他参数：

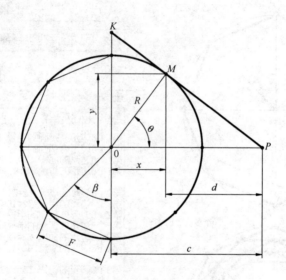

图 3-12-1 圆的计算图

（1）圆的周长 $L=2\times\pi\times R=2\times3.1415926536\times300=1884.96$

（2）面积 $S=\pi\times R^2\times10^{-6}=3.1415926536\times300^2\times10^{-6}=0.28274$

（3）质量 $G=7.85\times S=7.85\times0.28274=2.22$

（4）圆周每等分弧长 $L_1=\dfrac{L}{N}=\dfrac{1884.96}{8}=235.62$

（5）每一段弧长所对的圆心角 $\beta=\dfrac{360°}{N}=\dfrac{360°}{8}=45°$

（6）每一段弧长所对的弦长 $F=2\times R\times\sin\left(\dfrac{\beta}{2}\right)=2\times300\times\sin\left(\dfrac{45°}{2}\right)=229.61$

（7）弦的总长度 $F_总=N\times F=8\times229.61=1836.88$

（8）计算圆外 P 点对圆的切线长度 $PM=\sqrt{C^2-R^2}=\sqrt{500^2-300^2}=400$

（9）M 点的极坐标方向角 $\theta=\arccos\left(\dfrac{R}{C}\right)=\arccos\left(\dfrac{300}{500}\right)=53.13°$

（10）切点 M 的横坐标 $X=R\times\cos\theta=300\times\cos53.13°=180$

（11）切点 M 的纵坐标 $y=R\times\sin\theta=300\times\sin53.13°=240$

2. 圆的光盘计算示例

如图 3-12-2 所示，双击“3.12 圆、圆环、扇形、弓形”程序名，单击“圆的周长面积和弦长圆心角计算”可计算圆的有关参数。单击“切线计算”的计算示例如图 3-12-3 所示。

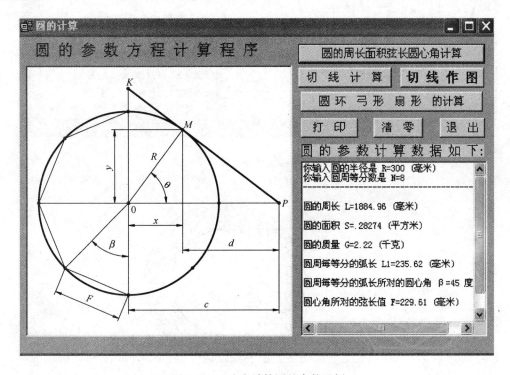

图 3-12-2　光盘计算圆的参数示例

二、圆环计算和示例

如图 3-12-4 所示。

1. 用公式计算

已知 $D_1=600$，$D_2=500$

外圆周长 $L_1=\pi\times D_1=3.1415926536\times600=1884.956$

内圆周长 $L_2=\pi\times D_2=3.1415926536\times500=1570.796$

圆环面积 $S=0.7854\times(D_1^2-D_2^2)\times10^{-6}=0.7854\times(600^2-500^2)\times10^6=0.0864$

质量 $G=7.85\times S=7.85\times0.0864=0.6782$

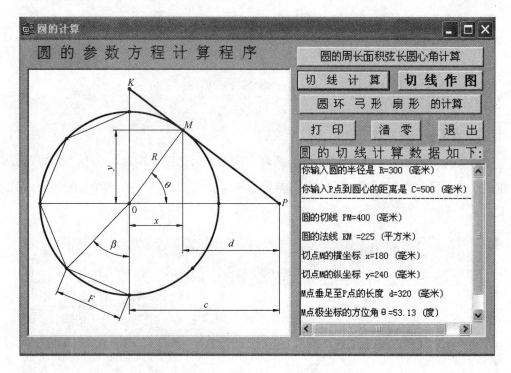

图 3-12-3　圆的切线光盘计算示例

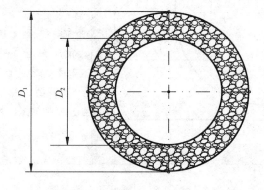

图 3-12-4　圆环

2. 圆环光盘计算示例

单击图 3-12-2 中的"圆环弓形扇形的计算"按钮，进入图 3-12-5 界面后，再单击"圆环计算"按钮，计算示例如图 3-12-5 右面的文本框所示。

三、扇形计算和示例

如图 3-12-6 所示。

1. 用公式计算

已知半径 $R=725$，圆心角 $\theta=87°$，计算公式如下：

扇形圆弧长度 $L=\dfrac{\theta\times\pi}{180°}\times R=\dfrac{87°\times3.14159}{180°}\times725=1100.87$

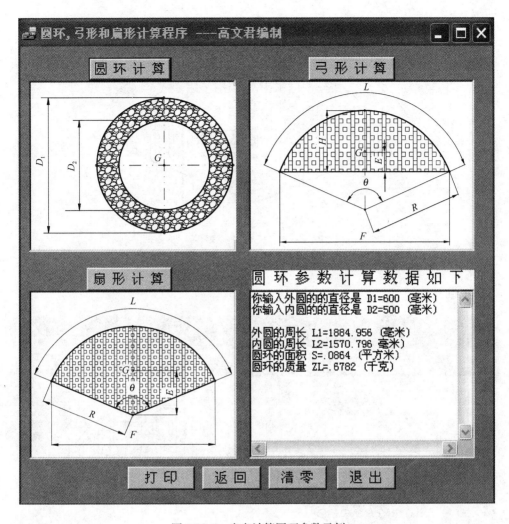

图 3-12-5 光盘计算圆环参数示例

扇形面积 $S=\dfrac{1}{2}\times R\times L\times10^{-6}=\dfrac{1}{2}\times725\times1100.87\times10^{-6}=0.3991$

质量 $ZL=7.85\times S=7.85\times0.3991=3.1327$

2. 扇形光盘计算示例

同计算圆环一样，在图 3-12-7 所代表的计算软件中单击"扇形计算"按钮，计算示例如图 3-12-7 右面文本框中的计算参数所示。

四、弓形计算和示例

如图 3-12-8 所示。

1. 用公式计算

已知高 $H=200$，弦长 $F=1000$，计算公式如下：

求斜边与高之间的夹角 $\beta=\arctan\left(\dfrac{\dfrac{F}{2}}{H}\right)=\arctan\left(\dfrac{\dfrac{1000}{2}}{200}\right)=68.1986°$

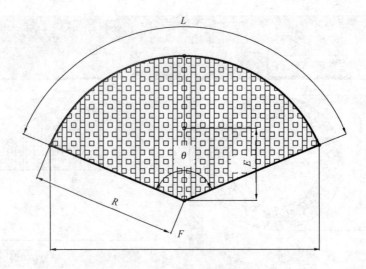

图 3-12-6　扇形计算图

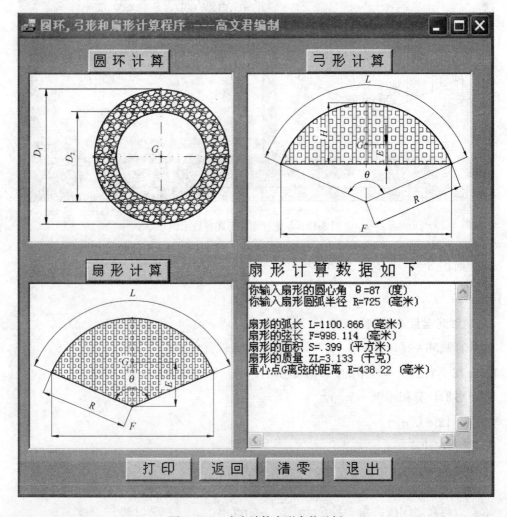

图 3-12-7　光盘计算扇形参数示例

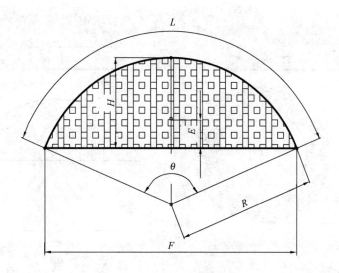

图 3-12-8　弓形计算图

$$\frac{\theta}{2}=180°-2\times\beta=180°-2\times68.1986°=43.6°$$

$$\theta=2\times43.6°=87.2°$$

$$圆弧半径 R=\frac{\frac{F}{2}}{\sin\left(\frac{\theta}{2}\right)}=\frac{\frac{1000}{2}}{\sin\left(\frac{87.2°}{2}\right)}=725$$

将 θ 变换成弧度：$\theta=\dfrac{87.2\times3.1415926536}{180}=1.5219271$

弓形圆弧长度 $L=\theta\times R=1.5219271\times725=1103.397$

扇形面积 $S_1=\dfrac{1}{2}\times R\times L\times10^{-6}=0.5\times725\times1103.397\times10^{-6}=0.39998$

三角形面积 $S_2=\dfrac{F}{2}\times\sqrt{R^2-\dfrac{F^2}{4}}\times10^{-6}=\dfrac{1000}{2}\times\sqrt{725^2-\dfrac{1000^2}{4}}\times10^{-6}=0.2625$

弓形面积 $S=S_1-S_2=0.39998-0.2625=0.13748$

弓形质量 $G=7.85\times S=7.85\times0.13748=1.0792$

2. 弓形光盘计算示例

光盘计算的步骤同圆环（图 3-12-9）。

五、作图

单击"切线作图"按钮后在文本框内会显示作图步骤。由于图形简单，其他作图过程省略。

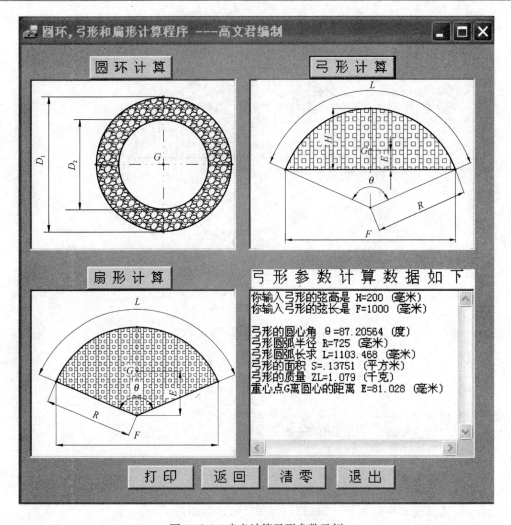

图 3-12-9　光盘计算弓形参数示例

3.13 椭 圆

一、用公式计算和示例

如图 3-13-1 所示，已知 x 轴上椭圆半轴 $A=500$，y 轴上椭圆半轴 $B=300$，圆外一点 P 到圆心 O 的距离 $L=800$，圆心角等分数 $n=12$。由于椭圆上下和左右的对称性，因此只计算四分之一的参数即可。

1. 椭圆参数计算和示例

（1）计算椭圆周上任意点 M 的 x 和 y 坐标

$$\beta_i = \frac{(i-1) \times 360°}{n} \left(i=1,2,3 \cdots\cdots \frac{n}{4}+1 \right)$$

$$\beta_1 = \frac{(1-1) \times 360°}{12} = 0° \qquad \beta_2 = \frac{(2-1) \times 360°}{12} = 30°$$

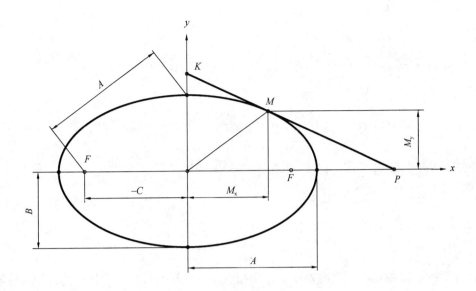

图 3-13-1　椭圆参数计算

$$\beta_3 = \frac{(3-1)\times360°}{12} = 60° \qquad \beta_4 = \frac{(4-1)\times360°}{12} = 90°$$

$$x_1 = a\times\cos\beta_1 = 500\times\cos0° = 500 \qquad x_2 = a\times\cos\beta_2 = 500\times\cos30° = 433$$

$$x_3 = a\times\cos\beta_3 = 500\times\cos60° = 250 \qquad x_4 = a\times\cos\beta_4 = 500\times\cos90° = 0$$

$$y_1 = a\times\sin\beta_1 = 300\times\sin0° = 0 \qquad y_2 = a\times\sin\beta_2 = 300\times\sin30° = 150$$

$$y_3 = a\times\cos\beta_3 = 300\times\sin60° = 259.8 \qquad y_4 = a\times\cos\beta_4 = 300\times\sin90° = 300$$

（2）椭圆半焦距 C 和两焦点的距离 $2C$

半焦距：$C = \sqrt{a^2 - b^2} = \sqrt{500^2 - 300^2} = 400$ 两焦点的距离：$2\times C = 800$

当 b 大于 a 时焦点在 y 轴上。

（3）计算面积和质量

面积 $S = 4\times\left(\dfrac{\pi}{2}\times a\times b\times10^{-6}\right) = 4\times(0.785398\times500\times300\times10^{-6}) = 0.47124$

质量 $G = 7.85\times S = 7.85\times0.47124 = 3.699$

2. 椭圆的切线和法线：已知条件同前。

（1）求椭圆圆周上 $M(x, y)$ 点的坐标：

切点 M 的切线方程为 $\dfrac{xP_x}{a^2} + \dfrac{yP_y}{b^2} = 1$（$P_x$ 和 P_y 分别为点 P 的 x 和 y 坐标）

由于 P 点的 y 坐标为零即 $P_y = 0$ 代入上式得到点 M 的 X 坐标即

$$X = \frac{a^2}{P_x} = \frac{500^2}{800} = 312.5$$

再将计算值 X 代入椭圆的标准方程 $\dfrac{x^2}{a^2} + \dfrac{y^2}{b^2} = \dfrac{312.5^2}{500^2} + \dfrac{y^2}{300^2} = 1$

解得 M 点 y 坐标值 $y=234.187$

（2）求切线 PM 的长度

$$PM = \sqrt{(L-x)^2 + y^2} = \sqrt{(800-312.5)^2 + 234.187^2} = 540.833$$

（3）求法线长度 KM

$$\angle OPM = \arctan\left(\frac{y}{(L-x)}\right) = \arctan\left(\frac{234.187}{(800-312.5)}\right) = 25.658866°$$

$$KM = \frac{X}{\cos\angle OPM} = \frac{312.5}{\cos\angle 25.658866°} - 346.688$$

（4）求椭圆中心到切点的长度

$$OM = \sqrt{X^2 + y^2} = \sqrt{312.5^2 + 234.187^2} = 390.512$$

二、用程序计算

其计算的步骤和方法与前面各章节完全相同，在计算时可用公式计算的已知条件输入程序，观察计算结果是否与上面的数据吻合。程序计算示例如图 3-13-2 和图 3-13-3所示。

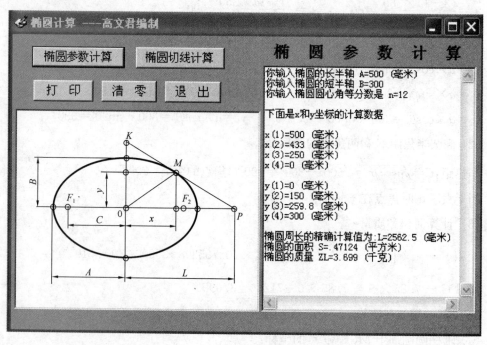

图 3-13-2　光盘计算椭圆参数示例

三、作图

1. 椭圆的传统作图法

有四心法和同心圆法（标准椭圆画法）两种。前者作图过程相对简单，但属于近似椭圆的做法；后者作图过程麻烦，因此作者介绍下面的直角坐标法，该方法是用标准方程计算的 x 和 y 坐标值作出椭圆的，其作图精度高于前面所说的两种作图方法。

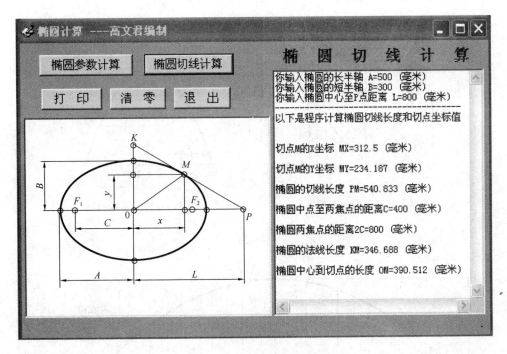

图 3-13-3 光盘计算椭圆切线示例

2. 直角坐标作图法

可参考后面"用标准方程作椭圆"一节。此处就不再介绍了。

3.14 抛 物 线

图 3-14-1、图 3-14-2、图 3-14-3 及图 3-14-4 分别为开口向右、向左、向上和向下的抛物线；图 3-14-5 是实际工程中已知条件为跨度 L 和拱高 H 的抛物线的示意图。现以开口向右的抛物线为例，介绍用公式法和程序法计算展开数据的方法。对于其他几种抛物线的计算过程大体相同。

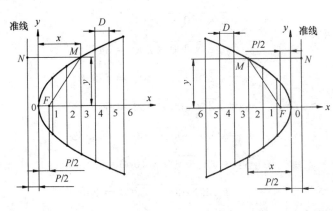

图 3-14-1 开口向右的抛物   图 3-14-2 开口向左的抛物

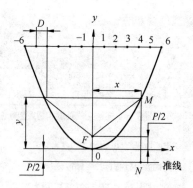

图 3-14-3 开口向上的抛物

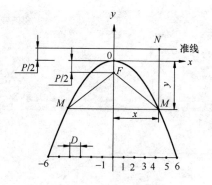

图 3-14-4 开口向下的抛物

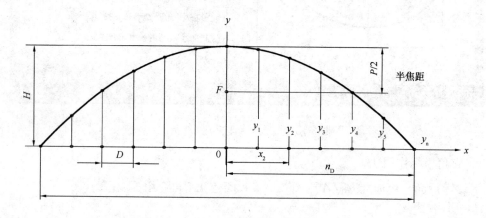

图 3-14-5 已知跨度和拱高的抛物线

一、计算公式和示例

如图 3-14-1 所示。

1. 已知抛物线焦距 P 的计算公式：$y^2 = 2P_x$ 即 $y = \sqrt{2P_x}$

计算示例：已知焦距 $P = 300$ 横坐标上的等分数 $N = 6$ 每等分值 $d = 200$，求各每个等分点对应的 y 坐标，抛物线的展开长度和抛物面的面积。

$x_0 = 0$　　　　　　　　$y_0 = \sqrt{2 \times 300 \times 0} = 0$

$x_1 = 200$　　　　　　　$y_1 = \sqrt{2 \times 300 \times 200} = 346.41$

$x_2 = 400$　　　　　　　$y_1 = \sqrt{2 \times 300 \times 400} = 489.9$

$x_3 = 600$　　　　　　　$y_3 = \sqrt{2 \times 300 \times 600} = 600$

$x_4 = 800$　　　　　　　$y_4 = \sqrt{2 \times 300 \times 800} = 692.82$

$x_5 = 1000$　　　　　　$y_5 = \sqrt{2 \times 300 \times 1000} = 774.6$

$x_6 = 1200$　　　　　　$y_6 = \sqrt{2 \times 300 \times 1200} = 848.53$

2. 抛物线的展开长度计算

利用微积分的知识，可把抛物线近似看成各个等分区间顶部（或者是底部）

斜边的累计值，每个区间斜边的计算公式为：$L_{微} = \sqrt{d^2 + (y_{i+1} - y_i)^2}$

上式中 $i = 0，1，2，3，\cdots\cdots，n$（上面图中的 D 与公式中的 d 相同。）

$$L_1 = \sqrt{d^2 + (y_1 - y_0)^2} = \sqrt{200^2 + (346.41 - 0)^2} = 400$$

$$L_2 = \sqrt{d^2 + (y_2 - y_1)^2} = \sqrt{200^2 + (489.9 - 346.4)^2} = 246.15$$

$$L_3 = \sqrt{d^2 + (y_3 - y_2)^2} = \sqrt{200^2 + (600 - 489.9)^2} = 228.3$$

$$L_4 = \sqrt{d^2 + (y_4 - y_3)^2} = \sqrt{200^2 + (692.82 - 600)^2} = 220.49$$

$$L_5 = \sqrt{d^2 + (y_5 - y_4)^2} = \sqrt{200^2 + (774.6 - 692.82)^2} = 216.1$$

$$L_6 = \sqrt{d^2 + (y_6 - y_5)^2} = \sqrt{200^2 + (848.53 - 774.6)^2} = 213.2$$

抛物线的展开长度近似值为 $2 \times L = L_1 + L_2 + L_3 + L_4 + L_5 + L_6$，即

$$2 \times L = 2 \times (400 + 246.15 + 228.3 + 220.49 + 216.1 + 213.2) = 3048.48$$

3. 抛物面的面积计算

抛物面的面积从数学微积分的知识可知，把它看成很多微小的等腰梯形的面积组成，划分的越细，求得的面积精度越高。

计算公式和示例：利用前面的已知条件，计算数据用梯形法求面积。

$$\frac{s}{2} = d \times \left(\frac{y_1 + y_0}{2} + \frac{y_2 + y_1}{2} + \frac{y_3 + y_2}{2} + \cdots\cdots + \frac{y_{n-1} + y_{n-2}}{2} + \frac{y_n + y_{n-1}}{2} + \frac{y_n}{2} \right)$$ 将前面的相关数据代入公式：

$$\frac{s}{2} = 200 \times (173.2 + 418.5 + 544.95 + 646.4 + 733.7 + 811.55) \times 10^{-6} = 0.66559$$

$$s = 2 \times 0.66559 = 1.33118$$

二、用程序计算说明

1. 双击"3.14 抛物线"程序名后，在程序的屏幕上有 5 个抛物线计算的选项，上面用公式计算的示例是开口向右的抛物线计算数据，若选择单击"1. 开口向右抛物线计算"按钮，由于程序预先已经输入了与上面示例相同的已知条件，因此计算结果立即显示在文本框内。计算示例如图 3-14-6 所示。

2. 开口向左的抛物线，在已知条件与上面示例相同的情况下，计算数据的绝对值是相同的。不同的是 x 和 y 坐标前面有正负号的区别，即反映了抛物线开口方向不同。

3. 从图 3-14-6 看出，开口向上和开口向下的抛物线与开口向右和向左的坐标轴刚好交换，即前者 y 轴在抛物面内，而后者 y 轴在抛物面外，使用相同的已知条件的计算结果是不一样的。

4. 用公式计算的面积值和弧长值，由于仅仅作为示例，所以等分数取的很少，因此

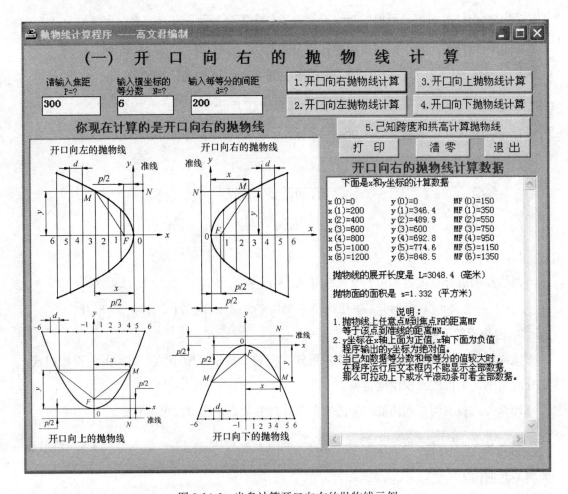

图 3-14-6 光盘计算开口向右的抛物线示例

计算的面积 S 和弧长 L 是近似值，用程序计算本程序设计时可允许设置 1500 等分数，计算的抛物面的面积和弧长已经非常接近准确值了，由于计算量大，所以单击计算按钮后要等待数秒甚至十几秒后计算结果才会显示出来，并且由于数据太多，要拉动滚动条才能阅读全部数据。开口向右的抛物线计算示例如图 3-14-6 所示。开口向左、向上、向下的抛物线计算示例可单击相关计算按钮得出结果，在此不再举例说明了。已知跨度和拱高计算抛物线的示例如图 3-14-7 所示。

三、作图

以开口向右的抛物线为例。

根据计算数据，在 x 轴正方向作一线段并划分成 n 等分，使每等分值等于 D，线段左端对应的坐标原点编号为零，其余等分点的编号从左到右依次为 1，2，3，……，n（即 x_1，x_2，x_3，……，x_n）并通过各个等分点分别向上和向下引该线段的垂直线，在对应编号相同的垂直线上量取 y_1，y_2，y_3，……，y_n 的值。用曲线尺（用 CAD 绘图时单击工具栏编号为 6 的圆弧图标）圆滑连接各个 y 坐标的顶点，这样，一半的抛物线作图完毕。x

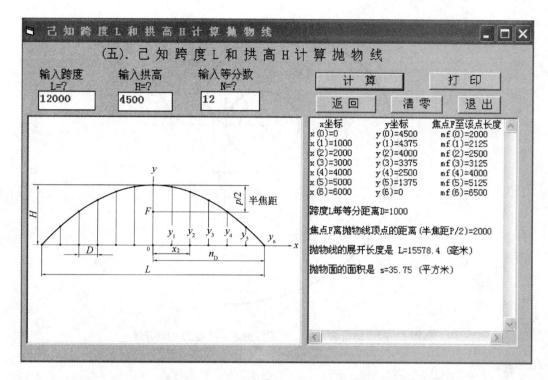

图 3-14-7　已知跨度和拱高的抛物线计算示例

轴下面一半的抛物线与上半部分形成轴对称，不同于上半部分的是，量取 y 坐标计算值的过程是向下进行的。做好的抛物线详见图 3-14-6。

其他三个开口方向的抛物线作图过程与上面开口向右的作图方法基本相同，区别在于量取 x 和 y 坐标的方向上的不同而已。

在实际工程中，例如抛物线拱桥在跨越公路或者河流时，已知条件一般是跨度 L 和拱桥高度 H，此时可单击"5. 已知跨度和拱高计算抛物线"按钮，根据计算值作出的图形如图 3-14-5 所示。

作图的步骤是：n 等分跨度 L，通过各个等分点向上引垂直线，从 L 的中点向上作垂直线并量取拱高 H，分别在 H 的两侧依次量取 y_1，y_2，……，y_{n-1}，y'_n 圆滑连接各个 y 坐标的顶点，至此作图完毕。

3.15　渐　开　线

图 3-15-1 为 360°渐开线示意图，图 3-15-2 为 360°渐开线的计算原理图，其中右图是用微分计算渐开线展开长度原理图；左图是基圆为 118mm，动点 M 旋转 360°的渐开线用 14 段弦长代替展开长度的测量值，其测量总长度比计算值小，该图主要表明旋转角等分数 N 取值大小与计算精度的关系。图 3-15-3 为 180°渐开线的示意图。下面以 360°渐开线

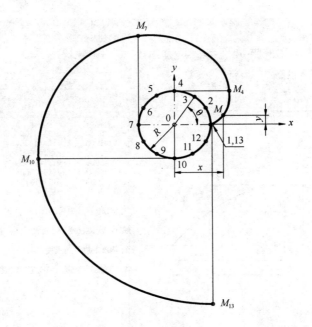

图 3-15-1 动点 M 旋转 $360°$ 旋转角等分数为 12 的渐开线

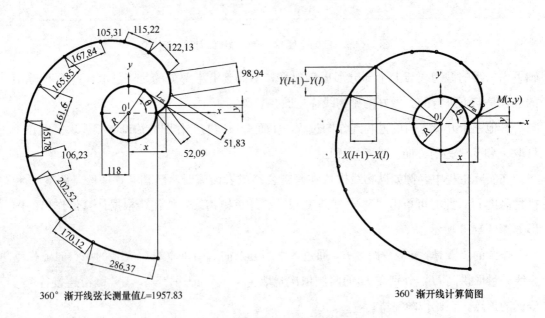

$360°$ 渐开线弦长测量值 $L=1957.83$　　　　$360°$ 渐开线计算简图

图 3-15-2 $360°$ 渐开线计算简图

为例说明其展开计算的方法、原理和作展开图的步骤。

一、用公式计算和示例

如图 3-15-1 所示。

已知渐开线的基圆半径 $R=100$，基圆等分数 $N=12$，渐开线上动点 M 旋转的终端角度 $\theta=360°$。

试求渐开线上动点 M 的 x 和 y 坐标和渐开线的展开长度。

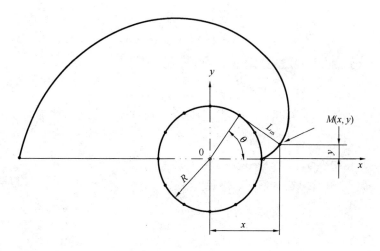

图 3-15-3　$\theta=180°$ 的 渐开线

（1）参数方程为：$x=R(\cos\theta+\theta\times\sin\theta)$

$$y=R(\sin\theta-\theta\times\cos\theta)$$

（2）角度变换成弧度：

12 等分时的每等分角度 $\theta=\dfrac{360°}{12}=30°=0.5236$ 弧度

以下 θ_0，θ_1，θ_2，θ_3，$\cdots\cdots$，θ_{13} 为弧度值：

$\theta_1=0$　$\theta_2=0.5236$　$\theta_3=2\times0.5236=1.0472$　$\theta_4=3\times0.5236=1.5708$

$\theta_5=4\times0.5236=2.0944$　$\theta_6=\times0.5236=2.618$　$\theta_7=6\times0.5236=3.1416$

$\theta_8=7\times0.5236=3.6652$　$\theta_9=8\times0.5236=4.1888$

$\theta_{10}=9\times0.5236=4.7124$　$\theta_{11}=10\times0.5236=5.236$　$\theta_{12}=11\times0.5236=5.7596$

$\theta_{13}=12\times0.5236=6.2832$

（3）求渐开线上任意点 M 的 x 和 y 坐标，将前面已知数据代入参数方程式：

$x_1=100\times(\cos0°+0\times\sin0°)=100$

$x_2=100\times(\cos30°+0.5236\times\sin30°)=112.8$

$x_3=100\times(\cos60°+1.0472\times\sin60°)=140.7$

$x_4=100\times(\cos90°+1.5708\times\sin90°)=157.1$

$x_5=100\times(\cos120°+2.0944\times\sin120°)=131.4$

$x_6=100\times(\cos150°+2.618\times\sin150°)=44.3$

$x_7=100\times(\cos180°+3.1416\times\sin180°)=-100$

$x_8=100\times(\cos210°+3.6652\times\sin210°)=-269.9$

$x_9=100\times(\cos240°+4.1888\times\sin240°)=-412.8$

$x_{10}=100\times(\cos270°+4.7124\times\sin270°)=-471.2$

$$x_{11} = 100 \times (\cos 300° + 5.236 \times \sin 300°) = -403.5$$

$$x_{12} = 100 \times (\cos 330° + 5.7596 \times \sin 330°) = -201.4$$

$$x_{13} = 100 \times (\cos 360° + 6.2832 \times \sin 360°) = 100$$

$$y_1 = 100 \times (\sin 0° - 0 \times \cos 0°) = 0$$

$$y_2 = 100 \times (\sin 30° - 0.5236 \times \cos 30°) = 4.65$$

$$y_3 = 100 \times (\sin 60° - 1.0472 \times \cos 60°) = 34.2$$

$$y_4 = 100 \times (\sin 90° - 1.5708 \times \cos 90°) = 100$$

$$y_5 = 100 \times (\sin 120° - 2.0944 \times \cos 120°) = 191.3$$

$$y_6 = 100 \times (\sin 150° - 2.618 \times \cos 150°) = 276.7$$

$$y_7 = 100 \times (\sin 180° - 3.1416 \times \cos 180°) = 314.2$$

$$y_8 = 100 \times (\sin 210° - 3.6652 \times \cos 210°) = 267.4$$

$$y_9 = 100 \times (\sin 240° - 4.1888 \times \cos 240°) = 122.8$$

$$y_{10} = 100 \times (\sin 270° - 4.7124 \times \cos 270°) = -100$$

$$y_{11} = 100 \times (\sin 300° - 5.236 \times \cos 300°) = -348.4$$

$$y_{12} = 100 \times (\sin 330° - 5.7596 \times \cos 330°) = -548.8$$

$$y_{13} = 100 \times (\sin 360° - 6.2832 \times \cos 360°) = -628.3$$

（4）求渐开线上任意两点之间的距离公式：

$$L = \sqrt{(x_{i+1} - x_i)^2 + ((y_{i+1} - y_i)^2)}（程序计算表中有计算结果，用公式计算省略。）$$

（5）求渐开线的展开长度：

$$L = \frac{R}{2} \times (\theta_n^2 - \theta_0^2) = \frac{100}{2} \times (6.2832^2 - 0^2) = 1973.93$$

其中，θ_n 为终点角度（本例为 360°，弧度为 6.2832），θ_0 为起始角度（本例为 0°），计算时要将角度变换为弧度值代入公式，其计算长度值才能保证正确。

二、程序计算

前面是用公式法所作计算示例，由于等分数较小，用 x 和 y 坐标作出的渐开线不圆滑，只有加大等分数才能保证作图精度，但是计算量又太大，所以最好选择用程序计算的方法，双击"3.15 渐开线"文件名后按照相关提示，通过多次单击各个按钮，一般在几秒计算结果就会显示出来，但是当等分数接近 1000 时，在目前一般配置的计算机也要两分钟左右才能计算完毕，在这段时间屏幕上无任何反应，请等待一段时间就行了，由于计算数据量很多，要拉动滚动条才能阅读完全部数据。在实际工程中，一般取数十等分也就够了，上述只是一种特殊情况。

另外作者在程序设计时等分数最大只能取 1000，这个数已经能够满足绝大部分读者的需求。用程序计算示例如图 3-15-4 所示。

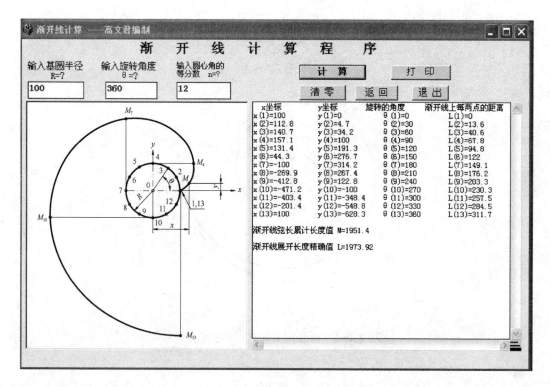

图 3-15-4　360°等分数为 12 的光盘计算示例

三、渐开线作图

用计算数据中的 x 和 y 坐标得到许多渐开线上的点，曲线连接各个点就可以画出渐开线。用上述已知数据画出的渐开线如图 3-15-1 所示。

3.16　等进螺旋线（阿基米德螺线）

图 3-16-1 为动点 M 旋转 720°，角度等分数 $N=16$ 时的等进螺旋线，图 3-16-2 是用 x 和 y 坐标通过描点作等进螺旋线的示意图。下面可用两种方法进行计算。

一、用公式计算和示例

如图 3-16-2 所示已知终点半径 $R=400$，旋转角度 $\theta=720°$，旋转角度的等分数 $N=16$，试求动点的 x 坐标，y 坐标和螺旋线的展开长度 L。

1. 求 x 和 y 坐标

等进螺旋线的直角坐标方程：$x=r_i\times\cos\theta$（$i=0,1,2\cdots\cdots n$）

$$Y=r_i\times\sin\theta \quad (i=0,1,2\cdots\cdots n)$$

$$r=\frac{R}{N}=\frac{400}{16}=25$$

$$r_0=0,r_1=1\times r=25,r_2=2\times r=50\cdots\cdots r_i=i\times r\ (0,1,2,3\cdots\cdots n)$$

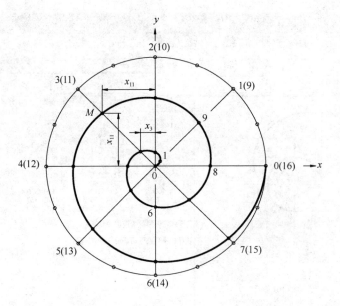

图 3-16-1 动点 M 旋转 720°等进螺旋线

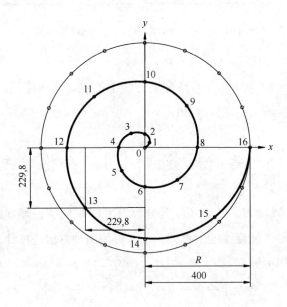

图 3-16-2 用 x 和 y 坐标作 720°阿基米德螺旋线

每等分的圆心角 $\theta = \dfrac{720°}{16} = 45° \left(\text{化为弧度 } \theta = \dfrac{45°}{180°} \times \pi = 0.7854 \right)$

$x_1 = 1 \times 25 \times \cos 45° = 17.7$ $y_1 = 1 \times 25 \times \sin 45° = 17.7$

$x_2 = 2 \times 25 \times \cos(2 \times 45°) = 0$ $y_2 = 2 \times 25 \times \sin 90° = 50$

$x_3 = 3 \times 25 \times \cos(3 \times 45°) = -53$　　　$y_3 = 3 \times 25 \times \sin135° = 53$

$x_4 = 4 \times 25 \times \cos(4 \times 45°) = -100$　　　$y_4 = 4 \times 25 \times \sin180° = 0$

$x_5 = 5 \times 25 \times \cos(5 \times 45°) = -88.4$　　　$y_5 = 5 \times 25 \times \sin225° = -88.4$

$x_6 = 6 \times 25 \times \cos(6 \times 45°) = 0$　　　$y_6 = 6 \times 25 \times \sin270° = -150$

$x_7 = 7 \times 25 \times \cos(7 \times 45°) = 123.7$　　　$y_7 = 7 \times 25 \times \sin315° = -123.7$

$x_8 = 8 \times 25 \times \cos(8 \times 45°) = 200$　　　$y_8 = 8 \times 25 \times \sin360° = 0$

$x_9 = 9 \times 25 \times \cos(9 \times 45°) = 159.1$　　　$y_9 = 9 \times 25 \times \sin405° = 159.1$

$x_{10} = 10 \times 25 \times \cos(10 \times 45°) = 0$　　　$y_{10} = 10 \times 25 \times \sin450° = 250$

$x_{11} = 11 \times 25 \times \cos(11 \times 45°) = -194.5$　　　$y_{11} = 11 \times 25 \times \sin495° = 194.5$

$x_{12} = 12 \times 25 \times \cos(12 \times 45°) = -300$　　　$y_{12} = 12 \times 25 \times \sin540° = 0$

$x_{13} = 13 \times 25 \times \cos(13 \times 45°) = -229.8$　　　$y_{13} = 13 \times 25 \times \sin585° = -229.8$

$x_{14} = 14 \times 25 \times \cos(14 \times 45°) = 0$　　　$y_{14} = 14 \times 25 \times \sin630° = -350$

$x_{15} = 15 \times 25 \times \cos(15 \times 45°) = 265.2$　　　$y_{15} = 15 \times 25 \times \sin675° = -265.2$

$x_{16} = 16 \times 25 \times \cos(16 \times 45°) = 400$　　　$y_{16} = 16 \times 25 \times \sin720° = 0$

2. 求展开长度

螺旋线上任意两点之间的距离：$M = \sqrt{(x_{i+1} - x_i)^2 + (y_{i+1} - y_i)^2}$
$(i = 0, 1, 2, 3, \cdots\cdots, n-1)$

$L = \Sigma M_i (i = 0, 1, 2, 3, \cdots\cdots, n-1)$

由于计算数据太多因此省略，读者可用上面计算公式自行计算。

二、用程序计算

用程序计算的方法与前面章节的操作方法完全相同。本节从略。

　　为了取得展开长度一定的精度，等分数可适当取大一点，例如数百等分，但作图所需要的 x 和 y 坐标一般取数十等分就可以了。图 3-16-3 的等分数偏小，其螺旋线的展开长度只是近似值 2500.8。当等分数取为 500 时，其展开长度为 2572.3，已经接近理论尺寸了。程序计算示例如图 3-16-3 所示。

三、作图

　　如图 3-16-2 所示，可以通过用 x 和 y 坐标的计算值描绘出螺旋线上的 16 个点，然后圆滑连接各点就可作出等进螺旋线了。图中的点 13 是用 x_{13} 和 y_{13} 坐标计算数据描点的示意做法，其他各个点与其完全相同。

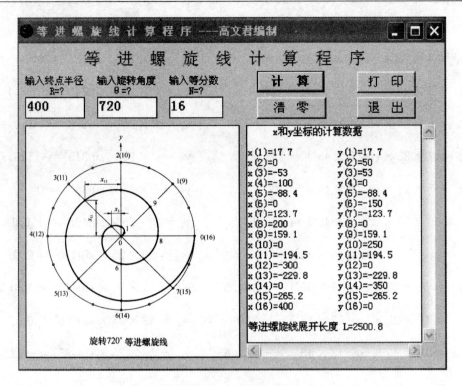

图 3-16-3　720°等进螺旋线光盘计算示例

3.17 双 曲 线

一、计算公式和示例

如图 3-17-1 所示，已知半轴 $a=100$，$b=150$，双曲线终点在 x 轴上的投影长度 $c=4000$，c 的等分数 $n=20$。试求 x 和 y 坐标，两焦点的距离（焦距）以及双曲线的展开长度。

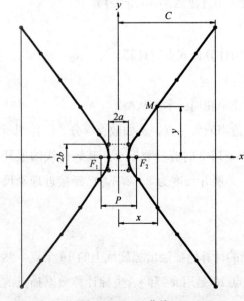

图 3-17-1　双曲线

1. 双曲线两焦点的距离（焦距）

$$P=2\times\sqrt{a^2+b^2}=2\times\sqrt{100^2+150^2}$$
$$=360.56$$

2. 右准线方程式

$$X=\frac{a^2}{\dfrac{P}{2}}=\frac{100^2}{\dfrac{360.56}{2}}=55.4693$$

3. 渐近线方程式

$$y_i=\frac{b}{a}\times x_i(i=0,1,2,3,\cdots\cdots,n)$$

4. 计算 x 和 y 坐标

c 的每等分长度 $d = \dfrac{4000}{20} = 200$，$\dfrac{b}{a} = \dfrac{150}{100} = 1.5$

双曲线的标准方程式为：$\dfrac{x^2}{a^2} - \dfrac{y^2}{b^2} = 1$

变换为 y 的函数关系　　　　$Y = \dfrac{b}{a} \times \sqrt{x^2 - a^2}$

$$y_1 = \frac{b}{a} \times \sqrt{x_1^2 - a^2} = 1.5 \times \sqrt{200^2 - 100^2} = 259.8$$

$$y_2 = \frac{b}{a} \times \sqrt{x_2^2 - a^2} = 1.5 \times \sqrt{400^2 - 100^2} = 580.9$$

$$y_3 = \frac{b}{a} \times \sqrt{x_3^2 - a^2} = 1.5 \times \sqrt{600^2 - 100^2} = 887.4$$

$y_4 \sim y_{18}$ 计算过程同上，只改变 x 坐标的数字就可以了

$$y_{19} = \frac{b}{a} \times \sqrt{x_{19}^2 - a^2} = 1.5 \times \sqrt{(19 \times 200)^2 - 100^2} = 5698$$

$$y_{20} = \frac{b}{a} \times \sqrt{x_{20}^2 - a^2} = 1.5 \times \sqrt{(20 \times 200)^2 - 100^2} = 5998.1$$

5. 计算双曲线的展开长度

双曲线上每两点的距离 $M_i = \sqrt{(x_{i+1} - x_i)^2 + (y_{i+1} - y_i)^2}$

双曲线展开长度 $L = 2 \times \sum M_i (i = 0, 1, 2, 3, \cdots\cdots, n-1)$

计算示例略。

二、用程序计算

双击"双曲线计算"文件名，按照提示，单击相关按钮就可得到计算结果。等分数大一点，展开长度计算精度要高一些。但对于利用 x 和 y 坐标进行双曲线作图，等分数可少一些。程序计算示例如图 3-17-2 所示。

三、作图

可用 x 和 y 坐标的计算值通过描点连接的方法作出双曲线。作出的双曲线是否正确，可以通过双曲线的定义来检验：首先用前面右准线计算值 55.4693 在 x 轴正方向作一条垂直于 x 轴的线段（准线），在双曲线上的 20 个点中任意选择几个点，分别从这些点作准线的垂直线和连接这些点与右焦点 F_2，每一个点到焦点的距离与该点到准线垂直线段的距离的比值为一定值时（测量时可能有很小的误差可忽略不计），就说明双曲线作图是正确的。

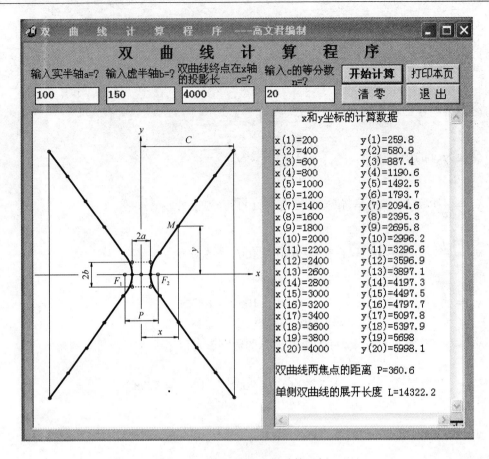

图 3-17-2　双曲线光盘计算示例

3.18　圆 柱 螺 旋 线

一、计算公式和计算示例

如图 3-18-1 所示，已知螺旋线直径 $D=350$，螺旋线总高度 $H=360$，螺距 $h=30$。求

展开尺寸：螺旋圈数 $n=\dfrac{H}{h}=\dfrac{360}{30}=12$

$$L=n\times\sqrt{h^2+(\pi D)^2}=n\times\sqrt{30^2+(3.1416\times350)^2}$$
$$=13199.6$$

二、用程序计算

双击"3.18 圆柱螺旋线"文件名，在出现的界面图中，单击"开始计算"按钮，其计算值就会在输出文本框内出现。单击"清零"按钮后输入其他已知条件，则可进行新的计算。程序计算示例如图 3-18-2 所示。

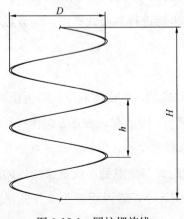

图 3-18-1　圆柱螺旋线

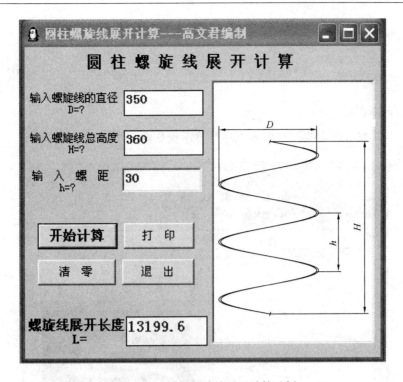

图 3-18-2　圆柱螺旋线展开计算示例

3.19　圆　锥　螺　旋　线

一、计算公式和计算示例

如图 3-19-1 所示，已知螺旋线小端直径 $D_1 = 250$，大端直径 $D_2 = 400$，螺旋线总高度 $H = 320$，螺距 $h = 40$。求展开尺寸。

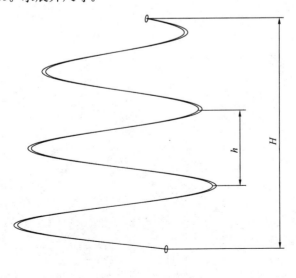

图 3-19-1　圆锥螺旋线

1. 螺旋圈数 $n = \dfrac{H}{h} = \dfrac{320}{40} = 8$

2. $L = n \times \sqrt{h^2 + \left[\dfrac{\pi \times (D_1 + D_2)}{2}\right]} = 8 \times \sqrt{40^2 + \left[\dfrac{3.1416 \times (250 + 400)}{2}\right]} = 8174.4$

二、用程序计算

双击"3.19 圆锥螺旋线"文件名程序计算示例如图 3-19-2 所示。

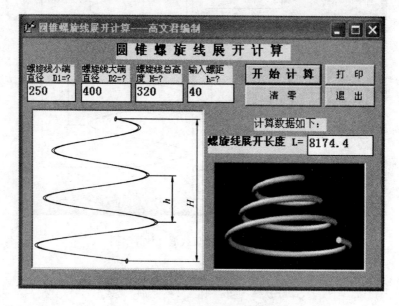

图 3-19-2　圆锥螺旋线光盘计算示例

第 **4** 章　常用几何作图和计算公式

4.1 几 何 作 图

钣金展开及制作的第一道工序就是放样和展开。为了正确地进行放样和作展开图，必须掌握有关的几何作图方法。熟练地掌握几何作图方法将会加快放样作图和作展开图的速度以及提高作图精度。本节将介绍一些简单而实用的几何作图方法，详见表 4-1-1 和表4-1-2。

几 何 作 图　　　　　　　　　　　　　　表 4-1-1

图　例	作 图 方 法
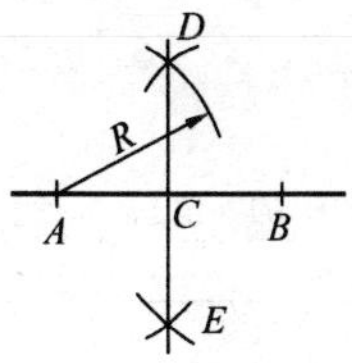	一、作直线段的垂直平分线 如左图所示。分别以 A 和 B 为圆心，R 为半径画弧，得交点 D 和 E，连接 DE 直线并与 AB 相交于 C，DE 就是 AB 的垂直平分线，在 C 点将线段 AB 等成二等分，即 $BC=AC$。 作图时，R 的取值应大于 AB 的二分之一
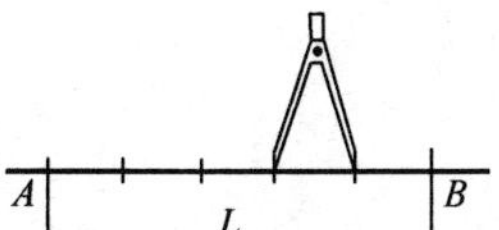	二、任意等分直线段 如左图所示，先测量出线段 AB 的长度 L，设若分成 N 等分，用量规在刻度尺上量取 L/N 的长度，试分 AB 直线段，若有误差，微调量规，直至分尽为止
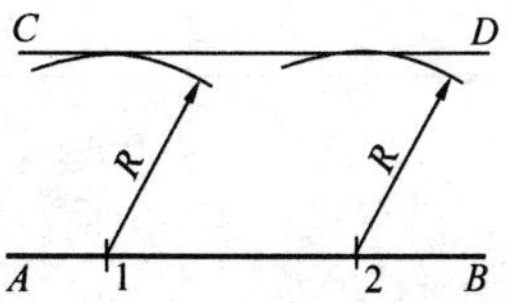	三、作已知线段的平行线 如左图所示，已知线段 AB，任取两点 1 和 2，并以，1 和 2 为圆心，两平行线的距离 R 为半径画圆弧，再作二圆弧的切线 CD，则 CD 与 AB 平行
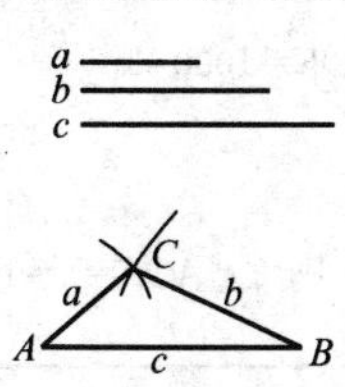	四、已知三边，求作三角形 作一线段 AB 等于 C，分别以 A 和 B 为圆心，长度 a 和 b 为半径画弧交于 C，连接 AC 和 BC，三角形 ABC 即为所求

图　例	作　图　方　法
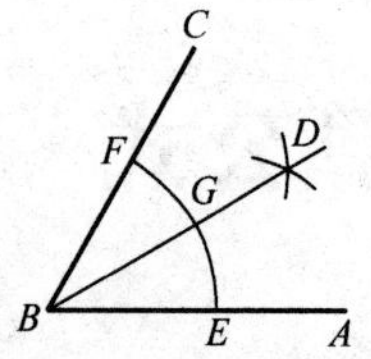	**五、二等分任意角** 如左图所示，已知∠ABC，以角顶 B 为圆心，以适当半径画圆弧交 AB 于 E，交 BC 于 F。再以 E 和 F 为圆心，取适当长度为半径画圆弧，两圆弧相交于 D 点。连接 BD，则 BD 就是角∠ABC 的二等分线，G 是圆弧 $\overset{\frown}{EF}$ 的二等分点
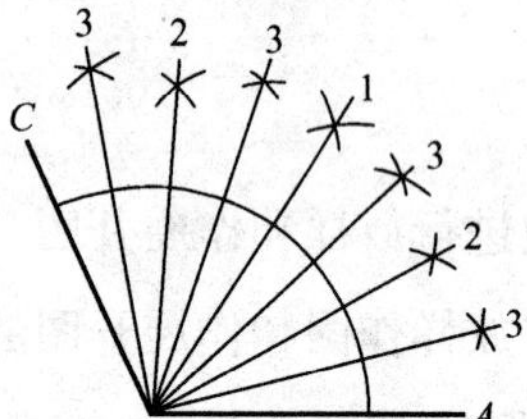	**六、二的整数倍等分角** 如左图所示，用上述作图方法可将角∠ABC 等分成二的整数倍。B_1 为∠ABC 第一次平分线，B_2 为∠ABC 半角的平分线，B_3 为∠ABC 四分之一角的角平分线
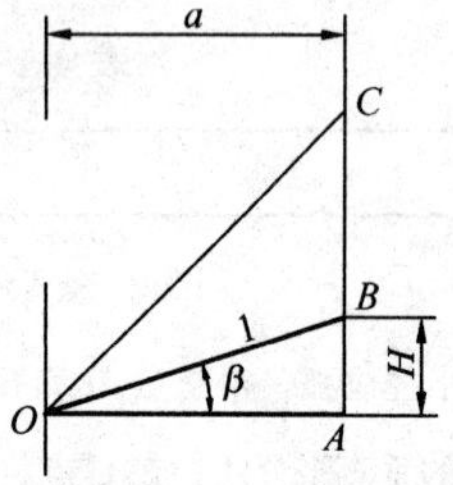	**七、用数表作任意角 β** （一）0°≤β≤45° 例：作 17.3°的角度（β） 1. 查表 4-1-2 得 H=311.5 2. 作一线段 OA=1000 3. 过 A 点作 CA 垂直于 OA 4. 取 AB=H=311.5 5. 连接 OB，此时∠BOA 一定等于 17.3°（左图中的 β 角）
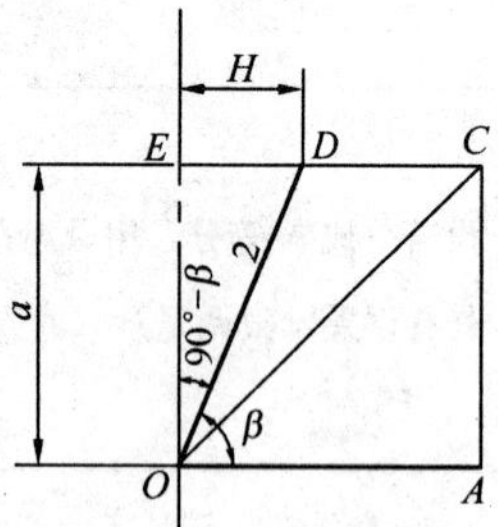	（二）45°<β≤90° 例：作 63.5°角（β） 1. 先求 β 的余角 90-β=26.5° 2. 查表 4-1-2 得 26.5°的正切值为 498.6 3. 作一矩形 AOEC，使 OE=1000 4. 在 EC 边上取 H=ED=498.6 5. 连接 OD，则∠DOA=β=63.5°如左图所示
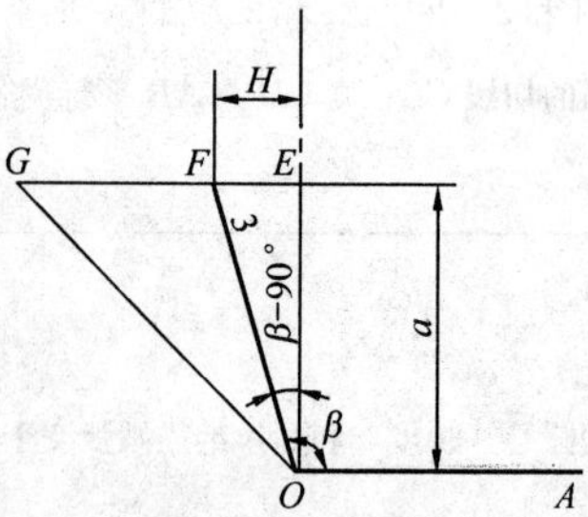	（三）90°<β≤135° 例：作 111°角（β） 如左图所示。 1. 作一直角∠AOE 2. 过直角边 OE 的点 E 作垂直线段 EG，并使 OE=1000 3. 求算 β-90°=111°-90°=21° 4. 查表 4-1-2 得 21°的正切为 383.9 5. 在线段 EG 上取 EF=H=383.9，连接 OF，则角∠AOF=β=111°

图 例	作 图 方 法
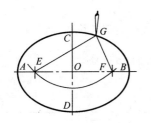	（四）$135° < \beta \leqslant 180°$ 例：作 153.7°角（β） 1. 如图所示，作一线段 JA，取 JO=1000 2. 计算：$180° - \beta = 180° - 153.7° = 26.3°$ 3. 查表 4-1-2 得 26.3°的正切值等于 494.2 4. 过直线 JA 端点 J 作直角线 GJ，并取 IJ=H=494.2 5. 连接 IO，则角$\angle IOA = \beta = 153.7°$
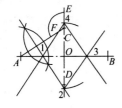	八、用轨迹法作椭圆 已知椭圆长轴 AB 和短轴 CD，画法如下： 1. 以短轴端点 C 为圆心，长轴的一半为半径画圆弧与长轴交于 E 和 F 两点； 2. 取长度等于 AB 的细线绳，其两端固定在 E 和 F 两点上，同时把划针圈在细绳上向图中 G 所示的方向张紧，划针尖端 G 以点 O 为中心转动一周所画出的轨迹即为椭圆
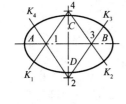	九、四心法画近似椭圆 已知椭圆长轴 AB 和短轴 CD，画法如下： 1. 如左图所示，先作垂直平分线确定长短轴的位置。连接 AC，以 O 为圆心，OA 为半径画弧在 CD 线上得交点 E，再以 C 为圆心，CE 为半径画弧交 AC 于 F 点。 2. 作 AF 的垂直平分线交长、短轴于 1 和 2 两点，以 O 为对称点找出 3 和 4 两点。 3. 直线连接 $\overline{12}$、$\overline{23}$、$\overline{34}$、$\overline{41}$，该四条直线为四个圆弧的分界线和切点。 4. 以 2、4 为圆心，2C 为半径画圆弧，再以 1、3 为圆心，1A 为半径画圆弧，四段圆弧在 K_1、K_2、K_3、K_4 处相交、四段圆弧组成一个近似椭圆
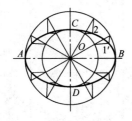	十、同心圆法作椭圆 1. 分别以长轴 AB 和短轴 CD 画二同心圆 2. 过圆心 O 画一系列射线分别与大、小圆得一系列交点 3. 过大圆的各交点引长轴 AB 的垂直线，过小圆的各交点引长轴 AB 的平行线与对应的大圆垂直线相交一系列点 1、2…… 4. 圆滑连接 1、2……A、B、C、D 各点即得椭圆

续表

图　　例	作　图　方　法
	十一、4、8、16、32…等分圆周 1. 过圆心 O 作相互垂直的二直线，与圆周得交点 1、2、3、4。各交点将圆周等分成四段圆弧； 2. 再将每等分按角平分线作法分成 2 等分，由此得 8 等分，以此类推可分得 16、32、64…等分
	十二、6、12、24、48…等分圆周 1. 如图所示，以 1 和 3 点为圆心，R 为半径分别画弧得与圆周上的交点 5、6、7、8，各点将圆分为 6 等分。 2. 在上面 6 等分的基础上，以 2、4 为圆心，R 为半径分别画弧与圆周交于 9、10、11、12 点，得圆的 12 等分。 3. 将每等分再分成 2 等分和 4 等分，即可将圆 24 等分和 48 等分，其余类推

注：1. 图中符号 a 为常数 1000，H 为以 1000 为底边时小于或等于 45° 的正切函数值。

　　2. 图中的线段 OC 和 OG 表示与底 a 成 45° 的边界线。

以 1000mm 长为底边时角度的正切值（H） 表 4-1-2

角度（°）	0	0.1	0.2	0.3	0.4	0.5	0.6	0.7	0.8	0.9
1	17.5	19.2	21	22.7	24.4	26.2	28	29.7	31.4	33.2
2	35	36.7	38.4	40.2	42	43.7	45.4	47.2	48.9	50.7
3	52.4	54.2	56	57.7	59.4	61.2	63	64.7	66.4	68.2
4	70	71.7	73.4	75.2	77	78.7	80.5	82.2	84	85.7
5	87.5	89.2	91	92.7	94.5	96.3	98	99.8	101.6	103.3
6	105.1	106.9	108.6	110.4	112.2	114	115.7	117.5	119.2	121
7	122.8	124.6	126.3	128	130	131.7	133.4	135.2	137	138.8
8	140.5	142.3	144.1	146	147.7	149.5	151.2	153	154.8	156.6
9	158.4	160.2	162	163.8	165.5	167.3	169.1	171	172.7	174.5
10	176.3	178.1	180	181.7	183.5	185.3	187.1	189	190.8	192.6
11	194.4	196.2	198	199.8	201.6	203.5	205.3	207	209	201.7
12	212.6	214.4	216.2	218	219.8	221.7	223.5	225.4	227.2	229
13	230.9	232.7	234.5	236.4	238.2	240	241.9	243.8	245.6	247.5
14	249.3	251.1	253	254.9	256.8	258.6	260.5	262.3	264.2	266
15	268	269.8	271.7	273.6	275.4	277.3	279.2	281	283	284.8
16	286.7	288.6	290.5	292.4	294.3	296.2	298.1	300	301.9	303.8
17	305.7	307.6	309.6	311.5	313.4	315.3	317.2	319.1	321	323
18	324.9	326.9	328.8	330.7	332.7	334.6	336.5	338.5	340.4	342.4

续表

角度	0	0.1	0.2	0.3	0.4	0.5	0.6	0.7	0.8	0.9
19	344.3	346.3	348.2	350.2	352.2	354.1	356	358	360	362
20	364	365.9	367.9	369.9	371.9	373.9	375.9	377.9	379.9	381.9
21	383.9	385.9	387.9	389.9	391.9	393.9	395.9	397.9	400	402
22	404	406	408	410.1	412.2	414.2	416.3	418.3	420.4	422.4
23	424.5	426.5	428.6	430.7	432.7	434.8	436.9	439	441	443.1
24	445.2	447.3	449.4	451.5	453.6	455.7	457.8	459.9	462	464.2
25	466.3	468.4	470.6	472.7	474.8	477	479.1	481.3	483.4	485.6
26	487.7	489.9	492	494.2	496.4	498.6	500.8	502.9	505.1	507.3
27	509.5	511.7	513.9	516.1	518.4	520.6	522.8	525	527.2	529.5
28	531.7	534	536.2	538.4	540.7	543	545.2	547.5	549.8	552
29	554.3	556.6	558.9	561.2	563.5	565.8	568	570.4	572.7	575
30	577.4	579.7	582	584.4	586.7	589	591.4	593.7	596.1	598.5
31	600.9	603.2	605.6	608	610.4	612.8	615.2	617.6	620	622.4
32	624.9	627.3	629.7	632.2	634.6	637	639.5	642	644.5	646.9
33	649.4	651.9	654.4	656.9	659.4	661.9	664.4	666.9	669.4	672
34	674.5	677	679.6	682.2	684.7	687.3	689.9	692.4	695	697.6
35	700.2	702.8	705.4	708	710.7	713.3	715.9	718.6	721.2	723.9
36	726.5	729.2	731.9	734.6	737.3	740	742.7	745.4	748	750.8
37	753.6	756.3	759	761.8	764.6	767.3	770.1	772.9	775.7	778.5
38	781.3	784.1	786.9	789.8	792.6	795.4	798.3	801.2	804	806.9
39	809.8	812.7	815.6	818.5	821.4	824.3	827.3	830.2	833.2	836.1
40	839.1	842	845	848	851	854	857.1	860.1	863.2	866.2
41	869.3	872.4	875.4	878.5	881.6	884.7	887.8	891	894.1	897.2
42	900.4	903.6	906.7	909.9	913.1	916.3	919.5	922.8	926	929.3
43	932.5	935.8	939	942.4	945.7	949	952.3	955.6	959	962.3
44	965.7	969	972.5	975.9	979.3	982.7	986.1	989.6	993	996.5
45	1000									

注：1. 计算公式 $H=a \cdot \tan\beta=1000$，$\tan\beta$、H、a 的定义见右图。

　　2. 由于展开构件大小不同，体形大当底边 1000 不够作图精度时，可扩大任意倍，但数表中 H 值也应同时增加相同倍数，其 β 角的值不变；同理，不需以 1000 为底想缩小若干倍时，其角度 β 的值仍然不变。

　　3. 考虑到正切函数值在角度较大时 H 值较大，给作图带来不便，因此数表的最大角度为 45°，大于 45°的任意角仍可利用数表作出（见表 4-1-2）。

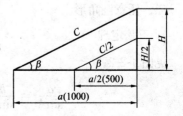

4.2 常用计算公式

一、直角三角形（图 4-2-1）

1. 勾股定理

$$c^2 = a^2 + b^2$$

2. 三角函数

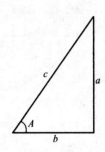

$$\text{正弦 } \sin A = \frac{a}{c} \qquad \text{余弦 } \cos A = \frac{b}{c}$$

$$\text{正切 } \tan A = \frac{a}{b} \qquad \text{余切 } \operatorname{ctg} A = \frac{b}{a}$$

$$\text{正割 } \sec A = \frac{c}{b} \qquad \text{余割 } \csc A = \frac{c}{a}$$

图 4-2-1 直角三角形

3. 特殊角度的三角函数

详见表 4-2-1。

特殊角度的三角函数 　　　　　　　　表 4-2-1

度	弧度（π）	$\sin A$	$\cos A$	$\tan A$	$\operatorname{ctg} A$	$\sec A$	$\csc A$
0°	0	0	1	0	∞	1	∞
30°	$\frac{\pi}{6}$	$\frac{1}{2}$	$\frac{\sqrt{3}}{2}$	$\frac{\sqrt{3}}{2}$	$\sqrt{3}$	$\frac{2\sqrt{3}}{3}$	2
45°	$\frac{\pi}{4}$	$\frac{\sqrt{2}}{2}$	$\frac{\sqrt{2}}{2}$	1	1	$\sqrt{2}$	$\sqrt{2}$
60°	$\frac{\pi}{3}$	$\frac{\sqrt{3}}{2}$	$\frac{1}{2}$	$\sqrt{3}$	$\frac{\sqrt{3}}{3}$	2	$\frac{2\sqrt{3}}{3}$
90°	$\frac{\pi}{2}$	1	0	∞	0	∞	1
180°	π	0	-1	0	∞	-1	∞
270°	$\frac{3\pi}{2}$	-1	0	∞	0	∞	-1
360°	2π	0	1	0	∞	1	∞

二、任意三角形

1. 正弦定理

见图 4-2-2。

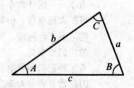

$$\frac{a}{\sin A} = \frac{b}{\sin B} = \frac{c}{\sin C}$$

2. 余弦定理

图 4-2-2 任意三角形

$$c^2 = a^2 + b^2 - 2ab \cdot \cos C$$

$$b^2 = a^2 + c^2 - 2ac \cdot \cos B$$

$$a^2 = b^2 + c^2 - 2bc \cdot \cos A$$

三、弧长、弦长、弦高等的计算

如图 4-2-3 所示，已知圆弧半径 R，圆弧所对中心角为 θ，计算公式如下：

$$A = R\cos\frac{\theta}{2}$$

$$L = \frac{\pi\theta}{180°}R(\theta \text{ 为角度})$$

$$H = R\left(1 - \cos\frac{\theta}{2}\right)$$

$$C = 2R\sin\frac{\theta}{2}$$

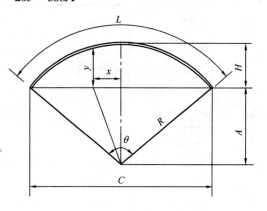

图 4-2-3　弧长、弦长、弦高的计算

$$y = \sqrt{R^2 - x^2} - A \quad (x \text{ 为任意值})$$

四、平面图形的面积公式（见表 4-2-2）

平面图形面积公式　　　　　　　　　　　　　　　　表 4-2-2

图　形		尺寸符号	面　积（F） 表面积（S）	重　心（G）
正方形		a——边长 d——对角线	$F = a^2$ $a = \sqrt{F} = 0.707d$ $d = 1.414a = 1.414\sqrt{F}$	在对角线交点上
长方形		a—短边 b—长边 d—对角线	$F = a \cdot b$ $d = \sqrt{a^2 + b^2}$	在对角线交点上
三角形		h—高 l—$\frac{1}{2}$周长 a、b、c—对应角 A、B、C 的边长	$F = \dfrac{bh}{2} = \dfrac{1}{2}ab\sin\alpha$ $l = \dfrac{a+b+c}{2}$	$GD = \dfrac{1}{3}BD$ $CD = DA$
平行四边形		a、b—邻边 h—对边间的距离	$F = b \cdot h = a \cdot b\sin\alpha$ $= \dfrac{AC \cdot BD}{2} \cdot \sin\beta$	对角线交点上
梯形		$CE = AB$ $AF = CD$ $a = CD$（上底边） $b = AB$（下底边） h—高	$F = \dfrac{a+b}{2} \cdot h$	$HG = \dfrac{h}{3} \cdot \dfrac{a+2b}{a+b}$ $KG = \dfrac{h}{3} \cdot \dfrac{2a+b}{a+b}$

续表

图 形	尺寸符号	面 积（F） 表面积（S）	重 心（G）
圆形	r—半径 d—直径 p—圆周长	$F=\pi r^2=\dfrac{1}{4}\pi d^2$ $=0.785d^2=0.07958p^2$ $p=\pi d$	在圆心上
椭圆形	a,b—主轴	$F=\dfrac{\pi}{4}\cdot a\cdot b$	在主轴交点 G 上
扇形	r—半径 s—弧长 α—弧 s 的对应中心角	$F=\dfrac{1}{2}r\cdot s=\dfrac{\alpha}{360}\pi r^2$ $s=\dfrac{\alpha\pi}{180}r$	$Go=\dfrac{2}{3}\cdot\dfrac{rb}{s}$ 当 $\alpha=90°$时 $Go=\dfrac{4}{3}\cdot\dfrac{\sqrt{2}}{\pi}r$ $\approx0.6r$
弓形	r—半径 s—弧长 α—中心角 b—弦长 h—高	$F=\dfrac{1}{2}r^2\left(\dfrac{\alpha\pi}{180}-\sin\alpha\right)$ $=\dfrac{1}{2}\left[r(s-b)+bh\right]$ $s=r\cdot\alpha\cdot\dfrac{\pi}{180}=0.0175r\cdot\alpha$ $h=r-\sqrt{r^2-\dfrac{1}{4}\alpha^2}$	$Go=\dfrac{1}{12}\cdot\dfrac{b^3}{F}$ 当 $\alpha=180°$时 $Go=\dfrac{4r}{3\pi}=0.4244r$
圆环	R—外半径 r—内半径 D—外直径 d—内直径 t—环宽 D_{pj}—平均直径	$F=\pi(R^2-r^2)$ $=\dfrac{\pi}{4}(D^2-d^2)$ $=\pi\cdot D_{pj}t$	在圆心 O
部分圆环	R—外半径 r—内半径 D—外直径 d—内直径 R_{pj}—圆环平均半径 t—环宽	$F=\dfrac{\alpha\pi}{360}(R^2-r^2)$ $=\dfrac{\alpha\pi}{180}R_{pj}\cdot t$	$GO=38.2\dfrac{R^3-r^3}{R^2-r^2}\cdot$ $\dfrac{\sin\dfrac{a}{2}}{\dfrac{a}{2}}$

续表

图　形	尺寸符号	面　积(F) 表面积(S)	重　心(G)
新月形	$OO_1=1$—圆心间的距离 d—直径	$F=r^2\left(\pi-\dfrac{\pi}{180}\alpha+\sin\alpha\right)$ $=r^2\cdot P$ $P=\pi-\dfrac{\pi}{180}\alpha+\sin\alpha$ P 值见下表	$O_1G=\dfrac{(\pi-P)L}{2P}$

L	$\dfrac{d}{10}$	$\dfrac{2d}{10}$	$\dfrac{3d}{10}$	$\dfrac{4d}{10}$	$\dfrac{5d}{10}$	$\dfrac{6d}{10}$	$\dfrac{7d}{10}$	$\dfrac{8d}{10}$	$\dfrac{9d}{10}$
P	0.40	0.79	1.18	1.56	1.91	2.25	2.55	2.81	3.02

图　形	尺寸符号	面　积(F) 表面积(S)	重　心(G)
抛物线形	b—底边 h—高 l—曲线长 S—$\triangle ABC$ 的面积	$l=\sqrt{b^2+1.3333h^2}$ $F=\dfrac{2}{3}b\cdot h$ $=\dfrac{4}{3}\cdot S$	
正多边形	a—边长 K_i—系数，i 指多边形的边数	$F=K\cdot a^2$ 三边形 $K_3=0.433$ 四边形 $K_4=1.000$ 五边形 $K_5=1.720$ 六边形 $K_6=2.698$ 七边形 $K_7=3.614$ 八边形 $K_8=4.828$ 九边形 $K_9=6.182$ 十边形 $K_{10}=7.694$	在内、外接圆心处

五、多面体的体积和表面积公式(表 4-2-3)

多面体的体积和表面积 表 4-2-3

图　形	尺　寸　符　号	体积(V)　底面积(F) 表面积(S)　侧表面积(S_1)	重　心(G)
立方体	a—棱 d—对角线 S—表面积 S_1—侧表面积	$V=a^3$ $S=6a^2$ $S_1=4a^2$	在对角线交点上
长方体(棱柱)	a、b、h—边长 O—底面对角线交点	$V=a\cdot b\cdot h$ $S=2(a\cdot b+a\cdot h+b\cdot h)$ $S_1=2h(a+b)$ $d=\sqrt{a^2+b^2+h^2}$	$Go=\dfrac{h}{2}$

续表

图　形	尺　寸　符　号	体积（V）　底面积（F） 表面积（S）　侧表面积（S₁）	重　心（G）
三棱柱	a、b、c—边长 h—高 F—底面积 O—底面中线的交点	$V=F \cdot h$ $S=(a+b+c) \cdot h+2F$ $S_1=(a+b+c) \cdot h$	$Go=\dfrac{h}{2}$
棱锥	f——个组合三角形的面积 n—组合三角形的个数 O—锥底各对角线交点	$V=\dfrac{1}{3}F \cdot h$ $S=n \cdot f+F$ $S_1=n \cdot f$	$Go=\dfrac{h}{4}$
棱台	F_1、F_2—两平行底面的面积 h—底面间的距离 a——个组合梯形的面积 n—组合梯形数	$V=\dfrac{1}{3}h(F_1+F_2+\sqrt{F_1F_2})$ $S=an+F_1+F_2$ $S_1=an$	$Go=\dfrac{h}{4} \cdot$ $\dfrac{F_1+2\sqrt{F_1F_2}+3F_2}{F_1+\sqrt{F_1F_2}+F_2}$
圆柱和空心圆柱（管）	R—外半径 r—内半径 t—柱壁厚度 p—平均半径 S_1—内外侧面积	圆柱： $V=\pi R^2 \cdot h$ $S=2\pi Rh+2\pi R^2$ $S_1=2\pi Rh$ 空心直圆柱： $V=\pi h(R^2-r^2)=2\pi Rpth$ $S=2\pi(R+r)h+2\pi(R^2-r^2)$ $S_1=2\pi(R+\tau)h$	$Go=\dfrac{h}{2}$
斜截直圆柱	h_1—最小高度 h_2—最大高度 r—底面半径	$V=\pi r^2 \cdot \dfrac{h_1+h_2}{2}$ $S=\pi r(h_1+h_2)+\pi r^2$ $\cdot \left(1+\dfrac{1}{\cos\alpha}\right)$ $S_1=\pi r(h_1+h_2)$	$Go=\dfrac{h_1+h_2}{4}+\dfrac{r^2\tan^2\alpha}{4(h_1+h_2)}$ $GK=\dfrac{1}{2} \cdot \dfrac{r^2}{h_1+h_2} \cdot \tan\alpha$

图　　形	尺　寸　符　号	体积（V）　　底面积（F） 表面积（S）　侧表面积（S_1）	重　心（G）
直圆锥	r—底面半径 h—高 l—母线长	$V=\dfrac{1}{3}\pi r^2 h$ $S_1=\pi r\sqrt{r^2+h^2}=\pi r l$ $l=\sqrt{r^2+h^2}$ $S=S_1+\pi r^2$	$G_0=\dfrac{h}{4}$
圆台	R、r—底面半径 h—高 l—母线	$V=\dfrac{\pi h}{3}\cdot(R^2+r^2+Rr)$ $S_1=\pi l(R+r)$ $l=\sqrt{(R-r)^2+h^2}$ $S=S_1+\pi(R^2+r^2)$	$G_0=\dfrac{h}{4}\cdot$ $\dfrac{R^2+2Rr+3r^2}{R^2+Rr+r^2}$
球	r—半径 d—直径	$V=\dfrac{4}{3}\pi r^3=\dfrac{\pi d^3}{6}$ $=0.5236d^3$ $S=4\pi r^2=\pi d^2$	在球心上
球扇形（球楔）	r—球半径 d—弓形底圆直径 h—弓形高	$V=\dfrac{2}{3}\pi r^2 h=2.0944r^2 h$ $S=\dfrac{\pi r}{2}(4h+d)$ $=1.57r(4h+d)$	$G_0=\dfrac{3}{4}\cdot\left(r-\dfrac{h}{2}\right)$
球缺	h—球缺的高 r—球缺半径 d—平切圆直径 $S_曲$—曲面面积 S—球缺表面积	$V=\pi h^2\left(r-\dfrac{h}{3}\right)$ $S_曲=2\pi rh=\pi\left(\dfrac{d^2}{4}+h^2\right)$ $S=\pi h(4r-h)$ $d^2=4h(2r-h)$	$G_0=\dfrac{3}{4}\cdot\dfrac{(2r-h)^2}{3r-h}$
圆环体	R—圆环体平均半径 D—圆环体平均直径 d—圆环体截面直径 r—圆环体截面半径	$V=2\pi^2 R\cdot r^2$ $=\dfrac{1}{4}\pi^2 Dd^2$ $S=4\pi^2 Rr$ $=\pi^2 Dd=39.478Rr$	在环中心上

图 形	尺 寸 符 号	体积（V） 底面积（F） 表面积（S） 侧表面积（S₁）	重 心（G）
球带体	R—球半径 r_1、r_2—底面半径 h—腰高 h_1—球心 O 至带底圆心 O_1 的距离	$V=\dfrac{\pi h}{b}(3r_1^2+3r_2^2+h^2)$ $S_1=2\pi Rh$ $S=2\pi Rh+\pi(r_1^2+r_2^2)$	$Go=h_1+\dfrac{h}{2}$
桶形	D—中间断面直径 d—底直径 l—桶高	对于抛物线形桶板： $V=\dfrac{\pi l}{15}\left(2D^2+Dd+\dfrac{3}{4}d^2\right)$ 对于圆形桶板： $V=\dfrac{1}{12}\pi l(2D^2+d^2)$	在轴交点上
椭球体	a、b、c—半轴	$V=\dfrac{4}{3}abc\pi$ $S=2\sqrt{2}\cdot b\cdot\sqrt{a^2+b^2}$	在轴交点上
交叉圆柱体	r—圆柱半径 l_1、l—圆柱长	$V=\pi r^2\left(l+l_1-\dfrac{2r}{3}\right)$	在二轴线交点上
梯形体	a、b—下底边长 a_1、b_2—上底边长 h—上、下底边距离（高）	$V=\dfrac{h}{6}\big[(2a+a_1)b$ $\quad+(2a_1+a)b_1\big]$ $=\dfrac{h}{6}\big[ab+(a+a_1)$ $(b+b_1)+a_1b_1\big]$	

六、钢材的断面积及理论重量（表 4-2-4）

钢材的断面积及理论重量计算公式 表 4-2-4

名称	断面形状	断 面 积 公 式	重 量 计 算 公 式
方钢		$A=a^2$	$G=0.00785a^2$（kg，下同）
圆角方钢		$A=a^2-0.8584r^2$ （r 为四角圆弧半径）	$G=0.00785a^2-0.00673r^2$
钢板扁钢带钢		$A=b\times t$	$G=0.00785\times b\times t$（计算单位：mm） $G=7.85\times t$ （单位：钢板：m²；厚度 t：mm）
圆角扁钢		$A=b\times t-0.8584r^2$	$G=0.00785\times b\times t-0.00673r^2$
圆钢		$A=0.7854d^2$	$G=0.00617d^2$
六角钢		$A=2.5981S^2=0.866d^2$	$G=0.024S^2=0.0068d^2$
八角钢		$A=4.8284S^2=0.829d^2$	$G=0.0379S^2=0.0065d^2$
钢管		$A=3.1416t(D-t)$	$G=0.02466t(D-t)$
等边角钢		$A=t(b-t)+0.2146(r^2-2r_1^2)$	$G=0.00785t(2b-t)+0.00168(r^2-2r_1^2)$

名称	断面形状	断 面 积 公 式	重 量 计 算 公 式
不等边 角钢		$A=t(B+b-t)+0.2146(r^2-2r_1^2)$	$G=0.00785t(B+b-t)+0.00168(r^2-2r_1^2)$
工字钢		$A=hd+2t(b-d)+0.8584(r^2-r_1^2)$	$G=0.00785[hd+2t(b-d)]+0.00673(r^2-r_1^2)$
槽钢		$A=hd+2t(b-d)+0.4292(r^2-r_1^2)$	$G=0.00785[hd+2t(b-d)]+0.00337(r^2-r_1^2)$

注：1. 重量计算公式：

$$G(kg)=A(mm^2)\times L(长度，m)\times Q(质量密度，g/cm^3)\times \frac{1}{1000}$$

2. 钢的质量密度按 7.85 计算。对于其他型材（如铝材）也可按上列公式计算，代入该型材的质量密度进行计算。

3. 本表除注明者外，面积单位为 mm²，重量单位为 kg。

4. 当无表查 r 和 r_1 的值时，可令 $r=0$，$r_1=0$ 计算，即只取公式前半部分计算，其误差很小。

七、圆周长和椭圆周长的计算公式

1. 圆周长

$$L=2\pi R=\pi D$$

式中　L——圆周长；

　　　R——圆半径；

　　　D——圆直径。

2. 椭圆周长

$$L=\pi \cdot \sqrt{2(a^2+b^2)-\frac{(a-b)^2}{4}}（比较正确的计算）$$

$$或　L=\pi(a+b)（近似值）$$

式中　a——长轴半径；

　　　b——短轴半径。

3. 椭圆标准方程

$$\frac{x^2}{a^2}+\frac{y^2}{b^2}=1$$

可变换为　$y = \dfrac{b}{a}\sqrt{a^2 - x^2}$

式中　y——纵坐标；

　　　x——横坐标；

　　　a——长轴半径；

　　　b——短轴半径。

利用上式，给定一个 x 值就对应得出一个 y 的值，如图 4-2-4 所示就可准确作出椭圆的图形，比前面介绍的几种作椭圆的方法都精确。图 4-2-5 为椭圆在冲天炉除尘装置上的应用实例。

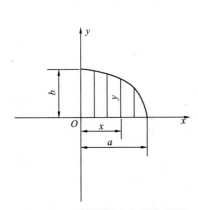

图 4-2-4　用椭圆标准方程作椭圆

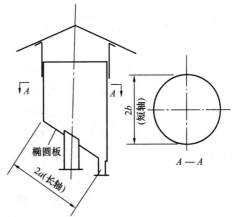

图 4-2-5　冲天炉除尘装置（椭圆应用实例）

八、圆周等分的计算公式

无论是在圆法兰上等分螺孔中心距，还是作展开图前在投影图中等分圆周，都可以利用图 4-2-6 和图 4-2-7 很方便地找出相邻两孔中心或相邻两点的距离（弦长），可提高作图速度。

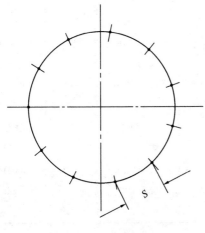

图 4-2-6　等分圆周

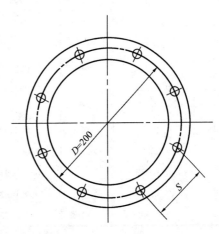

图 4-2-7　圆法兰外形

计算公式：$$S = D \times K$$

式中　D——直径；

　　　K——圆周等分系数（可从表 4-2-5 查出）；

　　　S——圆周等分后相邻两孔或两点中心距。

【例】　有一圆法兰如图 4-2-7 所示，中心直径 $D = 200\text{mm}$，需要在圆周上钻 8 个等距离的孔，求两孔的中心距 S 等于多少。

解：从表 4-2-5 中查得，8 等分系数 $K = 0.38268$，代入公式得 $S = 200 \times 0.38268 = 76.5$（mm）

圆周等分系数表　　　　　　　　　　　　　　　　　　　　　　表 4-2-5

等分数 n	系　数 K	等分数 n	系　数 K	等分数 n	系　数 K	等分数 n	系　数 K
3	0.86603	28	0.11197	53	0.059240	78	0.040265
4	0.70711	29	0.10812	54	0.058145	79	0.039757
5	0.58779	30	0.10453	55	0.057090	80	0.039260
6	0.50000	31	0.10117	56	0.056071	81	0.038775
7	0.43388	32	0.098015	57	0.055087	82	0.038302
8	0.38268	33	0.095056	58	0.054138	83	0.037841
9	0.34202	34	0.092269	59	0.053222	84	0.037391
10	0.30902	35	0.089640	60	0.052336	85	0.036951
11	0.28173	36	0.087156	61	0.051478	86	0.036522
12	0.25882	37	0.084805	62	0.050649	87	0.036102
13	0.23932	38	0.082580	63	0.049845	88	0.035692
14	0.22252	39	0.080466	64	0.049067	89	0.035291
15	0.20791	40	0.078460	65	0.048313	90	0.034899
16	0.19509	41	0.076549	66	0.047581	91	0.034516
17	0.18375	42	0.074731	67	0.046872	92	0.034141
18	0.17365	43	0.072995	68	0.046183	93	0.033774
19	0.16459	44	0.071339	69	0.045514	94	0.033415
20	0.15643	45	0.069756	70	0.044864	95	0.033064
21	0.14904	46	0.068243	71	0.044233	96	0.032719
22	0.14232	47	0.066792	72	0.043619	97	0.032381
23	0.13617	48	0.065403	73	0.043022	98	0.032051
24	0.13053	49	0.064073	74	0.042441	99	0.031728
25	0.12533	50	0.062791	75	0.041875	100	0.031410
26	0.12054	51	0.061560	76	0.041325		
27	0.11609	52	0.060379	77	0.040788		

第5章　正投影原理及三视图

5.1　正　投　影　原　理

一、中心投影

在日常生活中我们会发现，如果将物体放在灯泡和墙面之间，墙上就有物体的影子，这种现象叫做投影。由于光源近似于点，由点发出放射形的投影线，所以这种投影又叫做中心投影。假若物体离灯泡越近，墙上的影子就越大，反之，物体越接近墙面，则影子就越接近物体外形轮廓的大小。由于中心投影不能反映物体的真实大小，所以工程图不采用中心投影。

二、正投影

当投影的光线相互平行，且垂直于投影面时，物体在投影面上的投影叫做正投影。正投影的形状和大小不受物体与投影面之间距离远近的影响，因此在工程图中正投影得到广泛的应用。

在钣金展开技术中，也是利用正投影的原理作大样图。例如，在制作 90°四节圆形焊接弯头时，就是依据正投影的原理按已知条件先作出弯头的正面投影图和端节的水平投影图，然后再进行展开作图的。

为了真实反映物体的大小，一般采用三个相互垂直的投影面对物体进行投影。水平位置的投影面称为水平投影面，用符号 H 表示；垂直于水平投影面且在人的视线正面的投影面称为正立投影面，用符号 V 表示；同时与上述两个投影面垂直的投影面称为侧立投影面，用 W 表示。物体在正立投影面上的投影称为正面投影，在水平投影面上的投影称为水平投影，在侧立投影面上的投影称为侧面投影。

一个物体不论其形状有多么复杂，都可由点、线、面的投影表示出来，因此首先必须弄清点、线、面的投影规律后，才能对空间物体的投影有较为全面的了解。表 5-1-1～表 5-1-7 反映了点、线、面、体在特殊和一般位置时投影特性，它是工程识图和钣金展开最基本的理论知识，应该牢记掌握。

三、点、直线、平面、曲面等的投影

点、直线、平面、曲面的投影见表 5-1-1～表 5-1-7。

点 的 投 影 表 5-1-1

图 例	投 影 特 性
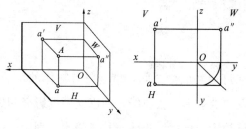	点的投影特性: (1) 点的投影仍为点。 (2) 点的正投影和侧投影同时反映点至水平面的高度,因此两投影的 Z 坐标相等
	(3) 点的正投影和水平投影同时反映点至侧投影面的距离,因此两投影的 X 坐标相等。 (4) 点的水平投影和侧投影同时反映点至正投影面的距离,因此两投影的 Y 坐标相等。 (5) 根据三面投影体系中点的投影特性,利用上述各投影之间的关系,只要已知两个投影就可画出第三个投影。如左图所示,已知 A 点的投影 a 和 a',即可求出另一个投影 a''

直 线 的 投 影 表 5-1-2

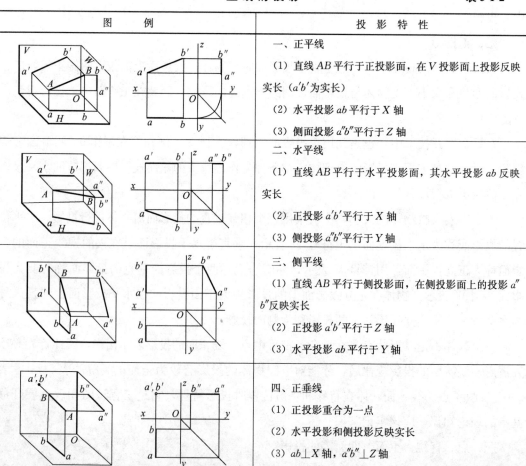

图 例	投 影 特 性
	一、正平线 (1) 直线 AB 平行于正投影面,在 V 投影面上投影反映实长($a'b'$ 为实长) (2) 水平投影 ab 平行于 X 轴 (3) 侧面投影 $a''b''$ 平行于 Z 轴
	二、水平线 (1) 直线 AB 平行于水平投影面,其水平投影 ab 反映实长 (2) 正投影 $a'b'$ 平行于 X 轴 (3) 侧投影 $a''b''$ 平行于 Y 轴
	三、侧平线 (1) 直线 AB 平行于侧投影面,在侧投影面上的投影 $a''b''$ 反映实长 (2) 正投影 $a'b'$ 平行于 Z 轴 (3) 水平投影 ab 平行于 Y 轴
	四、正垂线 (1) 正投影重合为一点 (2) 水平投影和侧投影反映实长 (3) $ab \perp X$ 轴,$a''b'' \perp Z$ 轴

续表

图 例	投 影 特 性
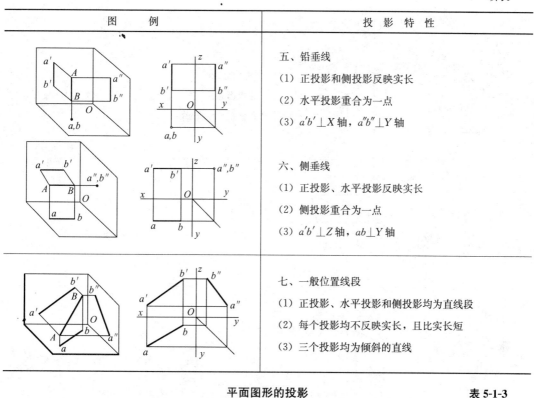	五、铅垂线 (1) 正投影和侧投影反映实长 (2) 水平投影重合为一点 (3) $a'b' \perp X$ 轴，$a''b'' \perp Y$ 轴
	六、侧垂线 (1) 正投影、水平投影反映实长 (2) 侧投影重合为一点 (3) $a'b' \perp Z$ 轴，$ab \perp Y$ 轴
	七、一般位置线段 (1) 正投影、水平投影和侧投影均为直线段 (2) 每个投影均不反映实长，且比实长短 (3) 三个投影均为倾斜的直线

平面图形的投影   表 5-1-3

图 例	投 影 特 性
	一、正平面 平面平行于正投影面 (1) 正投影反映平面的实形 (2) 水平投影平行 X 轴 (3) 侧投影平行 Z 轴
	二、水平面 平面平行于水平投影面 (1) 水平投影反映平面的实形 (2) 正投影平行 X 轴 (3) 侧投影平行 Y 轴
	三、侧平面 平面平行于侧投影面 (1) 侧投影反映平面的实形 (2) 正投影平行 Z 轴 (3) 水平投影平行 Y 轴

续表

图 例	投 影 特 性
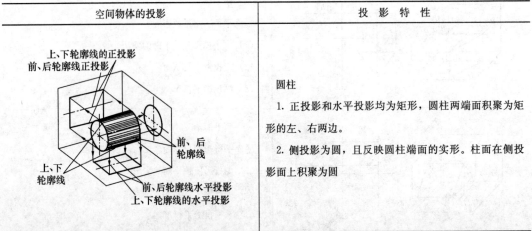	**四、正垂面** 　正投影为一直线，水平投影和侧投影为缩小的图形，三个投影均不反映实形
	五、铅垂面 　水平投影为一直线，三个投影均不反映平面的实形
	六、侧垂面 　侧投影为一直线，三个投影均不反映平面的实形
	七、一般位置平面 　三个投影均倾斜于投影面，且为缩小的图形，三个投影均不反映平面的实形

几何体的投影（例）　　　　　　　　　　　表 5-1-4

空间物体的投影	投 影 特 性
上、下轮廓线的正投影 前、后轮廓线正投影 前、后轮廓线 上、下轮廓线 前、后轮廓线水平投影 上、下轮廓线的水平投影	**圆柱** 　1. 正投影和水平投影均为矩形，圆柱两端面积聚为矩形的左、右两边。 　2. 侧投影为圆，且反映圆柱端面的实形。柱面在侧投影面上积聚为圆

续表

空 间 物 体 的 投 影	投 影 特 性
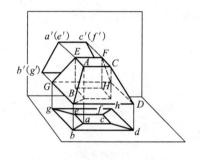	圆锥 1. 正投影和水平投影为三角形，锥底圆积聚为三角形的底边。 2. 侧投影为圆，既是圆锥面的投影，又是锥底的投影，二者投影重合
	四棱锥 1. 正投影和侧投影（未画出）均为梯形，左、右两平面为正垂面，在正投影面上积聚为梯形的两腰，前、后两面为侧垂面，为侧投影梯形的两腰。 2. 水平投影为四个梯形，上、下底平面均为水平面，其水平投影反映实形

求 线 段 的 实 长　　　　　　　　　　　　　表 5-1-5

求 一 般 位 置 直 线 的 实 长	求 作 方 法
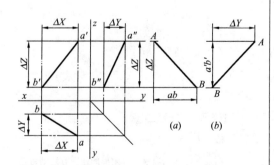	一、直角三角形法 一般位置直线的两个端点有左右差 ΔX，前后差 ΔY，高低差 ΔZ。 （1）计算法 水平投影 $ab=\sqrt{\Delta X^2+\Delta Y^2}$ 正投影 $a'b'=\sqrt{\Delta X^2+\Delta Z^2}$ 侧投影 $a''b''=\sqrt{\Delta Y^2+\Delta Z^2}$ 线的实长 $AB=\sqrt{\Delta X^2+\Delta Y^2+\Delta Z^2}$ （2）作图法 ①如图（a），以水平投影 ab 为一直角边，以 a 和 b 的高差 ΔZ 为另一直角边，斜边 AB 为实长。 ②如图（b），也可以用正投影 $a'b'$ 为一直角边，直线两端前后差 ΔY 为另一直边，斜边 AB 就是实长

求一般位置直线的实长	求 作 方 法
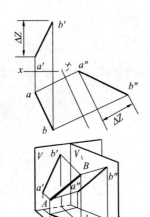	二、换面法 当直线平行某一投影面时就能在该投影面上反映实长，换面法就是在原投影系统的基础上重新建立投影面的方法。 如图所示，直线 AB 为一般位置，重新建立一个新的与 AB 平行的铅垂投影面，形成新的投影体系 V_1/H，两投影面交线 X_1 轴平行 ab，由 a 和 b 分别引 X_1 轴的垂直线，作斜线 $a''b''$ 使两点在 V_1 投影面的高差等于在原投影体系 $a'b'$ 正投影的高差 ΔZ，则 $a''b''$ 反映实长
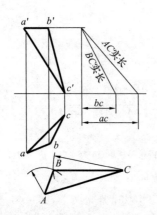	三、旋转法 （1）将一般位置的直线旋转成正平线，如图（a）所示。其正投影为实长。 （2）将一般位置的直线旋转成水平线，其水平投影为实长（虚线所示），如图（b）所示

求平面图形的实形　　　　　　　　　　　　　　　　　　　　表 5-1-6

求平面图形的实形	求 作 方 法
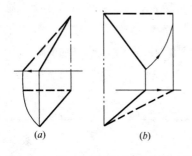	一、用直角三角形法求三角形实形 如图所示 （1）求三边实长 ①AB 平行水平投影面，故 ab 为实长 ②如图按三角形法求 BC 和 AC 实长 （2）三边实长求出后按已知三边求作三角形的作图方法则可作出三角形的实形

求平面图形的实形	求　作　方　法
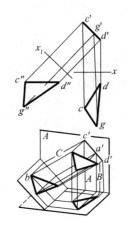	二、用换面法求三角形实形 　　已知三角形 ABC 为正垂面，正投影集聚为一条直线，作一平面 P 与三角形平行，与 V 面的交线为 X_1 轴线，沿与 X_1 轴垂直的各点投射线上，分别取 a''、b''、c'' 至 x_1 轴的距离等于原投影系 a、b、c 至 X 轴的距离，连接 $a''b''$，$b''c''$ 和 $c''a''$ 得到的三角形即为所求的实形
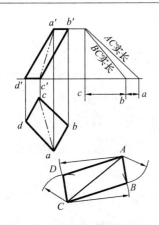	三、用直角三角形法求平行四边形的实形 　　图中四边形的上下边平行于水平投影，故 ab 和 cd 反映实长，为求出 AC 和 BC 的实长可加一对角线 AC，将四边形分成两个三角形后按作三角形的方法作两次即可求得实形。 　　求 AC 和 BC（或 AD）的实长，可用它们的水平投影为一直角边，正投影上的高差为另一直角边两个直角三角形，其斜边长就是 AC 和 BC 的实长

求　二　面　角

表 5-1-7

求两平面的夹角	求　作　方　法
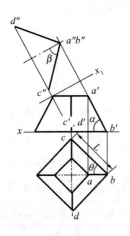	如左图所示，求平面 ABD 与平面 ABC 的夹角。 　　一、图解法 　　(1) 作新投影面垂直已知两平面的交线 AB，并得到新投影面交线 X_1 轴。 　　(2) 在各对应点垂直于 X_1 轴的直线上取 c''、a''（或 b''）、d' 至 X_1 轴的距离分别等于旧投影体系中 c、a（或 b）、d 至 X 轴的距离。 　　(3) 连接 $c''a''$ 和 $a''d''$，则 $\angle c''a''d''$ 角（即 2β）为所求的二面角。 　　二、计算法 　　(1) 根据已知条件求出 α 角和 θ 角 　　(2) $\tan\beta = \dfrac{L\sin\theta}{L\cos\theta\sin\alpha} = \dfrac{\tan\theta}{\sin\alpha}$ 　　(3) 二面角等于 2β

续表

求两平面的夹角	求 作 方 法
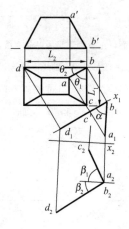	如左图所示，与左上图相比要多换一次面才能用作图法作出二面角，即先将两平面交线 AB 由一般位置变成正平线，再建立一个新投影面与交线 AB 垂直，a_2b_2 两点在该平面上重合为一点，$\angle c_2a_2d_2$ 角即为所求的二面角。变换的详细过程如图所示。 计算法求二面角 β： (1) $\tan\alpha = \dfrac{a' \text{与} b' \text{两点的高差}}{\text{水平投影 } ab \text{ 长}}$ (2) $\tan\beta_1 = \dfrac{\tan\theta_1}{\sin\alpha}$　$\tan\beta_2 = \dfrac{\tan\theta_2}{\sin\alpha}$ (3) 二面角 $\beta = \beta_1 + \beta_2$

四、钣金构件的表面交线

钣金展开构件往往由多个平面或曲面构成，表面在空间相交形成的交线统称结合线，一般将平面与曲面的交线称为截交线，两曲面的交线称为相贯线。结合线是构件展开的重要依据，因此必须了解它的某些特点和性质，为作展开图打下基础。

结合线是两个面的分界线和共有线，即线上的每个点都为两个面所共有。求两个面交线的实质是求两表面上的公共点，尽可能求出一些特殊位置的点，并适当求出一些一般位置上的点，交线上的上、下、左、右、前、后的构件的轮廓点、转折点或等分线上的点称为特殊点，其他称为一般位置的点。

交线的形状取决于相交两表面的形状和相对位置。平面与平面的交线为直线；平面与曲面的交线为平面曲线；曲面与曲面的交线一般为空间曲线，在特殊情况下也可能是平面曲线。了解交线的形状和性质将对钣金构件的展开带来许多方便，特别是对于位置特殊的相贯线往往是平面曲线，在某个投影面上是一条直线，只要求出直线的两个端点，表面交线很容易作出（即连接两个点的直线就是交线），工程中这类例子很多，例如两节任意角度等径圆柱弯头的内侧轮廓线的转折点和外侧轮廓线的转折点，两点之间的直线就是两节圆柱管的表面交线，其交线形状为一椭圆，对于这类平面曲线，只要首先知道它的特点，无须作出很多共有点来求出二个圆柱面的交线，可减少很多的作图过程。

表 5-1-8 和图 5-1-1 列出了一些常见的表面交线（平面曲线）的形状和特点供展开时参考。其他非平面曲线的表面交线形状及特点，本书有关章节也作有介绍。

平面与回转面和球面的交线　　　　　　　　　　　　表 5-1-8

立 体 图	投 影 图	截平面位置	交 线 形 状
		截平面与轴线垂直	圆
		截平面与轴线斜交且 不平行于轮廓线	椭圆
		截平面平行于轮廓线	抛物线
		截平面与轴线平行	双曲线
		截平面通过锥顶	过锥顶的直线
		截平面与轴线垂直	圆

续表

立 体 图	投 影 图	截平面位置	交 线 形 状
		截平面与轴线平行	与轴线平行的直线
		截平面与轴线斜交	椭圆
		截平面与球面相交	圆

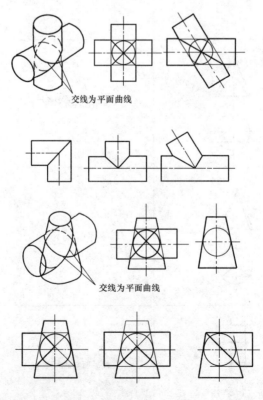

图 5-1-1 交线为平面曲线

5.2　三　视　图

一、投影图与三视图

如图 5-2-1 所示，在本章第 5.1 节有关投影原理的介绍中，我们已经知道了在三个互相垂直的投影面上表示物体的投影方法。三个投影面的交线分别为 OX、OY、OZ，假若将水平投影面围绕 OX 轴旋转 $90°$，侧立投影面围绕 OZ 轴旋转 $90°$，保持正立投影面不动，此时三个投影面就在同一平面上了，同时物体在三个投影面上的投影也呈现在同一平面上。在工程制图中去掉 OX、OY 和 OZ 轴并标注有关尺寸和符号后就成为三视图。在原来正立投影面（V 面）上的投影图称主视图（也称立面图、正面图和正视图）；在原水平投影面（H 面）上的投影图称俯视图（工程上一般叫平面图）；原侧立投影面（W 面）上的投影图称侧视图（又称侧面图、左视图等）。

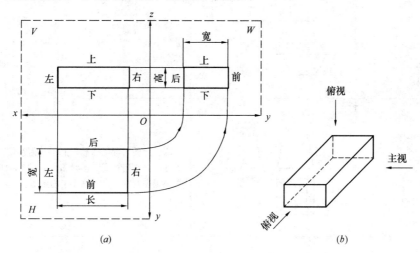

图 5-2-1　投影图与三视图

（a）投影面展开图；（b）三视图

学会看三视图并能熟练地运用是展开放样的基础理论知识，应牢固掌握。

二、识图方法

图 5-2-1（a）是三面投影图的展开图，它是将 OY 交线割开后使三个投影面摊开在同一平面上的投影图，三视图的三个视图的相对位置与投影展开图形一致，即以主视图为基准，俯视图放在主视图的正下方且左、右的边界对正；侧视图（左视图）放在主视图的正右方，与主视图的上、下边界尺寸平齐。

不难看出，由于俯视图在主视图的正下方，因此物体的长度相等；侧视图在主视图的正右方，上下平齐，因而物体在两视图上的高度相等；俯视图的前后尺寸与侧视图的左右尺寸在三面投影体系中均反映物体宽度方向的尺寸，因此物体在两个视图上的宽度相等。

综上所述，识图的基本方法可归纳为三要素：①主视图和俯视图左右对正，长度相等，简称长对正；②主视图和侧视图上下平齐，高度相等，简称高平齐；③俯视图和侧视图前后对应，宽度相等，简称宽相等。

三、常见几何体三视图表（表 5-2-1）

常见几何体的三视图（未标尺寸）　　　　　　　　　　表 5-2-1

立 体 图	三 视 图	特 　 点
长方体		各表面为长方形，相邻各面互相垂直，投影形状和大小不变
正六棱柱		六个侧面为长方形 　顶面和底面为正六边形，侧面与顶和底面垂直。上、下底为实形，前后两个侧面为实形（主视图）。其余四块侧面为缩小的图形
正四棱锥台		四个侧面为等腰梯形，上、下底为大、小不同的正方形并在俯视图上形状和大小不变，四个侧面在主视图和侧视图上为缩小了的图形
圆柱		主视图和俯视图将前、后和上、下两个半圆弧面投影成长方形，侧视图反映断面实形
正圆锥		主视图和俯视图将圆锥面投影成三角形，侧视图为锥底圆，圆平面为圆锥面的投影，锥顶与圆心重合

立 体 图	三 视 图	特　　点
正圆锥台		主视图和俯视图为锥面的投影，侧视图反映两端面的实形（在主、俯视图上两端面为正垂和铅垂面）
球		球在三个视图上的投影均是圆
圆环		主视图同侧视图完全一样，其投影由两端的半圆弧及上、下两条平行线组成。俯视图为两个同心圆，圆环断面由主视图上的虚线圆和半圆弧表示

127

第 6 章 画展开图的基本原理和方法

6.1 展开的基本原理

作展开图常用的作图方法有平行线法、放射线法和三角形法三种。它们的共同特点是把构件表面"化整为零"，即按构件表面形状和特点分解成若干个小的矩形或三角形（图6-1-1）。从数学上的概念讲这是微分的过程，然后将这些小的平面图形依次排序和编号并用第 5 章介绍的方法求出线段的实长和平面的实形，再按顺序排列组合（类似数学的积分）摊开在一个平面上，就将表面展开形状准确或近似地反映出来并得到展开图形，最后

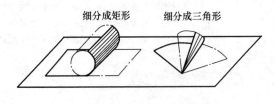

图 6-1-1　展开原理示意图

经过下料、卷制（或拼接组装）后又恢复到它原来的形状，这就是展开的基本原理。它十分类似电视影像成型时利用多个素点组成图像的道理，扫描的点线越多，图像就越逼真。同理，钣金展开时表面分割得越细，取的平面越多就使得展开图越接近构件表面的真实形状，求圆周长（π）就是利用无限增大多边形的边数去逼真地反映圆周的形状，圆周长和圆柱表面的展开就是基于这个道理。但在实际作图过程中不可能也无必要将构件表面分得过细，一是受到作图工具的限制，二是分得越细作图的累计误差也就越大，因此分解要适当，只要能满足工艺要求的一般精度就行了。

6.2 平行线法作展开图

凡是几何体的素线（或棱角线）相互平行时，均可采用平行线法对表面进行展开，例如圆柱和棱柱的表面就可采用此法展开。展开时必须画出柱体表面上平行素线的投影，并必须确定和求出以下几种尺寸：

1. 各平行素线间的距离（指展开后的间距），对于棱柱为两棱线之间的距离，对圆柱为每等分的长度。

2. 各素线的实长。

3. 素线任意一个端点到与素线垂直断面的距离。

【例】　图 6-2-1 为两节直角弯头的立体图、主视图、俯视图（未画出上端节）和展开图。用平行线法作两节直角弯头的展开图。

解：作展开图的步骤如下（参见图 6-2-1b、c）：

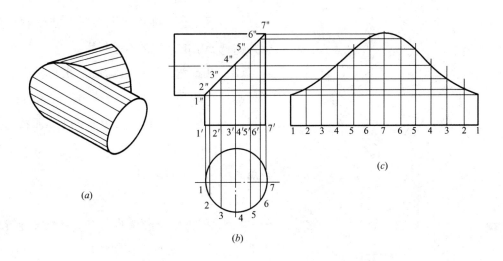

图 6-2-1　两节直角弯头

（a）立体图；（b）主俯视图；（c）展开图

（1）将俯视图圆周 12 等分，由各等分点 1、2……7 向主视图圆柱底边引垂线得交点 $1'$、$2'$，……，$7'$，并延长垂线与两节弯头表面交线相交得 $1''$、$2''$，……，$7''$。

（2）在主视图底面投影线的延长线上截取底圆周的展开长度，12 等分展开长度在该线上得等分点 1、2，……，7、6，……，1，过各等分点向上引垂线与主视图 $1''$、$2''$，……，$7''$ 向右所引的水平线对应相交得一系列交点。

（3）光滑曲线连接各交点即得弯头一个端节的展开图，另一个端节展开图全同。

圆柱表面展开的基本原理是将表面细分成若干矩形（见图 6-2-1a），求出每一个矩形的边长，然后作出每一个矩形的实形并依次排列，曲线光滑连接而成。

6.3　放射线法作展开图

对于表面素线交于一点的几何体，如圆锥、棱锥、椭圆锥及截体的表面可用放射线法展开。其基本原理是将放射形状的表面分解成若干三角形（棱锥已是三角形），然后求出三角形各边的实长，按已知三边作三角形的方法作出这些三角形的实形并依次排列在平面

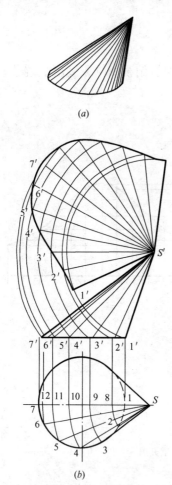

图 6-3-1　放射线法作
斜圆锥展开图
(a) 立体图；(b) 展开图

上就可得出放射形状表面的展开图。

【例】　如图 6-3-1 所示为斜圆锥的立体图、主视图、俯视图和展开图，用放射线法作斜圆锥的展开图。

解：其展开作图步骤如下：

(1) 将俯视图锥底圆 12 等分，得等分点 1、2，……，7，连接锥顶 S 与各等分点所得的连线为俯视图中的素线的水平投影。

(2) 以 S 为圆心，各素线的水平投影长为半径画弧交线段 17 于 8、9、10、11 和 12 点，并过 1、8、9、10、11、12 和 7 向上引垂线与主视图底边相交得 1′、2′、3′、4′、5′、6′、7′各点。

(3) 连接 S′ 与 1′、2′、……，7′得 S_1'、S_2'、……，S_7' 即得每条素线的实长（将线段旋转为正平线，在正投影面上为实长）。

(4) 分别以相邻两条素线的实长和锥底圆周的每等分长度作三角形，按图 6-3-1 (b) 展开图所表示的顺序依次排列，曲线连接三角形的点 1′、2′……7′即得斜圆锥展开图的二分之一，另一半可对称画出。

6.4　三角形法作展开图

三角形法作展开图的基本原理是，对于任何几何体都可以将其表面有规律地划分为一系列的三角形，对于曲线表面，可近似地将划分的三角形看作平面三角形，然后求出三角形三边的实长，依次顺序地将这些三角形的实形画在平面上即可得出几何体表面的展开图。

凡是无法采用平行线法和放射线法展开的表面，都可以考虑用三角形法来展开，放射线法是三角形法的特殊形式，因为所有三角形有一个公共的顶点。

【例】　如图 6-4-1 (a) 所示为立体图、图 6-4-1 (b) 为主视图和俯视图，图 6-4-1 (c)表示放射弧面素线和接缝线的实长求作方法，图 6-4-1 (d) 为展开图，是用三角形法作圆方过渡接头（天圆地方）的展开图。

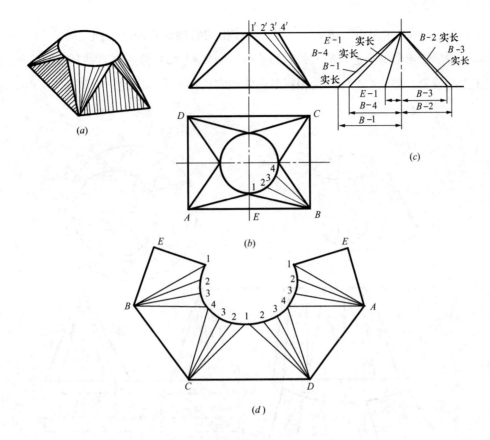

图 6-4-1　用三角形法作圆方过渡接头展开图

(a) 立体图；(b) 主视图和俯视图；(c) 求作实长线；(d) 展开图

解： 从图中看出圆方接头的表面由四个三角形和四个圆锥曲面所组成，不能用平行线法和放射线法而只能用三角形法展开，展开作图步骤如下：

(1) 在俯视图上 12 等分圆周，由于前后和左右的图形对称，所以只求四分之一素线的实长即可。连接 B-1、B-2、B-3 和 B-4，此四条线段为弧面上素线的水平投影。

(2) 用直角三角形法求各线段的实长，将各素线的水平投影和接缝线 B-1、B-2、B-3、B-4 和 E-1 为一直角边，以主视图上它们两端的高差为另一直角边求出五条线段的实长，如图 6-4-1 (c) 所示。

(3) 由于底部矩形四边为水平线，所以 AB、BC、CD、DA 在俯视图上已反映实长，展开时可直接在图上量取。

(4) 用已知三边作三角形的方法，用上面求出的各三角形边的实长（圆周每等分值作为圆口展开端三角形的一边），依次作出三角形的实形，圆口展开的三角形顶点应沿曲线平滑地连接，方口的顶点 E、B、C、D、A 之间用直线连接，如图 6-4-1 (d) 所示。

选择 E-1 作为展开图接缝的原因，对于薄板构件便于扣缝连接；对于厚板构件可使焊缝最短且加工方便。

　　图 6-4-2 所示是用三角形法求线段实长和作出的斜圆锥台的展开图。图 6-4-2（c）是用直角三角形法求出每条连线的实长，图 6-4-2（a）和（b）分别是这些连线在主视图和俯视图上的投影，图 6-4-2（d）为根据各连线的实长和上下端圆周长的等分值所作出的展开图。

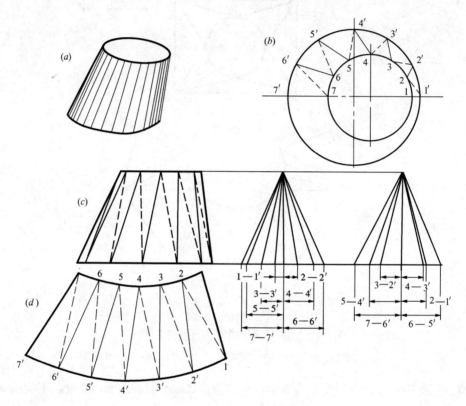

图 6-4-2　斜圆锥台展开图

（a）主视图；（b）俯视图；（c）求连线实长；（d）展开图

下　篇　钣金展开计算应用
实例与计算软件

第 **7** 章　型　　钢

7.1　钢　筋　展　开　计　算

钢筋计算在建筑工程和机械等行业中得到十分广泛的应用，由于各个行业在计算时输入已知条件有所差异，考虑到钢筋计算在建筑工程中的作用更为广泛，因此作者在程序设计时，弯曲半径采用钢筋的内皮圆弧半径，边与边的距离采用两钢筋的外皮尺寸（建筑工程称为外包尺寸）等。而机械工程则以钢筋的中心线作为计算依据，读者只要按照程序运行中的提示操作就行了，输入已知条件后，程序将自动转换为按中心直径计算展开长度。

本节共包括了 18 个常用不同类型的钢筋计算程序，程序运行后，将出现一个形如下面的钢筋计算总图（图 7-1-1）的启动界面，单击任意一种图例右面的"开始计算"按钮，在进入一个新的界面后就可对该形状的钢筋进行计算了。

7.1.1　任意弯曲角度钢筋

钢筋弯曲大于、小于或等于 90°时展开见图 7-1-1-1～图 7-1-1-4。

一、计算公式和示例

1. 圆心角 $\theta < 90°$：如图 7-1-1-4 图 1 所示，已知 $A=200$，$B=150$，$d=12$，$\theta=45°$，$R=15$

中心线圆弧展开长度：$F = \dfrac{\theta \times \pi}{180} \times \left(R + \dfrac{d}{2}\right) = \dfrac{45 \times 3.1416}{180} \times \left(15 + \dfrac{12}{2}\right) = 16.5$

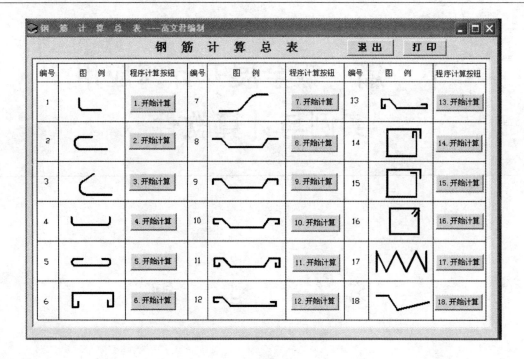

图 7-1-1　钢筋计算总图

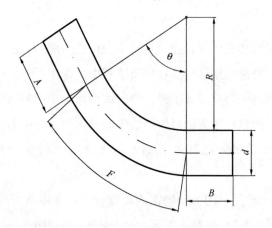

图 7-1-1-1　弯曲角度小于 90°的钢筋

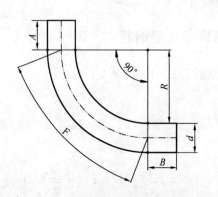

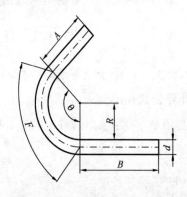

图 7-1-1-2　弯曲角度等于 90°的钢筋　　　图 7-1-1-3　弯曲角度大于 90°的钢筋

钢筋下料长度：$L=A+B+F=200+150+16.5=366.5$

2. 圆心角 $\theta=90°$：如图 7-1-1-4 图 2，已知 A，B，d，R 同前，$\theta=90°$

中心线圆弧展开长度：$F=\dfrac{\theta\times\pi}{180}\times\left(R+\dfrac{d}{2}\right)=\dfrac{90\times3.1416}{180}\times\left(15+\dfrac{12}{2}\right)=32.9$

钢筋下料长度：$L=A+B+F=200+150+32.9=382.9$

3. 圆心角 $\theta=135°$：如图 7-1-1-4 图 3，已知 A，B，d，R 同前，$\theta=135°$

中心线圆弧展开长度：$F=\dfrac{\theta\times\pi}{180}\times\left(R+\dfrac{d}{2}\right)=\dfrac{135\times3.1416}{180}\times\left(15+\dfrac{12}{2}\right)=49.5$

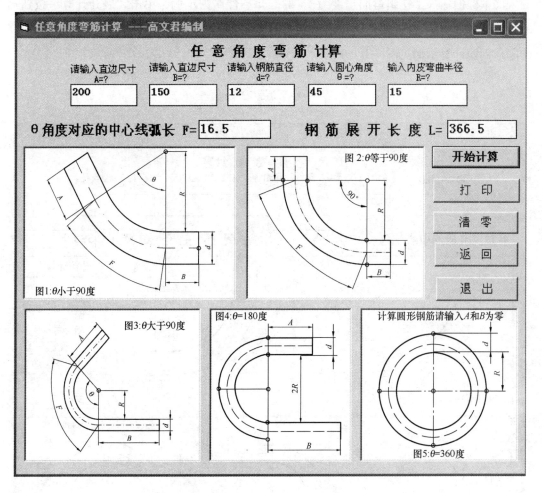

图 7-1-1-4　光盘计算钢筋弯曲 $\theta=45°$ 的展开长度示例

钢筋下料长度：$L=A+B+F=200+150+49.5=399.5$

4. 圆心角 $\theta=180°$：如图 7-1-1-4 图 4，已知 A，B，d，R 同前 $\theta=180°$

中心线圆弧展开长度：$F=\dfrac{\theta\times\pi}{180}\times\left(R+\dfrac{d}{2}\right)=\dfrac{180\times3.1416}{180}\times\left(15+\dfrac{12}{2}\right)=66$

钢筋下料长度：$L=A+B+F=200+150+66=416$

5. 圆心角 $\theta=360°$：如图 7-1-1-4 图 5，$A=0$，$B=0$，$d=12$，$R=15$，$\theta=360°$

中心线圆周展开长度：$F=\dfrac{\theta\times\pi}{180}\times\left(R+\dfrac{d}{2}\right)=\dfrac{360\times3.1416}{180}\times\left(15+\dfrac{12}{2}\right)=132$

圆环钢筋下料长度：$L=F=132$

二、用程序计算

双击"7.1 钢筋展开计算"文件名后，在出现的钢筋计算图 7-1-1 中，单击编号 1、2、3 中任意一个的"开始计算"按钮，按照提示输入上述 5 种不同的已知条件，其计算结果将会与上面用公式法计算的数据相同。显然用程序计算方便多了。程序设计时已经在输入文本框内输入了一组弯曲角度为 45°的已知条件作为示例，单击"展开计算"按钮后的计算结果如图 7-1-1-4 所示。弯曲角度为 135°的计算示例见图 7-1-1-5，弯曲角度为 360°的圆形钢筋计算示例见图 7-1-1-6 所示。

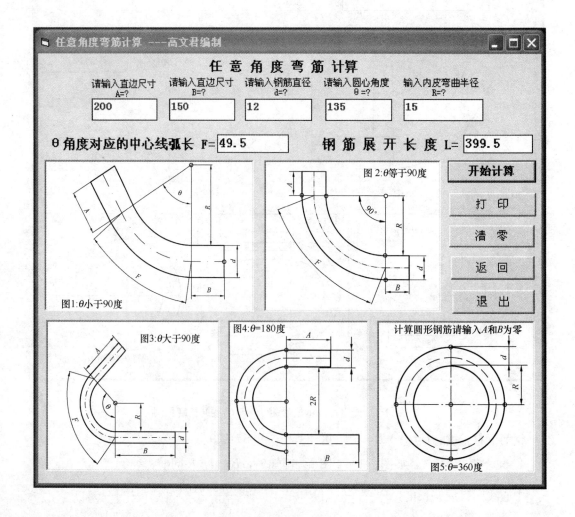

图 7-1-1-5　光盘计算钢筋弯曲 $\theta=135°$的展开长度示例

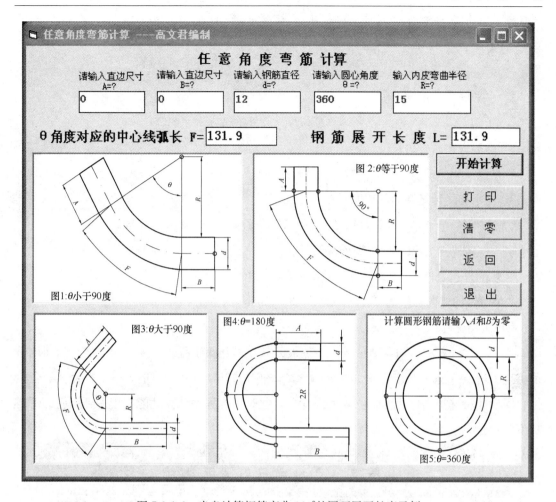

图 7-1-1-6　光盘计算钢筋弯曲 360°的圆环展开长度示例

7.1.2　直筋两端带直角弯钩

一、计算公式与示例

如图 7-1-2-1 所示，已知钢筋长度 $L = 3850$，高度 $H = 250$，直径 $d = 16$，内皮半径 R $= 20$，试求钢筋的展开长度。

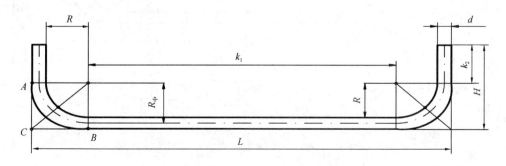

图 7-1-2-1　两端带 90°弯钩的直筋

1. 1个直角弯钩圆弧的展开长度

$$F=\frac{90}{180}\times\pi\times\left(R+\frac{d}{2}\right)=0.5\times3.1416\times28=44$$

2. 水平筋直边长度

$$k_1=L-2\times(R+d)=3850-2\times36=3778$$

3. 两端弯钩的直边长度

$$k_2=H-(R+d)=250-36=214$$

4. 用中心线计算钢筋的展开长度

$$P=k_1+2\times F+2\times k_2=3778+2\times44+2\times214=4294$$

5. 用弯曲调整值 TZ 计算钢筋展开长度

圆弧的外包长度 $AC=BC=R+d=20+16=36$

2个弯钩的弯曲调整值 $TZ=4\times AC-2\times F=4\times36-2\times44=56$

钢筋的下料长度 $P=L+2\times H-TZ=3850+2\times250-56=4294$

用外包尺寸减去弯曲调整值计算钢筋展开长度是建筑工程通常采用的方法，弯曲调整值由查表得出，除了几个特殊角（30°，45°，90°，135°）外的弯曲调整值一般表不会给出，所以非特殊角的弯曲调整值要另外计算，此时用本程序计算就能直接得到钢筋的下料长度值 P。

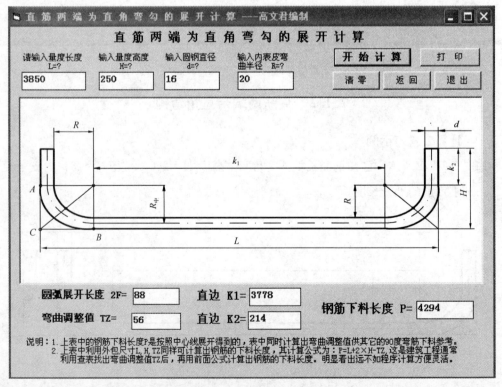

图 7-1-2-2 光盘计算直筋两端带弯 90°弯钩的展开长度示例

二、用程序计算的步骤

程序运行后，单击编号4右面的"4.开始计算"按钮，由于程序已经输入了上例的已知数据，只要单击"开始计算"按钮，计算结果马上就会显示出来如图7-1-2-2所示。单击"清零"按钮，清除原有数据后又可重新输入已知条件进行新的计算。请注意，当程序计算值K_2为负数时，表示输入的已知条件H已经小于外包尺寸AC，此时需要重新输入H（一般要根据锚固长度值确定）的尺寸。

7.1.3 直筋两端带半圆弯钩

一、计算公式和示例

如图7-1-3-1所示，已知钢筋外包长度$L=3850$，$H=63$，$d=12$，$R=15$。求钢筋展开长度P。

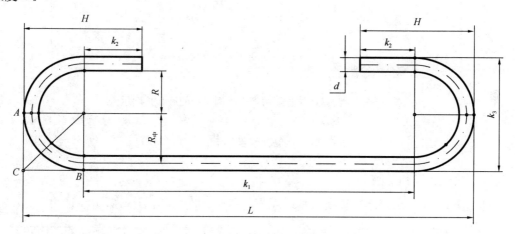

图7-1-3-1 直筋两端带180°弯钩的示意图

1. 2个弯钩中心圆弧的展开长度 $2F=2\times\pi\times\left(R+\dfrac{d}{2}\right)=131.95$

（F为单个半圆弧弯钩的展开长度）

2. 水平筋直边长度 $k_1=L-2\times(R+d)=3796$

3. 端部直边 $k_2=H-(R+d)=63-27=36$

4. 半圆钩外径 $k_3=2\times(R+d)=54$

5. 钢筋展开长度 $p=2\times k_2+2F+k_1=72+131.95+3796=3999.95$

二、用程序计算

程序运行后，单击编号5右面的"5.开始计算"按钮，按照相关提示即可求出钢筋的展开长度。程序输入的已知数据仅作示例，单击"清零"按钮重新输入数据可作新的计算。计算示例见图7-1-3-2所示。请注意，当输入的H值小于$(R+d)$时，程序计算值k_2将为负数，表示端部已经没有直边，此时应重新输入H的数值。

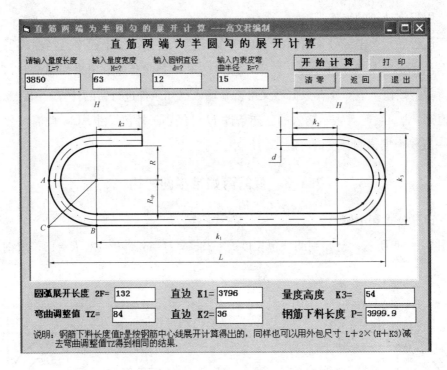

图 7-1-3-2 光盘计算直筋两端带半圆弯钩的展开长度示例

7.1.4 预 埋 钢 筋

一、公式计算和示例

如图 7-1-4-1 所示，已知长度 $L=300$，$H_1=360$，$H_2=63$，$d=12$，$R=15$

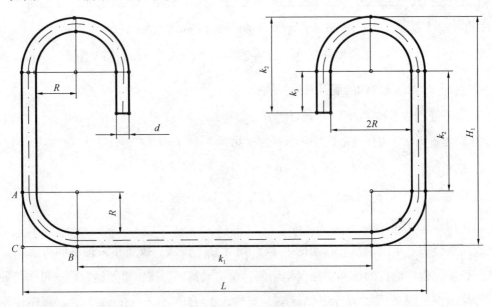

图 7-1-4-1 预埋钢筋

1. 圆弧的展开长度 $\Sigma F = \dfrac{540°}{180°} \times \pi \times \left(R + \dfrac{d}{2} \right) = 197.9$

（ΣF 为 6 个 90°圆弧展开长度之和。）

2. 直边 $k_1 = L - 2 \times (R + d) = 246$

3. 直边 $k_2 = H_1 - 2 \times (R + d) = 306$

4. 直边 $k_3 = H_2 - (R + d) = 36$

5. 钢筋展开长度 $P = k_1 + 2 \times (k_2 + k_3) + \Sigma F = 1127.9$

说明：k_1，k_2，k_3 为钢筋弯曲时圆弧起点的定位参考尺寸。

二、用程序计算

程序运行后，单击编号 6 右面的 "6. 开始计算" 按钮，其他的操作方法与前面程序的操作步骤相同，计算示例如图 7-1-4-2 所示。

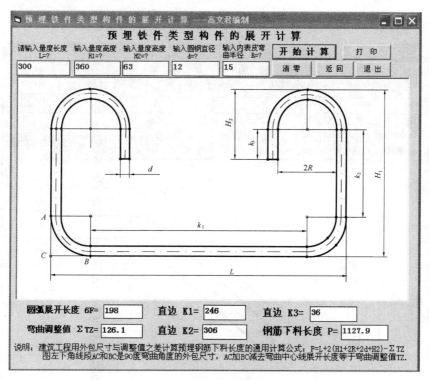

图 7-1-4-2　光盘计算预埋钢筋展开长度示例

7.1.5　乙 形 弯 起 钢 筋

一、计算公式和示例

如图 7-1-5-1 所示，已知 $L = 3000$，$H = 360$，$H_1 = 63$，$d = 12$，$R = 15$，$\beta = 45°$

1. 圆弧展开长度 $\Sigma F = \dfrac{2 \times 45°}{180°} \times \pi \times \left(R + \dfrac{d}{2} \right) = 33$

2. 斜边长度 $C = \dfrac{H - d}{\sin\beta} = \dfrac{360 - 12}{\sin 45°} = 492.15$

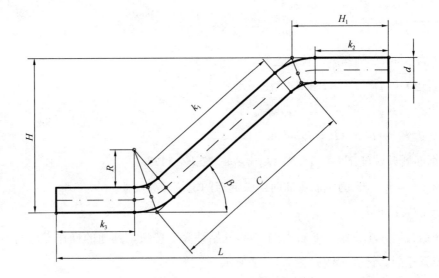

图 7-1-5-1 乙形弯起筋

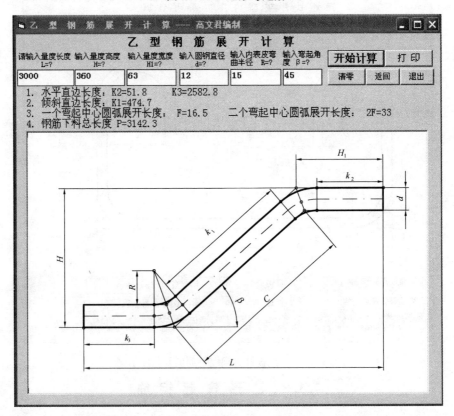

图 7-1-5-2 光盘计算乙形弯起筋展开长度示例

3. 斜边 C 的水平投影 $sp=C\times\cos\beta=492.15\times\cos45°=348$

4. 圆弧的外包一边长度 $wb=(R+d)\times\tan\left(\dfrac{\beta}{2}\right)=27\times\tan\left(\dfrac{45°}{2}\right)=11.18$

5. 圆弧的内包一边长度 $nb=R\times\tan\left(\dfrac{\beta}{2}\right)=15\times\tan\left(\dfrac{45°}{2}\right)=6.2$

6. 倾斜直边长度 $k_1 = C - wb - nb = 492.15 - 11.18 - 6.2 = 474.7$

7. 水平直边 $k_2 = H_1 - wb = 63 - 11.18 = 51.82$

8. 水平直边 $k_3 = L - wb - sp - nb - k_2 = 2582.82$

9. 展开长度 $P = k_1 + k_2 + k_3 + \Sigma F = 474.7 + 51.82 + 2582.82 + 33 = 3142.3$

二、用程序计算

单击"7.1 钢筋展开计算"程序中编号 7 右面的"7. 开始计算"按钮，由于程序预先输入了一组相同数据作为示例，直接单击"开始计算"按钮，计算结果立刻就会显示出来，如图 7-1-5-2 所示。单击"清零"按钮重新输入数据就可进行下一次的计算了。

7.1.6　两端无弯钩的弯起筋

一、计算公式和示例

如图 7-1-6-1 所示，已知 $L = 5914$，$d = 18$，$R = 25$，$H_1 = 260$，$H_2 = 200$，$\beta_1 = 45°$，$\beta_2 = 30°$，$A = 757$，$B = 557$

1. 右面弯起圆弧外包尺寸 $wb_1 = (R + d) \times \tan\left(\dfrac{\beta_1}{2}\right) = 43 \times \tan(22.5°) = 17.8$

2. 左面弯起圆弧外包尺寸 $wb_2 = (R + d) \times \tan\left(\dfrac{\beta_2}{2}\right) = 43 \times \tan(15°) = 11.52$

3. 右面弯起圆弧内包尺寸 $nb_1 = R \times \tan\left(\dfrac{\beta_1}{2}\right) = 25 \times \tan(22.5°) = 10.4$

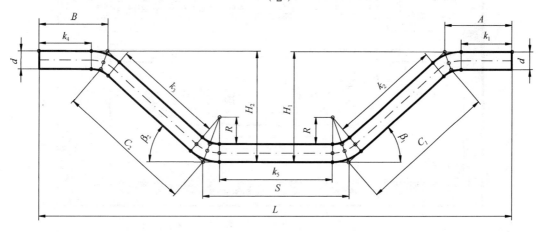

图 7-1-6-1　不带弯钩的弯起筋

4. 左面弯起圆弧内包尺寸 $nb_2 = R \times \tan\left(\dfrac{\beta_2}{2}\right) = 25 \times \tan(15°) = 6.7$

5. 右斜边长度 $C_1 = \dfrac{H_1 - d}{\sin\beta_1} = \dfrac{260 - 18}{\sin45°} = 342.2$

6. C_1 的水平投影 $sp_1 = C_1 \times \cos\beta_1 = 342.2 \times \cos45° = 242$

7. 左斜边长度 $C_2 = \dfrac{H_2 - d}{\sin\beta_2} = \dfrac{200 - 18}{\sin30°} = 364$

8. C_2 的水平投影 $sp_2 = C_2 \times \cos\beta_2 = 364 \times \cos30° = 315.2$

9. 右上水平直边 $k_1 = A - wb_1 = 757 - 17.8 = 739.2$

10. 左上水平直边 $k_4 = B - wb_2 = 557 - 11.52 = 545.5$

11. 右斜直边 $k_2 = C_1 - wb_1 - nb_1 = 342.2 - 17.8 - 10.4 = 314$

12. 左斜直边 $k_3 = C_2 - wb_2 - nb_2 = 364 - 11.52 - 6.7 = 345.8$

13. 下水平直边 $k_5 = L - k_1 - nb_1 - sp_1 - wb_1 - wb_2 - sp_2 - nb_2 - k_4$

$$= 5914 - 739.2 - 10.4 - 242 - 17.8 - 11.52 - 315.2 - 6.7 - 545.5$$

$$= 4025.68$$

14. 中心线圆弧展开总长度 $\Sigma F = \dfrac{2 \times (\beta_1 + \beta_2)}{180} \times \pi \times \left(R + \dfrac{d}{2} \right) = 89$

15. 弯起筋的展开长度：$P = k_1 + k_2 + k_3 + k_4 + k_5 + \Sigma F$

$$= 739.2 + 314 + 345.8 + 545.5 + 4025.68 + 89 = 6059.18$$

二、用程序计算（见图 7-1-6-2）

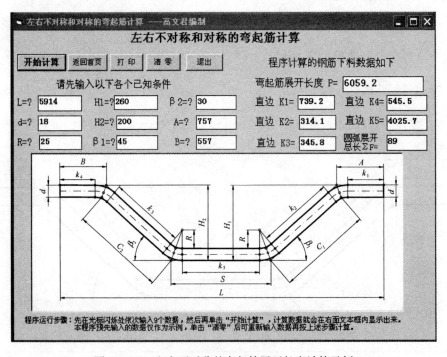

图 7-1-6-2　左右不对称的弯起筋展开长度计算示例

1. 程序运行后，单击编号 8 右面的"8. 开始计算"按钮，由于程序已输入一组与上面相同的已知数据作为示例，只要单击"开始计算"按钮，其计算结果就会立即显示在图 7-1-6-2 右上面的文本框内，读者可发现图 7-1-6-2 的计算数据与前面用公式法的计算值吻合。单击"清零"按钮，可重新进行新的计算。

2. 当输入的已知数据 $H_1 = H_2$，$\beta_1 = \beta_2$，$A = B$ 时，程序计算的弯起筋展开值形成左右对称。

3. 当已知数据 $H_1=0$，程序自动转换成对左弯起筋的计算，此时计算的数据就会使 $k_1=A$，$k_2=0$，$\beta_1=0$ 以及右端的圆弧值为零。

4. 当已知数据 $H_2=0$，程序自动转换成对右弯起筋的计算，此时计算的数据就会使 $k_4=B$，$k_3=0$，$\beta_2=0$ 以及左端的圆弧值为零。

5. 当输入的 L 值小于 $A+B$ 时程序将会提示你输入的 L 值太小。

7.1.7　两端带直角弯钩的弯起筋

一、计算公式和示例

如图 7-1-7-1 所示，已知 $L=6000$，$d=18$，$R=25$，$H_1=260$，$H_2=200$，$\beta_1=45°$，$\beta_2=30°$，$A=800$，$B=600$，$C=54$

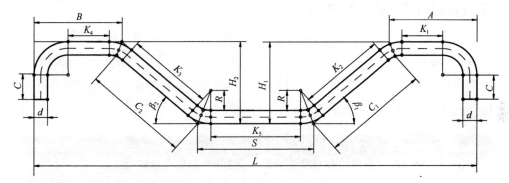

图 7-1-7-1　两端带 90°弯钩的弯起筋

1. 右面弯起圆弧外包尺寸 $wb_1=(R+d)\times\tan\left(\dfrac{\beta_1}{2}\right)=43\times\tan(22.5°)=17.8$

2. 左面弯起圆弧外包尺寸 $wb_2=(R+d)\times\tan\left(\dfrac{\beta_2}{2}\right)=43\times\tan(15°)=11.52$

3. 右面弯起圆弧内包尺寸 $nb_1=R\times\tan\left(\dfrac{\beta_1}{2}\right)=25\times\tan(22.5°)=10.4$

4. 左面弯起圆弧内包尺寸 $nb_2=R\times\tan\left(\dfrac{\beta_2}{2}\right)=25\times\tan(15°)=6.7$

5. 右斜边长度 $C_1=\dfrac{H_1-d}{\sin\beta_1}=\dfrac{260-18}{\sin45°}=342.2$

6. C_1 的水平投影 $sp_1=C_1\times\cos\beta_1=342.2\times\cos45°=242$

7. 左斜边长度 $C_2=\dfrac{H_2-d}{\sin\beta_2}=\dfrac{200-18}{\sin30°}=364$

8. C_2 的水平投影 $sp_2=C_2\times\cos\beta_2=364\times\cos30°=315.2$

9. 右上水平直边 $k_1=A-wb_1-(R+d)=800-17.8-43=739.2$

10. 左上水平直边 $k_4=B-wb_2-(R+d)=600-11.52-43=545.5$

11. 右斜直边 $k_2 = C_1 - wb_1 - nb_1 = 342.2 - 17.8 - 10.4 = 314$

12. 左斜直边 $k_3 = C_2 - wb_2 - nb_2 = 364 - 11.52 - 6.7 = 345.8$

13. 下水平直边 $k_5 = L - K_1 - nb_1 - sp_1 - wb_1 - wb_2 - sp_2 - nb_2 - k_4 - 2 \times (R+d)$

$= 6000 - 739.2 - 10.4 - 242 - 17.8 - 11.52 - 315.2 - 6.7 - 545.5$

$- 86 = 4025.68$

14. 中心线圆弧展开总长度 $\Sigma F = \dfrac{2 \times (\beta_1 + \beta_2) + 2 \times 90}{180} \times \pi \times \left(R + \dfrac{d}{2}\right) = 195.8$

15. 弯起筋的展开长度：$P = k_1 + k_2 + k_3 + k_4 + k_5 + 2 \times C + \Sigma F$

$= 739.2 + 314 + 345.8 + 545.5 + 4025.68 + 2 \times 54$

$+ 195.8 = 6274$

二、用程序计算（见图 7-1-7-2）

1. 程序运行后，单击编号 9 右面的 "9. 开始计算" 按钮，由于程序已输入一组与上面相同的已知数据作为示例，只要单击 "开始计算" 按钮，其计算结果就会立即显示在图 7-1-7-2 右上面的文本框内，读者可发现图 7-1-7-2 的计算数据与前面用公式法的计算值吻合。单击 "清零" 按钮，可重新进行新的计算。

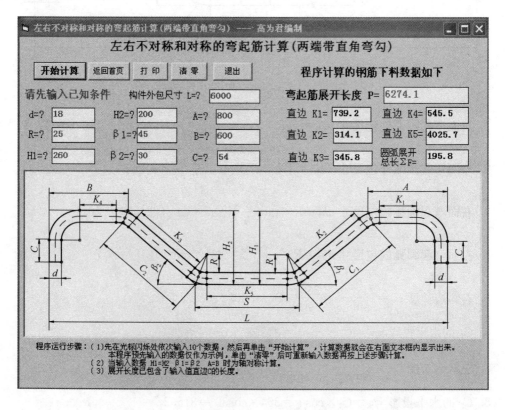

图 7-1-7-2　左右不对称两端带直角弯钩的弯起筋展开计算示例

2. 当输入的已知数据 $H_1 = H_2$，$\beta_1 = \beta_2$，$A = B$ 时，程序计算的弯起筋展开值形成左右对称。

7.1.8　两端带半圆弯钩的弯起筋

一、计算公式和示例

如图 7-1-8-1 所示，已知 $L=6000$，$d=18$，$R=25$，$H_1=260$，$H_2=200$，$\beta_1=45°$，$\beta_2=30°$，$A=800$，$B=600$，$C=54$

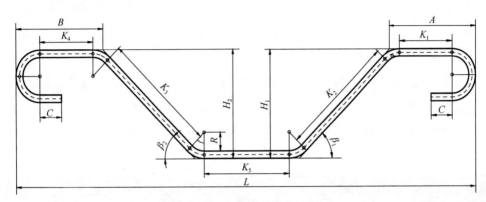

图 7-1-8-1　两端带 180°弯钩的弯起筋

1. 右面弯起圆弧外包尺寸 $wb_1 = (R+d) \times \tan\left(\dfrac{\beta_1}{2}\right) = 43 \times \tan(22.5°) = 17.8$

2. 左面弯起圆弧外包尺寸 $wb_2 = (R+d) \times \tan\left(\dfrac{\beta_2}{2}\right) = 43 \times \tan(15°) = 11.52$

3. 右面弯起圆弧内包尺寸 $nb_1 = R \times \tan\left(\dfrac{\beta_2}{2}\right) = 25 \times \tan(22.5°) = 10.4$

4. 左面弯起圆弧内包尺寸 $nb_2 = R \times \tan\left(\dfrac{\beta_2}{2}\right) = 25 \times \tan(15°) = 6.7$

5. 右斜边长度 $C_1 = \dfrac{H_1-d}{\sin\beta_1} = \dfrac{260-18}{\sin45°} = 342.2$

6. C_1 的水平投影 $sp_1 = C_1 \times \cos\beta_1 = 342.2 \times \cos45° = 242$

7. 左斜边长度 $C_2 = \dfrac{H_2-d}{\sin\beta_2} = \dfrac{200-18}{\sin30°} = 364$

8. C_2 的水平投影 $sp_2 = C_2 \times \cos\beta_2 = 364 \times \cos30° = 315.2$

9. 右上水平直边 $k_1 = A - wb_1 - (R+d) = 800 - 17.8 - 43 = 739.2$

10. 左上水平直边 $k_4 = B - wb_2 - (R+d) = 600 - 11.52 - 43 = 545.5$

11. 右斜直边 $k_2 = C_1 - wb_1 - nb_1 = 342.2 - 17.8 - 10.4 = 314$

12. 左斜直边 $k_3 = C_2 - wb_2 - nb_2 = 364 - 11.52 - 6.7 = 345.8$

13. 下水平直边 $k_5 = L - k_1 - nb_1 - sp_1 - wb_1 - wb_2 - sp_2 - nb_2 - k_4 - 2 \times (R +$

d) 即：

$$k_5 = 6000 - 739.2 - 10.4 - 242 - 17.8 - 11.52 - 315.2 - 6.7 - 545.5 - 2 \times (25 + 18)$$
$$= 4025.68$$

14. 中心线圆弧展开总长度 $\Sigma F = \dfrac{2 \times (\beta_1 + \beta_2) + 2 \times 180}{180} \times \pi \times \left(R + \dfrac{d}{2}\right) = 302.6$

15. 弯起筋的展开长度：$P = k_1 + k_2 + k_3 + k_4 + k_5 + 2 \times C + \Sigma F$

$$= 739.2 + 314 + 345.8 + 545.5 + 4025.68 + 2 \times 54$$
$$+ 302.6 = 6380.8$$

二、用程序计算（见图 7-1-8-2）

1. 程序运行后，单击编号 10 右面的"10. 开始计算"按钮，由于程序已输入一组与上面相同的已知数据作为示例，只要单击"开始计算"按钮，其计算结果就会立即显示在图 7-1-8-2 右上面的文本框内，单击"清零"按钮，可重新进行新的计算。

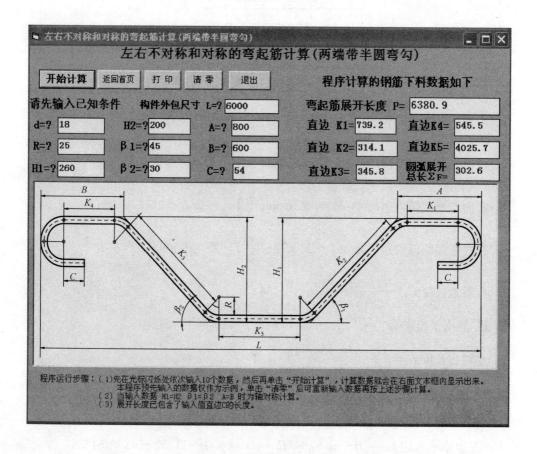

图 7-1-8-2 左右不对称两端带半圆弯钩的弯起筋展开计算示例

2. 当输入的已知数据 $H_1 = H_2, \beta_1 = \beta_2, A = B$ 时，程序计算的弯起筋展开值形成左右对称。

7.1.9 两端带立边和半圆弯钩的弯起筋

一、计算公式和示例

如图 7-1-9-1 所示，已知 $L=6000$，$d=18$，$R=25$，$H_1=260$，$H_2=200$，$H_3=180$，$\beta_1=45°$，$\beta_2=30°$，$A=800$，$B=600$，$C=54$

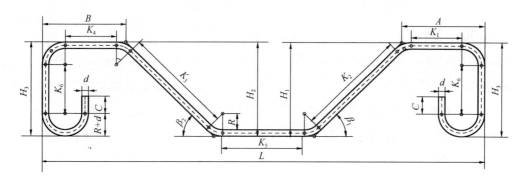

图 7-1-9-1　两端带 180°弯钩和立筋的弯起筋

1. 右面弯起圆弧外包尺寸 $wb_1=(R+d)\times\tan\left(\dfrac{\beta_1}{2}\right)=43\times\tan(22.5°)=17.8$

2. 左面弯起圆弧外包尺寸 $wb_2=(R+d)\times\tan\left(\dfrac{\beta_2}{2}\right)=43\times\tan(15°)=11.52$

3. 右面弯起圆弧内包尺寸 $nb_1=R\times\tan\left(\dfrac{\beta_1}{2}\right)=25\times\tan(22.5°)=10.4$

4. 左面弯起圆弧内包尺寸 $nb_2=R\times\tan\left(\dfrac{\beta_2}{2}\right)=25\times\tan(15°)=6.7$

5. 右斜边长度 $C_1=\dfrac{H_1-d}{\sin\beta_1}=\dfrac{260-18}{\sin45°}=342.2$

6. C_1 的水平投影 $sp_1=C_1\times\cos\beta_1=342.2\times\cos45°=242$

7. 左斜边长度 $C_2=\dfrac{H_2-d}{\sin\beta_2}=\dfrac{200-18}{\sin30°}=364$

8. C_2 的水平投影 $sp_2=C_2\times\cos\beta_2=364\times\cos30°=315.2$

9. 右上水平直边 $k_1=A-wb_1-(R+d)=800-17.8-43=739.2$

10. 左上水平直边 $k_4=B-wb_2-(R+d)=600-11.52-43=545.5$

11. 右斜直边 $k_2=C_1-wb_1-nb_1=342.2-17.8-10.4=314$

12. 左斜直边 $k_3=C_2-wb_2-nb_2=364-11.52-6.7=345.8$

13. 下水平直边 $k_5=L-k_1-nb_1-sp_1-wb_1-wb_2-sp_2-nb_2-k_4-2\times(R+d)$

$$=6000-739.2-10.4-242-17.8-11.52-315.2-6.7-545.5$$

$$-86=4025.68$$

14. $k_6 = H_3 - 2 \times (R + d) = 180 - 86 = 94$

15. 中心线圆弧展开总长度 $\Sigma F = \dfrac{2 \times (\beta_1 + \beta_2 + 90 + 180)}{180} \times \pi \times \left(R + \dfrac{d}{2}\right) = 409.5$

16. 弯起筋的展开长度：$P = k_1 + k_2 + k_3 + k_4 + k_5 + 2 \times k_6 + 2 \times C + \Sigma F$

$$= 739.2 + 314 + 345.8 + 545.5 + 4025.68 + 2 \times 94$$

$$+ 2 \times 54 + 409.5 = 6675.68$$

二、用程序计算

1. 程序运行后，单击编号 11 右面的"11. 开始计算"按钮，由于程序已输入一组与上面相同的已知数据作为示例，只要单击"开始计算"按钮，其计算结果就会立即显示在图 7-1-9-2 右上面的文本框内，单击"清零"按钮，可重新进行新的计算。

2. 当输入的已知数据 $H_1 = H_2, \beta_1 = \beta_2, A = B$ 时，程序计算的弯起筋展开值形成左右对称。

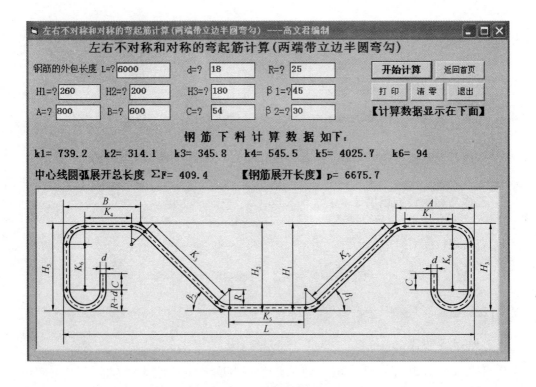

图 7-1-9-2　两端带立边和半圆弯钩的弯起筋展开计算示例

7.1.10　两端带 180°弯钩的 S 形弯起筋

一、计算公式和示例

如图 7-1-10-1 所示，已知 $L = 3000, H = 360, A = 500, B = 300, d = 12, R = 15, \beta$

$=30°$

1. 圆弧展开长度 $\Sigma F = \dfrac{2 \times (30° + 180°)}{180°} \times \pi \times \left(R + \dfrac{d}{2}\right) = 153.9$

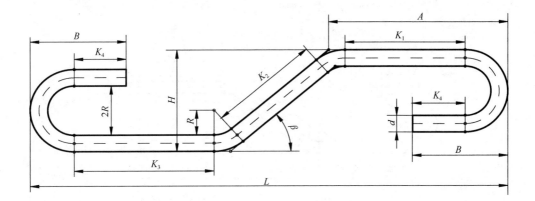

图 7-1-10-1 S形弯起筋

2. 斜边长度 $C = \dfrac{H-d}{\sin\beta} = \dfrac{360-12}{\sin30°} = 696$

3. 斜边 C 的水平投影 $sp = C \times \cos\beta = 696 \times \cos30° = 602.75$

4. 圆弧的外包一边长度 $wb = (R+d) \times \tan\left(\dfrac{\beta}{2}\right) = 27 \times \tan\left(\dfrac{30°}{2}\right) = 7.23$

5. 圆弧的内包一边长度 $nb = R \times \tan\left(\dfrac{\beta}{2}\right) = 15 \times \tan\left(\dfrac{30°}{2}\right) = 4.02$

6. 倾斜直边长度 $k_2 = C - wb - nb = 696 - 7.23 - 4.02 = 684.75$

7. 端部水平直边 $k_4 = B - (R+d) = 300 - 27 = 273$

8. 水平直边 $k_1 = A - wb - (R+d) = 500 - 7.23 - 27 = 465.8$

9. 水平直边 $k_3 = L - 2 \times (R+d) - k_1 - nb - sp - wb$

$\qquad = 3000 - 2 \times 27 - 465.8 - 4.02 - 602.75 - 7.23 = 1866.2$

10. 展开长度 $P = k_1 + k_2 + k_3 + 2 \times k_4 + \Sigma F$

$\qquad = 465.8 + 684.75 + 1866.2 + 2 \times 273 + 153.9 = 3716.7$

二、用程序计算

程序运行后,单击编号 12 右面的"12. 开始计算"按钮,由于程序预先输入了一组与上面相同的已知数据作为示例,直接单击"开始计算"按钮,计算结果立刻就会显示出来,如图 7-1-10-2 所示。单击"清零"按钮,重新输入数据就可进行下一次的计算了。

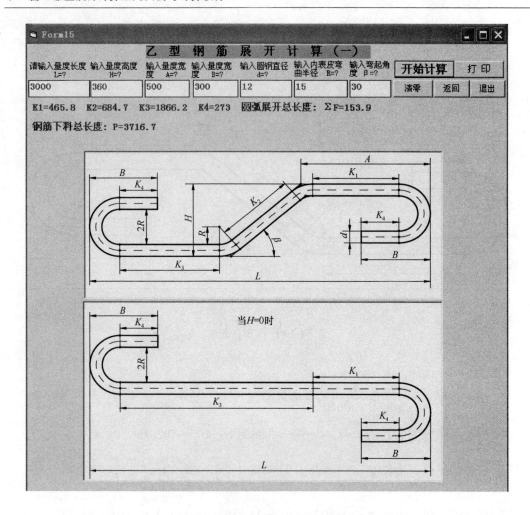

图 7-1-10-2　乙形弯起筋两端带 180°弯钩的展开计算示例

7.1.11　S 形 弯 起 筋

图 7-1-11-1 为 S 形弯起钢筋，图 7-1-11-2 表示带立边和 180°弯钩的 S 形弯起钢筋，它们可通过钢筋总图 7-1-1 中编号 12 和编号 13 分别进行计算。

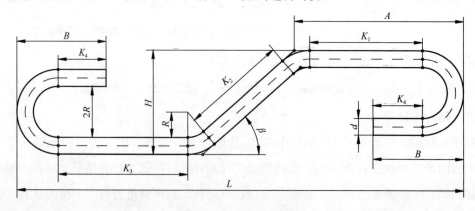

图 7-1-11-1　S 形弯起筋

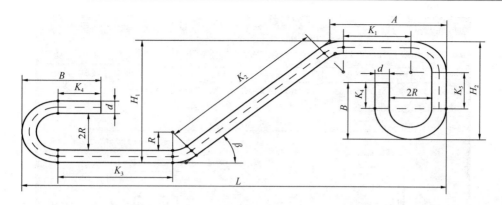

图 7-1-11-2　一端带立边和 180°弯钩的 S 形弯起筋

一、计算公式和示例

如图 7-1-11-2 所示，已知 $L=3000$，$H_1=360$，$H_2=320$，$A=500$，$B=300$，$d=12$，$R=15$，$\beta=30°$，计算过程如下：

1. 圆弧展开长度 $\Sigma F = \dfrac{2\times(30°+180°)+90°}{180°}\times\pi\times\left(R+\dfrac{d}{2}\right)=186.9$

2. 斜边长度 $C=\dfrac{H_1-d}{\sin\beta}=\dfrac{360-12}{\sin30°}=696$

3. 斜边 C 的水平投影 $sp = C\times\cos\beta = 696\times\cos30° = 602.75$

4. 圆弧的外包一边长度 $wb = (R+d)\times\tan\left(\dfrac{\beta}{2}\right)=27\times\tan\left(\dfrac{30°}{2}\right)=7.23$

5. 圆弧的内包一边长度 $nb = R\times\tan\left(\dfrac{\beta}{2}\right)=15\times\tan\left(\dfrac{30°}{2}\right)=4.02$

6. 倾斜直边长度 $k_2 = C-wb-nb = 696-7.23-4.02=684.75$

7. 端部水平直边 $k_4 = B-(R+d)=300-27=273$

8. 水平直边 $k_1 = A-wb-(R+d)=500-7.23-27=465.8$

9. 水平直边 $k_3 = L-2\times(R+d)-k_1-nb-sp-wb$

    $= 3000-2\times27-465.8-4.02-602.75-7.23=1866.2$

10. 直立边 $k_5 = H_2-2\times(R+d)=320-2\times27=266$

11. 展开长度 $P = k_1+k_2+k_3+2\times k_4+k_5+\Sigma F$

    $= 465.8+684.75+1866.2+2\times273+266+186.9=4015.7$

二、用程序计算

本小节的 S 形钢筋分两种形式，当程序运行后，单击钢筋计算总图 7-1-1 中编号 12 右面的 "12. 开始计算" 按钮，则可对 S 形弯起筋进行展开计算，计算示例如图 7-1-11-3 所示。

单击钢筋计算总图 7-1-1 中编号 13 右面的 "13. 开始计算" 按钮，单击 "开始计算" 按钮，则可对带立边和 180°弯钩的 S 形弯起筋进行展开计算，计算结果如图 7-1-11-4 所示，与用公式法计算示例的计算数据吻合。

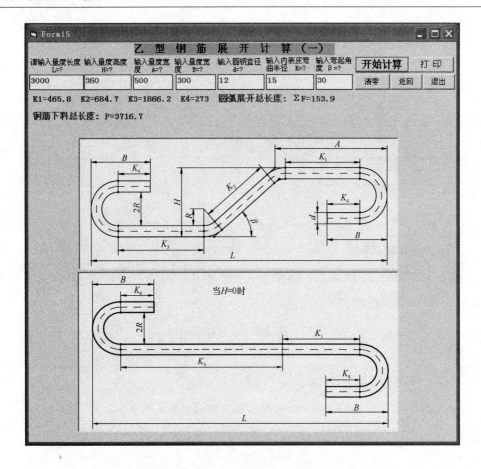

图 7-1-11-3　S 形钢筋展开计算举例

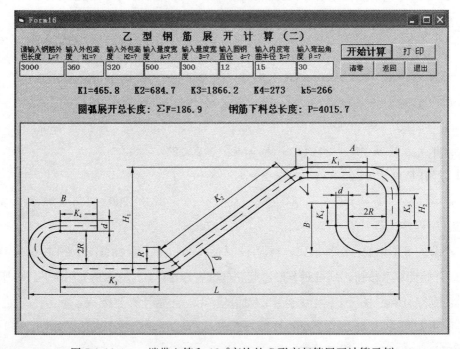

图 7-1-11-4　一端带立筋和 180°弯钩的 S 形弯起筋展开计算示例

7.1.12 箍 筋

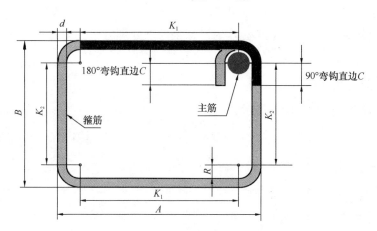

图 7-1-12-1 末端为 90°和 180°的箍筋

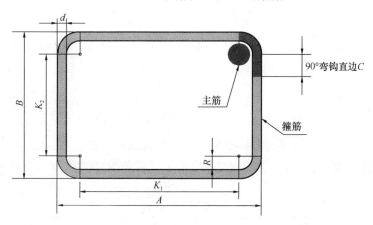

图 7-1-12-2 末端均为 90°的箍筋

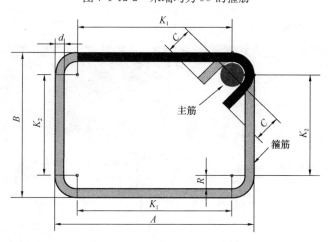

图 7-1-12-3 末端均为 135°的箍筋

说明：

图 7-1-12-1，图 7-1-12-2 和图 7-1-12-3 是建筑工程中常用的箍筋形式，箍筋末端弯钩

是随着主筋大小，结构是否抗震，弯曲角度大小，钢筋级别以及设计和施工验收规范等众多因素的变化而变化，弯曲角度常见的有 90°，135°，180°几种，变化最大的是弯钩末端直边长度 C，因此本节程序将其单独作为已知条件来处理直边长度的多变性，将使箍筋展开计算变得灵活方便。

一、计算公式和计算示例

如图 7-1-12-1～图 7-1-12-3 所示。

已知 $A=300$，$B=600$，$C=80$，$\theta_1=180°$，$\theta_2=90°$，$d=10$，$R=15$

1. 直边 $k_1 = A - 2\times(R+d) = 300 - 50 = 250$

2. 直边 $k_2 = B - 2\times(R+d) = 600 - 50 = 550$

3. 1 个 90°角弯圆弧的展开长度 $F_1 = \dfrac{90°}{180°}\times\pi\times\left(R+\dfrac{d}{2}\right) = 31.4$

4. 两端角弯圆弧的展开长度 $F_2 = \dfrac{180+90}{180}\times\pi\times\left(R+\dfrac{d}{2}\right) = 94.25$

5. 圆弧展开总长度 $\Sigma F = 3\times F_1 + F_2 = 3\times 31.4 + 94.25 = 188.5$

6. 箍筋展开长度 $P = 2\times(k_1+k_2+C)+\Sigma F = 2\times(250+550+80)+188.5 = 1948.5$

二、用程序计算

程序运行后，在钢筋计算总图 7-1-1 中，单击编号为 14，15，16 其中任意一个右面的"开始计算"按钮，均可进入同一个箍筋展开计算界面，可看见输入已知条件的文本框

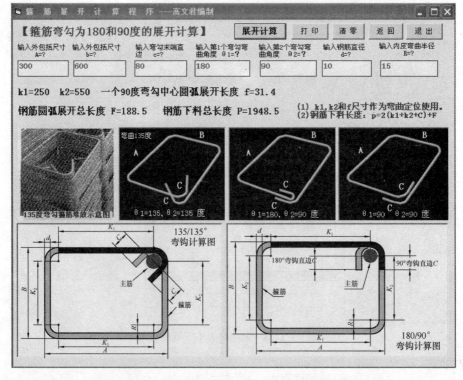

图 7-1-12-4 末端弯钩为 180°和 90°箍筋的展开长度示例

内已经有一组作为示例的输入数据，单击"开始计算"按钮，计算结果很快在输出文本框内出现，如图 7-1-12-4 所示。单击"清零"按钮，重新输入数据即可作新的计算，如图 7-1-12-5 所示。

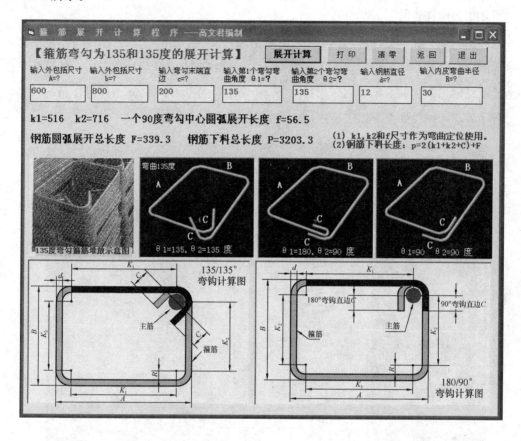

图 7-1-12-5　末端弯钩为 135°和 135°箍筋的展开长度示例

7.1.13　螺　旋　钢　筋

说明：

图 7-1-13-1 为螺旋钢筋的示意图，它在建筑工程的基础挖孔桩和机械设备工程中都得到了广泛的应用，其展开长度可通过公式计算和程序计算求出，下面分别介绍这两种方法。

一、计算公式和计算示例

如图 7-1-13-1 所示，已知螺旋内径 $D=350$，总高 $H=1000$，钢筋直径 $d=12$，螺距 $h=100$

1. 圈数 $N=\dfrac{H}{h}=\dfrac{1000}{100}=10$

2. 展开长度 $L=N\times\sqrt{[\pi\times(D+d)]^2+h^2}$

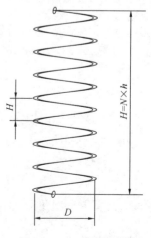

图 7-1-13-1　螺旋钢筋

$$= 10 \times \sqrt{[\pi \times (350 + 12)]^2 + 100^2} = 11416.4$$

3. 钢筋重量 $G = \pi \times \left(\dfrac{d}{2}\right)^2 \times L \times 10^{-9} \times 7850 = 10.1$

二、用程序计算

程序运行后，在钢筋计算总图 7-1-1 中单击编号 17 右面的"17. 开始计算"，在出现新的界面中有一组程序预先设置的已知数据作为示例，单击"开始计算"后，计算结果立即会显示在输出数据的文本框内，单击"清零"按钮，重新输入已知条件可作新的计算。

程序计算示例见图 7-1-13-2 所示。

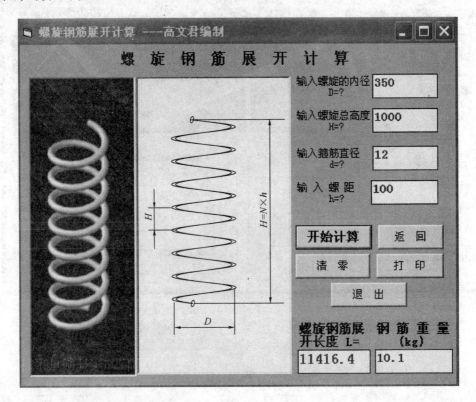

图 7-1-13-2 光盘计算螺旋钢筋展开长度

7.1.14 悬臂梁斜向钢筋

一、计算公式和计算示例

如图 7-1-14-1 所示，已知 $A=1200$，$H_1=500$，$H_2=300$，$B=1000$，$R=30$，$d=12$，$\theta=60°$

1. 悬臂梁倾斜角度 $\beta_1 = \arctan\left(\dfrac{H_2}{B}\right) = \arctan\left(\dfrac{300}{1000}\right) = 16.699°$

2. 圆心角 $\beta = \theta + \beta_1 = 60° + 16.699° = 76.699°$

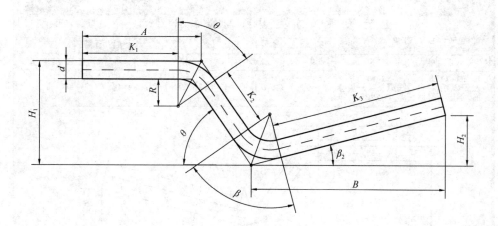

图 7-1-14-1　悬挑斜梁筋

3. θ 角所对外圆弧的外包尺寸 $wb_1 = (R+d) \times \tan\left(\dfrac{\theta}{2}\right) = 42 \times \tan\left(\dfrac{60}{2}\right) = 24.2$

4. θ 角所对内圆弧的内包尺寸 $nb_1 = R \times \tan\left(\dfrac{\theta}{2}\right) = 30 \times \tan\left(\dfrac{60}{2}\right) = 17.3$

5. β 角所对外圆弧的外包尺寸 $wb_2 = (R+d) \times \tan\left(\dfrac{\beta}{2}\right) = 42 \times \tan\left(\dfrac{76.699}{2}\right) = 33.2$

6. β 角所对内圆弧的外包尺寸 $nb_2 = R \times \tan\left(\dfrac{\beta}{2}\right) = 30 \times \tan\left(\dfrac{76.699}{2}\right) = 23.7$

7. θ 角所对中心圆弧的展开长度 $F_1 = \dfrac{\theta}{180°} \times \pi \times \left(R + \dfrac{d}{2}\right) = \dfrac{60°}{180°} \times \pi \times 36 = 37.7$

8. β 角所对中心圆弧的展开长度 $F_2 = \dfrac{\beta}{180°} \times \pi \times \left(R + \dfrac{d}{2}\right) = \dfrac{76.699°}{180°} \times \pi \times 36 = 48.2$

9. 水平直边 $k_1 = A - wb_1 = 1200 - 24.2 = 1175.8$

10. 斜长 $C_1 = \dfrac{(H_1 - d)}{\sin\theta} = \dfrac{(500 - 12)}{\sin60°} = 563.49$

11. 倾斜直边 $k_2 = C_1 - nb_1 - wb_2 = 563.49 - 17.3 - 33.2 = 512.99$

12. 斜长 $C_2 = \sqrt{B^2 + H_2^2} = \sqrt{1000^2 + 300^2} = 1044$

13. 倾斜直边 $k_3 = C_2 - wb_2 = 1044 - 33.2 = 1010.8$

14. 钢筋下料长度 $P = k_1 + k_2 + k_3 + F_1 + F_2 = 1175.8 + 512.99 + 1010.8$
$$+ 37.7 + 48.2 = 2785.49$$

二、用程序计算

在钢筋计算总图 7-1-1 中单击编号 18 右面的 "18. 开始计算" 按钮，其他操作过程同前面各程序的操作步骤，计算示例如图 7-1-14-2 所示。

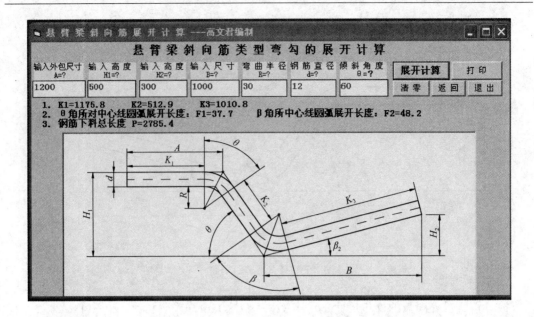

图 7-1-14-2　光盘计算悬臂梁斜向钢筋展开长度示例

7.2　角钢展开计算

本节有 11 种不同类型的角钢计算，如图 7-2-1 所示，表中有 11 个计算按钮可供选择。

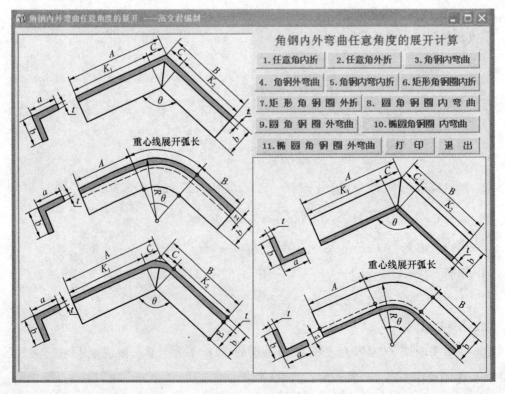

图 7-2-1　计算总图

单击任意一个按钮进入新的界面，按照提示就可对该类型的角钢进行展开计算。角钢展开计算与圆形断面和对称断面型钢（例如圆钢、钢管、工字钢等）的区别在于它是利用角钢重心线进行展开计算的，重心线至根部的距离可从金属材料手册有关型钢材料质量表格中的 Z_0 获得。下面将分 11 个小节分别介绍。

7.2.1 内弯折角钢

一、计算公式和计算示例

如图 7-2-1-1 所示，已知等边角钢的边宽 $a=b=75$，厚度 $t=6$，长度 $A=800$，$B=600$，弯折角度 $\theta=90°$。求展开下料尺寸。

1. $C=(b-t)\times\tan\left(\dfrac{180°-\theta}{2}\right)=(75-6)\times\tan\left(\dfrac{180°-90°}{2}\right)=69$

2. $C_1=b\times\tan\left(\dfrac{180°-\theta}{2}\right)=75\times\tan\left(\dfrac{180°-90°}{2}\right)=75$

3. $K_1=A-C_1=800-75=725$

4. $K_2=B-C_1=600-75=525$

5. $L=K_1+K_2+2\times C=725+525+2\times69=1388$

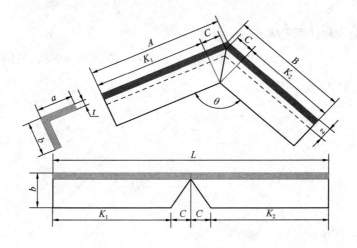

图 7-2-1-1　角钢内弯折计算图

二、用程序计算

单击"7.2 角钢展开计算"文件名，在出现的界面图中，再单击"1. 任意角内折"按钮。由于程序预先输入了一组已知条件作为示例，只要单击"开始计算"按钮，其计算值就会在输出文本框内出现。单击"清零"按钮后，输入其他已知条件，则可进行新的计算。程序计算示例如图 7-2-1-2 所示。

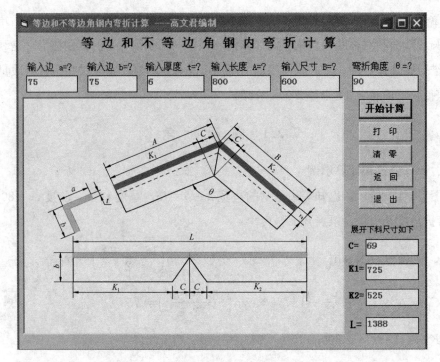

图 7-2-1-2　光盘计算角钢内弯折展开数据示例

7.2.2　外弯折角钢

一、计算公式和计算示例

如图 7-2-2-1 所示，已知等边角钢的边宽 $a=b=63$，厚度 $t=5$，长度 $A=500$，$B=700$，弯折角度 $\theta=100°$。求展开下料尺寸。

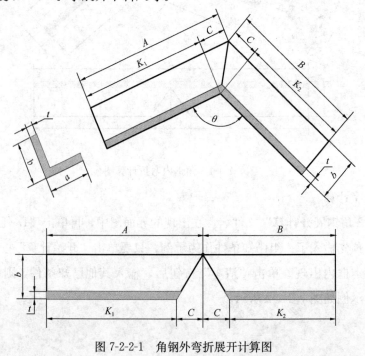

图 7-2-2-1　角钢外弯折展开计算图

1. $C = b \times \tan\left(\dfrac{180° - \theta}{2}\right) = 63 \times \tan\left(\dfrac{180° - 100°}{2}\right) = 52.86$

2. $K_1 = A - C = 500 - 52.86 = 447.14$

3. $K_2 = B - C = 700 - 52.86 = 647.14$

4. $L = K_1 + K_2 + 2 \times C = 447.14 + 647.14 + 2 \times 52.86 = 1200$

二、用程序计算

单击"7.2 角钢展开计算"文件名，在出现的界面图中，再单击"2. 任意角外折"按钮，由于程序预先输入了一组已知条件作为示例，只要单击"展开计算"按钮，其计算值就会在输出文本框内出现。单击"清零"按钮后，再输入其他已知条件则可进行新的计算。程序计算示例如图 7-2-2-2 所示。

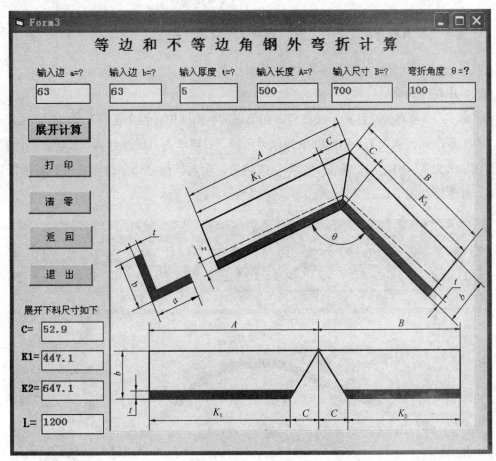

图 7-2-2-2　光盘计算角钢外弯折示例

7.2.3　等边和不等边角钢内弯曲

一、计算公式和计算示例

如图 7-2-3-1 所示，已知等边角钢的边宽 $a = b = 63$，厚度 $t = 6$，重心距 $Z = 17.8$，长

度 $A=300$，$B=350$，弯曲半径 $R=500$，弯曲角度 $\theta=45°$。求展开下料尺寸。

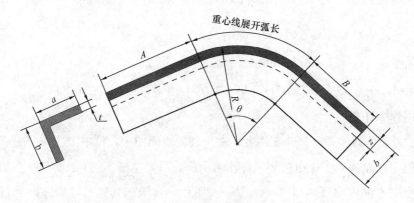

图 7-2-3-1 角钢内弯曲计算图

1. 重心线圆弧展开长度 $F = \dfrac{\theta}{180} \times \pi \times (R-Z) = \dfrac{45°}{180°} \times \pi \times (500-17.8) = 378.7$

2. $L = A + B + F = 300 + 350 + 378.7 = 1028.7$

二、用程序计算

单击"7.2 角钢展开计算"文件名，在出现的界面图中，再单击"3. 角钢内弯曲"按钮。由于程序预先输入了一组已知条件作为示例，只要单击"展开计算"按钮，其计算值就会在输出文本框内出现。单击"清零"按钮后，输入其他已知条件则可进行新的计算。程序计算示例如图 7-2-3-2 所示。

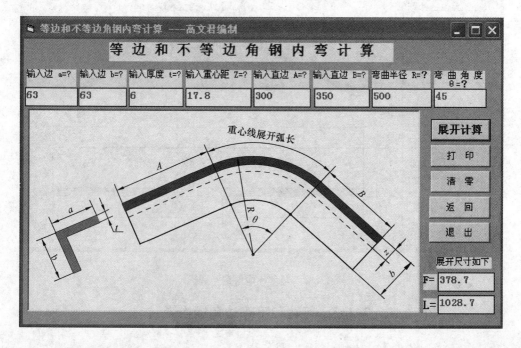

图 7-2-3-2 光盘计算角钢内弯曲示例

7.2.4 等边和不等边角钢外弯曲

一、计算公式和计算示例

如图 7-2-4-1 所示，已知等边角钢的边宽 $a=b=63$，厚度 $t=6$，重心距 $Z=17.8$，长度 $A=300$，$B=350$，弯曲半径 $R=500$，弯曲角度 $\theta=45°$。求展开下料尺寸。

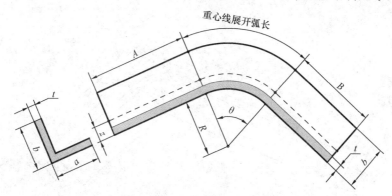

图 7-2-4-1 角钢外弯曲计算图

1. 重心线圆弧展开长度 $F=\dfrac{\theta}{180}\times\pi\times(R+Z)=\dfrac{45°}{180°}\times\pi\times(500+17.8)=406.68$

2. $L=A+B+F=300+350+406.68=1056.68$

二、用程序计算

双击"7.2 角钢展开计算"文件名，在出现的界面图中，再单击"4. 角钢外弯曲"按钮。由于程序预先输入了一组已知条件作为示例，只要单击"展开计算"按钮，其计算值就会在输出文本框内出现。单击"清零"按钮后，输入其他已知条件则可进行新的计算。程序计算示例如图 7-2-4-2 所示。

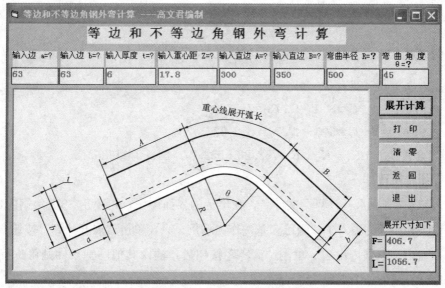

图 7-2-4-2 光盘计算角钢外弯曲示例

7.2.5 角钢内弯内折

一、计算公式和计算示例

如图 7-2-5-1 所示，已知等边角钢的边宽 $a=b=75$，厚度 $t=6$，长度 $A=800$，$B=600$，弯折角度 $\theta=115°$。求展开下料尺寸。

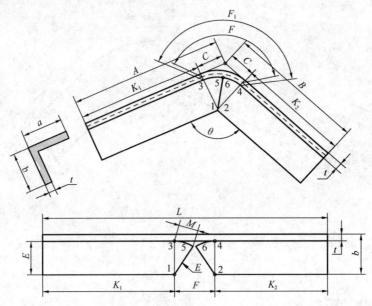

图 7-2-5-1 角钢内弯内折计算图

1. 圆弧外包尺寸 $C = b \times \tan\left(\dfrac{180°-\theta}{2}\right) = 75 \times \tan\left(\dfrac{180°-115°}{2}\right) = 47.78$

2. 厚度中心圆弧长度 $F = \left(b - \dfrac{t}{2}\right) \times \dfrac{180-\theta}{180} \times \pi = \left(75 - \dfrac{6}{2}\right) \times \dfrac{65}{180} \times 3.1416 = 81.68$

3. 厚度内侧圆弧长度 $F_1 = (b-t) \times \dfrac{180-\theta}{180} \times \pi = (75-6) \times \dfrac{65}{180} \times 3.1416 = 78.28$

4. 厚度内侧半圆弧弦长 $M = 2 \times (b-t) \times \sin\left(\dfrac{180-\theta}{4}\right) = 138 \times \sin(16.25°) = 38.6$

5. $E = b - t = 75 - 6 = 69$

6. 直边 $K_1 = A - C = 800 - 47.78 = 752.22$

7. 直边 $K_2 = B - C = 600 - 47.78 = 552.22$

8. 展开长度 $L = K_1 + K_2 + F = 752.22 + 552.22 + 81.68 = 1386.12$

二、用程序计算

双击"7.2 角钢展开计算"文件名，在出现的界面图中，再单击"5. 角钢内弯内折"按钮。由于程序预先输入了一组已知条件作为示例，只要单击"展开计算"按钮，其计算值就会在输出文本框内出现。单击"清零"按钮后，输入其他已知条件则可进行新的计算。程序计算示例如图 7-2-5-2 所示。

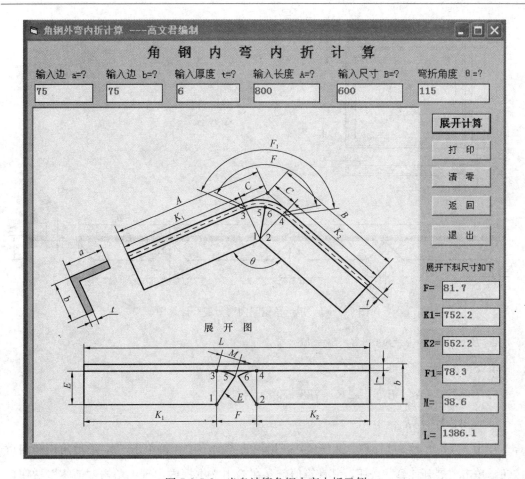

图 7-2-5-2 光盘计算角钢内弯内折示例

三、展开图的画法

如图 7-2-5-2 所示，在角钢的 b 边上依次量出 K_1，F 和 K_2，其总长就是内弯内折角钢的展开长度 L。在尺寸 F 的两个端点 1 和 2 作两条垂直线段 13 和 24，然后分别以点 1 和 2 为圆心，E 为半径画弧，与分别以点 3 和 4 为圆心，弦长 M 为半径画弧相交于点 5 和点 6，消除 4 个圆弧后，再以点 1 和 2 为圆心，E 为半径画弧连接点 3 和点 5 以及连接点 2 和 6，再连接线段 15 和 26 就完成了切口的画线工作。

通过前面的计算和作图过程可看出，所有的计算和作图都是围绕在角钢的一边上进行的，角钢另外一边无上述过程，但是不管是等边或者不等边角钢在对于 K_1 和 K_2 来说，都存在左右和切口放在画在哪一个边上的问题，特别是不等边角钢更是如此，请读者注意。

7.2.6 矩形角钢圈内弯折

一、计算公式和计算示例

如图 7-2-6-1 所示，已知等边角钢的边宽 $a=b=75$，厚度 $t=6$，长度 $A=800$，$B=600$

1. $A_1 = A - 2 \times t = 800 - 2 \times 6 = 788$

167

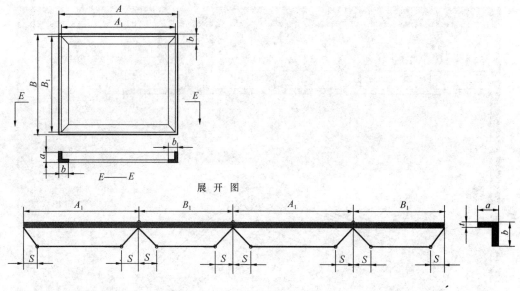

图 7-2-6-1 矩形角钢圈内弯折展开计算图

2. $B_1 = B - 2 \times t = 600 - 2 \times 6 = 588$

3. $S = b - t = 75 - 6 = 69$

4. $L = 2 \times (A_1 + B_1) = 2 \times (788 + 588) = 2752$

二、用程序计算

单击"7.2 角钢展开计算"文件名,在出现的界面图中,再单击"6. 矩形角钢圈内折"按钮。单击"展开计算"按钮,其计算值就会在输出文本框内出现。单击"清零"按钮后,输入其他已知条件则可进行新的计算。假如输入已知数据的文本框内无数据就单击"展开计算"按钮,程序会自动提示你要输入数据后才能计算。程序计算示例如图 7-2-6-2 所示。

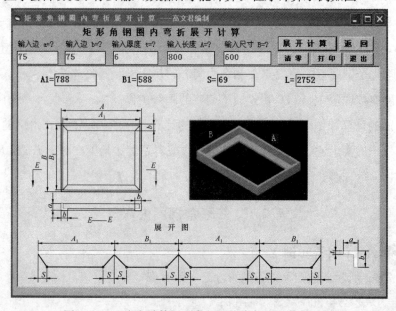

图 7-2-6-2 光盘计算矩形角钢圈内弯折展开数据示例

7.2.7 矩形角钢圈外弯折

一、计算公式和计算示例

如图 7-2-7-1 所示，已知等边角钢的边宽 $a=b=63$，厚度 $t=5$，长度 $A=700$，$B=500$

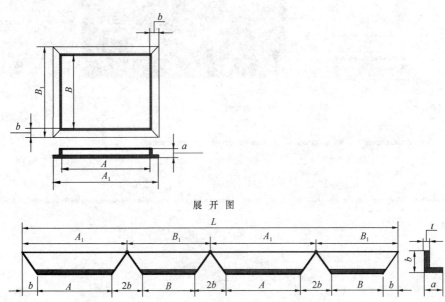

图 7-2-7-1 矩形角钢圈外弯折计算图

1. $A_1=A+2\times b=700+2\times 63=826$

2. $B_1=B+2\times b=500+2\times 63=626$

3. $2b=2\times b=2\times 63=126$

4. $L=2\times(A_1+B_1)=2\times(826+626)=2904$

二、用程序计算

双击"7.2 角钢展开计算"文件名，在出现的界面图中，再单击"7. 矩形角钢圈外折"按钮。单击"展开计算"按钮，其计算值就会在输出文本框内出现。单击"清零"按钮后，输入其他已知条件则可进行新的计算。假如输入已知数据的文本框内无数据就单击"展开计算"按钮，程序会自动提示你要输入数据后才能计算。程序计算示例如图 7-2-7-2 所示。

7.2.8 圆角钢圈内弯曲

一、计算公式和计算示例

如图 7-2-8-1 所示，已知角钢圈的边宽 $a=b=75$，厚度 $t=6$，重心距 $Z=17.8$，外径 $D=800$：

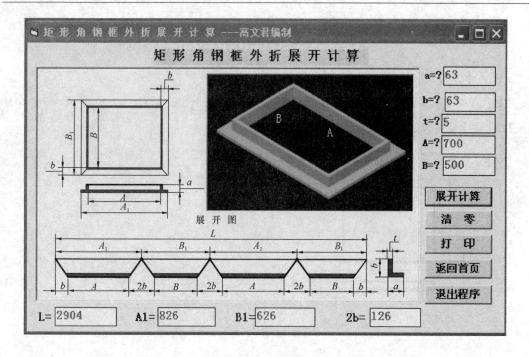

图 7-2-7-2 光盘计算矩形角钢圈外弯折示例

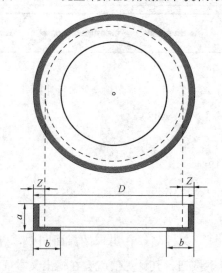

图 7-2-8-1 圆角钢圈内弯曲

1. 重心线圆周直径 $D_1 = D - 2 \times Z = 800 - 2 \times 17.8 = 764.4$

2. 重心线圆周展开长度 $L = \pi \times D_1 = 3.1416 \times 764.4 = 2401.4$

二、用程序计算

单击"7.2角钢展开计算"文件名,在出现的界面图中,再单击"8.圆角钢圈内弯曲"按钮。只要单击"展开计算"按钮,其计算值就会在输出文本框内出现。单击"清零"按钮,清除原有已知数据后,再输入其他已知条件则可进行新的计算。程序计算示例见图7-2-8-2所示。

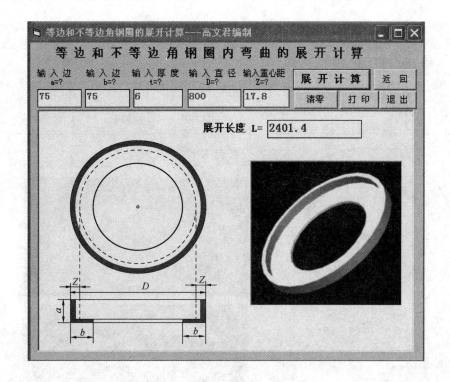

图 7-2-8-2 光盘计算内弯曲圆角钢圈展开长度示例

7.2.9 圆角钢圈外弯曲

一、计算公式和计算示例

如图 7-2-9-1 所示,已知角钢圈的边宽 $a=b=75$,厚度 $t=6$,重心距 $Z=17.8$,外径 $D=800$:

1. 重心线圆周直径 $D_1=D+2\times Z=800+2\times17.8=835.6$

2. 重心线圆周展开长度 $L=\pi\times D_1=3.1416\times835.6=2625.1$

二、用程序计算

双击"7.2 角钢展开计算"文件名,在出现的界面图中,再单击"9. 圆角钢圈外弯曲"按钮。只要单击"展开计算"按钮,其计算值就会在输出文本框内出现。单击"清零"按钮,清除原有已知数据后,再输入其他已知条件则可进行新的计算。程序计算示例见图 7-2-9-2 所示。

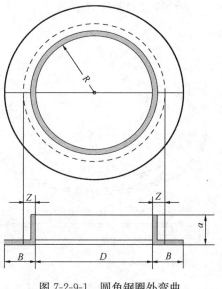

图 7-2-9-1 圆角钢圈外弯曲

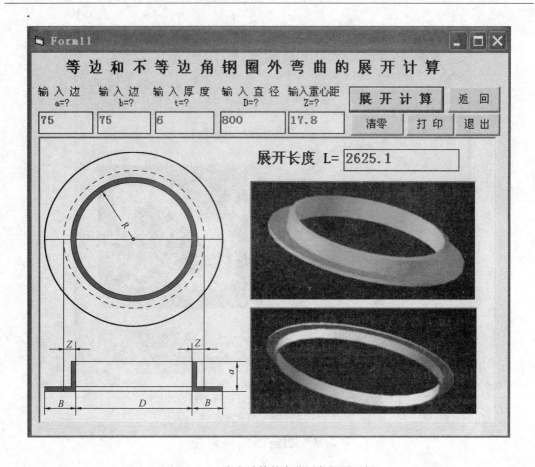

图 7-2-9-2 光盘计算外弯曲圆角钢圈示例

7.2.10 椭圆角钢圈内弯曲

一、计算公式和计算示例

如图 7-2-10-1 所示,已知角钢圈的边宽 $a=b=75$,厚度 $t=6$,重心距 $Z=17.8$,椭圆长半轴 $A=517.8$,椭圆短半轴 $B=317.8$

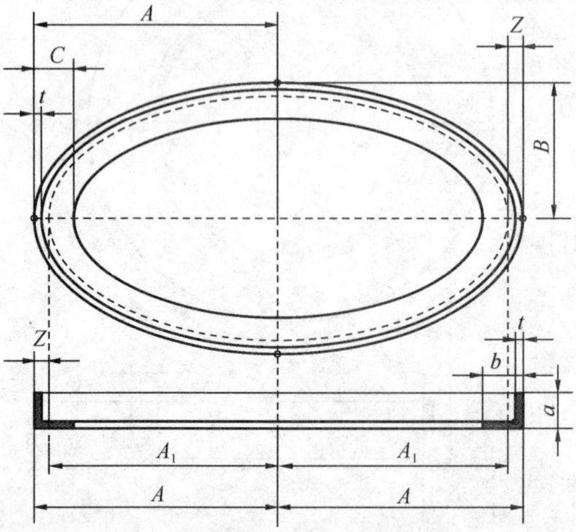

1. 椭圆重心线长半轴 $A_1=A-Z=517.8-17.8=500$

2. 椭圆重心线短半轴 $B_1=B-Z=317.8-17.8=300$

3. 重心线圆周展开长度精确值计算:

$$K=\frac{\sqrt{A_1^2-B_1^2}}{A_1}=\frac{\sqrt{500^2-300^2}}{500}$$

$$=0.8$$

图 7-2-10-1 内弯曲椭圆角钢圈

4. $L = 2 \times A_1 \times \pi \times \left\{ 1 - \left(\dfrac{K}{2}\right)^2 - \left(\dfrac{3}{8}\right)^2 \times \dfrac{K^4}{3} - \left(\dfrac{15}{48}\right)^2 \times \dfrac{K^6}{5} \right\}$

$= 2 \times 500 \times \pi \times \left\{ 1 - \left(\dfrac{0.8}{2}\right)^2 - \left(\dfrac{3}{8}\right)^2 \times \dfrac{0.8^4}{3} - \left(\dfrac{15}{48}\right)^2 \times \dfrac{0.8^6}{5} \right\}$

$= 2562.5$

二、用程序计算

双击"7.2 角钢展开计算"文件名，在出现的界面图中，再单击"10.椭圆角钢圈内弯曲"按钮。只要单击"展开计算"按钮，其计算值就会在输出文本框内出现。单击"清零"按钮，清除原有已知数据后，再输入其他已知条件则可进行新的计算。程序计算示例如图 7-2-10-2 所示。

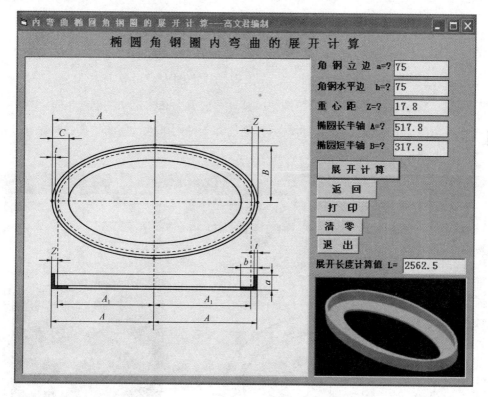

图 7-2-10-2　光盘计算椭圆角钢圈展开长度示例

7.2.11　椭圆角钢圈外弯曲

一、计算公式和计算示例

如图 7-2-11-1 所示，已知角钢圈的边宽 $a=b=75$，厚度 $t=6$，重心距 $Z=17.8$，椭圆长半轴 $A=500$，椭圆短半轴 $B=300$

1. 椭圆重心线长半轴 $A_1 = A + Z = 500 + 17.8 = 517.8$

2. 椭圆重心线短半轴 $B_1 = B + Z = 300 + 17.8 = 317.8$

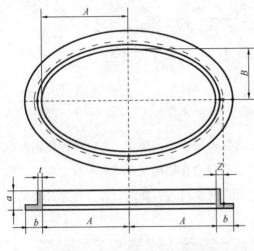

图 7-2-11-1　椭圆角钢圈外弯曲

3. 重心线圆周展开长度精确值计算：

$$K = \frac{\sqrt{A_1^2 - B_1^2}}{A_1} = \frac{\sqrt{517.8^2 - 317.8^2}}{517.8} = 0.7895$$

$$
\begin{aligned}
4.\ L &= 2 \times A_1 \times \pi \times \left\{ 1 - \left(\frac{K}{2}\right)^2 \right. \\
&\quad \left. - \left(\frac{3}{8}\right)^2 \times \frac{K^4}{3} - \left(\frac{15}{48}\right)^2 \times \frac{K^6}{5} \right\} \\
&= 2 \times 517.8 \times \pi \times \left\{ 1 - \left(\frac{0.7895}{2}\right)^2 \right. \\
&\quad - \left(\frac{3}{8}\right)^2 \times \frac{0.7895^4}{3} - \left(\frac{15}{48}\right)^2 \\
&\quad \left. \times \frac{0.7895^6}{5} \right\} \\
&= 2671.8
\end{aligned}
$$

二、用程序计算

双击"7.2 角钢展开计算"文件名，在出现的界面图中，再单击"11. 椭圆角钢圈外弯曲"按钮。只要单击"展开计算"按钮，其计算值就会在输出文本框内出现。单击"清零"按钮，清除原有已知数据后，再输入其他已知条件则可进行新的计算。程序计算示例如图 7-2-11-2 所示。

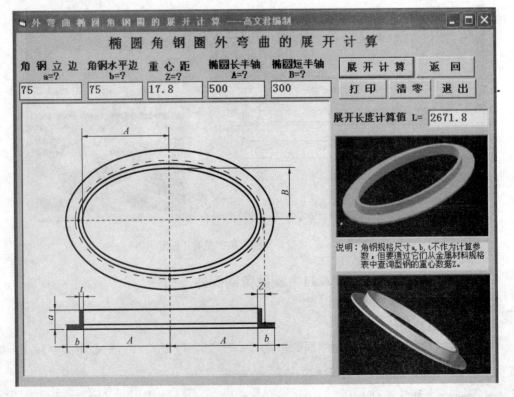

图 7-2-11-2　光盘计算外弯曲角钢圈展开长度示例

7.3 槽钢展开计算

槽钢的展开计算与角钢展开计算一样分为按中心线计算和按重心线计算两种。对称断面按中心线计算，不对称断面则按重心线计算，重心线到根部的距离可从相关手册中获得。

7.3.1 槽钢立弯折

一、计算公式和计算示例

如图 7-3-1-1 所示，已知槽钢的腹板高 $H=200$，翼缘宽 $M=75$，厚度 $t=11$，外边长 $A=316$，$B=416$，弯折角度 $\theta=130°$。求解展开下料尺寸。

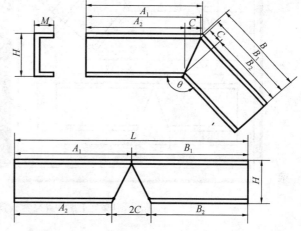

1. $C=(H-t)\times\tan\left(\dfrac{180°-\theta}{2}\right)=$
   $(200-11)\times\tan\left(\dfrac{180°-130°}{2}\right)=88.1$

2. $C_1=H\times\tan\left(\dfrac{180°-\theta}{2}\right)=200$
   $\times\tan\left(\dfrac{180°-90°}{2}\right)=93.26$

图 7-3-1-1 立弯折槽钢主视图和展开图

3. $A_1=A-(C_1-C)=316-(93.26-88.1)=310.8$

4. $A_2=A_1-C=310.8-88.1=222.7$

5. $B_1=B-(C_1-C)=416-(93.26-88.1)=410.84$

6. $B_2=B_1-C=410.84-88.1=322.74$

7. $L=A_1+B_1=310.8+410.84=721.64$

二、用程序计算

双击"7.3 槽钢展开计算"文件名，在出现的界面图中，再单击"1. 任意角度腹板弯折"按钮。由于程序预先输入了一组已知条件作为示例，只要单击"展开计算"按钮，其计算值就会在输出文本框内出现。单击"清零"按钮后，输入其他已知条件则可进行新的计算。程序计算示例如图 7-3-1-2 所示。

7.3.2 任意角度槽钢翼缘内弯折

一、计算公式和计算示例

如图 7-3-2-1 所示，已知槽钢腹高 $a=160$，翼缘宽 $b=65$，厚度 $t=10$，长度 $A=376$，$B=264$，弯折角度 $\theta=129°$，求解展开下料尺寸。

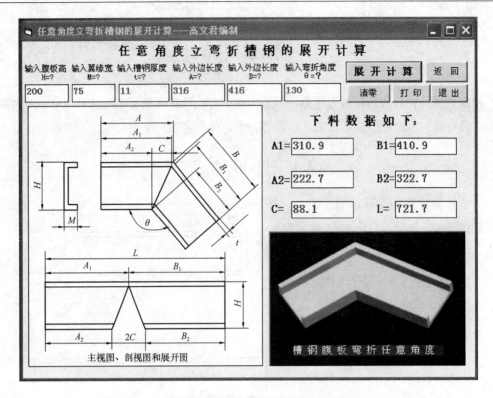

图 7-3-1-2 光盘计算立弯折槽钢展开数据示例

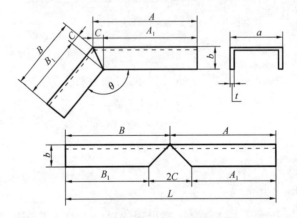

图 7-3-2-1 平弯折槽钢主视图和展开图

1. $C = b \times \tan\left(\dfrac{180° - \theta}{2}\right) = 65 \times \tan\left(\dfrac{180° - 129°}{2}\right) = 31$

2. $A_1 = A - C = 376 - 31 = 345$

3. $B_1 = B - C = 264 - 31 = 233$

4. $L = A + B = 376 + 264 = 640$

5. 说明：A 和 B 两段槽钢的结合线外端须开坡口。

二、用程序计算

双击"7.3 槽钢展开计算"文件名，在出现的界面图中，再单击"2. 任意角度翼缘内弯折"按钮，由于程序预先输入了一组已知条件作为示例，只要单击"展开计算"按钮，其计算值就会在输出文本框内出现。单击"清零"按钮后，再输入其他已知条件则可进行新的计算。程序计算示例如图 7-3-2-2 所示。

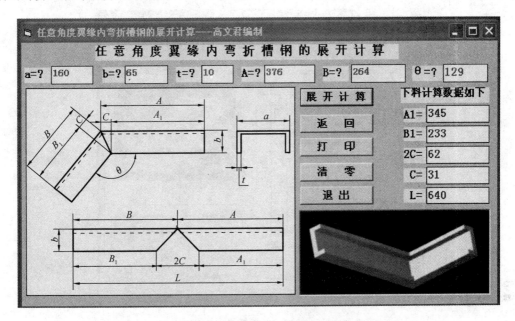

图 7-3-2-2　光盘计算槽钢翼缘内弯折展开数据示例

7.3.3　槽钢翼缘内弯折矩形框

一、计算公式和计算示例

如图 7-3-3-1 所示，已知腹高 $a=140$，翼缘宽 $b=58$，厚度 $t=6$，长度 $A=800$，$B=600$。求解展开下料尺寸。

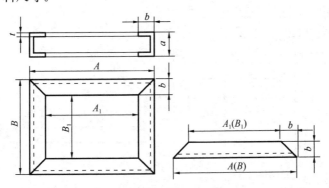

图 7-3-3-1　槽钢翼缘内弯折矩形框

1. $A_1=A-2\times b=800-2\times 58=684$

2. $B_1=B-2\times b=600-2\times 58=484$

3. $L=2\times(A+B)=2\times(800+600)=2800$

二、用程序计算

双击"7.3 槽钢展开计算"文件名，在出现的界面图中，再单击"3. 槽钢翼缘内弯折矩形框"按钮，其他操作过程与前面程序相同。程序计算示例如图 7-3-3-2 所示。

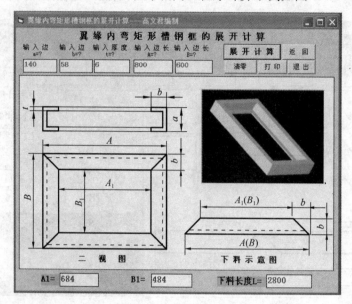

图 7-3-3-2　光盘计算槽钢翼缘内弯折矩形框示例

7.3.4　槽钢翼缘外弯折矩形框

一、计算公式和计算示例

如图 7-3-4-1 所示，已知腹高 $a=140$，翼缘宽 $b=58$，厚度 $t=6$，长度 $A=800$，$B=600$。求解展开下料尺寸。

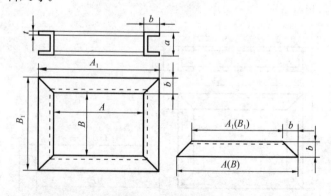

图 7-3-4-1　矩形外弯折槽钢框主视图和展开图

1. $A_1 = A + 2 \times b = 800 + 2 \times 58 = 916$

2. $B_1 = B + 2 \times b = 600 + 2 \times 58 = 716$

3. $L = 2 \times (A_1 + B_1) = 2 \times (916 + 716) = 3264$

二、用程序计算

双击"7.3 槽钢展开计算"文件名,在出现的界面图中,再单击"4. 外弯折矩形槽钢框"按钮,其他操作过程与前面程序相同。程序计算示例如图 7-3-4-2 所示。

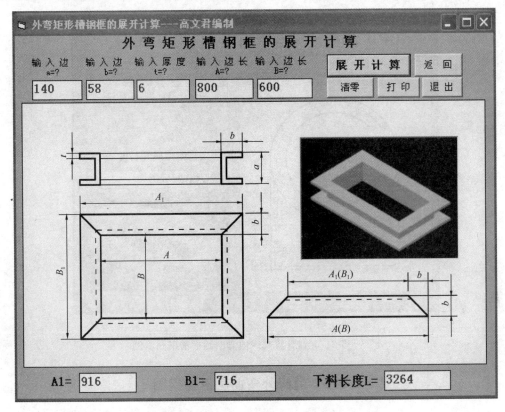

图 7-3-4-2 光盘计算槽钢翼缘外弯折矩形框示例

7.3.5 翼缘内弯曲圆形槽钢圈

一、计算公式和计算示例

如图 7-3-5-1 所示,已知腹高 $a=100$,翼缘宽 $b=48$,厚度 $t=5.3$,外径 $D=500$,重心距 $Z_o=15.2$。求解展开下料尺寸。

由于沿翼缘方向展开的不对称性,需要以重心线直径 D_z 进行展开计算,槽钢重心线距根部的距离 Z_o 可从金属材料手册中查得。

1. 重心线直径: $D_z=D-2\times Z_o=500-2\times15.2$ $=469.6$

2. 展开长度 $L=\pi\times D_z=3.1416\times469.6=1475.3$

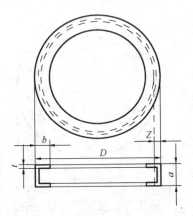

图 7-3-5-1 内弯曲槽钢圈主视图和展开图

二、用程序计算

双击"7.3槽钢展开计算"文件名，在出现的界面图中，再单击"5.内弯曲圆槽钢圈"按钮，其他操作过程与前面相同。程序计算示例如图7-3-5-2所示。

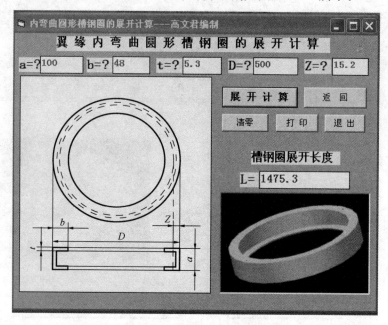

图7-3-5-2　光盘计算翼缘内弯曲圆形槽钢圈示例

7.3.6　翼缘外弯曲圆形槽钢圈

一、计算公式和计算示例

如图7-3-6-1所示，已知腹高$a=100$，翼缘宽$b=48$，厚度$t=5.3$，外径$D=500$，重心距$Z_o=15.2$。求解展开下料尺寸。

由于沿翼缘方向展开的不对称性，需要以重心线直径D_z进行展开计算，槽钢重心线距根部的距离Z_o可从金属材料手册中查得。

1. 重心线直径：$D_z=D+2\times Z_o=500+2\times 15.2=530.4$

2. 展开长度　$L=\pi\times D_z=3.1416\times 530.4=1666.3$

二、用程序计算

双击"7.3槽钢展开计算"文件名，在出现的界面图中，再单击"6.外弯曲圆槽钢圈"按钮，其他操作过程与前面相同。程序计算示例如图7-3-6-2所示。

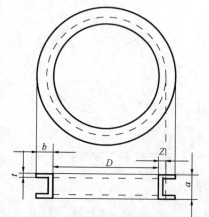

图7-3-6-1　外弯曲槽钢圈

180

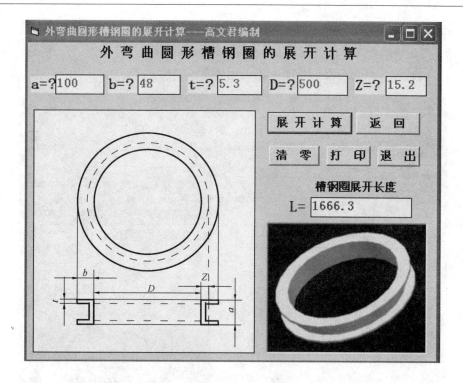

图 7-3-6-2　光盘计算翼缘外弯曲圆形槽钢圈示例

7.3.7　平弯曲圆槽钢圈

一、计算公式和计算示例

如图 7-3-7-1 所示，已知腹高 $a=126$，翼缘宽 $b=53$，翼缘厚度 $t=9$，内径 $D=800$。求解展开下料尺寸。

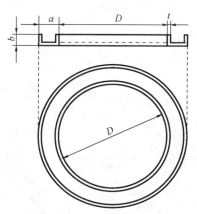

图 7-3-7-1　平弯曲圆槽钢圈

由于槽钢翼缘断面的对称性，平弯时需按槽钢断面中心线进行展开计算。

1. 中心线直径：$D_1=D+a=800+126=926$

2. 展开长度 $L=\pi \times D_1=3.1416 \times 926=2909.1$

二、用程序计算

双击 "7.3 槽钢展开计算" 文件名，在出现的界面图中，再单击 "7. 平弯曲圆槽钢圈" 按钮，其他操作过程与前面相同。程序计算示例如图 7-3-7-2 所示。

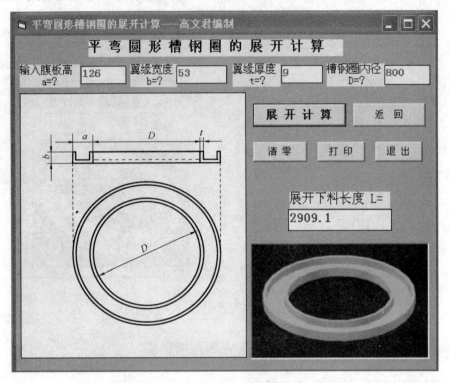

图 7-3-7-2　光盘计算平弯曲圆槽钢圈示例

7.3.8　椭圆内弯曲槽钢圈

一、计算公式和计算示例

如图 7-3-8-1 所示，已知腹高 $a=80$，翼缘宽 $b=43$，重心距 $Z_0=14.3$，椭圆长半轴 A

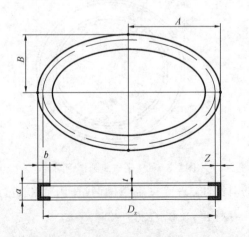

图 7-3-8-1　椭圆内弯曲槽钢圈

=800，椭圆短半轴 B＝600。求解展开下料尺寸。

1. 椭圆重心线长半轴 $A_1 = A - Z_。 = 800 - 14.3 = 785.7$

2. 椭圆重心线短半轴 $B_1 = B - Z_。 = 600 - 14.3 = 585.7$

3. 重心线圆周展开长度精确值计算：

$$K = \frac{\sqrt{A_1^2 - B_1^2}}{A_1} = \frac{\sqrt{785.7^2 - 585.7^2}}{785.7} = 0.66656$$

槽钢圈下料长度：$L = 2 \times A_1 \times \pi \times \left\{ 1 - \left(\frac{K}{2}\right)^2 - \left(\frac{3}{8}\right)^2 \times \frac{K^4}{3} - \left(\frac{15}{48}\right)^2 \times \frac{K^6}{5} \right\} = 2 \times$

$785.7 \times \pi \times \left\{ 1 - \left(\frac{0.66656}{2}\right)^2 - \left(\frac{3}{8}\right)^2 \times \frac{0.66656^4}{3} - \left(\frac{15}{48}\right)^2 \times \frac{0.66656^6}{5} \right\} = 4334.2$

二、用程序计算

双击"7.3 槽钢展开计算"文件名，在出现的界面图中，再单击"8. 椭圆内弯曲槽钢圈"按钮，其余的操作步骤与前面各个程序相同。程序计算示例如图 7-3-8-2 所示。

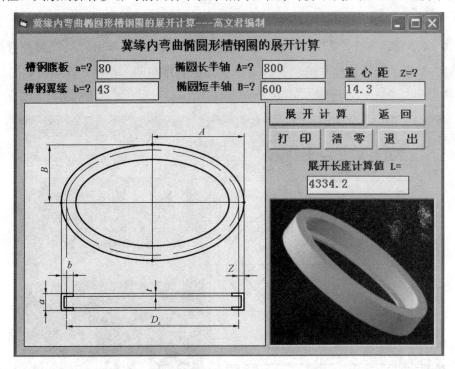

图 7-3-8-2　光盘计算椭圆内弯曲槽钢圈展开长度示例

7.3.9　椭圆外弯曲槽钢圈

一、计算公式和计算示例

如图 7-3-9-1 所示，已知腹高 a＝80，翼缘宽 b＝43，重心距 $Z_。$＝14.3，椭圆长半轴 A＝800，椭圆短半轴 B＝600。求解展开下料尺寸。

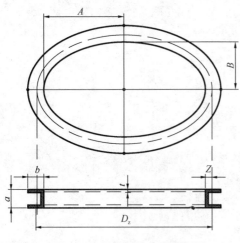

图 7-3-9-1 椭圆外弯曲槽钢圈

1. 椭圆重心线长半轴 $A_1 = A + Z_o = 800 + 14.3 = 814.3$

2. 椭圆重心线短半轴 $B_1 = B + Z_o = 600 + 14.3 = 614.3$

3. 重心线圆周展开长度精确值计算：

$$K = \frac{\sqrt{A_1^2 - B_1^2}}{A_1} = \frac{\sqrt{814.3^2 - 614.3^2}}{814.3}$$

$$= 0.65643$$

椭圆圈下料长度：$L = 2 \times A_1 \times \pi \times \left\{ 1 - \left(\frac{K}{2}\right)^2 - \left(\frac{3}{8}\right)^2 \times \frac{K^4}{3} - \left(\frac{15}{48}\right)^2 \times \frac{K^6}{5} \right\} = 2 \times$

$814.3 \times 3.1416 \times \left\{ 1 - \left(\frac{0.65643}{2}\right)^2 - \left(\frac{3}{8}\right)^2 \times \frac{0.65643^4}{3} - \left(\frac{15}{48}\right)^2 \times \frac{0.65643^6}{5} \right\} = 4512.7$

二、用程序计算

双击"7.3 槽钢展开计算"文件名，在出现的界面图中，再单击"9. 椭圆外弯曲槽钢圈"按钮。其余的操作步骤与第 7.3.1～7.3.8 节的程序相同。程序计算示例如图 7-3-9-2 所示。

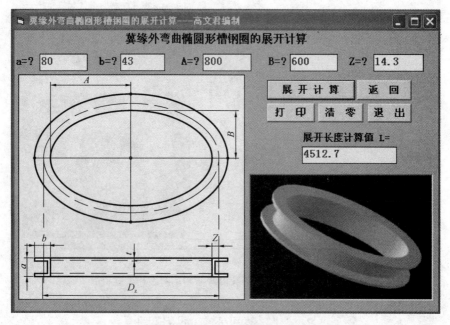

图 7-3-9-2 光盘计算椭圆外弯曲槽钢圈展开长度示例

7.3.10 带锥度的正方形槽钢框

带锥度的槽钢框一般用于大型料仓和啤酒制造容器等设备加固，容器一般是正棱锥体且上下端口均为正方形，因为只有这样才能保证槽钢圈四角结合线的完整，当容器的断面必须做成矩形时，棱锥体的四个侧面的斜率一定要相等，即保证图 7-3-9 中的角度 θ 的一致。设计时不要先确定矩形尺寸，而是先确定棱锥体上下矩形一边的长度，然后均乘以相同的比例系数得到另外两条边的长度值，由此形成的矩形断面，棱锥体才能满足槽钢圈四角结合线的完整性。本节只介绍断面为正方形锥体时的加固槽钢圈计算，对于矩形断面锥体加固槽钢框，读者可参考上述方法进行计算。

一、计算公式和计算示例

如图 7-3-10-1 所示，已知槽钢腹板高 $a=80$，翼缘宽度 $b=43$，锥顶尺寸 $B=420$，锥底尺寸 $A=1178$，正棱锥台高度 $H=548$，槽钢圈安装高度 $H_1=267$。求展开尺寸。

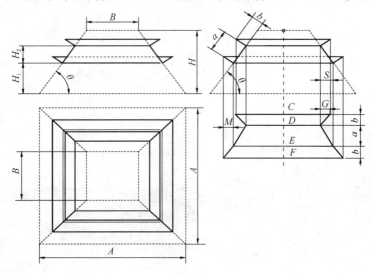

图 7-3-10-1　带锥度的正方形槽钢框

1. $K=\dfrac{A-B}{2}=\dfrac{1178-420}{2}=379$

2. 棱锥体倾斜角度 $\theta=\arctan\left(\dfrac{H}{K}\right)=\arctan\left(\dfrac{548}{379}\right)=55.332°$

3. 翼缘的水平投影 $M=G=b\times\sin\theta=43\times\sin(55.332°)=35.4$

4. 槽钢腹板的水平投影 $S=a\times\cos\theta=80\times\cos(55.332°)=45.5$

5. 槽钢圈下边根部长度 $E=A-2\times\dfrac{H_1}{\tan\theta}=1178-2\times\dfrac{267}{\tan(55.332°)}=808.68$

6. 槽钢圈上边根部长度 $D=E-2\times S=808.68-2\times45.5=717.68$

7. 槽钢圈下翼缘最大长度 $F=E+2\times M=808.68+2\times35.4=879.48$

8. 槽钢圈上翼缘最大长度 $C=D+2\times G=717.68+2\times35.4=788.48$

9. $H_2=a\times\sin\theta=80\times\sin(55.332°)=65.79$

二、用程序计算

双击"7.3 槽钢展开计算"文件名，在出现的界面图中，再单击"10. 带锥度的矩形槽钢框"按钮。只要单击"展开计算"按钮，其计算值就会在输出文本框内出现。单击"清零"按钮，清除原有已知数据后，再输入其他已知条件则可进行新的计算。程序计算示例如图 7-3-10-2 所示。

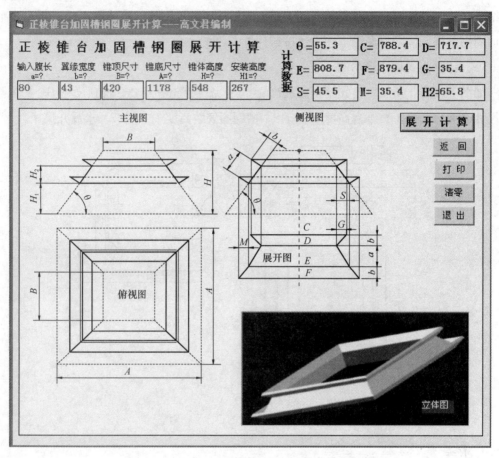

图 7-3-10-2　光盘计算带锥度的正方形槽钢框展开数据示例

7.4　工字钢圈展开计算

7.4.1　立弯工字钢圈

一、计算公式和计算示例

如图 7-4-1 所示，已知翼缘宽 $b=100$，内径 $D=2000$。求解展开下料尺寸。

1. 中心线直径 $D_1=D+a=2000+100=2100$

2. 展开长度 $L=\pi \times D_1=3.1416 \times 2100=6597.34$

二、用程序计算

双击"7.4 工字钢圈展开计算"文件名，首先出现的是"立弯工字钢的展开计算"界面，再单击"展开计算"按钮，计算值立即会出现在输出文本框中，单击"清零"按钮，

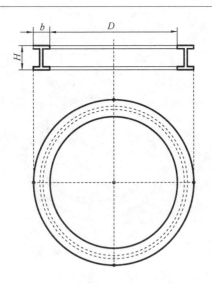

图 7-4-1-1　立弯工字钢圈

输入其他已知条件后就可进行新的计算。程序计算示例如图 7-4-1-2 所示。

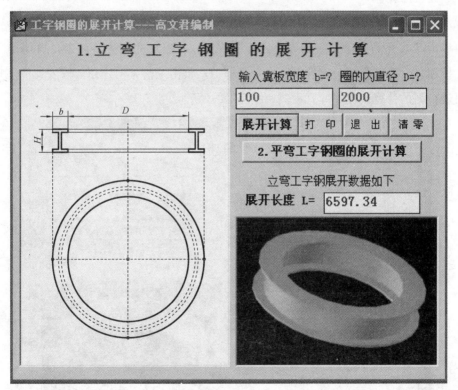

图 7-4-1-2　光盘计算立弯工字钢圈展开长度示例

7.4.2　平弯工字钢圈

一、计算公式和计算示例

如图 7-4-2-1 所示，已知腹高 $H=220$，内径 $D=6000$。求解展开下料尺寸。

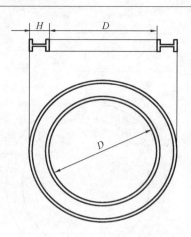

图 7-4-2-1　平弯工字钢圈

1. 中心线直径 $D_1 = D + H = 6000 + 220 = 6220$

2. 展开长度 $L = \pi \times D_1 = 3.1416 \times 6220 = 19540.71$

二、用程序计算

双击 "7.4 工字钢圈展开计算" 文件名，首先出现的是 "立弯工字钢的展开计算" 界面，再单击 "2. 平弯工字钢圈的展开计算" 按钮，在出现的新的界面中，再单击 "展开计算" 按钮，计算值立即会出现在输出文本框中，单击 "清零" 按钮，输入其他已知条件后就可进行新的计算。程序计算示例如图 7-4-2-2 所示。

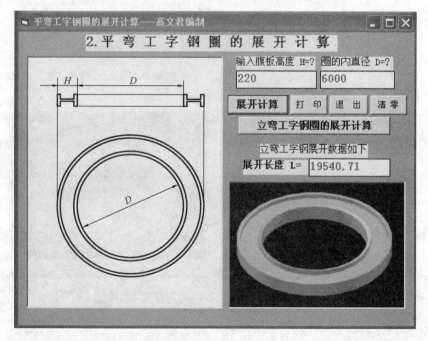

图 7-4-2-2　光盘计算平弯工字钢圈展开长度示例

第 **8** 章　棱 锥 和 棱 锥 管

8.1　正棱锥展开计算

8.1.1　正 三 棱 锥

图 8-1-1-1 为正三棱锥立体图，图 8-1-1-2 是正三棱锥的总图，它的侧面是由三个全等的三角形组成。作展开图时，若将接缝设置在棱线上时，其展开图由三个全等的三角形拼成；若将接缝设置在其中一个三角形底边的中垂线上时，其展开图如图 8-1-1-2 所示。

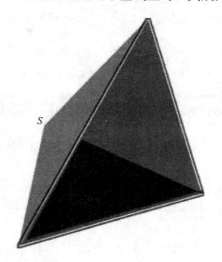

图 8-1-1-1　正三棱锥立体图

一、用公式计算

已知正三棱锥底边的边长 $A=600$，棱锥的高度 $H=800$。

试计算三角形底边中垂线的长度 B 和三棱锥棱线的长度 R。

计算式：

$$W = \frac{360°}{N} = \frac{360°}{3} = 120°（N \text{ 为正三棱锥底的边数}）$$

$$b = \frac{A}{2\tan\left(\frac{W}{2}\right)} = \frac{600}{2 \times \tan\left(\frac{120°}{2}\right)} = 173.2（\text{中垂线水平投影的长度}）$$

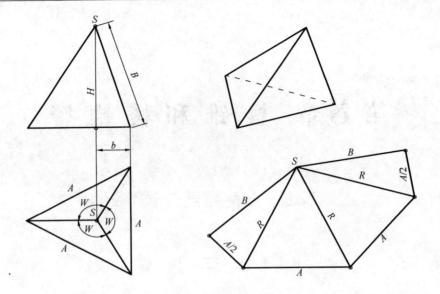

图 8-1-1-2　三棱锥及展开图

$$B = \sqrt{H^2 + b^2} = \sqrt{800^2 + 173.2^2} = 818.5(\text{中垂线的长度})$$

$$R = \sqrt{H^2 + \left(\frac{A}{2}\right)^2 + b^2} = \sqrt{800^2 + \left(\frac{1000}{2}\right)^2 + 173.2^2} = 871.8(\text{棱线的长度})$$

二、用光盘计算举例

已知条件同上，输入程序后的计算结果如图 8-1-1-3 所示。

图 8-1-1-3　正三棱锥光盘计算打印表

8.1.2　正　四　棱　锥

图 8-1-2-1 为正四棱锥立体图，图 8-1-2-2 是总图和展开图。作展开图的方法与正三棱锥相同，此处不再重述。

一、用公式计算

已知底边的边长 $A = 1000$，棱锥的高度 $H = 1200$。

计算式：

$$W = \frac{360°}{N} = \frac{360°}{4} = 90°(N \text{ 为正四棱锥底的边数})$$

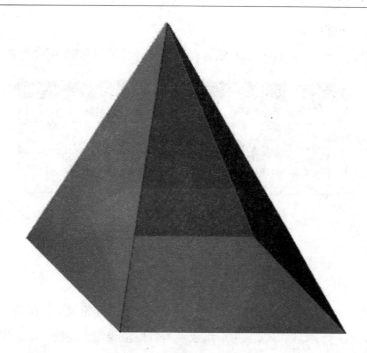

图 8-1-2-1　正四棱锥立体图

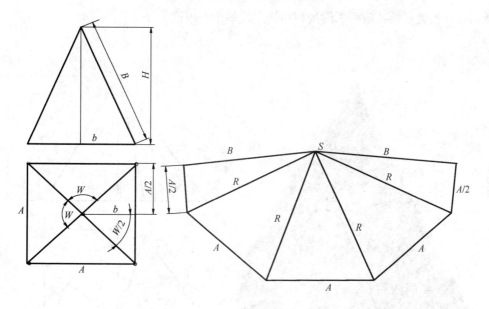

图 8-1-2-2　正四棱锥总图和展开图

$$b = \frac{A}{2\tan\left(\dfrac{W}{2}\right)} = \frac{1000}{2 \times \tan\left(\dfrac{90°}{2}\right)} = 500$$

$$B = \sqrt{H^2 + b^2} = \sqrt{1200^2 + 500^2} = 1300 \text{（侧三角形底边中垂线长度）}$$

$$R = \sqrt{H^2 + \left(\frac{A}{2}\right)^2 + b^2} = \sqrt{1200^2 + \left(\frac{1000}{2}\right)^2 + 500^2} = 1392.5 \text{（棱线的长度）}$$

二、用光盘计算举例

将已知数据 $A=1000$，$H=1200$ 输入程序后的计算结果如图 8-1-2-3 所示。

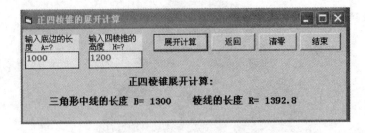

图 8-1-2-3　正四棱锥光盘计算打印表

8.1.3　正　五　棱　锥

图 8-1-3-1 是正五棱锥的立体图，图 8-1-3-2 为主视图和俯视图，图 8-1-3-3 为展开图。五棱锥其侧面由五个全等的等腰三角形组成，若以棱角线作为接缝，那末展开图将由五个全等的等腰三角形组成；若以某一个等腰三角形的中垂线为接缝，其展开图形如图 8-1-3-3 所示，其接缝最短，适用于焊接和扣接形式的正五棱锥构件。

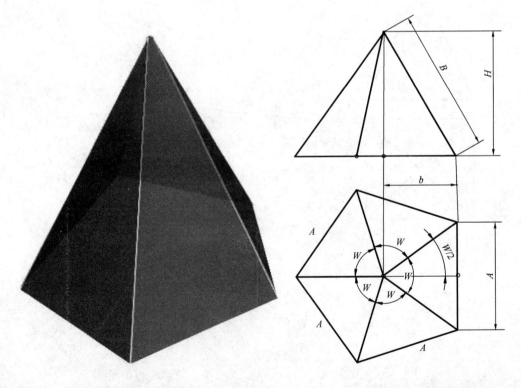

图 8-1-3-1　正五棱锥立体图　　　　　图 8-1-3-2　正五棱锥主视图和俯视图

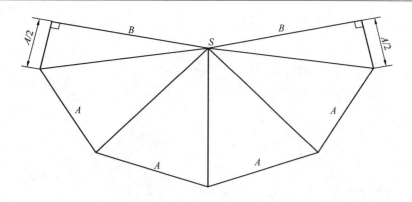

图 8-1-3-3　正五棱锥展开图

一、用公式计算举例

已知正五棱底边长 $A=400$，高 $H=600$。

求三角形中垂线 B 的展开长度和棱角线 R 的展开长度。

计算式：

$$W = \frac{360°}{N} = \frac{360°}{5} = 72°（正五棱锥的底边数 N = 5）$$

中垂线投影长度：$b = \dfrac{A}{2\tan\left(\dfrac{W}{2}\right)} = \dfrac{400}{2 \times \tan\left(\dfrac{72°}{2}\right)} = 275.28$

中垂线 B 的展开长度：$B = \sqrt{b^2 + H^2} = \sqrt{275.28^2 + 600^2} = 660.1$

棱线的展开长度：$R = \sqrt{b^2 + \left(\dfrac{A}{2}\right)^2 + H^2} = \sqrt{275.8^2 + \left(\dfrac{400}{2}\right)^2 + 600^2} = 689.8$

二、用光盘计算举例

将 $A=400$，$H=600$ 输入程序计算的结果与上例的计算值完全相同，如图 8-1-3-4
所示。

图 8-1-3-4　正五棱锥光盘计算示例打印表

8.1.4　正 六 棱 锥

图 8-1-4-1 为正六棱锥的总图和展开图，图 8-1-4-2 是立体图。有关展开图的作法可参
照第 8.1.3 节正五棱锥的内容进行。

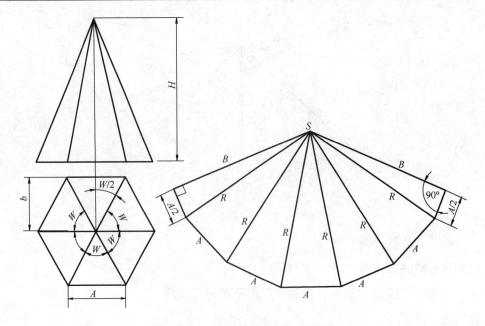

图 8-1-4-1　正六棱锥总图和展开图

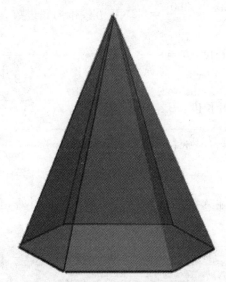

图 8-1-4-2　正六棱锥立体图

一、用公式计算举例

已知正六棱锥底边长 $A=500$，高 $H=600$。

求等腰三角形中垂线的展开长度 B 和棱线的展开长度 R。

计算式：

$$W = \frac{360°}{N} = \frac{360°}{6} = 60°$$

中垂线投影长度 $b = \dfrac{A}{2\tan\left(\dfrac{W}{2}\right)} = \dfrac{500}{2 \times \tan\left(\dfrac{60°}{2}\right)} = 433$

中垂线的展开长度（底边 A 的高）：$B = \sqrt{b^2 + H^2} = \sqrt{433^2 + 600^2} = 739.9$

棱角线的展开长度：$R = \sqrt{b^2 + \left(\dfrac{A}{2}\right)^2 + H^2} = \sqrt{433^2 + \left(\dfrac{500}{2}\right)^2 + 600^2} = 781$

二、用光盘计算举例

将上例的已知条件 $A = 500$，$H = 600$ 输入程序后的计算结果与上例计算完全一致，如图 8-1-4-3 所示。

图 8-1-4-3　正六棱锥光盘计算打印表

8.1.5　正 N 棱锥

正 N 棱锥计算程序是一个通用的正棱锥计算程序，它除了能计算前面的几种正棱锥外，理论上可对任意边数的正棱锥进行计算，本节程序仅对正八棱锥计算举例，图 8-1-5-1 是当 $N = 8$ 时的正八棱锥的总图，有关展开图的作法可参照前面正五棱锥的内容进行。

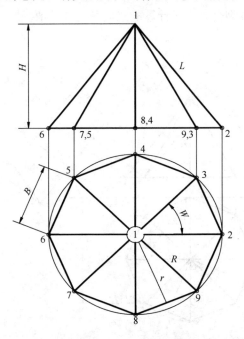

图 8-1-5-1　正 N 棱锥（$N=8$）

一、用公式计算举例

已知底边长 $B = 153.07$，底边数 $N = 8$，高 $H = 260$。求解展开下料尺寸。

195

计算式：

每边所对的中心角度 $\quad W = \dfrac{360°}{N} = \dfrac{360°}{8} = 45°$

内切圆半径 $\quad r = \dfrac{B}{2\tan\left(\dfrac{W}{2}\right)} = \dfrac{153.07}{2 \times \tan\left(\dfrac{45°}{2}\right)} = 184.77$

外接圆半径 $\quad R = \sqrt{\left(\dfrac{B}{2}\right)^2 + r^2} = \sqrt{\left(\dfrac{153.07}{2}\right)^2 + 184.77^2} = 200$

棱角线的展开长度：$L = \sqrt{R^2 + H^2} = \sqrt{200^2 + 260^2} = 328$

斜三角形底边上的高 $\quad H_1 = \sqrt{r^2 + H^2} = \sqrt{184.77^2 + 260^2} = 318.97$

每一个斜三角形的面积 $\quad S_1 = \dfrac{1}{2} \times B \times H_1 = 0.5 \times 153.07 \times 318.97 = 24412.37$

正八棱锥的侧面积 $\Sigma S_1 = N \times S_1 = 8 \times 24412.37 \div 10^6 = 0.1953$

底面积 $S_2 = N \times \left(\dfrac{1}{2} \times B \times r\right) = 8 \times (0.5 \times 153.07 \times 184.77) = 0.11313$

正八棱锥的总面积 $= \Sigma S_1 + S_2 = 0.1953 + 0.11313 = 0.30843$

两侧平面的二面角和底平面与侧平面的二面角由于计算过程较为复杂，它们的计算由程序计算来解决。图 8-1-5-2 是用换面法求出的每两个斜三角形平面的夹角（以棱线 1̲2̲ 两侧的三角形为例的二面角与其他 7 个二面角完全相同），从图中可看出其两面角的测量值为 144° 与程序计算值基本吻合，程序计算的二面角为准确值。

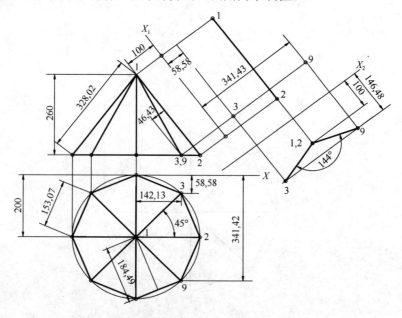

图 8-1-5-2 正 8 棱锥用 CAD 绘图软件采用换面法求二面角的示意图

二、用光盘计算举例

将上例的已知条件 $B=153.07$，$H=260$，$N=8$ 输入程序后的计算结果与上例计算完全一致。程序操作步骤如下：

1. 双击"5. 正 N 棱锥"文件名；

2. 单击"已知边长 B 和棱锥高 H 求其他参数"文件名；

3. 单击"展开计算"按钮；

4. 按提示依次输入边长 $B=153.07$，$H=260$，$N=8$ 后，计算结果立即会显示出来，并提示"是否打印"，如果已经连接上打印机，单击"是"按钮，即可将屏幕上的图文打印，单击"否"按钮，只显示不打印。光盘计算结果如图 8-1-5-3 所示。

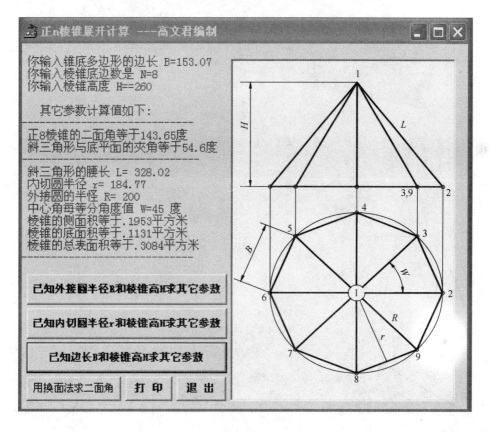

图 8-1-5-3 正 N 棱锥光盘计算打印表

8.2 上下口平行的棱锥管展开计算

8.2.1 正三棱锥管

图 8-2-1-1 为正三棱锥立体图，图 8-2-1-2 是正三棱锥管总图。它由三个全等的等腰梯

形组成展开图，考虑到使接缝最短和便于制作，本节展开图将其中一个等腰梯形的中线作为接缝，详细情况如图 8-2-1-2 中的展开图所示。

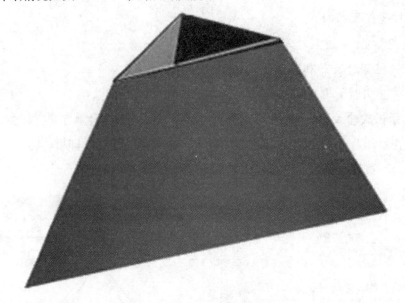

图 8-2-1-1　正三棱锥管立体图

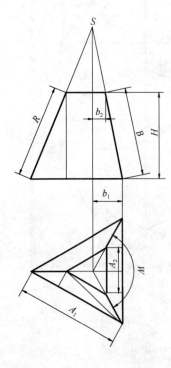

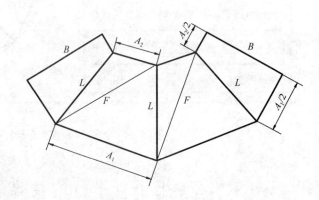

图 8-2-1-2　正三棱锥管总图

一、用公式计算举例

已知：正三棱锥管底边长度 $A_1 = 600$，顶边长 $A_2 = 300$，正三棱锥管的高度 $H = 500$。求解展开下料尺寸。

计算式：

$$W = \frac{360°}{N} = \frac{360°}{3} = 120°$$

$$b_1 = \frac{A_1}{2\tan\left(\frac{w}{2}\right)} = \frac{600}{2 \times \tan\left(\frac{120°}{2}\right)} = 173.2(计算大三角形底边上高的水平投影)$$

$$b_2 = \frac{A_2}{2\tan\left(\frac{w}{2}\right)} = \frac{300}{2 \times \tan\left(\frac{120°}{2}\right)} = 86.8(计算小三角形底边上高的水平投影)$$

$$B = \sqrt{H^2 + (b_1 - b_2)^2} = \sqrt{500^2 + (173.2 - 86.8)^2} = 507.4(计算等腰梯形中线的实长)$$

$$R_0 = \frac{b_1 - b_2}{\cos\left(\frac{w}{2}\right)} = \frac{173.2 - 86.8}{\cos\left(\frac{120°}{2}\right)} = 172.8$$

$$R = \sqrt{R_0^2 + H^2} = \sqrt{172.8^2 + 500^2} = 529(计算棱角线的实长)$$

$$E = \frac{A_1 - A_2}{2} = \frac{600 - 300}{2} = 150$$

$$F_0 = \sqrt{(b_1 - b_2)^2 + (A_1 - E)^2} = \sqrt{(173.2 - 86.8)^2 + (600 - 150)^2} = 458.18$$

$$F = \sqrt{F_0^2 + H^2} = \sqrt{458.18^2 + 500^2} = 678.2(计算等腰梯形对角线的实长)$$

二、用光盘计算举例

双击"8.2 上下口平行的棱锥管展开计算"程序文件名 → 双击"Ⅰ. 不偏心"→双击"8.2-1 正三棱锥管"→单击"展开计算"→单击"展开计算"，由于程序已经输入了与上面相同的已知条件作为示例，只要单击"展开计算"按钮后，计算结果就会显示在文本框的下面，其计算值与用公式法的计算结果相同，单击"清零"按钮，在光标闪烁处重新依次输入数据后，再单击"展开计算"按钮就可作新的计算，计算示例如图 8-2-1-3 所示。

图 8-2-1-3　光盘计算正三棱锥台（管）打印表

8.2.2　正 方 形 棱 锥 管

图 8-2-2-1 为立体图，总图和展开图如图 8-2-2-2 所示。展开图可用两种方法展开，第一种是将光盘计算图 8-2-2-3 中的数据 A_1，A_2，R 和 F 作四个全等的等腰梯形依次摊在平

面上，其接缝在棱线 R 上；第二种是将一个等腰梯形的中线断开作为接缝的展开图，它也是本小节采用的方式，它的优点是接口短，制作比较方便。

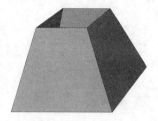

图 8-2-2-1　立体图

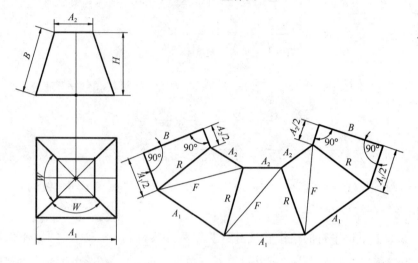

图 8-2-2-2　正方形棱锥管总图和展开图

一、用公式计算举例

已知正方形棱锥管底边的边长 $A_1=500$，顶边的边长 $A_2=300$，棱锥管的高度 $H=350$。求解展开下料尺寸。

计算式：

$$W=\frac{360°}{N}=\frac{360°}{4}=90°（其中 N 是正四棱锥管底边的边数）$$

$$b_1=\frac{A_1}{2\tan\left(\dfrac{W}{2}\right)}=\frac{500}{2\tan\left(\dfrac{90°}{2}\right)}=250$$

$$b_2=\frac{A_2}{2\tan\left(\dfrac{W}{2}\right)}=\frac{300}{2\tan\left(\dfrac{90°}{2}\right)}=150$$

$$B=\sqrt{H^2+(b_1-b_2)^2}=\sqrt{350^2+(250-150)^2}=364（等腰梯形中线的实长）$$

$$R_0=\frac{b_1-b_2}{\cos\left(\dfrac{W}{2}\right)}=\frac{250-150}{\cos\left(\dfrac{90°}{2}\right)}=141.42$$

$$R = \sqrt{R_0^2 + H^2} = \sqrt{141.42^2 + 350^2} = 377.49 \text{（棱角线的实长）}$$

$$F_0 = \sqrt{(b_1 - b_2)^2 + \left(A_1 - \frac{A_1 - A_2}{2}\right)^2} = \sqrt{(250 - 150)^2 + \left(500 - \frac{500 - 300}{2}\right)^2}$$

$$= 412.31$$

$$F = \sqrt{F_0^2 + H^2} = \sqrt{412.31^2 + 350^2} = 540.8 \text{（等腰梯形对角线的实长）}$$

二、用光盘计算举例

用程序计算的操作步骤可参考第 8.2.1 节正三棱锥管的操作过程，本节及以后相关的程序运行步骤不再作描述。程序计算结果如图 8-2-2-3 所示。

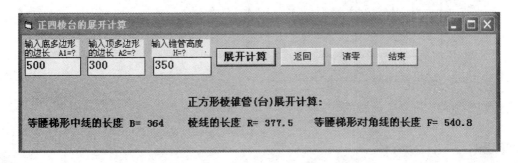

图 8-2-2-3　正方形棱锥管（台）光盘计算示例

8.2.3　正 矩 形 棱 锥 管

图 8-2-3-1 为立体图，图 8-2-3-2 为正矩形棱管的三视图。当下底边 $A = B$，上底边 $A_1 = B_1$ 时就变成正方形四棱锥管，此时侧板与正背面板尺寸完全相同，放样下料取其一块即可。

此类构件利用上下底尺寸 A，B，A_1，B_1 和计算数据棱长 R 以及四个侧面的对角线长度值采用三角形法作展开图是很容易的，作出的展开图如图 8-2-3-3 所示。比较麻烦的是，当这类构件需要在每两块侧板内外侧接缝处用角钢加强时，求卡样板角度（即二面角）的作图过程是比较烦琐的，要经过两次投影面的变换才能得出其二面角。对于正方形的棱锥管，只需要

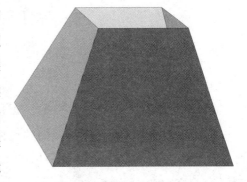

图 8-2-3-1　立体图

作出任意两个侧面的二面角就可以了，其他三个棱线的二面角与其完全相同。但对于正矩形棱锥管而言，必须作两个二面角。为避免其麻烦的作图过程，本节程序可以很快地计算出二面角，同其他计算值计算一道输出，如图 8-2-3-4 所示。

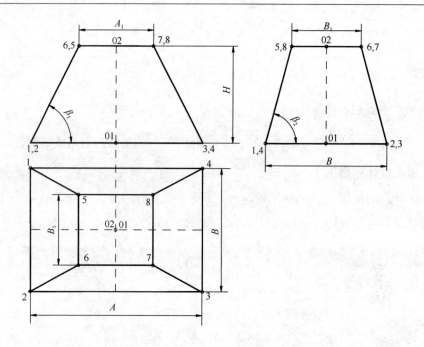

图 8-2-3-2 正矩形棱锥管三视图

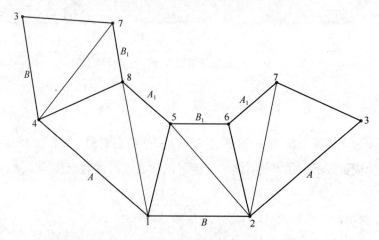

图 8-2-3-3 正矩形棱锥管展开图

一、计算公式

1. 计算公式可参考正方形棱锥管计算过程。

2. 计算二面角需要计算一系列的行列式，用手工或者用计算器计算花的时间很长，且容易出错，所以本节就不作介绍了。有关二面角（两平面夹角）的计算方法可参考本书第 2 章的有关内容。图 8-2-3-2 正视图和侧视图中的 β_1 和 β_2 分别表示左右侧边和前后板与底平面的二面角，在图 8-2-3-4 中以棱线 12 和棱线 34 的二面角表示 β_1；以棱线 41 和棱线 23 的二面角表示 β_2。

3. 图 8-2-10 中各符号含义与图 8-2-3-2 一致。

二、用光盘计算举例

计算示例如图 8-2-3-4 所示。

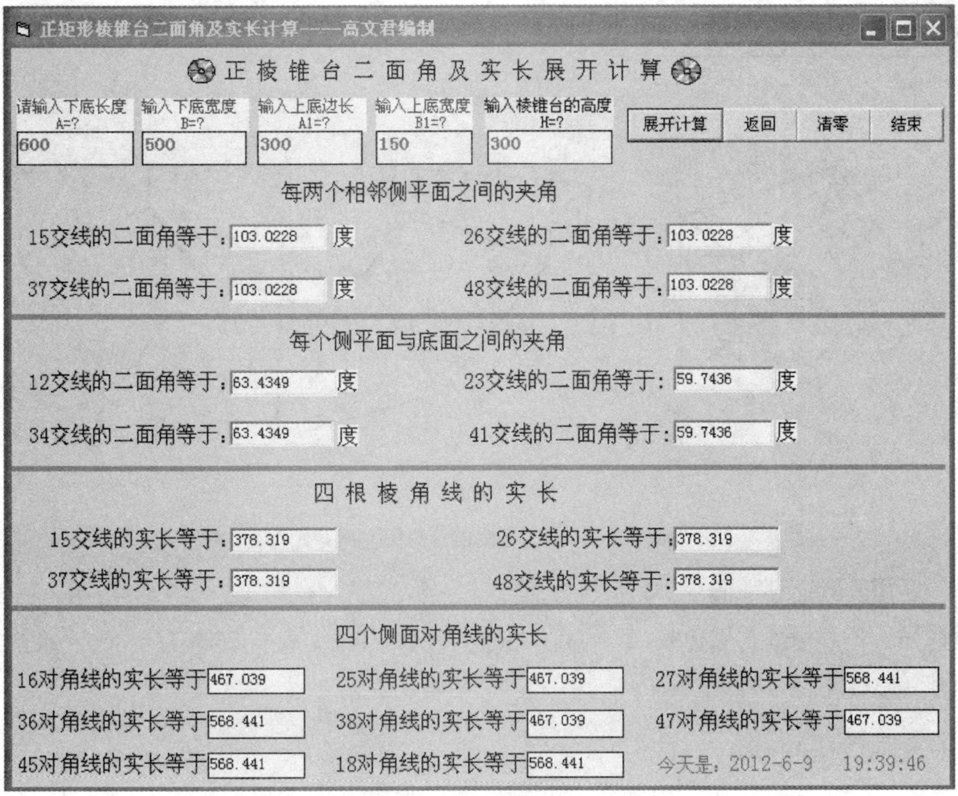

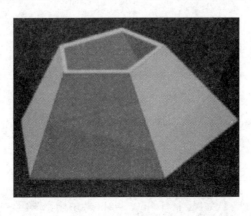

图 8-2-3-4　光盘计算正矩形棱锥管展开实长和二面角示例

8.2.4　正 五 棱 锥 管

图 8-2-4-1 为正五棱锥管立体图，图 8-2-4-2 所示为总图和展开图。

图 8-2-4-1　正五棱锥管立体图

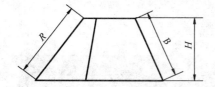

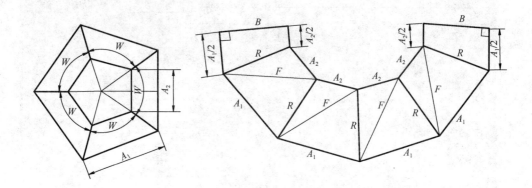

图 8-2-4-2　正五棱锥管总图和展开图

一、用公式计算举例

已知：正五棱锥管底边长 $A_1=600$，顶边长 $A_2=300$，棱锥管高 $H=350$。求解展开下料尺寸。

计算式：

$$W = \frac{360°}{N} = \frac{360°}{5} = 72°(N \text{ 为棱锥管上下底边的边数})$$

$$b_1 = \frac{A_1}{2\tan\left(\dfrac{W}{2}\right)} = \frac{600}{2\tan\left(\dfrac{72°}{2}\right)} = 412.91$$

$$b_2 = \frac{A_2}{2\tan\left(\dfrac{W}{2}\right)} = \frac{300}{2\tan\left(\dfrac{72°}{2}\right)} = 206.46$$

$$B = \sqrt{H^2 + (b_1-b_2)^2} = \sqrt{350^2 + (412.91-206.46)^2} = 406.4(\text{等腰梯形中线的实长})$$

$$R_0 = \frac{b_1-b_2}{\cos\left(\dfrac{W}{2}\right)} = \frac{412.91-206.46}{\cos\left(\dfrac{72°}{2}\right)} = 255.19$$

$$R = \sqrt{R_0^2 + H^2} = \sqrt{255.19^2 + 350^2} = 433.2(\text{棱线的实长})$$

$$F_0 = \sqrt{(b_1-b_2)^2 + \left(A_1 - \frac{A_1-A_2}{2}\right)^2} = \sqrt{(412.91-206.46)^2 + \left(600 - \frac{600-300}{2}\right)^2} = 495.1$$

$$F = \sqrt{F_0^2 + H^2} = \sqrt{495.1^2 + 350^2} = 606.3(\text{等腰梯形对角线的实长})$$

二、用光盘计算举例

详见图 8-2-4-3 形所示。

图 8-2-4-3　正五棱锥管光盘计算示例

8.2.5　正 六 棱 锥 管

图 8-2-5-1 为立体图，图 8-2-5-2 是正六棱锥管（或锥台）的总图。展开图的作用法与前面正四棱锥管展开图作用法类似，本节不再重述。下面公式中符号含义见图 8-2-5-2。

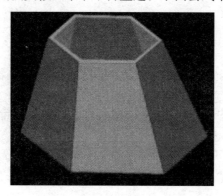

图 8-2-5-1　立体图

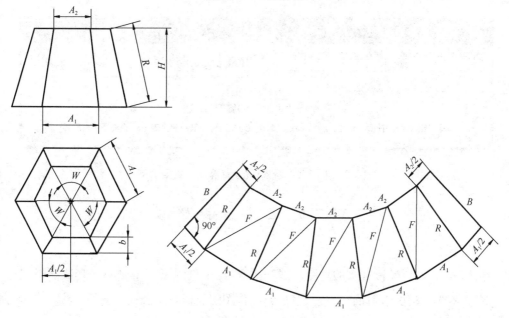

图 8-2-5-2　正六棱锥管总图

一、用公式计算举例

已知：正六棱锥管底边长 $A_1=600$，顶边长 $A_2=400$，锥管高度 $H=500$。求解展开下料尺寸。

计算式：

$$W = \frac{360°}{N} = \frac{360°}{6} = 60°$$

$$b_1 = \frac{A_1}{2\tan\left(\dfrac{W}{2}\right)} = \frac{600}{2\tan\left(\dfrac{60°}{2}\right)} = 519.6$$

$$b_2 = \frac{A_2}{2\tan\left(\dfrac{W}{2}\right)} = \frac{400}{2\tan\left(\dfrac{60°}{2}\right)} = 692.8$$

$$B = \sqrt{H^2 + (b_1 - b_2)^2} = \sqrt{500^2 + (519.6 - 692.8)^2} = 529.2（等腰梯形中线的实长）$$

$$R_0 = \frac{b_1 - b_2}{\cos\left(\dfrac{W}{2}\right)} = \frac{519.6 - 692.8}{\cos\left(\dfrac{60°}{2}\right)} = -200$$

$$R = \sqrt{R_0^2 + H^2} = \sqrt{(-200)^2 + 500^2} = 538.5（棱角线的实长）$$

$$F_0 = \sqrt{(b_1 - b_2) + \left(A_1 - \frac{A_1 - A_2}{2}\right)^2} = \sqrt{(519.6 - 692.8)^2 + \left(600 - \frac{600 - 400}{2}\right)^2} = 529.14$$

$$F = \sqrt{F_0^2 + H^2} = \sqrt{529.14^2 + 500^2} = 728$$

二、用光盘计算举例

计算结果详如图 8-2-5-3 所示。

图 8-2-5-3　正六棱锥管光盘计算展开数据示例

8.2.6　正 N 棱锥管

一、说明

图 8-2-6-1 是正 N 棱锥管的总图，展开图 8-2-6-2 只画了两个侧板，其他侧板完全一样。展开图的作图法与前面正四棱锥管展开图作图法类似，用公式计算的方法可参考前面几节的内容，本节不再重述。

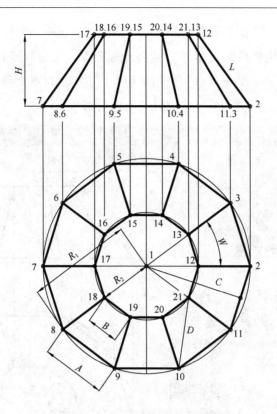

图 8-2-6-1　正 N 棱锥管总图（N＝10）

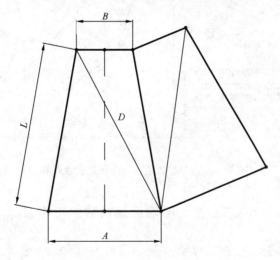

图 8-2-6-2　展开图

二、用光盘计算举例

　　双击"8.2.6 正 N 棱锥管"程序名后的界面中有五个按钮，按照已知条件不同可选择单击"已知锥管上下底边长 A，B 和高度 H 求其他参数"按钮，或者选择单击"已知外接圆半径 R_1，R_2 和锥管高度 H 求其他参数"按钮，程序将提示你要输入的已知条件，多次单击"确认"后，所计算的其他参数将会在屏幕的左上方显示出来。单击"作图与计算数据比较"按钮后，可查看在已知条件为：$R_1=300, R_2=150, H=200, N=10$ 时用换面法所求得的任意两块侧板的夹角（二面角）为 $151°$，它与程序计算值 $150.86°$ 基本吻合。表中 10 条棱线每条两侧的平面夹角全部相等，表中仅以点 2 和点 12 所在的棱线的二面角作为示例，如图 8-2-6-4 所示。程序计算示例如图 8-2-6-3。

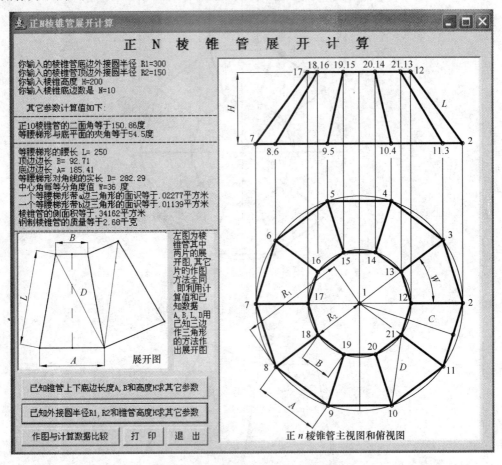

图 8-2-6-3 正 N 棱锥管（$N=10$）光盘计算示例

8.2.7 左偏心前后轴对称的棱锥管

图 8-2-7-1 为立体图，图 8-2-7-2 为左偏心前后轴对称的棱锥管的三视图，图 8-2-7-3 为展开图。从本节开始，将涉及二面角的计算，它不同于以往书籍介绍的传统方法，希望读者能掌握这方面的相关内容。

一、用公式计算举例

已知：锥底矩形的横向尺寸 $A=600$，矩形底纵向尺寸 $B=420$，锥顶矩形的横向尺寸 $A_1=350$，矩形纵向尺寸 $B_1=290$，锥管高度 $H=330$，上底中心 02 相对于下底中心 01 向左偏心距离 $E_1=67.5$。

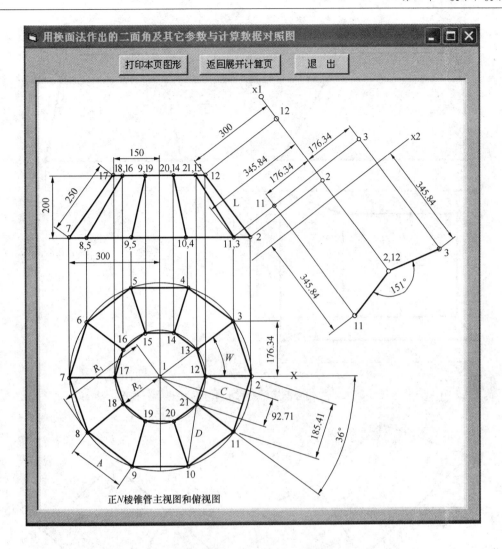

图 8-2-6-4 用换面法求正 10 棱锥管棱线 2，12 的二面角

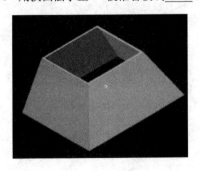

图 8-2-7-1 立体图

先计算上下底 8 个角点 1，2，3，4，5，6，7，8 的三维坐标值，然后计算展开线段的实长和二面角，本例的直角坐标系原点设在下底中心 01，x 坐标向右为正，y 坐标向后为正，z 坐标向上为正，x，y，z 坐标符号后面的数字表示三视图中 8 个角点的编号。

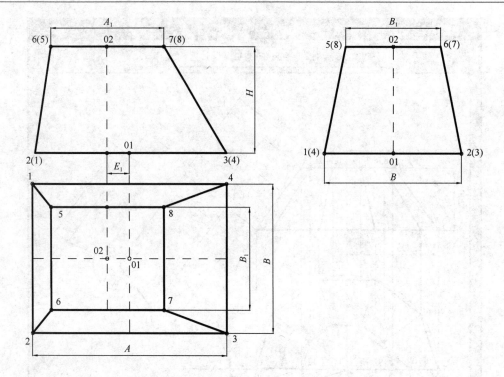

图 8-2-7-2 左偏心前后轴对称上小下大棱锥管三视图

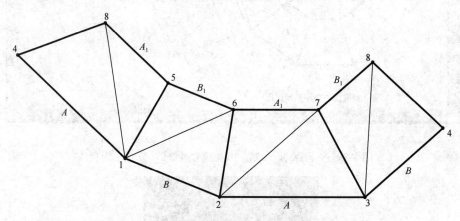

图 8-2-7-3 左偏心轴前后对称的矩形棱锥管展开图

1. 计算锥管上下底 8 个角点的 x，y，z 坐标

$$x_1 = -\frac{A}{2} = -\frac{600}{2} = -300 \qquad y_1 = \frac{B}{2} = \frac{420}{2} = 210 \qquad z_1 = 0$$

$$x_2 = x_1 = -300 \qquad y_2 = -\frac{B}{2} = -\frac{420}{2} = -210 \qquad z_2 = 0$$

$$x_3 = \frac{A}{2} = \frac{600}{2} = 300 \qquad y_3 = y_2 = -210 \qquad z_3 = 0$$

$$x_4 = x_3 = 300 \qquad y_4 = y_1 = 210 \qquad z_4 = 0$$

$$x_5 = -\left(E_1 + \frac{A_1}{2}\right) = -\left(67.5 + \frac{350}{2}\right) = -242.5$$

$$y_5 = \frac{\dot{B_1}}{2} = \frac{290}{2} = 145$$

$$z_5 = H = 330$$

$$x_6 = x_5 = -242.5$$

$$y_6 = -\frac{B_1}{2} = -\frac{290}{2} = -145$$

$$z_6 = H = 330$$

$$x_7 = \frac{A_1}{2} - E_1 = \frac{350}{2} - 67.5 = 107.5$$

$$y_7 = y_6 = -145$$

$$z_7 = H = 330$$

$$x_8 = x_7 = 107.5$$

$$y_8 = y_5 = 145$$

$$z_8 = H = 330$$

2. 以下求 4 条棱角线的实长

$$\underline{15} = \sqrt{(x_5 - x_1)^2 + (y_5 - y_1)^2 + (z_5 - z_1)^2}$$
$$= \sqrt{(-242.5 + 300)^2 + (145 - 210)^2 + (330 - 0)^2} = 341.22$$

$$\underline{26} = \sqrt{(x_6 - x_2)^2 + (y_6 - y_2)^2 + (z_6 - z_2)^2}$$
$$= \sqrt{(-242.5 + 300)^2 + (-145 + 210)^2 + (330 - 0)^2} = 341.22$$

$$\underline{37} = \sqrt{(x_7 - x_3)^2 + (y_7 - y_3)^2 + (z_7 - z_3)^2}$$
$$= \sqrt{(107.5 + 300)^2 + (-145 + 210)^2 + (330 - 0)^2} = 387.53$$

$$\underline{48} = \sqrt{(x_8 - x_4)^2 + (y_8 - y_4)^2 + (z_8 - z_4)^2}$$
$$= \sqrt{(107.5 - 300)^2 + (145 - 210)^2 + (330 - 0)^2} = 387.53$$

3. 以下计算锥管 4 个侧板对角线的实长

$$\underline{16} = \sqrt{(x_6 - x_1)^2 + (y_6 - y_1)^2 + (z_6 - z_1)^2}$$
$$= \sqrt{(-242.5 + 300)^2 + (-145 - 210)^2 + (330 - 0)^2} = 488.089$$

$$\underline{25} = \sqrt{(x_5 - x_2)^2 + (y_5 - y_2)^2 + (z_5 - z_2)^2}$$
$$= \sqrt{(-242.5 + 300)^2 + (145 + 210)^2 + (330 - 0)^2} = 488.089$$

$$\underline{27} = \sqrt{(x_7 - x_2)^2 + (y_7 - y_2)^2 + (z_7 - z_2)^2}$$
$$= \sqrt{(107.5 + 300)^2 + (-145 + 210)^2 + (330 - 0)^2} = 528.376$$

$$\underline{36} = \sqrt{(x_6 - x_3)^2 + (y_6 - y_3)^2 + (z_6 - z_3)^2}$$

$$=\sqrt{(-242.5-300)^2+(-145+210)^2+(330-0)^2}=638.303$$

$$\underline{38}=\sqrt{(x_8-x_3)^2+(y_8-y_3)^2+(z_8-z_3)^2}$$

$$=\sqrt{(107.5-300)^2+(145+210)^2+(330-0)^2}=521.518$$

$$\underline{47}=\sqrt{(x_7-x_4)^2+(y_7-y_4)^2+(z_7-z_4)^2}$$

$$=\sqrt{(107.5-300)^2+(-145-210)^2+(330-0)^2}=521.518$$

$$\underline{45}=\sqrt{(x_5-x_4)^2+(y_5-y_4)^2+(z_5-z_4)^2}$$

$$=\sqrt{(-242.5-300)^2+(145-210)^2+(330-0)^2}=638.303$$

$$\underline{18}=\sqrt{(x_8-x_1)^2+(y_8-y_1)^2+(z_8-z_1)^2}$$

$$=\sqrt{(107.5+300)^2+(145-210)^2+(330-0)^2}=528.376$$

4. 计算 4 个侧板与底平面的二面角

当在平台上组装大型构件时,每一块钢板与平台倾斜多大角度可通过下面计算式求出,四个侧板与底平面的夹角(即二面角)可以不用计算行列式,左侧板与底平面的交线为 $\underline{12}$ 以及右侧板与底平面的夹角 $\underline{34}$,它们从主视图中可以直接测量得出;交线 $\underline{14}$ 和 $\underline{23}$ 它们的二面角可以从侧视图中测量得出。对于上述四个二面角的计算公式如下所示:

(1) 相交于交线 $\underline{12}$ 的左侧板与底平面的二面角计算

$$\angle 12 = 90° - \arctan\left(\frac{|x_1-x_5|}{H}\right) = 90° - \arctan\left(\frac{|-300+242.5|}{330}\right) = 80.1159°$$

(2) 相交于交线 $\underline{34}$ 的右侧板与底平面的二面角计算

$$\angle 34 = 90° - \arctan\left(\frac{|x_4-x_8|}{H}\right) = 90° - \arctan\left(\frac{|300-107.5|}{330}\right) = 59.7436°$$

(3) 相交于交线 $\underline{23}$ 的前板与底平面的二面角计算

$$\angle 23 = 90° - \arctan\left(\frac{|y_2-y_6|}{H}\right) = 90° - \arctan\left(\frac{|-210+145|}{330}\right) = 78.8571°$$

(4) 相交于交线 $\underline{14}$ 的后板与底平面的二面角计算

$$\angle 14 = 90° - \arctan\left(\frac{|y_1-y_5|}{H}\right) = 90° - \arctan\left(\frac{|210-145|}{330}\right) = 78.8571°$$

5. 计算每两个侧板之间的二面角

每两个侧板的交线分别为 $\underline{15}$,$\underline{26}$,$\underline{37}$ 和 $\underline{48}$,由于这 4 个二面角在三视图中不能反映实形,要想求出它们的角度值的传统方法有两种方式:其一是对每一个二面角通过换面法获得;其二是根据计算公式用计算器计算得出。实践证明,不管用上述哪一种方式都是十分麻烦和容易出错的，特别是用第二种公式法虽然准确，但要计算一系列的行列式和其他复杂公式，就使许多读者望而却步，对于求一个二面角如此，求多个二面角就更加艰难了。因此本节由于篇幅原因，对这两种方法均不作介绍。那么求二面角的最好方法就是交给计算机去处理，这就是本书所采用的程序计算方法。

二、用光盘计算举例

双击"8.2.7 左偏心前后轴对称的棱锥管"程序名后，在屏幕界面上方将会出现"展开计算"，"立体图"，"展开图"，"上大下小三视图"等按钮，单击上述按钮就会转换到其他界面作相关的操作，当单击"展开计算"按钮后，在出现的计算界面上方，程序已经预先输入了已知条件作为示例，单击"展开计算"按钮后计算数据立刻会显示出来，将前面用公式法的已知数据输入程序后的计算结果如图 8-2-7-4 所示。本节程序能对下底大于上底或者上底大于下底的棱锥管均能计算，当输入的 $A=B=A_1=B_1$，H 为非零值和 $E=0$

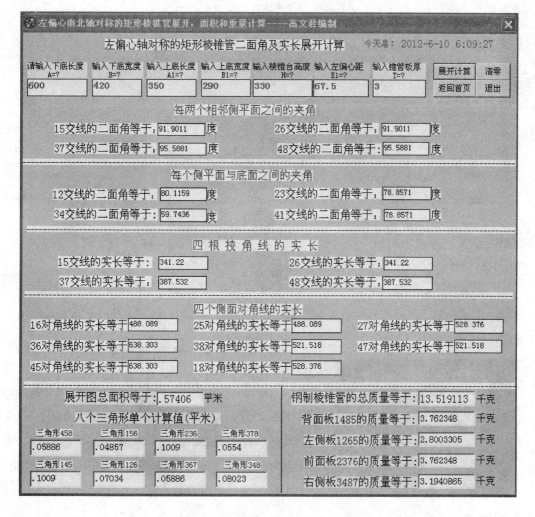

图 8-2-7-4　光盘计算示例打印输出表

时，表示对正方形管的计算，此时所有二面角全部为 90°。注意，不管哪种情况都是以下底中心 01 作为坐标原点。

三、作展开图的方法

程序运行后单击"展开图"按钮，在查看展开图的同时，也可以了解展开图的作图过程和方法，展开图的作图步骤如图 8-2-7-5 所示。

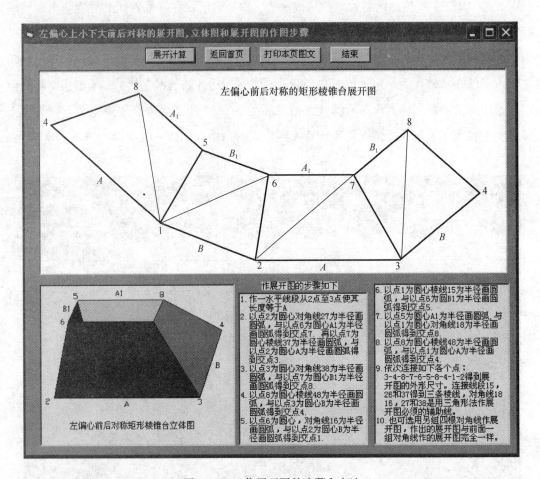

图 8-2-7-5 作展开图的步骤和方法

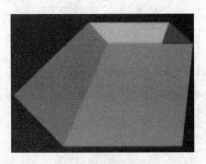

图 8-2-8-1 立体图

8.2.8 右偏心前后轴对称的棱锥管

图 8-2-8-1 为立体图，图 8-2-8-2 为右偏心前后轴对称的棱锥管的三视图，图 8-2-8-3 为展开图。本节的计算过程除了偏心的方向与左偏心前后对称的棱锥管不同外，其余的计算方法完全相同。本节程序与上一节程序一样，也可以对上底大于下底的棱锥管进行计算。

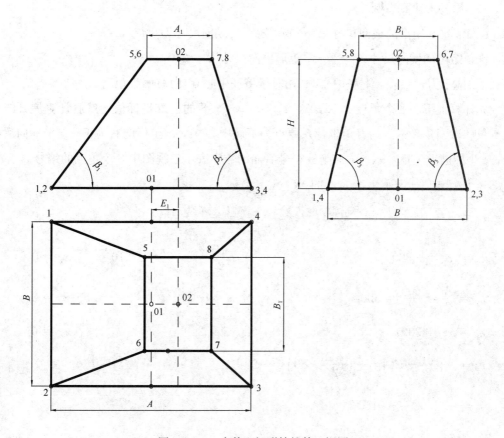

图 8-2-8-2 右偏心矩形棱锥管三视图

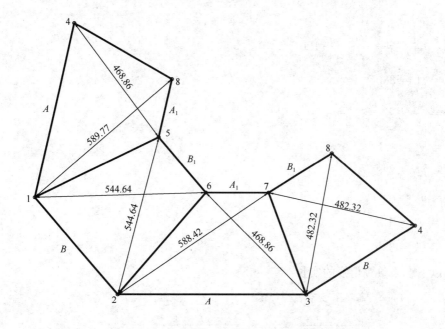

图 8-2-8-3 右偏心上小下大矩形棱锥管展开图

一、用公式计算举例

已知：锥底矩形的横向尺寸 $A=600$，矩形底纵向尺寸 $B=420$，

锥顶矩形的横向尺寸 $A_1=200$，矩形纵向尺寸 $B_1=240$，

锥管高度 $H=330$，上底中心 02 相对于下底中心 01 向右偏心距离 $E_1=80$。

先计算上下底 8 个角点 1，2，3，4，5，6，7，8 的三维坐标值，然后计算展开线段的实长和二面角，本例的直角坐标系原点为下底中心 01，x 坐标向右为正，y 坐标向后为正，z 坐标向上为正，x，y，z 坐标符号后面的数字表示三视图中 8 个角点的编号。

1. 计算锥管上下底 8 个角点的 x，y，z 坐标

$$x_1 = -\frac{A}{2} = -\frac{600}{2} = -300 \qquad y_1 = \frac{B}{2} = \frac{420}{2} = 210 \qquad z_1 = 0$$

$$x_2 = x_1 = -300 \qquad y_2 = -\frac{B}{2} = -\frac{420}{2} = -210 \qquad z_2 = 0$$

$$x_3 = \frac{A}{2} = \frac{600}{2} = 300 \qquad y_3 = y_2 = -210 \qquad z_3 = 0$$

$$x_4 = x_3 = 300 \qquad y_4 = y_1 = 210 \qquad z_4 = 0$$

$$x_5 = -\left(\frac{A_1}{2} - E_1\right) = -\left(\frac{200}{2} - 80\right) = -20$$

$$y_5 = \frac{B_1}{2} = \frac{240}{2} = 120$$

$$z_5 = H = 330$$

$$x_6 = x_5 = -20$$

$$y_6 = -\frac{B_1}{2} = -\frac{240}{2} = -120$$

$$z_6 = H = 330$$

$$x_7 = \frac{A_1}{2} + E_1 = \frac{200}{2} + 80 = 180$$

$$y_7 = y_6 = -120$$

$$z_7 = H = 330$$

$$x_8 = x_7 = 180$$

$$y_8 = y_5 = 120$$

$$z_8 = H = 330$$

2. 以下求 4 条棱角线的实长

$$\underline{15} = \sqrt{(x_5 - x_1)^2 + (y_5 - y_1)^2 + (z_5 - z_1)^2}$$

$$= \sqrt{(-20+300)^2 + (120-210)^2 + (330-0)^2} = 442.041$$

$$\underline{26} = \sqrt{(x_6 - x_2)^2 + (y_6 - y_2)^2 + (z_6 - z_2)^2}$$

$$=\sqrt{(-20+300)^2+(-120+210)^2+(330-0)^2}=442.041$$

$$\underline{37}=\sqrt{(x_7-x_3)^2+(y_7-y_3)^2+(z_7-z_3)^2}$$

$$=\sqrt{(180-300)^2+(-120+210)^2+(330-0)^2}=362.491$$

$$\underline{48}=\sqrt{(x_8-x_4)^2+(y_8-y_4)^2+(z_8-z_4)^2}$$

$$=\sqrt{(180-300)^2+(120-210)^2+(330-0)^2}=362.491$$

3. 以下计算锥管 4 个侧板对角线的实长

$$\underline{16}=\sqrt{(x_6-x_1)^2+(y_6-y_1)^2+(z_6-z_1)^2}$$

$$=\sqrt{(-20+300)^2+(-120-210)^2+(330-0)^2}=544.243$$

$$\underline{25}=\sqrt{(x_5-x_2)^2+(y_5-y_2)^2+(z_5-z_2)^2}$$

$$=\sqrt{(-20+300)^2+(120+210)^2+(330-0)^2}=544.243$$

$$\underline{27}=\sqrt{(x_7-x_2)^2+(y_7-y_2)^2+(z_7-z_2)^2}$$

$$=\sqrt{(180+300)^2+(-120+210)^2+(330-0)^2}=589.406$$

$$\underline{36}=\sqrt{(x_6-x_3)^2+(y_6-y_3)^2+(z_6-z_3)^2}$$

$$=\sqrt{(-20-300)^2+(-120+210)^2+(330-0)^2}=468.402$$

$$\underline{38}=\sqrt{(x_8-x_3)^2+(y_8-y_3)^2+(z_8-z_3)^2}$$

$$=\sqrt{(180-300)^2+(120+210)^2+(330-0)^2}=481.871$$

$$\underline{47}=\sqrt{(x_7-x_4)^2+(y_7-y_4)^2+(z_7-z_4)^2}$$

$$=\sqrt{(180-300)^2+(-120-210)^2+(330-0)^2}=481.871$$

$$\underline{45}=\sqrt{(x_5-x_4)^2+(y_5-y_4)^2+(z_5-z_4)^2}$$

$$=\sqrt{(-20-300)^2+(120-210)^2+(330-0)^2}=467.402$$

$$\underline{18}=\sqrt{(x_8-x_1)^2+(y_8-y_1)^2+(z_8-z_1)^2}$$

$$=\sqrt{(180+300)^2+(120-210)^2+(330-0)^2}=589.406$$

4. 计算 4 个侧板与底平面的二面角

（1）相交于交线 $\underline{12}$ 的左侧板与底平面的二面角计算

$$\angle 12=90°-\arctan\left(\frac{|x_1-x_5|}{H}\right)=90°-\arctan\left(\frac{|-300+20|}{330}\right)=49.6859°$$

（2）相交于交线 $\underline{34}$ 的右侧板与底平面的二面角计算

$$\angle 34=90°-\arctan\left(\frac{|x_4-x_8|}{H}\right)=90°-\arctan\left(\frac{|300-180|}{330}\right)=70.0169°$$

（3）相交于交线23的前板与底平面的二面角计算

$$\angle 23 = 90° - \arctan\left(\frac{|y_2 - y_6|}{H}\right) = 90° - \arctan\left(\frac{|-210 + 120|}{330}\right) = 74.7449°$$

（4）相交于交线14的后板与底平面的二面角计算

$$\angle 14 = 90° - \arctan\left(\frac{|y_1 - y_5|}{H}\right) = 90° - \arctan\left(\frac{|210 + 120|}{330}\right) = 74.7449°$$

5. 计算每两个侧板之间的二面角

请参考左偏心前后对称的棱锥管章节的相关内容。

二、用光盘计算

双击"8.2.8 右偏心前后轴对称的棱锥管"程序名后，以后的操作过程与前面章节左偏心前后轴对称的棱锥管程序完全相同，在此就不重复叙述了。光盘计算示例如图8-2-8-4所示。

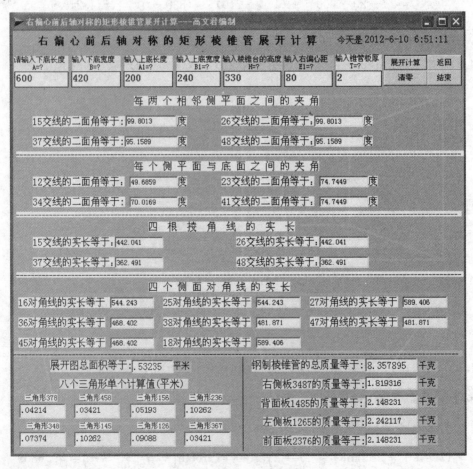

图 8-2-8-4 右偏心前后轴对称棱锥管光盘计算示例

三、作展开图的方法

程序运行后点击"展开图"按钮，在查看展开图的同时，也可以了解展开图的作图过程和方法。

8.2.9 前板垂直于底平面左右轴对称的棱锥管

图 8-2-9-1 为立体图，图 8-2-9-2 为三视图，图 8-2-9-3 为展开图。本节程序也可以对上底大于下底的棱锥管进行计算。

一、用公式计算举例

已知锥底矩形的横向尺寸 $A=600$，矩形底纵向尺寸 $B=420$，

锥顶矩形的横向尺寸 $A_1=280$，矩形纵向尺寸 $B_1=300$，锥管高度 $H=330$。

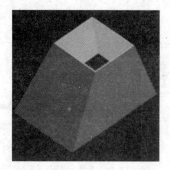

先计算上下底 8 个角点 1，2，3，4，5，6，7，8 的三维坐标值，然后计算展开线段的实长和二面角，本例的直角坐标系原点为下底中心 01，x 坐标向右为正，y 坐标向后

图 8-2-9-1 立体图

为正，z 坐标向上为正，x，y，z 坐标符号后面的数字表示三视图中 8 个角点的编号。

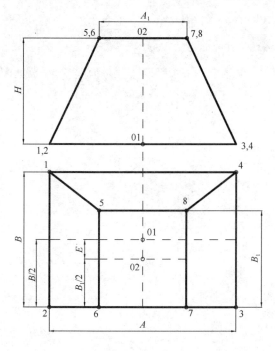

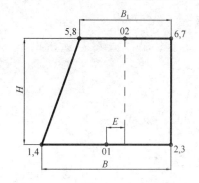

图 8-2-9-2 前板垂直于底平面左右轴对称棱锥管三视图

1. 计算锥管上下底 8 个角点的 x，y，z 坐标

偏心距 $E=\dfrac{B-B_1}{2}=\dfrac{420-300}{2}=60$

$$x_1=-\dfrac{A}{2}=-\dfrac{600}{2}=-300 \qquad y_1=\dfrac{B}{2}=\dfrac{420}{2}=210 \qquad z_1=0$$

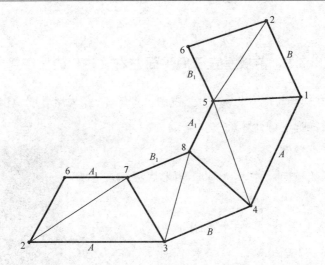

图 8-2-9-3　前板垂直于底平面左右轴对称棱锥管展开图

$$x_2 = x_1 = -300 \qquad y_2 = -\frac{B}{2} = -\frac{420}{2} = -210 \qquad z_2 = 0$$

$$x_3 = \frac{A}{2} = \frac{600}{2} = 300 \qquad y_3 = y_2 = -210 \qquad z_3 = 0$$

$$x_4 = x_3 = 300 \qquad y_4 = y_1 = 210 \qquad z_4 = 0$$

$$x_5 = -\frac{A_1}{2} = -\frac{280}{2} = -140$$

$$y_5 = \frac{B_1}{2} - E = \frac{300}{2} - 60 = 90$$

$$z_5 = H = 330$$

$$x_6 = x_5 = -140$$

$$y_6 = -\left(\frac{B_1}{2} + E\right) = -\left(\frac{300}{2} + 60\right) = -210$$

$$z_6 = H = 330$$

$$x_7 = \frac{A_1}{2} = \frac{280}{2} = 140$$

$$y_7 = y_6 = -210$$

$$z_7 = H = 330$$

$$x_8 = x_7 = 140$$

$$y_8 = y_5 = 90$$

$$z_8 = H = 330$$

2. 以下求 4 条棱角线的实长

$$\underline{15} = \sqrt{(x_5 - x_1)^2 + (y_5 - y_1)^2 + (z_5 - z_1)^2}$$

$$= \sqrt{(-140 + 300)^2 + (90 - 210)^2 + (330 - 0)^2} = 385.876$$

$$\underline{26} = \sqrt{(x_6 - x_2)^2 + (y_6 - y_2)^2 + (z_6 - z_2)^2}$$

$$= \sqrt{(-140 + 300)^2 + (-210 + 210)^2 + (330 - 0)^2} = 366.742$$

$$\underline{37} = \sqrt{(x_7 - x_3)^2 + (y_7 - y_3)^2 + (z_7 - z_3)^2}$$

$$= \sqrt{(140 - 300)^2 + (-210 + 210)^2 + (330 - 0)^2} = 366.742$$

$$\underline{48} = \sqrt{(x_8 - x_4)^2 + (y_8 - y_4)^2 + (z_8 - z_4)^2}$$

$$= \sqrt{(140 - 300)^2 + (90 - 210)^2 + (330 - 0)^2} = 385.876$$

3. 以下计算锥管 4 个侧板对角线的实长

$$\underline{16} = \sqrt{(x_6 - x_1)^2 + (y_6 - y_1)^2 + (z_6 - z_1)^2}$$

$$= \sqrt{(-140 + 300)^2 + (-210 - 210)^2 + (330 - 0)^2} = 557.584$$

$$\underline{25} = \sqrt{(x_5 - x_2)^2 + (y_5 - y_2)^2 + (z_5 - z_2)^2}$$

$$= \sqrt{(-140 + 300)^2 + (90 + 210)^2 + (330 - 0)^2} = 473.814$$

$$\underline{27} = \sqrt{(x_7 - x_2)^2 + (y_7 - y_2)^2 + (z_7 - z_2)^2}$$

$$= \sqrt{(140 + 300)^2 + (-210 + 210)^2 + (330 - 0)^2} = 550$$

$$\underline{36} = \sqrt{(x_6 - x_3)^2 + (y_6 - y_3)^2 + (z_6 - z_3)^2}$$

$$= \sqrt{(-140 - 300)^2 + (-210 + 210)^2 + (330 - 0)^2} = 550$$

$$\underline{38} = \sqrt{(x_8 - x_3)^2 + (y_8 - y_3)^2 + (z_8 - z_3)^2}$$

$$= \sqrt{(140 - 300)^2 + (90 + 210)^2 + (330 - 0)^2} = 473.814$$

$$\underline{47} = \sqrt{(x_7 - x_4)^2 + (y_7 - y_4)^2 + (z_7 - z_4)^2}$$

$$= \sqrt{(140 - 300)^2 + (-210 - 210)^2 + (330 - 0)^2} = 557.584$$

$$\underline{45} = \sqrt{(x_5 - x_4)^2 + (y_5 - y_4)^2 + (z_5 - z_4)^2}$$

$$= \sqrt{(-140 - 300)^2 + (90 - 210)^2 + (330 - 0)^2} = 562.939$$

$$\underline{18} = \sqrt{(x_8 - x_1)^2 + (y_8 - y_1)^2 + (z_8 - z_1)^2}$$

$$= \sqrt{(140 + 300)^2 + (90 - 210)^2 + (330 - 0)^2} = 562.939$$

4. 计算 4 个侧板与底平面的二面角

（1）相交于交线 $\underline{12}$ 的左侧板与底平面的二面角计算

$$\angle 12 = 90° - \arctan\left(\frac{|x_1 - x_5|}{H}\right) = 90° - \arctan\left(\frac{|-300 + 140|}{330}\right) = 64.1336°$$

（2）相交于交线 $\underline{34}$ 的右侧板与底平面的二面角计算

$$\angle 24 = 90° - \arctan\left(\frac{|x_4 - x_8|}{H}\right) = 90° - \arctan\left(\frac{|300 - 140|}{330}\right) = 64.1336°$$

（3）相交于交线 $\underline{23}$ 的前板与底平面的二面角计算

$$\angle 23 = 90° - \arctan\left(\frac{|\,y_1 - y_5\,|}{H}\right) = 90° - \arctan\left(\frac{|-210 + 210\,|}{330}\right) = 90°$$

（4）相交于交线 14 的后板与底平面的二面角计算

$$\angle 14 = 90° - \arctan\left(\frac{|\,y_1 - y_5\,|}{H}\right) = 90° - \arctan\left(\frac{|\,210 - 90\,|}{330}\right) = 70.0169°$$

5. 计算每两个侧板之间的二面角

由于计算公式较为复杂，本节不再占用篇幅，请参考左偏心前后对称的棱锥管章节的相关内容。

二、用光盘计算

双击"8.2.9 前板垂直于底平面左右轴对称的棱锥管"程序名后，以后的操作过程与前面章节左偏心前后轴对称的棱锥管程序完全相同，在此就不重复叙述了。光盘计算示例如图 8-2-9-4 所示。

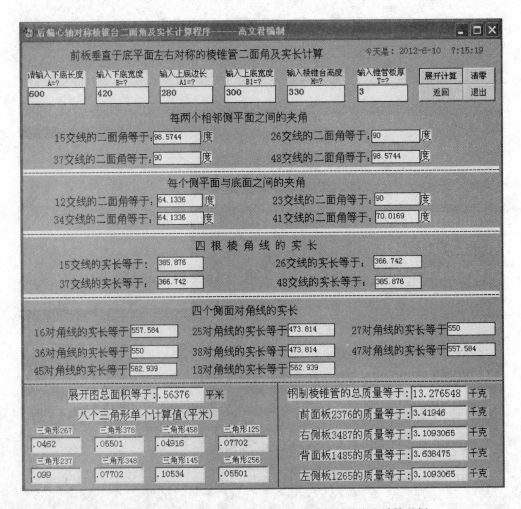

图 8-2-9-4 前板垂直于底平面左右轴对称的棱锥管光盘计算示例

三、作展开图的方法

程序运行后单击"展开图"按钮，在出现新的屏幕界面中有关于展开图的作图方法的介绍。

8.2.10　右侧板垂直于底平面前后轴对称的棱锥管

图 8-2-10-1 为立体图，图 8-2-10-2 为三视图，图 8-2-10-3 为展开图。本节程序也可以对上底大于下底的棱锥管进行计算。

一、用公式计算举例

已知：锥底矩形的横向尺寸 $A=400$，矩形底纵向尺寸 $B=300$

锥顶矩形的横向尺寸 $A_1=260$，矩形纵向尺寸 $B_1=160$ 锥管高度 $H=350$。

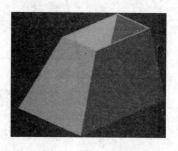

图 8-2-10-1　立体图

先计算上下底 8 个角点 1，2，3，4，5，6，7，8 的三维坐标值，然后计算展开线段的实长和二面角，本例的直角坐标系原点为下底中心 O1，x 坐标向右为正，y 坐标向后为正，z 坐标向上为正，x，y，z 坐标符号后面的数字表示三视图中 8 个角点的编号。

1. 计算锥管上下底 8 个角点的 x，y，z 坐标

偏心距 $E = \dfrac{A-A_1}{2} = \dfrac{400-260}{2} = 70$

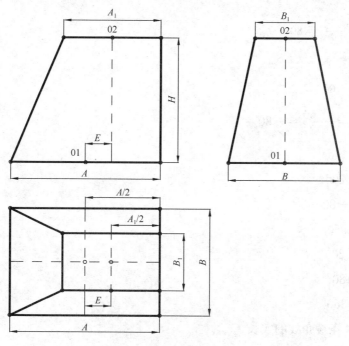

图 8-2-10-2　右侧板垂直于底平面前后轴对称的三视图

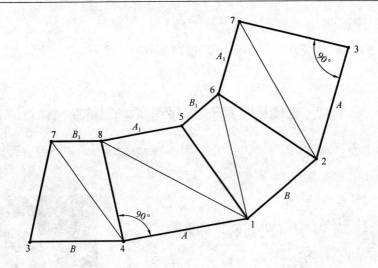

图 8-2-10-3　右侧板垂直于底平面前后轴对称的棱锥管展开图

$$x_1 = -\frac{A}{2} = -\frac{400}{2} = -200 \qquad y_1 = \frac{B}{2} = \frac{300}{2} = 150 \qquad z_1 = 0$$

$$x_2 = x_1 = -200 \qquad y_2 = -\frac{B}{2} = -\frac{420}{2} = -150 \qquad z_2 = 0$$

$$x_3 = \frac{A}{2} = \frac{400}{2} = 200 \qquad y_3 = y_2 = -150 \qquad z_3 = 0$$

$$x_4 = x_3 = 200 \qquad y_4 = y_1 = 150 \qquad z_4 = 0$$

$$x_5 = -\left(\frac{A_1}{2} - E\right) = -\left(\frac{260}{2} - 70\right) = -60$$

$$y_5 = \frac{B_1}{2} = \frac{160}{2} = 80$$

$$z_5 = H = 350$$

$$x_6 = x_5 = -60$$

$$y_6 = -\frac{B_1}{2} = -\frac{160}{2} = -80$$

$$z_6 = H = 350$$

$$x_7 = x_3 = 200$$

$$y_7 = y_6 = -80$$

$$z_7 = H = 350$$

$$x_8 = x_7 = 200$$

$$y_8 = y_5 = 80$$

$$z_8 = H = 350$$

2. 以下求 4 条棱角线的实长

$$\underline{15} = \sqrt{(x_5 - x_1)^2 + (y_5 - y_1)^2 + (z_5 - z_1)^2}$$

$$=\sqrt{(-60+200)^2+(80-150)^2+(350-0)^2}=383.406$$

$$\underline{26}=\sqrt{(x_6-x_2)^2+(y_6-y_2)^2+(z_6-z_2)^2}$$

$$=\sqrt{(-60+200)^2+(-80+150)^2+(350-0)^2}=383.406$$

$$\underline{37}=\sqrt{(x_7-x_3)^2+(y_7-y_3)^2+(z_7-z_3)^2}$$

$$=\sqrt{(200-200)^2+(-80+150)^2+(350-0)^2}=356.931$$

$$\underline{48}=\sqrt{(x_8-x_4)^2+(y_8-y_4)^2+(z_8-z_4)^2}$$

$$=\sqrt{(200-200)^2+(80-150)^2+(350-0)^2}=356.931$$

3. 以下计算锥管 4 个侧板对角线的实长

$$\underline{16}=\sqrt{(x_6-x_1)^2+(y_6-y_1)^2+(z_6-z_1)^2}$$

$$=\sqrt{(-60+200)^2+(-80-150)^2+(350-0)^2}=441.588$$

$$\underline{25}=\sqrt{(x_5-x_2)^2+(y_5-y_2)^2+(z_5-z_2)^2}$$

$$=\sqrt{(-60+200)^2+(80+150)^2+(350-0)^2}=441.588$$

$$\underline{27}=\sqrt{(x_7-x_2)^2+(y_7-y_2)^2+(z_7-z_2)^2}$$

$$=\sqrt{(200+200)^2+(-80+150)^2+(350-0)^2}=536.097$$

$$\underline{36}=\sqrt{(x_6-x_3)^2+(y_6-y_3)^2+(z_6-z_3)^2}$$

$$=\sqrt{(-60-200)^2+(-80+150)^2+(350-0)^2}=441.588$$

$$\underline{38}=\sqrt{(x_8-x_3)^2+(y_8-y_3)^2+(z_8-z_3)^2}$$

$$=\sqrt{(200-200)^2+(80+150)^2+(350-0)^2}=418.808$$

$$\underline{47}=\sqrt{(x_7-x_4)^2+(y_7-y_4)^2+(z_7-z_4)^2}$$

$$=\sqrt{(200-200)^2+(-80-150)^2+(350-0)^2}=418.808$$

$$\underline{45}=\sqrt{(x_5-x_4)^2+(y_5-y_4)^2+(z_5-z_4)^2}$$

$$=\sqrt{(-60-200)^2+(80-150)^2+(530-0)^2}=441.588$$

$$\underline{18}=\sqrt{(x_8-x_1)^2+(y_8-y_1)^2+(z_8-z_1)^2}$$

$$=\sqrt{(200+200)^2+(80-150)^2+(350-0)^2}=536.097$$

4. 计算 4 个侧板与底平面的二面角

（1）相交于交线 <u>12</u> 的左侧板与底平面的二面角计算

$$\angle 12=90°-\arctan\left(\frac{|x_1-x_5|}{H}\right)=90°-\arctan\left(\frac{|-200+60|}{350}\right)=68.1986°$$

225

（2）相交于交线34的右侧板与底平面的二面角计算

$$\angle 34 = 90° - \arctan\left(\frac{|x_4 - x_8|}{H}\right) = 90° - \arctan\left(\frac{|200 - 200|}{350}\right) = 90°$$

（3）相交于交线23的前板与底平面的二面角计算

$$\angle 23 = 90° - \arctan\left(\frac{|y_2 - y_6|}{H}\right) = 90° - \arctan\left(\frac{|-150 + 80|}{350}\right) = 78.69°$$

（4）相交于交线14的后板与底平面的二面角计算

$$\angle 14 = 90° - \arctan\left(\frac{|y_1 - y_5|}{H}\right) = 90° - \arctan\left(\frac{|150 - 80|}{350}\right) = 78.69°$$

5. 计算每两个侧板之间的二面角

请参考左偏心前后轴对称的棱锥管章节的相关内容。

二、用光盘计算举例

双击"8.2.10 右侧板垂直于底平面前后轴对称的棱锥管"程序名后，以后的操作过程与前面章节左偏心前后轴对称的棱锥管程序完全相同。光盘计算示例如图 8-2-10-4 所示。

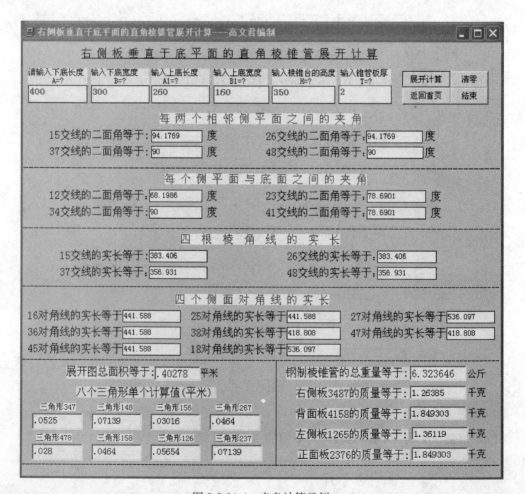

图 8-2-10-4　光盘计算示例

8.2.11　左侧板垂直于底平面前后轴对称的棱锥管

图 8-2-11-1 为立体图，图 8-2-11-2 为三视图，图 8-2-11-3 为展开图。本节程序同时可以对上底小于下底和上底大于下底的棱锥管进行计算，图 8-2-11-2 上图是上底大于下底的三视图，图8-2-11-1，图 8-2-11-3 和图 8-2-11-4 分别是属于上底小于下底时所对应的立体图，展开图和计算表。

一、用公式计算

用公式计算的方法与前面第 8 章第 8.2.9、8.2.10 节类似，读者可自己计算。

二、用光盘计算举例

双击"8.2.11 左侧板垂直于底平面且前后轴对称的棱锥管"程序名后，以后的操作过与前面章节的棱锥管程序计算完全相同。光盘计算示例如图 8-2-11-4 所示。另外，程序运行后还可以查看展开图的作图步骤等内容。

图 8-2-11-1　立体图

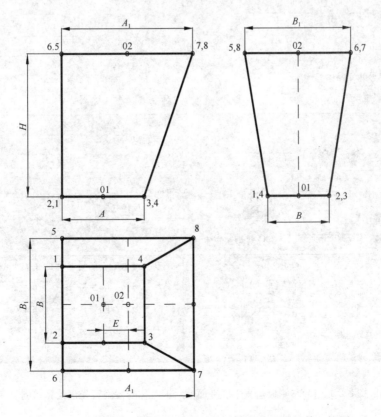

图 8-2-11-2　左侧板垂直于底平面前后轴对称的棱锥管三视图

1
5
A_1
A
8
B_1
5
B_1
6
A_1
7
4
B
1
B
2
A
3

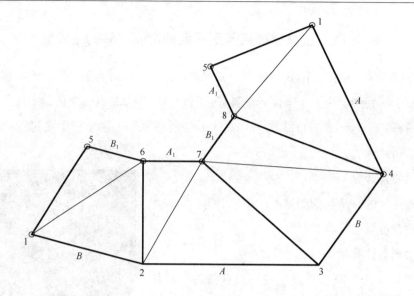

图 8-2-11-3 展开图

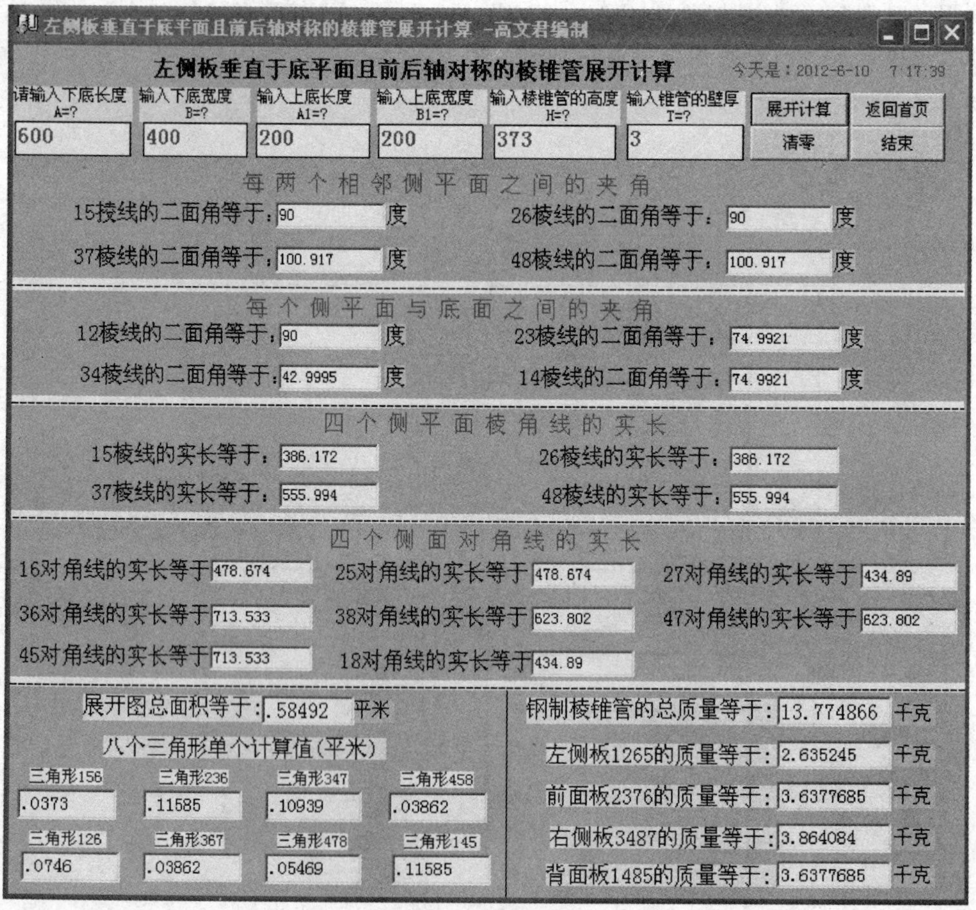

左侧板垂直于底平面且前后轴对称的棱锥管展开计算 -高文君编制
左侧板垂直于底平面且前后轴对称的棱锥管展开计算
今天是：2012-6-10 7:17:39
请输入下底长度 A=?
600
输入下底宽度 B=?
400
输入上底长度 A1=?
200
输入上底宽度 B1=?
200
输入棱锥管的高度 H=?
373
输入锥管的壁厚 T=?
3
展开计算
返回首页
清零
结束
每两个相邻侧平面之间的夹角
15棱线的二面角等于：90 度
26棱线的二面角等于：90 度
37棱线的二面角等于：100.917 度
48棱线的二面角等于：100.917 度
每个侧平面与底面之间的夹角
12棱线的二面角等于：90 度
23棱线的二面角等于：74.9921 度
34棱线的二面角等于：42.9995 度
14棱线的二面角等于：74.9921 度
四个侧平面棱角线的实长
15棱线的实长等于：386.172
26棱线的实长等于：386.172
37棱线的实长等于：555.994
48棱线的实长等于：555.994
四个侧面对角线的实长
16对角线的实长等于 478.674
25对角线的实长等于 478.674
27对角线的实长等于 434.89
36对角线的实长等于 713.533
38对角线的实长等于 623.802
47对角线的实长等于 623.802
45对角线的实长等于 713.533
18对角线的实长等于 434.89
展开图总面积等于：.58492 平米
八个三角形单个计算值(平米)
三角形158 .0373
三角形236 .11585
三角形347 .10939
三角形458 .03862
三角形126 .0746
三角形367 .03862
三角形478 .05469
三角形145 .11585
钢制棱锥管的总质量等于：13.774866 千克
左侧板1265的质量等于：2.635245 千克
前面板2376的质量等于：3.6377685 千克
右侧板3487的质量等于：3.864084 千克
背面板1485的质量等于：3.6377685 千克

图 8-2-11-4 左侧板垂直于底平面前后轴对称的棱锥管光盘计算示例

8.2.12　背板垂直于底平面左右轴对称的棱锥管

一、说明

图 8-2-12-1 为立体图，图 8-2-12-2 为总图，图 8-2-12-3 为展开图。用公式计算的方法与前面第 8 章第 8.2 节中其他类似，读者可自行计算。在总图中的立体图角点编号对照三视图的角点编号可对初学读者建立空间形象将有所帮助，立体图中的 1，2，6，5 四点所包围的平板表示左侧板；点 2，3，7，6 对应正面板；点 3，4，8，7 对应右侧板；点 1，4，8，5 表示背板。

二、用光盘计算

双击"8.2.12 背板垂直于底平面左右轴对称的棱锥管"程序名后，以后的操作过与前面章节的棱锥管程序计算步骤完全相同。光盘计算示例如图 8-2-12-4 所示。另外程序运行后还可以查看展开图的作图步骤等内容。

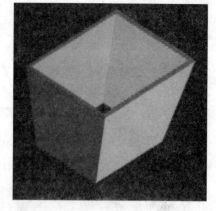

图 8-2-12-1　立体图

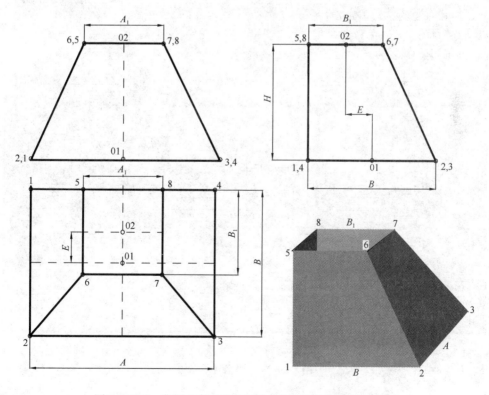

图 8-2-12-2　背板垂直于底平面左右轴对称的棱锥管三视图

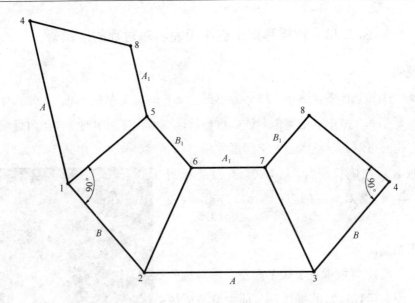

图 8-2-12-3　背板垂直于底平面左右轴对称的棱锥台展开图

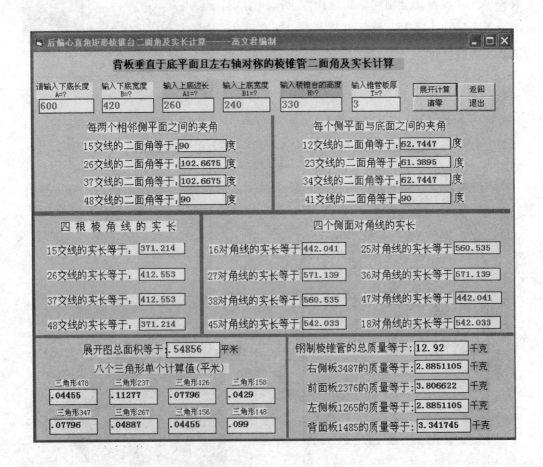

图 8-2-12-4　光盘计算示例

8.2.13　通用双偏心棱锥管展开计算概述

通用双偏心上下口平行的矩形棱锥管计算程序适用范围较为广泛，它覆盖了正棱锥管（$E_1=0$，$E_2=0$）、单偏心棱锥管（$E_1=0$，E_2 不等于零，或者 $E_2=0$，E_1 不等于零）、一般双偏心棱锥管（E_1 和 E_2 均不等于零）、直角单偏心棱锥管、直角双偏心棱锥管等。

如图 8-2-13-1 所示，程序启动后的第一个总图画面的上方菜单栏目中标有 4 个计算选项，每个选项包含两个计算程序。菜单栏目下面是这 8 个计算子程序所对应的立体图。运行程序前需要注意如下事项：

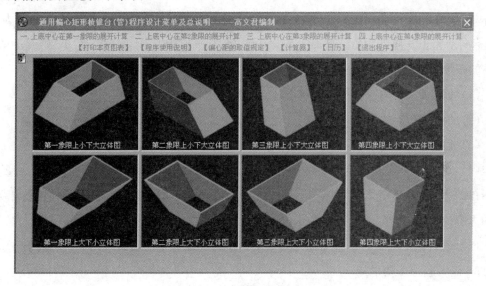

图 8-2-13-1　一般位置双偏心棱锥管总图

1. 通用偏心矩形棱锥台（管）程序按四个不同象限设计，每种程序再分为上端口小于下端口和上端口大于下端口两种程序。当鼠标指向那个程序时，该程序就变成蓝色，再单击它即可进入展开计算的相关画面了。

2. 程序设计时将展开图的接缝选用的是最短的一条棱线，对角线一般都选用每个侧平面最短的一条，这样用的好处是：对于整块小尺寸的薄板来说扣缝最短，对于厚板则焊缝最短，这样可省时省料；当然大尺寸的展开构件各个棱线均是接缝就不存在选用棱线最短的问题，但对于对角线仍然选用最短的一组最好，因为起码选用的圆规或地规最小。为什么程序计算表中还有另外一组（条）对角线，因为这一组对角线是用来作为检验展开图是否准确使用的。当用上下口边长和 4 条棱线及短的一组对角线作完展开图后，就可用另外一组对角线的计算值去检验已作完的展开图所对应的对角线的尺寸，如果用卷尺（或CAD）测量出展开图尺寸与这一组作为检验用的对角线程序计算值相等或误差很小（一般在 2mm 以内），那么说明展开图是准确的，其误差可认为是作图产生的，否则就应重新检查展开图的各个尺寸是否与已知数据和程序计算值相等，直到作出的展开图正确为止。

3. 用本程序的计算数据可用传统的作图工具（如圆规，地规，卷尺，粉线等）在薄钢板或油毡上作展开图，也可用计算机绘图软件（例如 ACD）在电脑屏幕上画展开图。在计算机上用 AutoCAD 软件作出的展开图比用手工工具作出的展开图要准确且省时省工，但问题是作出的展开图怎样打印和输出，由于打印机和绘图仪只能在打印纸上打印而不能对薄钢板和油毡打印展开图，所以，特别是对于大型展开构件，前一种用计算数据放大样的方法更显得适用一些。

4. 关于偏心矩 E_1 和 E_2 取值符号约定

本节程序编制的依据是：在直角坐标系中，除了特别说明外，一般是以棱锥管下端口中心 01 设为直角坐标的原点，x 坐标向右为正，向左为负；y 坐标向后为正，向前为负；z 坐标向上为正，向下为负，此时上端口中心 02 与下口中心 01 的偏心距 E_1 和 E_2，在坐标系的四个象限的取值正负符号是不同的：

（1）偏心距 E_1 的取值符号约定：02 在 01 右面取正，在左面取负。

（2）偏心距 E_2 的取值符号约定：02 在 01 上面取正，在下面取负。

（3）假如 01 与 02 在平面图中重合时，E_1 和 E_2 取值均为零。

（4）对于一块侧板或者两块侧板同时垂直于底平面时的特殊偏心棱锥管，E_1，E_2 和上下口的边长之间要进行参数换算，具体情况可参考上下口平行的特殊偏心棱锥管相关章节的内容。

（5）通过以上处理，本程序即可对上下口平行的任意偏心棱管（台）进行计算了。

5. 程序运行步骤举例

第 1 步：双击"8.2.13 通用双偏心矩形棱锥管展开计算"程序名后，出现如图 8-2-13-1 所示的画面，顶部菜单栏有 10 个选项，前面 4 个选项为上底中心在第 1，2，3，4 象限的展开计算按钮，后 6 个选项分别为【打印本页图表】、【程序使用说明】、【偏心矩的取值规定】、【计算器】、【日历】、【退出程序】。单击任意一个选项将进入对应的新的界面。菜单栏下面为上口中心在 4 个项限时的上小下大和上大下小的 8 个立体示意图。

第 2 步：程序运行后，以菜单栏第一个选项为例，将光标指向【一. 上底中心在第一象限的展开计算】按钮，并用左键单击后会在下方出现【1. 上口小下口大的棱锥管展开计算】和【2. 上口大下口小的棱锥管展开计算】两个选项，若选择第一项后则在右面又会出现【展开计算】、【三视图】、【立体图】、【展图】、【作展开图的步骤和方法】、【作二面角的步骤和方法】、【用相似形作二面角的步骤和方法】、【退出程序】8 个选项，单击任意一个选项，例如单击第 1 项【展开计算】后程序自动转向计算界面。

第 3 步：进入展开计算界面后，在该界面的上端有存放已知条件的文本框，从光标闪动处的第一个文本框开始，依次输入完已知条件（按一次键盘左上方的 Tab 键，光标向右进入下一个文本框，输入完一个数据就按一次 Tab 键，以此类推），然后单击"展开计算"按钮后，4 条棱线的实长和二面角计算值，4 块侧板的 8 条对角线及其与底平面的夹角（二面角）、面积和质量计算值等等全部显示出来，计算示例是用锥度为零，断面为正方形的直管的计算数据，如图 8-2-13-2 所示，单击"清零"按钮，重新输入已知条件又可进行新的计算。

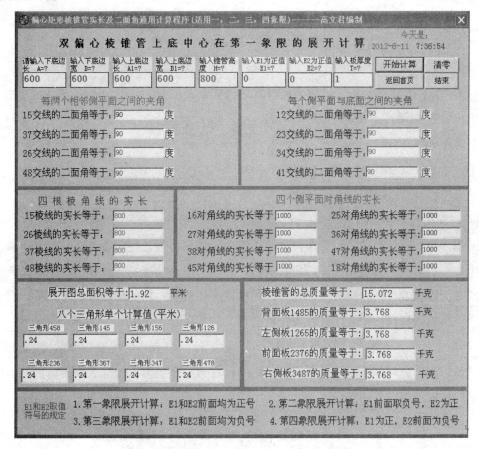

图 8-2-13-2　锥度为零时（断面为正方形的直管）的计算示例

第 4 步：当计算数据显示的同时，程序提示"是否打印"，若计算机已经连接上打印机则单击"是"按钮，接着打印机就会将计算结果全部打印出来；若单击"否"，再单击"确定"按钮，只会显示计算结果而不会打印。

第 5 步：单击"清零"按钮，画面中所有文本框内的数据全部消失，光标重新回到第一个文本框内闪动，此时可重新输入已知条件进行新的计算了。

第 6 步：改变输入数据可计算不同类型锥管：

(1) 计算锥度为零时的直管输入值：

断面为矩形：$A=A_1$，$B=B_1$，$H\neq0$，$E_1=0$，$E_2=0$，T 按实际板厚度输入。

断面为正方形：$A=A_1=B=B_1$，$H\neq0$，$E_1=0$，$E_2=0$，T 按实际板厚度输入。

当断面为正方形时计算结果的特征：4 条棱线的二面角和 4 块侧板与底平面的夹角全

部为 $90°$ ；4 条棱线的长度与锥管高度相等；8 条对角线相等，4 块侧板的面积相等和 4 块侧板的质量也相等。计算示例如图 8-2-13-2 所示。

（2）计算不偏心时锥管的输入值： $E_1 = E_2 = 0$

（锥管上下口矩形尺寸不等，以下相同）

（3）计算单偏心时锥管的输入值：

右偏心： $E_2 = 0$　$E_1 > 0$　　左偏心： $E_2 = 0$　$E_1 < 0$

后偏心： $E_1 = 0$　$E_2 > 0$　　前偏心： $E_1 = 0$　$E_2 < 0$

（4）计算任意双偏心锥管的输入值（直角坐标原点在下口中心 01 时）

上口中心 02 在第一象限： $E_1 > 0$　　$E_2 > 0$

上口中心 02 在第二象限： $E_1 < 0$　　$E_2 > 0$

上口中心 02 在第三象限： $E_1 < 0$　　$E_2 < 0$

上口中心 02 在第四象限： $E_1 > 0$　　$E_2 < 0$

6. 本通用程序与本节其他单一计算功能的上下口平行棱锥管的关系

通用计算程序计算功能较为全面，对于三角函数和初等几何熟悉特别是对三角函数有关象限的正负取值十分清楚的读者比较适合。而其他单一功能的计算程序由于输入数据相对较少，所涉及的视图也比较单一，所以建议读者先从单一功能的计算程序入手，熟悉和掌握其使用方法后再使用通用计算程序就会得心应手了。

7. 本通用程序计算的面积单位为平方米，程序计算表末端是棱锥管为钢板时的质量，其计量单位为千克，如果是其他材料时，可用该材料的密度乘以计算表中的面积则可计算出该材料做成的棱锥管的重量。

8. 2. 14　右后双偏心上下口平行的棱锥管

一、用公式计算示例

图 8-2-14-1 为右后偏心上下口平行的棱锥管立体图，图 8-2-14-2 为三视图，图

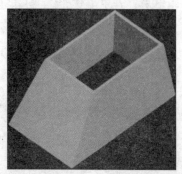

图 8-2-14-1　立体图

8-2-14-3 为展开图。用公式计算的方法是先求出上下两个矩形端口 8 个角点的三维坐标，利用已知两点坐标求线段实长的方法，求出展开图所需要的棱线和 4 个侧板对角线的实长，然后用三角形法作出展开图。坐标和线段实长计算公式示例如下：

如图 8-2-14-2 三视图所示，已知 $A = 350$ ， $B = 300$ ， $A_1 = 200$ ， $B_1 = 140$ ， $H = 300$ ， $E_1 = 200$ ， $E_2 = 290$ ，板厚 $T = 1$ 。试计算棱锥管展开所需要的参数。

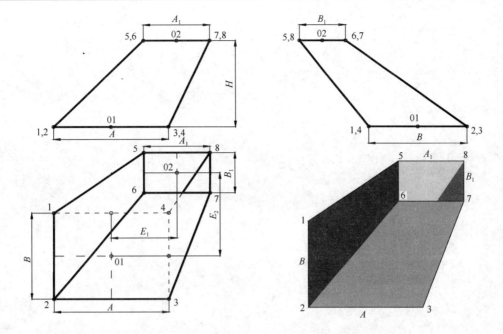

图 8-2-14-2　右后偏心矩形棱锥管三视图

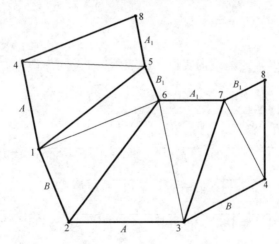

图 8-2-14-3　右后偏心矩形棱锥管展开图

1. 先计算上下口矩形 8 个角点 1，2，3，4，5，6，7，8 的 x，y，z 坐标，将下口中心 01 设为直角坐标系的原点，x 坐标向右为正，向左为负。y 坐标向后为正，向前为负。z 坐标向上为正，向下为负。

$$x_1 = -\frac{A}{2} = -\frac{350}{2} = -175 \qquad y_1 = \frac{300}{2} = 150 \qquad z_1 = 0$$

$$x_2 = x_1 = -175 \qquad y_2 = y_1 = -150 \qquad z_2 = 0$$

$$x_3 = \frac{A}{2} = \frac{350}{2} = 175 \qquad y_3 = \frac{B}{2} = -\frac{300}{2} = -150 \qquad z_3 = 0$$

$$x_4 = x_3 = 175 \qquad y_4 = y_1 = 150 \qquad z_4 = 0$$

$$x_5 = E_1 - \frac{A_1}{2} = 200 - \frac{200}{2} = 100$$

$$y_5 = E_2 + \frac{B_1}{2} = 290 + \frac{140}{2} = 360$$

$$z_5 = H = 300$$

$$x_6 = x_5 = 100$$

$$y_6 = E_2 - \frac{B_1}{2} = 290 - \frac{140}{2} = 220$$

$$z_6 = H = 300$$

$$x_7 = E_1 + \frac{A_1}{2} = 200 + \frac{200}{2} = 300$$

$$y_7 = y_6 = 220$$

$$z_7 = H = 300$$

$$x_8 = x_7 = 300$$

$$y_8 = y_5 = 360$$

$$z_8 = H = 300$$

2. 计算棱线 $\underline{15}$，$\underline{26}$，$\underline{37}$，$\underline{48}$ 的实长（15 表示点 1 与点 5 两点的连接线段，其他以此类推）

$$\underline{15} = \sqrt{(x_1 - x_5)^2 + (y_1 - y_5)^2 + (z_1 - z_5)^2}$$

$$= \sqrt{(-175 - 100)^2 + (150 - 360)^2 + (0 - 300)^2} = 457.957$$

$$\underline{26} = \sqrt{(x_2 - x_6)^2 + (y_2 - y_6)^2 + (z_2 - z_6)^2}$$

$$= \sqrt{(-175 - 100)^2 + (-150 - 220)^2 + (0 - 300)^2} = 550.023$$

$$\underline{37} = \sqrt{(x_3 - x_7)^2 + (y_3 - y_7)^2 + (z_3 - z_7)^2}$$

$$= \sqrt{(175 - 300)^2 + (-150 - 220)^2 + (0 - 300)^2} = 492.468$$

$$\underline{48} = \sqrt{(x_4 - x_8)^2 + (y_4 - y_8)^2 + (z_4 - z_8)^2}$$

$$= \sqrt{(175 - 300)^2 + (150 - 360)^2 + (0 - 300)^2} = 386.943$$

3. 计算 4 个侧板 8 条对角线 $\underline{16}$，$\underline{25}$，$\underline{27}$，$\underline{36}$，$\underline{38}$，$\underline{47}$，$\underline{45}$，$\underline{18}$ 的实长

$$\underline{16} = \sqrt{(x_1 - x_6)^2 + (y_1 - y_6)^2 + (z_1 - z_6)^2}$$

$$= \sqrt{(-175 - 100)^2 + (150 - 220)^2 + (0 - 300)^2} = 412.947$$

用同样计算对角线 16 的方法得到其他 7 条对角线的实长值为：

$$\underline{25} = 652.476 \quad \underline{27} = 672.7 \quad \underline{36} = 482.208 \quad \underline{38} = 604.752$$
$$\underline{47} = 332.453 \quad \underline{45} = 373.798 \quad \underline{18} = 599.771$$

4. 求棱线二面角以及侧板与底平面的二面角的过程十分复杂，用换面作图法或者用公式法采用计算器计算花费时间很长且容易出现错误，建议采用本书提供的计算软件计算可取得既快又准确的效果。

5. 面积和质量计算

棱锥管 4 块侧板每块侧板可分成两个三角形，每个三角形一般都包含了一条棱线，一条对角线和上底或者下底的一边，用三角形面积计算公式即可计算出每块侧板的面积，用钢的密度乘以面积再乘以板厚就得到侧板的质量，关于面积和质量的计算公式可参考本书前面的有关章节。

二、用光盘计算

双击"8.2.14 右后双偏心上下口平行的棱锥管"程序名后，由于程序已经输入了一组已知条件作为示例，点击"展开计算"按钮后计算结果就会显示出来，光盘计算示例如图8-2-14-4所示。单击"清零"按钮清空原有已知数据，再重新输入数据后又可以作新的

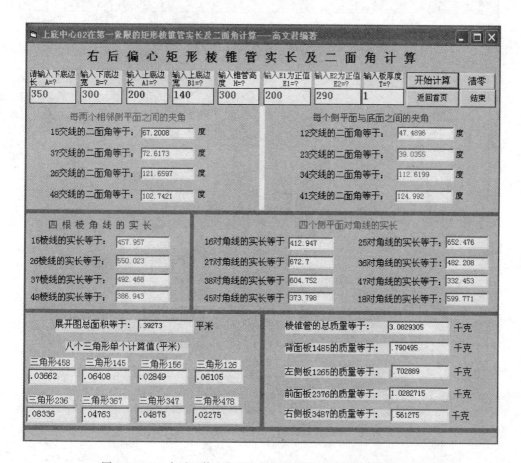

图 8-2-14-4　右后双偏心上下口平行的矩形棱锥管光盘计算示例

237

计算了。随着输入已知条件的变化，本程序可计算不同形状的棱锥管，比如上口小下口大、上口大下口小、右偏心前后对称（$E_2=0$）、后偏心左右对称（$E_1=0$）、正矩形棱锥管（$E_1=0$，$E_2=0$，且上下口为矩形）、正方形棱锥管（$E_1=0$，$E_2=0$，且上下口为不相等的正方形）、矩形直管（$A=A_1$，$B=B_1$，$E_1=0$，$E_2=0$，上下口为相等的矩形）和上下口均为相等的正方形直管（$A=B=A_1=B_1$，$E_1=0$，$E_2=0$）等。当作为直管计算时，其计算的棱线的二面角和侧板与底平面的夹角（二面角）全部为 $90°$，4 条棱线相等以及 4 个侧板的 8 条对角线也全部相等。读者不妨试试，这样可增加对计算软件的兴趣和新的认识。

三、作展开图的方法

程序运行后单击"展开图"按钮，就可以查看作展开图的方法和步骤。上小下大和上大下小棱锥管展开图的作图步骤如图 8-2-14-5 和图 8-2-14-6 所示。

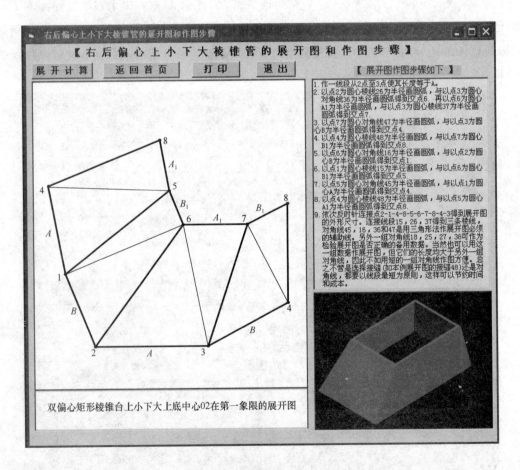

图 8-2-14-5　右后偏心上小下大棱锥管作展开图的步骤和方法

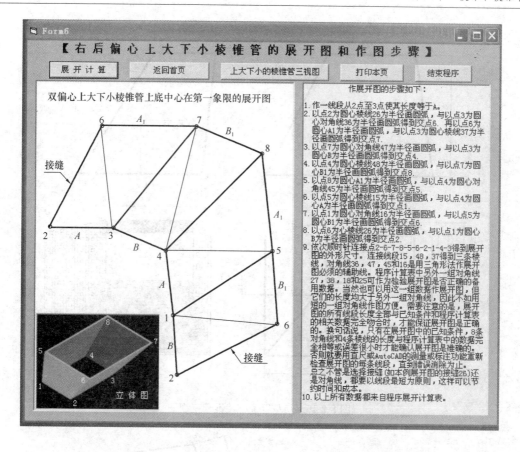

图 8-2-14-6　右后偏心上大下小棱锥管作展开图的步骤和方法

8.2.15　左后双偏心上下口平行的棱锥管

一、用公式计算示例

图 8-2-15-1 为立体图，图 8-2-15-2 为三视图，图 8-2-15-3 为展开图。坐标和线段实长计算公式示例如下。

如图 8-2-15-2 三视图所示，已知 $A=220$，$B=200$，$A_1=360$，$B_1=250$，$H=300$，$E_1=120$，$E_2=60$，板厚 $T=1$。试计算棱锥管展开所需要的参数。

1. 计算上下口矩形 8 个角点 1，2，3，4，5，6，7，8 的 x，y，z 坐标，将下口中心 01 设为直角坐标系的原点，x 坐标向右为正，向左为负。y 坐标向后为正，向前为负。z 坐标向上为正，向下为负。

图 8-2-15-1　立体图

$$x_1 = -\frac{A}{2} = -\frac{220}{2} = -110 \qquad y_1 = \frac{B}{2} = \frac{200}{2} = 100 \qquad z_1 = 0$$

$$x_2 = x_1 = -110 \qquad y_2 = -y_1 = -100 \qquad z_2 = 0$$

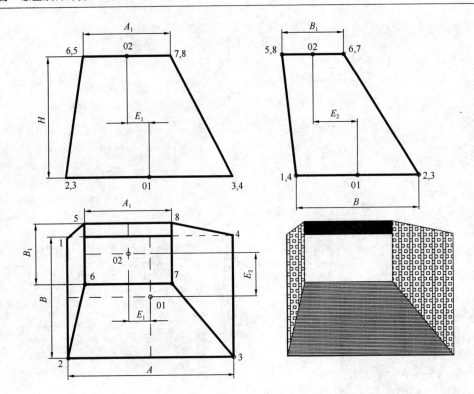

图 8-2-15-2 左后偏心棱锥管三视图

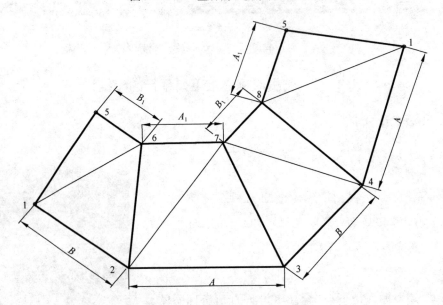

图 8-2-15-3 左后偏心棱锥管展开图

$$x_3 = \frac{A}{2} = \frac{220}{2} = 110 \qquad y_3 = \frac{B}{2} = -\frac{200}{2} = -100 \qquad z_3 = 0$$

$$x_4 = x_3 = 110 \qquad y_4 = y_1 = 100 \qquad z_4 = 0$$

$$x_5 = -\left(E_1 + \frac{A_1}{2}\right) = -\left(120 + \frac{360}{2}\right) = -300$$

$$y_5 = E_2 + \frac{B_1}{2} = 60 + \frac{250}{2} = 185$$

$$z_5 = H = 300$$

$$x_6 = x_5 = -300$$

$$y_6 = \frac{B_1}{2} - E_2 = \frac{250}{2} - 60 = -65$$

$$z_6 = H = 300$$

$$x_7 = \frac{A_1}{2} - E_1 = \frac{360}{2} - 120 = 60$$

$$y_7 = y_6 = -65$$

$$z_7 = H = 300$$

$$x_8 = x_7 = 60$$

$$y_8 = y_5 = 185$$

，$$z_8 = H = 300$$

2. 计算棱线 $\underline{15}$，$\underline{26}$，$\underline{37}$，$\underline{48}$ 的实长（15 表示点 1 与点 5 两点的连接线段，其他以此类推）

$$\underline{15} = \sqrt{(x_1 - x_5)^2 + (y_1 - y_5)^2 + (z_1 - z_5)^2}$$
$$= \sqrt{(-110 + 300)^2 + (100 - 185)^2 + (0 - 300)^2} = 365.137$$

$$\underline{26} = \sqrt{(x_2 - x_6)^2 + (y_2 - y_6)^2 + (z_2 - z_6)^2}$$
$$= \sqrt{(-110 + 300)^2 + (-100 + 65)^2 + (0 - 300)^2} = 356.826$$

$$\underline{37} = \sqrt{(x_3 - x_7)^2 + (y_3 - y_7)^2 + (z_3 - z_7)^2}$$
$$= \sqrt{(110 - 60)^2 + (-100 + 65)^2 + (0 - 300)^2} = 306.145$$

$$\underline{48} = \sqrt{(x_4 - x_8)^2 + (y_4 - y_8)^2 + (z_4 - z_8)^2}$$
$$= \sqrt{(110 - 60)^2 + (100 - 185)^2 + (0 - 300)^2} = 315.793$$

3. 计算 4 个侧板 8 条对角线 $\underline{16}$，$\underline{25}$，$\underline{27}$，$\underline{36}$，$\underline{38}$，$\underline{47}$，$\underline{45}$，$\underline{18}$ 的实长

$$\underline{25} = \sqrt{(x_2 - x_5)^2 + (y_2 - y_5)^2 + (z_2 - z_5)^2}$$
$$= \sqrt{(-110 + 300)^2 + (-100 - 185)^2 + (0 - 300)^2}455.33$$

用同样计算对角线 25 的方法得到其他 7 条对角线的实长值为：

$$\underline{16} = 391.567 \quad \underline{27} = 346.591 \quad \underline{36} = 509.24 \quad \underline{38} = 416.803$$

$$\underline{47} = 346.013 \quad \underline{45} = 515.097 \quad \underline{18} = 355.141$$

4. 求二面角，面积和质量的方法同第一节右后偏心棱锥管章节所介绍的内容。

棱锥管 4 块侧板每块侧板可分成两个三角形，每个三角形一般都包含了一条棱线，一条对角线和上底或者下底的一边，用三角形面积计算公式即可计算出每块侧板的面积，用钢的密度乘以面积就得到侧板的质量，关于面积和质量的计算公式可参考本书前面的有关章节。

二、用光盘计算

双击程序名"8.2.15 左后双偏心上下口平行的棱锥管"，其他操作方法同前，在此就不作介绍了。计算示例如图 8-2-15-4 所示。

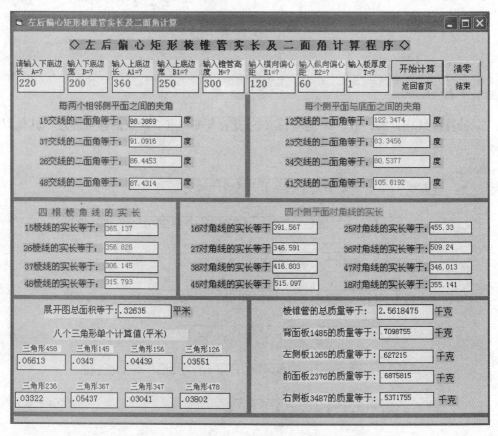

图 8-2-15-4 左后双偏心上下口平行的棱锥管光盘计算示例

三、作展开图的方法

程序运行后点击"展开图"按钮，就可以在查看展开图的同时，还可以了解展开图的作图过程和方法。展开图的作图步骤如图 8-2-15-5 所示。

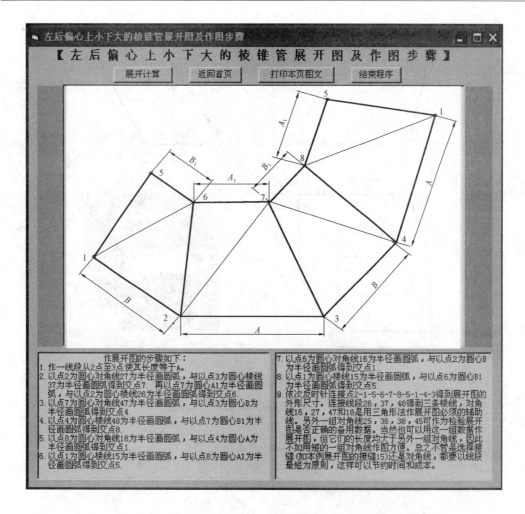

【左后偏心上小下大的棱锥管展开图及作图步骤】

展开计算　　返回首页　　打印本页图文　　结束程序

作展开图的步骤如下：

1. 作一线段从2点到3点使其长度等于A。
2. 以点2为圆心对角线27为半径画圆弧，与点3为圆心棱线37为半径画圆弧得出交点7。再以点7为圆心A1为半径画圆弧，与点2为圆心棱线26为半径画圆弧得交点6。
3. 以点7为圆心对角线47为半径画圆弧，与点3为圆心B为半径画圆弧得到交点4。
4. 以点4为圆心棱线48为半径画圆弧，与以点7为圆心B1为半径画圆弧得到交点8。
5. 以点8为圆心对角线18为半径画圆弧，与以点4为圆心A为半径画圆弧得到交点1。
6. 以点1为圆心棱线15为半径画圆弧，与以点8为圆心A1为半径画圆弧得到交点5。

7. 以点6为圆心对角线16为半径画圆弧，与以点2为圆心B为半径画圆弧得到交点1。
8. 以点1为圆心棱线15为半径画圆弧，与以点6为圆心B1为半径画圆弧得到交点5。
9. 依次反时针连接点2-1-5-6-7-8-5-1-4-3得到展开图的外形尺寸。连接线段26，37，48得到三条棱线，对角线25，27，47和18是用三角形法作展开图必须的辅助线。另外一组对角线29，36，38，45可作为检验展开图是否正确的备用数据。当然也可以用这一组数据作展开图，但它们的长度均大于另外一组对角线，因此不如用短的一组对角线作图方便。总之不管是选择接缝(如本例展开图的接缝15)还是对角线，都要以线段最短为原则，这样可以节约时间和成本。

图 8-2-15-5　左后偏心上小下大矩形棱锥管作展开图的步骤

8.2.16　左前双偏心上下口平行的棱锥管

一、用公式计算示例

图 8-2-16-1 为立体图，图 8-2-16-2 为三视图，图 8-2-16-3 为展开图。坐标和线段实长计算公式示例如下。

如图 8-2-16-2 三视图所示，已知 $A=200$，$B=260$，$A_1=420$，$B_1=300$，$H=260$，$E_1=80$，$E_2=100$，板厚 $T=1$。试计算棱锥管展开所需要的参数。

1. 首先计算上下口矩形 8 个角点 1，2，3，4，5，6，7，8 的 x，y，z 坐标，将下口中心 01 设为直角坐标系的原点，x 坐标向右为正，向左为负。y 坐标向后为正，向前为负。z 坐标向上为正，向下

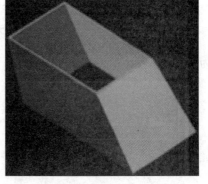

图 8-2-16-1　立体图

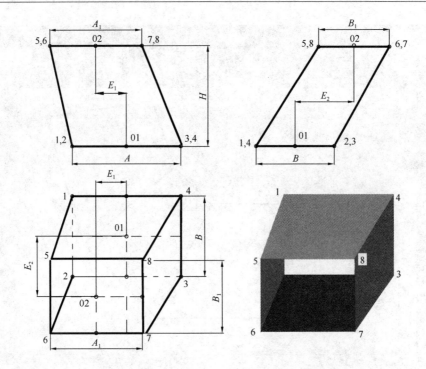

图 8-2-16-2　左前偏心上小下大棱锥管三视图

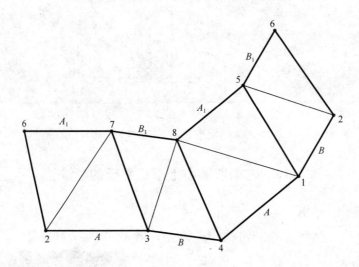

图 8-2-16-3　左前偏心上小下大棱锥管的展开图

为负。

$$x_1 = -\frac{A}{2} = -\frac{220}{2} = -100 \qquad y_1 = \frac{B}{2} = \frac{260}{2} = 130 \qquad z_1 = 0$$

$$x_2 = x_1 = -100 \qquad y_2 = -y_1 = -130 \qquad z_2 = 0$$

$$x_3 = \frac{A}{2} = \frac{200}{2} = 100 \qquad y_3 = y_2 = -130 \qquad z_3 = 0$$

$$x_4 = x_3 = 100 \qquad\qquad y_4 = y_1 = 130 \qquad\qquad z_4 = 0$$

$$x_5 = -\left(E_1 + \frac{A_1}{2}\right) = -\left(80 + \frac{420}{2}\right) = -290$$

$$y_5 = \frac{B_1}{2} - E_2 = \frac{300}{2} - 100 = 50$$

$$z_5 = H = 260$$

$$x_6 = x_5 = -290$$

$$y_6 = -\left(\frac{B_1}{2} + E_2\right) = -\left(\frac{300}{2} + 100\right) = -250$$

$$z_6 = H = 260$$

$$x_7 = \frac{A_1}{2} - E_1 = \frac{420}{2} - 80 = 130$$

$$y_7 = y_6 = -250$$

$$z_7 = H = 260$$

$$x_8 = x_7 = 130$$

$$y_8 = y_5 = 50$$

$$z_8 = H = 260$$

2. 计算棱线 $\underline{15}$，$\underline{26}$，$\underline{37}$，$\underline{48}$ 的实长（$\underline{15}$ 表示点 1 与点 5 两点的连接线段，其他以此类推）

$$\underline{15} = \sqrt{(x_1 - x_5)^2 + (y_1 - y_5)^2 + (z_1 - z_5)^2}$$

$$= \sqrt{(-100 + 290)^2 + (130 - 50)^2 + (0 - 260)^2} = 331.813$$

$$\underline{26} = \sqrt{(x_2 - x_6)^2 + (y_2 - y_6)^2 + (z_2 - z_6)^2}$$

$$= \sqrt{(-100 + 290)^2 + (-130 + 250)^2 + (0 - 260)^2} = 343.657$$

$$\underline{37} = \sqrt{(x_3 - x_7)^2 + (y_3 - y_7)^2 + (z_3 - z_7)^2}$$

$$= \sqrt{(100 - 130)^2 + (-130 + 250)^2 + (0 - 260)^2} = 287.924$$

$$\underline{48} = \sqrt{(x_4 - x_8)^2 + (y_4 - y_8)^2 + (z_4 - z_8)^2}$$

$$= \sqrt{(100 - 130)^2 + (130 - 50)^2 + (0 - 260)^2} = 273.679$$

3. 计算 4 个侧板 8 条对角线 16，25，27，36，38，47，45，18 的实长

$$\underline{27} = \sqrt{(x_2 - x_7)^2 + (y_2 - y_7)^2 + (z_2 - z_7)^2}$$

$$= \sqrt{(-100-130)^2 + (-130+250)^2 + (0-260)^2} = 367.287$$

用同样计算对角线 27 的方法得到其他 7 条对角线的实长值为：

$$\underline{16} = 498.096 \quad \underline{25} = 368.917 \quad \underline{36} = 483.839 \quad \underline{38} = 317.648$$

$$\underline{47} = 461.411 \quad \underline{45} = 475.5 \quad \underline{18} = 356.23$$

4. 求二面角，面积和质量的方法同右后偏心棱锥管章节所介绍的内容。

二、用光盘计算

操作方法同前，在此就不作介绍了。用公式法的已知条件的计算示例如图 8-2-16-4 所示。

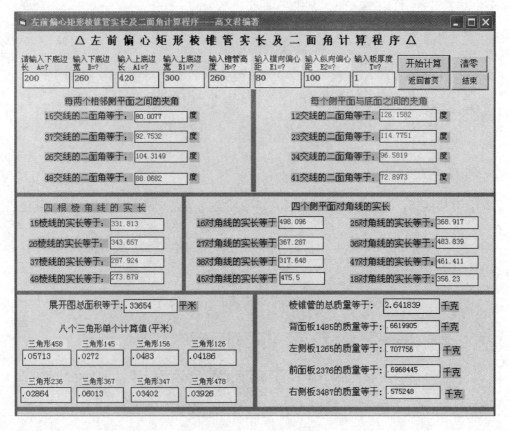

图 8-2-16-4　左前偏心棱锥管光盘计算示例

三、作展开图的方法

程序运行后点击"展开图"按钮，就可以在查看展开图的作图步骤如图 8-2-16-5 所示。

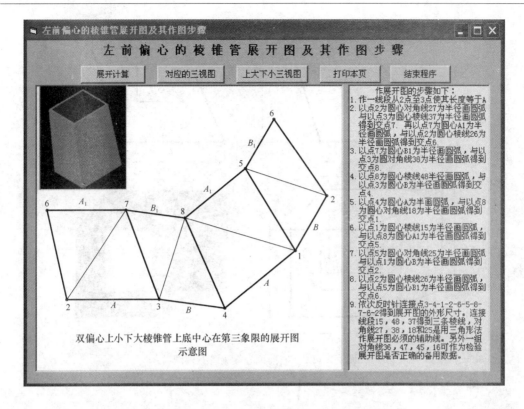

图 8-2-16-5　作展开图的步骤和方法

8.2.17　右前双偏心上下口平行的棱锥管

一、用公式计算示例

图 8-2-17-1 为立体图，图 8-2-17-2 为三视图，图 8-2-17-3 为展开图。坐标和线段实长计算公式示例如下。

如图 8-2-17-2 所示，已知 $A=260$，$B=200$，$A_1=350$，$B_1=280$，$H=300$，$E_1=120$，$E_2=180$，板厚 $T=2$。试计算棱锥管展开所需要的参数。

1. 计算上下口矩形 8 个角点 1，2，3，4，5，6，7，8 的 x，y，z 坐标，将下口中心 01 设为直角坐标系的原

图 8-2-17-1　立体图

点，x 坐标向右为正，向左为负。y 坐标向后为正，向前为负。z 坐标向上为正，向下为负。

$$x_1 = -\frac{A}{2} = -\frac{260}{2} = -130 \qquad y_1 = \frac{B}{2} = \frac{200}{2} = 100 \qquad z_1 = 0$$

$$x_2 = x_1 = -130 \qquad y_2 = -y_1 = -100 \qquad z_2 = 0$$

$$x_3 = \frac{A}{2} = \frac{260}{2} = 130 \qquad y_3 = y_2 = -100 \qquad z_3 = 0$$

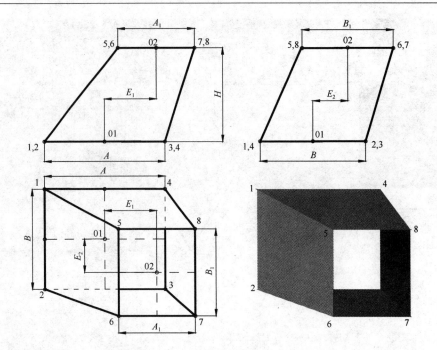

图 8-2-17-2　右前偏心棱锥管三视图

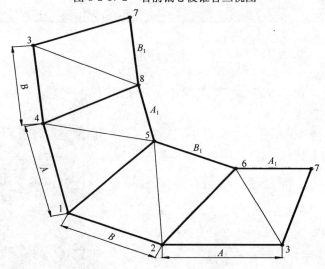

图 8-2-17-3　右前偏心棱锥管展开图

$$x_4 = x_3 = 130 \qquad\qquad y_4 = y_1 = 100 \qquad\qquad z_4 = 0$$

$$x_5 = -\left(\frac{A_1}{2} - E_1\right) = -\left(\frac{350}{2} - 120\right) = -55$$

$$y_5 = E_2 - \frac{B_1}{2} = 180 - \frac{280}{2} - 40$$

$$z_5 = H = 300$$

$$x_6 = x_5 = -55$$

$$y_6 = E_2 + \frac{B_1}{2} = 180 + \frac{280}{2} = -320$$

$$z_6 = H = 300$$

$$x_7 = E_1 + \frac{A_1}{2} = 120 + \frac{350}{2} = 295$$

$$y_7 = y_6 = -320$$

$$z_7 = H = 300$$

$$x_8 = x_7 = 295$$

$$y_8 = y_5 = -40$$

$$z_8 = H = 300$$

2. 计算棱线 $\underline{15}$，$\underline{26}$，$\underline{37}$，$\underline{48}$ 的实长（$\underline{15}$ 表示点 1 与点 5 两点的连接线段，其他以此类推）

$$\underline{15} = \sqrt{(x_1 - x_5)^2 + (y_1 - y_5)^2 + (z_1 - z_5)^2}$$
$$= \sqrt{(-130 + 55)^2 + (100 + 40)^2 + (0 - 300)^2} = 339.449$$

$$\underline{26} = \sqrt{(x_2 - x_6)^2 + (y_2 - y_6)^2 + (z_2 - z_6)^2}$$
$$= \sqrt{(-130 + 55)^2 + (-100 + 320)^2 + (0 - 300)^2} = 379.506$$

$$\underline{37} = \sqrt{(x_3 - x_7)^2 + (y_3 - y_7)^2 + (z_3 - z_7)^2}$$
$$= \sqrt{(130 - 295)^2 + (-100 + 320)^2 + (0 - 300)^2} = 406.971$$

$$\underline{48} = \sqrt{(x_4 - x_8)^2 + (y_4 - y_8)^2 + (z_4 - z_8)^2}$$
$$= \sqrt{(130 - 295)^2 + (100 + 40)^2 + (0 - 300)^2} = 369.899$$

3. 计算 4 个侧板 8 条对角线 $\underline{16}$，$\underline{25}$，$\underline{27}$，$\underline{36}$，$\underline{38}$，$\underline{47}$，$\underline{45}$，$\underline{18}$ 的实长

$$\underline{36} = \sqrt{(x_3 - x_6)^2 + (y_3 - y_6)^2 + (z_3 - z_6)^2}$$
$$= \sqrt{(-130 - 55)^2 + (-100 + 320)^2 + (0 - 300)^2} = 415.482$$

用同样计算对角线 36 的方法得到其他 7 条对角线的实长值为：

$$\underline{16} = 521.56 \quad \underline{25} = 315 \quad \underline{27} = 564.823 \quad \underline{38} = 347.599$$
$$\underline{47} = 541.872 \quad \underline{45} = 379.243 \quad \underline{18} = 538.725$$

4. 求棱线二面角以及侧板与底平面的二面角可参考前面有关章节的内容。

5. 面积和质量计算可参考本章第一节的内容。

二、用光盘计算

光盘计算示例如图 8-2-17-4 所示。

三、作展开图的方法

程序运行后点击"展开图"按钮，可查看展开图的作图步骤和方法，图表 8-2-17-5 所示。

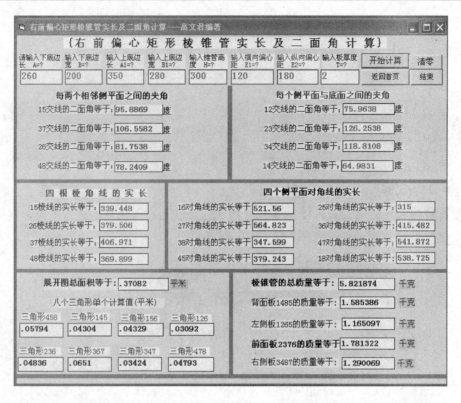

图 8-2-17-4 右前偏心棱锥管光盘计算示例

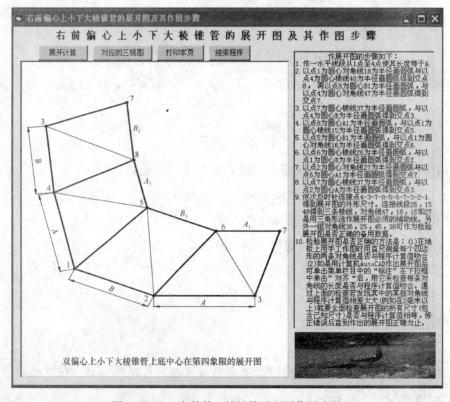

图 8-2-17-5 右前偏心棱锥管展开图作图步骤

8.2.18　左侧板与背板同时垂直于底平面的棱锥管

一、用公式计算示例

图 8-2-18-1 为立体图，图 8-2-18-2 是三视图，图 8-2-18-3为展开图。坐标和线段实长计算公式示例如下：

如图 8-2-18-2 三视图所示，已知 $A=200$，$B=300$，$A_1=600$，$B_1=400$，$H=374$，板厚 $T=1$。试计算棱锥管展开所需要的参数。

1. 计算上下口矩形 8 个角点 1，2，3，4，5，6，7，8 的 x，y，z 坐标，将下口角点 2 设为直角坐标系的原点，x 坐标向右为正，向左为负。y 坐标向后为正，向前为负。z 坐标向上为正，向下为负。

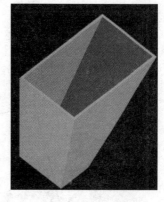

图 8-2-18-1　立体图

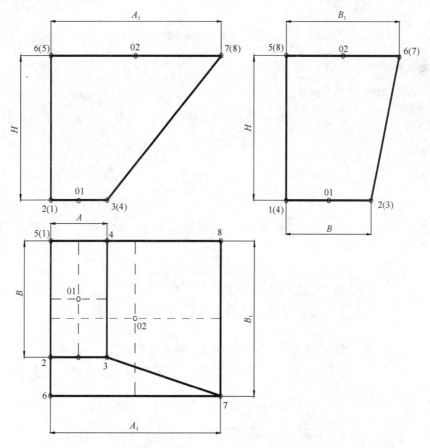

图 8-2-18-2　左侧板与背板同时垂直于底平面的直角棱锥管三视图

$$x_1 = 0 \qquad y_1 = B = 300 \qquad z_1 = 0$$

$$x_2 = 0 \qquad y_2 = 0 \qquad z_2 = 0$$

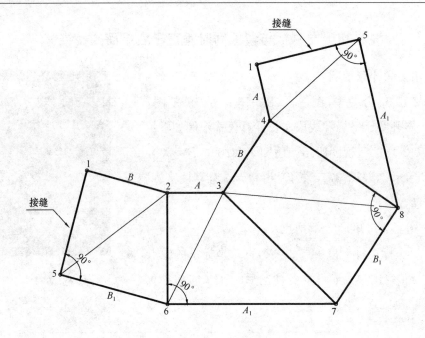

图 8-2-18-3 展开图

$$x_3 = A = 200 \qquad y_3 = y_2 = 0 \qquad z_3 = 0$$

$$x_4 = A = 200 \qquad y_4 = B = 300 \qquad z_4 = 0$$

$$x_5 = 0 \qquad y_5 = B = 300 \qquad z_5 = H = 374$$

$$x_6 = 0 \qquad y_6 = -(B_1 - B) = -(400 - 300) = -100 \qquad z_6 = H = 374$$

$$x_7 = A_1 = 600 \qquad y_7 = y_6 = -100 \qquad z_7 = H = 374$$

$$x_8 = x_7 = 600 \qquad y_8 = B = 300 \qquad z_8 = H = 374$$

2. 计算棱线 $\underline{15}$，$\underline{26}$，$\underline{37}$，$\underline{48}$ 的实长（$\underline{15}$ 表示点 1 与点 5 两点的连接线段，其他以此类推）

$$\underline{15} = \sqrt{(x_1 - x_5)^2 + (y_1 - y_5)^2 + (z_1 - z_5)^2}$$
$$= \sqrt{(0-0)^2 + (300-300)^2 + (0-374)^2} = 374$$

$$\underline{26} = \sqrt{(x_2 - x_6)^2 + (y_2 - y_6)^2 + (z_2 - z_6)^2}$$
$$= \sqrt{(0-0)^2 + (0+100)^2 + (0-374)^2} = 387.138$$

$$\underline{37} = \sqrt{(x_3 - x_7)^2 + (y_3 - y_7)^2 + (z_3 - z_7)^2}$$
$$= \sqrt{(200-600)^2 + (0+100)^2 + (0-374)^2} = 556.665$$

$$\underline{48} = \sqrt{(x_4 - x_8)^2 + (y_4 - y_8)^2 + (z_4 - z_8)^2}$$
$$= \sqrt{(200-600)^2 + (300-300)^2 + (0-374)^2} = 547.609$$

3. 计算 4 个侧板 8 条对角线 $\underline{16}$，$\underline{25}$，$\underline{27}$，$\underline{36}$，$\underline{38}$，$\underline{47}$，$\underline{45}$，$\underline{18}$ 的实长

$$16 = \sqrt{(x_1 - x_6)^2 + (y_1 - y_6)^2 + (z_1 - z_6)^2}$$
$$= \sqrt{(0-0)^2 + (300+100)^2 + (0-374)^2} = 547.609$$

用同样计算对角线 16 的方法得到其他 7 条对角线的实长值为：

$$\underline{25} = 479.454 \quad \underline{27} = 714.056 \quad \underline{36} = 435.748 \quad \underline{38} = 624.401$$
$$\underline{47} = 678.142 \quad \underline{45} = 424.118 \quad \underline{18} = 707.019$$

4. 求棱线二面角以及侧板与底平面的二面角的过程十分复杂，建议采用本书提供的计算软件计算可取得既快又准确的效果。

5. 面积和质量计算

关于面积和质量的计算公式以及计算过程可参考本章前面几节的相关内容。

二、用光盘计算

双击"8.2.18 左侧板与背板同时垂直于底平面的棱锥管"程序名后，由于程序已经输入了一组已知条件作为示例，点击"展开计算"按钮后计算结果就会显示出来，光盘计算示例如图 8-2-18-4 所示。点击"清零"按钮即可清空原有已知数据，再重新输入你需要

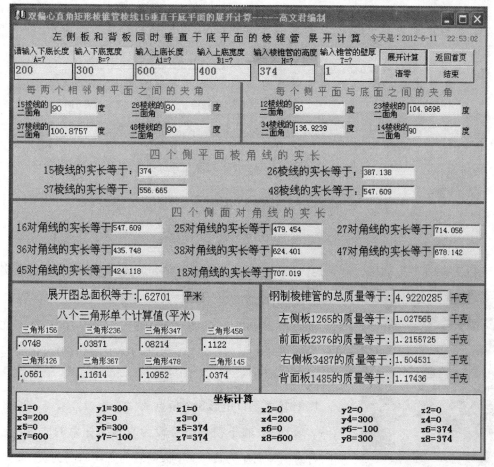

图 8-2-18-4　左侧板与背板同时垂直于底平面的直角棱锥管光盘计算示例

的数据后又可以作新的计算了。

三、作展开图的方法

程序运行后点击"展开图"按钮，可查看展开图作图方法。展开图的作图步骤如图 8-2-18-5 所示。

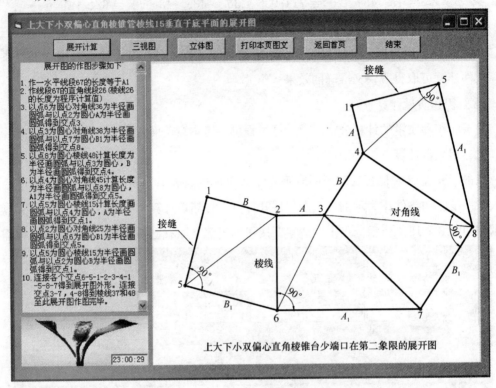

图 8-2-18-5　作展开图的步骤和方法

8.2.19　左侧板与前板同时垂直于底平面的棱锥管

一、用公式计算示例

图 8-2-19-1 为立体图，图 8-2-19-2 为三视图，图 8-2-19-3 为展开图。坐标和线段实长计算公式示例如下：

如图 8-2-19-2 三视图所示，已知 $A=200$，$B=300$，$A_1=600$，$B_1=400$，$H=374$，板厚 $T=1$。试计算棱锥管展开所需要的参数。

1. 计算上下口矩形 8 个角点 1，2，3，4，5，6，7，8 的 x，y，z 坐标，将下口角点 2 设为直角坐标系的原点，x 坐标向右为正，向左为负。y 坐标向后为正，向前为负。z 坐标向上为正，向下为负。

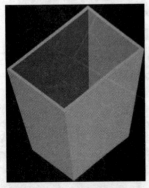

图 8-2-19-1　立体图

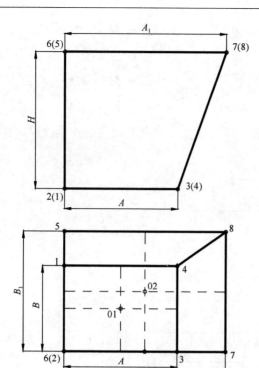
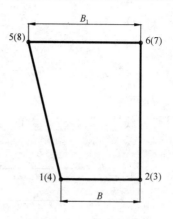

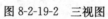
图 8-2-19-2　三视图

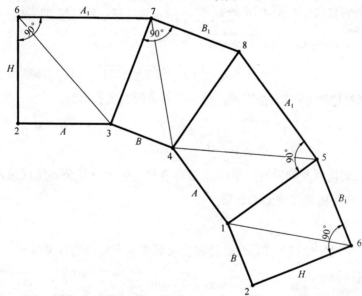

图 8-2-19-3　展开图

$x_1 = 0$　　　　　　$y_1 = B = 300$　　　　　$z_1 = 0$

$x_2 = 0$　　　　　　$y_2 = 0$　　　　　　　$z_2 = 0$

$x_3 = A = 200$　　　$y_3 = y_2 = 0$　　　　$z_3 = 0$

$x_4 = A = 200$　　　$y_4 = B = 300$　　　　$z_4 = 0$

$$x_5 = 0 \qquad\qquad y_5 = B_1 = 400 \qquad\qquad z_5 = H = 374$$
$$x_6 = 0 \qquad\qquad y_6 = y_2 = 0 \qquad\qquad z_6 = H = 374$$
$$x_7 = A_1 = 600 \qquad\qquad y_7 = y_6 = 0 \qquad\qquad z_7 = H = 374$$
$$x_8 = A_1 = 600 \qquad\qquad y_8 = B_1 = 400 \qquad\qquad z_8 = H = 374$$

2. 计算棱线15，26，37，48 的实长（15 表示点 1 与点 5 两点的连接线段，其他以此类推）

$$\underline{15} = \sqrt{(x_1 - x_5)^2 + (y_1 - y_5)^2 + (z_1 - z_5)^2}$$
$$= \sqrt{(0-0)^2 + (300-400)^2 + (0-374)^2} = 387.138$$

$$\underline{26} = \sqrt{(x_2 - x_6)^2 + (y_2 - y_6)^2 + (z_2 - z_6)^2}$$
$$= \sqrt{(0-0)^2 + (0+0)^2 + (0-374)^2} = 374$$

$$\underline{37} = \sqrt{(x_3 - x_7)^2 + (y_3 - y_7)^2 + (z_3 - z_7)^2}$$
$$= \sqrt{(200-600)^2 + (0-0)^2 + (0-374)^2} = 547.6$$

$$\underline{48} = \sqrt{(x_4 - x_8)^2 + (y_4 - y_8)^2 + (z_4 - z_8)^2}$$
$$= \sqrt{(200-600)^2 + (300-400)^2 + (0-374)^2} = 556.665$$

3. 计算 4 个侧板 8 条对角线16，25，27，36，38，47，45，18 的实长

$$\underline{16} = \sqrt{(x_1 - x_6)^2 + (y_1 - y_6)^2 + (z_1 - z_6)^2}$$
$$= \sqrt{(0-0)^2 + (300-0)^2 + (0-374)^2} = 479.454$$

用同样计算对角线 16 的方法得到其他 7 条对角线的实长值为：

$$\underline{25} = 547.6 \quad \underline{27} = 707 \quad \underline{36} = 424.1 \quad \underline{38} = 678.1$$
$$\underline{47} = 624.4 \quad \underline{45} = 435.75 \quad \underline{18} = 714$$

4. 求棱线二面角以及侧板与底平面的二面角的过程十分复杂，建议采用本书提供的计算软件计算可取得既快又准确的效果。

5. 面积和质量计算

关于面积和质量的计算公式以及计算过程可参考本书前面的有关章节。

二、用光盘计算

双击"8.2.19 左侧板与前板同时垂直于底平面的棱锥管"程序名后，由于程序已经输入了一组已知条件作为示例，点击"展开计算"按钮后计算结果就会显示出来，上大下下棱锥管的光盘计算示例如图 8-2-19-4 所示。点击"清零"按钮，即可清空原有已知数据，再重新输入你需要的数据后又可以作新的计算了。

三、作展开图的方法

程序运行后点击"展开图"按钮，可查看展开图的作图步骤，如图 8-2-19-5 所示。

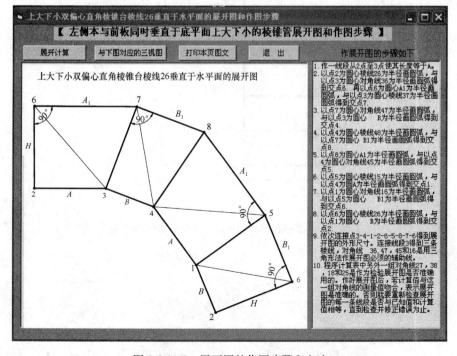

图 8-2-19-4 上口大于下口的棱锥管光盘计算示例

图 8-2-19-5 展开图的作图步骤和方法

8.2.20 右侧板与前板同时垂直于底平面的棱锥管

一、用公式计算示例

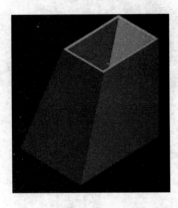

图 8-2-20-1 立体图

图 8-2-20-1 为立体图，图 8-2-20-2 为三视图，图8-2-20-3 为展开图。坐标和线段实长计算示例如下：

如图 8-2-20-2 三视图所示，已知 $A=400$，$B=300$，$A_1=280$，$B_1=200$，$H=400$，板厚 $T=1$。试计算棱锥管展开所需要的参数。

1. 计算上下口矩形 8 个角点 1，2，3，4，5，6，7，8 的 x，y，z 坐标，将下口角点 2 设为直角坐标系的原点，x 坐标向右为正，向左为负。y 坐标向后为正，向前为负。z 坐标向上为正，向下为负。

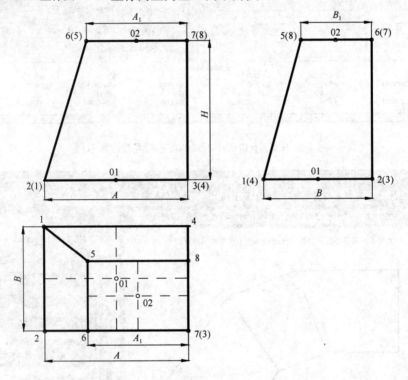

图 8-2-20-2 前板和右侧板同时垂直于底平面的棱锥管三视图

$x_1=0$	$y_1=B=300$	$z_1=0$
$x_2=0$	$y_2=0$	$z_2=0$
$x_3=A=400$	$y_3=0$	$z_3=0$
$x_4=A=400$	$y_4=B=300$	$z_4=0$
$x_5=A-A_1=400-280=120$	$y_5=B_1=200$	$z_5=H=400$

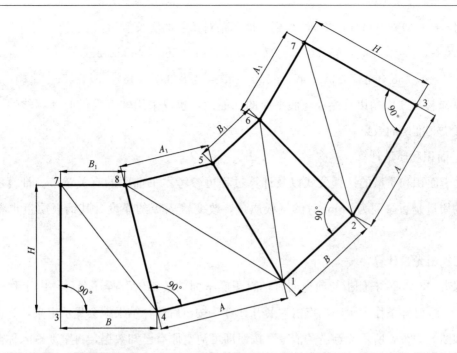

图 8-2-20-3　前板和右侧板同时垂直于底平面的棱锥管展开图

$$x_6 = x_5 = 120 \qquad y_6 = 0 \qquad z_6 = H = 400$$

$$x_7 = A = 400 \qquad y_7 = 0 \qquad z_7 = H = 400$$

$$x_8 = x_7 = 400 \qquad y_8 = B_1 = 200 \qquad z_8 = H = 400$$

2. 计算棱线$\underline{15}$，$\underline{26}$，$\underline{37}$，$\underline{48}$的实长（$\underline{15}$表示点 1 与点 5 两点的连接线段，其他以此类推）

$$\underline{15} = \sqrt{(x_1 - x_5)^2 + (y_1 - y_5)^2 + (z_1 - z_5)^2}$$

$$= \sqrt{(0-120)^2 + (300-200)^2 + (0-400)^2} = 429.418$$

$$\underline{26} = \sqrt{(x_2 - x_6)^2 + (y_2 - y_6)^2 + (z_2 - z_6)^2}$$

$$= \sqrt{(0-120)^2 + (0-0)^2 + (0-400)^2} = 417.612$$

$$\underline{37} = \sqrt{(x_3 - x_7)^2 + (y_3 - y_7)^2 + (z_3 - z_7)^2}$$

$$= \sqrt{(400-400)^2 + (0-0)^2 + (0-400)^2} = 400$$

$$\underline{48} = \sqrt{(x_4 - x_8)^2 + (y_4 - y_8)^2 + (z_4 - z_8)^2}$$

$$= \sqrt{(400-400)^2 + (300-200)^2 + (0-400)^2} = 412.311$$

3. 计算 4 个侧板 8 条对角线$\underline{16}$，$\underline{25}$，$\underline{27}$，$\underline{36}$，$\underline{38}$，$\underline{47}$，$\underline{45}$，$\underline{18}$的实长

$$\underline{16} = \sqrt{(x_1 - x_6)^2 + (y_1 - y_6)^2 + (z_1 - z_6)^2}$$

$$= \sqrt{(0-120)^2 + (300-0)^2 + (0-400)^2} = 514.198$$

用同样计算对角线 16 的方法得到其他 7 条对角线的实长值为：

$$\underline{25} = 463.033 \quad \underline{27} = 565.685 \quad \underline{36} = 488.262$$

$$\underline{38} = 447.214 \quad \underline{47} = 500 \quad \underline{45} = 498.397 \quad \underline{18} = 574.456$$

4. 求棱线二面角以及侧板与底平面的二面角，建议采用本书提供的计算软件计算可取得既快又准确的效果。

5. 面积和质量计算

关于面积和质量的计算公式以及计算过程可参考本书前面的有关章节。计算图 8-2-20-4 的质量是板厚度为 1mm 时的钢板质量，改变输入板的厚度，其钢板质量也将发生变化。

二、用光盘计算

双击"8.2.20 右侧板与前板同时垂直于底平面的棱锥管"程序名后，由于程序已经输入了一组已知条作为示例，点击"展开计算"按钮后计算结果就会显示出来，光盘计算示例如图 8-2-20-4 所示。点击"清零"按钮即可清空原有已知数据，再重新输入你需要的

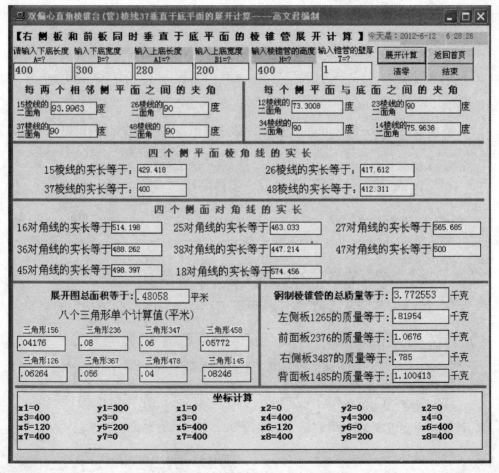

图 8-2-20-4 前板与右侧板同时垂直于底平面的棱锥管光盘计算示例

数据后又可以作新的计算了。

三、作展开图的方法

程序运行后点击"展开图"按钮，可查看展开图的作图步骤，如图 8-2-20-5 所示。

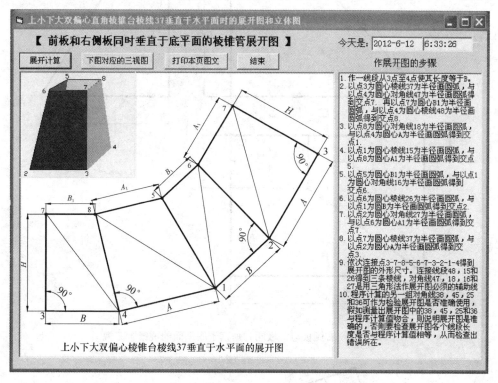

图 8-2-20-5　前板与右侧板同时垂直于底平面的棱锥管作展开图的步骤

8.2.21　右侧板与背板同时垂直于底平面的棱锥管

一、用公式计算示例

图 8-2-21-1 为立体图，图 8-2-21-2 为三视图，图 8-2-21-3 为展开图。坐标和线段实长计算示例如下：

参考图 8-2-21-2 三视图作上口大下口小的棱锥管（料仓型）的展开计算，已知 $A=240$，$B=150$，$A_1=600$，$B_1=400$，$H=366$，板厚 $T=1$。试计算棱锥管展开所需要的参数。　（注：图 8-2-21-2仅作图形参考，不论具体图如何，A、B 都位于下边，A_1、B_1 位于上边。由于本例中上口大下口小，因此 $A<A_1$，$B<B_1$，与图示正好颠倒。）

1. 计算上下口矩形 8 个角点 1，2，3，4，5，6，7，8 的 x，y，z 坐标，将下口角点 2 设为直角坐标系的原点，x 坐标向右为正，向左为负。y 坐标向后为

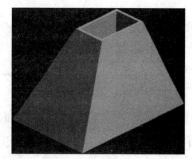

图 8-2-21-1　立体图

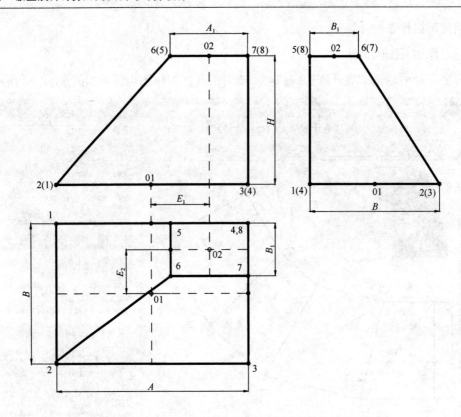

图 8-2-21-2　右侧板与背板同时垂直于底平面的棱锥管三视图

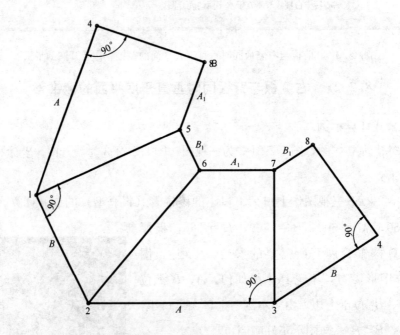

图 8-2-21-3　右侧板与背板同时垂直于底平面的棱锥管展开图

正，向前为负。z 坐标向上为正，向下为负。

$$x_1 = 0 \qquad\qquad y_1 = B = 150 \qquad\qquad z_1 = 0$$

$$x_2 = 0 \qquad\qquad y_2 = 0 \qquad\qquad z_2 = 0$$

$$x_3 = A = 240 \qquad\qquad y_3 = 0 \qquad\qquad z_3 = 0$$

$$x_4 = A = 240 \qquad\qquad y_4 = B = 150 \qquad\qquad z_4 = 0$$

$$x_5 = -(A_1 - A) = -(600 - 240) = -360$$

$$y_5 = B = 150$$

$$z_5 = H = 366$$

$$x_6 = x_5 = -360$$

$$y_6 = -(B_1 - B) = -(400 - 150) = -250$$

$$z_6 = H = 366$$

$$x_7 = A = 240 \qquad\qquad y_7 = y_6 = -250 \qquad\qquad z_7 = H = 366$$

$$x_8 = A = 240 \qquad\qquad y_8 = B = 150 \qquad\qquad z_8 = H = 366$$

2. 计算棱线$\underline{15}$，$\underline{26}$，$\underline{37}$，$\underline{48}$ 的实长（$\underline{15}$ 表示点 1 与点 5 两点的连接线段，其他以此类推）

$$\underline{15} = \sqrt{(x_1 - x_5)^2 + (y_1 - y_5)^2 + (z_1 - z_5)^2}$$

$$= \sqrt{(0 + 360)^2 + (150 - 150)^2 + (0 - 360)^2} = 513.377$$

$$\underline{26} = \sqrt{(x_2 - x_6)^2 + (y_2 - y_6)^2 + (z_2 - z_6)^2}$$

$$= \sqrt{(0 + 360)^2 + (0 + 250)^2 + (0 - 366)^2} = 571.013$$

$$\underline{37} = \sqrt{(x_3 - x_7)^2 + (y_3 - y_7)^2 + (z_3 - z_7)^2}$$

$$= \sqrt{(240 - 240)^2 + (0 + 250)^2 + (0 - 366)^2} = 443.234$$

$$\underline{48} = \sqrt{(x_4 - x_8)^2 + (y_4 - y_8)^2 + (z_4 - z_8)^2}$$

$$= \sqrt{(240 - 240)^2 + (150 - 150)^2 + (0 - 366)^2} = 366$$

3. 计算 4 个侧板 8 条对角线$\underline{16}$，$\underline{25}$，$\underline{27}$，$\underline{36}$，$\underline{38}$，$\underline{47}$，$\underline{45}$，$\underline{18}$ 的实长

$$\underline{16} = \sqrt{(x_1 - x_6)^2 + (y_1 - y_6)^2 + (z_1 - z_6)^2}$$

$$= \sqrt{(0 + 360)^2 + (150 + 250)^2 + (0 - 366)^2} = 650.812$$

用同样计算对角线$\underline{16}$ 的方法得到其他 7 条对角线的实长值为：

$$\underline{25} = 534.842 \quad \underline{27} = 504.04 \quad \underline{36} = 745.96 \quad \underline{38} = 395.545$$

$$\underline{47} = 542.177 \quad \underline{45} = 702.82 \quad \underline{18} = 437.671$$

4. 求棱线二面角以及侧板与底平面的二面角，用本节提供的计算软件计算可取得既快又准确的效果。

5. 面积和质量计算。

关于面积和质量的计算公式以及计算过程可参考本书前面的有关章节。图 8-2-21-4 的

质量计算值是板厚度为 1mm 时的钢板质量，改变输入板的厚度，其钢板质量也将发生变化。

二、用光盘计算

双击"8.2.21 右侧板和背板同时垂直于底平面的棱锥管"程序名后，由于程序已经输入了一组已知条件作为示例，单击"展开计算"按钮后计算结果就会显示出来，光盘计算示例如图 8-2-21-4 所示。单击"清零"按钮即可清空原有已知数据，再重新输入你需要的数据后又可以作新的计算了。

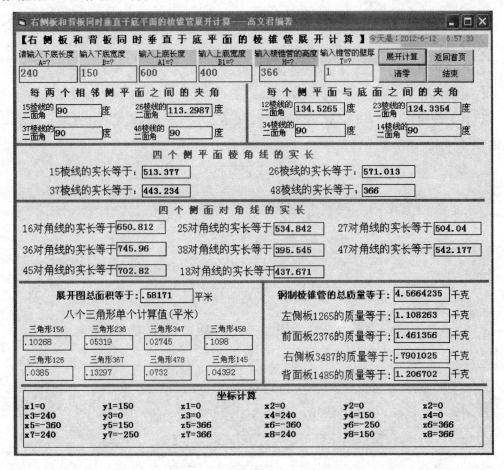

图 8-2-21-4　上大下小右侧板和背板同时垂直于底平面的棱锥管光盘计算示例

三、作展开图的方法

程序运行后，点击"展开图"按钮，可查看展开图的作图方法，如图 8-2-21-5 所示。

四、用计算的坐标值作三视图

首先建立直角坐标体系，在建立之前应确定坐标系的原点选择在什么位置，选择的原则是计算方便简单，以本小节为例，可将原点设置在下口中心、上口中心、上下口 8 个角点任意一点均可，为计算方便，可选择水平投影最左和最下面的角点作为原点，当上口小

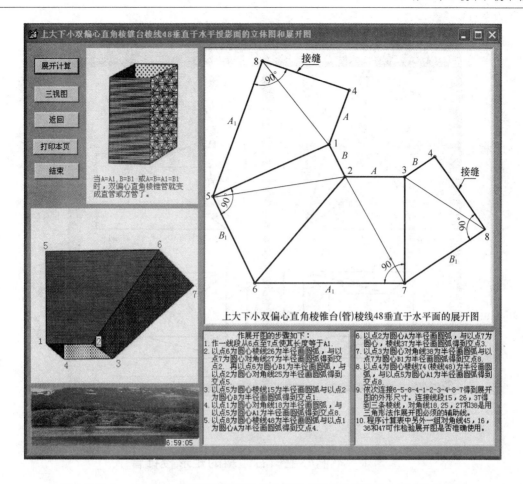

图 8-2-21-5　上大下小右侧板和背板同时垂直于底平面的棱锥管作展开图的步骤

于下口时可以使其他各个角点的计算值全部为正值，在此条件下，以前面两个小节的直角坐标系为例，最左和最下面的角点是 2，将其确定为坐标的原点，x 坐标向右为正，向左为负；y 坐标向后为正，向前为负；z 坐标向上为正，向下为负。通过前面两小节的计算示例可看出，各个点的计算坐标值全部为正值。

为了说明设置坐标系的任意性，本小节选择下口角点 2 为原点，当上口大于下口时，计算的其他坐标值一部分将会出现负值。程序计算表最下面是棱锥管上下口 8 个角点的 x，y，z 的坐标计算值，通过它们可作出三视图。

8.3　上口左右倾斜的棱锥管展开计算

本节分上口右倾斜和上口左倾斜两部分，展开计算也是分公式法和光盘计算两种，作光盘计算时，在程序运行后出现的如图 8-3-1 的界面中，单击前面两个计算按钮即可进行上口左倾斜或者右倾斜的展开计算，下面将分别介绍两种计算示例。

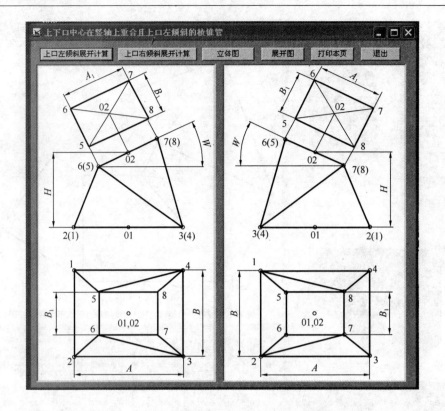

图 8-3-1　上口左右倾斜上下口不偏心的棱锥管总图

8.3.1　不偏心上口右倾斜的矩形棱锥管

一、用公式计算示例

图 8-3-1-1 为立体图，图 8-3-1-2 为展开图。坐标和线段实长计算示例如下：

已知：$A=800$，$B=600$，$A_1=500$，$B_1=300$，$H=550$，上口右倾角度 $w=30°$，板厚 $T=2$。试计算棱锥管展开所需要的参数。

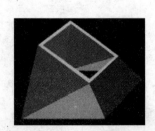

图 8-3-1-1　右倾斜立体图

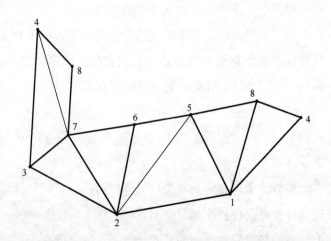

图 8-3-1-2　不偏心上口右倾斜的棱锥管展开图

266

1. 计算上下口矩形 8 个角点 1，2，3，4，5，6，7，8 的 x，y，z 坐标，将下中心点 01 设为直角坐标系的原点，x 坐标向右为正，向左为负。Y 坐标向后为正，向前为负。Z 坐标向上为正，向下为负。

$$x_1 = -\frac{A}{2} = -\frac{800}{2} = -400 \qquad y_1 = \frac{B}{2} = \frac{600}{2} = 300 \qquad z_1 = 0$$

$$x_2 = x_1 = -400 \qquad y_2 = -\frac{B}{2} = -\frac{600}{2} = -300 \qquad z_2 = 0$$

$$x_3 = \frac{A}{2} = \frac{800}{2} = 400 \qquad y_3 = y_2 = -300 \qquad z_3 = 0$$

$$x_4 = x_3 = 400 \qquad y_4 = y_1 = 400 \qquad z_4 = 0$$

$$x_5 = -\frac{A_1}{2} \times \cos W = -\frac{500}{2} \times \cos 30° = -216.5$$

$$y_5 = \frac{B_1}{2} = \frac{300}{2} = 150$$

$$z_5 = H + \frac{A_1}{2} \times \sin W = 550 + \frac{500}{2} \times \sin 30° = 675$$

$$x_6 = x_5 = -216.5$$

$$y_6 = -y_5 = -150$$

$$z_6 = z_5 = 675$$

$$x_7 = \frac{A_1}{2} \times \cos W = \frac{500}{2} \times \cos 30° = 216.5$$

$$y_7 = y_6 = -150$$

$$z_7 = H - \frac{A_1}{2} \times \sin W = 550 - \frac{500}{2} \times \sin 30° = 425$$

$$x_8 = x_7 = 216.5$$

$$y_8 = y_5 = 150$$

$$z_8 = z_7 = 425$$

2. 计算棱线 $\underline{15}$，$\underline{26}$，$\underline{37}$，$\underline{48}$ 的实长（$\underline{15}$ 表示点 1 与点 5 两点的连接线段，其他以此类推）

$$\underline{15} = \sqrt{(x_1 - x_5)^2 + (y_1 - y_5)^2 + (z_1 - z_5)^2}$$
$$= \sqrt{(-400 + 216.5)^2 + (300 - 150)^2 + (0 - 675)^2} = 715.4$$

$$\underline{26} = \sqrt{(x_2 - x_6)^2 + (y_2 - y_6)^2 + (z_2 - z_6)^2}$$
$$= \sqrt{(-400 + 216.5)^2 + (-300 + 150)^2 + (0 - 675)^2} = 715.4$$

$$\underline{37} = \sqrt{(x_3 - x_7)^2 + (y_3 - y_7)^2 + (z_3 - z_7)^2}$$
$$= \sqrt{(400 - 216.5)^2 + (-300 + 150)^2 + (0 - 425)^2} = 486.62$$

$$\underline{48} = \sqrt{(x_4 - x_8)^2 + (y_4 - y_8)^2 + (z_4 - z_8)^2}$$

$$= \sqrt{(400 - 216.5)^2 + (300 - 150)^2 + (0 - 425)^2} = 486.62$$

3. 计算 4 个侧板 4 条对角线 $\underline{25}$，$\underline{27}$，$\underline{47}$，$\underline{18}$ 的实长

$$\underline{25} = \sqrt{(x_2 - x_5)^2 + (y_2 - y_5)^2 + (z_2 - z_5)^2}$$

$$= \sqrt{(-400 + 216.5)^2 + (-300 - 150)^2 + (0 - 675)^2} = 831.74$$

$$\underline{27} = \sqrt{(x_2 - x_7)^2 + (y_2 - y_7)^2 + (z_2 - z_7)^2}$$

$$= \sqrt{(-400 - 216.5)^2 + (-300 + 150)^2 + (0 - 425)^2} = 763.67$$

$$\underline{47} = \sqrt{(x_4 - x_7)^2 + (y_4 - y_7)^2 + (z_4 - z_7)^2}$$

$$= \sqrt{(400 - 216.5)^2 + (300 + 150)^2 + (0 - 425)^2} = 645.6$$

$$\underline{18} = \sqrt{(x_1 - x_8)^2 + (y_1 - y_8)^2 + (z_1 - z_8)^2}$$

$$= \sqrt{-(400 - 216.5)^2 + (300 - 150)^2 + (0 - 425)^2} = 763.67$$

4. 二面角，面积和质量计算略。

二、用光盘计算

双击"8.3 上口倾斜上下口不偏心的棱锥管"程序名，再单击"上口右倾斜展开计算"按钮，单击"展开计算"按钮，计算示例值就会显示出来。其他操作步骤与前面各章节相同。光盘计算示例如图 8-3-1-3 所示。用计算数据采用三角形法可作出展开图。

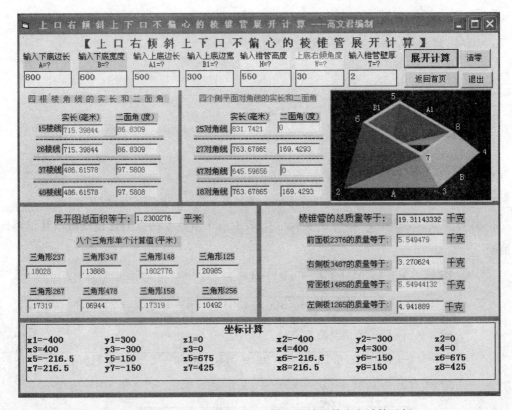

图 8-3-1-3　上口右倾斜上下口不偏心的棱锥管光盘计算示例

8.3.2　不偏心上口左倾斜的矩形棱锥管

一、用公式计算示例

图 8-3-2-1 为立体图，图 8-3-2-2 为主视图和俯视图，图 8-3-2-3 为展开图。坐标和线段实长计算示例如下：

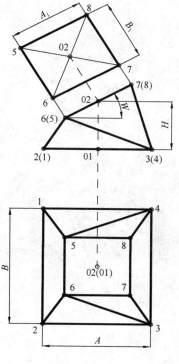

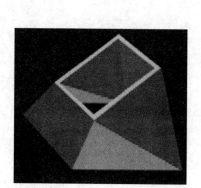

图 8-3-2-1　立体图　　　　图 8-3-2-2　不偏心上口左倾斜的棱锥管主视图和俯视图

已知 $A=500$，$B=400$，$A_1=300$，$B_1=200$，$H=350$，上口左倾角度 $w=26°$，板厚 $T=1$，试计算棱锥管展开所需要的参数。

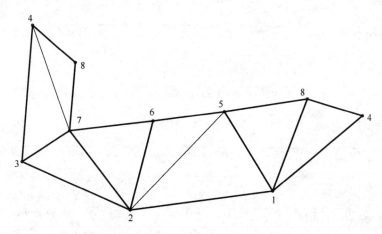

图 8-3-2-3　不偏心上口左倾斜的棱锥管展开图

1. 计算上下口矩形 8 个角点 1，2，3，4，5，6，7，8 的 x，y，z 坐标，将下中心点 01 设为直角坐标系的原点，x 坐标向右为正，向左为负。y 坐标向后为正，向前为负。z 坐标向上为正，向下为负。

$$x_1 = -\frac{A}{2} = -\frac{500}{2} = -250 \qquad y_1 = \frac{B}{2} = \frac{400}{2} = 200 \qquad z_1 = 0$$

$$x_2 = x_1 = -250 \qquad y_2 = -\frac{B}{2} = -\frac{600}{2} = -200 \qquad z_2 = 0$$

$$x_3 = \frac{A}{2} = \frac{500}{2} = 250 \qquad y_3 = y_2 = -200 \qquad z_3 = 0$$

$$x_4 = x_3 = 250 \qquad y_4 = y_1 = 200 \qquad z_4 = 0$$

$$x_5 = -\frac{A_1}{2} \times \cos W = -\frac{300}{2} \times \cos 26° = -134.8$$

$$y_5 = \frac{B_1}{2} = \frac{200}{2} = 100$$

$$z_5 = H - \frac{A_1}{2} \times \sin W = 350 - \frac{300}{2} \times \sin 26° = 284.24$$

$$x_6 = x_5 = -134.8$$
$$y_6 = -y_5 = -100$$
$$z_6 = z_5 = 284.24$$

$$x_7 = \frac{A_1}{2} \times \cos W = \frac{300}{2} \times \cos 26° = 134.5$$

$$y_7 = y_6 = -100$$

$$z_7 = H - \frac{A_1}{2} \times \sin W = 350 + \frac{300}{2} \times \sin 26° = 415.76$$

$$x_8 = x_7 = 134.8$$
$$y_8 = y_5 = 100$$
$$z_8 = z_7 = 415.76$$

2. 计算棱线 $\underline{15}$，$\underline{26}$，$\underline{37}$，$\underline{48}$ 的实长（$\underline{15}$ 表示点 1 与点 5 两点的连接线段，其他以此类推）

$$\underline{15} = \sqrt{(x_1 - x_5)^2 + (y_1 - y_5)^2 + (z_1 - z_5)^2}$$
$$= \sqrt{(-250 + 134.8)^2 + (200 - 100)^2 + (0 - 284.24)^2} = 322.59$$

$$\underline{26} = \sqrt{(x_2 - x_6)^2 + (y_2 - y_6)^2 + (z_2 - z_6)^2}$$
$$= \sqrt{(-250 + 134.8)^2 + (-200 + 100)^2 + (0 - 284.24)^2} = 322.59$$

$$\underline{37} = \sqrt{(x_3 - x_7)^2 + (y_3 - y_7)^2 + (z_3 - z_7)^2}$$
$$= \sqrt{(250 - 134.8)^2 + (-200 + 100)^2 + (0 - 415.76)^2} = 442.86$$

$$\underline{48} = \sqrt{(x_4 - x_8)^2 + (y_4 - y_8)^2 + (z_4 - z_8)^2}$$
$$= \sqrt{(250 - 134.8)^2 + (200 - 100)^2 + (0 - 415.76)^2} = 442.86$$

3. 计算 4 个侧板 4 条对角线 $\underline{25}$，$\underline{36}$，$\underline{47}$，$\underline{45}$ 的实长

$$\underline{25} = \sqrt{(x_2-x_5)^2+(y_2-y_5)^2+(z_2-z_5)^2}$$
$$= \sqrt{(-250+134.8)^2+(-200-100)^2+(0-284.24)^2}=429.03$$

$$\underline{36} = \sqrt{(x_3-x_6)^2+(y_3-y_6)^2+(z_3-z_6)^2}$$
$$= \sqrt{(250+134.8)^2+(-200+100)^2+(0-284.24)^2}=488.74$$

$$\underline{47} = \sqrt{(x_4-x_7)^2+(y_4-y_7)^2+(z_4-z_7)^2}$$
$$= \sqrt{(250-134.8)^2+(200+100)^2+(0-415.76)^2}=525.48$$

$$\underline{45} = \sqrt{(x_4-x_5)^2+(y_4-y_5)^2+(z_4-z_5)^2}$$
$$= \sqrt{(250+134.8)^2+(200-100)^2+(0-284.24)^2}=488.74$$

4. 二面角，面积和质量计算略

二、用光盘计算

双击"8.3 上口倾斜上下口不偏心的棱锥管"程序名后出现新的界面，再单击"上口左倾斜展开计算"按钮，单击"展开计算"按钮，计算示例值就会显示出来。其他操作步骤与前面各章节相同。光盘计算示例如图 8-3-2-4 所示。用计算数据采用三角形法可作出展开图。

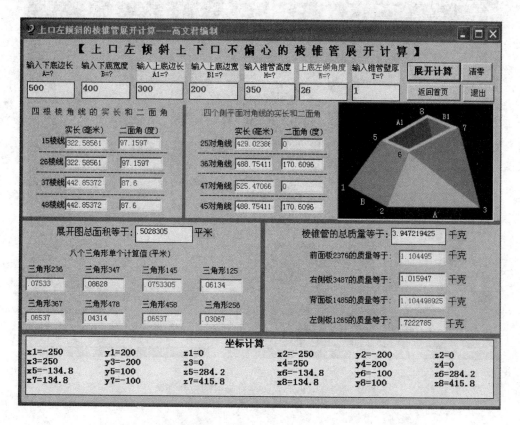

图 8-3-2-4　上口左倾斜上下口不偏心的棱锥管光盘计算示例

8.3.3　双偏心上口左右倾斜的棱锥管展开计算概述

本节按照棱锥管上口不同倾斜方向和所处的不同象限分八个小节分别介绍，每个小节均用公式计算和程序计算两种方法介绍，其中公式计算法由于二面角、面积等内容太多，因此只介绍了棱线的计算过程。

双偏心上口倾斜的棱锥管包括 8 个计算子程序，如图 8-3-3-1 所示，在表的上方是立体图，右下方有 8 个计算按钮，可以对四个象限上口左右倾斜的棱锥管进行展开计算。程序运行时，单击 8 个计算按钮任意一个按钮可以进行相关展开计算，下面将对八个小节的内容分别介绍。

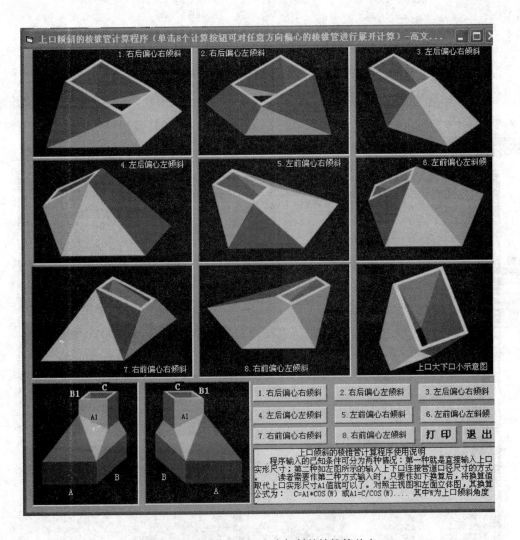

图 8-3-3-1　双偏心上口左右倾斜的棱锥管总表

8.3.4　右后偏心上口右倾斜的棱锥管

一、用公式计算示例

如图 8-3-4-1 所示，坐标和线段实长计算示例如下：

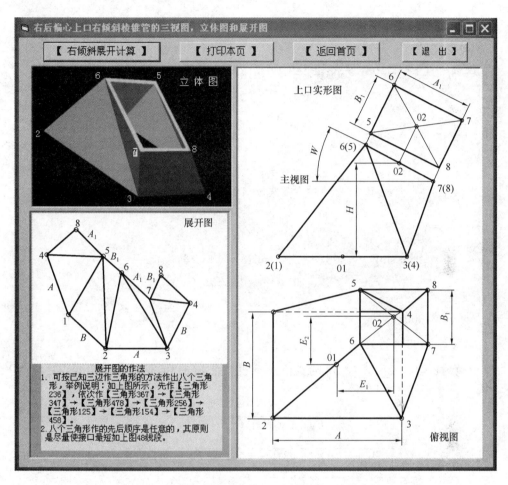

图 8-3-4-1　右后偏心上口右倾斜的棱锥管总图

已知 $A=1020$，$B=630$，$A_1=420$，$B_1=300$，$H=500$，左右偏心距 $E_1=200$，前后偏心距 $E_2=150$，上口右倾角度 $w=18°$，板厚 $T=1$。试计算棱锥管展开所需要的参数。

1. 计算上下口矩形 8 个角点 1，2，3，4，5，6，7，8 的 x，y，z 坐标，将下口中心点 01 设为直角坐标系的原点，x 坐标向右为正，向左为负。y 坐标向后为正，向前为负。z 坐标向上为正，向下为负。

$$x_1=-\frac{A}{2}=-\frac{1020}{2}=-500 \qquad y_1=\frac{B}{2}=\frac{630}{2}=315 \qquad z_1=0$$

$$x_2=x_1=-510 \qquad y_2=-\frac{B}{2}=-\frac{630}{2}=-315 \qquad z_2=0$$

$$x_3 = \frac{A}{2} = \frac{1020}{2} = 510 \qquad y_3 = y_2 = -315 \qquad z_3 = 0$$

$$x_4 = x_3 = 510 \qquad y_4 = y_1 = 315 \qquad z_4 = 0$$

$$x_5 = E_1 - \frac{A_1}{2} \times \cos W = 200 - \frac{420}{2} \times \cos18° = 0.3$$

$$y_5 = E_2 + \frac{B_1}{2} = 300$$

$$z_5 = H + \frac{A_1}{2} \times \sin W = 500 + \frac{420}{2} \times \sin18° = 564.9$$

$$x_6 = x_5 = 0.3$$

$$y_6 = y_5 - B_1 = 300 - 300 = 0$$

$$z_6 = z_5 = 564.9$$

$$x_7 = E_1 + \frac{A_1}{2} \times \cos W = 200 + \frac{420}{2} \times \cos18° = 399.72$$

$$y_7 = y_6 = 0$$

$$z_7 = H - \frac{A_1}{2} \times \sin W = 500 - \frac{420}{2} \times \sin18° = 435.1$$

$$x_8 = x_7 = 399.72$$

$$y_8 = y_5 = 300$$

$$z_8 = z_7 = 435.1$$

2. 计算棱线 $\underline{15}$，$\underline{26}$，$\underline{37}$，$\underline{48}$ 的实长（15 表示点 1 与点 5 两点的连接线段，其他以此类推）

$$\underline{15} = \sqrt{(x_1 - x_5)^2 + (y_1 - y_5)^2 + (z_1 - z_5)^2}$$
$$= \sqrt{(-510 - 0.3)^2 + (315 - 300)^2 + (0 - 564.9)^2} = 761.4$$

$$\underline{26} = \sqrt{(x_2 - x_6)^2 + (y_2 - y_6)^2 + (z_2 - z_6)^2}$$
$$= \sqrt{(-510 - 0.3)^2 + (-315 - 0)^2 + (0 - 564.9)^2} = 823.8$$

$$\underline{37} = \sqrt{(x_3 - x_7)^2 + (y_3 - y_7)^2 + (z_3 - z_7)^2}$$
$$= \sqrt{(510 - 399.72)^2 + (-315 - 0)^2 + (0 - 435.1)^2} = 548.4$$

$$\underline{48} = \sqrt{(x_4 - x_8)^2 + (y_4 - y_8)^2 + (z_4 - \dot{z}_8)^2}$$
$$= \sqrt{(510 - 399.72)^2 + (315 - 300)^2 + (0 - 435.1)^2} = 449.1$$

3. 计算 4 个侧板 4 条对角线 $\underline{25}$，$\underline{36}$，$\underline{47}$，$\underline{45}$ 的实长

$$\underline{25} = \sqrt{(x_2 - x_5)^2 + (y_2 - y_5)^2 + (z_2 - z_5)^2}$$
$$= \sqrt{(-510 - 0.3)^2 + (-315 - 300)^2 + (0 - 564.9)^2} = 978.6$$

$$\underline{36} = \sqrt{(x_3 - x_6)^2 + (y_3 - y_6)^2 + (z_3 - z_6)^2}$$
$$= \sqrt{(510 - 0.3)^2 + (-315 - 0)^2 + (0 - 564.9)^2} = 823.9$$

$$\underline{47} = \sqrt{(x_4 - x_7)^2 + (y_4 - y_7)^2 + (z_4 - z_7)^2}$$
$$= \sqrt{(510 - 399.72)^2 + (315 - 0)^2 + (0 - 435.1)^2} = 548.4$$

$$\underline{45} = \sqrt{(x_4 - x_5)^2 + (y_4 - y_5)^2 + (z_4 - z_5)^2}$$
$$= \sqrt{(510 - 0.3)^2 + (315 - 300)^2 + (0 - 564.9)^2} = 761.4$$

4. 二面角，面积和质量计算（略）。

二、用光盘计算示例

运行本节程序的步骤是：双击"8.3 双偏心上口倾斜的棱锥管"程序名后出现图 8-3-1-1 界面→再单击"1. 右后偏心右倾斜"→单击"右倾斜展开计算"→单击"展开计算"按钮后，计算示例值就会显示出来。其他操作步骤与前面各章节相同。光盘计算示例如图 8-3-4-2 所示。图 8-3-4-3 是用程序将偏心距 E_1，E_2 和倾斜角度设置为零时的计算表，可以看出该表计算的是断面为 600×600，高度为 800 的正方形直管。列出两表的用意，主要是希望读者能灵活应用程序来解决各种实际问题。

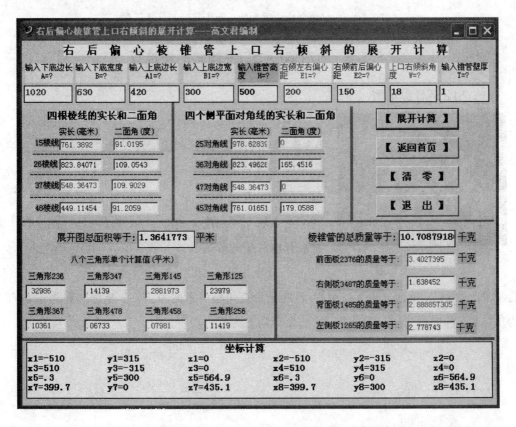

图 8-3-4-2　右后偏心上口右倾斜的棱锥管光盘计算示例

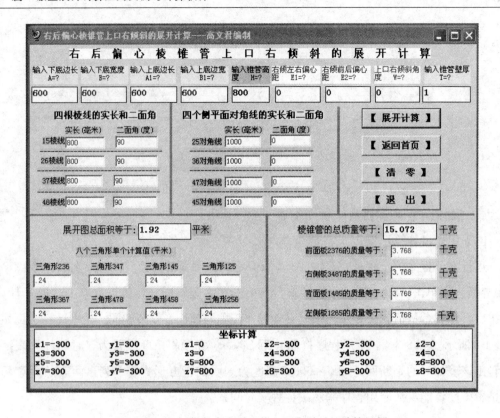

图 8-3-4-3 倾斜角度为零和偏心距为零时的计算示例

8.3.5 右后偏心上口左倾斜的棱锥管

一、用公式计算示例

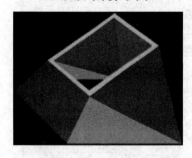

图 8-3-5-1 立体图

图 8-3-5-1 为立体图，图 8-3-5-2 为三视图，图 8-3-5-3为展开图。坐标和线段实长计算示例如下：

已知 $A=6000$，$B=5000$，$A_1=4000$，$B_1=5000$，$H=5500$，左右偏心距 $E_1=1800$，前后偏心距 $E_2=2000$，上口左倾角度 $w=22°$，板厚 $T=12$。试计算棱锥管展开所需要的参数。

1. 计算上下口矩形 8 个角点 1，2，3，4，5，6，7，8 的 x，y，z 坐标，将下口中心点 01 设为直角坐标系的原点，x 坐标向右为正，向左为负。y 坐标向后为正，向前为负。z 坐标向上为正，向下为负。

$$x_1 = -\frac{A}{2} = -\frac{6000}{2} = -3000 \qquad y_1 = \frac{B}{2} = \frac{5000}{2} = 2500 \qquad z_1 = 0$$

$$x_2 = x_1 = -3000 \qquad y_2 = -\frac{B}{2} = -\frac{5000}{2} = -2500 \qquad z_2 = 0$$

$$x_3 = \frac{A}{2} = \frac{6000}{2} = 3000 \qquad y_3 = y_2 = -2500 \qquad z_3 = 0$$

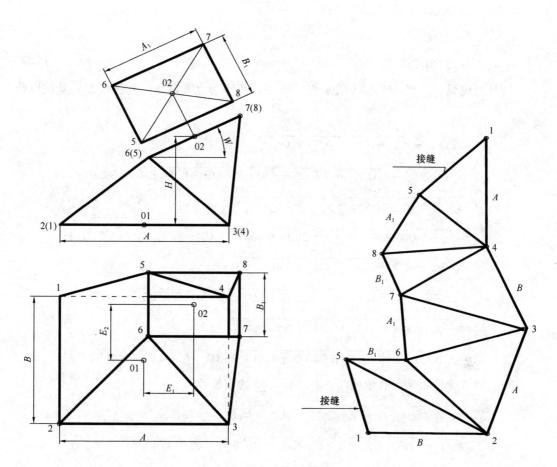

图 8-3-5-2　右后偏心上口左倾斜棱锥管的三视图　　　图 8-3-5-3　右后偏心上口左倾斜棱锥管的展开图

$$x_4 = x_3 = 3000 \qquad\qquad y_4 = y_1 = 2500 \qquad\qquad z_4 = 0$$

$$x_5 = E_1 - \frac{A_1}{2} \times \cos W = 1800 - \frac{4000}{2} \times \cos 22° = -54.4$$

$$y_5 = E_2 + \frac{B_1}{2} = 4500$$

$$z_5 = H - \frac{A_1}{2} \times \sin W = 5500 - \frac{4000}{2} \times \sin 22° = 4750.8$$

$$x_6 = x_5 = -54.5$$

$$y_6 = y_5 - B_1 = 4500 - 5000 = -500$$

$$z_6 = z_5 = 4750.8$$

$$x_7 = E_1 + \frac{A_1}{2} \times \cos W = 1800 + \frac{4000}{2} \times \cos 22° = 3654.4$$

$$y_7 = y_6 = -500$$

$$z_7 = H + \frac{A_1}{2} \times \sin W = 5500 + \frac{4000}{2} \times \sin 22° = 6249.2$$

$$x_8 = x_7 = 3654.4$$

$$y_8 = y_5 = 4500$$

$$z_8 = z_7 = 6249.2$$

2. 计算棱线 $\underline{15}$，$\underline{26}$，$\underline{37}$，$\underline{48}$ 的实长（$\underline{15}$ 表示点 1 与点 5 两点的连接线段，其他以此类推）

$$\underline{15} = \sqrt{(x_1 - x_5)^2 + (y_1 - y_5)^2 + (z_1 - z_5)^2}$$
$$= \sqrt{(-3000 + 54.4)^2 + (2500 - 4500)^2 + (0 - 4750.8)^2} = 5936.9$$

$$\underline{26} = \sqrt{(x_2 - x_6)^2 + (y_2 - y_6)^2 + (z_2 - z_6)^2}$$
$$= \sqrt{(-3000 + 54.4)^2 + (-2500 + 500)^2 + (0 - 4750.8)^2} = 5936.9$$

$$\underline{37} = \sqrt{(x_3 - x_7)^2 + (y_3 - y_7)^2 + (z_3 - z_7)^2}$$
$$= \sqrt{(3000 - 3654.4)^2 + (-2500 + 500)^2 + (0 - 6249.2)^2} = 6594$$

$$\underline{48} = \sqrt{(x_4 - x_8)^2 + (y_4 - y_8)^2 + (z_4 - z_8)^2}$$
$$= \sqrt{(3000 - 3654.4)^2 + (2500 - 4500)^2 + (0 - 6249.2)^2} = 6594$$

3. 计算 4 个侧板 4 条对角线 $\underline{25}$，$\underline{36}$，$\underline{47}$，$\underline{45}$ 的实长

$$\underline{25} = \sqrt{(x_2 - x_5)^2 + (y_2 - y_5)^2 + (z_2 - z_5)^2}$$
$$= \sqrt{(-3000 + 54.4)^2 + (-2500 - 4500)^2 + (0 - 4750.8)^2} = 8958$$

$$\underline{36} = \sqrt{(x_3 - x_6)^2 + (y_3 - y_6)^2 + (z_3 - z_6)^2}$$
$$= \sqrt{(3000 + 54.4)^2 + (-2500 + 500)^2 + (0 - 4750.8)^2} = 5991.6$$

$$\underline{47} = \sqrt{(x_4 - x_7)^2 + (y_4 - y_7)^2 + (z_4 - z_7)^2}$$
$$= \sqrt{(3000 - 3654.4)^2 + (2500 + 500)^2 + (0 - 6249.2)^2} = 6962.8$$

$$\underline{45} = \sqrt{(x_4 - x_5)^2 + (y_4 - y_5)^2 + (z_4 - z_5)^2}$$
$$= \sqrt{(3000 + 54.4)^2 + (2500 - 4500)^2 + (0 - 4750.8)^2} = 5991.6$$

4. 二面角，面积和质量计算略

二、用光盘计算示例

双击"8.3 双偏心上口倾斜的棱锥管"程序名后出现图 8-3-3-1 的界面→再单击"2. 右后偏心左倾斜"→单击"左倾斜展开计算"→单击"展开计算"按钮后，计算示例值就会显示出来。单击"清零"按钮，从光标闪动处依次输入完已知条件再单击"展开计算"按钮又可进行新的计算。光盘计算示例如图 8-3-5-4 所示。用计算数据采用三角形法可作出展开图。

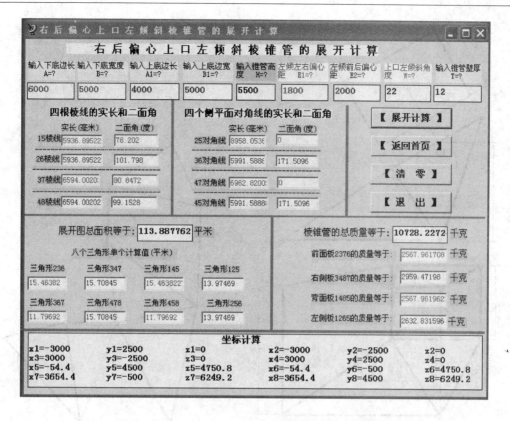

图 8-3-5-4　右后偏心上口左倾斜的棱锥管光盘计算示例

8.3.6　左后偏心上口右倾斜的棱锥管

一、用公式计算示例

图 8-3-6-1 为立体图，图 8-3-6-2 为三视图，图 8-3-6-3 为展开图。坐标和线段实长计算示例如下：

已知 $A=3000$，$B=2000$，$A_1=5000$，$B_1=6000$，$H=7000$，左右偏心距 $E_1=3000$，前后偏心距 $E_2=2000$，上口右倾角度 $w=45°$，板厚 $T=10$。试计算棱锥管展开所需要的参数。

1. 计算上下口矩形 8 个角点 1，2，3，4，5，6，7，8 的 x，y，z 坐标，将下口中心点 01 设为直角坐标

图 8-3-6-1　立体图

系的原点，x 坐标向右为正，向左为负。y 坐标向后为正，向前为负。z 坐标向上为正，向下为负。

$$x_1 = -\frac{A}{2} = -\frac{3000}{2} = -1500 \qquad y_1 = \frac{B}{2} = \frac{2000}{2} = 1000 \qquad z_1 = 0$$

$$x_2 = x_1 = -1500 \qquad y_2 = -\frac{B}{2} = -\frac{630}{2} = -1000 \qquad z_2 = 0$$

279

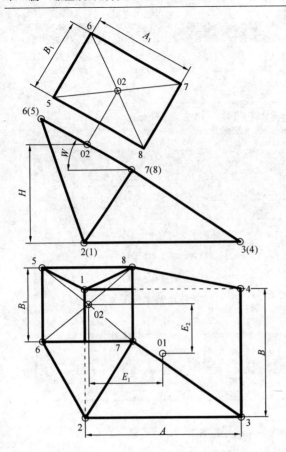

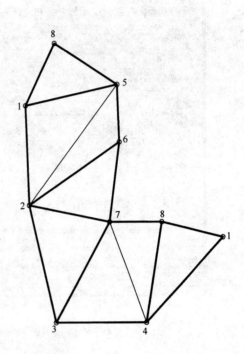

图 8-3-6-2　左后偏心上口右倾斜
棱锥管三视图

图 8-3-6-3　左后偏心上口右倾斜的
棱锥管展开图

$$x_3 = \frac{A}{2} = \frac{1020}{2} = 1500 \qquad y_3 = y_2 = -1000 \qquad z_3 = 0$$

$$x_4 = x_3 = 1500 \qquad\qquad y_4 = y_1 = 1000 \qquad\qquad z_4 = 0$$

$$x_5 = -E_1 - \frac{A_1}{2} \times \cos W = -3000 - \frac{5000}{2} \times \cos 45° = -4767.8$$

$$y_5 = E_2 + \frac{B_1}{2} = 5000$$

$$z_5 = H + \frac{A_1}{2} \times \sin W = 7000 + \frac{5000}{2} \times \sin 45° = 8767.8$$

$$x_6 = x_5 = -4767.8$$

$$y_6 = y_5 - B_1 = 5000 - 6000 = -1000$$

$$z_6 = z_5 = 8767.8$$

$$x_7 = -E_1 + \frac{A_1}{2} \times \cos W = -3000 + \frac{5000}{2} \times \cos 45° = -1232.2$$

$$y_7 = y_6 = -1000$$

$$z_7 = H - \frac{A_1}{2} \times \sin W = 7000 - \frac{5000}{2} \times \sin 45° = 5232.2$$

$$x_8 = x_7 = -1232.2$$

$$y_8 = y_5 = 5000$$

$$z_8 = z_7 = 5232.2$$

2. 计算棱线$\underline{15}$，$\underline{26}$，$\underline{37}$，$\underline{48}$ 的实长（15 表示点 1 与点 5 两点的连接线段，其他以此类推）

$$\underline{15} = \sqrt{(x_1 - x_5)^2 + (y_1 - y_5)^2 + (z_1 - z_5)^2}$$
$$= \sqrt{(-1500 + 4767.8)^2 + (1000 - 5000)^2 + (0 - 8767.8)^2} = 10176$$

$$\underline{26} = \sqrt{(x_2 - x_6)^2 + (y_2 - y_6)^2 + (z_2 - z_6)^2}$$
$$= \sqrt{(-1500 + 4767.8)^2 + (-1000 + 1000)^2 + (0 - 8767.8)^2} = 9356.97$$

$$\underline{37} = \sqrt{(x_3 - x_7)^2 + (y_3 - y_7)^2 + (z_3 - z_7)^2}$$
$$= \sqrt{(1500 + 1232.2)^2 + (-1000 + 1000)^2 + (0 - 5232.2)^2} = 5902.6$$

$$\underline{48} = \sqrt{(x_4 - x_8)^2 + (y_4 - y_8)^2 + (z_4 - z_8)^2}$$
$$= \sqrt{(1500 + 1232.2)^2 + (1000 - 5000)^2 + (0 - 5232.2)^2} = 7130.3$$

3. 计算 4 个侧板 4 条对角线$\underline{25}$，$\underline{27}$，$\underline{47}$，$\underline{18}$ 的实长

$$\underline{25} = \sqrt{(x_2 - x_5)^2 + (y_2 - y_5)^2 + (z_1 - z_5)^2}$$
$$= \sqrt{(-1500 + 4767.8)^2 + (-1000 - 5000)^2 + (0 - 8767.8)^2} = 11115.4$$

$$\underline{27} = \sqrt{(x_2 - x_7)^2 + (y_2 - y_7)^2 + (z_2 - z_7)^2}$$
$$= \sqrt{(-1500 + 1232.2)^2 + (-1000 + 1000)^2 + (0 - 5232.2)^2} = 5239$$

$$\underline{47} = \sqrt{(x_4 - x_7)^2 + (y_4 - y_7)^2 + (z_4 - z_7)^2}$$
$$= \sqrt{(1500 + 1232.2)^2 + (1000 + 1000)^2 + (0 - 5232.2)^2} = 6232.2$$

$$\underline{18} = \sqrt{(x_1 - x_8)^2 + (y_1 - y_8)^2 + (z_1 - z_8)^2}$$
$$= \sqrt{(-1500 + 1232.2)^2 + (1000 - 5000)^2 + (0 - 5232.2)^2} = 6591.5$$

4. 二面角，面积和质量计算略。

二、用光盘计算示例

双击"8.3 双偏心上口倾斜的棱锥管"程序名后出现图 8-3-3-1 的界面→再单击"3. 左后偏心右倾斜"按钮→单击"展开计算"→再单击"展开计算"按钮后计算示例值就会显示出来。单击"清零"按钮，重新输入已知条件又可进行新的计算。光盘计算示例如图 8-3-6-4 所示。用计算数据采用三角形法可作出展开图。

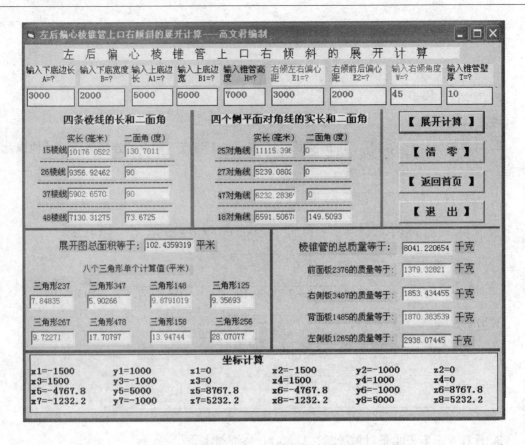

图 8-3-6-4　左后偏心上口右倾斜的棱锥管光盘计算示例

8.3.7　左后偏心上口左倾斜的棱锥管

一、用公式计算示例

图 8-3-7-1 为立体图，图 8-3-7-2 为工程应用实例，图 8-3-7-3 为三视图，图 8-3-7-4 为展开图。坐标和线段实长计算示例如下：

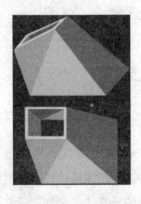

图 8-3-7-1　立体图

图 8-3-7-2　安装图示例

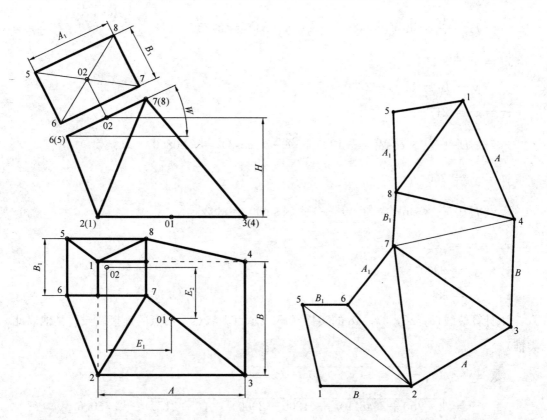

图 8-3-7-3 左后偏心上口左倾斜棱锥管三视图　　图 8-3-7-4 左后偏心棱锥管上口左倾斜的展开图

已知 $A=1500$，$B=2400$，$A_1=3300$，$B_1=2200$，$H=3000$，左右偏心距 $E_1=1220$，前后偏心距 $E_2=1800$，上口左倾角度 $w=30°$，板厚 $T=3$，试计算棱锥管展开所需要的参数。

1. 计算上下口矩形 8 个角点 1，2，3，4，5，6，7，8 的 x，y，z 坐标，将下口中心点 01 设为直角坐标系的原点，x 坐标向右为正，向左为负。y 坐标向后为正，向前为负。z 坐标向上为正，向下为负。

$$x_1=-\frac{A}{2}=-\frac{1500}{2}=-750 \qquad y_1=\frac{B}{2}=\frac{2400}{2}=1200 \qquad z_1=0$$

$$x_2=x_1=-750 \qquad y_2=-\frac{B}{2}=-\frac{630}{2}=-1200 \qquad z_2=0$$

$$x_3=\frac{A}{2}=\frac{1500}{2}=750 \qquad y_3=y_2=-1200 \qquad z_3=0$$

$$x_4=x_3=750 \qquad y_4=y_1=1200 \qquad z_4=0$$

$$x_5=-E_1-\frac{A_1}{2}\times\cos W=-1220-\frac{3300}{2}\times\cos30°=-2648.9$$

$$y_5=E_2+\frac{B_1}{2}=1800+\frac{2200}{2}=2900$$

$$z_5 = H - \frac{A_1}{2} \times \sin W = 3000 - \frac{3300}{2} \times \sin 30° = 2175$$

$$x_6 = x_5 = -2648.9$$

$$y_6 = y_5 - B_1 = 2900 - 2200 = 700$$

$$z_6 = z_5 = 2175$$

$$x_7 = -E_1 + \frac{A_1}{2} \times \cos W = -1220 + \frac{3300}{2} \times \cos 30° = -208.9$$

$$y_7 = y_6 = 700$$

$$z_7 = H + \frac{A_1}{2} \times \sin W = 3000 + \frac{3300}{2} \times \sin 30° = 3825$$

$$x_8 = x_7 = 208.9$$

$$y_8 = y_5 = 2900$$

$$z_8 = z_7 = 3825$$

2. 计算棱线 $\underline{15}$，$\underline{26}$，$\underline{37}$，$\underline{48}$ 的实长（$\underline{15}$ 表示点 1 与点 5 两点的连接线段，其他以此类推）

$$\underline{15} = \sqrt{(x_1 - x_5)^2 + (y_1 - y_5)^2 + (z_1 - z_5)^2}$$
$$= \sqrt{(-750 + 2648.9)^2 + (1200 - 2900)^2 + (0 - 2175)^2} = 3350.6$$

$$\underline{26} = \sqrt{(x_2 - x_6)^2 + (y_2 - y_6)^2 + (z_2 - z_6)^2}$$
$$= \sqrt{(-750 + 2648.9)^2 + (-1200 - 700)^2 + (0 - 2175)^2} = 3456.4$$

$$\underline{37} = \sqrt{(x_3 - x_7)^2 + (y_3 - y_7)^2 + (z_3 - z_7)^2}$$
$$= \sqrt{(750 - 208.9)^2 + (-1200 - 700)^2 + (0 - 3825)^2} = 4305$$

$$\underline{48} = \sqrt{(x_4 - x_8)^2 + (y_4 - y_8)^2 + (z_4 - z_8)^2}$$
$$= \sqrt{(750 - 208.9)^2 + (1200 - 2900)^2 + (0 - 3825)^2} = 4220.6$$

3. 计算 4 个侧板 4 条对角线 $\underline{25}$，$\underline{27}$，$\underline{47}$，$\underline{18}$ 的实长

$$\underline{25} = \sqrt{(x_2 - x_5)^2 + (y_2 - y_5)^2 + (z_2 - z_5)^2}$$
$$= \sqrt{(-750 + 2648.9)^2 + (-1200 - 2900)^2 + (0 - 2175)^2} = 5014.6$$

$$\underline{27} = \sqrt{(x_2 - x_7)^2 + (y_2 - y_7)^2 + (z_2 - z_7)^2}$$
$$= \sqrt{(-750 - 208.9)^2 + (-1200 - 700)^2 + (0 - 3825)^2} = 4377.2$$

$$\underline{47} = \sqrt{(x_4 - x_7)^2 + (y_4 - y_7)^2 + (z_4 - z_7)^2}$$
$$= \sqrt{(750 - 208.9)^2 + (1200 - 700)^2 + (0 - 3825)^2} = 3895.3$$

$$\underline{18} = \sqrt{(x_1 - x_8)^2 + (y_1 - y_8)^2 + (z_1 - z_8)^2}$$

$$=\sqrt{(-750-208.9)^2+(1200-2900)^2+(0-3825)^2}=4294.2$$

4. 二面角，面积和质量计算略。

二、用光盘计算示例

双击"8.3 双偏心上口倾斜的棱锥管"程序名后出现图 8-3-3-1 的界面→再单击"4. 左后偏心左倾斜"→单击"展开计算"→单击"展开计算"按钮后计算值就会显示出来。光盘计算示例如图 8-3-7-5 所示。用计算数据采用三角形法可作出展开图。

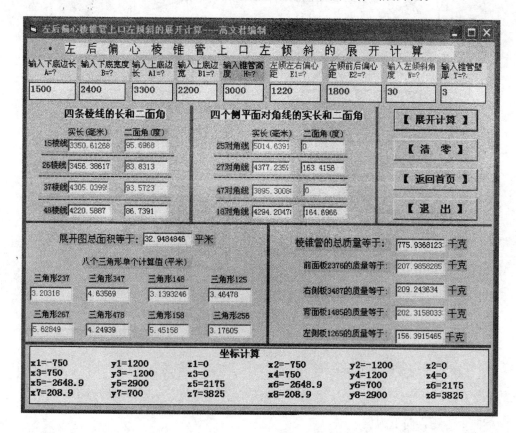

图 8-3-7-5　左后偏心上口左倾斜的棱锥管光盘计算示例

8.3.8　左前偏心上口右倾斜的棱锥管

一、用公式计算示例

图 8-3-8-1 为立体图，图 8-3-8-2 为三视图，图 8-3-8-3 为展开图。坐标和线段实长计算示例如下：

已知 $A=5500$，$B=3200$，$A_1=4000$，$B_1=2000$，$H=4600$，左右偏心距 $E_1=1200$，前后偏心距 $E_2=1600$，上口右倾角度 $w=33°$，板厚 $T=1$。试计算棱锥管展开所

图 8-3-8-1　立体图

285

需要的参数。

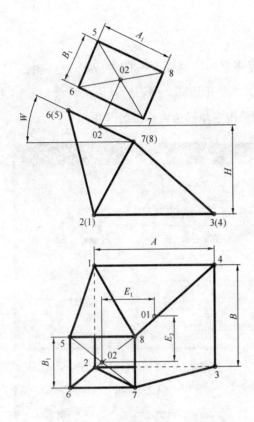

图 8-3-8-2　左前偏心上口右倾斜棱
锥管三视图

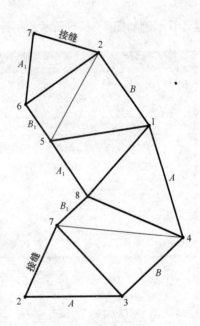

图 8-3-8-3　左前偏心上口右倾斜棱
锥管展开图

1. 计算上下口矩形 8 个角点 1，2，3，4，5，6，7，8 的 x，y，z 坐标，将下口中心点 01 设为直角坐标系的原点，x 坐标向右为正，向左为负。y 坐标向后为正，向前为负。z 坐标向上为正，向下为负。

$$x_1 = -\frac{A}{2} = -\frac{5500}{2} = -2750 \qquad y_1 = \frac{B}{2} = \frac{3200}{2} = 1600 \qquad z_1 = 0$$

$$x_2 = x_1 = -2750 \qquad y_2 = -\frac{B}{2} = -\frac{3200}{2} = -1600 \qquad z_2 = 0$$

$$x_3 = \frac{A}{2} = \frac{3300}{2} = 2750 \qquad y_3 = y_2 = -1600 \qquad z_3 = 0$$

$$x_4 = x_3 = 2750 \qquad y_4 = y_1 = 1600 \qquad z_4 = 0$$

$$x_5 = -E_1 + \frac{A_1}{2} \times \cos W = -1220 - \frac{4000}{2} \times \cos 33° = -2877.3$$

$$y_5 = -E_2 + \frac{B_1}{2} = -1600 + \frac{2200}{2} = -600$$

$$z_5 = H + \frac{A_1}{2} \times \sin W = 4600 + \frac{4000}{2} \times \sin 33° = 5689.3$$

$$x_6 = x_5 = -2877.3$$

$$y_6 = y_5 - B_1 = -600 - 2200 = 2600$$

$$z_6 = z_5 = 5689.3$$

$$x_7 = -E_1 + \frac{A_1}{2} \times \cos W = -1200 + \frac{4000}{2} \times \cos 30° = 477.3$$

$$y_7 = y_6 = -2600$$

$$z_7 = H - \frac{A_1}{2} \times \sin W = 4600 - \frac{4000}{2} \times \sin 30° = 3510.7$$

$$x_8 = x_7 = 477.3$$

$$y_8 = y_5 = -600$$

$$z_8 = z_7 = 3510.7$$

2. 计算棱线$\underline{15}$，$\underline{26}$，$\underline{37}$，$\underline{48}$的实长（$\underline{15}$表示点 1 与点 5 两点的连接线段，其他以此类推）

$$\underline{15} = \sqrt{(x_1 - x_5)^2 + (y_1 - y_5)^2 + (z_1 - z_5)^2}$$
$$= \sqrt{(-2750 + 2877.3)^2 + (1600 + 600)^2 + (0 - 5689.3)^2} = 6101.2$$

$$\underline{26} = \sqrt{(x_2 - x_6)^2 + (y_2 - y_6)^2 + (z_2 - z_6)^2}$$
$$= \sqrt{(-2750 + 2877.3)^2 + (-1600 + 2600)^2 + (0 - 5689.3)^2} = 5777.9$$

$$\underline{37} = \sqrt{(x_3 - x_7)^2 + (y_3 - y_7)^2 + (z_3 - z_7)^2}$$
$$= \sqrt{(2750 - 477.3)^2 + (-1600 + 2600)^2 + (0 - 3510.7)^2} = 4300$$

$$\underline{48} = \sqrt{(x_4 - x_8)^2 + (y_4 - y_8)^2 + (z_4 - z_8)^2}$$
$$= \sqrt{(2750 - 477.3)^2 + (1600 + 600)^2 + (0 - 3510.7)^2} = 4725.5$$

3. 计算 4 个侧板 4 条对角线$\underline{25}$，$\underline{27}$，$\underline{47}$，$\underline{18}$的实长

$$\underline{25} = \sqrt{(x_2 - x_5)^2 + (y_2 - y_5)^2 + (z_2 - z_5)^2}$$
$$= \sqrt{(-2750 + 2877.3)^2 + (-1600 + 600)^2 + (0 - 5689.3)^2} = 5777.9$$

$$\underline{27} = \sqrt{(x_2 - x_7)^2 + (y_2 - y_7)^2 + (z_2 - z_7)^2}$$
$$= \sqrt{(-2750 - 477.3)^2 + (-1600 + 2600)^2 + (0 - 3510.7)^2} = 4872.4$$

$$\underline{47} = \sqrt{(x_4 - x_7)^2 + (y_4 - y_7)^2 + (z_4 - z_7)^2}$$
$$= \sqrt{(2750 - 477.3)^2 + (1600 + 2600)^2 + (0 - 3510.7)^2} = 5927.1$$

$$\underline{18} = \sqrt{(x_1 - x_8)^2 + (y_1 - y_8)^2 + (z_1 - z_8)^2}$$

$$=\sqrt{(-2750-477.3)^2+(1600+600)^2+(0-3510.7)^2}=5251.7$$

4. 二面角，面积和质量计算略。

二、用光盘计算示例

双击"8.3 双偏心上口倾斜的棱锥管"程序名后出现图 8-3-3-1 界面→再单击"5. 左前偏心右倾斜"→单击"展开计算"→单击"展开计算"按钮后计算示例值就会显示出来。光盘计算示例如图 8-3-8-4 所示。用计算数据采用三角形法可作出展开图。

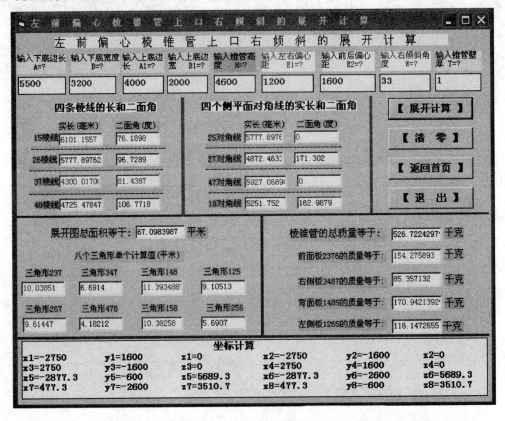

图 8-3-8-4　左前偏心上口右倾斜棱锥管光盘计算示例

8.3.9　左前偏心上口左倾斜的棱锥管

一、用公式计算示例

图 8-3-9-1 为左前偏心上口左倾斜棱锥管总图，坐标和线段实长计算示例如下：

已知 $A=500$，$B=1200$，$A_1=800$，$B_1=1800$，$H=2800$，左右偏心距 $E_1=600$，前后偏心距 $E_2=500$，上口左倾角度 $w=15°$，板厚 $T=1$。试计算棱锥管展开所需要的参数。

1. 计算上下口矩形 8 个角点 1，2，3，4，5，6，7，8 的 x，y，z 坐标，将下口中心

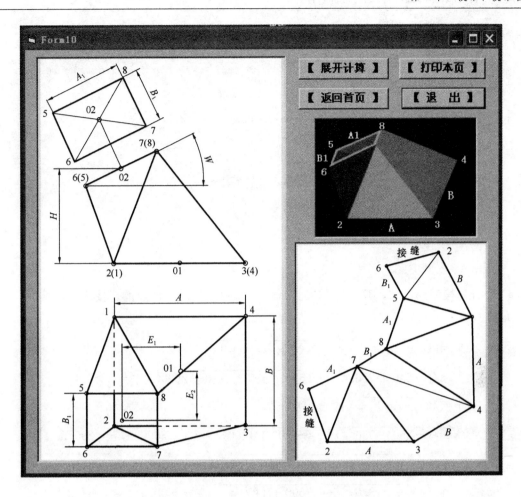

图 8-3-9-1　左前偏心上口左倾斜棱锥管总图

点 01 设为直角坐标系的原点，x 坐标向右为正，向左为负。y 坐标向后为正，向前为负。z 坐标向上为正，向下为负。

$$x_1 = -\frac{A}{2} = -\frac{500}{2} = -250 \qquad y_1 = \frac{B}{2} = \frac{1200}{2} = 600 \qquad z_1 = 0$$

$$x_2 = x_1 = -250 \qquad y_2 = -\frac{B}{2} = -\frac{1200}{2} = -600 \qquad z_2 = 0$$

$$x_3 = \frac{A}{2} = \frac{500}{2} = 250 \qquad y_3 = y_2 = -600 \qquad z_3 = 0$$

$$x_4 = x_3 = 250 \qquad y_4 = y_1 = 600 \qquad z_4 = 0$$

$$x_5 = -E_1 - \frac{A_1}{2} \times \cos W = -600 - \frac{800}{2} \times \cos 15° = -986.4$$

$$y_5 = -E_2 + \frac{B_1}{2} = -400$$

$$z_5 = H - \frac{A_1}{2} \times \sin W = 2800 - \frac{800}{2} \times \sin 15° = 2696.5$$

$$x_6 = x_5 = -986.4$$

$$y_6 = y_5 - B_1 = 400 - 1800 = -1400$$

$$z_6 = z_5 = 2696.5$$

$$x_7 = -E_1 + \frac{A_1}{2} \times \cos W = -600 + \frac{800}{2} \times \cos 15° = -213.6$$

$$y_7 = y_6 = -1400$$

$$z_7 = H + \frac{A_1}{2} \times \sin W = 2800 + \frac{800}{2} \times \sin 15° = 2903.5$$

$$x_8 = x_7 = -213.6$$

$$y_8 = y_5 = 400$$

$$z_8 = z_7 = 2903.5$$

2. 计算棱线$\underline{15}$，$\underline{26}$，$\underline{37}$，$\underline{48}$的实长（$\underline{15}$表示点 1 与点 5 两点的连接线段，其他以此类推）

$$\underline{15} = \sqrt{(x_1 - x_5)^2 + (y_1 - y_5)^2 + (z_1 - z_5)^2}$$
$$= \sqrt{(-250 + 986.4)^2 + (600 - 400)^2 + (0 - 2696.5)^2} = 2802.4$$

$$\underline{26} = \sqrt{(x_2 - x_6)^2 + (y_2 - y_6)^2 + (z_2 - z_6)^2}$$
$$= \sqrt{(-250 + 986.4)^2 + (-600 + 1400)^2 + (0 - 2696.5)^2} = 2907.5$$

$$\underline{37} = \sqrt{(x_3 - x_7)^2 + (y_3 - y_7)^2 + (z_3 - z_7)^2}$$
$$= \sqrt{(250 + 213.6)^2 + (-600 + 1400)^2 + (0 - 2903.5)^2} = 3047.2$$

$$\underline{48} = \sqrt{(x_4 - x_8)^2 + (y_4 - y_8)^2 + (z_4 - z_8)^2}$$
$$= \sqrt{(250 + 213.6)^2 + (600 - 400)^2 + (0 - 2903.5)^2} = 2947.1$$

3. 计算 4 个侧板 4 条对角线$\underline{25}$，$\underline{27}$，$\underline{47}$，$\underline{18}$的实长

$$\underline{25} = \sqrt{(x_2 - x_5)^2 + (y_2 - y_5)^2 + (z_2 - z_5)^2}$$
$$= \sqrt{(-250 + 986.4)^2 + (-600 - 400)^2 + (0 - 2696.5)^2} = 2968.7$$

$$\underline{27} = \sqrt{(x_2 - x_7)^2 + (y_2 - y_7)^2 + (z_2 - z_7)^2}$$
$$= \sqrt{(-250 + 213.6)^2 + (-600 + 1400)^2 + (0 - 2903.5)^2} = 3011.9$$

$$\underline{47} = \sqrt{(x_4 - x_7)^2 + (y_4 - y_7)^2 + (z_4 - z_7)^2}$$
$$= \sqrt{(250 + 213.6)^2 + (600 + 1400)^2 + (0 - 2903.5)^2} = 3556$$

$$\underline{18} = \sqrt{(x_1 - x_8)^2 + (y_1 - y_8)^2 + (z_1 - z_8)^2}$$
$$= \sqrt{(-250 + 213.6)^2 + (600 - 400)^2 + (0 - 2903.5)^2} = 2910.6$$

4. 二面角，面积和质量计算略。

二、用光盘计算示例

双击"8.3 双偏心上口倾斜的棱锥管"程序名后出现图 8-3-3-1 界面→再单击"6. 左前偏心左倾斜"进入图 8-3-9-1 界面→单击"展开计算"→单击"展开计算"按钮后，计算示例值就会显示出来。单击"清零"按钮，重新输入以下数据又可以进行新的计算。光盘计算示例如图 8-3-9-2 所示。用计算数据采用三角形法可作出展开图。

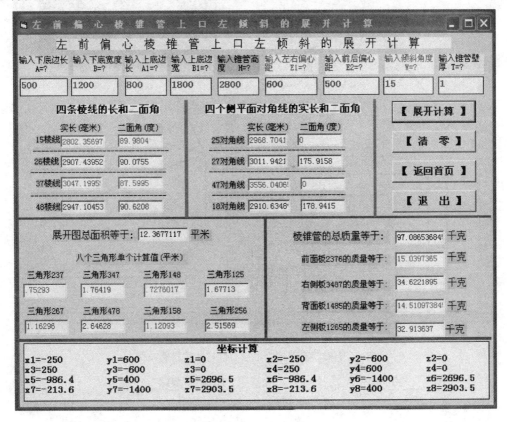

图 8-3-9-2　左前偏心棱锥管上口左倾斜光盘计算示例

8.3.10　右前偏心上口右倾斜的棱锥管

一、用公式计算示例

图 8-3-10-1 为右前偏心上口右倾斜的棱锥管总图，坐标和线段实长计算示例如下：已知 $A=3000$，$B=2500$，$A_1=2000$，$B_1=1600$，$H=2800$，左右偏心距 $E_1=300$，前后偏心距 $E_2=200$，上口右倾角度 $w=8°$，板厚 $T=5$，试计算棱锥管展开所需的参数。

1. 计算上下口矩形 8 个角点 1，2，3，4，5，6，7，8 的 x，y，z 坐标，将下口中心点 O1 设为直角坐标系的原点，x 坐标向右为正，向左为负。y 坐标向后为正，向前为负。z 坐标向上为正，向下为负。

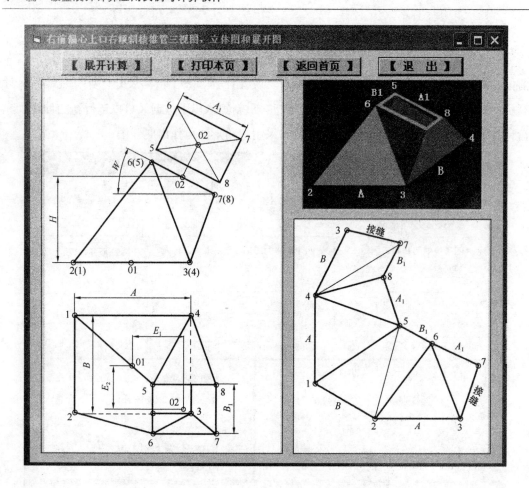

图 8-3-10-1 右前偏心上口右倾斜的棱锥管总图

$$x_1 = -\frac{A}{2} = -\frac{3000}{2} = -1500 \qquad y_1 = \frac{B}{2} = \frac{2500}{2} = 1250 \qquad z_1 = 0$$

$$x_2 = x_1 = -1500 \qquad y_2 = -\frac{B}{2} = -\frac{2500}{2} = -1250 \qquad z_2 = 0$$

$$x_3 = \frac{A}{2} = \frac{3000}{2} = 1500 \qquad y_3 = y_2 = -1250 \qquad z_3 = 0$$

$$x_4 = x_3 = 1500 \qquad y_4 = y_1 = 1250 \qquad z_4 = 0$$

$$x_5 = E_1 - \frac{A_1}{2} \times \cos W = 300 - \frac{2000}{2} \times \cos 8° = -690.3$$

$$y_5 = -E_2 + \frac{B_1}{2} = 600$$

$$z_5 = H + \frac{A_1}{2} \times \sin W = 2800 + \frac{2000}{2} \times \sin 8° = 2939.2$$

$$x_6 = x_5 = -690.3$$

$$y_6 = y_5 - B_1 = 600 - 1600 = -1000$$

$$z_6 = z_5 = 2939.2$$

$$x_7 = E_1 + \frac{A_1}{2} \times \cos W = 300 + \frac{2000}{2} \times \cos 8° = 1290.3$$

$$y_7 = y_6 = -1000$$

$$z_7 = H - \frac{A_1}{2} \times \sin W = 2800 - \frac{2000}{2} \times \sin 8° = 2660.8$$

$$x_8 = x_7 = 1290.3$$

$$y_8 = y_5 = 600$$

$$z_8 = z_7 = 2660.8$$

2. 计算棱线 $\underline{15}$，$\underline{26}$，$\underline{37}$，$\underline{48}$ 的实长（15 表示点 1 与点 5 两点的连接线段，其他以此类推）

$$\underline{15} = \sqrt{(x_1 - x_5)^2 + (y_1 - y_5)^2 + (z_1 - z_5)^2}$$
$$= \sqrt{(-1500 + 690.3)^2 + (1250 - 600)^2 + (0 - 2939.2)^2} = 3117.2$$

$$\underline{26} = \sqrt{(x_2 - x_6)^2 + (y_2 - y_6)^2 + (z_2 - z_6)^2}$$
$$= \sqrt{(-1500 + 690.3)^2 + (-1250 + 1000)^2 + (0 - 2399.2)^2} = 3058.9$$

$$\underline{37} = \sqrt{(x_3 - x_7)^2 + (y_3 - y_7)^2 + (z_3 - z_7)^2}$$
$$= \sqrt{(1500 - 1290.3)^2 + (-1250 + 1000)^2 + (0 - 2660.8)^2} = 2680.7$$

$$\underline{48} = \sqrt{(x_4 - x_8)^2 + (y_4 - y_8)^2 + (z_4 - z_8)^2}$$
$$= \sqrt{(1500 - 1290.3)^2 + (1250 - 600)^2 + (0 - 2660.8)^2} = 2747.1$$

3. 计算 4 个侧板 4 条对角线 $\underline{25}$，$\underline{36}$，$\underline{47}$，$\underline{45}$ 的实长

$$\underline{25} = \sqrt{(x_2 - x_5)^2 + (y_2 - y_5)^2 + (z_2 - z_5)^2}$$
$$= \sqrt{(-1500 + 690.3)^2 + (-1250 - 600)^2 + (0 - 2939.2)^2} = 3566.1$$

$$\underline{36} = \sqrt{(x_3 - x_6)^2 + (y_3 - y_6)^2 + (z_3 - z_6)^2}$$
$$= \sqrt{(1500 + 690.3)^2 + (-1250 + 1000)^2 + (0 - 2939.2)^2} = 3674.1$$

$$\underline{47} = \sqrt{(x_4 - x_7)^2 + (y_4 - y_7)^2 + (z_4 - z_7)^2}$$
$$= \sqrt{(1500 - 1290.3)^2 + (1250 + 1000)^2 + (0 - 2660.8)^2} = 3490.9$$

$$\underline{45} = \sqrt{(x_4 - x_5)^2 + (y_4 - y_5)^2 + (z_4 - z_5)^2}$$
$$= \sqrt{(1500 + 690.3)^2 + (1250 - 600)^2 + (0 - 2939.2)^2} = 3722.7$$

4. 二面角，面积和质量计算略。

二、用光盘计算示例

双击"8.3 双偏心上口倾斜的棱锥管"程序名后出现新的界面→再单击"7. 右前偏心右倾斜"出现图 8-3-10-1 总图界面→单击"展开计算"→再单击"展开计算"按钮后，计算示例值就会显示出来。单击"清零"按钮重新输入下表的已知条件，再单击"展开计算"就会出现新的计算数据。光盘计算示例如图 8-3-10-2 所示。用计算数据采用三角形法可作出展开图，如图 8-3-10-1 中的展开图所示。

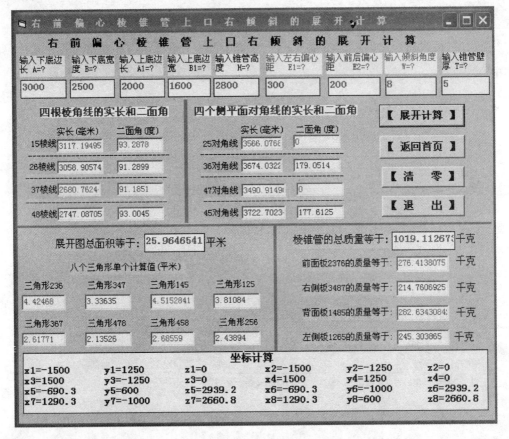

图 8-3-10-2 右前偏心上口右倾斜的矩形棱锥管光盘计算示例

8.3.11 右前偏心上口左倾斜的棱锥管

一、用公式计算示例

图 8-3-11-1 为总图，坐标和线段实长计算示例如下：已知 $A = 800$，$B = 600$，$A_1 = 600$，$B_1 = 800$，$H = 1000$，左右偏心距 $E_1 = 500$，前后偏心距 $E2 = 500$，上口左倾角度 $w = 30°$，板厚 $T = 1$。试计算棱锥管展开所需要的参数。

1. 计算上下口矩形 8 个角点 1，2，3，4，5，6，7，8 的 x，y，z 坐标，将下口中心点 01 设为直角坐标系的原点，x 坐标向右为正，向左为负。y 坐标向后为正，向前为负。z 坐标向上为正，向下为负。

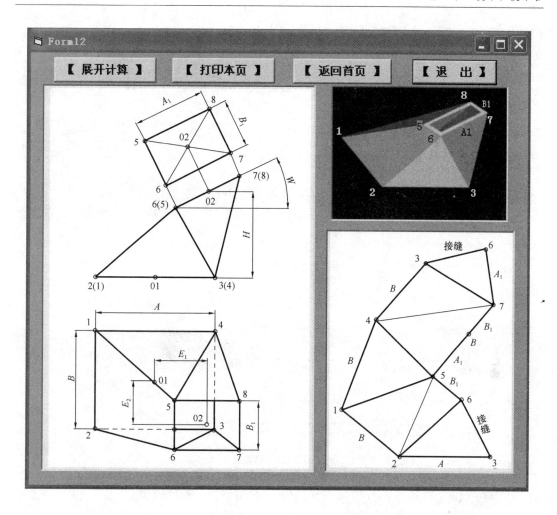

图 8-3-11-1　右前偏心上口左倾斜的矩形棱锥管总图

$$x_1 = -\frac{A}{2} = -\frac{800}{2} = -400 \qquad y_1 = \frac{B}{2} = \frac{600}{2} = 300 \qquad z_1 = 0$$

$$x_2 = x_1 = -400 \qquad y_2 = -\frac{B}{2} = -\frac{600}{2} = -300 \qquad z_2 = 0$$

$$x_3 = \frac{A}{2} = \frac{800}{2} = 400 \qquad y_3 = y_2 = -300 \qquad z_3 = 0$$

$$x_4 = x_3 = 400 \qquad y_4 = y_1 = 300 \qquad z_4 = 0$$

$$x_5 = E_1 - \frac{A_1}{2} \times \cos W = 500 - \frac{600}{2} \times \cos 30° = 240.2$$

$$y_5 = -E_2 + \frac{B_1}{2} = -100$$

$$z_5 = H - \frac{A_1}{2} \times \sin W = 1000 - \frac{600}{2} \times \sin 30° = 850$$

$$x_6 = x_5 = 240.2$$

$$y_6 = y_5 - B_1 = -100 - 800 = -900$$

$$z_6 = z_5 = 850$$

$$x_7 = E_1 + \frac{A_1}{2} \times \cos W = 500 + \frac{600}{2} \times \cos 30° = 759.8$$

$$y_7 = y_6 = -900$$

$$z_7 = H + \frac{A_1}{2} \times \sin W = 1000 + \frac{600}{2} \times \sin 30° = 1150$$

$$x_8 = x_7 = 759.8 \qquad y_8 = y_5 = -100 \qquad z_8 = z_7 = 1150$$

2. 计算棱线 $\underline{15}$，$\underline{26}$，$\underline{37}$，$\underline{48}$ 的实长（$\underline{15}$ 表示点 1 与点 5 两点的连接线段，其他以此类推）

$$\underline{15} = \sqrt{(x_1 - x_5)^2 + (y_1 - y_5)^2 + (z_1 - z_5)^2}$$
$$= \sqrt{(-400 - 240.2)^2 + (300 + 100)^2 + (0 - 850)^2} = 1136.8$$

$$\underline{26} = \sqrt{(x_2 - x_6)^2 + (y_2 - y_6)^2 + (z_2 - z_6)^2}$$
$$= \sqrt{(-400 - 240.2)^2 + (-300 + 900)^2 + (0 - 850)^2} = 1221.6$$

$$\underline{37} = \sqrt{(x_3 - x_7)^2 + (y_3 - y_7)^2 + (z_3 - z_7)^2}$$
$$= \sqrt{(400 - 759.8)^2 + (-300 + 900)^2 + (0 - 1150)^2} = 1346.1$$

$$\underline{48} = \sqrt{(x_4 - x_8)^2 + (y_4 - y_8)^2 + (z_4 - z_8)^2}$$
$$= \sqrt{(400 - 759.8)^2 + (300 + 100)^2 + (0 - 1150)^2} = 1269.6$$

3. 计算 4 个侧板 4 条对角线 $\underline{25}$，$\underline{36}$，$\underline{47}$，$\underline{45}$ 的实长

$$\underline{25} = \sqrt{(x_2 - x_5)^2 + (y_2 - y_5)^2 + (z_2 - z_5)^2}$$
$$= \sqrt{(-400 - 240.2)^2 + (-300 + 100)^2 + (0 - 850)^2} = 1082.8$$

$$\underline{36} = \sqrt{(x_3 - x_6)^2 + (y_3 - y_6)^2 + (z_3 - z_6)^2}$$
$$= \sqrt{(400 - 240.2)^2 + (-300 + 900)^2 + (0 - 850)^2} = 1052.6$$

$$\underline{47} = \sqrt{(x_4 - x_7)^2 + (y_4 - y_7)^2 + (z_4 - z_7)^2}$$
$$= \sqrt{(400 - 759.8)^2 + (300 + 900)^2 + (0 - 1150)^2} = 1700.6$$

$$\underline{45} = \sqrt{(x_4 - x_5)^2 + (y_4 - y_5)^2 + (z_4 - z_5)^2}$$
$$= \sqrt{(400 - 240.2)^2 + (300 + 100)^2 + (0 - 850)^2} = 952.9$$

4. 二面角，面积和质量计算略。

二、用光盘计算示例

双击"8.3 双偏心上口倾斜的棱锥管"程序名后出现图 8-3-3-1 界面→再单击"8. 右

前偏心左倾斜"→单击"展开计算"→再单击"展开计算"按钮后，计算示例值就会显示
出来。其他操作步骤与前面各章节相同。光盘计算示例如图 8-3-11-2 所示。用计算数据采
用三角形法可作出展开图。

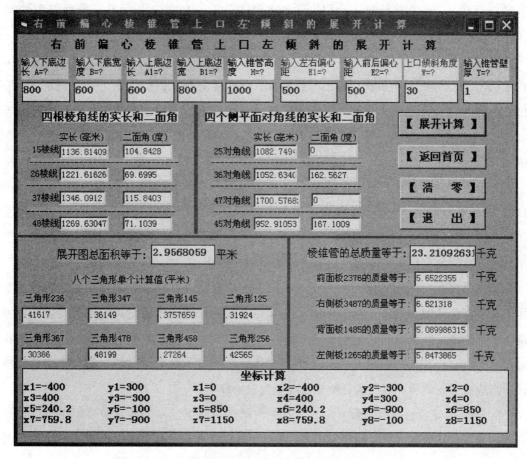

图 8-3-11-2　右前偏心上口左倾斜的矩形棱锥管计算示例

8.4　下口左右倾斜的棱锥管展开计算

本小节只介绍了下口中心 02 相对于上口中心 01 在四个象限的双偏心实例，每个象限
又分为下口右倾斜和左倾斜两种，所以共有 8 个子程序分别对它们进行计算。本小节未对
不偏心和单偏心下口倾斜的棱锥管展开计算的内容单独介绍，但是通过下面介绍的方法可
以解决此类计算。

1. 运行右后或者右前偏心的棱锥管计算程序，将已知条件的前后偏心距 E_2 输入值为
零就可以作右单偏心下口左右倾斜的棱锥管计算。

2. 运行左前或者左后偏心的棱锥管计算程序后，同样将已知条件的前后偏心距 E_2 输
入值为零就可以作左单偏心下口左右倾斜的棱锥管计算，程序已经对左右偏心距 E_1 正负

作了处理，可直接输入正值。

3. 运行 8 个子程序任意一个程序后，将已知条件的左右偏心距 E_1 和前后偏心距 E_2 输入值为零就可以作不偏心下口左右倾斜的棱锥管计算。

4. 运行 8 个子程序任意一个程序后，将已知条件的左右偏心距 E_1，前后偏心距 E_2 和倾斜角度 W 输入值为零就可以作不偏心和不倾斜的正矩形棱锥管计算。

5. 运行 8 个子程序任意一个程序后，使已知条件 $A=A_1$，$B=B_1$，$E_1=E_2=W=0$，高度 H 值不为零时就可以作正矩形直管计算。此时 4 条棱线两侧的两个平面夹角（二面角）全部为 $90°$，4 个侧板全部为平面板，任何一块侧板的对角线两侧三角形平面夹角显示为零（本书约定显示为零的二面角表示没有二面角的意思，而此处的零代表实际角度 $180°$）。

6. 运行 8 个子程序任意一个程序后，使已知条件 $A=B=A_1=B_1$，$E_1=E_2=W=0$，高度 H 值不为零时，表示作正方形直管计算。此时 4 条棱线两侧的两个平面夹角（二面角）全部为 $90°$，4 个侧板全部为平面板，任何一块侧板的对角线两侧三角形平面夹角显示为零（本书约定显示为零的二面角代表实际角度 $180°$）

7. 用本节程序对于上面四、五、六项作正棱锥管和直管计算无实际意义（因为前面相关章节已有详细介绍），之所以如此，主要目的是借以说明灵活应用程序可以带来许多意想不到的结果，但是同其他章节的程序一样，除了本书介绍的范围（作者已经多次检验），作其他超范围的尝试未尝不可，但是希望读者对该类型第一次计算结果要做放样检验，当确认无问题后，以后遇到类似情况就可放心使用了。

8. 程序运行后的启动界面上面的文本框内已经有一组已知条件，只要单击"展开计算"按钮，计算数据就会立即显示出来，单击"清零"按钮，重新输入已知条件以后，再单击"展开计算"按钮又可作新的计算，本章 8 个子程序均有计算示例作为与用公式法手工计算的结果比较。让读者更进一步了解用程序计算的优越性。

8.4.1　右后偏心下口右倾斜的棱锥管

一、用公式计算示例

图 8-4-1-1 为立体图，图 8-4-1-2 为右后偏心下口右倾斜的矩形棱锥管主视图和俯视图，图 8-4-1-3 为展开图。坐标和线段实长计算示例如下：

已知 $A=3000$，$B=2600$，$A_1=1800$，$B_1=1600$，$H=2500$，左右偏心距 $E_1=800$，前后偏心距 $E_2=600$，下口右倾角度 $w=20°$，板厚 $T=5$。试计算棱锥管展开所需要的参数。

图 8-4-1-1　立体图

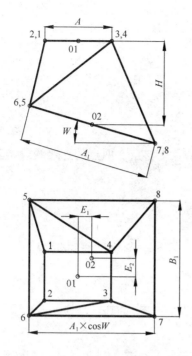

图 8-4-1-2 右后偏心下口右倾斜
棱锥管主视图和俯视图

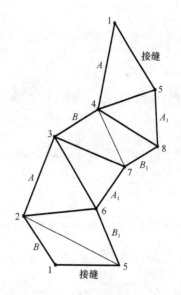

图 8-4-1-3 右后偏心下口右倾斜
棱锥管展开图

1. 计算上下口矩形 8 个角点 1，2，3，4，5，6，7，8 的 x，y，z 坐标，将上口中心点 01 设为直角坐标系的原点，x 坐标向右为正，向左为负。y 坐标向后为正，向前为负。z 坐标向下为正，向上为负。

$$x_1 = -\frac{A}{2} = -\frac{3000}{2} = -1500 \qquad y_1 = \frac{B}{2} = \frac{2600}{2} = 1300 \qquad z_1 = 0$$

$$x_2 = x_1 = -1500 \qquad y_2 = -\frac{B}{2} = -\frac{2600}{2} = -1300 \qquad z_2 = 0$$

$$x_3 = \frac{A}{2} = \frac{3000}{2} = 1500 \qquad y_3 = y_2 = -1300 \qquad z_3 = 0$$

$$x_4 = x_3 = 1500 \qquad y_4 = y_1 = 1300 \qquad z_4 = 0$$

$$x_5 = E_1 - \frac{A_1}{2} \times \cos W = 800 - \frac{1800}{2} \times \cos 20° = -45.7$$

$$y_5 = E_2 + \frac{B_1}{2} = 140$$

$$z_5 = H - \frac{A_1}{2} \times \sin W = 2500 - \frac{1800}{2} \times \sin 20° = 2192.2$$

$$x_6 = x_5 = -45.7$$

$$y_6 = y_5 - B_1 = 1400 - 1600 = -200$$

$$z_6 = z_5 = 2192.2$$

$$x_7 = E_1 + \frac{A_1}{2} \times \cos W = 800 + \frac{1800}{2} \times \cos 20° = 1645.7$$

$$y_7 = y_6 = -200$$

$$z_7 = H + \frac{A_1}{2} \times \sin W = 2500 + \frac{1800}{2} \times \sin 20° = 2807.8$$

$$x_8 = x_7 = 1645.7 \qquad y_8 = y_5 = 1400 \qquad z_8 = z_7 = 2807.8$$

2. 计算棱线$\underline{15}$，$\underline{26}$，$\underline{37}$，$\underline{48}$的实长（$\underline{15}$表示点1与点5两点的连接线段，其他以此类推）

$$\underline{15} = \sqrt{(x_1 - x_5)^2 + (y_1 - y_5)^2 + (z_1 - z_5)^2}$$
$$= \sqrt{(-1500 + 45.7)^2 + (1300 - 1400)^2 + (0 - 2192.2)^2} = 2632.6$$

$$\underline{26} = \sqrt{(x_2 - x_6)^2 + (y_2 - y_6)^2 + (z_2 - z_6)^2}$$
$$= \sqrt{(-1500 + 45.7)^2 + (-1300 + 200)^2 + (0 - 2192.2)^2} = 2851.4$$

$$\underline{37} = \sqrt{(x_3 - x_7)^2 + (y_3 - y_7)^2 + (z_3 - z_7)^2}$$
$$= \sqrt{(1500 - 1645.7)^2 + (-1300 + 200)^2 + (0 - 2807.8)^2} = 3019.1$$

$$\underline{48} = \sqrt{(x_4 - x_8)^2 + (y_4 - y_8)^2 + (z_4 - z_8)^2}$$
$$= \sqrt{(1500 - 1645.7)^2 + (1300 - 1400)^2 + (0 - 2807.8)^2} = 2813.4$$

3. 计算4个侧板4条对角线$\underline{25}$，$\underline{36}$，$\underline{47}$，$\underline{45}$的实长

$$\underline{25} = \sqrt{(x_2 - x_5)^2 + (y_2 - y_5)^2 + (z_2 - z_5)^2}$$
$$= \sqrt{(-1500 + 45.7)^2 + (-1300 - 1400)^2 + (0 - 2192.2)^2} = 3769.7$$

$$\underline{36} = \sqrt{(x_3 - x_6)^2 + (y_3 - y_6)^2 + (z_3 - z_6)^2}$$
$$= \sqrt{(1500 + 45.7)^2 + (-1300 + 200)^2 + (0 - 2192.2)^2} = 2899.1$$

$$\underline{47} = \sqrt{(x_4 - x_7)^2 + (y_4 - y_7)^2 + (z_4 - z_7)^2}$$
$$= \sqrt{(1500 - 1645.7)^2 + (1300 + 200)^2 + (0 - 2807.8)^2} = 3186.7$$

$$\underline{45} = \sqrt{(x_4 - x_5)^2 + (y_4 - y_5)^2 + (z_4 - z_5)^2}$$
$$= \sqrt{(1500 + 45.7)^2 + (1300 - 1400)^2 + (0 - 2192.2)^2} = 2684.2$$

4. 二面角，面积和质量计算略。

二、用光盘计算示例

双击"8.4.1右后偏心下口右倾斜的棱锥管"程序名，出现新的界面→单击"展开计

算"→单击"展开计算"按钮后，计算值就会显示出来。单击"清零"按钮，输入新的已知条件，再单击"展开计算"按钮，又可进行新的计算。计算示例如图 8-4-1-4 所示。用计算数据采用三角形法可作出展开图。

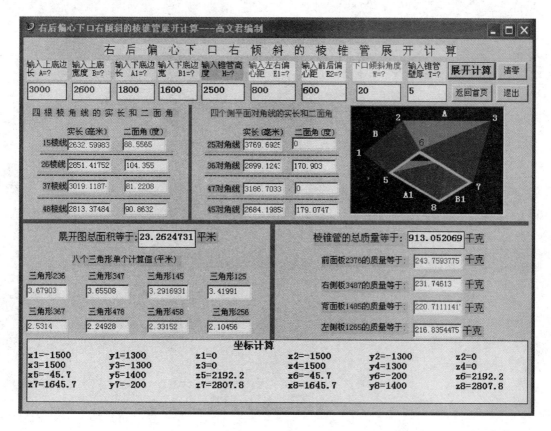

图 8-4-1-4　右后偏心下口右倾斜棱锥管光盘计算示例

8.4.2　右后偏心下口左倾斜的棱锥管

一、用公式计算示例

图 8-4-2-1 为立体图，图 8-4-2-2 为主视图和俯视图，图 8-4-2-3 为展开图。坐标和线段实长计算示例如下：

已知 $A=1100$，$B=800$，$A_1=700$，$B_1=600$，$H=650$，左右偏心距 $E_1=700$，前后偏心距 $E_2=800$，下口右倾角度 $w=28°$，板厚 $T=2$。试计算棱锥管展开所需的参数。

1. 计算上下口矩形 8 个角点 1，2，3，4，5，6，7，8 的 x，y，z 坐标，将上口中心点 01 设为直角坐标系的原点，x 坐标向右为正，向左为负。y 坐标向后为正，向

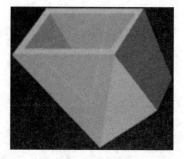

图 8-4-2-1　立体图

301

前为负。z 坐标向下为正，向上为负。

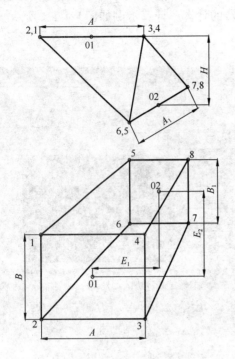

图 8-4-2-2 主视图和俯视图　　　　图 8-4-2-3 展开图

$$x_1 = -\frac{A}{2} = -\frac{1100}{2} = -550 \qquad y_1 = \frac{B}{2} = \frac{800}{2} = 400 \qquad z_1 = 0$$

$$x_2 = x_1 = -550 \qquad y_2 = -\frac{B}{2} = -\frac{800}{2} = -400 \qquad z_2 = 0$$

$$x_3 = \frac{A}{2} = \frac{1100}{2} = 550 \qquad y_3 = y_2 = -400 \qquad z_3 = 0$$

$$x_4 = x_3 = 550 \qquad y_4 = y_1 = 400 \qquad z_4 = 0$$

$$x_5 = E_1 - \frac{A_1}{2} \times \cos W = 700 - \frac{700}{2} \times \cos 28° = 391$$

$$y_5 = E_2 + \frac{B_1}{2} = 110$$

$$z_5 = H + \frac{A_1}{2} \times \sin W = 650 + \frac{700}{2} \times \sin 28° = 814.3$$

$$x_6 = x_5 = 391$$

$$y_6 = y_5 - B_1 = 1100 - 600 = 500$$

$$z_6 = z_5 = 814.3$$

$$x_7 = E_1 + \frac{A_1}{2} \times \cos W = 700 + \frac{700}{2} \times \cos 28° = 1009$$

$$y_7 = y_6 = 500$$

$$z_7 = H - \frac{A_1}{2} \times \sin W = 650 - \frac{700}{2} \times \sin 28° = 485.7$$

$$x_8 = x_7 = 1009 \qquad y_8 = y_5 = 1100 \qquad z_8 = z_7 = 485.7$$

2. 计算棱线$\underline{15}$，$\underline{26}$，$\underline{37}$，$\underline{48}$的实长（$\underline{15}$表示点1与点5两点的连接线段，其他以此类推）

$$\underline{15} = \sqrt{(x_1 - x_5)^2 + (y_1 - y_5)^2 + (z_1 - z_5)^2}$$
$$= \sqrt{(-550 - 391)^2 + (400 - 1100)^2 + (0 - 814.3)^2} = 1427.8$$

$$\underline{26} = \sqrt{(x_2 - x_6)^2 + (y_2 - y_6)^2 + (z_2 - z_6)^2}$$
$$= \sqrt{(-550 - 391)^2 + (-400 - 500)^2 + (0 - 814.3)^2} = 1535.8$$

$$\underline{37} = \sqrt{(x_3 - x_7)^2 + (y_3 - y_7)^2 + (z_3 - z_7)^2}$$
$$= \sqrt{(550 - 1009)^2 + (-400 - 500)^2 + (0 - 485.7)^2} = 1121$$

$$\underline{48} = \sqrt{(x_4 - x_8)^2 + (y_4 - y_8)^2 + (z_4 - z_8)^2}$$
$$= \sqrt{(550 - 1009)^2 + (400 - 1100)^2 + (0 - 485.7)^2} = 967.8$$

3. 计算4个侧板4条对角线$\underline{25}$，$\underline{36}$，$\underline{47}$，$\underline{45}$的实长

$$\underline{25} = \sqrt{(x_2 - x_5)^2 + (y_2 - y_5)^2 + (z_2 - z_5)^2}$$
$$= \sqrt{(-550 - 391)^2 + (-400 - 1100)^2 + (0 - 814.3)^2} = 1949$$

$$\underline{36} = \sqrt{(x_3 - x_6)^2 + (y_3 - y_6)^2 + (z_3 - z_6)^2}$$
$$= \sqrt{(550 - 391)^2 + (-400 - 500)^2 + (0 - 814.3)^2} = 1224.1$$

$$\underline{47} = \sqrt{(x_4 - x_7)^2 + (y_4 - y_7)^2 + (z_4 - z_7)^2}$$
$$= \sqrt{(550 - 1009)^2 + (400 - 500)^2 + (0 - 485.7)^2} = 675.7$$

$$\underline{45} = \sqrt{(x_4 - x_5)^2 + (y_4 - y_5)^2 + (z_4 - z_5)^2}$$
$$= \sqrt{(550 - 391)^2 + (400 - 1100)^2 + (0 - 814.3)^2} = 1085.5$$

4. 二面角，面积和质量计算略。

二、用光盘计算示例

双击"8.4.2右后偏心下口左倾斜的棱锥管"程序名，出现新的界面→单击"展开计算"→单击"展开计算"按钮后，计算示例值就会显示出来。光盘计算示例如图 8-4-2-4 所示。用计算数据采用三角形法可作出展开图。

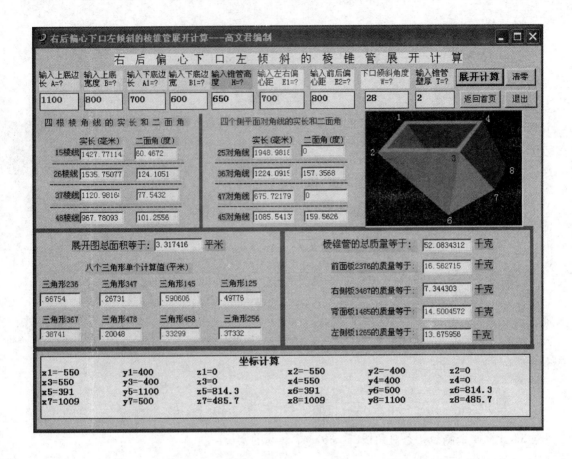

图 8-4-2-4 右后偏心下口左倾斜的棱锥管光盘计算示例

8.4.3 左后偏心下口右倾斜的棱锥管

一、用公式计算示例

图 8-4-3-1 为立体图，图 8-4-3-2 为主视图和俯视图，图 8-4-3-3 为展开图。坐标和线段实长计算示例如下：

已知 $A=630$，$B=420$，$A_1=1020$，$B_1=800$，$H=1800$，左右偏心距 $E_1=600$，前

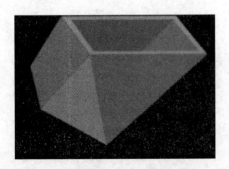

图 8-4-3-1 立体图

后偏心距 $E_2=500$，下口右倾角度 $w=45°$，板厚 $T=1$。试计算棱锥管展开所需要的参数。

1. 计算上下口矩形 8 个角点 1，2，3，4，5，6，7，8 的 x，y，z 坐标，将上口中心点 01 设为直角坐标系的原点，x 坐标向右为正，向左为负。y 坐标向后为正，向前为负。z 坐标向下为正，向上为负。

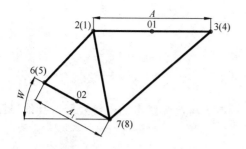

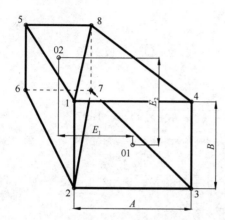

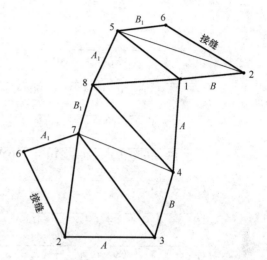

图 8-4-3-2 主视图和俯视图   图 8-4-3-3 展开图

$$x_1 = -\frac{A}{2} = -\frac{630}{2} = -315 \qquad y_1 = \frac{B}{2} = \frac{420}{2} = 210 \qquad z_1 = 0$$

$$x_2 = x_1 = -315 \qquad y_2 = -\frac{B}{2} = -\frac{2600}{2} = -210 \qquad z_2 = 0$$

$$x_3 = \frac{A}{2} = \frac{630}{2} = 315 \qquad y_3 = y_2 = -210 \qquad z_3 = 0$$

$$x_4 = x_3 = 315 \qquad y_4 = y_1 = 210 \qquad z_4 = 0$$

$$x_5 = -E_1 - \frac{A_1}{2} \times \cos W = -600 - \frac{1020}{2} \times \cos 45° = -960.6$$

$$y_5 = E_2 + \frac{B_1}{2} = 900$$

$$z_5 = H - \frac{A_1}{2} \times \sin W = 1800 - \frac{1020}{2} \times \sin 45° = 1439.4$$

$$x_6 = x_5 = -960.6$$

$$y_6 = y_5 - B_1 = 900 - 800 = 100$$

$$z_6 = z_5 = 1439.4$$

$$x_7 = -E_1 + \frac{A_1}{2} \times \cos W = -600 + \frac{1020}{2} \times \cos 45° = -239.4$$

$$y_7 = y_6 = 100$$

$$z_7 = H + \frac{A_1}{2} \times \sin W = 1800 + \frac{1020}{2} \times \sin 45° = 2160.6$$

$$x_8 = x_7 = -239.4 \qquad y_8 = y_5 = 900 \qquad z_8 = z_7 = 2160.6$$

2. 计算棱线 $\underline{15}$，$\underline{26}$，$\underline{37}$，$\underline{48}$ 的实长（$\underline{15}$ 表示点 1 与点 5 两点的连接线段，其他以此类推）

$$\underline{15} = \sqrt{(x_1 - x_5)^2 + (y_1 - y_5)^2 + (z_1 - z_5)^2}$$
$$= \sqrt{(-315 + 960.6)^2 + (210 - 900)^2 + (0 - 1439.4)^2} = 1721.9$$

$$\underline{26} = \sqrt{(x_2 - x_6)^2 + (y_2 - y_6)^2 + (z_2 - z_6)^2}$$
$$= \sqrt{(-315 + 960.6)^2 + (-210 - 100)^2 + (0 - 1439.4)^2} = 1607.5$$

$$\underline{37} = \sqrt{(x_3 - x_7)^2 + (y_3 - y_7)^2 + (z_3 - z_7)^2}$$
$$= \sqrt{(315 + 239.4)^2 + (-210 - 100)^2 + (0 - 2160.6)^2} = 2252$$

$$\underline{48} = \sqrt{(x_4 - x_8)^2 + (y_4 - y_8)^2 + (z_4 - z_8)^2}$$
$$= \sqrt{(315 + 239.4)^2 + (210 - 900)^2 + (0 - 2160.6)^2} = 2334.9$$

3. 计算 4 个侧板 4 条对角线 $\underline{25}$，$\underline{27}$，$\underline{47}$，$\underline{18}$ 的实长

$$\underline{25} = \sqrt{(x_2 - x_5)^2 + (y_2 - y_5)^2 + (z_2 - z_5)^2}$$
$$= \sqrt{(-315 + 960.6)^2 + (-210 - 900)^2 + (0 - 1439.4)^2} = 1928.9$$

$$\underline{27} = \sqrt{(x_2 - x_7)^2 + (y_2 - y_7)^2 + (z_2 - z_7)^2}$$
$$= \sqrt{(-315 + 239.4)^2 + (-210 - 100)^2 + (0 - 2160.6)^2} = 2184$$

$$\underline{47} = \sqrt{(x_4 - x_7)^2 + (y_4 - y_7)^2 + (z_4 - z_7)^2}$$
$$= \sqrt{(315 + 239.4)^2 + (210 - 100)^2 + (0 - 2160.6)^2} = 2233.1$$

$$\underline{18} = \sqrt{(x_1 - x_8)^2 + (y_1 - y_8)^2 + (z_1 - z_8)^2}$$
$$= \sqrt{(-315 + 239.4)^2 + (210 - 900)^2 + (0 - 2160.6)^2} = 2269.4$$

4. 二面角，面积和质量计算略。

二、用光盘计算示例

双击"8.4.3 左后偏心下口右倾斜的棱锥管"程序名，出现新的界面→单击"展开计算"→单击"展开计算"按钮后，计算示例值就会显示出来。光盘计算示例如图 8-4-3-4 所示。用计算数据采用三角形法可作出展开图。

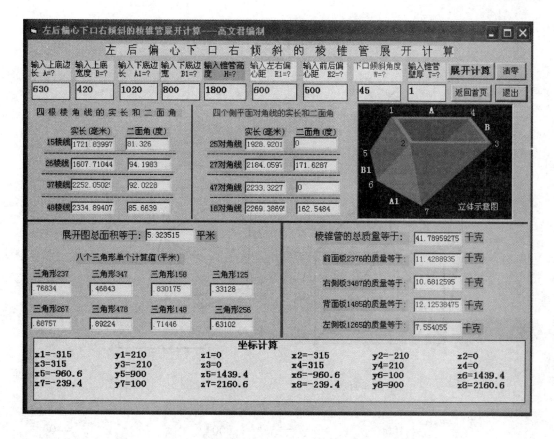

图 8-4-3-4　左后偏心下口右倾斜的矩形棱锥管光盘计算示例

8.4.4　左后偏心下口左倾斜的棱锥管

一、用公式计算示例

图 8-4-4-1 为立体图，图 8-4-4-2 为主视图和俯视图，图 8-4-4-3 为展开图。坐标和线段实长计算示例如下：

已知 $A=2000$，$B=1200$，$A_1=800$，$B_1=600$，$H=3000$，左右偏心距 $E_1=900$，前后偏心距 $E_2=700$，下口右倾角度 $w=23°$，板厚 $T=6$。试计算棱锥管展开所需要的参数。

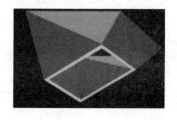

图 8-4-4-1　立体图

1. 计算上下口矩形 8 个角点 1，2，3，4，5，6，7，8 的 x，y，z 坐标，将上口中心点 01 设为直角坐标系的原点，x 坐标向右为正，向左为负。y 坐标向后为正，向前为负。z 坐标向下为正，向上为负。

$$x_1=-\frac{A}{2}=-\frac{2000}{2}=-1000 \qquad y_1=\frac{B}{2}=\frac{1200}{2}=600 \qquad z_1=0$$

$$x_2=x_1=-1000 \qquad y_2=-\frac{B}{2}=-\frac{1200}{2}=-600 \qquad z_2=0$$

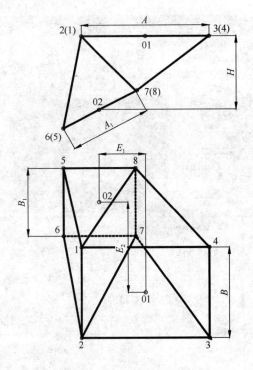

图 8-4-4-2 三视图和俯视图   图 8-4-4-3 展开图

$$x_3 = \frac{A}{2} = \frac{630}{2} = 1000 \qquad y_3 = y_2 = -600 \qquad z_3 = 0$$

$$x_4 = x_3 = 1000 \qquad y_4 = y_1 = 600 \qquad z_4 = 0$$

$$x_5 = -E_1 - \frac{A_1}{2} \times \cos W = -900 - \frac{800}{2} \times \cos 23° = -1268.2$$

$$y_5 = E_2 + \frac{B_1}{2} = 1000$$

$$z_5 = H + \frac{A_1}{2} \times \sin W = 3000 + \frac{800}{2} \times \sin 23° = 3156.3$$

$$x_6 = x_5 = -1268.2$$

$$y_6 = y_5 - B_1 = 1000 - 600 = 400$$

$$z_6 = z_5 = 3156.3$$

$$x_7 = -E_1 + \frac{A_1}{2} \times \cos W = -900 + \frac{800}{2} \times \cos 23° = -531.8$$

$$y_7 = y_6 = 400$$

$$z_7 = H - \frac{A_1}{2} \times \sin W = 3000 - \frac{800}{2} \times \sin 23° = 2843.7$$

$$x_8 = x_7 = -531.8 \qquad y_8 = y_5 = 1000 \qquad z_8 = z_7 = 2843.7$$

2. 计算棱线 $\underline{15}$，$\underline{26}$，$\underline{37}$，$\underline{48}$ 的实长（$\underline{15}$ 表示点 1 与点 5 两点的连接线段，其他以此类推）

$$\underline{15} = \sqrt{(x_1 - x_5)^2 + (y_1 - y_5)^2 + (z_1 - z_5)^2}$$

$$= \sqrt{(-1000 + 1268.2)^2 + (600 - 1000)^2 + (0 - 3156.3)^2} = 3192.8$$

$$\underline{26} = \sqrt{(x_2 - x_6)^2 + (y_2 - y_6)^2 + (z_2 - z_6)^2}$$

$$= \sqrt{(-1000 + 1268.2)^2 + (-600 - 400)^2 + (0 - 3156.3)^2} = 3321.8$$

$$\underline{37} = \sqrt{(x_3 - x_7)^2 + (y_3 - y_7)^2 + (z_3 - z_7)^2}$$

$$= \sqrt{(1000 + 531.8)^2 + (-600 - 400)^2 + (0 - 2843.7)^2} = 3381.3$$

$$\underline{48} = \sqrt{(x_4 - x_8)^2 + (y_4 - y_8)^2 + (z_4 - z_8)^2}$$

$$= \sqrt{(1000 + 531.8)^2 + (600 - 1000)^2 + (0 - 2843.7)^2} = 3254.7$$

3. 计算 4 个侧板 4 条对角线 $\underline{25}$，$\underline{27}$，$\underline{47}$，$\underline{18}$ 的实长

$$\underline{25} = \sqrt{(x_2 - x_5)^2 + (y_2 - y_5)^2 + (z_2 - z_5)^2}$$

$$= \sqrt{(-1000 + 1268.2)^2 + (-600 - 1000)^2 + (0 - 3156.3)^2} = 3548.8$$

$$\underline{27} = \sqrt{(x_2 - x_7)^2 + (y_2 - y_7)^2 + (z_2 - z_7)^2}$$

$$= \sqrt{(-1000 + 531.8)^2 + (-600 - 400)^2 + (0 - 2843.7)^2} = 3050.5$$

$$\underline{47} = \sqrt{(x_4 - x_7)^2 + (y_4 - y_7)^2 + (z_4 - z_7)^2}$$

$$= \sqrt{(1000 + 531.8)^2 + (600 - 400)^2 + (0 - 2843.7)^2} = 3236.2$$

$$\underline{18} = \sqrt{(x_1 - x_8)^2 + (y_1 - y_8)^2 + (z_1 - z_8)^2}$$

$$= \sqrt{(-1000 + 531.8)^2 + (600 - 1000)^2 + (0 - 2843.7)^2} = 2909.6$$

4. 二面角，面积和质量计算略。

二、用光盘计算示例

双击 "8.4.4 左后偏心下口左倾斜的棱锥管" 程序名，出现新的界面→单击 "展开计算" →单击 "展开计算" 按钮后，计算示例值就会显示出来。光盘计算示例如图 8-4-4-4 所示。用计算数据采用三角形法可作出展开图。

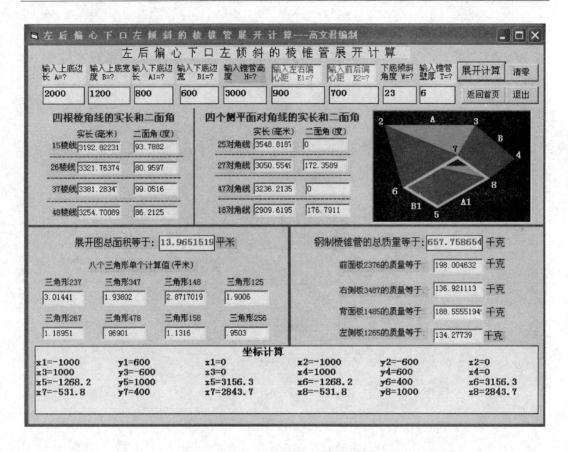

图 8-4-4-4 左后偏心下口左倾斜的矩形棱锥管光盘计算示例

8.4.5 左前偏心下口右倾斜的棱锥管

一、用公式计算示例

图 8-4-5-1 为立体图，图 8-4-5-2 为主视图和俯视图，图 8-4-5-3 为展开图。坐标和线段实长计算示例如下：

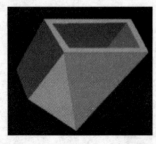

图 8-4-5-1 立体图

已知 $A = 500$，$B = 800$，$A_1 = 1000$，$B_1 = 1200$，$H = 2000$，左右偏心距 $E_1 = 500$，前后偏心距 $E_2 = 400$，下口右倾角度 $w = 20°$，板厚 $T = 1$。试计算棱锥管展开所需要的参数。

1. 计算上下口矩形 8 个角点 1，2，3，4，5，6，7，8 的 x，y，z 坐标，将上口中心点 01 设为直角坐标系的原点，x 坐标向右为正，向左为负。y 坐标向后为正，向前为负。z 坐标向下为正，向上为负。

$$x_1 = -\frac{A}{2} = -\frac{500}{2} = -250 \qquad y_1 = \frac{B}{2} = \frac{800}{2} = 400 \qquad z_1 = 0$$

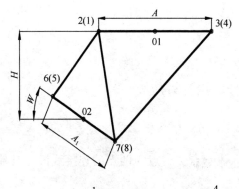

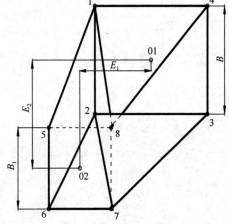

图 8-4-5-2 左前偏心下口右倾斜棱
锥管主视图和展开图

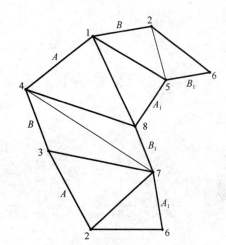

图 8-4-5-3 展开图

$$x_2 = x_1 = -250 \qquad y_2 = -\frac{B}{2} = -\frac{800}{2} = -400 \qquad z_2 = 0$$

$$x_3 = \frac{A}{2} = \frac{500}{2} = 250 \qquad y_3 = y_2 = -400 \qquad z_3 = 0$$

$$x_4 = x_3 = 250 \qquad y_4 = y_1 = 400 \qquad z_4 = 0$$

$$x_5 = -E_1 - \frac{A_1}{2} \times \cos W = -500 - \frac{1000}{2} \times \cos 20° = -969.8$$

$$y_5 = -E_2 + \frac{B_1}{2} = 200$$

$$z_5 = H - \frac{A_1}{2} \times \sin W = 2000 - \frac{1000}{2} \times \sin 20° = 1829$$

$$x_6 = x_5 = -969.8$$

$$y_6 = y_5 - B_1 = 200 - 1200 = -1000$$

$$z_6 = z_5 = 1829$$

311

$$x_7 = -E_1 + \frac{A_1}{2} \times \cos W = -500 + \frac{1000}{2} \times \cos 20° = -30.2$$

$$y_7 = y_6 = -1000$$

$$z_7 = H + \frac{A_1}{2} \times \sin W = 2000 + \frac{1000}{2} \times \sin 20° = 2171$$

$$x_8 = x_7 = -30.2 \qquad\qquad y_8 = y_5 = 200 \qquad\qquad z_8 = z_7 = 2171$$

2. 计算棱线 $\underline{15}$，$\underline{26}$，$\underline{37}$，$\underline{48}$ 的实长（$\underline{15}$ 表示点 1 与点 5 两点的连接线段，其他以此类推）

$$\underline{15} = \sqrt{(x_1 - x_5)^2 + (y_1 - y_5)^2 + (z_1 - z_5)^2}$$
$$= \sqrt{(-250 + 969.8)^2 + (400 - 200)^2 + (0 - 1829)^2} = 1975.7$$

$$\underline{26} = \sqrt{(x_2 - x_6)^2 + (y_2 - y_6)^2 + (z_2 - z_6)^2}$$
$$= \sqrt{(-250 + 969.8)^2 + (-400 + 1000)^2 + (0 - 1829)^2} = 2055.1$$

$$\underline{37} = \sqrt{(x_3 - x_7)^2 + (y_3 - y_7)^2 + (z_3 - z_7)^2}$$
$$= \sqrt{(250 + 30.2)^2 + (-400 + 1000)^2 + (0 - 2171)^2} = 2269.7$$

$$\underline{48} = \sqrt{(x_4 - x_8)^2 + (y_4 - y_8)^2 + (z_4 - z_8)^2}$$
$$= \sqrt{(250 + 30.2)^2 + (400 - 200)^2 + (0 - 2171)^2} = 2198.1$$

3. 计算 4 个侧板 4 条对角线 $\underline{25}$，$\underline{27}$，$\underline{47}$，$\underline{18}$ 的实长

$$\underline{25} = \sqrt{(x_2 - x_5)^2 + (y_2 - y_5)^2 + (z_2 - z_5)^2}$$
$$= \sqrt{(-250 + 969.8)^2 + (-400 - 200)^2 + (0 - 1829)^2} = 2055$$

$$\underline{27} = \sqrt{(x_2 - x_7)^2 + (y_2 - y_7)^2 + (z_2 - z_7)^2}$$
$$= \sqrt{(-250 + 30.2)^2 + (-400 + 1000)^2 + (0 - 2171)^2} = 2263$$

$$\underline{47} = \sqrt{(x_4 - x_7)^2 + (y_4 - y_7)^2 + (z_4 - z_7)^2}$$
$$= \sqrt{(250 + 30.2)^2 + (400 + 1000)^2 + (0 - 2171)^2} = 2598.4$$

$$\underline{18} = \sqrt{(x_1 - x_8)^2 + (y_1 - y_8)^2 + (z_1 - z_8)^2}$$
$$= \sqrt{(-250 + 30.2)^2 + (400 - 200)^2 + (0 - 2171)^2} = 2191.2$$

4. 二面角，面积和质量计算略。

二、用光盘计算示例

双击"8.4.5 左前偏心下口右倾斜的棱锥管"程序名，出现新的界面→单击"展开计

算"→单击"展开计算"按钮后，计算示例值就会显示出来。光盘计算示例如图 8-4-5-4 所示。用计算数据采用三角形法可作出展开图。

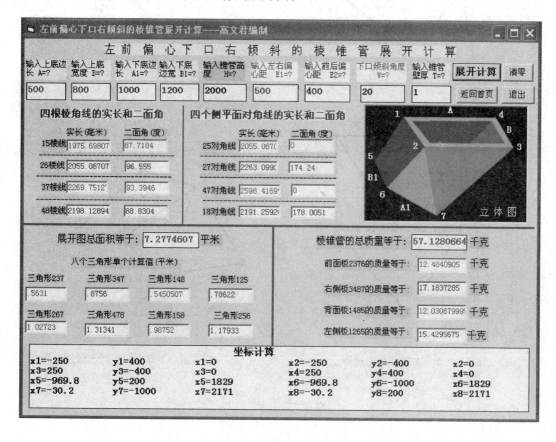

图 8-4-5-4　左前偏心下口右倾斜棱锥管光盘计算示例

8.4.6　左前偏心下口左倾斜的棱锥管

一、用公式计算示例

图 8-4-6-1 为立体图，图 8-4-6-2 为主视图和俯视图，图 8-4-6-3 为展开图。坐标和线段实长计算示例如下：已知 $A=600$，$B=800$，$A_1=1600$，$B_1=1800$，$H=2200$，左右偏心距 $E_1=300$，前后偏心距 $E_2=500$，下口左倾角度 $w=12°$，板厚 $T=5$。试计算棱锥管展开所需要的参数。

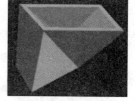

图 8-4-6-1　立体图

1. 计算上下口矩形 8 个角点 1，2，3，4，5，6，7，8 的 x，y，z 坐标，将上口中心点 01 设为直角坐标系的原点，x 坐标向右为正，向左为负。y 坐标向后为正，向前为负。z 坐标向下为正，向上为负。

$$x_1=-\frac{A}{2}=-\frac{600}{2}=-300 \qquad y_1=\frac{B}{2}=\frac{800}{2}=400 \qquad z_1=0$$

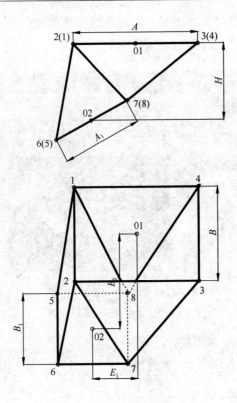

图 8-4-6-2　主视图和俯视图　　　　图 8-4-6-3　左前偏心下口左倾斜棱锥管展开图

$$x_2 = x_1 = -300 \qquad y_2 = -\frac{B}{2} = -\frac{800}{2} = -400 \qquad z_2 = 0$$

$$x_3 = \frac{A}{2} = \frac{500}{2} = 300 \qquad y_3 = y_2 = -400 \qquad z_3 = 0$$

$$x_4 = x_3 = 300 \qquad y_4 = y_1 = 400 \qquad z_4 = 0$$

$$x_5 = -E_1 - \frac{A_1}{2} \times \cos W = -300 - \frac{1600}{2} \times \cos 12° = -1082.5$$

$$y_5 = -E_2 + \frac{B_1}{2} = 400$$

$$z_5 = H + \frac{A_1}{2} \times \sin W = 2200 + \frac{1600}{2} \times \sin 12° = 2366.3$$

$$x_6 = x_5 = -1082.5$$

$$y_6 = y_5 - B_1 = 400 - 1800 = -1400$$

$$z_6 = z_5 = 2366.3$$

$$x_7 = -E_1 + \frac{A_1}{2} \times \cos W = -300 + \frac{1600}{2} \times \cos 12° = 482.5$$

$$y_7 = y_6 = -1400$$

$$z_7 = H - \frac{A_1}{2} \times \sin W = 2200 - \frac{1600}{2} \times \sin 12° = 2033.7$$

$$x_8 = x_7 = 482.5 \qquad y_8 = y_5 = 400 \qquad z_8 = z_7 = 2033.7$$

2. 计算棱线 $\underline{15}$，$\underline{26}$，$\underline{37}$，$\underline{48}$ 的实长（$\underline{15}$ 表示点 1 与点 5 两点的连接线段，其他以此类推）

$$\underline{15} = \sqrt{(x_1 - x_5)^2 + (y_1 - y_5)^2 + (z_1 - z_5)^2}$$
$$= \sqrt{(-300 + 1082.5)^2 + (400 - 400)^2 + (0 - 2366.3)^2} = 2492.5$$

$$\underline{26} = \sqrt{(x_2 - x_6)^2 + (y_2 - y_6)^2 + (z_2 - z_6)^2}$$
$$= \sqrt{(-300 + 1082.5)^2 + (-400 + 1400)^2 + (0 - 2366.3)^2} = 2685.4$$

$$\underline{37} = \sqrt{(x_3 - x_7)^2 + (y_3 - y_7)^2 + (z_3 - z_7)^2}$$
$$= \sqrt{(300 - 482.5)^2 + (-400 + 1400)^2 + (0 - 2033.7)^2} = 2273.6$$

$$\underline{48} = \sqrt{(x_4 - x_8)^2 + (y_4 - y_8)^2 + (z_4 - z_8)^2}$$
$$= \sqrt{(300 + 482.5)^2 + (400 - 400)^2 + (0 - 2033.7)^2} = 2041.9$$

3. 计算 4 个侧板 4 条对角线 $\underline{25}$，$\underline{27}$，$\underline{47}$，$\underline{18}$ 的实长

$$\underline{25} = \sqrt{(x_2 - x_5)^2 + (y_2 - y_5)^2 + (z_2 - z_5)^2}$$
$$= \sqrt{(-300 + 1082.5)^2 + (-400 - 400)^2 + (0 - 2366.3)^2} = 2617.6$$

$$\underline{27} = \sqrt{(x_2 - x_7)^2 + (y_2 - y_7)^2 + (z_2 - z_7)^2}$$
$$= \sqrt{(-300 + 482.5)^2 + (-400 + 1400)^2 + (0 - 2033.7)^2} = 2397.5$$

$$\underline{47} = \sqrt{(x_4 - x_7)^2 + (y_4 - y_7)^2 + (z_4 - z_7)^2}$$
$$= \sqrt{(300 - 482.5)^2 + (400 + 1400)^2 + (0 - 2033.7)^2} = 2722$$

$$\underline{18} = \sqrt{(x_1 - x_8)^2 + (y_1 - y_8)^2 + (z_1 - z_8)^2}$$
$$= \sqrt{(-300 - 482.5)^2 + (400 - 400)^2 + (0 - 2033.7)^2} = 2179$$

4. 二面角，面积和质量计算略。

二、用光盘计算示例

双击"8.4.6 左前偏心下口左倾斜的棱锥管"程序名，出现新的界面→单击"展开计算"→单击"展开计算"按钮后，计算示例值就会显示出来。光盘计算示例如图 8-4-6-4 所示。用计算数据采用三角形法可作出展开图。

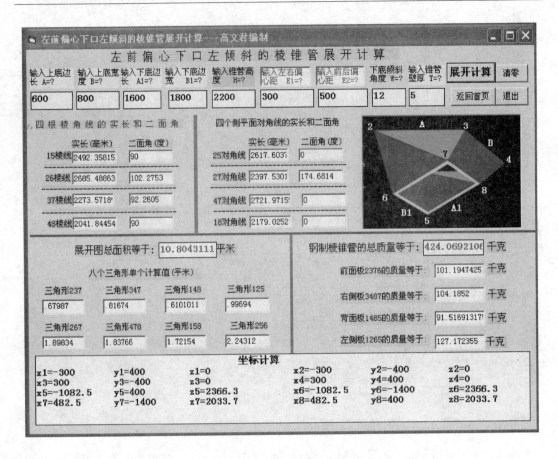

图 8-4-6-4　左前偏心下口左倾斜棱锥管光盘计算示例

8.4.7　右前偏心下口右倾斜的棱锥管

一、用公式计算示例

图 8-4-7-1 为立体图，图 8-4-7-2 为主视图和俯视图，图 8-4-7-3 为展开图。坐标和线段实长计算示例如下：已知 $A=480$，$B=400$，$A_1=932$，$B_1=800$，$H=577$，左右偏心距 $E_1=100$，前后偏心距 $E_2=120$，下口右倾角度 $w=15°$，板厚 $T=2$。试计算棱锥管展开所需要的参数。

1. 计算上下口矩形 8 个角点 1，2，3，4，5，6，7，8 的 x，y，z 坐标，将上口中心点 01 设为直角坐标系的原点，x 坐标向右为正，向左为负。y 坐标向后为正，向前为负。z 坐标向下为正，向上为负。

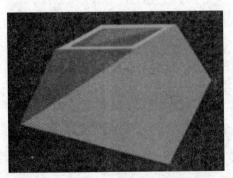

图 8-4-7-1　立体图

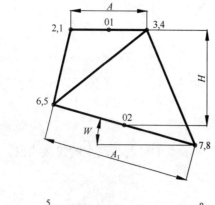

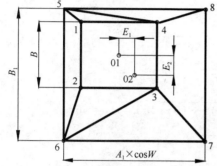

图 8-4-7-2　右前偏心下口右倾斜棱
锥管主视图和俯视图

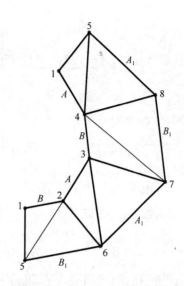

图 8-4-7-3　右前偏心下口右倾斜
棱锥管展开图

$$x_1 = -\frac{A}{2} = -\frac{480}{2} = -240 \qquad y_1 = \frac{B}{2} = \frac{400}{2} = 200 \qquad z_1 = 0$$

$$x_2 = x_1 = -240 \qquad y_2 = -\frac{B}{2} = -\frac{400}{2} = -200 \qquad z_2 = 0$$

$$x_3 = \frac{A}{2} = \frac{500}{2} = 240 \qquad y_3 = y_2 = -200 \qquad z_3 = 0$$

$$x_4 = x_3 = 240 \qquad y_4 = y_1 = 200 \qquad z_4 = 0$$

$$x_5 = E_1 - \frac{A_1}{2} \times \cos W = 100 - \frac{932}{2} \times \cos 15° = -350.1$$

$$y_5 = -E_2 + \frac{B_1}{2} = 280$$

$$z_5 = H - \frac{A_1}{2} \times \sin W = 577 - \frac{932}{2} \times \sin 15° = 456.4$$

$$x_6 = x_5 = -350.1$$

$$y_6 = y_5 - B_1 = 280 - 800 = -520$$

$$z_6 = z_5 = 456.4$$

$$x_7 = E_1 + \frac{A_1}{2} \times \cos W = 100 + \frac{932}{2} \times \cos 15° = 550.1$$

$$y_7 = y_6 = -520$$

$$z_7 = H + \frac{A_1}{2} \times \sin W = 577 + \frac{932}{2} \times \sin 15° = 697.6$$

$$x_8 = x_7 = 550.1 \qquad\qquad y_8 = y_5 = 280 \qquad\qquad z_8 = z_7 = 697.6$$

2. 计算棱线 $\underline{15}$，$\underline{26}$，$\underline{37}$，$\underline{48}$ 的实长（$\underline{15}$ 表示点 1 与点 5 两点的连接线段，其他以此类推）

$$\underline{15} = \sqrt{(x_1 - x_5)^2 + (y_1 - y_5)^2 + (z_1 - z_5)^2}$$
$$= \sqrt{(-240 + 350.1)^2 + (400 - 280)^2 + (0 - 456.4)^2} = 476.3$$

$$\underline{26} = \sqrt{(x_2 - x_6)^2 + (y_2 - y_6)^2 + (z_2 - z_6)^2}$$
$$= \sqrt{(-240 + 350.1)^2 + (-200 + 520)^2 + (0 - 456.4)^2} = 568.2$$

$$\underline{37} = \sqrt{(x_3 - x_7)^2 + (y_3 - y_7)^2 + (z_3 - z_7)^2}$$
$$= \sqrt{(240 - 550.1)^2 + (-200 + 520)^2 + (0 - 697.6)^2} = 827.8$$

$$\underline{48} = \sqrt{(x_4 - x_8)^2 + (y_4 - y_8)^2 + (z_4 - z_8)^2}$$
$$= \sqrt{(240 - 550.1)^2 + (200 - 280)^2 + (0 - 697.6)^2} = 767.6$$

3. 计算 4 个侧板 4 条对角线 $\underline{25}$，$\underline{36}$，$\underline{47}$，$\underline{45}$ 的实长

$$\underline{25} = \sqrt{(x_2 - x_5)^2 + (y_2 - y_5)^2 + (z_2 - z_5)^2}$$
$$= \sqrt{(-240 + 350.1)^2 + (-200 - 280)^2 + (0 - 456.4)^2} = 671.4$$

$$\underline{36} = \sqrt{(x_3 - x_6)^2 + (y_3 - y_6)^2 + (z_3 - z_6)^2}$$
$$= \sqrt{(240 + 350.1)^2 + (-200 + 520)^2 + (0 - 456.4)^2} = 811.7$$

$$\underline{47} = \sqrt{(x_4 - x_7)^2 + (y_4 - y_7)^2 + (z_4 - z_7)^2}$$
$$= \sqrt{(240 - 550.1)^2 + (200 + 520)^2 + (0 - 697.6)^2} = 1049.4$$

$$\underline{45} = \sqrt{(x_4 - x_5)^2 + (y_4 - y_5)^2 + (z_4 - z_5)^2}$$
$$= \sqrt{(240 + 350.1)^2 + (200 - 280)^2 + (0 - 456.4)^2} = 750.3$$

4. 二面角，面积和质量计算略。

二、用光盘计算示例

双击"8.4.7 右前偏心下口右倾斜的棱锥管"程序名，出现新的界面→单击"展开计

算"→单击"展开计算"按钮后，计算示例值就会显示出来。光盘计算示例如图 8-4-7-4 所示。用计算数据采用三角形法可作出展开图。

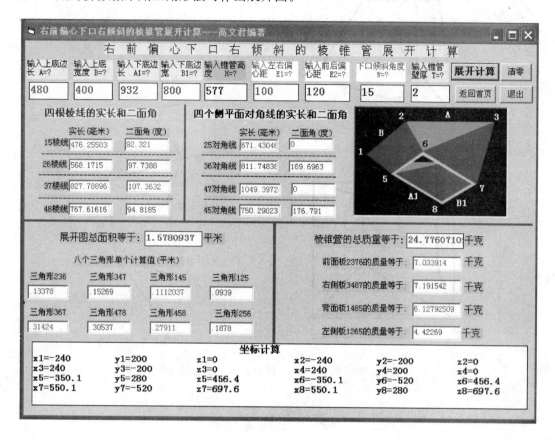

图 8-4-7-4　右前偏心下口右倾斜棱锥管光盘计算示例

8.4.8　右前偏心下口左倾斜的棱锥管

一、用公式计算示例

图 8-4-8-1 为立体图，图 8-4-8-2 为主视图和俯视图，图 8-4-8-3 为展开图。坐标和线段实长计算示例如下：

已知 $A=300$，$B=400$，$A_1=500$，$B_1=600$，$H=800$，左右偏心距 $E_1=300$，前后偏心距 $E_2=200$，下口左倾角度 $w=29°$，板厚 $T=1$。试计算棱锥管展开所需要的参数。

1. 计算上下口矩形 8 个角点 1，2，3，4，5，6，7，8 的 x，y，z 坐标，将上口中心点 01 设为直角坐标系的原点，x 坐标向右为正，向左为负。y 坐标向后为正，向前为负。z 坐标向下为正，向上为负。

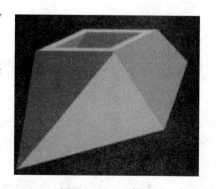

图 8-4-8-1　立体图

319

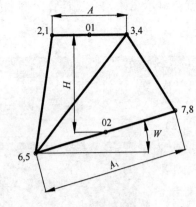

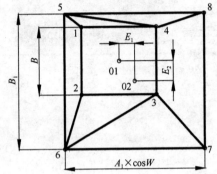

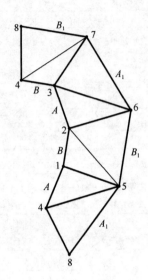

图 8-4-8-2　主视图和俯视图　　　图 8-4-8-3　右前偏心下口左倾斜棱锥管展开图

$$x_1 = -\frac{A}{2} = -\frac{300}{2} = -150 \qquad y_1 = \frac{B}{2} = \frac{400}{2} = 200 \qquad z_1 = 0$$

$$x_2 = x_1 = -150 \qquad y_2 = -\frac{B}{2} = -\frac{400}{2} = -200 \qquad z_2 = 0$$

$$x_3 = \frac{A}{2} = \frac{500}{2} = 150 \qquad y_3 = y_2 = -200 \qquad z_3 = 0$$

$$x_4 = x_3 = 150 \qquad y_4 = y_1 = 200 \qquad z_4 = 0$$

$$x_5 = E_1 - \frac{A_1}{2} \times \cos W = 300 - \frac{500}{2} \times \cos 29° = 81.3$$

$$y_5 = -E_2 + \frac{B_1}{2} = 100$$

$$z_5 = H + \frac{A_1}{2} \times \sin W = 800 + \frac{500}{2} \times \sin 29° = 921.2$$

$$x_6 = x_5 = 81.3$$

$$y_6 = y_5 - B_1 = 100 - 600 = -500$$

$$z_6 = z_5 = 921.2$$

$$x_7 = E_1 + \frac{A_1}{2} \times \cos W = 300 + \frac{500}{2} \times \cos 29° = 518.7$$

$$y_7 = y_6 = -500$$

$$z_7 = H - \frac{A_1}{2} \times \sin W = 800 - \frac{500}{2} \times \sin 29° = 678.8$$

$$x_8 = x_7 = 518.7 \qquad y_8 = y_5 = 100 \qquad z_8 = z_7 = 678.8$$

2. 计算棱线 $\underline{15}$，$\underline{26}$，$\underline{37}$，$\underline{48}$ 的实长（$\underline{15}$ 表示点 1 与点 5 两点的连接线段，其他以此类推）

$$\underline{15} = \sqrt{(x_1 - x_5)^2 + (y_1 - y_5)^2 + (z_1 - z_5)^2}$$
$$= \sqrt{(-150 - 81.3)^2 + (200 - 100)^2 + (0 - 921.2)^2} = 955$$

$$\underline{26} = \sqrt{(x_2 - x_6)^2 + (y_2 - y_6)^2 + (z_2 - z_6)^2}$$
$$= \sqrt{(-150 - 81.3)^2 + (-200 + 500)^2 + (0 - 921.2)^2} = 996$$

$$\underline{37} = \sqrt{(x_3 - x_7)^2 + (y_3 - y_7)^2 + (z_3 - z_7)^2}$$
$$= \sqrt{(150 - 518.7)^2 + (-200 + 500)^2 + (0 - 678.8)^2} = 828.7$$

$$\underline{48} = \sqrt{(x_4 - x_8)^2 + (y_4 - y_8)^2 + (z_4 - z_8)^2}$$
$$= \sqrt{(150 - 518.7)^2 + (200 - 100)^2 + (0 - 678.8)^2} = 778.9$$

3. 计算 4 个侧板 4 条对角线 $\underline{25}$，$\underline{36}$，$\underline{47}$，$\underline{45}$ 的实长

$$\underline{25} = \sqrt{(x_2 - x_5)^2 + (y_2 - y_5)^2 + (z_2 - z_5)^2}$$
$$= \sqrt{(-150 - 81.3)^2 + (-200 - 100)^2 + (0 - 921.2)^2} = 996$$

$$\underline{36} = \sqrt{(x_3 - x_6)^2 + (y_3 - y_6)^2 + (z_3 - z_6)^2}$$
$$= \sqrt{(150 - 81.3)^2 + (-200 + 500)^2 + (0 - 921.2)^2} = 971.3$$

$$\underline{47} = \sqrt{(x_4 - x_7)^2 + (y_4 - y_7)^2 + (z_4 - z_7)^2}$$
$$= \sqrt{(150 - 518.7)^2 + (200 + 500)^2 + (0 - 678.8)^2} = 1042.5$$

$$\underline{45} = \sqrt{(x_4 - x_5)^2 + (y_4 - y_5)^2 + (z_4 - z_5)^2}$$
$$= \sqrt{(150 - 81.3)^2 + (200 - 100)^2 + (0 - 921.2)^2} = 929.2$$

4. 二面角，面积和质量计算略。

二、用光盘计算示例

双击"8.4.8 右前偏心下口左倾斜的棱锥管"程序名，出现新的界面→单击"展开计算"→单击"展开计算"按钮后，计算示例值就会显示出来。光盘计算示例如图 8-4-8-4 所示。用计算数据采用三角形法可作出展开图。

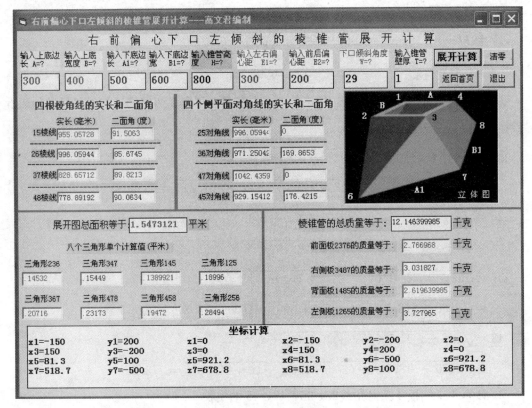

图 8-4-8-4 右前偏心下口左倾斜棱锥管光盘计算示例

8.5 上口扭转任意角度的棱锥管展开计算

1. 上下口平行，上口扭转任意角度的棱锥管的应用在工程中是十分常见的。例如，在工厂中两种设备处于不同的标高和不同的平面位置时需要的中间连接过渡管道；两层楼的两个洞口需要安装矩形连接管道或安装料仓、溜槽和漏斗，而上下口又处于一般位置时等情况，都需要本程序设计的这种棱锥管接头来错位连接。由于这种上下口中心错位的在实际施工现场中是随机出现的，因此首先要测量几个已知数据才能进行程序计算。这几个已知数据是：

左右偏心距 E_1，前后偏心距 E_2，上口反时针旋转角度 W 以及楼层（或者上下口）高度 H。另外，上下口两个矩形的边长也是已知数据，在程序运行时，从光标闪烁处开始，按光标上面的提示，按键盘左面的 T_{ab} 键依次输入已知数据后，即可得到展开数据表。

2. 测量偏心距 E_1 和 E_2 的方法：

（1）从上面一个楼层将上口矩形的四个角点用吊线锤将它们移向下面楼层地平面上。

（2）将四个角点连接和连接两条对角线，两条对角线的交点就是上口中心点 02，下口中心点 01 就是本楼层矩形的中心点。

（3）过下口中心点 01 作下口矩形线段 23 的平行线，过上口中心点 02 作下口矩形 12

线段的平行线，两平行线的交点设为 03 点，那么 01 点到 03 点的距离就是 E_1，02 点到 03 的距离就是 E_2。

3. 如何测量角度 W 的值：

根据上面上口中心 02 点与下口中心 01 的相对位置对照程序确定 02 在第几象限，然后在那个象限的平面图中按照图的编号找到上口编号为 67（或 58）的线段，从点 6（或 5）引与点 01 到 03 的线段的平行线，那么该平行线与线段 67（或线段 58）之间的夹角就是已知条件所需要的角度 W。测量这个角度的方法一是用量角器，二是用三角函数的方法计算出 W 的值。显然用第二种方法要准确一些，但是在这之前要作一条 W 角所对的直角边，在测量出两条直角边的长度后，用正切函数计算出 W 的角度值。

4. 如何确定两个偏心距 E_1 和 E_2 的正负：

E_1 和 E_2 在四个象限到底取正还是取负值，第一，程序启动运行后的计算屏幕顶部对 E_1 和 E_2 取值正负均有提示；第二，本程序对 E_1 和 E_2 在四象限的取值符号与双偏心棱锥管（上口不扭转）的计算程序完全一样；第三，在本页返回上一个屏幕（点击本页右上角的红叉）也可直接查看 E_1 和 E_2 在四个象限的取值情况。

5. 上口中心 02 相对于坐标原点 01 在四个象限的计算均有示例，如图 8-5-1-1～图 8-5-4-1，可供读者参考。

8.5.1 右后偏心上口扭转的棱锥管

一、说明

图 8-5-1-1 为立体图，图 8-5-1-2 为主视图和俯视图，图 8-5-1-3 为展开图。由于计算公式烦多，因此本节省略了关于用公式手工计算方法的介绍。为了便于理解本类结构件的空间概念和保证结构件的质量，可将展开数据画在厚纸板上作成展开图，然后将需要弯折的线折成封闭的空间模型，用胶纸将接缝

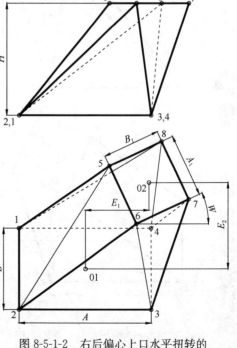

图 8-5-1-2 右后偏心上口水平扭转的棱锥管主视图和俯视图

图 8-5-1-1 立体图

323

粘牢即可观察其空间模型。

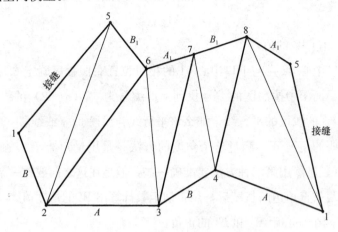

图 8-5-1-3 右后偏心上口水平扭转的棱锥管展开图

二、用光盘计算示例

双击"8.5.1 右后偏心上口扭转的棱锥管"→出现如图 8-5-1-4 所示的启动画面→单

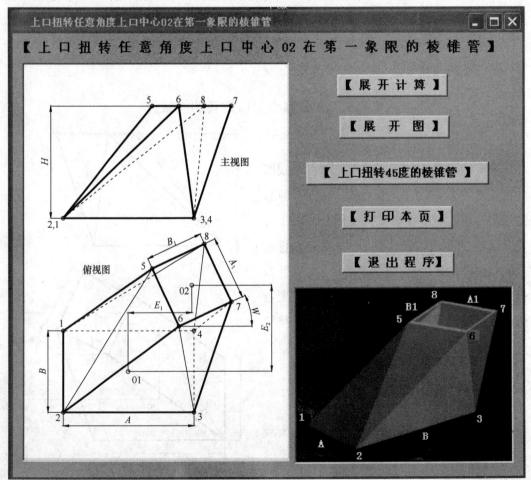

图 8-5-1-4 右后偏心上口水平扭转的棱锥管程序启动界面

击"展开计算"按钮后计算示例值就会显示出来。光盘计算示例如图 8-5-1-5 所示。

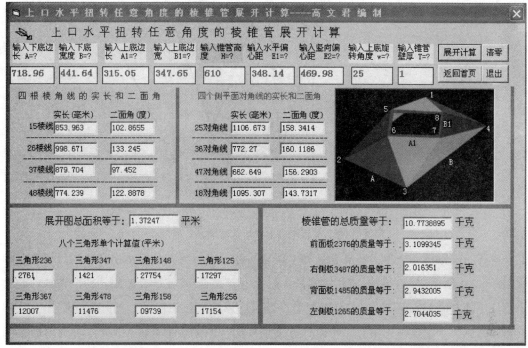

图 8-5-1-5　右后偏心上口水平扭转的棱锥管光盘计算示例

8.5.2　左后偏心上口扭转的棱锥管

图 8-5-2-1 为立体图，图 8-5-2-2 为主视图和俯视图，图 8-5-2-3 为展开图。用公式手工计算方法略。用光盘计算的步骤是：双击"8.5.2 左后偏心

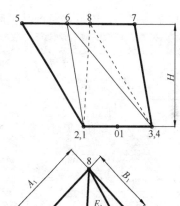

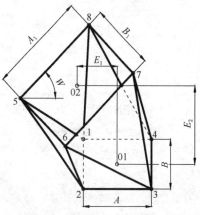

图 8-5-2-2　左后偏心上口扭转的棱锥管主视图和俯视图

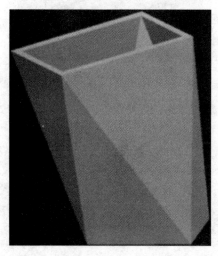

图 8-5-2-1　立体图

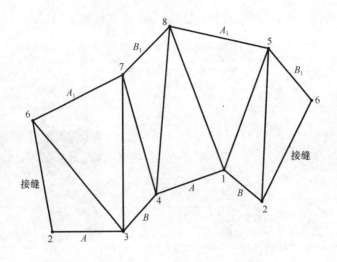

图 8-5-2-3 左后偏心上口扭转的棱锥管展开图

上口扭转的棱锥管"→单击"展开计算"按钮后计算示例值就会显示出来。光盘计算示例如图 8-5-2-4 所示。计算时需要注意的是：因为上口中心 O2 在第二象限，所以在输入的已知条件中的左右偏心距 E_1 一定要取负值，否则计算结果是错误的。另外，在制作大型和重要结构时，为了保证不出错，可将计算表用作展开图的数据在 CAD 软件上画出展开图并打印或者按照比例用传统的手工放样的方法在厚纸板上画展开图，将作出的展开图的各个棱线折成一个封闭的棱锥管立体图模型并将接缝粘接好后，可观察其是否正确，这样除了增加立体感外，还可避免产品报废。

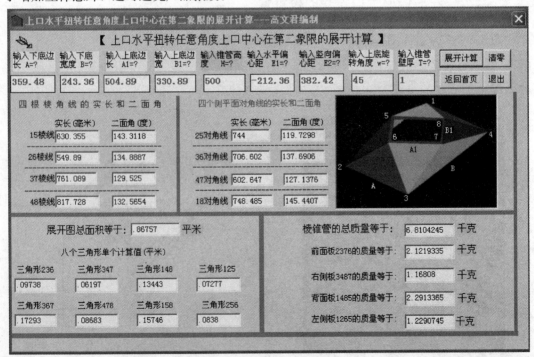

图 8-5-2-4 左后偏心上口扭转的棱锥管光盘计算示例

8.5.3　左前偏心上口扭转的棱锥管

图 8-5-3-1 为立体图，图 8-5-3-2 为主视图和俯视图，图 8-5-3-3 为展开图。用公式手

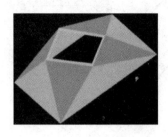

工计算方法略。用光盘计算的步骤是：双击"8.5.3 左前偏心上口扭转的棱锥管"→单击"展开计算"按钮后计算示例值就会显示出来。光盘计算示例如图 8-5-3-5 所示。计算时需要注意的是：因为上口中心 02 在第三象限，所以在输入的已知条件左右偏心距 E_1 和前后偏心距 E_2 时两者都要取负值，否则计算结果是错误的。

图 8-5-3-1　立体图

下面介绍关于棱线37 和棱线47 两侧的三角形平面形成的二面角的作图过程，如图 8-5-3-4 所示，在已知条件相同的情况下，用换面法作出的棱线37 二面角为 127°，棱线47 的二面角为 160°，与图 8-5-3-5 计算表中的计算值基本吻合，两者的误差是作图精度不够和测量误差所造成的。通过作图法与程序计算法两者的互相检验，可以使读者对程序计算法有进一步的了解。

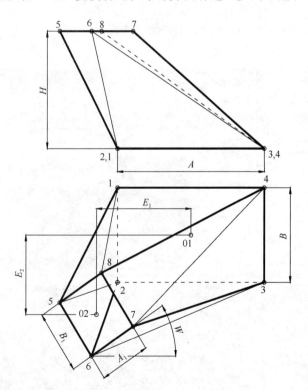

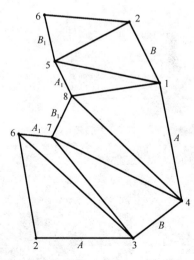

图 8-5-3-2　左前偏心上口扭转的棱
锥管主视图和俯视图

图 8-5-3-3　左前偏心上口扭转
的棱锥管展开图

用作图方法求二面角的步骤和方法

1. 用作图法求二面角度时，必须先在一个视图上作一条平行于二面角棱线的平行线作为第一个新的投影面(例如作X_1正垂面平行于主视图中的37线段)。
2. 在俯视图上找到3点和7两点的前后差为150.43作为新的投影面上3和7两点的高差，并测量得到线段37的实长为650.52。
3. 再建立第二个投影面X_2，使X_2垂直于X_1坐标系中的37实长线段，此时37线段在X_2坐标系中聚集成为一个点(3,7)。
4. 另外的两个点4和6在原X坐标系俯视图中的前后差为573.1作为 X_1 坐标系中4和点6的高差。
5. 点4和点6在 X_2 坐标系的高度差来源于X坐标系中主视图点4和6到X_1正垂面的距离100和198.36。从 X_2 坐标系中看出，棱线37两侧的两个平面374和376形成的二面角度其测量标注值为127°与程序计算值基本吻合。误差由作图引起。
棱线47的二面角求解方法与棱线37完全一样。其测量值为160°。

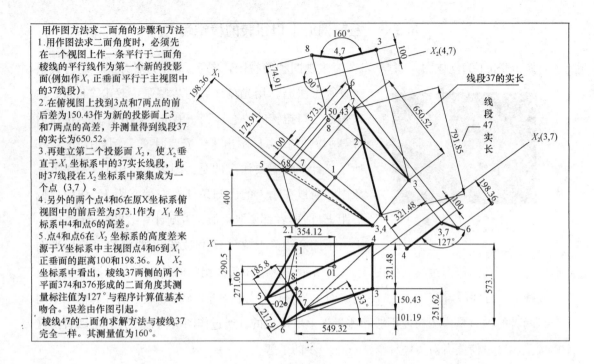

图 8-5-3-4　棱线 37 和棱线 47 两侧平面二面角的作图步骤

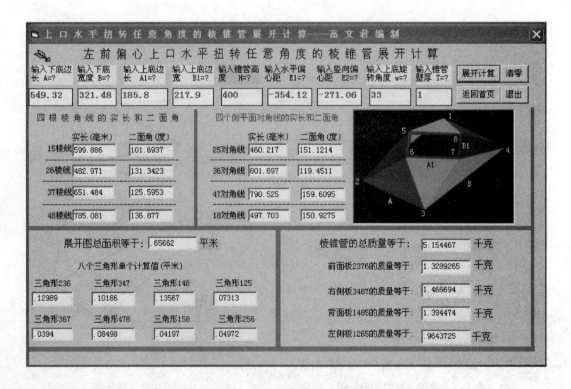

图 8-5-3-5　左前偏心上口扭转的棱锥管光盘计算示例

8.5.4　右前偏心上口扭转的棱锥管

图 8-5-4-1 为立体图，图 8-5-4-2 为主视图和俯视图，图 8-5-4-3 为展开图。用公式手工计算方法略。用光盘计算的步骤是：双击 "8.5.4 右前偏心上口扭转的棱锥管" →单击 "展开计算" 按钮后计算示例值就会显示出来。光盘计算示例如图 8-5-4-4 所示。计算时需要注意的是：因为上口中心 02 在第四象限，所以在输入已知条件的前后偏心距 E_2 一定要取负值，否则计算结果是错误的。

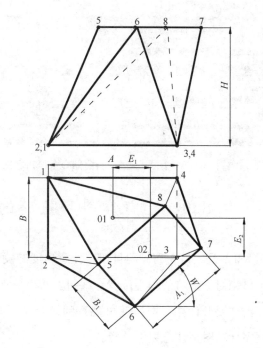

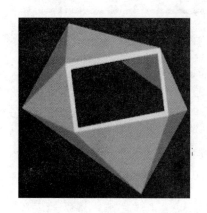

图 8-5-4-1　立体图

图 8-5-4-2　右前偏心上口扭转棱锥管主视图和俯视图

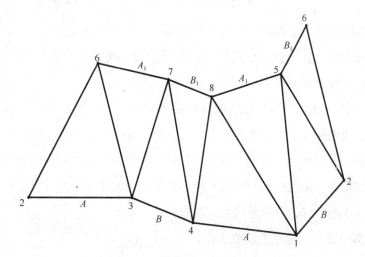

图 8-5-4-3　右前偏心上口扭转的棱锥管展开图

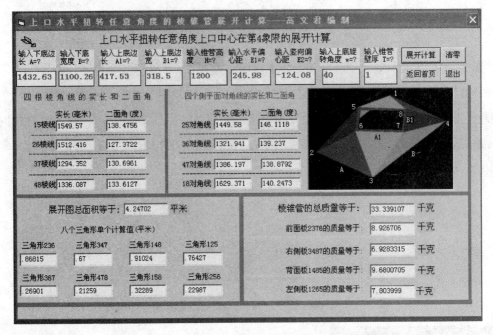

图 8-5-4-4　右前偏心上口扭转的棱锥管光盘计算示例

8.6　上口倾斜且扭转的棱锥管展开计算

图 8-6-1 是上口左右倾斜且扭转任意角度的棱锥管的总图。本节按照上口左右倾斜方向和上口相对于下口的偏心位置，编制了八个子程序供读者使用。每个子程序均有计算示例，点击"展开计算"按钮就可观察到计算结果，再点击"清零"按钮则可进行新的计算。程序计算时请注意以下几点：

1. 已知条件是在实际工程中测量得到或者由图纸标注，一般而言前者居多。

2. 为了保证工程质量，请读者将程序计算的展开数据先缩小比例在硬纸板上作展开图，并按照示意图中将上下口的 8 个角点一一标注在展开图上，用剪刀剪下展开图并将接缝粘牢，然后按示意图各个连接线将展开图折成封闭图形，这个封闭图形就是构件的模型，如果没有什么问题就可作 1∶1 的实物展开图了。

3. 本节棱锥管计算实例的坐标是根据倾斜和偏心的不同而不同的，除了说明外，一般是以下口中心为坐标原点，实例图中有 x，y 和 z 坐标的标注，计算表均有上下口 8 个点的坐标计算值，它们可以作为画三视图用和检验线段的实长。有兴趣的读者可将作出的三视图用换面法检查 8 条线段的相邻两平面三角形的二面角是否与计算值相等，这样可对程序计算有进一步的了解，以后使用起来更是得心应手。

4. 由于计算公式比较复杂和篇幅太多，本节省略。

5. 双击"8.6 上口倾斜且扭转的棱锥管"程序面后，会出现如图 8-6-1 所示的总图画

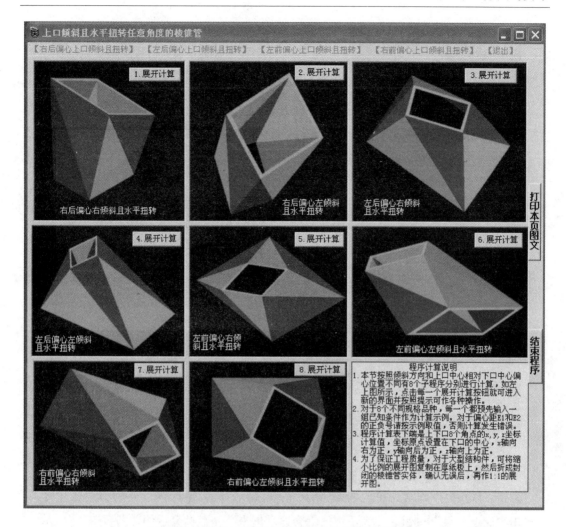

图 8-6-1　上口倾斜且扭转任意角度的棱锥管总图

面，该图表顶部的菜单栏目有 4 个选项，单击每一个选项又有两个计算选择。菜单栏目下面有 8 个与程序配套的立体图，每一个立体图上方都有一个计算按钮，单击这些按钮可进行 8 个子程序展开计算，其作用与选择菜单选项相同，读者根据自己习惯可任意选一种进行展开计算。单击总图表右面"结束程序"按钮可退出程序。

8.6.1　右后偏心上口右倾斜且扭转的棱锥管

一、说明

图 8-6-1-1 为右后偏心上口右倾斜且扭转棱锥管总图。由于计算公式复杂，因此本节省略了关于用公式手工计算方法的介绍。为了便于理解本类结构件的空间概念和保证结构件的质量，可将展开数据画在厚纸板上作成展开图，然后通过需要弯折的线折成封闭的空间模型，用胶纸将接缝粘牢经过搓动即可观察其实体模型。其他有关注意事项见本节的说明文件。

331

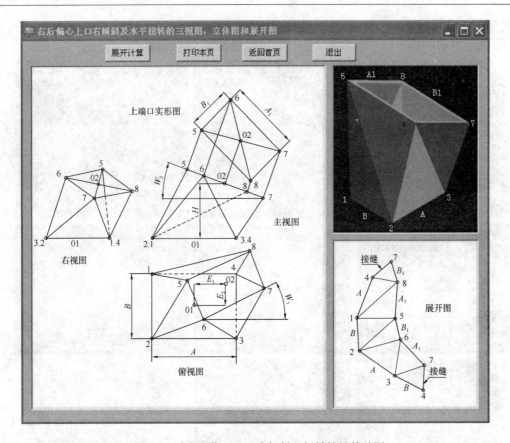

图 8-6-1-1 右后偏心上口右倾斜且扭转棱锥管总图

二、用光盘计算示例

双击"8.6 上口倾斜且扭转的棱锥管"→单击"1. 展开计算"→单击"展开计算"→单击"展开计算"按钮后计算示例值就会显示出来。光盘计算示例如图 8-6-1-2 所示。

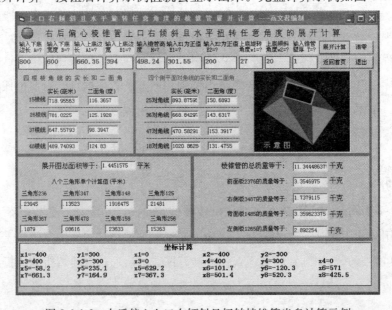

图 8-6-1-2 右后偏心上口右倾斜且扭转棱锥管光盘计算示例

8.6.2　右后偏心上口左倾斜且扭转的棱锥管

一、说明

图 8-6-2-1 为右后偏心上口左倾斜且扭转棱锥管总图。其他有关注意事项见本节的说明文件和图 8-6-1 所示。

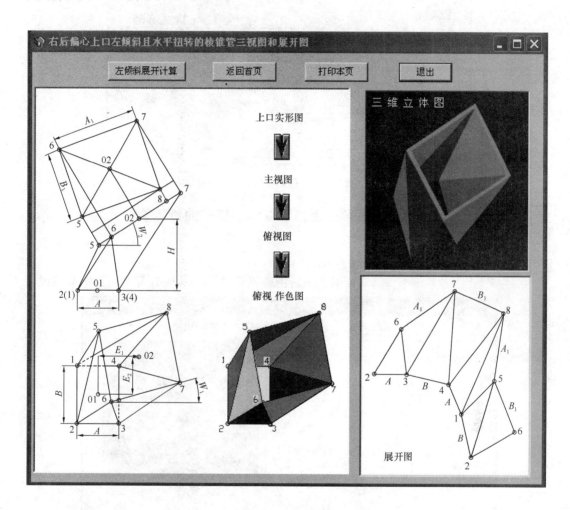

图 8-6-2-1　右后偏心上口左倾斜且扭转棱锥管总图

二、用光盘计算示例

双击"8.6 上口倾斜且扭转的棱锥管"→单击"2. 展开计算"→单击"左倾斜展开计算"→单击"展开计算"按钮后计算示例值就会显示出来。光盘计算示例如图 8-6-2-2 所示。

单击图 8-6-2-1 顶部的"返回首页"按钮,可以返回到图 8-6-1 的界面。

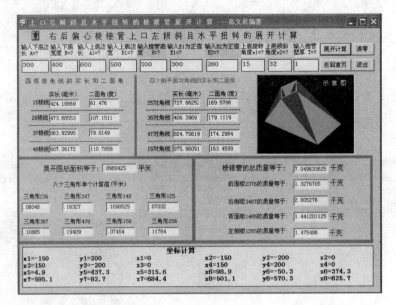

图 8-6-2-2　右后偏心上口左倾斜且扭转棱锥管光盘计算示例

8.6.3　左后偏心上口右倾斜且扭转的棱锥管

一、说明

图 8-6-3-1 为左后偏心上口右倾斜且扭转的棱锥管总图，其他有关事项见本节的说明

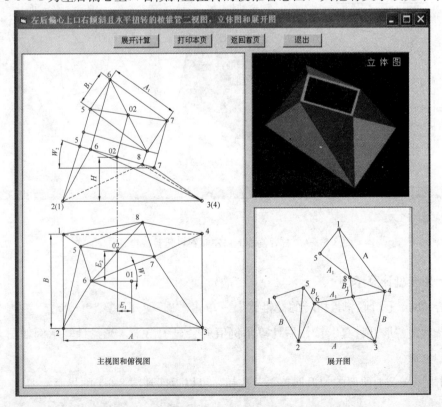

图 8-6-3-1　左后偏心上口右倾斜且扭转的棱锥管总图

文件和图 8-6-1。程序运行后，单击图 8-6-3-1 顶部的"返回首页"按钮可返回到图 8-6-1 的界面，单击"展开计算"可进入如图 8-6-3-2 的展开计算界面作相关操作。

二、用光盘计算示例

本节计算时需要注意的是，输入的已知条件 E_1 一定要取负值，否则计算值是错误的。计算步骤是：双击"8.6 上口倾斜且扭转的棱锥管"→单击"3. 展开计算"→单击"展开计算"→单击"展开计算"按钮后，计算示例值就会显示出来。光盘计算示例如图 8-6-3-2 所示。

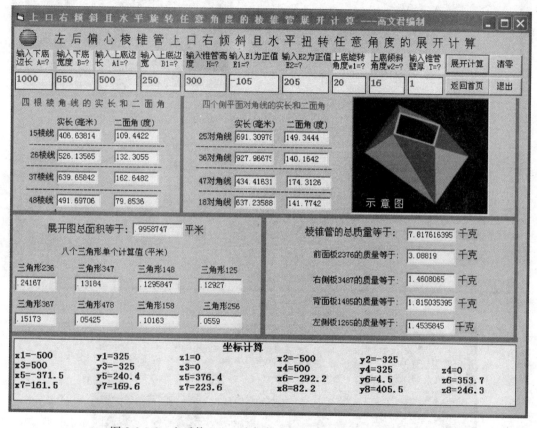

图 8-6-3-2　左后偏心上口右倾斜且扭转的棱锥管光盘计算示例

8.6.4　左后偏心上口左倾斜且扭转的棱锥管

一、说明

图 8-6-4-1 为左后偏心上口左倾斜且扭转的棱锥管总图。其他有关事项见本节的说明文件和图 8-6-1 所示。

二、用光盘计算示例

本节计算时需要注意的是，输入的已知条件 E_1 一定要取负值，否则计算值是错误的。计算步骤是：双击"8.6 上口倾斜且扭转的棱锥管"→单击"4. 展开计算"→单击"展开计算"→单击"展开计算"按钮后，计算示例值就会显示出来。光盘计算示例如图 8-6-4-2 所示。

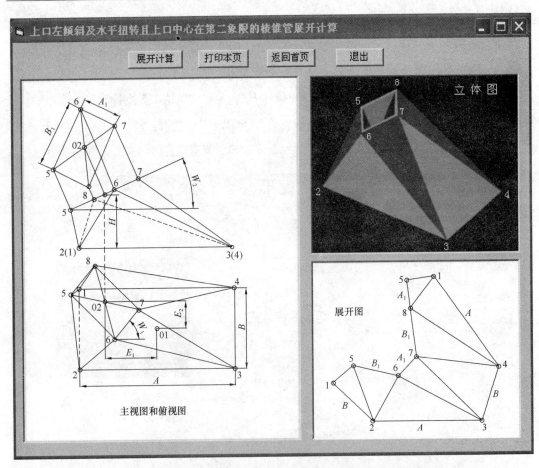

图 8-6-4-1 左后偏心上口左倾斜且扭转的棱锥管总图

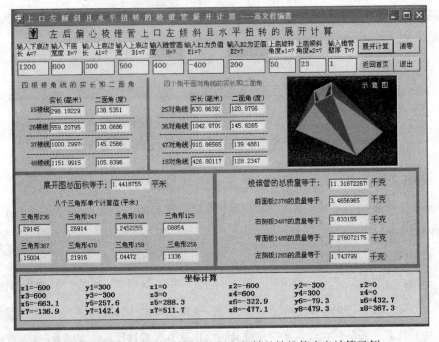

图 8-6-4-2 左后偏心上口左倾斜且扭转的棱锥管光盘计算示例

8.6.5　左前偏心上口右倾斜且扭转的棱锥管

一、说明

图 8-6-5-1 为左前偏心上口右倾斜且扭转的棱锥管总图。根据计算数据用三角形法可作出展开图。其他有关事项见本节的说明文件和图 8-6-1 所示。

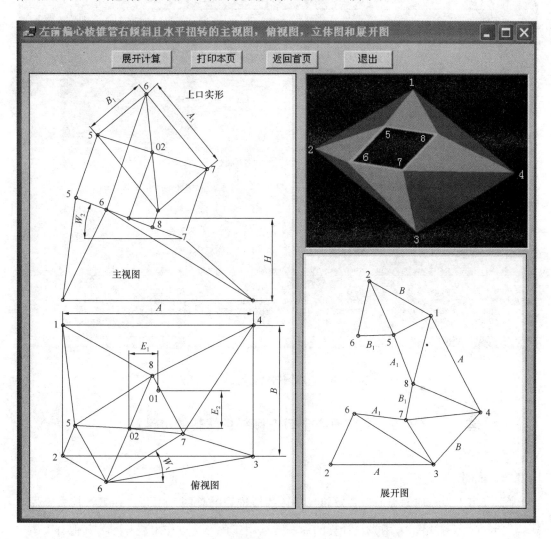

图 8-6-5-1　左前偏心上口右倾斜且扭转的棱锥管总图

二、用光盘计算示例

本节计算时需要注意的是：输入的已知条件左右偏心距 E_1 和前后偏心距 E_2 两者都要取负值，否则计算值是错误的。计算步骤是：双击"8.6 上口倾斜且扭转的棱锥管"→单击"5. 展开计算"→单击"展开计算"→单击"展开计算"按钮后，计算示例值就会显示出来。光盘计算示例如图 8-6-5-2 所示。

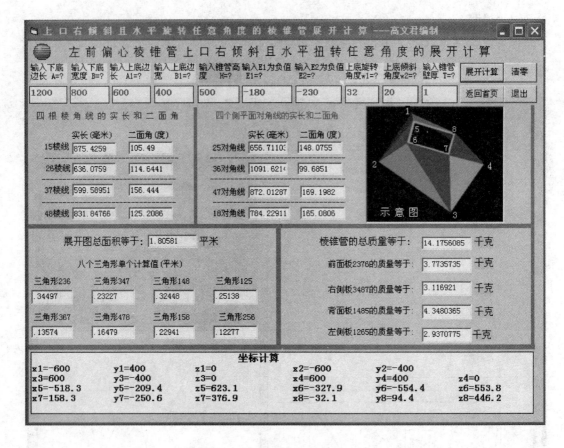

图 8-6-5-2　左前偏心上口右倾斜且扭转的棱锥管光盘计算示例

8.6.6　左前偏心上口左倾斜且扭转的棱锥管

一、说明

图 8-6-6-1 为左前偏心上口左倾斜且扭转的棱锥管的总图。用公式手工计算太麻烦且篇幅太多本小节省略。采用光盘计算的展开数据用三角形法可作出展开图，其他有关事项见本节的说明文件和图 8-6-1 所示。

二、用光盘计算示例

本节计算时需要注意的是：输入的已知条件左右偏心距 E_1 和前后偏心距 E_2 两者都要取负值，否则计算值是错误的。计算步骤是：双击"8.6 上口倾斜且扭转的棱锥管"→单击"6. 展开计算"→单击"展开计算"→单击"展开计算"按钮后，计算示例值就会显示出来，如图 8-6-6-2 所示。

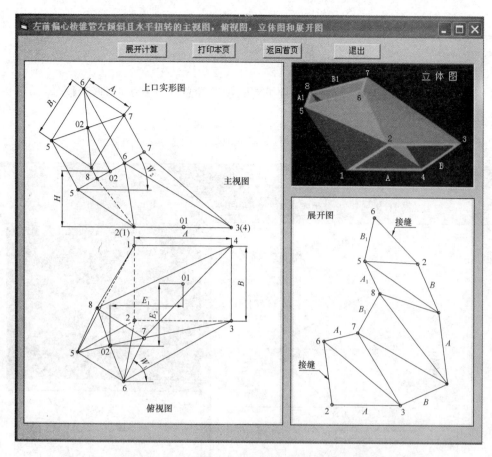

图 8-6-6-1　左前偏心上口左倾斜且扭转的棱锥管总图

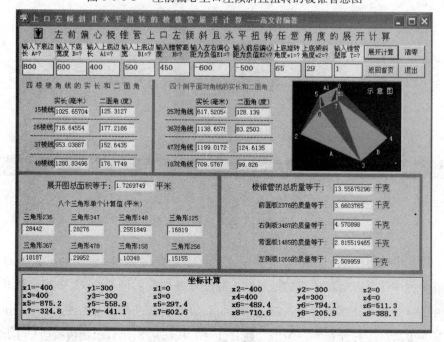

图 8-6-6-2　左前偏心上口左倾斜且扭转的棱锥管光盘计算示例

8.6.7 右前偏心上口右倾斜且扭转的棱锥管

一、说明

图 8-6-7-1 为右前偏心上口右倾斜且扭转的棱锥管总图。有关其他事项见本节的说明文件和图 8-6-1 所示。

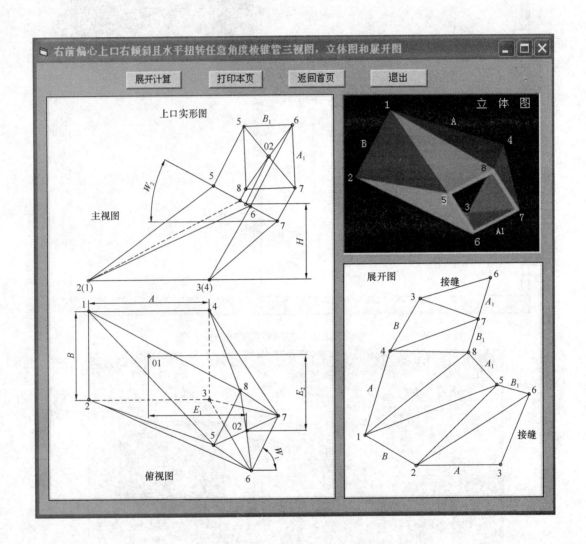

图 8-6-7-1 右前偏心上口右倾斜且扭转的棱锥管总图

二、用光盘计算示例

本节用程序计算时需要注意的是：输入的已知条件前后偏心距 E_2 一定要取负值，否则计算值是错误的。计算步骤是：双击"8.6 上口倾斜且扭转的棱锥管"→单击"7.展开计算"→单击"展开计算"→单击"展开计算"按钮后，计算示例值就会显示出来。光盘计算示例如图 8-6-7-2 所示。

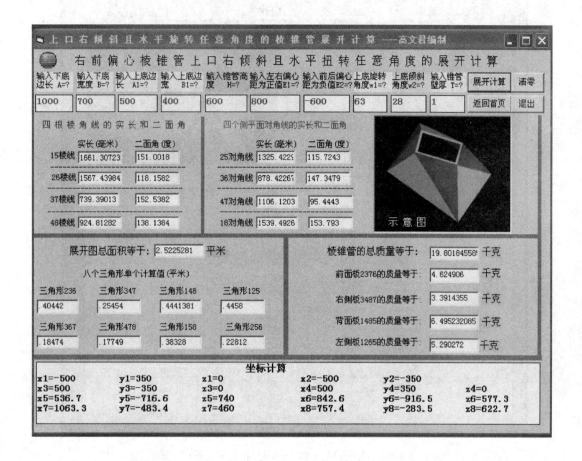

图 8-6-7-2　右前偏心上口右倾斜且扭转的棱锥管光盘计算示例

8.6.8　右前偏心上口左倾斜且扭转的棱锥管

一、说明

图 8-6-8-1 为右前偏心上口左倾斜且扭转的棱锥管总图。有关其他注意事项见本节的说明文件和图 8-6-1 所示。

二、用光盘计算示例

本节计算时需要注意的是：输入的已知条件前后偏心距 E_2 一定要取负值，否则计算值是错误的。计算步骤是：双击"8.6 上口倾斜且扭转的棱锥管"→单击"8. 展开计算"→单击"展开计算"→单击"展开计算"按钮后，计算示例值就会显示出来。光盘计算示例如图 8-6-8-2 所示。

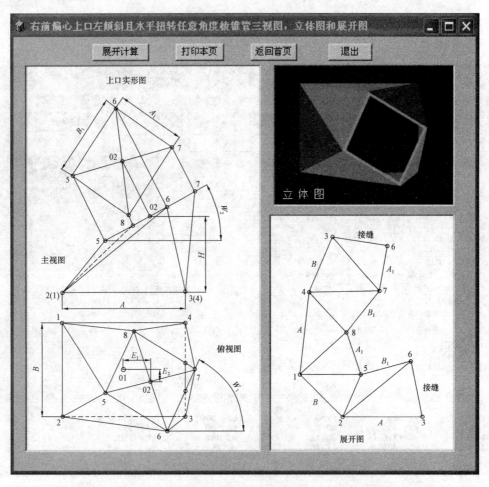

图 8-6-8-1 右前偏心上口左倾斜且扭转的棱锥管总图

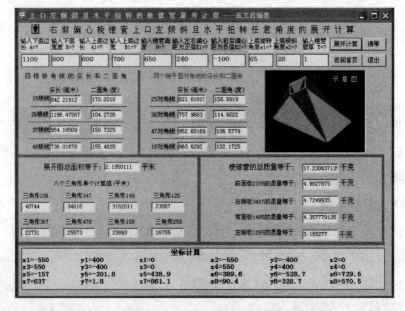

图 8-6-8-2 右前偏心上口左倾斜且扭转的棱锥管总图

8.7　下口倾斜且扭转的棱锥管展开计算

上口呈水平状态而下口倾斜且扭转任意角度的棱锥管是本章放样和计算难度都较大的构件，要求放样人员具备较强的空间概念和数学知识，为了减少工作量，本节未将复杂的计算公式列出，按照下口不同倾斜方向和下口相对于上口的不同偏心位置提供了 8 个子程序供读者使用。每个程序均有计算示例，程序计算时请读者注意以下几点：

1. 同第 8.6 节一样，已知条件是在实际工程中测量得到或者由图纸标注，一般而言前者居多。

2. 为了保证工程质量，请读者将程序计算的展开数据先缩小比例在硬纸板上作展开图，并按照示意图中将上下口的 8 个角点一一标注在展开图上，用剪刀剪下展开图并将接缝粘牢，然后按示意图各个连接线将展开图折成封闭的空间模型，如果没有什么问题就可作 1∶1 的展开图了。

3. 本节棱锥管计算实例的坐标系是根据倾斜和偏心的不同而不同的，实例图中有 x，y 和 z 坐标的标注，计算表均有上下口 8 个角点的坐标计算值，它们可以作为画三视图用和检验线段实长用。有兴趣的读者可将作出的三视图用换面法检查八条线段的相邻两平面三角形的二面角是否与计算值相等，这样可对程序计算有进一步的了解，以后使用起来更是得心应手。

4. 程序运行后的第一个总图界面如图 8-7-1 所示，单击 8 个计算按钮中的任意一个计算按钮即可对该构件进行展开计算。总图顶部的菜单栏目也有 4 个选项 8 个选择，其作用与 8 个计算按钮相同，读者可根据自己的习惯选用一种。

5. 读者在输入偏心距时一定要按照计算示例所输入的正负号输入，请注意本节的 E_1，E_2 在 4 个象限的正负号与前面章节所采用的通用作图法不一致，主要原因是本节选择了不同的直角坐标系所形成的。

6. 本节程序可以作为通用程序使用，改变偏心距、改变倾斜角度和改变扭转角度可以变成前面章节的某些单一功能计算程序，当读者已经能够灵活运用单一计算程序后就可以使用本程序作任意偏心，任意倾斜，任意扭转的四棱锥管进行展开计算了。图 8-7-2 是用 "1. 右后偏心下口右倾斜且扭转的棱锥管" 计算程序计算时当偏心距为零，倾斜角度为零和扭转角度为零时的计算示例。从计算结果看出，各种参数都显示出正方形直管的特点。

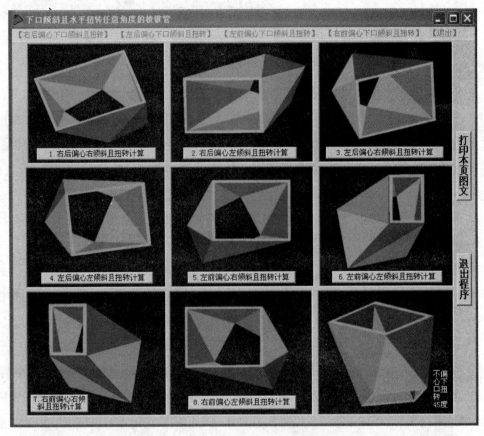

图 8-7-1 下口左右倾斜且扭转的棱锥管总图

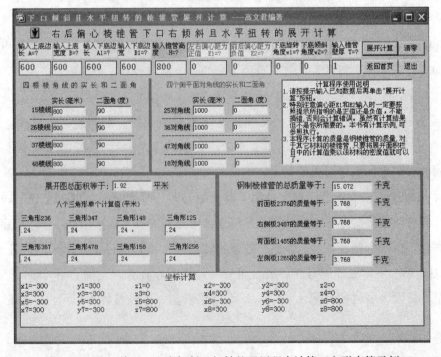

图 8-7-2 用双偏心，左右倾斜且扭转的通用程序计算正方形直管示例

8.7.1　右后偏心下口右倾斜且扭转的棱锥管

一、说明

图 8-7-1-1 为右后偏心下口右倾斜且扭转棱锥管总图。由于计算公式复杂，因此本节省略了关于用公式手工计算方法的介绍。为了便于理解本类结构件的空间概念和保证结构件的质量，可将展开数据画在厚纸板上作成展开图，然后通过需要弯折的线折成封闭的空间模型，用胶纸将接缝粘牢即可观察其实体模型。其他有关注意事项见本节的前言中所作的说明。

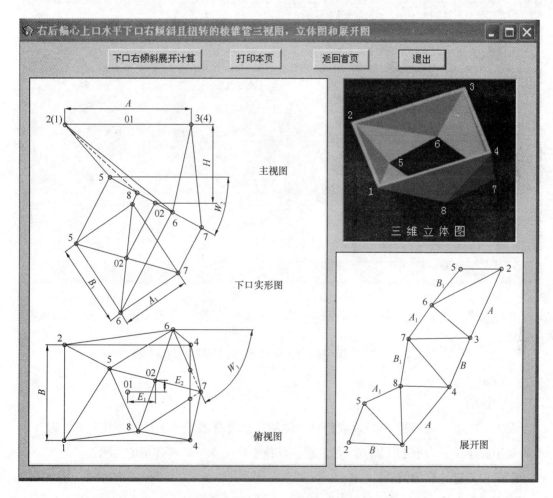

图 8-7-1-1　右后偏心下口右倾斜且扭转棱锥管总图

二、用光盘计算示例

双击"8.7 下口倾斜且扭转的棱锥管"→单击"1. 右后偏心右倾斜且扭转计算"→单击"下口右倾斜展开计算"→单击"展开计算"的按钮后计算示例值就会显示出来。光盘计算示例如图 8-7-1-2 所示，图的最下面是棱锥管上下口 8 个角点的 $x，y，z$ 坐标计算值。

坐标系的原点在上口中心 O1，x 向右为正，y 向前为正，z 向下为正。根据坐标计算值可绘制主视图、平面图，还可以作两平面夹角（二面角）计算等。

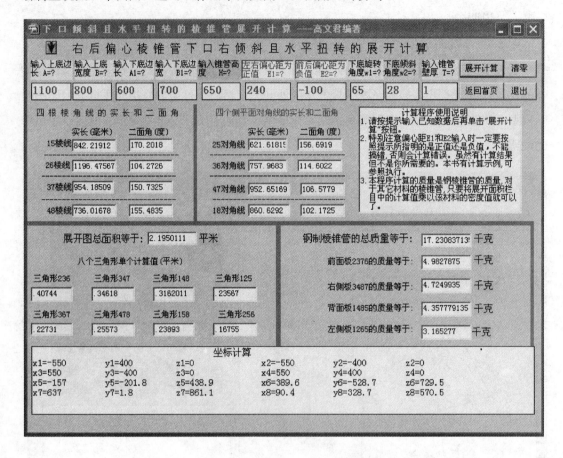

图 8-7-1-2　右后偏心下口右倾斜且扭转棱锥管光盘计算示例

8.7.2　右后偏心下口左倾斜且扭转的棱锥管

一、说明

图 8-7-2-1 为右后偏心下口左倾斜且扭转的棱锥管总图。由于计算公式复杂，因此本节省略了关于用公式手工计算方法的介绍。其他事项见本节的概述中的说明。

二、用光盘计算示例

双击"8.7 下口倾斜且扭转的棱锥管"→单击"2. 右后偏心左倾斜且扭转计算"→单击"下口左倾斜展开计算"→单击"展开计算"按钮后，计算示例值就会显示出来。光盘计算示例如图 8-7-2-2 所示。

图 8-7-2-2 最下面是棱锥管上下口 8 个角点的 x，y，z 坐标计算值。坐标系的原点建立在上口中心 O1，x 向左为正，y 向前为正，z 向下为正。根据坐标计算值可绘制主视图、平面图，还可以作两平面夹角（二面角）计算等。需要特别注意的是：本程序运行后

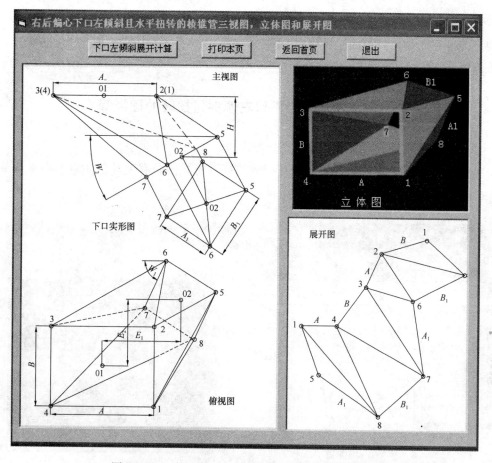

图 8-7-2-1 右后偏心下口左倾斜且扭转的棱锥管总图

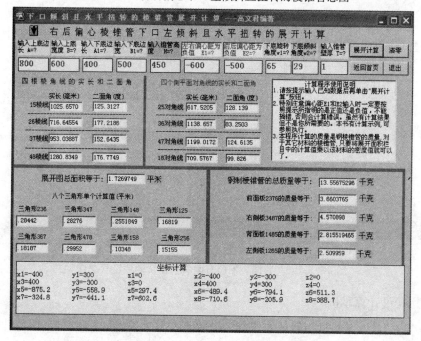

图 8-7-2-2 右后偏心下口左倾斜且扭转的棱锥管光盘计算示例

输入的已知条件中对于偏心距取值的正负有严格的规定，即左右偏心距 E_1 和前后偏心距 E_2 两者都要取负值，其原因是由坐标系统决定的，图 8-7-2-2 中对应 E_1 和 E_2 的输入文本框上方均有提示。

8.7.3 左后偏心下口右倾斜且扭转的棱锥管

一、说明

图 8-7-3-1 为左后偏心下口右倾斜且扭转的棱锥管总图。有关其他注意事项见本节的概述中的说明。

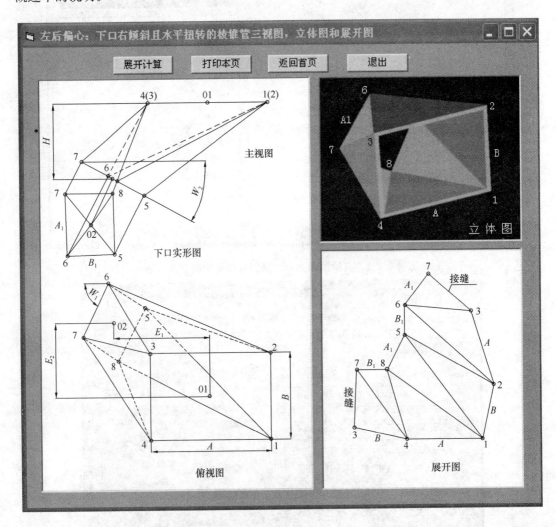

图 8-7-3-1 左后偏心下口右倾斜且扭转的棱锥管总图

二、用光盘计算示例

双击"8.7 下口倾斜且扭转的棱锥管"→单击"3. 左后偏心右倾斜且扭转计算"→单击"展开计算"→单击"展开计算"按钮后，计算示例值就会显示出来。光盘计算示例如

图 8-7-3-2 所示。

图 8-7-3-2 最下面是棱锥管上下口 8 个角点的 x，y，z 坐标计算值。坐标系的原点建立在上口中心 01，x 向左为正，y 向前为正，z 向下为正。根据坐标计算值可绘制主视图，俯视图，它们可以作为两平面夹角（二面角）二次换面作图的基础图。需要特别注意的是：输入的已知条件中，前后偏心距 E_2 一定要取负值，其原因是由坐标系统决定的，偏心距符号输入为正或者负在图 8-7-3-2 的上方有提示。

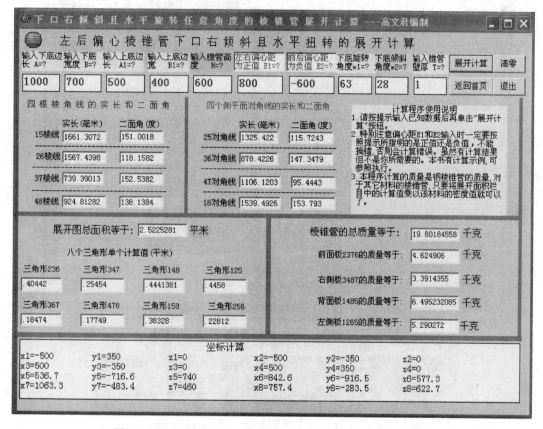

图 8-7-3-2　左后偏心下口右倾斜且扭转的棱锥管光盘计算示例

8.7.4　左后偏心下口左倾斜且扭转的棱锥管

一、说明

图 8-7-4-1 为左后偏心下口左倾斜且扭转的棱锥管总图。有关其他注意事项见本节的概述中的说明。

二、用光盘计算示例

双击"8.7 下口倾斜且扭转的棱锥管"→单击"4. 左后偏心左倾斜且扭转计算"→单击"展开计算"→单击"展开计算"按钮后，计算示例值就会显示出来。光盘计算示例如图 8-7-4-2 所示。

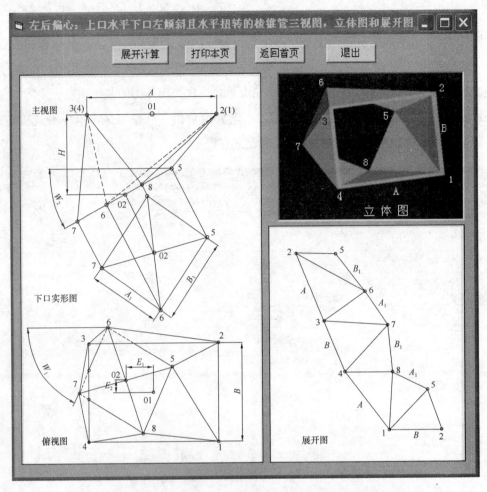

图 8-7-4-1　左后偏心下口左倾斜且扭转的棱锥管总图

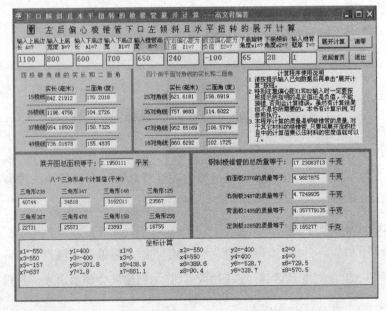

图 8-7-4-2　左后偏心下口左倾斜且扭转的棱锥管光盘计算示例

图 8-7-4-2 最下面是棱锥管上下口 8 个角点的 x，y，z 坐标计算值。坐标系的原点建立在上口中心 01，x 向左为正，y 向前为正，z 向下为正。需要特别注意的是：输入的已知条件中，前后偏心距 E_2 一定要取负值，其原因是由坐标系统决定的，偏心距符号输入为正或者负在图 8-7-4-2 的上方有提示。

8.7.5　左前偏心下口右倾斜且扭转的棱锥管

一、说明

图 8-7-5-1 为左前偏心下口右倾斜且扭转的棱锥管总图。有关其他注意事项见本节的概述中的说明。

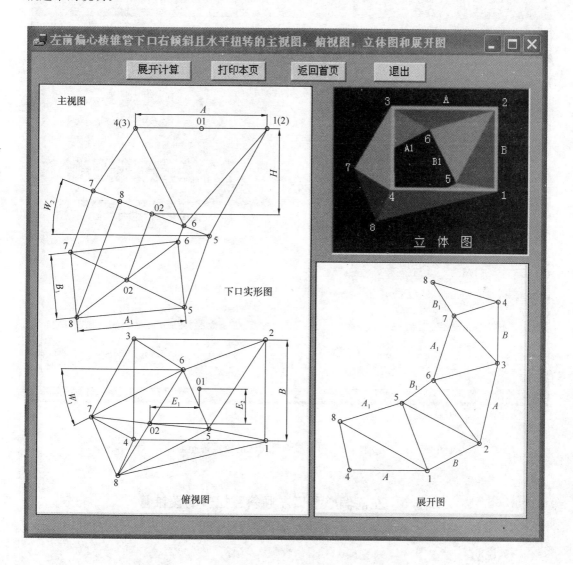

图 8-7-5-1　左前偏心下口右倾斜且扭转的棱锥管总图

二、用光盘计算示例

双击"8.7 下口倾斜且扭转的棱锥管"→单击"5. 左前偏心右倾斜且扭转计算"进入如图 8-7-5-1 的界面→单击"展开计算"→单击"展开计算"按钮后，计算示例值就会显示出来。光盘计算示例如图 8-7-5-2 所示。

图 8-7-5-2 最下面是棱锥管上下口 8 个角点的 x，y，z 坐标计算值。坐标系的原点建立在上口中心 O1 处，x 向左为正，y 向前为正，z 向下为正。本例的特点是输入的已知数值符号全部为正。

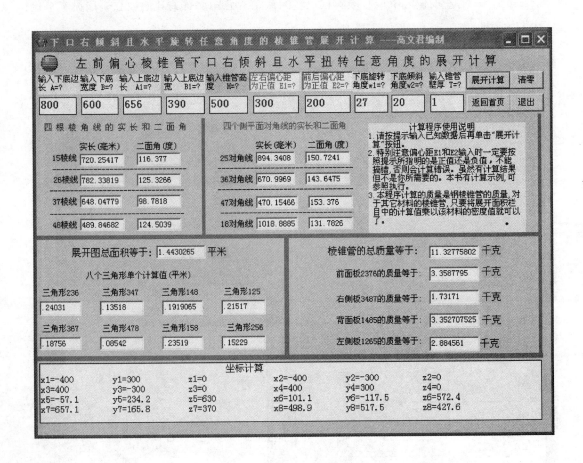

图 8-7-5-2　左前偏心下口右倾斜且扭转的棱锥管光盘计算示例

8.7.6　左前偏心下口左倾斜且扭转的棱锥管

一、说明

图 8-7-6-1 为左前偏心下口左倾斜且扭转的棱锥管总图。有关其他注意事项见本节的概述中的说明。

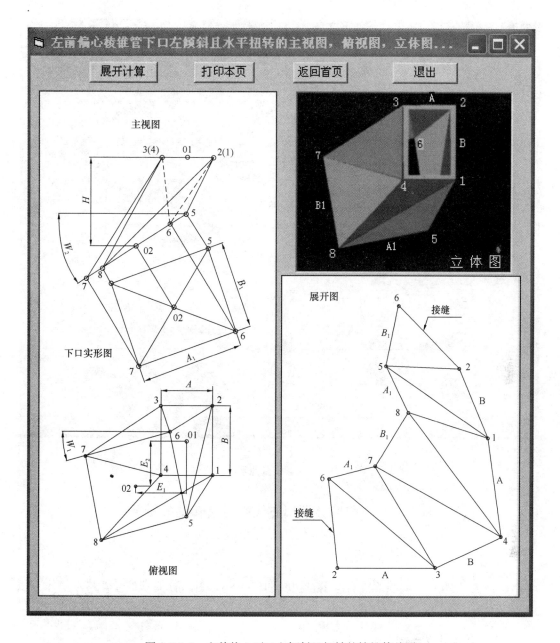

图 8-7-6-1　左前偏心下口左倾斜且扭转的棱锥管总图

二、用光盘计算示例

双击"8.7 下口倾斜且扭转的棱锥管"→单击"6. 左前偏心左倾斜且扭转计算"进入如图 8-7-6-1 图形界面→单击图形界面上方的"展开计算"→单击"展开计算"按钮后，计算示例值就会显示出来。光盘计算示例如图 8-7-6-2 所示。

图 8-7-6-2 最下面是棱锥管上下口 8 个角点的 x，y，z 坐标计算值。坐标系的原点建立在上口中心 01 处，x 向左为正，y 向前为正，z 向下为正。本例的特点是输入的已知数值符号全部为正。

353

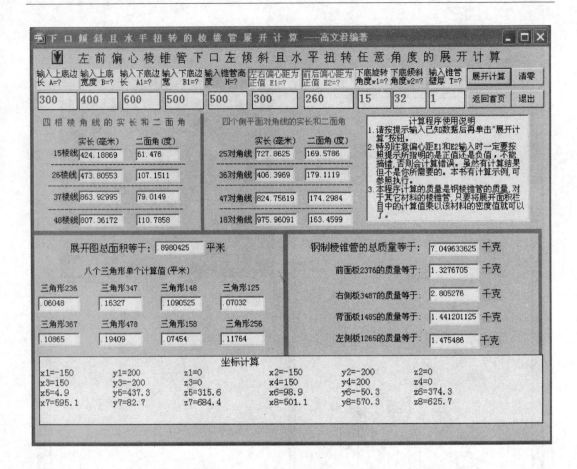

图 8-7-6-2 左前偏心下口左倾斜且扭转的棱锥管光盘计算示例

8.7.7 右前偏心下口右倾斜且扭转的棱锥管

一、说明

图 8-7-7-1 为右前偏心下口右倾斜且扭转的棱锥管总图。有关其他注意事项见本节的概述中的说明。

二、用光盘计算示例

双击"8.7 下口倾斜且扭转的棱锥管"→单击"7. 右前偏心右倾斜且扭转计算"出现如图 8-7-7-1 的图形界面→单击图形界面上方的"展开计算"按钮→出现计算界面后,单击"展开计算"按钮,计算示例值就会显示出来。光盘计算示例如图 8-7-7-2 所示。

图 8-7-7-2 最下面是棱锥管上下口 8 个角点的 x,y,z 坐标计算值。坐标系的原点建立在上口中心 01 处,x 向右为正,y 向前为正,z 向下为正。本例的特点是输入的已知数值符号全部为正。

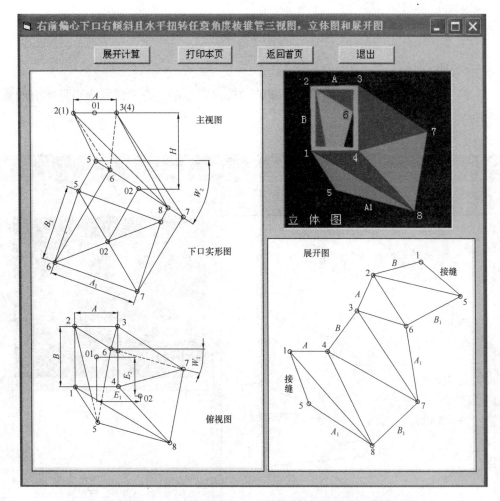

图 8-7-7-1　右前偏心下口右倾斜且扭转的棱锥管总图

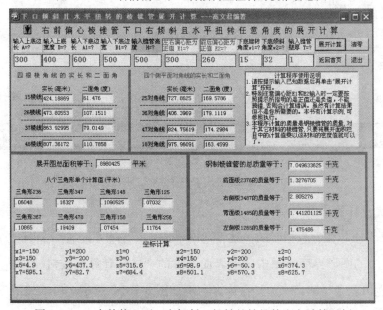

图 8-7-7-2　右前偏心下口右倾斜且扭转的棱锥管光盘计算示例

8.7.8　右前偏心下口左倾斜且扭转的棱锥管

一、说明

图 8-7-8-1 为右前偏心下口左倾斜且扭转的棱锥管总图。有关注意事项见本节的概述中的说明。

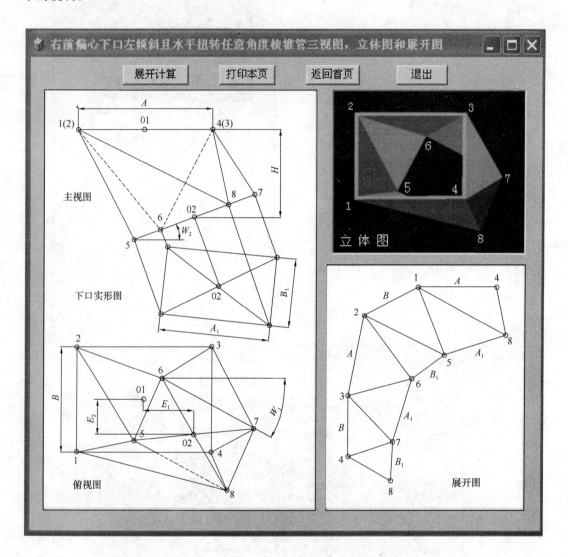

图 8-7-8-1　右前偏心下口左倾斜且扭转的棱锥管总图

二、用光盘计算示例

双击"8.7下口倾斜且扭转的棱锥管"→单击"8.右前偏心左倾斜且扭转计算"后出现如图 8-7-8-1 的图形界面→单击图形界面上方的"展开计算"按钮→单击"展开计算"后，计算示例值就会显示出来。光盘计算示例如图 8-7-8-2 所示。单击"清零"按钮重新输入已知条件后又可作新的计算了。

图 8-7-8-2 最下面是棱锥管上下口 8 个角点的 x，y，z 坐标计算值。坐标系的原点建立在上口中心 01 处，x 向右为正，y 向前为正，z 向下为正。本例的特点是输入的已知数值符号全部为正。

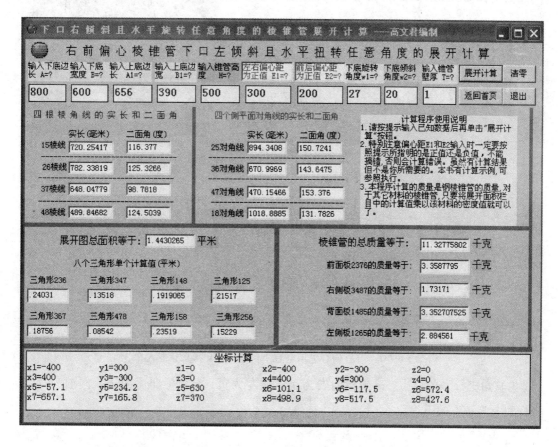

图 8-7-8-2　右前偏心下口左倾斜且扭转的棱锥管光盘计算示例

8.8　上下口垂直的棱锥管展开计算

8.8.1　右后偏心上口垂直下口水平的棱锥管

一、用公式计算示例

图 8-8-1-1 为右后偏心上口垂直下口水平的矩形棱锥管总图。坐标和线段实长计算示例如下：

已知 $A=1200$，$B=600$，$A_1=500$，$B_1=400$，$H=900$，$E_1=450$，$E_2=300$，板厚 $T=1$。试计算棱锥管展开所需要的参数。

1. 计算上下口矩形 8 个角点 1，2，3，4，5，6，7，8 的 x，y，z 坐标，将下口角点

357

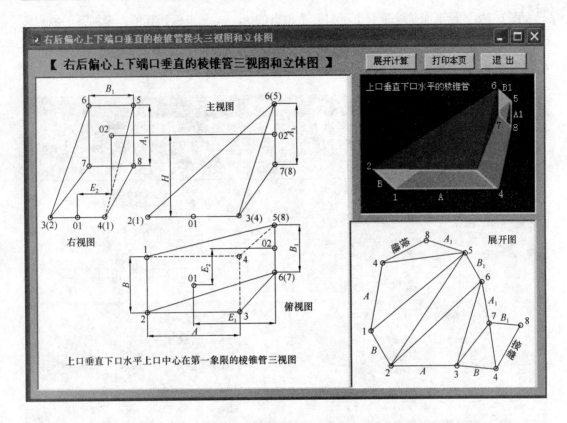

图 8-8-1-1 右后偏心上口垂直下口水平的矩形棱锥管总图

2 设为直角坐标系的原点，x 坐标向右为正，向左为负。y 坐标向后为正，向前为负。z 坐标向上为正，向下为负。

$$x_1 = x_2 = 0 \qquad y_1 = B = 600 \qquad z_1 = 0$$

$$x_2 = 0 \qquad y_2 = 0 \qquad z_2 = 0$$

$$x_3 = A = 1200 \qquad y_3 = y_2 = 0 \qquad z_3 = 0$$

$$x_4 = A = 1200 \qquad y_4 = B = 600 \qquad z_4 = 0$$

$$x_5 = E_1 + \frac{A}{2} = 450 + \frac{1200}{2} = 1050$$

$$y_5 = E_2 + \frac{B}{2} + \frac{B_1}{2} = 300 + \frac{600}{2} + \frac{400}{2} = 800$$

$$z_5 = H + \frac{A_1}{2} = 900 + \frac{500}{2} = 1150$$

$$x_6 = x_5 = 1050 \qquad y_6 = y_5 - B_1 = 800 - 400 = 400 \quad z_6 = z_5 = 1150$$

$$x_7 = x_5 = 1050 \qquad y_7 = y_6 = 400 \qquad z_7 = H - \frac{A_1}{2} = 900 - \frac{500}{2} = 650$$

$$x_8 = x_5 = 1050 \qquad y_8 = y_5 = 800 \qquad z_8 = z_7 = 650$$

2. 计算棱线 $\underline{15}$，$\underline{26}$，$\underline{37}$，$\underline{48}$ 的实长（$\underline{15}$ 表示点 1 与点 5 两点的连接线段，其他以此

358

类推）

$$\underline{15} = \sqrt{(x_1 - x_5)^2 + (y_1 - y_5)^2 + (z_1 - z_5)^2}$$
$$= \sqrt{(0 - 1050)^2 + (600 - 800)^2 + (0 - 1150)^2} = 1570.032$$

$$\underline{26} = \sqrt{(x_2 - x_6)^2 + (y_2 - y_6)^2 + (z_2 - z_6)^2}$$
$$= \sqrt{(0 - 1050)^2 + (0 - 400)^2 + (0 - 1150)^2} = 1607.794$$

$$\underline{37} = \sqrt{(x_3 - x_7)^2 + (y_3 - y_7)^2 + (z_3 - z_7)^2}$$
$$= \sqrt{(1200 - 1050)^2 + (0 - 400)^2 + (0 - 650)^2} = 777.817$$

$$\underline{48} = \sqrt{(x_4 - x_8)^2 + (y_4 - y_8)^2 + (z_4 - z_8)^2}$$
$$= \sqrt{(1200 - 1050)^2 + (600 - 800)^2 + (0 - 650)^2} = 696.419$$

3. 计算 4 个侧板 4 条对角线 $\underline{25}$，$\underline{36}$，$\underline{47}$，$\underline{45}$ 的实长

$$\underline{25} = \sqrt{(x_2 - x_5)^2 + (y_2 - y_5)^2 + (z_2 - z_5)^2}$$
$$= \sqrt{(0 - 1050)^2 + (0 - 800)^2 + (0 - 1150)^2} = 1750.714$$

$$\underline{36} = \sqrt{(x_3 - x_6)^2 + (y_3 - y_6)^2 + (z_3 - z_6)^2}$$
$$= \sqrt{(1200 - 1050)^2 + (0 - 400)^2 + (0 - 1150)^2} = 1226.784$$

$$\underline{47} = \sqrt{(x_4 - x_7)^2 + (y_4 - y_7)^2 + (z_4 - z_7)^2}$$
$$= \sqrt{(1200 - 1050)^2 + (600 - 400)^2 + (0 - 650)^2} = 696.419$$

$$\underline{45} = \sqrt{(x_4 - x_5)^2 + (y_4 - y_5)^2 + (z_4 - z_5)^2}$$
$$= \sqrt{(1200 - 1050)^2 + (600 - 800)^2 + (0 - 1150)^2} = 1176.86$$

4. 由于求 4 条棱线的二面角以及前板和背板的二面角用手工计算的过程十分复杂，因此建议采用本书提供的计算软件计算，可取得既快又准确的效果。

5. 面积和质量计算

关于面积和质量的计算公式以及计算过程可参考本书前面的有关章节。图 8-8-1-2 的质量是板厚度为 1mm 时的钢板质量，改变输入板的厚度，其钢板质量也将发生变化。

二、用光盘计算

双击 "8.8 上下口垂直的棱锥管展开计算" → 双击 "I. 任意双偏心" → 双击 "1. 上竖下平" → 双击 "8.8.1 右后偏心上口垂直下（2）水平的棱锥管" 程序名后，由于程序已经输入了一组已知条件作为示例，单击 "展开计算" 按钮后计算结果就会显示出来，光盘计算示例如图 8-8-1-2 所示。单击 "清零" 按钮即可清空原有已知数据，再重新输入你需要的数据后又可以作新的计算了。

三、作展开图的方法

展开图的作图过程和方法与前面各个章节相同，即用棱线和对角线的计算值采用三角

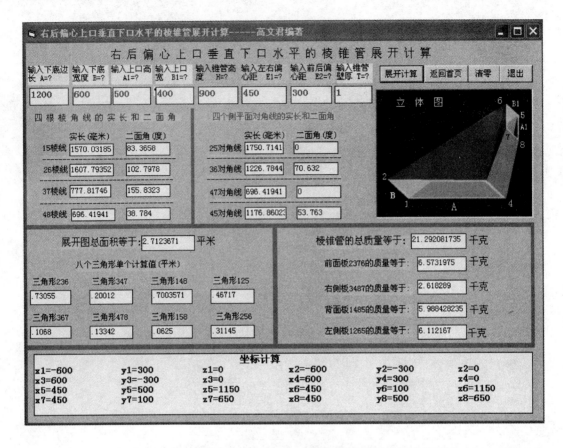

图 8-8-1-2　右后偏心上口垂直下口水平的矩形棱锥管光盘计算示例

形法可作出展开图。本节就不另外介绍了。但需要注意的是，计算表中25和47对角线的二面角为零，表示左侧板和右侧板为平面板；而36对角线所在的前板有 70.632° 的折角，45 对角线所在的背板有 53.763° 的折角（即二面角）。

四、建立直角坐标系求线段实长的方法

在建立之前应确定坐标系的原点选择在什么位置，选择的原则是计算方便简单，以本小节为例，可将原点设置在下口中心、上口中心、上下口 8 个角点任意一点均可，例如可将最左和最下面的角点 2 确定为坐标的原点，并约定 x 坐标向右为正，向左为负；y 坐标向后为正，向前为负；z 坐标向上为正，向下为负。

为了说明设置坐标系的任意性，本小节采用不同原点建立直角坐标系来计算 4 条棱线和 4 条对角线的实长：在前面用公式计算示例是采用下口角点 2 为原点，而用程序计算时以下口中心 01 作为坐标系的原点，所以两者计算的上下口 8 个角点的坐标值是不相同的（请读者注意），但是两者计算的 4 条棱线和 4 条对角线的实长值是完全相等的。读者不妨使用两种方法计算 8 个角点的 x，y，z 三维坐标，然后用已知两点坐标求两点连接线段实长的方法求出棱线和对角线的长度值，看看两者是否相等。若你如此做了，将会对用坐标法求线段实长有了新的认识。

再次强调一点，计算机应用中的许多领域都涉及坐标知识的使用，希望读者能掌握这方面的知识。

8.8.2 右后偏心上口水平下口垂直的棱锥管

一、用公式计算示例

图 8-8-2-1 为右后偏心上口水平下口垂直的棱锥管总图。坐标和线段实长计算示例如下：

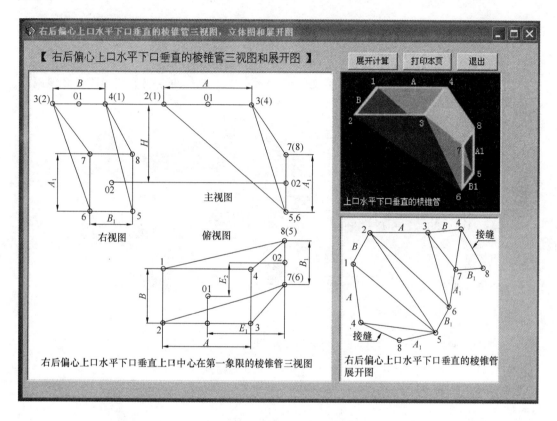

图 8-8-2-1 右后偏心上口水平下口垂直的棱锥管总图

已知 $A=1000$，$B=600$，$A_1=500$，$B_1=400$，$H=1200$，$E_1=800$，$E2=700$，板厚 $T=1$。试计算棱锥管展开所需要的参数。

1. 计算上下口矩形 8 个角点 1，2，3，4，5，6，7，8 的 x，y，z 坐标，将上口角点 2 设为直角坐标系的原点，x 坐标向右为正，向左为负。y 坐标向后为正，向前为负。z 坐标向下为正，向上为负。

$$x_1 = x_2 = 0 \qquad y_1 = B = 600 \qquad z_1 = 0$$

$$x_2 = 0 \qquad y_2 = 0 \qquad z_2 = 0$$

$$x_3 = A = 1000 \qquad y_3 = y_2 = 0 \qquad z_3 = 0$$

$$x_4 = A = 1000 \qquad y_4 = B = 600 \qquad\qquad z_4 = 0$$

$$x_5 = E_1 + \frac{A}{2} = 800 + \frac{1000}{2} = 1300$$

$$y_5 = E_2 + \frac{B}{2} + \frac{B_1}{2} = 700 + \frac{600}{2} + \frac{400}{2} = 1200$$

$$z_5 = H + \frac{A_1}{2} = 1200 + \frac{500}{2} = 1450$$

$$x_6 = x_5 = 1300 \qquad y_6 = y_5 - B_1 = 1200 - 400 = 800 \quad z_6 = z_5 = 1450$$

$$x_7 = x_5 = 1300 \qquad y_7 = y_6 = 800 \qquad z_7 = H - \frac{A_1}{2} = 1200 - \frac{500}{2} = 950$$

$$x_8 = x_5 = 1300 \qquad y_8 = y_5 = 1200 \qquad\qquad z_8 = z_7 = 950$$

2. 计算棱线 $\underline{15}$，$\underline{26}$，$\underline{37}$，$\underline{48}$ 的实长（$\underline{15}$ 表示点 1 与点 5 两点的连接线段，其他以此类推）

$$\underline{15} = \sqrt{(x_1 - x_5)^2 + (y_1 - y_5)^2 + (z_1 - z_5)^2}$$
$$= \sqrt{(0 - 1300)^2 + (600 - 1200)^2 + (0 - 1450)^2} = 2037.768$$

$$\underline{26} = \sqrt{(x_2 - x_6)^2 + (y_2 - y_6)^2 + (z_2 - z_6)^2}$$
$$= \sqrt{(0 - 1300)^2 + (0 - 800)^2 + (0 - 1450)^2} = 2105.35$$

$$\underline{37} = \sqrt{(x_3 - x_7)^2 + (y_3 - y_7)^2 + (z_3 - z_7)^2}$$
$$= \sqrt{(1000 - 1300)^2 + (0 - 800)^2 + (0 - 950)^2} = 1277.693$$

$$\underline{48} = \sqrt{(x_4 - x_8)^2 + (y_4 - y_8)^2 + (z_4 - z_8)^2}$$
$$= \sqrt{(1000 - 1300)^2 + (600 - 1200)^2 + (0 - 950)^2} = 1162.97$$

3. 计算 4 个侧板 4 条对角线 $\underline{25}$，$\underline{36}$，$\underline{47}$，$\underline{45}$ 的实长

$$\underline{25} = \sqrt{(x_2 - x_5)^2 + (y_2 - y_5)^2 + (z_2 - z_5)^2}$$
$$= \sqrt{(0 - 1300)^2 + (0 - 1200)^2 + (0 - 1450)^2} = 2287.466$$

$$\underline{36} = \sqrt{(x_3 - x_6)^2 + (y_3 - y_6)^2 + (z_3 - z_6)^2}$$
$$= \sqrt{(1000 - 1300)^2 + (0 - 800)^2 + (0 - 1450)^2} = 1683.003$$

$$\underline{47} = \sqrt{(x_4 - x_7)^2 + (y_4 - y_7)^2 + (z_4 - z_7)^2}$$
$$= \sqrt{(1000 - 1300)^2 + (600 - 800)^2 + (0 - 950)^2} = 1016.12$$

$$\underline{45} = \sqrt{(x_4 - x_5)^2 + (y_4 - y_5)^2 + (z_4 - z_5)^2}$$
$$= \sqrt{(1000 - 1300)^2 + (600 - 1200)^2 + (0 - 1450)^2} = 1597.655$$

4. 二面角用手算的过程十分复杂，可参考本书有关二面角计算的有关章节。

5. 面积和质量计算

　　关于面积和质量的计算公式以及计算过程可参考本书前面的有关章节。图 8-8-2-2 的质量是板厚度为 1mm 时的钢板质量,改变输入板的厚度,其钢板质量也将发生变化。

　　二、用光盘计算

　　调用程序计算的步骤同第 8 章第 8.8.1 节,在双击 "8.8.2 右后偏心上口水平下口垂直的棱锥管" 程序名后,由于程序已经输入了一组已知条件作为示例,单击 "展开计算" 按钮后,计算结果就会显示出来。光盘计算示例如图 8-8-2-2 所示。点击 "清零" 按钮即可清空原有已知数据,再重新输入上面的已知条件再单击 "展开计算" 按钮后,其计算结果将与上面用公式计算的数据一致。

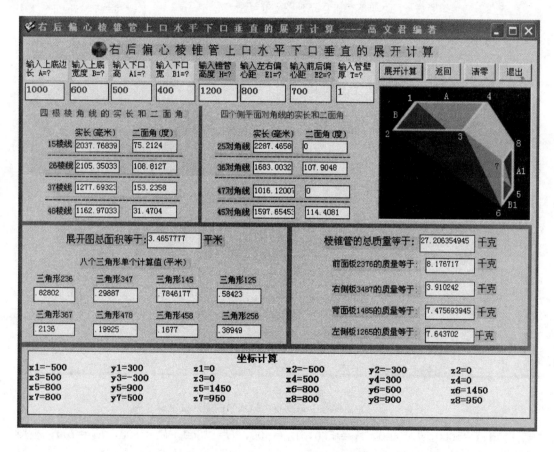

图 8-8-2-2　右后偏心上口水平下口垂直的棱锥管光盘计算示例

　　三、说明

　　建立直角坐标系求线段实长的方法与上一小节一样,在此就不重复叙述了。但是请读者注意,本节用公式计算示例中计算的 8 个角点坐标值与程序计算的坐标值是不相等的,程序计算坐标系的原点为上口中心 O1,而上面用公式计算所采用的坐标系原点是在角点 2,不管如何设置都不影响计算各个参数的正确性,之所以如此设置,其目的仍然是为了说明设置坐标系的任意性。读者不妨换成其他角点试一试,对坐标系的了解和认识将会得到进一步提高。

8.8.3　左后偏心上口垂直下口水平的棱锥管

一、用公式计算示例

图 8-8-3-1 为左后偏心上口垂直下口水平的矩形棱锥管总图。坐标和线段实长计算示例如下：

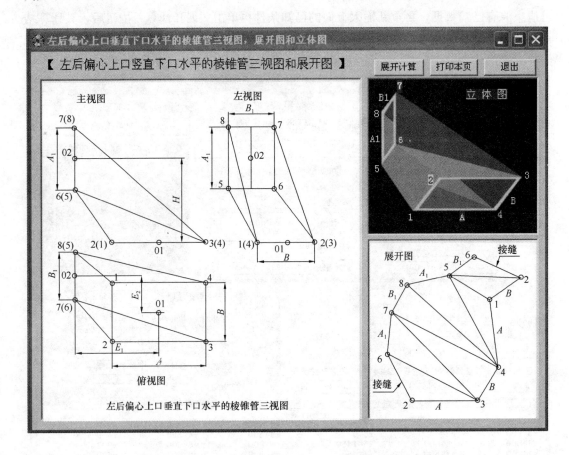

图 8-8-3-1　左后偏心上口垂直下口水平的矩形棱锥管总图

已知 $A=1000$，$B=600$，$A_1=500$，$B_1=400$，$H=1200$，$E_1=800$，$E_2=700$，板厚 $T=1$。试计算棱锥管展开所需要的参数。

1. 计算上下口矩形 8 个角点 1，2，3，4，5，6，7，8 的 x，y，z 坐标，将下口中心点 01 设为直角坐标系的原点，x 坐标向右为正，向左为负。y 坐标向后为正，向前为负。z 坐标向上为正，向下为负。

$$x_1=-\frac{A}{2}=-\frac{1000}{2}=-500 \qquad y_1=\frac{B}{2}=\frac{600}{2}=300 \qquad z_1=0$$

$$x_2=x_1=-500 \qquad y_2=-\frac{B}{2}=-\frac{600}{2}=-300 \qquad z_2=0$$

$$x_3 = \frac{A}{2} = \frac{1000}{2} = 500 \qquad y_3 = y_2 = -300 \qquad z_3 = 0$$

$$x_4 = x_3 = 500 \qquad y_4 = y_1 = 300 \qquad z_4 = 0$$

$$x_5 = -E_1 = 800$$

$$y_5 = E_2 + \frac{B_1}{2} = 700 + \frac{400}{2} = 900$$

$$z_5 = H - \frac{A_1}{2} = 1200 - \frac{500}{2} = 950$$

$$x_6 = -E_1 = -800$$

$$y_6 = y_5 - B_1 = 900 - 400 = 500$$

$$z_6 = z_5 = 950$$

$$x_7 = -E_1 = -800$$

$$y_7 = y_6 = 500$$

$$z_7 = H + \frac{A_1}{2} = 1200 + \frac{500}{2} = 1450$$

$$x_8 = -E_1 = -800 \qquad y_8 = y_5 = 900 \qquad z_8 = z_7 = 1450$$

2. 计算棱线 $\underline{15}$，$\underline{26}$，$\underline{37}$，$\underline{48}$ 的实长（$\underline{15}$ 表示点 1 与点 5 两点的连接线段，其他以此类推）。

$$\underline{15} = \sqrt{(x_1 - x_5)^2 + (y_1 - y_5)^2 + (z_1 - z_5)^2}$$
$$= \sqrt{(-500 + 800)^2 + (300 - 900)^2 + (0 - 950)^2} = 1162.97$$

$$\underline{26} = \sqrt{(x_2 - x_6)^2 + (y_2 - y_6)^2 + (z_2 - z_6)^2}$$
$$= \sqrt{(-500 + 800)^2 + (-300 - 500)^2 + (0 - 950)^2} = 1277.693$$

$$\underline{37} = \sqrt{(x_3 - x_7)^2 + (y_3 - y_7)^2 + (z_3 - z_7)^2}$$
$$= \sqrt{(500 + 800)^2 + (-300 - 500)^2 + (0 - 1450)^2} = 2105.35$$

$$\underline{48} = \sqrt{(x_4 - x_8)^2 + (y_4 - y_8)^2 + (z_4 - z_8)^2}$$
$$= \sqrt{(500 + 800)^2 + (300 - 900)^2 + (0 - 1450)^2} = 2037.768$$

3. 计算 4 个侧板 4 条对角线 $\underline{25}$，$\underline{36}$，$\underline{47}$，$\underline{45}$ 的实长。

$$\underline{25} = \sqrt{(x_2 - x_5)^2 + (y_2 - y_5)^2 + (z_2 - z_5)^2}$$
$$= \sqrt{(-500 + 800)^2 + (-300 - 900)^2 + (0 - 950)^2} = 1559.647$$

$$\underline{36} = \sqrt{(x_3 - x_6)^2 + (y_3 - y_6)^2 + (z_3 - z_6)^2}$$
$$= \sqrt{(500 + 800)^2 + (-300 - 500)^2 + (0 - 950)^2} = 1797.915$$

$$\underline{47} = \sqrt{(x_4 - x_7)^2 + (y_4 - y_7)^2 + (z_4 - z_7)^2}$$

$$= \sqrt{(500+800)^2 + (300-500)^2 + (0-1450)^2} = 1957.677$$

$$\underline{45} = \sqrt{(x_4-x_5)^2 + (y_4-y_5)^2 + (z_4-z_5)^2}$$

$$= \sqrt{(500+800)^2 + (300-900)^2 + (0-950)^2} = 1718.284$$

4. 二面角用手算的过程省略。

5. 面积和质量计算

关于面积和质量的计算公式以及计算过程可参考本书前面的有关章节。图 8-8-3-2 的质量是板厚度为 1mm 时的钢板质量，改变输入板的厚度，其钢板质量也将发生变化。对于非金属板材，用它的密度乘以表中的面积计算值可得到该非金属板材的质量。

二、用光盘计算

调用程序计算的步骤同第 8.8.1 节，在双击"8.8.3 左后偏心上口垂直下口水平的棱锥管"程序名后，由于程序已经输入了一组已知条件作为示例，单击"展开计算"按钮后计算结果就会显示出来，光盘计算示例如图 8-8-3-2 所示。点击"清零"按钮即可清空原有已知数据，再重新输入上面的已知条件其计算结果两者完全吻合。

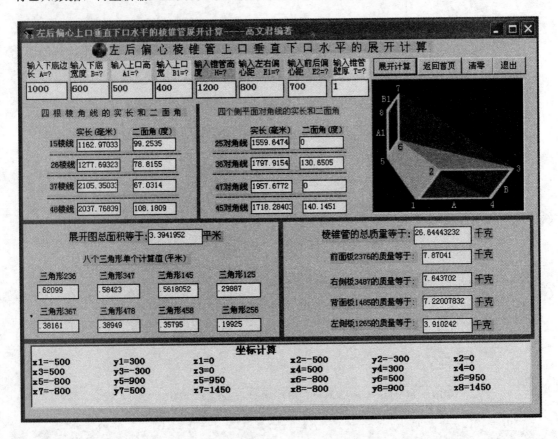

图 8-8-3-2　左后偏心上口垂直下口水平的矩形棱锥管光盘计算示例

8.8.4 左后偏心上口水平下口垂直的棱锥管

一、用公式计算示例

图 8-8-4-1 为左后偏心上口水平下口垂直的矩形棱锥管总图。坐标和线段实长计算示例如下：

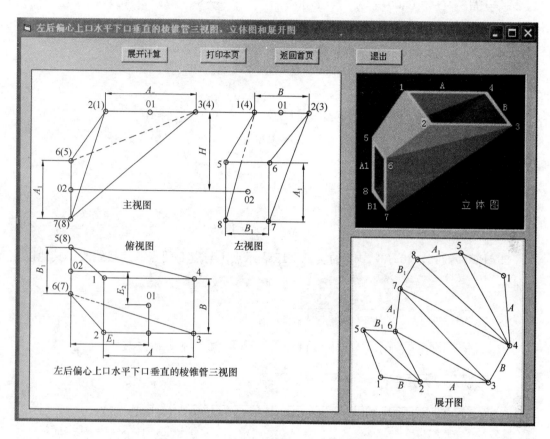

图 8-8-4-1 左后偏心上口水平下口垂直的矩形棱锥管总图

已知 $A=2000$，$B=1600$，$A_1=1000$，$B_1=1200$，$H=2200$，$E_1=600$，$E_2=500$，板厚 $T=2$。试计算棱锥管展开所需要的参数。

1. 计算上下口矩形 8 个角点 1，2，3，4，5，6，7，8 的 x，y，z 坐标，将下口中心点 01 设为直角坐标系的原点，x 坐标向右为正，向左为负。y 坐标向后为正，向前为负。z 坐标向下为正，向上为负。

$$x_1=-\frac{A}{2}=-\frac{1000}{2}=-1000 \qquad y_1=\frac{B}{2}=\frac{1600}{2}=800 \qquad z_1=0$$

$$x_2=x_1=-1000 \qquad y_2=-\frac{B}{2}=-\frac{1600}{2}=-800 \qquad z_2=0$$

$$x_3=\frac{A}{2}=\frac{1000}{2}=1000 \qquad y_3=y_2=-800 \qquad z_3=0$$

367

$$x_4 = x_3 = 1000 \qquad\qquad y_4 = y_1 = 800 \qquad\qquad z_4 = 0$$

$$x_5 = -E_1 = -600$$

$$y_5 = E_2 + \frac{B_1}{2} = 500 + \frac{1200}{2} = 1100$$

$$z_5 = H - \frac{A_1}{2} = 2200 - \frac{1000}{2} = 1700$$

$$x_6 = -E_1 = -600$$

$$y_6 = y_5 - B_1 = 1100 - 1200 = -100$$

$$z_6 = z_5 = 1700$$

$$x_7 = -E_1 = -600$$

$$y_7 = y_6 = -100$$

$$z_7 = H + \frac{A_1}{2} = 2200 + \frac{1000}{2} = 2700$$

$$x_8 = -E_1 = -600 \qquad\qquad y_8 = y_5 = 1100 \qquad\qquad z_8 = z_7 = 2700$$

2. 计算棱线 $\underline{15}$，$\underline{26}$，$\underline{37}$，$\underline{48}$ 的实长（$\underline{15}$ 表示点 1 与点 5 两点的连接线段，其他以此类推）

$$\begin{aligned}\underline{15} &= \sqrt{(x_1 - x_5)^2 + (y_1 - y_5)^2 + (z_1 - z_5)^2} \\ &= \sqrt{(-1000 + 600)^2 + (800 - 1100)^2 + (0 - 1700)^2} = 1772\end{aligned}$$

$$\begin{aligned}\underline{26} &= \sqrt{(x_2 - x_6)^2 + (y_2 - y_6)^2 + (z_2 - z_6)^2} \\ &= \sqrt{(-1000 + 600)^2 + (-800 + 100)^2 + (0 - 1700)^2} = 1881.489\end{aligned}$$

$$\begin{aligned}\underline{37} &= \sqrt{(x_3 - x_7)^2 + (y_3 - y_7)^2 + (z_3 - z_7)^2} \\ &= \sqrt{(1000 + 600)^2 + (-800 + 100)^2 + (0 - 2700)^2} = 3215.587\end{aligned}$$

$$\begin{aligned}\underline{48} &= \sqrt{(x_4 - x_8)^2 + (y_4 - y_8)^2 + (z_4 - z_8)^2} \\ &= \sqrt{(1000 + 600)^2 + (800 - 1100)^2 + (0 - 2700)^2} = 3152.777\end{aligned}$$

3. 计算 4 个侧板 4 条对角线 $\underline{25}$，$\underline{36}$，$\underline{47}$，$\underline{45}$ 的实长。

$$\begin{aligned}\underline{25} &= \sqrt{(x_2 - x_5)^2 + (y_2 - y_5)^2 + (z_2 - z_5)^2} \\ &= \sqrt{(-1000 + 600)^2 + (-800 - 1100)^2 + (0 - 1700)^2} = 2580.698\end{aligned}$$

$$\begin{aligned}\underline{36} &= \sqrt{(x_3 - x_6)^2 + (y_3 - y_6)^2 + (z_3 - z_6)^2} \\ &= \sqrt{(1000 + 600)^2 + (-800 + 100)^2 + (0 - 1700)^2} = 2437.212\end{aligned}$$

$$\underline{47} = \sqrt{(x_4 - x_7)^2 + (y_4 - y_7)^2 + (z_4 - z_7)^2}$$

$$= \sqrt{(1000 + 600)^2 + (800 + 100)^2 + (0 - 2700)^2} = 3264.966$$

$$\underline{45} = \sqrt{(x_4 - x_5)^2 + (y_4 - y_5)^2 + (z_4 - z_5)^2}$$

$$= \sqrt{(1000 + 600)^2 + (800 - 1100)^2 + (0 - 1700)^2} = 2353.72$$

4. 二面角用手算省略。

5. 面积和质量计算

关于面积和质量的计算公式以及计算过程可参考本书前面的有关章节。图 8-8-4-2 的质量是板厚度为 2mm 时的钢板质量，改变板的输入厚度，其钢板质量也将发生变化。用板材的密度乘以表中的面积计算值可得到该非金属板材的质量。

二、用光盘计算

调用程序计算的步骤同第 8.8.1 节，经过前面的步骤在双击"8.8.4 上平下竖左后偏心"程序名，单击"展开计算"按钮，计算结果如图 8-8-4-2 所示。

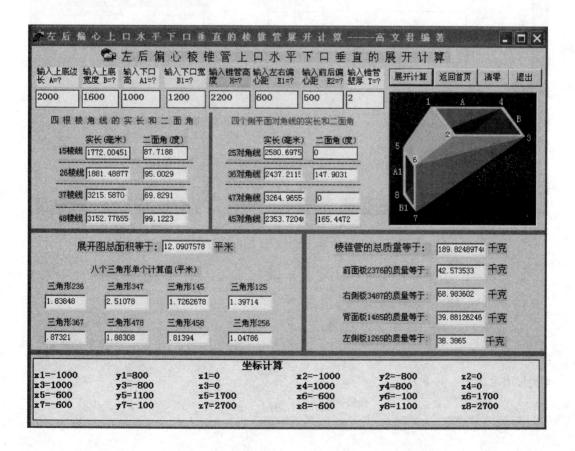

图 8-8-4-2　左后偏心上口水平下口垂直的矩形棱锥管光盘计算示例

8.8.5　左前偏心上口垂直下口水平的棱锥管

一、用公式计算示例

图 8-8-5-1 为左前偏心上口垂直下口水平的矩形棱锥管总图。坐标和线段实长计算示例如下：

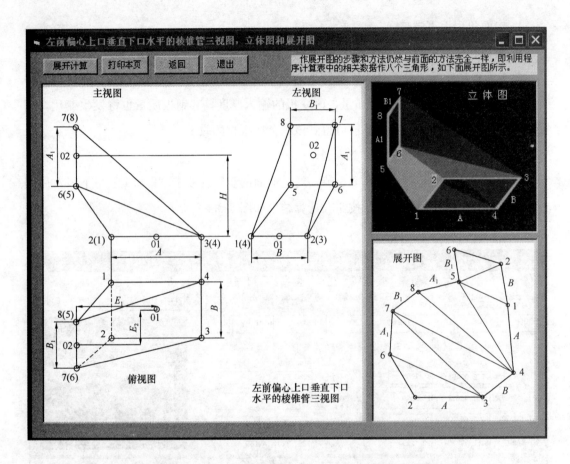

图 8-8-5-1　左前偏心上口垂直下口水平的矩形棱锥管总图

已知 $A=1020$，$B=600$，$A_1=600$，$B_1=1020$，$H=1000$，$E_1=800$，$E_2=900$，板厚 $T=1$。试计算棱锥管展开所需要的参数。

1. 计算上下口矩形 8 个角点 1，2，3，4，5，6，7，8 的 x，y，z 坐标，将下口中心点 01 设为直角坐标系的原点，x 坐标向右为正，向左为负。y 坐标向后为正，向前为负。z 坐标向上为正，向下为负。

$$x_1=-\frac{A}{2}=-\frac{1020}{2}=-510 \qquad y_1=\frac{B}{2}=\frac{600}{2}=300 \qquad z_1=0$$

$$x_2=x_1=-510 \qquad y_2=-\frac{B}{2}=-\frac{600}{2}=-300 \qquad z_2=0$$

$$x_3 = \frac{A}{2} = \frac{1020}{2} = 510 \qquad\qquad y_3 = y_2 = -300 \qquad\qquad z_3 = 0$$

$$x_4 = x_3 = 510 \qquad\qquad y_4 = y_1 = 300 \qquad\qquad z_4 = 0$$

$$x_5 = -E_1 = -800$$

$$y_5 = -E_2 + \frac{B_1}{2} = -900 + \frac{1020}{2} = -390$$

$$z_5 = H - \frac{A_1}{2} = 1000 - \frac{600}{2} = 700$$

$$x_6 = -E_1 = -800$$

$$y_6 = y_5 - B_1 = -390 - 1020 = -1410$$

$$z_6 = z_5 = 700$$

$$x_7 = -E_1 = -800$$

$$y_7 = y_6 = -1410$$

$$z_7 = H + \frac{A_1}{2} = 1000 + \frac{600}{2} = 1300$$

$$x_8 = -E_1 = -800 \qquad\qquad y_8 = y_5 = 390 \qquad\qquad z_8 = z_7 = 1300$$

2. 计算棱线 $\underline{15}$，$\underline{26}$，$\underline{37}$，$\underline{48}$ 的实长（$\underline{15}$ 表示点 1 与点 5 两点的连接线段，其他以此类推）

$$\underline{15} = \sqrt{(x_1 - x_5)^2 + (y_1 - y_5)^2 + (z_1 - z_5)^2}$$
$$= \sqrt{(-510 + 800)^2 + (300 + 390)^2 + (0 - 700)^2} = 1024.793$$

$$\underline{26} = \sqrt{(x_2 - x_6)^2 + (y_2 - y_6)^2 + (z_2 - z_6)^2}$$
$$= \sqrt{(-510 + 800)^2 + (-300 + 1410)^2 + (0 - 700)^2} = 1343.949$$

$$\underline{37} = \sqrt{(x_3 - x_7)^2 + (y_3 - y_7)^2 + (z_3 - z_7)^2}$$
$$= \sqrt{(510 + 800)^2 + (-300 + 1410)^2 + (0 - 1300)^2} = 2153.648$$

$$\underline{48} = \sqrt{(x_4 - x_8)^2 + (y_4 - y_8)^2 + (z_4 - z_8)^2}$$
$$= \sqrt{(510 + 800)^2 + (300 + 390)^2 + (0 - 1300)^2} = 1970.33$$

3. 计算 4 个侧板 4 条对角线 $\underline{25}$，$\underline{36}$，$\underline{47}$，$\underline{45}$ 的实长。

$$\underline{25} = \sqrt{(x_2 - x_5)^2 + (y_2 - y_5)^2 + (z_2 - z_5)^2}$$
$$= \sqrt{(-510 + 800)^2 + (-300 + 390)^2 + (0 - 700)^2} = 763.02$$

$$\underline{36} = \sqrt{(x_3 - x_6)^2 + (y_3 - y_6)^2 + (z_3 - z_6)^2}$$

$$= \sqrt{(510 + 800)^2 + (-300 + 1410)^2 + (0 - 700)^2} = 1854.238$$

$$\underline{47} = \sqrt{(x_4 - x_7)^2 + (y_4 - y_7)^2 + (z_4 - z_7)^2}$$

$$= \sqrt{(510 + 800)^2 + (300 + 1410)^2 + (0 - 1300)^2} = 2515.99$$

$$\underline{45} = \sqrt{(x_4 - x_5)^2 + (y_4 - y_5)^2 + (z_4 - z_5)^2}$$

$$= \sqrt{(510 + 800)^2 + (300 + 390)^2 + (0 - 700)^2} = 1637.742$$

4. 二面角用手算省略。

5. 面积和质量计算

关于面积和质量的计算公式以及计算过程可参考本书前面的有关章节。图 8-8-5-2 的质量是板厚度为 1mm 时的钢板质量，改变板的厚度，其钢板质量也将发生变化。用板材的密度乘以表中的面积计算值可得到该非金属板材的质量。

二、用光盘计算

程序的操作步骤与前面本章节相同，光盘计算示例如图 8-8-5-2 所示。

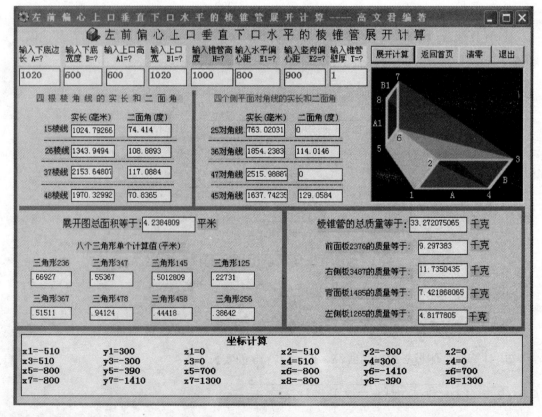

图 8-8-5-2 左前偏心上口垂直下口水平的棱锥管光盘计算示例

8.8.6　左前偏心上口水平下口垂直的棱锥管

一、用公式计算示例

图 8-8-6-1 为左前偏心上口水平下口垂直的棱锥管总图。坐标和线段实长计算示例如下：

已知 $A=600$，$B=800$，$A_1=1000$，$B_1=1200$，$H=1600$，$E_1=700$，$E_2=500$，板厚 $T=1$。试计算棱锥管展开所需要的参数。

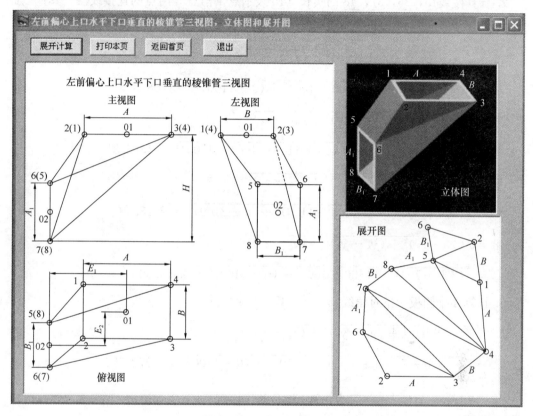

图 8-8-6-1　左前偏心上口水平下口垂直的棱锥管总图

1. 计算上下口矩形 8 个角点 1，2，3，4，5，6，7，8 的 x，y，z 坐标，将下口中心点 01 设为直角坐标系的原点，x 坐标向右为正，向左为负。y 坐标向后为正，向前为负。z 坐标向下为正，向上为负。

$$x_1=-\frac{A}{2}=-\frac{600}{2}=-300 \qquad y_1=\frac{B}{2}=\frac{800}{2}=400 \qquad z_1=0$$

$$x_2=x_1=-300 \qquad y_2=-\frac{B}{2}=-\frac{800}{2}=-400 \qquad z_2=0$$

$$x_3=\frac{A}{2}=\frac{600}{2}=300 \qquad y_3=y_2=-400 \qquad z_3=0$$

373

$$x_4 = x_3 = 300 \qquad y_4 = y_1 = 400 \qquad z_4 = 0$$

$$x_5 = -E_1 = -700 \quad y_5 = -E_2 + \frac{B_1}{2} = -500 + \frac{1200}{2} = 100 \quad z_5 = H - \frac{A_1}{2} = 1600 - \frac{1000}{2} = 1100$$

$$x_6 = -E_1 = -700 \quad y_6 = y_5 - B_1 = 100 - 1200 = -1100 \quad z_6 = z_5 = 1100$$

$$x_7 = -E_1 = -700 \quad y_7 = y_6 = -1100 \quad z_7 = H + \frac{A_1}{2} = 1600 + \frac{1000}{2} = 2100$$

$$x_8 = -E_1 = -700 \qquad y_8 = y_5 = 100 \qquad z_8 = z_7 = 2100$$

2. 计算棱线 $\underline{15}$，$\underline{26}$，$\underline{37}$，$\underline{48}$ 的实长（$\underline{15}$ 表示点 1 与点 5 两点的连接线段，其他以此类推）。

$$\underline{15} = \sqrt{(x_1 - x_5)^2 + (y_1 - y_5)^2 + (z_1 - z_5)^2}$$
$$= \sqrt{(-300 + 700)^2 + (400 - 100)^2 + (0 - 1100)^2} = 1208.305$$

$$\underline{26} = \sqrt{(x_2 - x_6)^2 + (y_2 - y_6)^2 + (z_2 - z_6)^2}$$
$$= \sqrt{(-300 + 700)^2 + (-400 + 1100)^2 + (0 - 1100)^2} = 1363.818$$

$$\underline{37} = \sqrt{(x_3 - x_7)^2 + (y_3 - y_7)^2 + (z_3 - z_7)^2}$$
$$= \sqrt{(300 + 700)^2 + (-400 + 1100)^2 + (0 - 2100)^2} = 2428.99$$

$$\underline{48} = \sqrt{(x_4 - x_8)^2 + (y_4 - y_8)^2 + (z_4 - z_8)^2}$$
$$= \sqrt{(300 + 700)^2 + (400 - 100)^2 + (0 - 2100)^2} = 2345.208$$

3. 计算 4 个侧板 4 条对角线 $\underline{25}$，$\underline{36}$，$\underline{47}$，$\underline{45}$ 的实长。

$$\underline{25} = \sqrt{(x_2 - x_5)^2 + (y_2 - y_5)^2 + (z_2 - z_5)^2}$$
$$= \sqrt{(-300 + 700)^2 + (-400 - 100)^2 + (0 - 1100)^2} = 1272.792$$

$$\underline{36} = \sqrt{(x_3 - x_6)^2 + (y_3 - y_6)^2 + (z_3 - z_6)^2}$$
$$= \sqrt{(300 + 700)^2 + (-400 + 1100)^2 + (0 - 1100)^2} = 1643.168$$

$$\underline{47} = \sqrt{(x_4 - x_7)^2 + (y_4 - y_7)^2 + (z_4 - z_7)^2}$$
$$= \sqrt{(300 + 700)^2 + (400 + 1100)^2 + (0 - 2100)^2} = 2767.67$$

$$\underline{45} = \sqrt{(x_4 - x_5)^2 + (y_4 - y_5)^2 + (z_4 - z_5)^2}$$
$$= \sqrt{(300 + 700)^2 + (400 - 100)^2 + (0 - 1100)^2} = 1516.575$$

4. 二面角用手算省略。

5. 面积和质量计算略。

二、用光盘计算

程序计算的操作步骤与前面章节相同，光盘计算示例如图 8-8-6-2 所示。

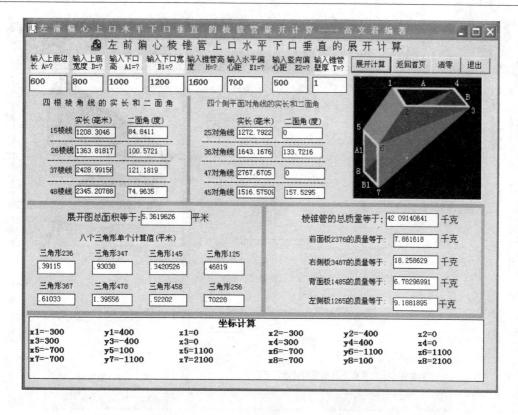

图 8-8-6-2 左前偏心上口水平下口垂直的矩形棱锥管总图光盘计算示例

8.8.7 右前偏心上口垂直下口水平的棱锥管

一、用公式计算示例

图 8-8-7-1 为右前偏心上口垂直下口水平的矩形棱锥管总图。坐标和线段实长计算示例如下：

已知 $A=6000$，$B=5000$，$A_1=4000$，$B_1=3000$，$H=7000$，$E_1=3000$，$E_2=2000$，板厚 $T=8$。试计算棱锥管展开所需要的参数。

1. 计算上下口矩形 8 个角点 1，2，3，4，5，6，7，8 的 x，y，z 坐标，将下口中心点 01 设为直角坐标系的原点，x 坐标向右为正，向左为负。y 坐标向后为正，向前为负。z 坐标向上为正，向下为负。

$$x_1=-\frac{A}{2}=-\frac{6000}{2}=-3000 \qquad y_1=\frac{B}{2}=\frac{5000}{2}=2500 \qquad z_1=0$$

$$x_2=x_1=-3000 \qquad y_2=-\frac{B}{2}=-\frac{5000}{2}=-2500 \qquad z_2=0$$

$$x_3=\frac{A}{2}=\frac{600}{2}=3000 \qquad y_3=y_2=-2500 \qquad z_3=0$$

$$x_4=x_3=3000 \qquad y_4=y_1=2500 \qquad z_4=0$$

375

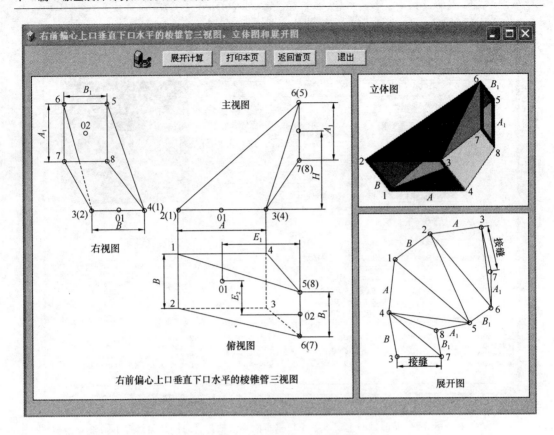

图 8-8-7-1 右前偏心上口垂直下口水平的矩形棱锥管总图

$$x_5 = E_1 = 3000 \quad y_5 = -E_2 + \frac{B_1}{2} = -2000 + \frac{3000}{2} = -500 \quad z_5 = H - \frac{A_1}{2} = 7000 + \frac{4000}{2} = 9000$$

$$x_6 = E_1 = 3000 \quad y_6 = y_5 + B_1 = -500 - 3000 = -3500 \quad z_6 = z_5 = 9000$$

$$x_7 = E_1 = 3000 \quad y_7 = y_6 = -3500 \quad z_7 = H - \frac{A_1}{2} = 7000 - \frac{4000}{2} = 5000$$

$$x_8 = E_1 = 3000 \quad y_8 = y_5 = -500 \quad z_8 = z_7 = 5000$$

2. 计算棱线 $\underline{15}$，$\underline{26}$，$\underline{37}$，$\underline{48}$ 的实长（$\underline{15}$ 表示点 1 与点 5 两点的连接线段，其他以此类推）。

$$\underline{15} = \sqrt{(x_1 - x_5)^2 + (y_1 - y_5)^2 + (z_1 - z_5)^2}$$
$$= \sqrt{(-300 - 3000)^2 + (2500 + 500)^2 + (0 - 9000)^2} = 11224.972$$

$$\underline{26} = \sqrt{(x_2 - x_6)^2 + (y_2 - y_6)^2 + (z_2 - z_6)^2}$$
$$= \sqrt{(-3000 - 3000)^2 + (-2500 + 3500)^2 + (0 - 9000)^2} = 10862.78$$

$$\underline{37} = \sqrt{(x_3 - x_7)^2 + (y_3 - y_7)^2 + (z_3 - z_7)^2}$$
$$= \sqrt{(3000 - 3000)^2 + (-2500 + 3500)^2 + (0 - 5000)^2} = 5099.02$$

$$\underline{48} = \sqrt{(x_4 - x_8)^2 + (y_4 - y_8)^2 + (z_4 - z_8)^2}$$

$$= \sqrt{(3000 - 3000)^2 + (2500 + 500)^2 + (0 - 5000)^2} = 5830.952$$

3. 计算 4 个侧板 4 条对角线 $\underline{25}$，$\underline{36}$，$\underline{47}$，$\underline{45}$ 的实长。

$$\underline{25} = \sqrt{(x_2 - x_5)^2 + (y_2 - y_5)^2 + (z_2 - z_5)^2}$$

$$= \sqrt{(-3000 - 3000)^2 + (-2500 + 500)^2 + (0 - 9000)^2} = 11000$$

$$\underline{36} = \sqrt{(x_3 - x_6)^2 + (y_3 - y_6)^2 + (z_3 - z_6)^2}$$

$$= \sqrt{(3000 - 3000)^2 + (-2500 + 3500)^2 + (0 - 9000)^2} = 9055.385$$

$$\underline{47} = \sqrt{(x_4 - x_7)^2 + (y_4 - y_7)^2 + (z_4 - z_7)^2}$$

$$= \sqrt{(3000 - 3000)^2 + (2500 + 3500)^2 + (0 - 5000)^2} = 7810.25$$

$$\underline{45} = \sqrt{(x_4 - x_5)^2 + (y_4 - y_5)^2 + (z_4 - z_5)^2}$$

$$= \sqrt{(3000 - 3000)^2 + (2500 + 500)^2 + (0 - 9000)^2} = 9486.833$$

4. 二面角用手算，面积和质量计算略。

二、用光盘计算

程序计算的操作步骤与前面本章节相同，光盘计算示例如图 8-8-7-2 所示。

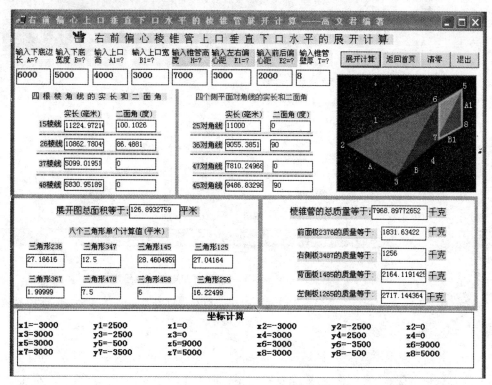

图 8-8-7-2　右前偏心上口垂直下口水平的矩形棱锥管光盘计算示例

三、实体模型制作

利用程序计算数据按比例缩小后在硬纸板上画好展开图，并作好上下口 8 个角点标记和 8 条线段的连接线（即棱线和对角线），将计算表中有二面角的 4 条线段反曲展开图（即将可见线放在棱锥管内表面），用胶纸粘牢接缝后，用手搓成立体形状。通过实体模型与三视图对照，对于读者建立空间概念会有较大帮助。

8.8.8 右前偏心上口水平下口垂直的棱锥管

一、用公式计算示例

图 8-8-8-1 为右前偏心上口水平下口垂直的矩形棱锥管总图。坐标和线段实长计算示例如下：

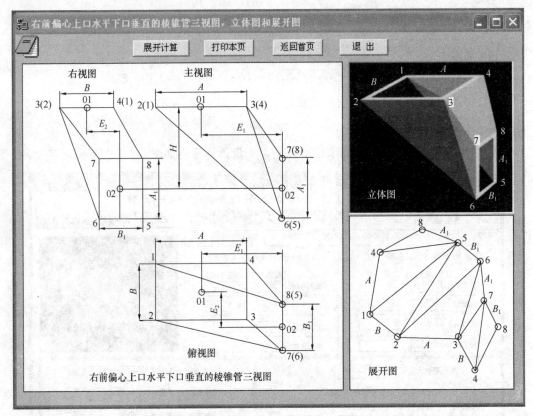

图 8-8-8-1 右前偏心上口水平下口垂直的矩形棱锥管总图

已知 $A=5000$，$B=3000$，$A_1=1200$，$B_1=1600$，$H=6000$，$E_1=1000$，$E_2=800$，板厚 $T=10$。试计算棱锥管展开所需要的参数。

1. 计算上下口矩形 8 个角点 1，2，3，4，5，6，7，8 的 x，y，z 坐标，将下口中心点 01 设为直角坐标系的原点，x 坐标向右为正，向左为负。y 坐标向后为正，向前为负。z 坐标向下为正，向上为负。

$$x_1=-\frac{A}{2}=-\frac{5000}{2}=-2500 \qquad y_1=\frac{B}{2}=\frac{3000}{2}=1500 \qquad z_1=0$$

$$x_2 = x_1 = -2500 \qquad y_2 = -\frac{B}{2} = -\frac{3000}{2} = -1500 \qquad z_2 = 0$$

$$x_3 = \frac{A}{2} = \frac{600}{2} = 2500 \qquad y_3 = y_2 = -1500 \qquad z_3 = 0$$

$$x_4 = x_3 = 2500 \qquad y_4 = y_1 = 1500 \qquad z_4 = 0$$

$$x_5 = E_1 = 1000 \quad y_5 = -E_2 + \frac{B_1}{2} = -800 + \frac{1600}{2} = 0 \quad z_5 = H + \frac{A_1}{2} = 6000 + \frac{1200}{2} = 6600$$

$$x_6 = E_1 = 1000 \qquad y_6 = y_5 + B_1 = 0 - 1600 = -1600 \qquad z_6 = z_5 = 6600$$

$$x_7 = E_1 = 1000 \qquad y_7 = y_6 = -1600 \qquad z_7 = H - \frac{A_1}{2} = 6000 - \frac{1200}{2} = 5400$$

$$x_8 = E_1 = 1000 \qquad y_8 = y_5 = 0 \qquad z_8 = z_7 = 5400$$

2. 计算棱线$\underline{15}$，$\underline{26}$，$\underline{37}$，$\underline{48}$的实长（$\underline{15}$表示点 1 与点 5 两点的连接线段，其他以此类推）。

$$\underline{15} = \sqrt{(x_1 - x_5)^2 + (y_1 - y_5)^2 + (z_1 - z_5)^2}$$
$$= \sqrt{(-2500 - 1000)^2 + (1500 - 0)^2 + (0 - 6600)^2} = 7619.711$$

$$\underline{26} = \sqrt{(x_2 - x_6)^2 + (y_2 - y_6)^2 + (z_2 - z_6)^2}$$
$$= \sqrt{(-2500 - 1000)^2 + (-1500 + 1600)^2 + (0 - 6600)^2} = 7471.278$$

$$\underline{37} = \sqrt{(x_3 - x_7)^2 + (y_3 - y_7)^2 + (z_3 - z_7)^2}$$
$$= \sqrt{(2500 - 1000)^2 + (-1500 + 1600)^2 + (0 - 5400)^2} = 5605.355$$

$$\underline{48} = \sqrt{(x_4 - x_8)^2 + (y_4 - y_8)^2 + (z_4 - z_8)^2}$$
$$= \sqrt{(2500 - 1000)^2 + (1500 - 0)^2 + (0 - 5400)^2} = 5801.724$$

3. 计算 4 个侧板 4 条对角线$\underline{25}$，$\underline{36}$，$\underline{47}$，$\underline{45}$的实长。

$$\underline{25} = \sqrt{(x_2 - x_5)^2 + (y_2 - y_5)^2 + (z_2 - z_5)^2}$$
$$= \sqrt{(-2500 - 1000)^2 + (-1500 - 0)^2 + (0 - 6600)^2} = 7619.7$$

$$\underline{36} = \sqrt{(x_3 - x_6)^2 + (y_3 - y_6)^2 + (z_3 - z_6)^2}$$
$$= \sqrt{(2500 - 1000)^2 + (-1500 + 1600)^2 + (0 - 6600)^2} = 6769$$

$$\underline{47} = \sqrt{(x_4 - x_7)^2 + (y_4 - y_7)^2 + (z_4 - z_7)^2}$$
$$= \sqrt{(2500 - 1000)^2 + (1500 + 1600)^2 + (0 - 5400)^2} = 6404.69$$

$$\underline{45} = \sqrt{(x_4 - x_5)^2 + (y_4 - y_5)^2 + (z_4 - z_5)^2}$$
$$= \sqrt{(2500 - 1000)^2 + (1500 - 0)^2 + (0 - 6600)^2} = 6932.53$$

4. 二面角用手算，面积和质量计算略。

二、用光盘计算

程序计算的操作步骤与前面本章节相同，光盘计算示例如图 8-8-8-2 所示。

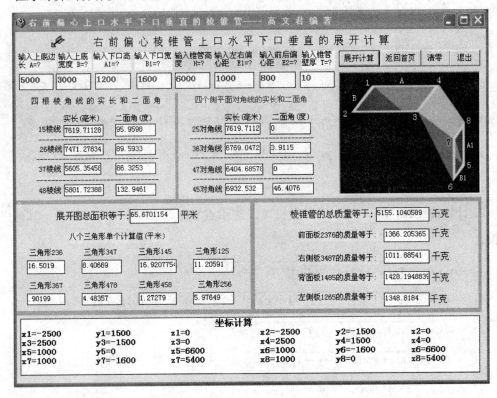

图 8-8-8-2　右前偏心上口水平下口垂直的矩形棱锥管光盘计算示例

三、实体模型制作

利用程序计算数据按比例缩小后在硬纸板上画好展开图，并作好上下口 8 个角点标记和 8 条线段的连接线（即棱线和对角线），将计算表中有二面角的 4 条线段反曲展开图（即将可见线放在棱锥管内表面），用胶纸粘牢接缝后，用手搓成立体形状。通过实体模型与三视图对照，对于建立空间概念会有较大帮助。

8.8.9　上口竖直下口水平且左侧板与背板同时垂直于底平面的棱锥管

一、用公式计算示例

图 8-8-9-1 为上口竖直下口水平且左侧板与背板同时垂直于底平面的棱锥管总图。坐标和线段实长计算示例如下：

已知 $A=1000$，$B=800$，$A_1=500$，$B_1=400$，$H=900$，板厚 $T=1$。试计算棱锥管展开所需要的参数。

1. 计算上下口矩形 8 个角点 1，2，3，4，5，6，7，8 的 x，y，z 坐标，本例是将下口角点 1 设为直角坐标系的原点，x 坐标向右为正，向左为负。y 坐标向前为正，向后为

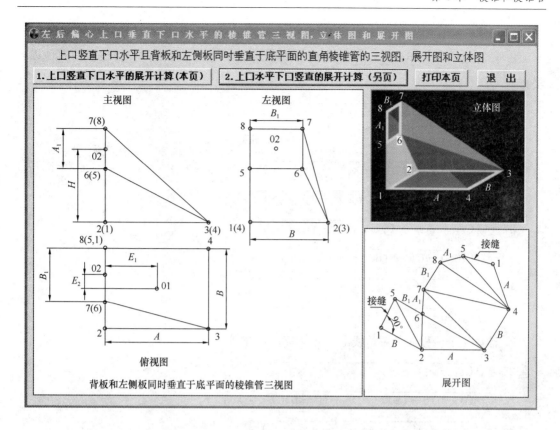

图 8-8-9-1　上口竖直下口水平且左侧板与背板同时垂直于底平面的棱锥管总图

负。z 坐标向上为正，向下为负。此坐标系原点（角点 1）与程序设计的坐标原点（下口中心 01）不同，所以下面计算的 8 个角点坐标值与程序计算的坐标值也不同，但是不会影响其他参数的计算数值的准确，之所以这样，其主要目的是希望读者能熟悉灵活应用建立直角坐标系的方法。请读者以下口中心为坐标原点建立直角坐标系，先计算 8 个角点的坐标，并与图 8-8-9-2 程序计算示例表计算的坐标值比较，看看是否相等。然后利用已知两点坐标求线段实长的方法计算棱线 <u>15</u> 等 8 条线段的长度，看看是否与程序对应的计算值相等，相信你通过上述计算过程后对于坐标的了解将会得到很大提高。

$$x_1 = 0 \qquad y_1 = 0 \qquad z_1 = 0$$

$$x_2 = x_1 = 0 \qquad y_2 = B = 800 \qquad z_2 = 0$$

$$x_3 = A = 1000 \qquad y_3 = B = 800 \qquad z_3 = 0$$

$$x_4 = A = 1000 \qquad y_4 = y_1 = 0 \qquad z_4 = 0$$

$$x_5 = x_1 = 0 \qquad y_5 = y_1 = 0 \qquad z_5 = H - \frac{A_1}{2} = 900 - \frac{500}{2} = 650$$

$$x_6 = x_1 = 0 \qquad y_6 = B_1 = 400 \qquad z_6 = z_5 = 650$$

$$x_7 = x_1 = 0 \qquad y_7 = B_1 = 400 \qquad z_7 = H + \frac{A_1}{2} = 900 + \frac{500}{2} = 1150$$

$$x_8 = x_1 = 0 \qquad\qquad y_8 = y_1 = 0 \qquad\qquad z_8 = z_7 = 1150$$

2. 计算棱线 $\underline{15}$，$\underline{26}$，$\underline{37}$，$\underline{48}$ 的实长（$\underline{15}$ 表示点 1 与点 5 两点的连接线段，其他以此类推）。

$$\underline{15} = \sqrt{(x_1 - x_5)^2 + (y_1 - y_5)^2 + (z_1 - z_5)^2}$$
$$= \sqrt{(0-0)^2 + (0-0)^2 + (0-650)^2} = 650$$

$$\underline{26} = \sqrt{(x_2 - x_6)^2 + (y_2 - y_6)^2 + (z_2 - z_6)^2}$$
$$= \sqrt{(0-0)^2 + (800-400)^2 + (0-650)^2} = 763.2$$

$$\underline{37} = \sqrt{(x_3 - x_7)^2 + (y_3 - y_7)^2 + (z_3 - z_7)^2}$$
$$= \sqrt{(1000-0)^2 + (800-400)^2 + (0-1150)^2} = 1575.6$$

$$\underline{48} = \sqrt{(x_4 - x_8)^2 + (y_4 - y_8)^2 + (z_4 - z_8)^2}$$
$$= \sqrt{(1000-0)^2 + (0-0)^2 + (0-1150)^2} = 1524$$

3. 计算 4 个侧板 4 条对角线 $\underline{25}$，$\underline{36}$，$\underline{47}$，$\underline{45}$ 的实长。

$$\underline{25} = \sqrt{(x_2 - x_5)^2 + (y_2 - y_5)^2 + (z_2 - z_5)^2}$$
$$= \sqrt{(0-0)^2 + (800-0)^2 + (0-650)^2} = 1030.8$$

$$\underline{36} = \sqrt{(x_3 - x_6)^2 + (y_3 - y_6)^2 + (z_3 - z_6)^2}$$
$$= \sqrt{(1000-0)^2 + (800-0)^2 + (0-650)^2} = 1257.97$$

$$\underline{47} = \sqrt{(x_4 - x_7)^2 + (y_4 - y_7)^2 + (z_4 - z_7)^2}$$
$$= \sqrt{(1000-0)^2 + (0-400)^2 + (0-1150)^2} = 1575.6$$

$$\underline{45} = \sqrt{(x_4 - x_5)^2 + (y_4 - y_5)^2 + (z_4 - z_5)^2}$$
$$= \sqrt{(1000-0)^2 + (0-0)^2 + (0-650)^2} = 1192.7$$

4. 二面角、面积和质量计算略。

二、用光盘计算

双击"8.8 上下口垂直的棱锥管"→双击"Ⅱ. 特殊双偏心"→双击"8.8.9－8.8.10 左侧板与背板同时垂直于底平面的棱锥管"→在出现的屏幕上方单击"1. 上口竖直下口水平的展开计算"按钮，由于程序已经输入一组已知条件作为示范，所以只要单击"展开计算"按钮，计算值就会显示出来。单击"清零"按钮，重新输入数据又可作新的计算。如果将上面用公式法计算的已知条件输入程序后的计算结果如图 8-8-9-2 所示。用计算数据采用三角形法可作出展开图。请注意，本节所有计算的重量均是钢板的重量，对于其他非金属材料结构件只要将其密度乘以计算表中的总面积就可以得到该非金属结构件的重量。

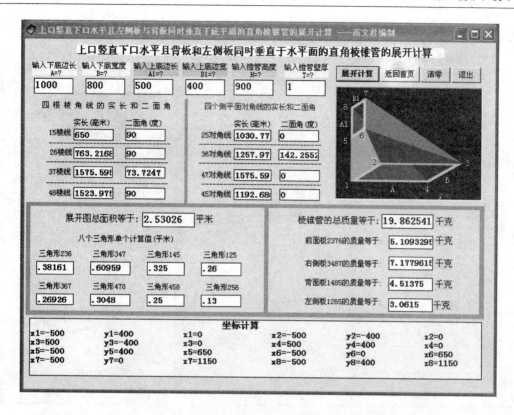

图 8-8-9-2　上口竖直下口水平且左侧板与背板同时垂直于底平面的棱锥管光盘计算示例

8.8.10　上口水平下口竖直且左侧板与背板同时垂直于底平面的棱锥管

一、用公式计算示例

图 8-8-10-1 为上口水平下口竖直且左侧板与背板同时垂直底平面的矩形棱锥管总图。坐标和线段实长计算示例如下：

已知 $A=1000$，$B=800$，$A_1=500$，$B_1=400$，$H=900$，板厚 $T=1$，其中 H 是下口中心 O2 到上口的垂直高度。试计算棱锥管展开所需要的参数。

1. 计算上下口矩形 8 个角点 1，2，3，4，5，6，7，8 的 x，y，z 坐标，将上口角点 1 设为直角坐标系的原点，x 坐标向右为正，向左为负。y 坐标向前为正，向后为负。z 坐标向下为正，向上为负。同上一节一样，此坐标系原点（角点 1）与程序设计的坐标原点（下口中心 O1）不同，所以下面计算的 8 个角点坐标值与程序计算的坐标值也不同，但是不会影响其他参数的计算数值的准确，其主要目的同上一节一样，仍然是希望读者能熟悉灵活应用建立直角坐标系的方法。

$$x_1 = 0 \qquad\qquad y_1 = 0 \qquad\qquad z_1 = 0$$

$$x_2 = x_1 = 0 \qquad\quad y_2 = B = 800 \qquad z_2 = 0$$

$$x_3 = A = 1000 \qquad y_3 = y_2 = 800 \qquad z_3 = 0$$

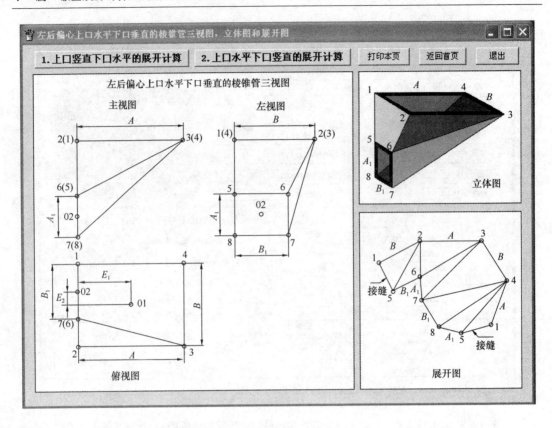

图 8-8-10-1　上口水平下口竖直且左侧板与背板同时垂直于底平面的矩形棱锥管总图

$x_4 = x_3 = 1000$	$y_4 = y_1 = 0$	$z_4 = 0$
$x_5 = x_1 = 0$	$y_5 = y_1 = 0$	$z_5 = H - \dfrac{A_1}{2} = 900 - \dfrac{500}{2} = 650$
$x_6 = x_1 = 0$	$y_6 = B_1 = 400$	$z_6 = z_5 = 650$
$x_7 = x_1 = 0$	$y_7 = y_6 = 400$	$z_7 = H + \dfrac{A_1}{2} = 900 + \dfrac{500}{2} = 1150$
$x_8 = x_1 = 0$	$y_8 = y_1 = 0$	$z_8 = z_7 = 1150$

2. 计算棱线 $\underline{15}$，$\underline{26}$，$\underline{37}$，$\underline{48}$ 的实长（$\underline{15}$ 表示点 1 与点 5 两点的连接线段，其他以此类推）。

$$\underline{15} = \sqrt{(x_1 - x_5)^2 + (y_1 - y_5)^2 + (z_1 - z_5)^2}$$
$$= \sqrt{(0-0)^2 + (0-0)^2 + (0-650)^2} = 650$$

$$\underline{26} = \sqrt{(x_2 - x_6)^2 + (y_2 - y_6)^2 + (z_2 - z_6)^2}$$
$$= \sqrt{(0-0)^2 + (800-400)^2 + (0-650)^2} = 763.217$$

$$\underline{37} = \sqrt{(x_3 - x_7)^2 + (y_3 - y_7)^2 + (z_3 - z_7)^2}$$
$$= \sqrt{(1000-0)^2 + (800-400)^2 + (0-1150)^2} = 1575.595$$

$$\underline{48} = \sqrt{(x_4 - x_8)^2 + (y_4 - y_8)^2 + (z_4 - z_8)^2}$$

$$= \sqrt{(1000-0)^2 + (0-0)^2 + (0-1150)^2} = 1523.975$$

3. 计算 4 个侧板 4 条对角线25，36，47，45 的实长。

$$\underline{25} = \sqrt{(x_2 - x_5)^2 + (y_2 - y_5)^2 + (z_2 - z_5)^2}$$

$$= \sqrt{(0-0)^2 + (800-0)^2 + (0-650)^2} = 1030.776$$

$$\underline{36} = \sqrt{(x_3 - x_6)^2 + (y_3 - y_6)^2 + (z_3 - z_6)^2}$$

$$= \sqrt{(1000-0)^2 + (800-400)^2 + (0-650)^2} = 1257.975$$

$$\underline{47} = \sqrt{(x_4 - x_7)^2 + (y_4 - y_7)^2 + (z_4 - z_7)^2}$$

$$= \sqrt{(1000-0)^2 + (0-400)^2 + (0-1150)^2} = 1575.595$$

$$\underline{45} = \sqrt{(x_4 - x_5)^2 + (y_4 - y_5)^2 + (z_4 - z_5)^2}$$

$$= \sqrt{(1000-0)^2 + (0-0)^2 + (0-650)^2} = 1192.686$$

4. 二面角、面积和质量手工计算略。

二、用光盘计算

程序计算的操作步骤同 8.8.9 节，当出现如图 8-8-10-1 的界面时，单击"2. 上口水平下口竖直的展开计算"按钮，由于程序已经输入一组已知条件作为示范，所以只要单击"展开计算"按钮，计算值就会显示出来。单击"清零"按钮重新输入数据又可作新的计算了。光盘计算示例如图 8-8-10-2 所示。用计算数据采用三角形法可作出展开图。在图 8-

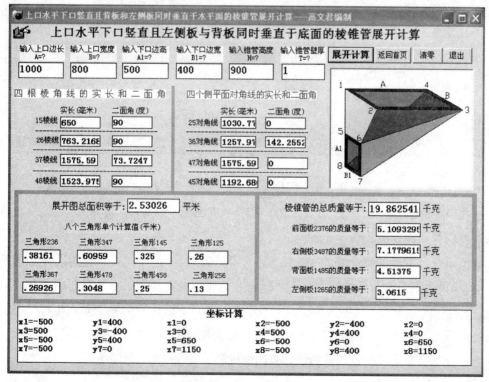

图 8-8-10-2　上口水平下口竖直且左侧板与背板同时垂直底平面的矩形棱锥管光盘计算示例

8-10-1 的上方，单击"1. 上口竖直下口水平的展开计算"可进行上口垂直下口水平的棱锥管的展开计算。

8.8.11　上口竖直下口水平且前板与左侧板同时垂直于底平面的棱锥管

一、用公式计算示例

图 8-8-11-1 为上口竖直下口水平且左侧板与前板同时垂直底平面的棱锥管。坐标和线段实长计算示例如下：

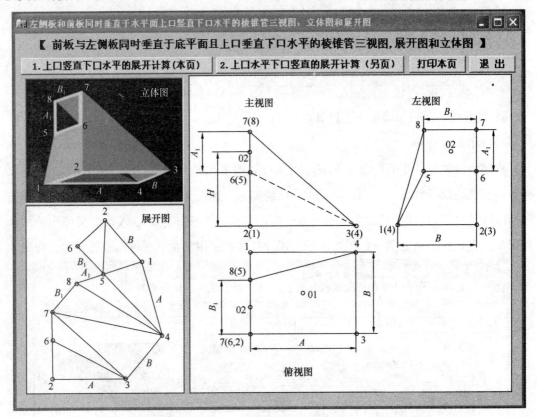

图 8-8-11-1　上口竖直下口水平且左侧板与前板同时垂直于底平面的棱锥管总图

已知 $A=6300$，$B=3800$，$A_1=2200$，$B_1=1800$，$H=5000$，板厚 $T=1$。试计算棱锥管展开所需要的参数。

1. 计算上下口矩形 8 个角点 1，2，3，4，5，6，7，8 的 x，y，z 坐标，本小节将下口中心 01 设为直角坐标系的原点，x 坐标向右为正，向左为负。y 坐标向后为正，向前为负。z 坐标向上为正，向下为负。与上一小节不同，下面计算的 8 个角点坐标值与程序计算的坐标值是完全一致的（因为均以下口中心为原点），请读者注意，不管怎么改变坐标原点，都不会影响线段及其他参数计算的准确性。

$$x_1=-\frac{A}{2}=-\frac{6300}{2}=-3150 \qquad y_1=\frac{B}{2}=\frac{3800}{2}=1900 \qquad z_1=0$$

$$x_2 = x_1 = -3150 \qquad\qquad y_2 = -y_1 = -1900 \qquad\qquad z_2 = 0$$

$$x_3 = \frac{A}{2} = \frac{6300}{2} = 3150 \qquad\qquad y_3 = y_2 = -1900 \qquad\qquad z_3 = 0$$

$$x_4 = x_3 = 3150 \qquad\qquad y_4 = y_1 = 1900 \qquad\qquad z_4 = 0$$

$$x_5 = x_1 = -3150 \quad y_5 = B_1 - \frac{B}{2} = 1800 - \frac{3800}{2} = -100 \quad z_5 = H - \frac{A_1}{2} = 5000 - \frac{2200}{2} = 3900$$

$$x_6 = x_1 = -3150 \qquad y_6 = -\frac{B}{2} = -\frac{3800}{2} = -1900 \qquad z_6 = z_5 = 3900$$

$$x_7 = x_1 = -3150 \qquad y_7 = y_6 = -1900 \qquad z_7 = H + \frac{A_1}{2} = 5000 + \frac{2200}{2} = 6100$$

$$x_8 = x_1 = -3150 \qquad y_8 = y_5 = -100 \qquad\qquad z_8 = z_7 = 6100$$

2. 计算棱线 $\underline{15}$，$\underline{26}$，$\underline{37}$，$\underline{48}$ 的实长（$\underline{15}$ 表示点 1 与点 5 两点的连接线段，其他以此类推）。

$$\underline{15} = \sqrt{(x_1 - x_5)^2 + (y_1 - y_5)^2 + (z_1 - z_5)^2}$$
$$= \sqrt{(-3150 + 3150)^2 + (1900 + 100)^2 + (0 - 3900)^2} = 4382.921$$

$$\underline{26} = \sqrt{(x_2 - x_6)^2 + (y_2 - y_6)^2 + (z_2 - z_6)^2}$$
$$= \sqrt{(-3150 + 3150)^2 + (-1900 + 1900)^2 + (0 - 3900)^2} = 3900$$

$$\underline{37} = \sqrt{(x_3 - x_7)^2 + (y_3 - y_7)^2 + (z_3 - z_7)^2}$$
$$= \sqrt{(3150 + 3150)^2 + (-1900 + 1900)^2 + (0 - 6100)^2} = 8769.265$$

$$\underline{48} = \sqrt{(x_4 - x_8)^2 + (y_4 - y_8)^2 + (z_4 - z_8)^2}$$
$$= \sqrt{(3150 + 3150)^2 + (1900 + 100)^2 + (0 - 6100)^2} = 8994.443$$

3. 计算 4 个侧板 4 条对角线 $\underline{25}$，$\underline{36}$，$\underline{47}$，$\underline{45}$ 的实长。

$$\underline{25} = \sqrt{(x_2 - x_5)^2 + (y_2 - y_5)^2 + (z_2 - z_5)^2}$$
$$= \sqrt{(-3150 + 3150)^2 + (-1900 + 100)^2 + (0 - 3900)^2} = 4295.346$$

$$\underline{36} = \sqrt{(x_3 - x_6)^2 + (y_3 - y_6)^2 + (z_3 - z_6)^2}$$
$$= \sqrt{(3150 + 3150)^2 + (-1900 + 1900)^2 + (0 - 3900)^2} = 7409.453$$

$$\underline{47} = \sqrt{(x_4 - x_7)^2 + (y_4 - y_7)^2 + (z_4 - z_7)^2}$$
$$= \sqrt{(3150 + 3150)^2 + (1900 + 1900)^2 + (0 - 6100)^2} = 9557.196$$

$$\underline{45} = \sqrt{(x_4 - x_5)^2 + (y_4 - y_5)^2 + (z_4 - z_5)^2}$$
$$= \sqrt{(3150 + 3150)^2 + (1900 + 100)^2 + (0 - 3900)^2} = 7674.634$$

4. 二面角、面积和质量计算略。

二、用光盘计算

程序计算的操作步骤同第 8.8.9 节，双击"8.8.11－8.8.12 前板与左侧板同时垂直于底平面的棱锥管"，当出现如图 8-8-11-1 的界面时，再单击"1. 上口竖直下口水平的展开计算（本页）"按钮，由于程序已经输入一组已知条件作为示范，所以只要单击"展开计算"按钮，计算值就会显示出来。单击"清零"按钮重新输入数据又可作新的计算了。光盘计算示例如图 8-8-11-2 所示。用计算数据采用三角形法可作出展开图。

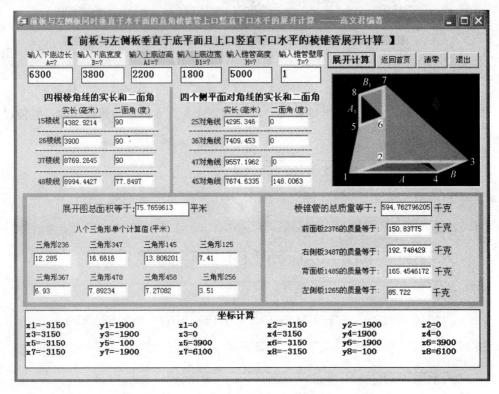

图 8-8-11-2　上口竖直下口水平且左侧板与前板同时垂直底平面的棱锥管光盘计算示例

8.8.12　上口水平下口竖直且前板与左侧板同时垂直于底平面的棱锥管

一、用公式计算示例

图 8-8-12-1 为上口水平下口竖直且左侧板与前板同时垂直底平面的矩形棱锥管总图，图 8-8-12-2 为上口小下口大的三视图和立体图，两者的特点均是棱线 $\underline{26}$ 垂直于上口平面。坐标和线段实长计算示例如下：

已知 $A=3800$，$B=2600$，$A_1=1200$，$B_1=1400$，$H=3600$，板厚 $T=1$，其中 H 为下口矩形中心 02 到上口的垂直高度。试计算棱锥管展开所需要的参数。

1. 计算上下口矩形 8 个角点 1，2，3，4，5，6，7，8 的 x，y，z 坐标，将下口中心 01 设为直角坐标系的原点，x 坐标向右为正，向左为负。y 坐标向后为正，向前为负。z

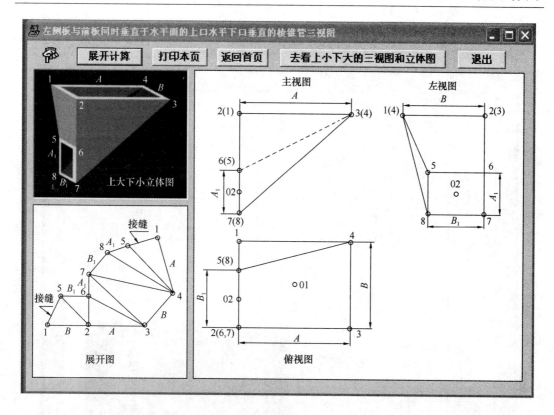

图 8-8-12-1　上口水平下口竖直且左侧板与前板同时垂直于底平面的矩形棱锥管总图

坐标向下为正，向上为负。

$$x_1 = -\frac{A}{2} = -\frac{3800}{2} = -1900 \qquad y_1 = \frac{B}{2} = \frac{2600}{2} = 1300 \qquad z_1 = 0$$

$$x_2 = x_1 = -1900 \qquad y_2 = -y_1 = -1300 \qquad z_2 = 0$$

$$x_3 = \frac{A}{2} = \frac{3800}{2} = 1900 \qquad y_3 = y_2 = -1300 \qquad z_3 = 0$$

$$x_4 = x_3 = 1900 \qquad y_4 = y_1 = 1300 \qquad z_4 = 0$$

$$x_5 = x_1 = -1900 \quad y_5 = B_1 - \frac{B}{2} = 1400 - \frac{2600}{2} = 100 \quad z_5 = H - \frac{A_1}{2} = 3600 - \frac{1200}{2} = 3000$$

$$x_6 = x_1 = -1900 \qquad y_6 = -\frac{B}{2} = -\frac{2600}{2} = -1300 \qquad z_6 = z_5 = 3000$$

$$x_7 = x_1 = -1900 \qquad y_7 = y_6 = -1300 \qquad z_7 = H + \frac{A_1}{2} = 3600 + \frac{1200}{2} = 4200$$

$$x_8 = x_1 = -1900 \qquad y_8 = y_5 = 100 \qquad z_8 = z_7 = 4200$$

2. 计算棱线 $\underline{15}$，$\underline{26}$，$\underline{37}$，$\underline{48}$ 的实长（$\underline{15}$ 表示点 1 与点 5 两点的连接线段，其他以此类推）。

$$\underline{15} = \sqrt{(x_1 - x_5)^2 + (y_1 - y_5)^2 + (z_1 - z_5)^2}$$
$$= \sqrt{(-1900 + 1900)^2 + (1300 - 100)^2 + (0 - 3000)^2} = 3231.099$$

389

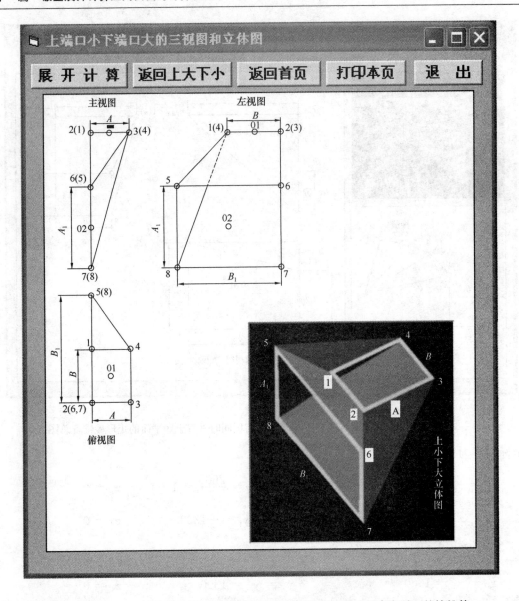

图 8-8-12-2　上小下大上口水平下口垂直且左侧板与前板同时垂直底平面的棱锥管

$$\underline{26} = \sqrt{(x_2 - x_6)^2 + (y_2 - y_6)^2 + (z_2 - z_6)^2}$$
$$= \sqrt{(-1900 + 1900)^2 + (-1300 + 1300)^2 + (0 - 3000)^2} = 3000$$

$$\underline{37} = \sqrt{(x_3 - x_7)^2 + (y_3 - y_7)^2 + (z_3 - z_7)^2}$$
$$= \sqrt{(1900 + 1900)^2 + (-1300 + 1300)^2 + (0 - 4200)^2} = 5663.92$$

$$\underline{48} = \sqrt{(x_4 - x_8)^2 + (y_4 - y_8)^2 + (z_4 - z_8)^2}$$
$$= \sqrt{(1900 + 1900)^2 + (1300 - 100)^2 + (0 - 4200)^2} = 5789.646$$

3. 计算 4 个侧板 4 条对角线 $\underline{25}$，$\underline{36}$，$\underline{47}$，$\underline{45}$ 的实长。

$$\underline{25} = \sqrt{(x_2 - x_5)^2 + (y_2 - y_5)^2 + (z_2 - z_5)^2}$$

$$= \sqrt{(-1900+1900)^2 + (-1300-100)^2 + (0-3000)^2} = 3310.589$$

$$\underline{36} = \sqrt{(x_3-x_6)^2 + (y_3-y_6)^2 + (z_3-z_6)^2}$$

$$= \sqrt{(1900+1900)^2 + (-1300+1300)^2 + (0-3000)^2} = 4841.487$$

$$\underline{47} = \sqrt{(x_4-x_7)^2 + (y_4-y_7)^2 + (z_4-z_7)^2}$$

$$= \sqrt{(1900+1900)^2 + (1300+1300)^2 + (0-4200)^2} = 6232.175$$

$$\underline{45} = \sqrt{(x_4-x_5)^2 + (y_4-y_5)^2 + (z_4-z_5)^2}$$

$$= \sqrt{(1900+1900)^2 + (1300-100)^2 + (0-3000)^2} = 4987.986$$

4. 二面角、面积和质量计算略。

二、用光盘计算

程序计算的操作步骤同第 8.8.11 节，当出现如图 8-8-11-1 的界面后，再单击"2. 上口水平下口竖直的展开计算（另页）"按钮，由于程序已经输入一组已知条件作为示范，所以只要单击"展开计算"按钮，计算值就会显示出来。单击"清零"按钮，重新输入数据又可作新的计算了。光盘计算示例如图 8-8-12-3 所示。用计算数据采用三角形法可作出展开图。

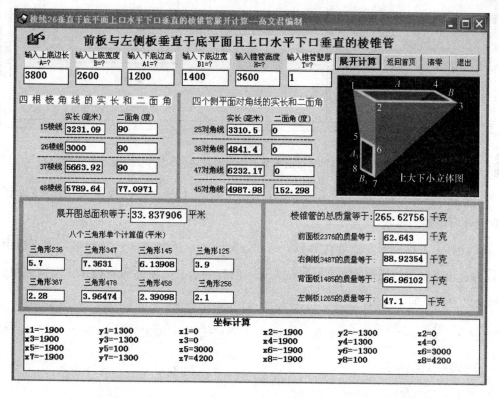

图 8-8-12-3　上口水平下口竖直且左侧板与前板同时垂直底平面的矩形棱锥管光盘计算示例

8.8.13 上口竖直下口水平且前板与右侧板同时垂直于底平面的棱锥管

一、用公式计算示例

图 8-8-13-1 为上口垂直下水平且前板与右侧板同时垂直底平面的矩形棱锥管总图。坐标和线段实长计算示例如下：

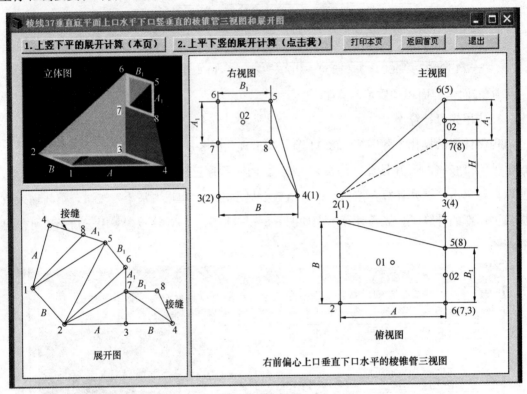

图 8-8-13-1 上口竖直下口水平且前板与右侧板同时垂直于底平面的矩形棱锥管总图

已知 $A=2500$，$B=2000$，$A_1=1500$，$B_1=1000$，$H=2600$，板厚 $T=1$。试计算棱锥管展开所需要的参数。

1. 计算上下口矩形 8 个角点 1，2，3，4，5，6，7，8 的 x，y，z 坐标，将下口中心 01 设为直角坐标系的原点，x 坐标向右为正，向左为负。y 坐标向后为正，向前为负。z 坐标向上为正，向下为负。

$$x_1 = -\frac{A}{2} = -\frac{2500}{2} = -1250 \qquad y_1 = \frac{B}{2} = \frac{2000}{2} = 1000 \qquad z_1 = 0$$

$$x_2 = x_1 = -1250 \qquad y_2 = -y_1 = -1000 \qquad z_2 = 0$$

$$x_3 = \frac{A}{2} = \frac{2500}{2} = 1250 \qquad y_3 = y_2 = -1000 \qquad z_3 = 0$$

$$x_4 = x_3 = 1250 \qquad y_4 = y_1 = 1000 \qquad z_4 = 0$$

$$x_5 = x_3 = 1250 \quad y_5 = -\frac{B}{2} + B_1 = -1000 + 1000 = 0 \quad z_5 = H + \frac{A_1}{2} = 2600 + \frac{1500}{2} = 3350$$

$$x_6 = x_3 = 1250 \quad y_6 = -\frac{B}{2} = -\frac{1000}{2} = -1000 \quad z_6 = z_5 = 3350$$

$$x_7 = x_3 = 1250 \quad y_7 = y_6 = -1000 \quad z_7 = H - \frac{A_1}{2} = 2600 - \frac{1500}{2} = 1850$$

$$x_8 = x_3 = 1250 \quad y_8 = y_5 = 0 \quad z_8 = z_7 = 1850$$

2. 计算棱线 $\underline{15}$，$\underline{26}$，$\underline{37}$，$\underline{48}$ 的实长（$\underline{15}$ 表示点 1 与点 5 两点的连接线段，其他以此类推）。

$$\underline{15} = \sqrt{(x_1 - x_5)^2 + (y_1 - y_5)^2 + (z_1 - z_5)^2}$$
$$= \sqrt{(-1200 - 1250)^2 + (1000 - 0)^2 + (0 - 3350)^2} = 4297.965$$

$$\underline{26} = \sqrt{(x_2 - x_6)^2 + (y_2 - y_6)^2 + (z_2 - z_6)^2}$$
$$= \sqrt{(-1250 - 1250)^2 + (-1000 + 1000)^2 + (0 - 3350)^2} = 4180.012$$

$$\underline{37} = \sqrt{(x_3 - x_7)^2 + (y_3 - y_7)^2 + (z_3 - z_7)^2}$$
$$= \sqrt{(1250 - 1250)^2 + (-1000 + 1000)^2 + (0 - 1850)^2} = 1850$$

$$\underline{48} = \sqrt{(x_4 - x_8)^2 + (y_4 - y_8)^2 + (z_4 - z_8)^2}$$
$$= \sqrt{(1250 - 1250)^2 + (1000 - 0)^2 + (0 - 1850)^2} = 2102.974$$

3. 计算 4 个侧板 4 条对角线 $\underline{25}$，$\underline{27}$，$\underline{47}$，$\underline{18}$ 的实长。

$$\underline{25} = \sqrt{(x_2 - x_5)^2 + (y_2 - y_5)^2 + (z_2 - z_5)^2}$$
$$= \sqrt{(-1250 - 1250)^2 + (-1000 - 0)^2 + (0 - 3350)^2} = 4297.965$$

$$\underline{27} = \sqrt{(x_2 - x_7)^2 + (y_2 - y_7)^2 + (z_2 - z_7)^2}$$
$$= \sqrt{(-1250 - 1250)^2 + (-1000 + 1000)^2 + (0 - 1850)^2} = 3110.064$$

$$\underline{47} = \sqrt{(x_4 - x_7)^2 + (y_4 - y_7)^2 + (z_4 - z_7)^2}$$
$$= \sqrt{(1250 - 1250)^2 + (1000 + 1000)^2 + (0 - 1850)^2} = 2724.427$$

$$\underline{18} = \sqrt{(x_1 - x_8)^2 + (y_1 - y_8)^2 + (z_1 - z_8)^2}$$
$$= \sqrt{(-1250 - 1250)^2 + (1000 - 0)^2 + (0 - 1850)^2} = 3266.879$$

4. 二面角、面积和质量计算略。

二、用光盘计算

程序计算的操作步骤与本节其他程序相同，双击 "8.8.13－8.8.14 前板与右侧板同时垂直于底平面的棱锥管" 当出现如图 8-8-13-1 的界面后，再单击 "1. 上竖下平的展开计算（本页）" 按钮，由于程序已经输入一组如图 8-8-13-2 的已知条件作为示范，所以只要单击"展开计算"按钮，计算值就会显示出来。光盘计算示例如图 8-8-13-2 所示。用计算数据采用三角形法可作出展开图。

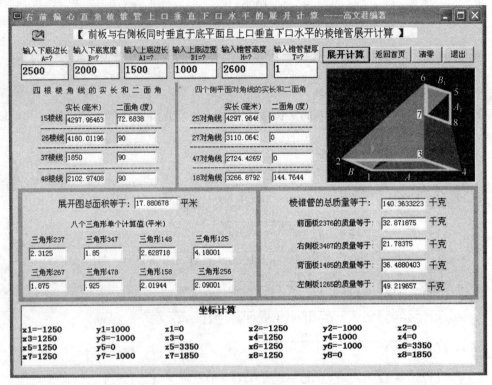

图 8-8-13-2　上口竖直下口水平且前板与右侧板同时垂直底平面的矩形棱锥管光盘计算示例

8.8.14　上口水平下口竖直且前板与右侧板同时垂直于底平面的棱锥管

一、用公式计算示例

图 8-8-14-1 为上口水平下口垂直且前板与右侧板同时垂直于底平面的矩形棱锥管总图，本结构件的特点是棱线 37 垂直于上口平面。坐标和线段实长计算示例如下：

已知 $A=8000$，$B=6000$，$A_1=2500$，$B_1=3000$，$H=6600$，板厚 $T=12$，其中 H 是下口中心 02 到上口平面的垂直高。试计算棱锥管展开所需要的参数。

1. 计算上下口矩形 8 个角点 1，2，3，4，5，6，7，8 的 x，y，z 坐标，将上口中心 01 设为直角坐标系的原点，x 坐标向右为正，向左为负。y 坐标向后为正，向前为负。z 坐标向下为正，向上为负。

$$x_1 = -\frac{A}{2} = -\frac{8000}{2} = -4000 \qquad y_1 = \frac{B}{2} = \frac{6000}{2} = 3000 \qquad z_1 = 0$$

$$x_2 = x_1 = -4000 \qquad y_2 = -y_1 = -3000 \qquad z_2 = 0$$

$$x_3 = \frac{A}{2} = \frac{8000}{2} = 4000 \qquad y_3 = y_2 = -3000 \qquad z_3 = 0$$

$$x_4 = x_3 = 4000 \qquad y_4 = y_1 = 3000 \qquad z_4 = 0$$

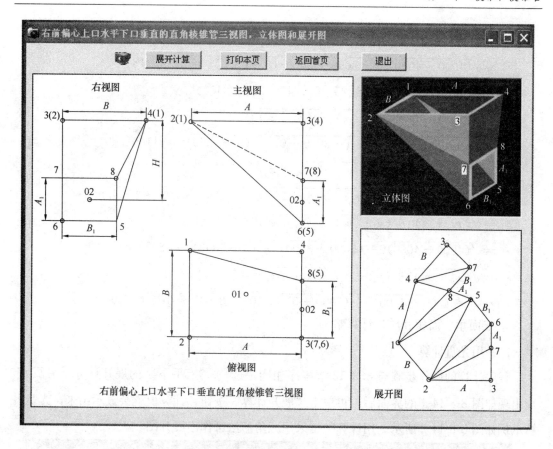

图 8-8-14-1 上口水平下口竖直且前板与右侧板同时垂直于底平面的矩形棱锥管总图

$$x_5 = x_3 = 4000 \qquad y_5 = -\frac{B}{2} + B_1 = -3000 + 3000 = 0 \qquad z_5 = H + \frac{A_1}{2} = 6600 + \frac{2500}{2} = 7850$$

$$x_6 = x_3 = 4000 \qquad y_6 = -\frac{B}{2} = -\frac{6000}{2} = -3000 \qquad z_6 = z_5 = 7850$$

$$x_7 = x_3 = 4000 \qquad y_7 = y_6 = -3000 \qquad z_7 = H - \frac{A_1}{2} = 6600 - \frac{2500}{2} = 5350$$

$$x_8 = x_3 = 4000 \qquad y_8 = y_5 = 0 \qquad z_8 = z_7 = 5350$$

2. 计算棱线 $\underline{15}$，$\underline{26}$，$\underline{37}$，$\underline{48}$ 的实长（$\underline{15}$ 表示点 1 与点 5 两点的连接线段，其他以此类推）。

$$\underline{15} = \sqrt{(x_1 - x_5)^2 + (y_1 - y_5)^2 + (z_1 - z_5)^2}$$

$$= \sqrt{(-4000 - 4000)^2 + (3000 - 0)^2 + (0 - 7850)^2} = 11602.694$$

$$\underline{26} = \sqrt{(x_2 - x_6)^2 + (y_2 - y_6)^2 + (z_2 - z_6)^2}$$

$$= \sqrt{(-4000 - 4000)^2 + (-3000 + 3000)^2 + (0 - 7850)^2} = 11208.144$$

$$\underline{37} = \sqrt{(x_3 - x_7)^2 + (y_3 - y_7)^2 + (z_3 - z_7)^2}$$

$$= \sqrt{(4000 - 4000)^2 + (-3000 + 3000)^2 + (0 - 5350)^2} = 5350$$

$$\underline{48} = \sqrt{(x_4 - x_8)^2 + (y_4 - y_8)^2 + (z_4 - z_8)^2}$$
$$= \sqrt{(4000 - 4000)^2 + (3000 - 0)^2 + (0 - 5350)^2} = 6133.718$$

3. 计算 4 个侧板 4 条对角线 $\underline{25}$，$\underline{27}$，$\underline{47}$，$\underline{18}$ 的实长。

$$\underline{25} = \sqrt{(x_2 - x_5)^2 + (y_2 - y_5)^2 + (z_2 - z_5)^2}$$
$$= \sqrt{(-4000 - 4000)^2 + (-3000 - 0)^2 + (0 - 7850)^2} = 11602.694$$

$$\underline{27} = \sqrt{(x_2 - x_7)^2 + (y_2 - y_7)^2 + (z_2 - z_7)^2}$$
$$= \sqrt{(-4000 - 4000)^2 + (-3000 + 3000)^2 + (0 - 5350)^2} = 9624.058$$

$$\underline{47} = \sqrt{(x_4 - x_7)^2 + (y_4 - y_7)^2 + (z_4 - z_7)^2}$$
$$= \sqrt{(4000 - 4000)^2 + (3000 + 3000)^2 + (0 - 5350)^2} = 8038.812$$

$$\underline{18} = \sqrt{(x_1 - x_8)^2 + (y_1 - y_8)^2 + (z_1 - z_8)^2}$$
$$= \sqrt{(-4000 - 4000)^2 + (3000 - 0)^2 + (0 - 5350)^2} = 10080.799$$

4. 二面角、面积和质量计算略。

二、用光盘计算

程序计算的操作步骤与 8.8.13 节程序相同，选"2. 上平下竖的展开计算（另页）"，当出现如图 8-8-14-1 的界面后，再单击"展开计算"按钮，计算值就会显示出来。光盘计算示例如图 8-8-14-2 所示。用计算数据采用三角形法可作出展开图。

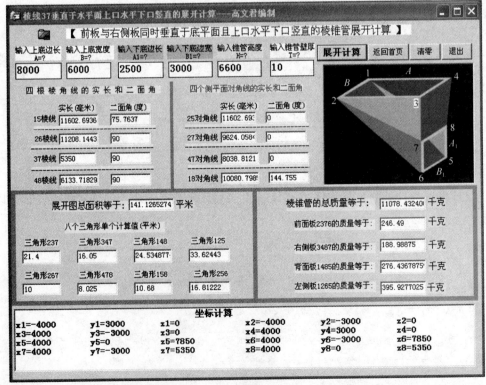

图 8-8-14-2 上口水平下口垂直且前板与右侧板同时垂直于底平面的矩形棱锥管光盘计算示例

8.8.15　上口竖直下口水平且右侧板与背板同时垂直于底平面的棱锥管

一、用公式计算示例

图 8-8-15-1 右侧板与后板同时垂直于底平面且上口竖直下口水平的棱锥管总图，本结构件的特点是棱线 48 垂直于底平面。坐标和线段实长计算示例如下：

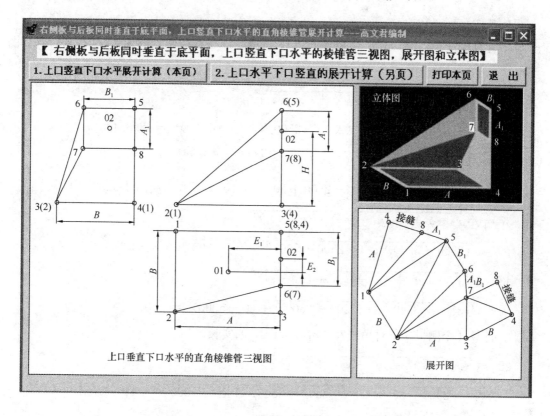

图 8-8-15-1　上口竖直下口水平且右侧板与背板同时垂直于底平面的棱锥管总图

已知 $A=7000$，$B=5000$，$A_1=2000$，$B_1=3000$，$H=6000$，板厚 $T=10$。试计算棱锥管展开所需要的参数。

1. 计算上下口矩形 8 个角点 1，2，3，4，5，6，7，8 的 x，y，z 坐标，将下口中心 01 设为直角坐标系的原点，x 坐标向右为正，向左为负。y 坐标向后为正，向前为负。z 坐标向上为正，向下为负。

$$x_1 = -\frac{A}{2} = -\frac{7000}{2} = -3500 \qquad y_1 = \frac{B}{2} = \frac{5000}{2} = 2500 \qquad z_1 = 0$$

$$x_2 = x_1 = -3500 \qquad y_2 = -y_1 = -2500 \qquad z_2 = 0$$

$$x_3 = \frac{A}{2} = \frac{7000}{2} = 3500 \qquad y_3 = y_2 = -2500 \qquad z_3 = 0$$

$$x_4 = x_3 = 3500 \qquad y_4 = y_1 = 2500 \qquad z_4 = 0$$

397

$$x_5 = x_3 = 3500 \quad y_5 = \frac{B}{2} = 2500 \quad z_5 = H + \frac{A_1}{2} = 6000 + \frac{2000}{2} = 7000$$

$$x_6 = x_3 = 3500 \quad y_6 = \frac{B}{2} - B_1 = \frac{5000}{2} - 3000 = -500 \quad z_6 = z_5 = 7000$$

$$x_7 = x_3 = 3500 \quad y_7 = y_6 = -500 \quad z_7 = H - \frac{A_1}{2} = 6000 - \frac{2000}{2} = 5000$$

$$x_8 = x_3 = 3500 \qquad y_8 = y_5 = 2500 \qquad z_8 = z_7 = 5000$$

2. 计算棱线$\underline{15}$，$\underline{26}$，$\underline{37}$，$\underline{48}$的实长（$\underline{15}$表示点 1 与点 5 两点的连接线段，其他以此类推）。

$$\underline{15} = \sqrt{(x_1 - x_5)^2 + (y_1 - y_5)^2 + (z_1 - z_5)^2}$$
$$= \sqrt{(-3500 - 3500)^2 + (2500 - 2500)^2 + (0 - 7000)^2} = 9899.495$$

$$\underline{26} = \sqrt{(x_2 - x_6)^2 + (y_2 - y_6)^2 + (z_2 - z_6)^2}$$
$$= \sqrt{(-3500 - 3500)^2 + (-2500 + 500)^2 + (0 - 7000)^2} = 10099.505$$

$$\underline{37} = \sqrt{(x_3 - x_7)^2 + (y_3 - y_7)^2 + (z_3 - z_7)^2}$$
$$= \sqrt{(3500 - 3500)^2 + (-2500 + 500)^2 + (0 - 5000)^2} = 5383.165$$

$$\underline{48} = \sqrt{(x_4 - x_8)^2 + (y_4 - y_8)^2 + (z_4 - z_8)^2}$$
$$= \sqrt{(3500 - 3500)^2 + (2500 - 2500)^2 + (0 - 5000)^2} = 5000$$

3. 计算 4 个侧板 4 条对角线$\underline{25}$，$\underline{27}$，$\underline{47}$，$\underline{18}$的实长。

$$\underline{25} = \sqrt{(x_2 - x_5)^2 + (y_2 - y_5)^2 + (z_2 - z_5)^2}$$
$$= \sqrt{(-3500 - 3500)^2 + (-2500 - 2500)^2 + (0 - 7000)^2} = 11090.537$$

$$\underline{27} = \sqrt{(x_2 - x_7)^2 + (y_2 - y_7)^2 + (z_2 - z_7)^2}$$
$$= \sqrt{(-3500 - 3500)^2 + (-2500 + 500)^2 + (0 - 5000)^2} = 8831.761$$

$$\underline{47} = \sqrt{(x_4 - x_7)^2 + (y_4 - y_7)^2 + (z_4 - z_7)^2}$$
$$= \sqrt{(3500 - 3500)^2 + (2500 + 500)^2 + (0 - 5000)^2} = 5830.952$$

$$\underline{18} = \sqrt{(x_1 - x_8)^2 + (y_1 - y_8)^2 + (z_1 - z_8)^2}$$
$$= \sqrt{(-3500 - 3500)^2 + (2500 - 2500)^2 + (0 - 5000)^2} = 8602.325$$

4. 二面角、面积和质量计算略。

二、用光盘计算

程序计算的操作步骤同前，双击"8.8.15－8.8.16 右侧板与背板同时垂直于底平面的棱锥管"，当出现如图 8-8-15-1 的界面后，再单击"1. 上口竖直下口水平的展开计算（本页）"按钮，由于程序已经输入一组已知条件作为示范，所以只要单击"展开计算"按钮，计算值就会显示出来。光盘计算示例如图 8-8-15-2 所示。用计算数据采用三角形法可作出展开图。

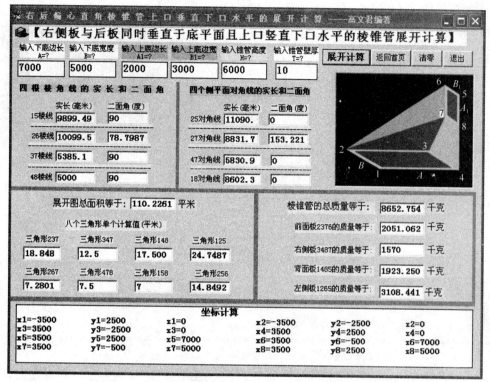

图 8-8-15-2 右侧板与后板同时垂直于底平面且上口竖直下口水平的棱锥管光盘计算示例

8.8.16 上口水平下口竖直且右侧板与背板同时垂直于底平面的棱锥管

一、用公式计算示例

图 8-8-16-1 为上口水平下口垂直且右侧板与背板同时垂直底平面的矩形棱锥管总图，本结构件的特点是棱线48垂直于底平面。坐标和线段实长计算示例如下：

已知 $A=4800$，$B=6000$，$A_1=2800$，$B_1=4000$，$H=5000$，板厚 $T=8$。试计算棱锥管展开所需要的参数。

1. 计算上下口矩形 8 个角点 1，2，3，4，5，6，7，8 的 x，y，z 坐标，将上口角点 2 设为直角坐标系的原点，x 坐标向右为正，向左为负。y 坐标向后为正，向前为负。z 坐标向下为正，向上为负。

$$x_1 = x_2 = 0 \qquad y_1 = B = 6000 \qquad z_1 = 0$$
$$x_2 = 0 \qquad y_2 = 0 \qquad z_2 = 0$$
$$x_3 = A = 4800 \qquad y_3 = y_2 = 0 \qquad z_3 = 0$$
$$x_4 = x_3 = 4800 \qquad y_4 = y_1 = 6000 \qquad z_4 = 0$$
$$x_5 = x_3 = 4800 \qquad y_5 = B = 6000 \qquad z_5 = H + \frac{A_1}{2} = 5000 + \frac{2800}{2} = 6400$$

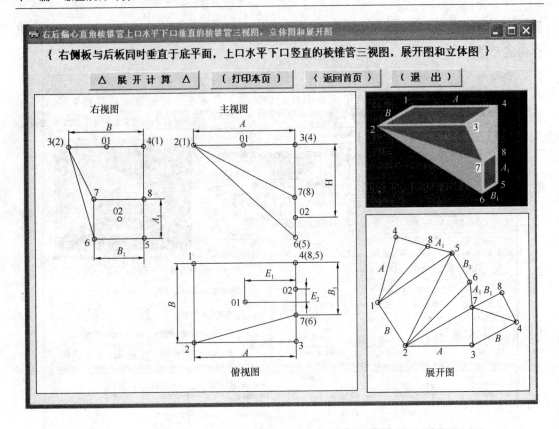

图 8-8-16-1 上口水平下口竖直且右侧板与背板同时垂直于底平面的矩形棱锥管总图

$$x_6 = x_3 = 4800 \quad y_6 = B - B_1 = 6000 - 4000 = 2000 \quad z_6 = z_5 = 6400$$

$$x_7 = x_3 = 4800 \quad y_7 = y_6 = 2000 \quad z_7 = H - \frac{A_1}{2} = 5000 - \frac{2800}{2} = 3600$$

$$x_8 = x_3 = 4800 \quad y_8 = y_4 = 6000 \quad z_8 = z_7 = 3600$$

2. 计算棱线 $\underline{15}$，$\underline{26}$，$\underline{37}$，$\underline{48}$ 的实长（$\underline{15}$ 表示点 1 与点 5 两点的连接线段，其他以此类推）。

$$\begin{aligned}\underline{15} &= \sqrt{(x_1 - x_5)^2 + (y_1 - y_5)^2 + (z_1 - z_5)^2} \\ &= \sqrt{(0 - 4800)^2 + (6000 - 6000)^2 + (0 - 6400)^2} = 8000\end{aligned}$$

$$\begin{aligned}\underline{26} &= \sqrt{(x_2 - x_6)^2 + (y_2 - y_6)^2 + (z_2 - z_6)^2} \\ &= \sqrt{(0 - 4800)^2 + (0 - 2000)^2 + (0 - 6400)^2} = 8246.211\end{aligned}$$

$$\begin{aligned}\underline{37} &= \sqrt{(x_3 - x_7)^2 + (y_3 - y_7)^2 + (z_3 - z_7)^2} \\ &= \sqrt{(4800 - 4800)^2 + (0 - 2000)^2 + (0 - 3600)^2} = 4118.252\end{aligned}$$

$$\begin{aligned}\underline{48} &= \sqrt{(x_4 - x_8)^2 + (y_4 - y_8)^2 + (z_4 - z_8)^2} \\ &= \sqrt{(4800 - 4800)^2 + (6000 - 6000)^2 + (0 - 3600)^2} = 3600\end{aligned}$$

3. 计算 4 个侧板 4 条对角线 $\underline{25}$，$\underline{27}$，$\underline{47}$，$\underline{18}$ 的实长。

$$\underline{25} = \sqrt{(x_2 - x_5)^2 + (y_2 - y_5)^2 + (z_2 - z_5)^2}$$
$$= \sqrt{(0 - 4800)^2 + (0 - 6000)^2 + (0 - 6400)^2} = 10000$$

$$\underline{27} = \sqrt{(x_2 - x_7)^2 + (y_2 - y_7)^2 + (z_2 - z_7)^2}$$
$$= \sqrt{(0 - 4800)^2 + (0 - 2000)^2 + (0 - 3600)^2} = 6324.555$$

$$\underline{47} = \sqrt{(x_4 - x_7)^2 + (y_4 - y_7)^2 + (z_4 - z_7)^2}$$
$$= \sqrt{(4800 - 4800)^2 + (6000 - 2000)^2 + (0 - 3600)^2} = 5381.45$$

$$\underline{18} = \sqrt{(x_1 - x_8)^2 + (y_1 - y_8)^2 + (z_1 - z_8)^2}$$
$$= \sqrt{(0 - 4800)^2 + (6000 - 6000)^2 + (0 - 3600)^2} = 6000$$

4. 二面角、面积和质量计算略。

二、用光盘计算

程序计算的操作步骤与 8.8.15 相同，当出现如图 8-8-15-1 的界面后，再单击"2. 上口水平下口竖直的展开计算（另页）"按钮，由于程序已经输入一组已知条件作为示范，所以只要单击"展开计算"按钮，计算值就会显示出来。光盘计算示例如图 8-8-16-2 所示。用计算数据采用三角形法可作出展开图。

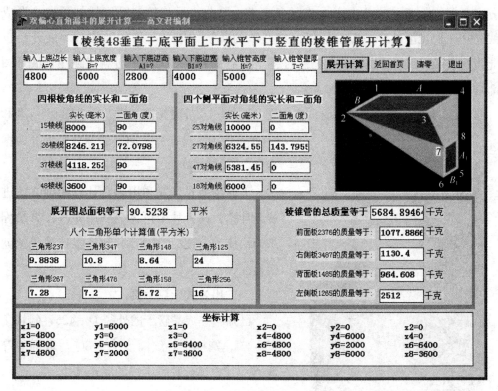

图 8-8-16-2　上口水平下口垂直且右侧板与后板同时垂直底平面的矩形棱锥管光盘计算示例

第9章　弯　头

9.1　等径弯头展开计算

9.1.1　平面斜切圆柱管

圆柱管作展开图的作图过程实际上是将圆柱表面划分成若干个小的几何平面，将它们按顺序摊开在同一个平面上的作图过程，这些分割的平面越多，作出的展开图就越准确，但相应的作图或计算的工作量也增大，这就要求在取圆周等分数时要适度，取等分数的原则是保证作出的展开图曲线圆滑且作图和计算工作量不是太大。经验表明，等分点之间的距离保持几十毫米或百多毫米，用曲线尺连接展开素线的顶点，形成的曲线还是比较光滑的，一般都能保证展开图的质量。作平面斜切圆柱管的展开图也是如此，它们展开图的区别在于，圆柱的展开图是一个矩形，而平面斜切圆柱管展开图的顶部是一条曲线。

图 9-1-1-1 为平面斜切圆柱管的立体图，图9-1-1-2是主视图和展开图，图 9-1-1-3 和图 9-1-1-4 是用光盘计算平面斜切圆柱管展开数据的举例。

下面用公式计算和用光盘计算两种方法进行展开计算，读者从中可体会到用光盘计算给你带来的快捷和方便。取的等分数越多这种感觉就越明显。

一、用公式计算举例

已知：一成品管子的外径 $D=426$，斜切角度 $W=45°$，圆柱中心线高度 $H=800$，取圆周等分数 $N=12$。试计算各素线的展开尺寸。

计算式：

$$R = \frac{D}{2} = \frac{426}{2} = 213$$

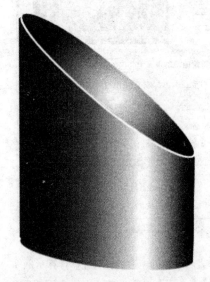

图 9-1-1-1　立体图

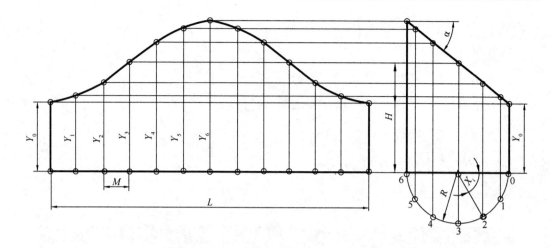

图 9-1-1-2　平面斜切圆柱管主视图和展开图

$$K = R \cdot \tan W = 213 \times \tan 45° = 213$$

$$X_i = (i-1) \cdot \frac{360°}{N} \cdots \left(\text{通用计算式}, i = 1,2,3, \cdots\cdots, \frac{N}{2}+1 \right)$$

$$X_1 = (1-1) \cdot \frac{360°}{12} = 0° \quad X_2 = (2-1) \cdot \frac{360°}{12} = 30° \quad X_3 = 2 \times 30° = 60°$$

$$X_4 = 3 \times 30° = 90°$$

$$X_5 = 4 \times 30° = 120° \quad X_6 = 5 \times 30° = 150° \quad X_7 = 6 \times 30° = 180°$$

$$H_i = R \cdot (1 - \cos X_i) \cdot \tan W \left(\text{通用计算式}, i = 1,2,3, \cdots\cdots, \frac{N}{2}+1 \right)$$

$$H_1 = 213 \times (1 - \cos 0°) \cdot \tan 45° = 0 (\tan 45° = 1)$$

$$H_2 = 213 \times (1 - \cos 30°) \cdot \tan 45° = 28.54$$

$$H_3 = 213 \times (1 - \cos 60°) = 106.5$$

$$H_4 = 213 \times (1 - \cos 90°) = 213$$

$$H_5 = 213 \times (1 - \cos 120°) = 319.5$$

$$H_6 = 213 \times (1 - \cos 150°) = 397.46$$

$$H_7 = 213 \times (1 - \cos 180°) = 426$$

$$K = H - R \cdot \tan W = 800 - 213 \cdot \tan 45° = 587$$

$$Y_j = K + H_i \left(\text{通用计算式}, j = 0,1,2, \cdots\cdots, \frac{N}{2}, i = 1,2,3, \cdots\cdots, \frac{N}{2}+1 \right)$$

$$Y_0 = K + H_1 = 587 + 0 = 587$$

$$Y_1 = K + H_2 = 587 + 28.54 = 615.5$$

$$Y_2 = K + H_3 = 587 + 106.5 = 693.5$$

$$Y_3 = K + H_4 = 587 + 213 = 800$$

$$Y_4 = K + H_5 = 587 + 319.5 = 906.5$$

$$Y_5 = K + H_6 = 587 + 397.46 = 984.5$$

$$Y_6 = K + H_7 = 587 + 426 = 1013$$

$$L = \pi D = 3.1416 \times 426 = 1338.3$$

$$M = \frac{L}{N} = \frac{1338.3}{12} = 111.5$$

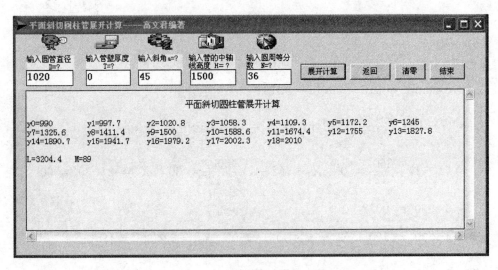

图 9-1-1-3　在成品管子上下料的展开计算示例（$T=0$）

二、用光盘计算举例

双击"9.1.1 平面斜切圆柱管"文件名，将上例的已知条件 $D=426$，$W=45°$，$H=800$，$N=12$，$T=0$ 输入程序后的计算结果将与上面用公式计算的结果完全相同，如果在其他已知条件不变的情况下，将板厚 $T=4$ 输入程序的计算结果如图 9-1-1-4 所示。由于在程序中已经输入了一组在成品管子上下料已知条件作为示例，所以在程序启动后只要单击"展开计算"按钮，计算数据立即会显示出来，在出现的对话框中单击"否"按钮只显示。单击"是"按钮后，在打印机已经连接的情况下，屏幕上的数据将会打印出来。单击"清零"按钮，重新在光标闪动处依次输入数据，又可作新的计算了。

三、作展开图

将图 9-1-1-3 的计算数据按图 9-1-1-2 所示就可作出展开图，作展开图可用油毡、厚纸板、薄钢板等塑性和强度较好的材料作成，作好的展开图围绕成品管子就可作出斜切圆柱管构件。由于展开图样板不可能贴紧成品管子，可将展开长度适当加大 3mm 左右（按样板厚 1mm 计算）就行了。图 9-1-1-3 是对成品管子作的展开计算，在程序计算输入数据时

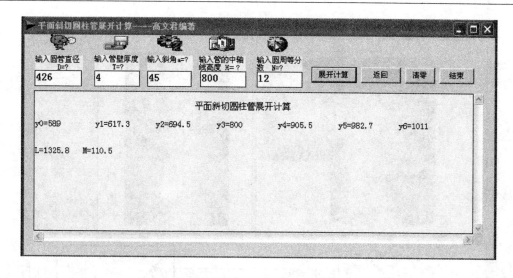

图 9-1-1-4　在板材上下料的展开计算示例（T 不为零）

管子的厚度 T 的值取零。图 9-1-1-4 是将板材卷成圆管前，在板材上下料时用的展开图，在程序计算输入数据时，T 的值就按板的厚度输入程序就行了。

9.1.2　两节等径直角圆管弯头

一、说明和计算公式

1. 说明

图 9-1-2-1 为两节等径直角圆管弯头总图，也是程序运行后出现的首页界面。展开图的接缝的高度为 C。如果选择中线作为接缝的展开图，可点击"以中线为接缝的展开图"按钮，立即出现新的界面，在界面中可以看出其展开图与图 9-1-2-1 是不同的，读者可以根据自己的习惯做法选择其中一种。图 9-1-2-2 为打印的计算数据表。

2. 计算公式

已知：D，T，N，H，字母的含义见图中所示。

计算式：

$$X_i = (i-1) \times 360/N (i = 1,2\cdots\cdots, N/2+1)$$

当 $X_i \leqslant 90°$ 时，

$$Y_i = \frac{D}{2}[1 - \cos(X_i)]/\tan(45°)$$

当 $X_i > 90°$ 时，

$$Y_i = \{[D/2 - (D/2 - T)]\cos(X_i)\}/\tan(45°)$$

式中各符号含义同前面平面斜截圆柱管。

二、公式计算举例

已知：$D = 426$，$T = 6$，$N = 12$，$H = 650$。试计算展开素线高度。

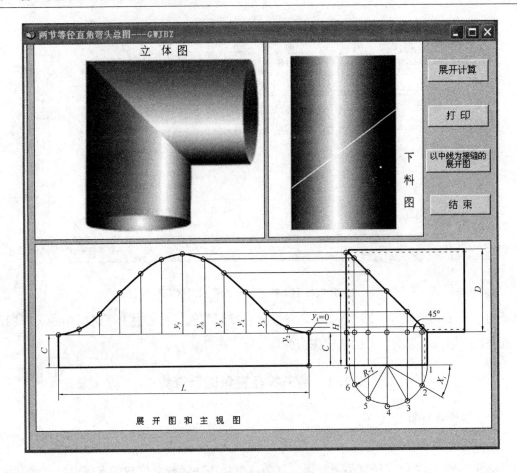

图 9-1-2-1 两节等径直角圆管弯头总图

当 $X_i \leqslant 90°$ 时，$R = \dfrac{D}{2} = \dfrac{426}{2} = 213$ $\tan 45° = 1$

$Y_1 = 426/2[1 - \cos(0°)]/\tan(45°) = 0$

$Y_2 = 213 \times [1 - \cos(30°)]/1 = 28.5$

$Y_3 = 213 \times [1 - \cos(60°)] = 106.5$

$Y_4 = 213 \times [1 - \cos(90°)] = 213$

当 $X_i > 90°$ 时，

$Y_5 = \{[213 - (213 - 6)]\cos(120°)\}/\tan(45°) = 316.5$

$Y_6 = \{[213 - (213 - 6)]\cos(150°)\}/1 = 392.3$

$Y_7 = \{[213 - (213 - 6)]\cos(180°)\} = 420$

三、用光盘计算举例

用上面的已知条件输入程序后的计算结果如图 9-1-2-2 所示。当等分数 N 很大时，计算数据不能一次全部显示，拉动滚动条可看完全部数据

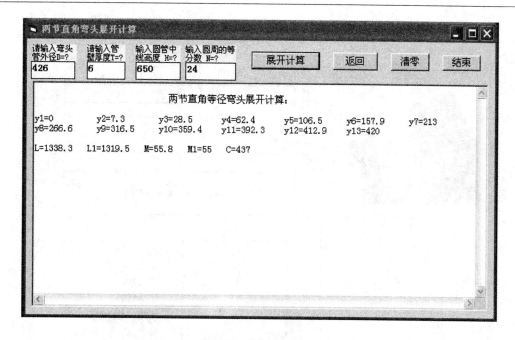

图 9-1-2-2　两节等径直角圆管弯头光盘计算示例

9.1.3　两节任意角度等径弯头

一、说明

图 9-1-3-1 为两节任意角度等径弯头总图，图 9-1-3-2 为主视图，由于两节相同，因此只需计算一节的展开尺寸就行了。计算的已知条件是管外径 D，管壁厚 T，弯头两节轴线夹角 B 和等分数 N。等分数越多展开图的精度越高，一般说来，管径小时等分点少，管径大时等分点应多，这样作出的展开曲线才光滑。

本节程序已考虑管壁厚度的影响，计算时弯头内侧至中心轴一般取外径，中心轴至弯头外侧一段取内径。

二、计算公式

$$X_i = 360° \frac{i}{N} \left(i = 0,1,2,\cdots\cdots,\frac{N}{2} \right)$$

当 $0 \leqslant X_i \leqslant 90°$ 时，

$$Y_i = \frac{D(1-\cos X_i)}{2\tan\left(\frac{B}{2}\right)} \left(i = 0,1,2\cdots\cdots \frac{N}{2} \right)$$

当 $90° < X_i \leqslant 180°$ 时，

$$Y_i = \frac{1}{\tan\left(\frac{B}{2}\right)} \left[\frac{D}{2} - \left(\frac{D}{2} - T\right)\cos X_i \right] \left(i = \frac{N}{4} + 1,\cdots\cdots,\frac{N}{2} \right)$$

407

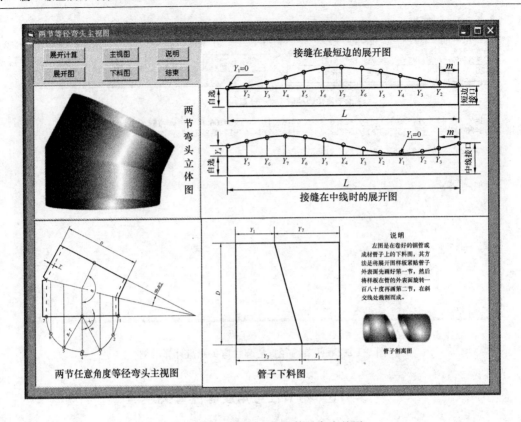

图 9-1-3-1　两节任意角度等径弯头总图

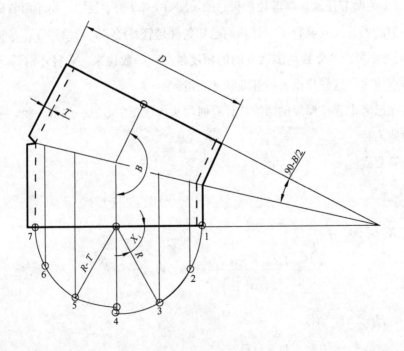

图 9-1-3-2　主视图

$$L = \pi D \quad M = \frac{L}{N}$$

式中　X_i——圆心角在第 i 等分时角度；

　　　Y_i——展开素线高度；

　　　L——管外径展开长度；

　　　M——L 的每等分值；

　　　i——等分点的编号。

三、公式计算举例

已知：管外径 $D=1020$，壁厚 $T=10$，弯头角度 $B=150°$，等分数 $N=12$，$X_i = 360°$ $\frac{i}{N}=0°$，$30°$，$60°$，$90°$，$120°$，$150°$，$180°$

当 $0°\leqslant X_i\leqslant90°$ 时，$R = \dfrac{D}{2} = \dfrac{1020}{2} = 510$　$\tan\left(\dfrac{B}{2}\right) = \tan\left(\dfrac{150°}{2}\right) = 3.732$

$$Y_1 = \frac{R(1-\cos X_i)}{\tan\left(\dfrac{B}{2}\right)} = \frac{510(1-\cos0°)}{\tan\left(\dfrac{150}{2}\right)} = \frac{0}{3.732} = 0$$

$$Y_2 = \frac{510(1-\cos30°)}{3.732} = 18.3$$

$$Y_3 = \frac{510(1-\cos60°)}{3.732} = 68.3$$

$$Y_4 = \frac{510(1-\cos90°)}{3.732} = 136.7$$

当 $90° < X_i \leqslant 180°$ 时，

$$Y_5 = \frac{1}{\tan\left(\dfrac{B}{2}\right)}[R - (R-T)\cos X_i] = \frac{510-(510-10)\cos120°}{3.732} = 203.6$$

$$Y_6 = \frac{510-(510-10)\cos150°}{3.732} = 252.7$$

$$Y_7 = \frac{510-(510-10)\cos180°}{3.732} = 270.6$$

四、用光盘计算举例

用上面的已知数据（除了等分为 24 外）输入程序并确认无误后，单击"展开计算"按钮，计算结果如图 9-1-3-3 所示。由于程序计算的等分数比用公式法计算的等分数多，所以采用图 9-1-3-3 展开数据作出的展开图精度要高一些。

五、展开图

总图中的展开图和下料图是按 12 等分圆周表示的；图 9-1-3-3 是按 24 等分打印输出的，显然用 24 等分作的展开图精度要高一些。

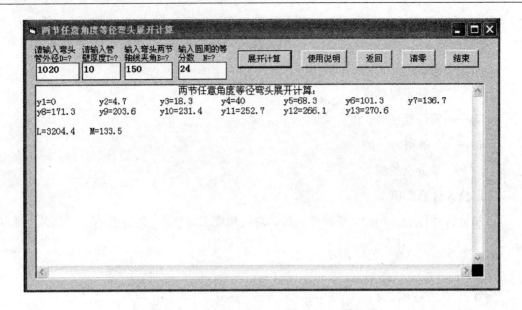

图 9-1-3-3 两节任意角度等径弯头光盘计算示例

9.1.4 多节任意角度等径弯头

一、说明及计算公式

1. 说明

多节（包括两节）任意角度等径弯头应用最广，不同管径、不同厚度、不同节数、不同角度和不同弯曲半径的弯头到处可见，本节程序虽然简单，但却能对上述任意品种的弯头进行展开计算。示意图和展开图见图 9-1-4-1、图 9-1-4-2、图 9-1-4-3 和图 9-1-4-4 等。

本节程序也能处理两节弯头的展开计算，但已知条件与第 9.1.3 节两节任意角度等径弯头程序的已知条件略有不同，后者以两节轴线夹角 B 代替了前者的弯曲半径 R，这对处理长输石油、天然气和给水排水外管工程中转角不急的弯头展开较为方便（实际上以弯曲半径为已知条件也不现实），请读者注意二者的区别。

编制多节等径弯头程序的首要工作是对节数的划分，按常规做法将两个端节作为一节看待，但大小只是中间节的一半。端节两个端面所形成的角度也是中间节的一半，俗称这个角度叫作半角，它是确定两节交线斜率的重要数据。

本节程序已考虑了壁厚对弯头角度的影响，即在展开时，弯头内侧至中轴线一段按外径进行展开计算；中心轴到弯头外侧一段按内径进行展开计算。

由于 360°环管弯头无端节，本节程序专门作了单独展开计算处理，如图 9-1-4-1 所示，在首页屏幕上方单击"360°弯头"后就可进入单独的展开计算屏幕，再根据提示就可作360°环管弯头的展开计算了。对于其他不同角度和不同节数的等径弯头均可用通用程序进行展开计算。

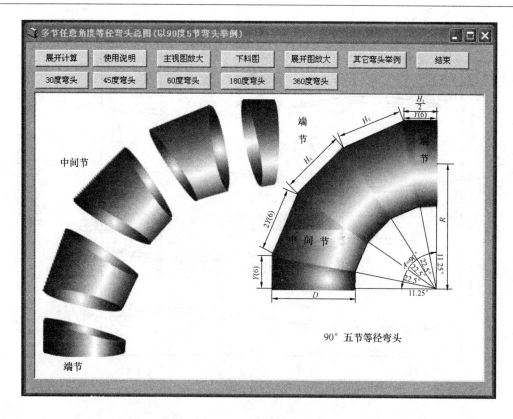

图 9-1-4-1　多节任意角度等径弯头总图（以 5 节 90°等径弯头为例）

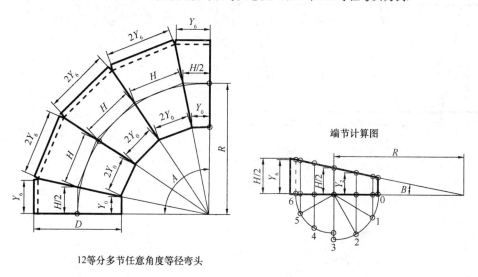

12等分多节任意角度等径弯头

图 9-1-4-2　多节任意角度等节弯头主视图和计算图（以 5 节 90°等径弯头为例）

2. 计算公式

$$半角\ B = \frac{A}{2(J-1)}\ (A——弯头角度；J——弯头节数)$$

$$X_i = (i-1)\frac{360°}{N}$$

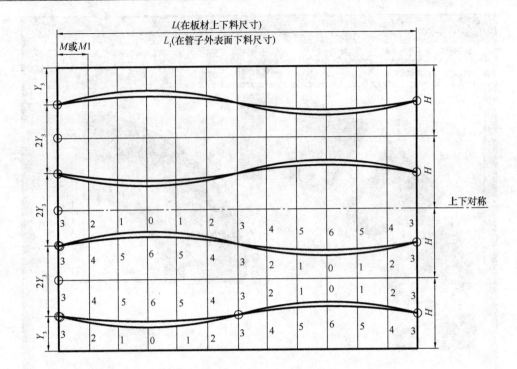

图 9-1-4-3　12 等分五节等径弯头展开图

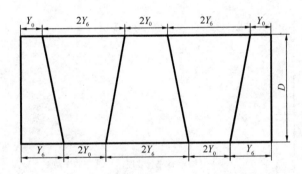

图 9-1-4-4　五节等径弯头管子下料图

当 $0° \leqslant X_i \leqslant 90°$ 时，

$$Y_i = \frac{D}{2}(1 - \cos X_i)\tan B + \left(R - \frac{D}{2}\right)\tan B$$

当 $90° < X_i \leqslant 180°$ 时

$$Y_i = \frac{H}{2} - \left(\frac{D}{2} - T\right)\tan B \cdot$$

$$\cos X_i H = 2R \cdot \tan B$$

$$H_1 = 2\left(R + \frac{D}{2}\right)\tan B \text{（适用于多}$$

节的中间节）

对于端节其最大高度为 $\frac{H_1}{2}$。

3. 符号含义

D——管外径；T——管壁厚度；A——弯头角度；J——弯头节数；

R——弯头半径；N——等分数；H——中间节中轴线长度，端节为 $\frac{H}{2}$；

H_1——中间节外侧边长，端节外侧边长为 $\frac{H_1}{2}$；B——半角；L——中心径展开长度；

M——L 的每等分值；Y_i——展开素线长度；i——各等分点的编号；

X_i——第 i 点的圆心角 $\left(i=0,1,2,\cdots\cdots,\dfrac{N}{2}\right)$。

二、公式计算举例

已知弯头圆管直径 $D=1020$，壁厚 $T=9$，弯头半径 $R=1020$，弯头节数 $J=5$，等分数 $N=12$，弯头角度 $A=90°$，

半角 $B=\dfrac{A}{2(J-1)}=\dfrac{90°}{2(5-1)}=11.25°$，圆管半径 $r=\dfrac{D}{2}$，

辅助圆心角每等分值 $X=\dfrac{360°}{N}=\dfrac{360°}{12}=30°$，

第 i 等分点对应的圆心角值为 $X_i=(i-1)\times30°$

当 $0°\leqslant X_i\leqslant90°$ 时，

$$Y_0=\dfrac{D}{2}(1-\cos X_i)\tan B+\left(R-\dfrac{D}{2}\right)\tan B=r(1-\cos0°)\tan11.25°+(R-r)\tan11.25°$$

$$=(1020-510)\tan11.25°=101.4$$

$Y_1=510(1-\cos30°)\tan11.25°+(1020-510)\tan11.25°=13.6+101.4=115$

$Y_2=510(1-\cos60°)\tan11.25°+101.4=152.2$

$Y_3=510(1-\cos90°)\tan11.25°+101.4=202.9$

当 $90°<X_i\leqslant180°$ 时，

$H=2R\tan B=2\times1020\times\tan11.25°=405.76$

$Y_4=\dfrac{H}{2}-(r-T)\tan B\cdot\cos120°=\dfrac{405.76}{2}-(510-9)\tan11.25°\cdot\cos120°=252.7$

$Y_5=\dfrac{405.76}{2}-(510-9)\tan11.25°\cdot\cos150°=289.2$

$Y_6=\dfrac{405.76}{2}-(510-9)\tan11.25°\cdot\cos180°=302.5$

三、光盘计算举例

本节主要对 90°、180°和 360°的等径弯头作了举例，通过单击图 9-1-4-1 上方的"展开计算"按钮，可用通用计算程序作任意角度和节数等径弯头的展开计算，图 9-1-4-5 为 90°5 节等径弯头的展开计算示例，其计算数据与前面用公式法计算的数据吻合；单击"180°弯头"按钮，是计算 180°等径弯头的专用程序，已知条件无角度输入，计算示例如图 9-1-4-6 所示；单击"360°弯头"按钮，是计算 360°等径弯头的专用程序，计算示例如图 9-1-4-7 所示。图 9-1-4-1 上方还有其他按钮，这些按钮的功能在按钮上均有标注，读者在程序启动后可一一了解，在此就不作介绍了。

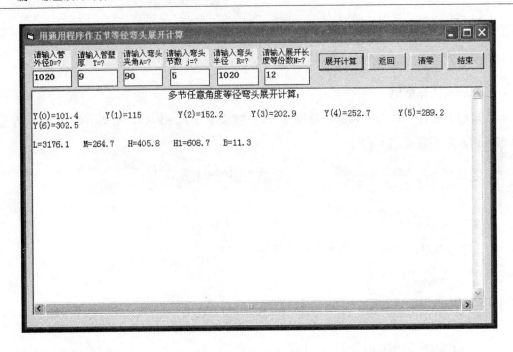

图 9-1-4-5　多节任意角度等径弯头光盘计算举例（以 5 节 90°等径弯头为例）

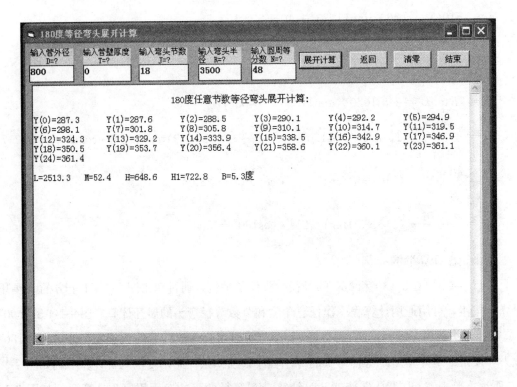

图 9-1-4-6　180°18 节等径弯头展开计算示例

四、其他常用角度节数等径弯头立体图举例

其他常用角度、节数等径弯头立体图如图 9-1-4-8 所示。

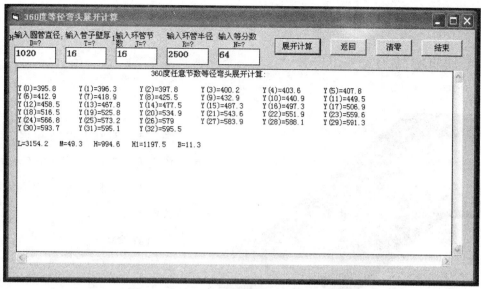

图 9-1-4-7 360°16 节等径弯头展开计算示例

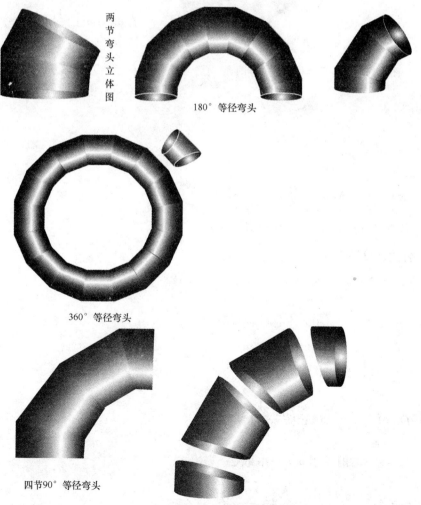

图 9-1-4-8 其他常用角度、节数等径弯头立体图

9.1.5 蛇 形 等 径 弯 头

一、说明及计算公式

1. 说明

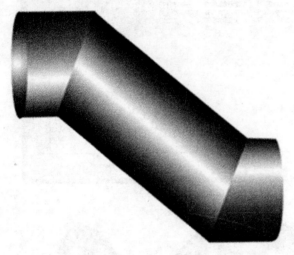

图 9-1-5-1 为蛇形等径弯头立体图，图 9-1-5-2 为主视图和展开图。解直角三角形就可求得展开素线的长度。在管子上下料时将一节旋转 180° 可节省材料。

图 9-1-5-1 蛇形等径弯头立体图

2. 计算公式

已知条件：D, H, A, N

$$C = \sqrt{A^2 + H^2}$$

$$B = \arctan\left(\frac{H}{A}\right)$$

$$E = D\tan\left(\frac{B}{2}\right)$$

$$F = C - E$$

$$X_i = (i-1)\frac{360°}{N}$$

$$Y_i = \frac{D}{2}(1-\cos X_i)\tan\left(\frac{B}{2}\right)\left(i = 1, 2, \cdots, \frac{N}{2}+1\right)$$

3. 符号含义（如图 9-1-5-2 所示）

二、公式计算举例

已知：$D = 400$, $H = 500$, $A = 600$, $N = 12$

$$C = \sqrt{A^2 + H^2} = \sqrt{600^2 + 500^2} = 781$$

$$B = \arctan\left(\frac{H}{A}\right) = \arctan\left(\frac{500}{600}\right) = 39.8°$$

$$E = D\tan\left(\frac{B}{2}\right) = 400\tan\left(\frac{39.8°}{2}\right) = 144.8$$

$$F = C - E = 781 - 144.8 = 636.2$$

圆心角等分值 $X = \dfrac{360°}{N} = \dfrac{360°}{12} = 30°$

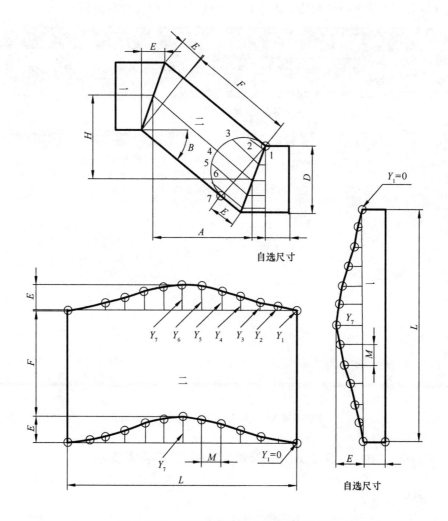

图 9-1-5-2　蛇形等径弯头主视图和展开图

$$Y_1 = \frac{D}{2}(1 - \cos X_i)\tan\left(\frac{B}{2}\right) = 200 \times (1 - \cos 0°)\tan\left(\frac{39.8°}{2}\right) = 0$$

$$Y_2 = 200 \times (1 - \cos 30°) \times 0.362 = 9.7$$

$$Y_3 = 200 \times (1 - \cos 60°) \times 0.362 = 36.2$$

$$Y_4 = 200 \times (1 - \cos 90°) \times 0.362 = 72.4$$

$$Y_5 = 200 \times (1 - \cos 120°) \times 0.362 = 108.6$$

$$Y_6 = 200 \times (1 - \cos 150°) \times 0.362 = 135.1$$

$$Y_7 = 200 \times (1 - \cos 180°) \times 0.362 = 144.8$$

三、光盘计算举例

用前面的已知条件输入程序后的计算结果如图 9-1-5-3 所示。由于程序计算的等分数是公式计算采用的等分数的两倍，程序计算值跳一行与公式计算值相等。

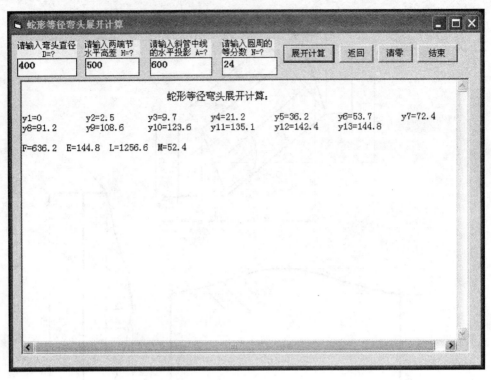

图 9-1-5-3　蛇形等径弯头光盘计算示例

9.1.6　一般位置的蛇形等径弯头

一、说明

所谓一般位置是指蛇形等径弯头中轴线所在的平面不平行于任何一个投影面，因而不能反映展开素线的实长，需变换投影面如图 9-1-6-1 和图 9-1-6-2 所示。

图 9-1-6-3 仅是以 16 等分圆周作出的展开图仅作示例，在实际工程中，要根据管径的大小设置等分数，设置的原则以连接的曲线比较光滑为准，不要出现明显的折线。

二、用公式计算举例

已知：管外径 $D=426$，管壁厚 $T=5$，上下口水平偏心距 $B=380$，上下口竖向偏心距 $N=16$，弯头中节高度 $H_2=350$，等分数 $N=16$

$$C = \sqrt{A^2 + B^2} = \sqrt{300^2 + 380^2} = 484.15$$

$$E = \sqrt{C^2 + H_2^2} = \sqrt{484.15^2 + 350^2} = 597.4$$

$$W = \arctan\left(\frac{C}{H_2}\right) = \arctan\left(\frac{484.15}{350}\right) = 54.136°$$

$$R = \frac{D}{2} = \frac{426}{2} = 213$$

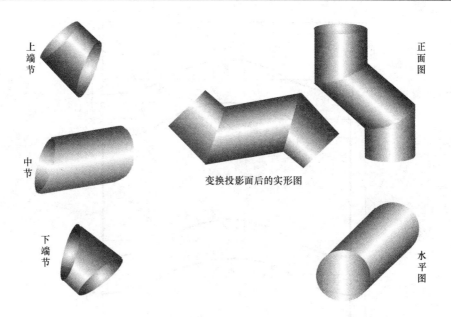

图 9-1-6-1　不反映实形的乙形弯头立体图

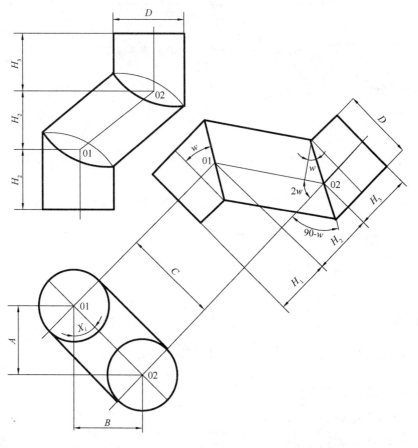

图 9-1-6-2　一般位置的蛇形等径弯头

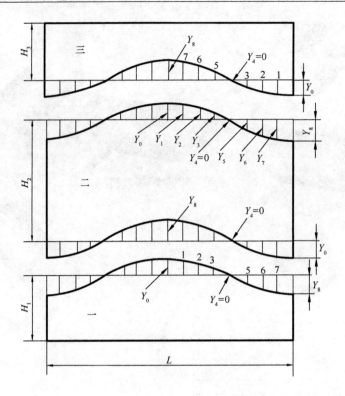

图 9-1-6-3 一般位置的蛇形等径弯头展开图

圆心角等分值 $X = \dfrac{360^\circ}{N} = \dfrac{360^\circ}{16} = 22.5^\circ$

当 $0^\circ \leqslant X_i \leqslant 90^\circ$ 时，

$Y_0 = (R - T) \cdot \tan\dfrac{W}{2} \cdot \cos X_i = (213 - 5) \times \tan\dfrac{54.136^\circ}{2} \times \cos 0^\circ = 106.3$

$Y_1 = (213 - 5) \times \tan\dfrac{54.136^\circ}{2} \times \cos 22.5^\circ = 106.29 \times \cos 22.5^\circ = 98.2$

$Y_2 = 106.29 \times \cos(2 \times 22.5^\circ) = 75.2$

$Y_3 = 106.29 \times \cos(3 \times 22.5^\circ) = 40.7$

$Y_4 = 106.29 \times \cos(4 \times 22.5^\circ) = 0$

当 $X_i > 90^\circ$ 时：

$Y_5 = R \cdot \tan\dfrac{W}{2} \cdot \cos X_i = 213 \times \tan\dfrac{54.136^\circ}{2} \times \cos(5 \times 22.5^\circ)$

$\quad = 108.85 \times \cos 112.5^\circ = -41.7$

$Y_6 = 108.85 \times \cos(6 \times 22.5^\circ) = -77$

$Y_7 = 108.85 \times \cos(7 \times 22.5^\circ) = -100.6$

$Y_8 = 108.85 \times \cos(8 \times 22.5^\circ) = -108.9$

三、用光盘计算举例

计算方法与前面各例相同，本例用公式计算的已知条件输入程序后，其计算结果如图 9-1-6-4 所示。

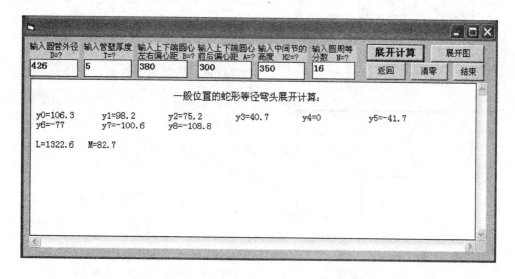

图 9-1-6-4　一般位置的蛇形等径弯头光盘计算示例

9.1.7　双扭 90°蛇形等径弯头

一、说明

双扭 90°蛇形等径弯头实际上可看作是由两个两节直角弯头在本弯头第二节中部某断面位置旋转而成，因此展开计算的方法与直角等径弯头相同，不同之处在于第二节。详见图 9-1-7-1～图 9-1-7-5。

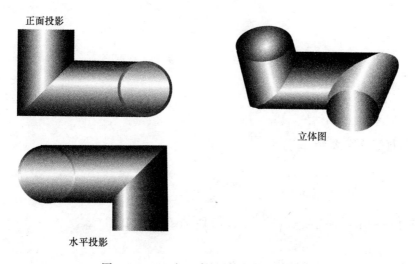

图 9-1-7-1　双扭 90°蛇形等径弯头立体图

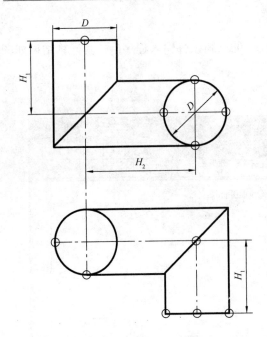

图 9-1-7-2　双扭 90°等径弯头
主视图和水平投影图

光盘计算数据打印表如图 9-1-7-7，图中各符号的含意与各图中一一对应。光盘计算打印表中数据前面带负号表示与不带负号的数据在水平线段的异侧。作好展开图后不管是在平板上下料，还是在成品管子上下料都应按照图 9-1-7-6 表示的方法排料，这样可节省材料。最好的方法是按照计算的展开尺寸，先在板材上按图 9-1-7-6 将矩形板下料（注意留足余量）后，然后卷成圆管，最后在管子上下料，这样做的好处是控制椭圆度较好。

二、用公式计算展开数据

已知：管外径 $D=300$，管壁厚度 $T=0.75$，两端节中心线长度 $H_1=H_3=400$，水平管（第二节）中心线长度 $H_2=500$，等分

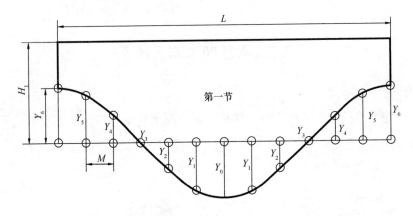

第一节

图 9-1-7-3　双扭 90°等径弯头第一节展开图

数 $N=12$

计算式：

圆心角每等分值 $X=\dfrac{360°}{N}=\dfrac{360°}{12}=30°$

当 $X_i \leqslant 90°$ 时：$Y_i=\left(\dfrac{D}{2}-T\right)\cdot\cos X_i$

$Y_0=\left(\dfrac{D}{2}-T\right)\cdot\cos X_i=\left(\dfrac{300}{2}-0.75\right)\times\cos0°=149.3$

$Y_1=\left(\dfrac{300}{2}-0.75\right)\times\cos30°=129.3$

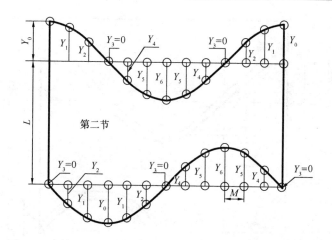

图 9-1-7-4　双扭 90°等径弯头第二节展开图

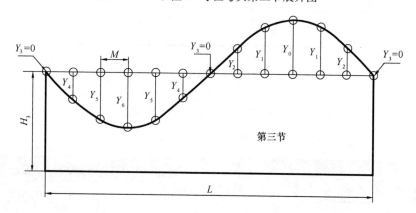

图 9-1-7-5　双扭 90°等径弯头第三节展开图

$$Y_2 = \left(\frac{300}{2} - 0.75\right) \times \cos 60° = 74.6$$

$$Y_3 = \left(\frac{300}{2} - 0.75\right) \times \cos 90° = 0$$

当 $X_i > 90°$ 时：$Y_i = \frac{D}{2} \cdot \cos X_i$

$$Y_4 = \frac{D}{2} \cdot \cos X_i = \frac{300}{2} \cdot \cos 120° = -75$$

$$Y_5 = 150 \times \cos 150° = -129.9$$

$$Y_6 = 150 \times \cos 180° = -150$$

三、用光盘计算展开数据

计算方法同前，计算数据见图 9-1-7-7。由于公式法与程序计算所取的等分数不同，两者相差一倍，因此前面用公式法计算的展开数据与下表中的展开数据跳一格对应相等。

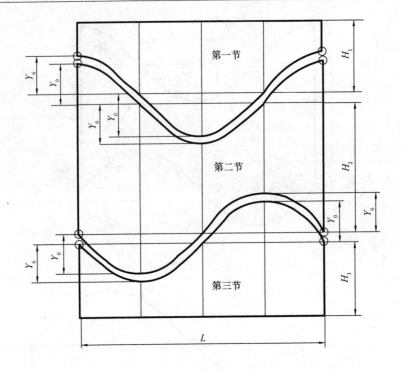

图 9-1-7-6　双扭 90°弯头排料图

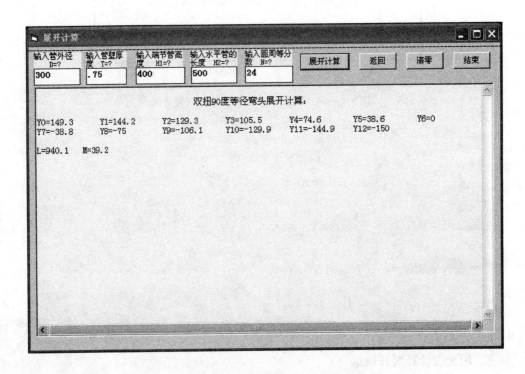

图 9-1-7-7　双扭 90°蛇形等径弯头光盘计算示例

9.1.8 五节蛇形圆管弯头

图 9-1-8-2 为五节蛇形圆管弯头的主视图和展开图，从图 9-1-8-1 的立体图中看出，它可视为由两个三节等径弯头所组成，中间两个端节合并成一节，展开计算方法与三节等径弯头的展开方法基本相同。画主视图的方法可按以下步骤进行（参见图 9-1-8-2）：

图 9-1-8-1 五节蛇形圆管弯头立体图

（1）根据已知条件 D，E，N 用光盘计算出展开数据。

（2）用输出的数据 H 和 R_1 为两边作一个矩形，连接对角线 O 和 $O1$。

（3）如主视图所示将 W 角分成 4 等分，使 $G = \dfrac{W}{4}$。

（4）以 O 和 $O1$ 为圆心，分别以输出值 R_1 和 R_2 为半径画弧，与各分角线相交。

（5）分别作两圆弧的切线与分角线一起组成上下两部分的三节弯头轮廓线，如主视图所示。

一、用公式计算展开数据举例

已知：圆管直径 $D = 530$，上下口偏心距 $E = 545$，等分数 $N = 12$，$T = 2$，$R_2 = E = 545$，$R_3 = R_2 + \dfrac{D}{2} = 545 + 265 = 810$

$R_1 = R_2 + D = 545 + 530 = 1075$

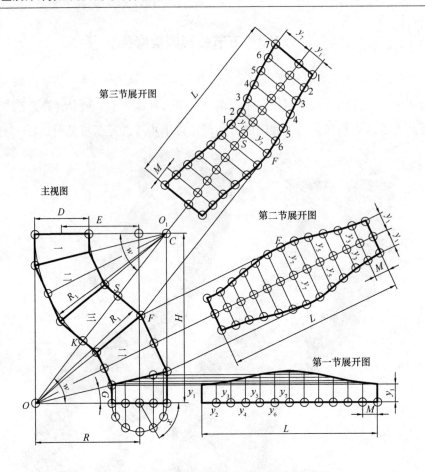

图 9-1-8-2 五节蛇形圆管弯头主视图和展开图

$$H = \sqrt{(2R_2 + D)^2 - R_1^2} = \sqrt{(2 \times 545 + 530)^2 - 1075^2} = 1211.9$$

$$W = \arctan\left(\frac{H}{R_1}\right) = \arctan\left(\frac{1211.9}{1075}\right) = 48.4265°$$

$$G = \frac{W}{4} = \frac{48.4265°}{4} = 12.107°$$

圆心角每等分值 $X = \dfrac{360°}{N} = \dfrac{360°}{12} = 30°$

当 $0° \leqslant X_i \leqslant 90°$ 时：$\dfrac{D}{2} = \dfrac{530}{2} = 265$

$$Y_i = \frac{D}{2}[1 - \cos(X_i)] \cdot \tan G + \left(R_3 - \frac{D}{2}\right) \cdot \tan G$$

$Y_1 = 265[1 - \cos(0°)] \times \tan 12.107° + (810 - 265) \times \tan 12.107° = 116.9$

$Y_2 = 265[1 - \cos(30°)] \times \tan 12.107° + 116.9 = 124.5$

$Y_3 = 265[1 - \cos(60°)] \times \tan 12.107° + 116.9 = 145.3$

$Y_4 = 265[1 - \cos(90°)] \times \tan 12.107° + 116.9 = 173.7$

当 $X_i > 90°$ 时：$H_1 = R_3 \cdot \tan G = 810 \times \tan 12.107° = 173.75$

$$Y_i = H_1 - \left(\frac{D}{2} - T\right) \cdot \cos(X_i) \cdot \tan G$$

$$Y_5 = 173.75 - (265 - 2) \times \cos(120°) \times \tan 12.107° = 202$$

$$Y_6 = 173.75 - (265 - 2) \times \cos(150°) \times \tan 12.107° = 222.6$$

$$Y_7 = 173.75 - (265 - 2) \times \cos(180°) \times \tan 12.107° = 230.2$$

二、用光盘计算举例

用光盘计算的操作步骤与前面各例相同。按用公式计算的已知条件的计算结果如图 9-1-8-3 所示。

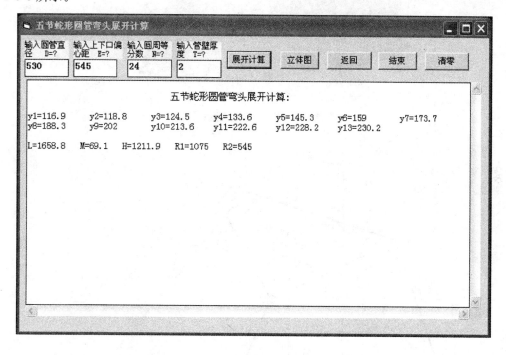

图 9-1-8-3　五节蛇形圆管弯头光盘计算举例

9.2　变径弯头展开计算

9.2.1　两节变径弯头

一、说明

图 9-2-1-1 为两节变径弯头立体图，图 9-2-1-2 为两节变径弯头主视图，将图中上面一节旋转 180°就可变成图 9-2-1-3 的锥形图。从锥形图中可看出圆锥台的上底和下底与中轴线垂直，因此其展开图形必然为两段圆弧，这就使计算得以简化，剩下的问题就着重对 A_i 展开素线的计算了。

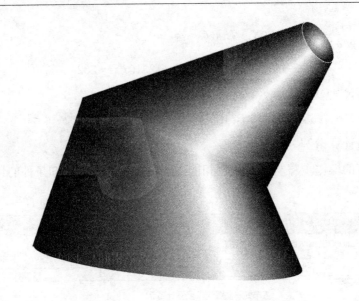

图 9-2-1-1 两节变径弯头立体图

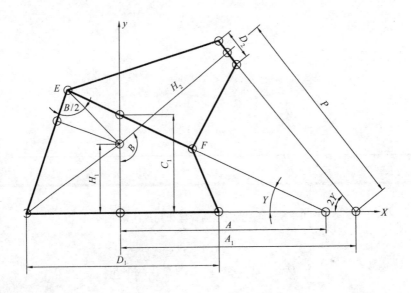

图 9-2-1-2 两节变径弯头主视图

归纳起来二节变径弯头的展开计算步骤如下：

（1）根据构件大小确定等分数 N；

（2）计算 X_i 的值，由于展开图形对称，所以 X_i 的取值范围可选在 $0°\sim180°$ 之间；

（3）计算两节交线 EF 在 X 轴或在 Y 轴上的截距，本程序取在 X 轴上的截距 A；

（4）计算两节交线斜率 K；

（5）计算锥底到交线 EF 一段素线 A_i 的长度。

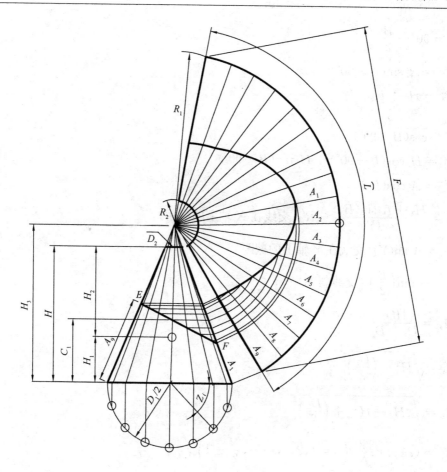

图 9-2-1-3　两节变径弯头展开图和下料图

二、计算公式

1. 已知条件：D_1, D_2, N, B, H_1, H_2

2. 计算式：$H = H_1 + H_2$

$$B_0 = \arctan\left(\frac{2H}{D_1 - D_2}\right)$$

$$B_1 = \arctan\left(\frac{2H_1}{D_1}\right)$$

$$C = \sqrt{H_1^2 + \frac{D_1^2}{4}}$$

$$R_0 = C\sin(B_0 - B_1)$$

$$B_3 = 180° - B_0 - \frac{B}{2}$$

$$A_2 = \frac{R_0}{\sin\left(\dfrac{B}{2}\right)}$$

$$Y = 90° - \frac{B}{2}$$

$$H_5 = H_2 \sin(B - 90°)$$

$$H_4 = H_1 + H_5$$

$$P = \frac{H_4}{\cos(B - 90°)}$$

$$A_1 = H_2 \cos(B - 90°) + H_4 \tan(B - 90°)$$

$$R'_2 = A_2 \cos(B_3)$$

$$A = \frac{H_1 + A_2 \sin(B_3)}{\tan(Y)} - R'_2 \text{(交线在 } X \text{ 轴上的截距)}$$

$$C_1 = A \tan(Y) \text{(交线在 } Y \text{ 轴上的截距)}$$

$$K = -\tan\left(\frac{B}{2}\right) \text{(交线斜率)}$$

$$H_3 = \frac{HD_1}{D_1 - D_2}$$

$$R_1 = \sqrt{H_3^2 + \left(\frac{D_1}{2}\right)^2}$$

$$R_2 = \sqrt{(H_3 - H)^2 + \left(\frac{D_2}{2}\right)^2}$$

$$X_i = (i - 1)\frac{360°}{N}\left(i = 1, 2, 3, \cdots\cdots, \frac{N}{2} + 1\right)$$

$$A_i = \frac{R_1\left(\frac{D_1}{2}\cos X_i - A\right)}{\frac{D_1}{2}\cos X_i + K \cdot H_3}\left(i = 1, 2, 3, \cdots\cdots, \frac{N}{2} + 1\right)$$

$$X = \frac{180°D_1}{R_1}$$

$$M = \frac{\pi D_1}{N}$$

$$F_1 = 2R_1 \sin\left(\frac{X}{2}\right)$$

三、用公式计算举例

已知：$D_1 = 820$，$D_2 = 325$，$N = 16$，$B = 120°$，$H_1 = 400$，$H_2 = 600$

计算式：

$$H = H_1 + H_2 = 400 + 600 = 1000$$

$$H_3 = \frac{HD_1}{D_1 - D_2} = \frac{1000 \times 820}{820 - 325} = 1656.6$$

$$R_1 = \sqrt{H_3^2 + \left(\frac{D_1}{2}\right)^2} = \sqrt{1656.6^2 + \left(\frac{820}{2}\right)^2} = 1706.5$$

$$R_2 = \sqrt{(H_3 - H)^2 + \left(\frac{D_2}{2}\right)^2} = \sqrt{(1656.6 - 1000)^2 + \left(\frac{325}{2}\right)^2} = 676.4$$

$$K = -\tan\left(\frac{B}{2}\right) = \tan\left(\frac{120°}{2}\right) = -1.73205$$

圆心角的每等分值 $\dfrac{360°}{N} = \dfrac{360°}{16} = 22.5°$

$$B_0 = \arctan\left(\frac{2H}{D_1 - D_2}\right) = \arctan\left(\frac{2 \times 1000}{820 - 325}\right) = 76.1°$$

$$B_1 = \arctan\left(\frac{2H_1}{D_1}\right) = \arctan\left(\frac{2 \times 400}{820}\right) = 44.29°$$

$$C = \sqrt{H_1^2 + \left(\frac{D_1}{2}\right)^2} = \sqrt{400^2 + \left(\frac{820}{2}\right)^2} = 572.8$$

$$R_0 = C\sin(B_0 - B_1) = 572.8 \times \sin(76.1° - 44.29°) = 301.92$$

$$B_3 = 180° - B_0 - \frac{B}{2} = 180° - 76.1 - \frac{120°}{2} = 43.9°$$

$$A_2 = \frac{R_0}{\sin\left(\dfrac{B}{2}\right)} = \frac{301.92}{\sin\left(\dfrac{120°}{2}\right)} = 348.63$$

$$Y = 90° - \frac{B}{2} = 90° - \frac{120°}{2} = 30°$$

$$H_5 = H_2\sin(B - 90°) = 600 \times \sin(120° - 90°) = 300$$

$$H_4 = H_1 + H_5 = 400 + 300 = 700$$

$$P = \frac{H_4}{\cos(B - 90°)} = \frac{700}{\cos(120° - 90°)} = 808.29$$

$$A_1 = H_2\cos(B - 90°) + H_4\tan(B - 90°) = 600 \times \cos(120° - 90°) + 700 \times \tan(120° - 90°) = 923.76$$

$$R'_2 = A_2\cos(B_3) = 348.63 \times \cos(43.9°) = 251.2$$

$$A = \frac{H_1 + A_2\sin(B_3)}{\tan(Y)} - R'_2 = \frac{400 + 348.63 \times \sin(43.9°)}{\tan(30°)} - 251.2 = 860.32$$

$$C_1 = A\tan(Y) = 860.32 \times \tan 30° = 496.7$$

$$A_1 = \frac{R_1\left(\dfrac{D_1}{2}\cos 0° - A\right)}{\dfrac{D_1}{2}\cos 0° + K \cdot H_3} = \frac{1706.5 \times \left(\dfrac{820}{2} \times \cos 0° - 860.32\right)}{\dfrac{820}{2} \times \cos 0° + (-1.73205 \times 1656.6)} = 312.48$$

$$A_2 = \frac{R_1\left(\dfrac{D_1}{2}\cos 22.5° - A\right)}{\dfrac{D_1}{2}\cos 22.5° + K \cdot H_3} = \frac{1706.5 \times \left(\dfrac{820}{2} \times \cos 22.5° - 860.32\right)}{\dfrac{820}{2} \times \cos 22.5° + (-1.73205 \times 1656.6)}$$

$$= \frac{-821731}{-2490.52} = 330$$

A_3 时的 $\cos X_i = \cos45°$ A_4 时为 $\cos67.5°$ A_5 时为 $\cos90°$ A_6 时为 $\cos112.5°$

A_7 时为 $\cos135°$ A_8 时为 $\cos157.5°$ A_9 时为 $\cos180°$

分别代入上式得 $A_3 = 377.4$ $A_4 = 442.6$ $A_5 = 511.7$ $A_6 = 573.6$ $A_7 = 621.3$ $A_8 = 651$ $A_9 = 661.1$

四、用光盘计算举例

操作方法同前,将公式计算法的已知数据输入程序,计算结果见图 9-2-1-4。

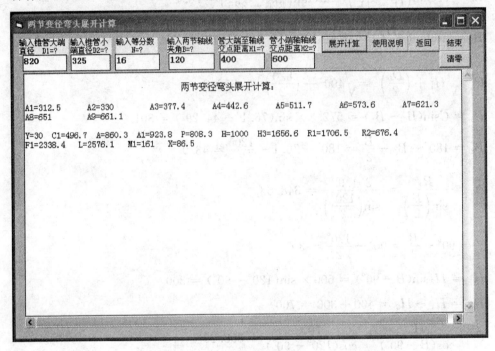

图 9-2-1-4 两节变径弯头光盘计算举例

9.2.2 多节任意角度变径弯头

一、说明

图 9-2-2-1 为多节任意角度渐缩弯头立体图,图 9-2-2-2(上)为主视图,图 9-2-2-2(右)表示弯头的展开图。若将主视图中的奇数节或偶数节绕自身轴线旋转 180° 后就可拼成图 9-2-2-2(左下)的正圆锥管,此时若按平面斜切圆锥管的有关公式进行展开计算就使问题变得简单。另外,对于厚壁锥管若按图 9-2-2-2(左下)图进行下料,除节省材料外,构件的几何形状和质量也容易得到保证。

从图 9-2-2-2(左下)中可发现,对于第Ⅰ节可视为一个斜切圆锥管,若把第Ⅰ节和第Ⅱ节叠加后抹去两节之间的交线,不难发现仍然是一个斜切圆锥管,与第Ⅰ节相比,在中轴线上的截距由 P_1 增大到 P_2,截线的倾斜方向刚好相反,由此得出规律,从第Ⅰ节开始逐节进行叠加后形成的新的图形均是斜切圆锥管,其截距逐渐增大,切线交替反向。根

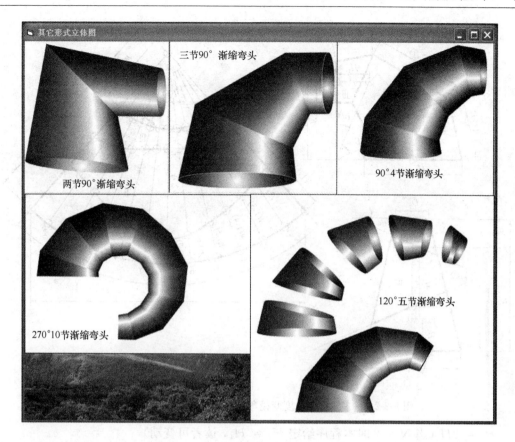

图 9-2-2-1　多节任意角度变径弯头立体图

据这一规律，可按斜切圆锥管的公式进行展开计算。第 Ⅰ 节和第 Ⅱ 节叠加的斜切圆锥管的展开尺寸减去第一节的展开素线的尺寸就是第二节的展开素线尺寸；第 Ⅰ、Ⅱ、Ⅲ 节叠加后的展开素线的尺寸减去第 Ⅰ、Ⅱ 节叠加的展开素线尺寸就是第 Ⅲ 节的展开素线尺寸，以此类推直至最后一节。本节程序的编制就是以此为基础的。

　　另外，程序编制时还需考虑各节交线与水平线的倾角一致，这会给计算带来方便。对于此点，可按等径弯头划分节数的方法，即将两个端节轴线视为中节轴线的一半（见图 9-2-2-2（上）主视图中 $H_1 = \dfrac{H_2}{2}$），这样处理的结果就能保证交线与水平线的倾斜角度相同，从而进一步简化了计算过程。

　　本节程序适用广泛，通用性强。作者以 1∶1 的比例曾作过十节 405°（弯头小口径端面进入大端面之内的情形）的渐缩弯头，经对各尺寸检查结果证明了程序的可靠性。图 9-2-2-1 就是根据此程序运算数据所绘制的几种弯头。

　　二、计算公式

　　已知条件：D_1, D_2, R, B, N, N_1

$$H_1 = R\tan\left(\frac{B}{2(N-1)}\right)$$

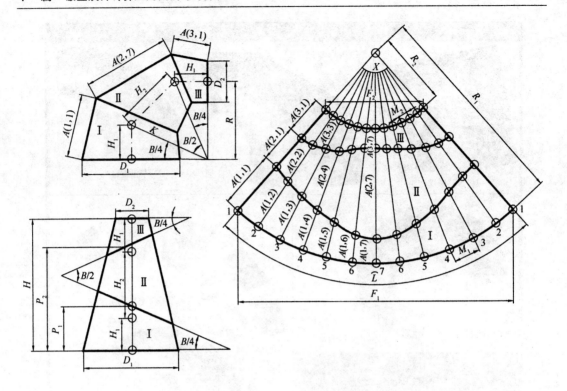

图 9-2-2-2 多节任意角度变径弯头主视图、下料图和展开图

$H_2 = 2H_1$（当 $N = 2$ 时本程序给定 $H_2 = H_1$，读者可变动）

$H = (N-1)H_2$

$Y_1 = \arctan\left(\dfrac{2H}{D_1 - D_2}\right)$

$Y = 90° - \dfrac{B}{2(N-1)}$

$H_3 = \dfrac{HD_1}{D_1 - D_2}$

$R_1 = \sqrt{H_3^2 + \left(\dfrac{D_1}{2}\right)^2}$

$R_2 = \sqrt{\left(\dfrac{D_2}{2}\right)^2 + (H_3 - H)^2}$

$F = R_1 - R_2$

$R_{(1)} = \dfrac{D_1}{2}\sin Y_1$

$U_i = U_{i-1} + 2 \qquad U_1 = -1 (i = 2,3,\cdots\cdots,N)$

$R_{(i)} = R_{(1)} - U_i H_1 \cdot \cos Y_1 (i = 2,3,\cdots\cdots,N)$

$$L_{(i)} = (i-1) \cdot H_2 + H_1 (i = 2,3,\cdots\cdots,N-1)$$

$$L_{(1)} = H_1$$

$$P_{(i)} = L_{(i)} + 1.0718 \times R_{(i+1)} \times \cos Y_1 \quad (i = 1,2,\cdots\cdots,N-1)$$

$$Q_1 = \sqrt{\left(\frac{D_1}{2}\right)^2 + H_1^2}$$

$$Q_2 = \arctan\left(\frac{2H_1}{D_1}\right)$$

$$B_3 = 180° - Y - Y_1$$

$$Q_3 = \frac{R_{(2)}}{\sin Y}$$

$$Q_4 = Q_3 \cdot \cos B_3$$

$$Q_5 = (H_1 + Q_3 \cdot \sin B_3) \cdot \tan Y - Q_4$$

$$A_{20} = \frac{Q_5}{\tan Y}$$

$$E_j = (j-1)\frac{360°}{N_1} \quad \left(j = 1,2,3,\cdots\cdots,\frac{N_1}{2}+1\right)$$

$$ES_j = \frac{D_1 \cos E_j}{2\tan Y} \quad \left(j = 1,2,3,\cdots\cdots,\frac{N_1}{2}+1\right)$$

当 $N = 2$ 时(即二节弯头)

$$A_{ij} = \frac{R_1(A_{20}+ES_j)}{H_3+ES_j} \quad (i = 1) \quad \left(j = 1,2,3,\cdots\cdots,\frac{N_1}{2}+1\right)$$

$$A_{2j} = F - A_{1j}$$

当 $N > 2$ 时(即三节至多节时)

$$A_{1j} = \frac{R_1[P_{(1)}+ES_j]}{H_3+ES_j} \quad (第一节)$$

$$A_{2j} = \frac{R_1[P_{(2)}-ES_j]}{H_3-ES_j} - A_{1j} \quad (第二节第 j 根素线值)$$

$$A_{3j} \frac{R_1[P_{(3)}+ES_j]}{H_3+ES_j} - (A_{1j}+A_{2j}) \quad (第三节)$$

$$A_{4j} = \frac{R_1[P_{(4)}-ES_j]}{H_3-ES_j} - (A_{1j}+A_{2j}+A_{3j}) \quad (第四节)$$

$$A_{5j} = \frac{R_1[P_{(5)}+ES_j]}{H_3+ES_j} - (A_{1j}+A_{2j}+A_{3j}+A_{4j}) \quad (第五节)$$

$$A_{ij} = \frac{R_1[P_{(i)} \pm ES_j]}{H_3 \pm ES_j} - \sum_{k=1}^{i-1}(A_{kj}) \quad \left(i = 1,2,\cdots\cdots,N-1; j = 1,2,\cdots\cdots,\frac{N_1}{2}+1\right)$$

以上为第 $1,\cdots\cdots,N-1$ 节展开素线的计算公式,第 N 节的计算式为:

$$A_{Ni} = F - \sum_{i=1}^{N-1} (A_{ij}) \quad \left(i = 1, 2, \cdots\cdots, N-1; \ j = 12, \cdots\cdots, \frac{N_1}{2} + 1 \right)$$

$$X = 180° \frac{D_1}{R_1}$$

$$F_1 = 2R_1 \sin\left(\frac{X}{2}\right) \qquad F_2 = 2R_2 \sin\left(\frac{X}{2}\right)$$

$$M_1 = \frac{\pi D_1}{N_1}$$

$$M_2 = \frac{\pi D_2}{N_1}$$

三、主要符号含义

D_1—弯头大端直径；

D_2—弯头小端直径；

R—弯头半径；

B—弯头角度；

N—弯头节数；

N_1—等分数。（以上为存已知数的变量）

公式中 A_{ij} 和数表中 $A(i,j)$ 均表示第 i 节第 j 根素线的长度，其他符号含义如图 9-2-2-2 所示。

四、用光盘计算举例

详见图 9-2-2-3 所示，表中各符号的含义与总图一致。

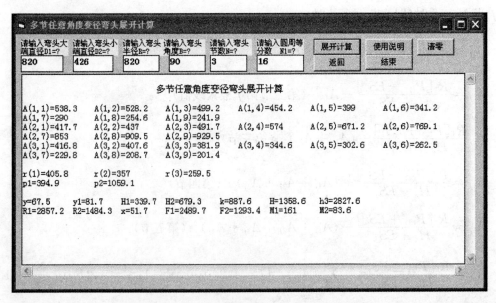

图 9-2-2-3　多节任意角度变径弯头光盘计算举例

9.2.3　两节圆柱—圆锥管弯头

一、说明及计算公式

图 9-2-3-1 表示两节圆柱—圆锥管弯头的立体图，图 9-2-3-2 为主视图和圆柱管的展开图，图 9-2-3-3 是圆锥管的展开图。

编制程序的思路是：首先要考虑两种不同形状的端节采用何种方式计算方便且便于作出展开图。对于圆柱管只要两节交线的斜率求出，求展开素线的长度是很简单的。对于圆锥管要设法找出一个锥底圆并通过圆周各等分点上的素线的展开就可给作图带来方便，为能同时满足圆柱管和圆锥管展开计算的要求，在两节轴线的交点 O 作为直角坐标系的原点是比较合适的。按此在坐标系内求出圆锥底圆等分点的坐标，圆锥素线与两节交线的交点的坐标，锥顶 S 的坐标以及直线 AF 的斜率，然后利用两坐标点求线段实长的公式，就可求出

图 9-2-3-1　两节圆柱—圆锥管弯头立体图

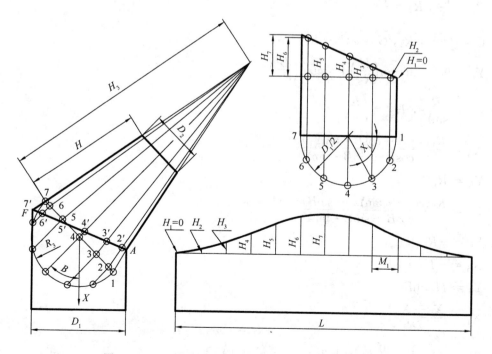

图 9-2-3-2　两节圆柱—圆锥管弯头主视图和圆管展开图

437

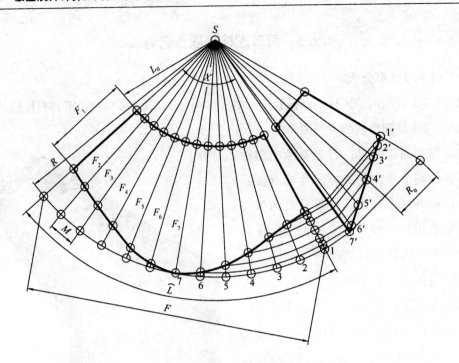

图 9-2-3-3 圆锥管展开图

所需展开素线的长度。

1. 计算公式

已知条件：D_1, D_2, H, B, N

$$R_1 = \frac{D_1}{2}, \; R_2 = \frac{D_2}{2}$$

$$C = \sqrt{H^2 + R_2^2}, \; G = \sqrt{C^2 - R_1^2}$$

$$Y_1 = 90° - \arctan\left(\frac{H}{R_2}\right) + \arctan\left(\frac{G}{R_1}\right)$$

$$R_3 = \frac{R_1}{\sin Y_1}, \; H_3 = \frac{R_1}{\cos Y_1}$$

$$X_A = \frac{R_1(\sin B + \cos B \cdot \tan Y_1) - H_3}{\cos B - \sin B \cdot \tan Y_1}$$

$$Y_A = R_1$$

$$X_F = \frac{R_1(\cos B \cdot \tan Y_1 - \sin B) - H_3}{\cos B + \sin B \cdot \tan Y_1}$$

$$Y_F = -R_1$$

$$X_S = -H_3 \cdot \cos B$$

$$Y_S = H_3 \sin B$$

$$K_1 = \frac{X_F - X_A}{-2R_1}$$

$$W_i = (i-1)\frac{360°}{N}\left(i = 1, 2, 3, \cdots\cdots, \frac{N}{2} + 1\right)$$

$$X_{(i)} = R_3 \sin B \cdot \cos W_i$$

$$Y_{(i)} = R_3 \cos B \cdot \cos W_i$$

$$Z_{(i)} = R_3 \sin W_i$$

$$K_3 = \frac{X_S - X_{(i)}}{Y_S - Y_{(i)}}$$

$$Y_{2(i)} = \frac{K_3 Y_{(i)} - K_1 \cdot Y_A + X_A - X_{(i)}}{K_3 - K_1}$$

$$X_{2(i)} = k_1 [Y_{2(i)} - Y_A] + X_A$$

$$Z_{2(i)} = \frac{-Z_{(i)} \cdot [X_{2(i)} - X_{(i)}]}{X_S - X_i} + Z(i)$$

$$F_i = \sqrt{[X_S - X_{2(i)}]^2 + [Y_S - Y_{2(i)}]^2 + [Z_S - Z_{2(i)}]^2} - L_0$$

其中 $ZS = 0$

$$L_0 = \frac{R_2}{\cos Y_1}$$

$$R = L_0 + F\left(\frac{N}{2} + 1\right) R_0 = R \cos Y_1$$

$$L = 2\pi R_0$$

$$X = \frac{360° R_0}{R}$$

$$F = 2R \sin\left(\frac{X}{2}\right)$$

$$H_i = R_1 \cdot K_1 (1 - \cos K_i)$$

2. 主要变量符号含义

X_A— 点 A 的 x 坐标；

Y_A— 点 A 的 y 坐标；

X_F— 点 F 的 x 坐标；

X_S— 点 S 的 x 坐标；

Y_S— 点 S 的 y 坐标；

$X_{(i)}$、$Y_{(i)}$、$Z_{(i)}$— 分别为主视图中锥底圆上等分点 $1,2,3,\cdots\cdots,\frac{N}{2}+1$ 的 x,y,z 坐标；

$X_{2(i)}$、$Y_{2(i)}$、$Z_{2(i)}$— 分别为主视图中斜交线上 $1',2',3',\cdots\cdots,\left(\frac{N}{2}+1\right)'$ 点的 x,y,z 坐标；

F—圆锥管展开素线长度尺寸暂存变量，其中 $F\left(\frac{N}{2}+1\right)$ 为所有素线中的最大值；

H—圆柱管展开素线长度尺寸暂存变量；

B—圆锥中轴线与圆柱中轴线的夹角。

其他有关符号如图中所示。

二、用公式计算举例

已知：$D_1 = 500$，$D_2 = 250$，$B = 45°$，$H = 600$，$N = 12$

试计算各素线的开展尺寸：

$$R_1 = \frac{D_1}{2} = \frac{500}{2} = 250, \quad R_2 = \frac{D_2}{2} = \frac{250}{2} = 125$$

$$C = \sqrt{H^2 + R_2^2} = \sqrt{600^2 + 125^2} = 612.88$$

$$G = \sqrt{C^2 - R_1^2} = \sqrt{612.88^2 - 250^2} = 559.6$$

$$Y_1 = 90° - \arctan\left(\frac{H}{R_2}\right) + \arctan\left(\frac{G}{R_1}\right) = 90° - \arctan\left(\frac{600}{125}\right) + \arctan\left(\frac{559.6}{250}\right) = 77.6957°$$

$$R_3 = \frac{R_1}{\sin Y_1} = \frac{250}{\sin 77.6957°} = 255.88$$

$$H_3 = \frac{R_1}{\cos Y_1} = \frac{250}{\cos 77.6957°} = 1173.1$$

$$L_0 = \frac{R_2}{\cos Y_1} = \frac{125}{\cos 77.6957°} = 586.57$$

$$X_A = \frac{R_1(\sin B + \cos B \cdot \tan Y_1) - H_3}{\cos B - \sin B \cdot \tan Y_1} = \frac{250(\sin 45° + \cos 45° \times \tan 77.6957°) - 1173.1}{\cos 45° - \sin 45° \times \tan 77.6957°}$$

$$= 73.32$$

$$X_F = \frac{R_1(\cos B \cdot \tan Y_1 - \sin B) - H_3}{\cos B + \sin B \cdot \tan Y_1}$$

$$= \frac{250(\cos 45° \times \tan 77.6957° - \sin 45°) - 1173.1}{\cos 45° + \sin 45° \times \tan 77.6957°} = -136.6$$

$$X_S = -H_3 \times \cos B = -1173.1 \times \cos 45° = -829.5$$

$$Y_S = H_3 \cdot \sin B = 1173.1 \times \sin 45° = 829.5$$

$$K_1 = \frac{X_F - X_A}{-2R_1} = \frac{-136.59 - 73.32}{-2 \times 250} = 0.4189$$

圆心角每等分值 $K = \frac{360°}{N} = \frac{360°}{12} = 30°$

以下开始计算展开素线的坐标值，以计算第 2 根素线为例，即当等分点 $i = 2$ 时：

$$W_i = W_2 = (i-1)\frac{360°}{N} = (2-1)\frac{360°}{12} = 30°（第 2 根素线的圆心角）$$

$$X_{(2)} = R_3 \cdot \sin B \cdot \cos W_i = 255.88 \times \sin 45° \times \cos 30° = 156.69$$

$$Y_{(2)} = R_3 \cdot \cos B \cdot \cos W_i = 255.88 \times \cos 45° \times \cos 30° = 156.69$$

$$Z_{(2)} = R_3 \cdot \sin W_i = 255.88 \times \sin 30° = 127.94$$

$$K_{3(i)} = K_{3(2)} = \frac{X_S - X_{(i)}}{Y_S - Y_{(i)}} = \frac{X_S - X_{(2)}}{Y_S - Y_{(2)}} = \frac{-829.5 - 156.69}{829.5 - 156.69} = -1.4658$$

$$Y_{2(2)} = \frac{K_{3(i)} \cdot Y_{(i)} - K_1 \cdot Y_A + X_A - X_{(i)}}{K_{3(i)} - K_1}$$

$$= \frac{-1.4658 \times 156.69 - 0.4198 \times 250 + 73.33 - 156.7}{-1.4658 - 0.4198} = 221.68$$

$$X_{2(2)} = K_1(Y_{2(2)} - Y_A) + X_A = 0.4198 \times (221.68 - 250) + 73.33 = 61.44$$

$$Z_{2(2)} = \frac{-Z_{(2)} \cdot [X_{2(2)} - X_{(2)}]}{X_S - X_{(2)}} + Z_{(2)}$$

$$= \frac{-127.94 \times (61.44 - 156.7)}{-829.5 - 156.7} + 127.94 = 115.58$$

展开素线的实长为：

$$F_2 = \sqrt{[X_S - X_{2(i)}]^2 + [Y_S - Y_{2(i)}]^2 + [Z_S - Z_{2(i)}]^2} - L_0$$

$$= \sqrt{(-829.5 - 61.44)^2 + (829.5 - 221.68)^2 + (0 - 115.58)^2} - 586.57 = 498.13$$

三、用光盘计算举例

如图 9-2-3-4 所示。因两者等分数不同，用公式计算的 F_2 对应程序计算表中的 F_3。

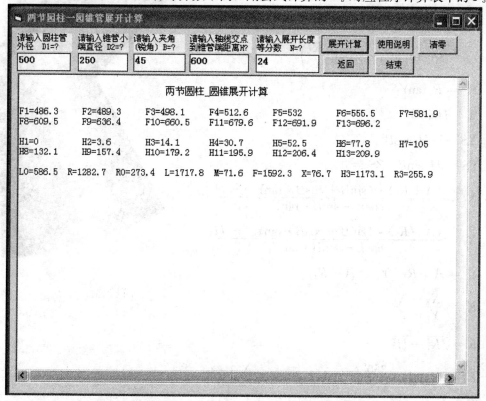

图 9-2-3-4　两节圆柱—圆锥管弯头光盘计算举例

四、比较

前面在以公式计算举例过程中仅以第 2 根素线为例作了一系列的计算，花去了不少时间，并且不小心还容易出错，因此应尽可能采用光盘计算，等分数再多，一般也在几秒钟内完成。

9.2.4 两节圆锥—圆柱管弯头

一、说明及计算公式

图 9-2-4-1 为立体图，图 9-2-4-2 为总图和展开图。求锥管展开素线长度的步骤仍然同第 9.2.3 节一样，先建立直角坐标系求出锥底圆各等分点 1，2，3，……，$\frac{N}{2}+1$ 的坐标、两节交线 $1'7'$ 与圆锥等分点上素线的交点 $1'$，$2'$，$3'$，……，$7'$ 以及锥顶 S 等点的坐标，利用空间两点坐标求线段长度的公式即可求出展开素线的尺寸，然后作出锥管展开图。利用 $1'7'$ 线段的斜率求出圆柱管素线的展开尺寸可作出圆柱管的展开图。

1. 展开计算公式

已知条件：D_1，D_2，B，H，N

$$R_1 = \frac{D_1}{2}, R_2 = \frac{D_2}{2}$$

$$C = \sqrt{R_1^2 + H^2}$$

$$Y_1 = \arctan\left(\frac{H}{R_1}\right) + \arcsin\left(\frac{R_2}{C}\right)$$

$$H_3 = R_1 \tan Y_1$$

$$A = H\sin B$$

$$XS = -H_3 \cos B$$

$$YS = H_3 \sin B \quad ZS = 0$$

$$X_1 = \frac{(A+R_2) \cdot (\sin B + \cos B \cdot \tan Y_1) - H_3}{\cos B - \sin B \cdot \tan Y_1}$$

$$X_7 = \frac{(A-R_2) \cdot (\sin B - \cos B \cdot \tan Y_1) - H_3}{\cos B + \sin B \cdot \tan Y_1}$$

$$Y_5 = A + R_2 \quad Y_7 = A - R_2$$

$$K_2 = \frac{X_7 - X_1}{Y_7 - Y_5}$$

$$R = \sqrt{R_1^2 + H_3^2}$$

$$K_i = (i-1) \cdot \frac{360°}{N} \left(i = 1, 2, 3, \cdots\cdots, \frac{N}{2}+1\right)$$

$$X(i) = R_1 \sin B \cdot \cos K_i$$

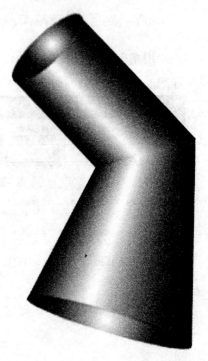

图 9-2-4-1 立体图

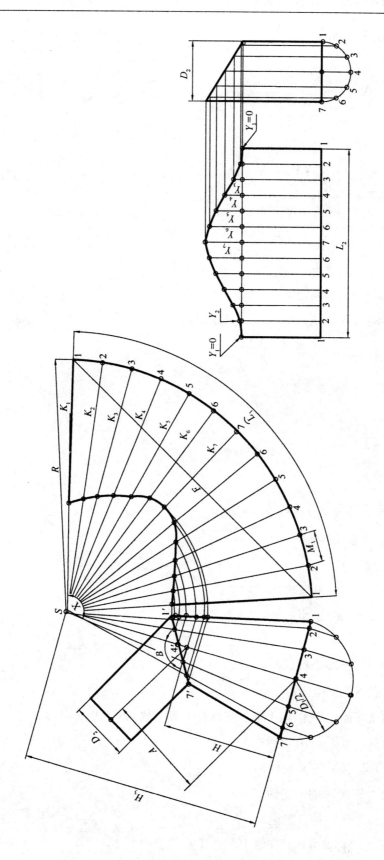

图 9-2-4-2　两节圆锥—圆柱管弯头总图

$$Y_{(i)} = R_1 \cos B \cdot \cos K_i$$

$$Z_{(i)} = R_1 \sin K_i$$

$$K_{3i} = \frac{X_S - X_{(i)}}{Y_S - Y_{(i)}}$$

$$K_{S_i} = \frac{-Z_{(i)}}{X_S - X_{(i)}}$$

$$Y_{3(i)} = \frac{K_{3i} \cdot Y_{(i)} - K_2 \cdot Y_5 + X_1 - X_{(i)}}{K_{3i} - K_2}$$

$$X_{3(i)} = K_2 [Y_{3(i)} - Y_5] + X_1$$

$$Z_{3(i)} = K_{S_i} [X_{3(i)} - X_{(i)}] + Z_{(i)}$$

$$F_i = \sqrt{[X_S - X_{3(i)}]^2 + [Y_S - Y_{3(i)}]^2 + [Z_S - Z_{3(i)}]^2}$$

$$K_i = R - F_i \cdots\cdots (圆锥管展开素线)$$

$$Y_i = K_2 \cdot R_2 (1 - \cos K_i) (圆柱管展开素线)$$

$$\left(以上\ i = 1, 2, 3, \cdots\cdots, \frac{N}{2} + 1\right)$$

$$X = \frac{180° D_1}{R}$$

$$F = 2R \sin\left(\frac{X}{2}\right)$$

$$M_1 = \frac{\pi D_1}{N}$$

2. 主要变量符号含义及在程序中的作用

D_1—锥管大端直径；

D_2—圆柱管直径；

B—两节中心轴线夹角（锐角）；

H—圆锥底到两轴线交点的距离；

N—等分数。

XS— 锥顶点 S 的 x 坐标；

YS— 锥顶点 S 的 y 坐标；

ZS— 锥顶点 S 的 z 坐标，由于锥顶点 S 在 Y 轴上故 $ZS = 0$；

X_1— 交线 $1'7'$ 点 $1'$ 的 x 坐标；

Y_5— 交线 $1'7'$ 点 $1'$ 的 y 坐标；

X_7— 交线 $1'7'$ 点 $7'$ 的 x 坐标；

Y_7— 交线 $1'7'$ 点 $7'$ 的 y 坐标。

通过以上四个坐标值可计算交线 $1'7'$的斜率

$X(i)、Y(i)、Z(i)$ ——为锥底圆周上第 i 等分点三个方向上的坐标；

$X_3(i)Y_3(i)Z_3(i)$ ——为交线 $1'7'$ 上第 i 点的三个方向上的坐标，可直接用这些点与锥底圆上各等分到的坐标，利用空间两点求线段实长的公式计算出锥管展开素线的长度。而程序中是先计算锥顶点 S 与 $1'7'$ 线上各点的素线上的长度值存放在变量 F 中，然后用圆锥母线 R 的长度减掉 F 值后的差值存放在数组变量 $K(i)$ 之中，这些差值就是锥管上素线的展开长度。

$R、X、F$ 和 M_1 几个变量主要作为展开图所需数据的存储，Y_i 是圆柱展开素线长度的存储变量。

为了便于与图形对照使用，图 9-2-4-2 的符号与光盘计算举例图 9-2-4-3 中的符号的含义一致。

二、用公式计算举例

已知条件：$D_1 = 800, D_2 = 400, B = 60°, H = 800, N = 12$。试计算圆锥和圆柱的展开尺寸。

$$R_1 = \frac{D_1}{2} = \frac{800}{2} = 400$$

$$R_2 = \frac{D_2}{2} = \frac{400}{2} = 200$$

$$C = \sqrt{R_1^2 + H^2} = \sqrt{400^2 + 800^2} = 894.4$$

$$Y_1 = \arctan\left(\frac{H}{R_1}\right) + \arcsin\left(\frac{R_2}{C}\right) = \arctan\left(\frac{800}{400}\right) + \arcsin\left(\frac{200}{894.4}\right) = 76.356°$$

$$H_3 = R_1 \tan Y_1 = 400 \times \tan 76.356° = 1647.9$$

$$A = H \sin B = 800 \times \sin 60° = -692.8$$

$$X_S = -H_3 \cos B = -1647.9 \times \cos 60° = -823.95$$

$$Y_S = H_3 \sin B = 1647.9 \times \sin 60° = 1427.1$$

$$Z_S = 0$$

$$X_1 = \frac{(A + R_2) \cdot (\sin B + \cos B \cdot \tan Y_1) - H_3}{\cos B - \sin B \cdot \tan Y_1}$$

$$= \frac{(692.8 + 200) \times (\sin 60° + \cos 60° \times \tan 76.356°) - 1647.9}{\cos 60° - \sin 60° \times \tan 76.356°} = -314.37$$

$$X_7 = \frac{(A - R_2) \cdot (\sin B - \cos B \cdot \tan Y_1) - H_3}{\cos B + \sin B \cdot \tan Y_1}$$

$$= \frac{(692.8 - 200) \times (\sin 60° - \cos 60° \times \tan 76.356°) - 1647.9}{\cos 60° + \sin 60° \times \tan 76.356°} = -549.7$$

$$Y_5 = A + R_2 = 692.8 + 200 = 892.8$$

$$Y_7 = A - R_2 = 692.8 - 200 = 492.8$$

$$K_2 = \frac{X_7 - X_1}{Y_7 - Y_5} = \frac{-549.7 - (-314.37)}{492.8 - 892.8} = 0.5883$$

$$R = \sqrt{R_1^2 + H_3^2} = \sqrt{400^2 + 1647.9^2} = 1695.75$$

圆心角每等分值 $K = \dfrac{360°}{N} = \dfrac{360°}{12} = 30°$

现以第 3 根素线为例计算其实际展开长度值:

$i = 3$ 时的圆心角为 $W_i = (i-1) \times \dfrac{360°}{N} = (3-1) \times \dfrac{360°}{12} = 60°$

$$X_{(3)} = R_1 \times \sin60° \times \cos60° = 400 \times 0.866 \times 0.5 = 173.2$$

$$Y_{(3)} = R_1 \times \cos B \times \cos W_i = 400 \times \cos60° \times \cos60° = 100$$

$$Z_{(3)} = R_1 \times \sin K_i = R_1 \times \sin W_i = 400 \times \sin60° = 346.4$$

$$K_{3i} = \frac{X_S - X_{(3)}}{Y_S - Y_{(3)}} = \frac{-823.95 - 173.2}{1427.1 - 100} = -0.75137$$

$$K_{S_i} = \frac{-Z_{(3)}}{X_S - X_{(3)}} = \frac{-346.4}{-823.95 - 173.2} = 0.3474$$

$$Y_{3(3)} = \frac{K_{3i} \cdot Y_{(3)} - K_2 \cdot Y_5 + X_1 - X_{(3)}}{K_{3i} - K_2}$$

$$= \frac{-0.75137 \times 100 - 0.5883 \times 892.8 + (-314.37) - 173.2}{-0.75137 - 0.5883}$$

$$= 812.1$$

$$X_{3(3)} = K_2 \times [Y_{3(3)} - Y_5] + X_1 = 0.5883 \times [812.1 - 892.8] + (-314.37) = -361.9$$

$$Z_{3(3)} = K_{S_i} \times [X_{3(3)} - X_{(3)}] + Z_{(3)} = 0.3474 \times (-361.9 - 173.2) + 346.4 = 160.5$$

$$F_3 = \sqrt{[X_S - X_{3(3)}]^2 + [Y_S - Y_{3(3)}]^2 + [Z_S - Z_{3(3)}]^2}$$

$$= \sqrt{(-823.95 - 361.9)^2 + (1427.1 - 812.1)^2 + (0 - 160.5)^2} = 785.8$$

$$K_3 = R - F_3 = 1695.75 - 785.8 = 909.95 (圆锥第三根素线的计算值)$$

圆柱展开以第三根素线为例:

圆心角每等分值为 $\dfrac{360°}{N} = 30°$

第 3 根素线的对应圆心角为 $W_i = W_3 = (i-1) \cdot \dfrac{360°}{N} = (3-1) \cdot \dfrac{360°}{12} = 60°$

对应的第 3 根素线实长为　　$Y_3 = K_2 R_2 (1 - \cos) W_3 = 0.5883 \times 200(1 - \cos60°) = 58.8$

　　需要说明的是,上面对圆柱和圆锥的展开均是以第 3 根素线为例,其他各根素线的展开计算方法是完全相同的,不同之处仅是随着等分点编号的变化其对应的圆心角也随之变化,计算该素线实长时,将对应的圆心角的角度取代上面第 3 根素线的圆心角计算就行了,其他步骤完全相同。

三、用光盘计算举例

用光盘计算的步骤同前面各章节，计算结果如图 9-2-4-3 所示。由于程序输入的等分数为 24，前面用公式计算的等分数为 12，两者相差一倍，因此用公式计算的 K_3 对应程序计算值 K_5；公式计算值 Y_3 对应程序计算值 y_5，即两者计算值跳格——一对应。如果两者等分数相等，则计算数据完全吻合。

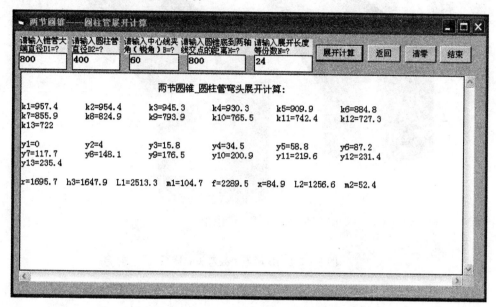

图 9-2-4-3　两节圆锥——圆柱管弯头光盘计算示例

9.2.5　蛇形不等径弯头

一、说明及计算公式

图 9-2-5-1 为蛇形不等径弯头的立体图，图 9-2-5-2 为三视图和大小圆管的展开图，图 9-2-5-3 为锥形连接管的展开图。对于圆柱管只要求出与连接管交线的斜率即可作出展开图。此种构件的展开计算重点在锥管，先建立直角坐标系，其原点设在大圆柱管与锥管两轴线的交点 O，过 O 点作辅助锥底圆，通过坐标变换求得圆周上各等分点的坐标、锥管与大小圆柱管交线上各点的坐标以及锥顶点 S 的坐标，然后用已知空间两点坐标求线段实长的公式即可求出锥管各展开素线的长度，然后作出展开图。

1. 计算公式

已知条件：D_1, D_2, A, B, N

$$R_1 = \frac{D_1}{2}, \quad R_2 = \frac{D_2}{2}$$

$$\tan G = \frac{A}{B}$$

立体图　　　　　　　　　　　割离图

图 9-2-5-1　蛇形不等径弯头立体图

$$\sin Y_0 = \frac{(R_1 - R_2)\sin G}{A}$$

$$Y_1 = 90° - Y_0$$

$$R_3 = \frac{R_1}{\sin Y_1}$$

$$H_3 = \frac{R_1}{\cos Y_1}$$

$$X_A = \frac{R_1(\sin G + \cos G \cdot \tan Y_1) - H_3}{\cos G - \sin G \cdot \tan Y_1}, \quad YA = R_1$$

$$X_F = \frac{R_1(\cos G \cdot \tan Y_1 - \sin G) - H_3}{\cos G + \sin G \cdot \tan Y_1}$$

$$X_1 = \frac{(A + R_2)(\sin G + \cos G \cdot \tan Y_1) - H_3}{\cos G - \sin G \cdot \tan Y_1}$$

$$X_7 = \frac{(A - R_2)(\sin G - \cos G \cdot \tan Y_1) - H_3}{\cos G + \sin G \cdot \tan Y_1}$$

$$X_S = -H_3 \cos G, \quad Y_S = H_3 \sin G$$

$$K_1 = \frac{X_F - X_A}{Y_F - Y_A}$$

$$Y_7 = A - R_2$$

$$Y_5 = A + R_2$$

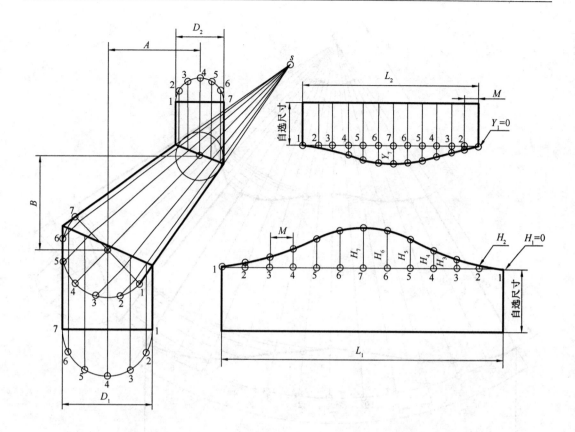

图 9-2-5-2　蛇形不等径弯头主视图和圆管展开图

$$K_2 = \frac{X_7 - X_1}{Y_7 - Y_5}$$

$$W_i = (i-1)\frac{360°}{N}\Big(i = 1,2,\cdots\cdots,\frac{N}{2}+1\Big)$$

$$X_{(i)} = R_3 \sin G \cdot \cos W_i$$

$$Y_{(i)} = R_3 \cos G \cdot \cos W_i$$

$$Z_{(i)} = R_3 \sin W_i$$

$$K_3 = \frac{X_S - X_{(i)}}{Y_S - Y_{(i)}}$$

$$K_S = \frac{Z_S - Z_{(i)}}{X_S - X_{(i)}} \quad (Z_S = 0)$$

$$Y_{2(i)} = \frac{K_3 Y_{(i)} - K_1 \cdot Y_A + X_A - X_{(i)}}{K_3 - K_1}$$

$$X_{2(i)} = K_1[Y_{2(i)} - Y_A] + X_A$$

$$Z_{2(i)} = K_S[X_{2(i)} - X_{(i)}] + Z_{(i)}$$

$$Y_{3(i)} = \frac{K_3 Y_{(i)} - K_2 \cdot Y_5 + X_1 - X_{(i)}}{K_3 - K_2}$$

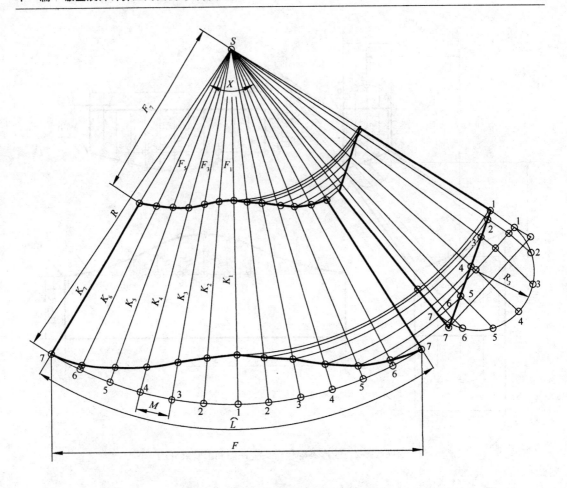

图 9-2-5-3　蛇形不等径弯头锥管展开图

$$X_{3(i)} = K_2[Y_{3(i)} - Y_5] + X_1$$

$$Z_{3(i)} = K_S[X_{3(i)} - X_{(i)}] + Z_{(i)}$$

$$F_i = \sqrt{[X_S - X_{3(i)}]^2 + [Y_S - Y_{3(i)}]^2 + [Z_S - Z_{3(i)}]^2}$$

$$K_i = \sqrt{[X_{3(i)} - X_{2(i)}]^2 + [Y_{3(i)} - Y_{2(i)}]^2 + [Z_{3(i)} - Z_{2(i)}]^2}$$

$$\left(\text{以上 } i = 1,2,\cdots\cdots,\frac{N}{2}+1\right)$$

$$R = F_j + K_j \qquad \left(j = \frac{N}{2}+1, F_j \text{ 和 } K_j \text{ 为编号最大的 } F_i \text{ 和 } K_i\right)$$

$$R_0 = R\cos Y_1$$

$$L = 2\pi R_0$$

$$M = \frac{L}{N}$$

$$X = \frac{360°R_0}{R}$$

450

$$F = 2R\sin\left(\frac{X}{2}\right)$$

$$Y_i = K_2 R_2 (1 - \cos W_i)$$

$$H_i = K_1 R_1 (1 - \cos W_i)$$

$$\left(以上 i = 1, 2, \cdots, \frac{N}{2} + 1\right)$$

2. 符号含义

H_i—— 大圆柱管展开素线长度;

Y_i—— 小圆柱管展开素线长度;

K_i—— 锥形连接管展开素线长度。

其他符号含义如图 9-2-5-2、图 9-2-5-3 所示。

二、用公式计算举例

已知:$D_1 = 600$,$D_2 = 300$,$A = 600$,$B = 800$,$N = 12$。试计算展开数据。

$$R_1 = \frac{D_1}{2} = \frac{600}{2} = 300 \qquad R_2 = \frac{D_2}{2} = \frac{300}{2} = 150$$

$$G = \arctan\left(\frac{A}{B}\right) = \arctan\left(\frac{600}{800}\right) = 36.87°$$

$$Y_0 = \arcsin\frac{(R_1 - R_2)\sin G}{A} = \arcsin\frac{(300 - 150)\sin 36.87°}{600} = 8.63°$$

$$Y_1 = 90° - Y_0 = 90° - 8.63° = 81.37°$$

$$R_3 = \frac{R_1}{\sin Y_1} = \frac{300}{\sin 81.37°} = 303.44$$

$$H_3 = \frac{R_1}{\cos Y_1} = \frac{300}{\cos 81.37°} = 2000 \quad Y_A = R_1 = 300$$

$$X_A = \frac{R_1(\sin G + \cos G \cdot \tan Y_1) - H_3}{\cos G - \sin G \cdot \tan Y_1} = \frac{300(0.6 + 0.8 \times 6.58886) - 2000}{0.8 - 0.6 \times 6.58886} = 75.7$$

$$X_F = \frac{R_1(\cos G \cdot \tan Y_1 - \sin G) - H_3}{\cos G + \sin G \cdot \tan Y_1} = \frac{300(0.8 \times 6.58886 - 0.6) - 2000}{0.8 + 0.6 \times 6.58886} = -125.9$$

$$X_1 = \frac{(A + R_2)(\sin G + \cos G \cdot \tan Y_1) - H_3}{\cos G - \sin G \cdot \tan Y_1}$$

$$= \frac{(600 + 150)(0.6 + 0.8 \times 6.58886) - 2000}{0.8 - 0.6 \times 6.58886} = -762.3$$

$$X_7 = \frac{(A - R_2)(\sin G - \cos G \cdot \tan Y_1) - H_3}{\cos G + \sin G \cdot \tan Y_1}$$

$$= \frac{(600 - 150)(0.6 - 0.8 \times 6.58886) - 2000}{0.8 + 0.6 \times 6.58886} = -862.9$$

$$X_S = -H_3 \cos G = -2000 \times 0.8 = -1600$$

$$Y_S = H_3 \sin G = 2000 \times 0.6 = 1200$$

$$K_1 = \frac{X_F - X_A}{Y_F - Y_A} = \frac{-125.9 - 75.7}{-300 - 300} = 0.336$$

$$Y_7 = A - R_2 = 600 - 150 = 450$$

$$Y_5 = A + R_2 = 600 + 150 = 750$$

$$K_2 = \frac{X_7 - X_1}{Y_7 - Y_5} = \frac{-862.9 + 762.3}{450 - 750} = 0.3353$$

以下以等分点 2 的素线计算各节的相关参数：

第 2 等分点所处的圆心角 $W_i = (2-1)\frac{360°}{N} = \frac{360°}{12} = 30°$

1. 计算中间节锥管第 2 根素线的实长：

$$X_{(i)} = X_{(2)} = R_3 \sin G \cdot \cos W_i = 303.44 \times 0.6 \times \cos 30° = 157.67$$

$$Y_{(i)} = Y_{(2)} = R_3 \cos G \cdot \cos W_i = 303.44 \times 0.8 \times \cos 30° = 210.22$$

$$Z_{(i)} = Z_{(2)} = R_3 \sin W_i = 303.44 \times \sin 30° = 151.7$$

$$K_3 = \frac{X_S - X_{(i)}}{Y_S - Y_{(i)}} = \frac{-1600 - X_{(2)}}{1200 - Y_{(2)}} = \frac{-1600 - 157.67}{1200 - 210.22} = -1.77$$

$$K_S = \frac{Z_S - Z_{(i)}}{X_S - X_{(i)}} = \frac{Z_S - Z_{(2)}}{X_S - X_{(2)}} = \frac{0 - 151.72}{-1600 - 157.67} = 0.08632$$

$$Y_{2(i)} = Y_{2(2)} = \frac{K_3 Y_{(2)} - K_1 \cdot Y_A + X_A - X_{(2)}}{K_3 - K_1}$$

$$= \frac{-1.77 \times 210.22 - 0.336 \times 300 + 75.7 - 157.67}{-1.77 - 0.336} = 263.4$$

$$X_{2(i)} = X_{2(2)} = K_1 [Y_{2(2)} - Y_A] + X_A = 0.336(-263.4 - 300) + 75.7 = 63.4$$

$$Z_{2(i)} = Z_{2(2)} = K_S [X_{2(2)} - X_{(2)}] + Z_{(2)} = 0.08632(63.4 - 157.67) + 151.72$$

$$= 143.6$$

$$Y_{3(i)} = Y_{3(2)} = \frac{K_3 Y_{(2)} - K_2 \cdot Y_5 + X_1 - X_{(2)}}{K_3 - K_2}$$

$$= \frac{-1.77 \times 210.22 - 0.3353 \times 750 - 762.3 - 157.67}{-1.77 - 0.3353} = 733$$

$$X_{3(i)} = X_{3(2)} = K_2 [Y_{3(2)} - Y_5] + X_1 = 0.3353(733 - 750) + (-762.3) = -768$$

$$Z_{3(i)} = Z_{3(2)} = K_S [X_{3(2)} - X_{(2)}] + Z_{(2)} = 0.08632(-768 - 157.67) + 151.72$$

$$= 71.8$$

$$F_i = F_2 = \sqrt{[X_S - X_{3(2)}]^2 + [Y_S - Y_{3(2)}]^2 + [Z_S - Z_{3(2)}]^2}$$

$$= \sqrt{[-1600 + 768]^2 + [1200 - 733]^2 + [0 - 71.8]^2} = 956.8$$

$$K_i = K_2 = \sqrt{[X_{3(2)} - X_{2(2)}]^2 + [Y_{3(2)} - Y_{2(2)}]^2 + [Z_{3(2)} - Z_{2(2)}]^2}$$

$$= \sqrt{[-768 - 63.4]^2 + [733 - 263.4]^2 + [71.8 - 143.6]^2} = 957.6(锥管第二根素$$

线的实长)

2. 计算上端节小圆柱管第 2 根素线的实长:

$$Y_i = Y_2 = K_2 R_2 (1 - \cos K_i) = 0.3353 \times 150 \times (1 - \cos 30°) = 6.74$$

3. 计算下端节大圆柱管第 2 根素线的实长:

$$H_i = H_2 = K_1 R_1 (1 - \cos K_i) = 0.336 \times 300 \times (1 - \cos 30°) = 13.5$$

4. 其他参数的计算结果参见光盘计算的打印或显示结果。

三、用光盘计算举例

用公式计算的已知条件经光盘运行后的计算数据见图 9-2-5-4。对于锥管第 2 根素线两者的计算误差,是由于用公式计算时的累计误差造成。

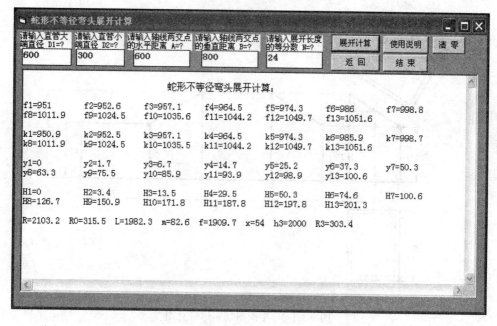

图 9-2-5-4　蛇形不等径弯头光盘计算举例

9.3　方矩管弯头展开计算

9.3.1　平面斜切矩形管

一、说明及计算公式

图 9-3-1-1 为平面斜切矩形管立体图,图 9-3-1-2 为总图,图 9-3-1-3 为立体线条图。由于板式构件组成的多样形式,本程序没有考虑板厚的因素。这是因为构件较小和厚度较小时一般只有一条接缝,既可焊接又可扣接;当构件较大时往往由多块板拼接而成,此时四角就不能像小构件那样采用折角的方式,那么四个角都是接缝,到底接缝是搭接平内口

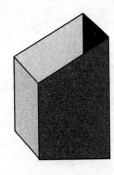

还是平外口，对于厚板还要考虑焊缝是否能焊透的问题等，对于这些不同情况要根据工艺和设计的要求酌情处理，这就是为什么本程序和后面类似程序没有考虑板厚的原因。从图 9-3-1-2 看出，展开图是按外表面展开的，读者可根据具体情况在此基础上考虑板的厚度。

图 9-3-1-1 立体图

计算公式：

已知条件：A, B, H, W，符号含义如图 9-3-1-2 所示。

$$H_1 = H + \frac{A}{2}\tan W$$

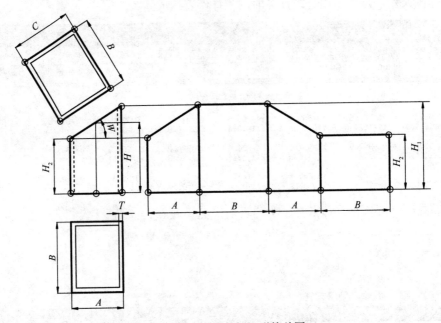

图 9-3-1-2 平面斜切矩形管总图

$$H_2 = H - \frac{A}{2}\tan W$$

$$C = \frac{A}{\cos W}$$

二、用公式计算举例

已知：$A = 2600$，$B = 1700$，$H = 2500$，$W = 45°$

试计算：H_1, H_2 和 C

$$H_1 = 2500 + \frac{2600}{2} \times \tan 45° = 3800$$

$$H_2 = 2500 - \frac{2600}{2} \times \tan 45° = 1200$$

$$C = \frac{2600}{\cos 45°} = 3677$$

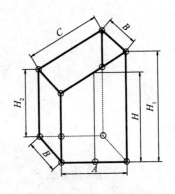

图 9-3-1-3 立体线条图

三、用光盘计算举例

用上面已知数据输入程序后的计算结果如图 9-3-1-4 所示。

图 9-3-1-4　平面斜切矩形管光盘计算举例

9.3.2　两节直角矩形弯头

一、说明

图 9-3-2-1 为两节直角矩形弯头立体图，图 9-3-2-2 为总图和展开图。两节直角矩形弯头是由两节矩形管相贯而成，它们相贯时内侧是外表面接触，外侧是内表面接触，因此本节程序已考虑了板厚的因素。

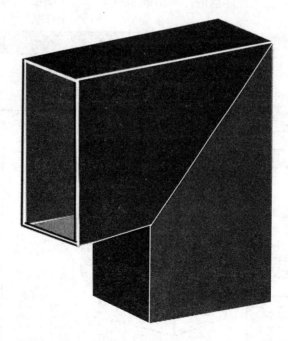

图 9-3-2-1　立体图

二、计算公式和计算举例

已知：$A = 1200$，$B = 800$，$T = 6$，$H = 500$，符号含义如图 9-3-2-2 所示。

$A_1 = A - 2T = 1200 - 2 \times 6 = 1188$

$B_1 = B - 2T = 800 - 2 \times 6 = 788$

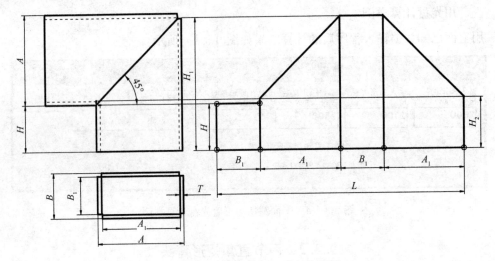

图 9-3-2-2 两节直角矩形弯头总图

$$H_1 = H + A - T = 500 + 1200 - 6 = 1694$$
$$H_2 = H + T = 500 + 6 = 506$$
$$L = 2(A_1 + B_1) = 2 \times (1188 + 788) = 3952$$

三、光盘计算举例

将上面的已知条件输入程序后的计算结果如图 9-3-2-3 所示。

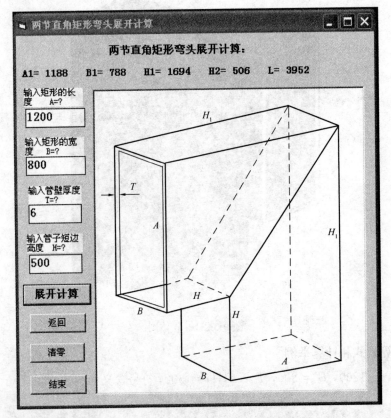

图 9-3-2-3 两节直角矩形弯头光盘计算举例

9.3.3 三节直角矩形弯头

一、说明

图 9-3-3-1 为立体图，图 9-3-3-2 为总图和展开图，图 9-3-3-3 为计算数据打印图，图中各符号的含义与总图和展开图中的符号含义相同。

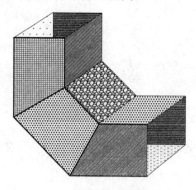

图 9-3-3-1 三节矩形弯头立图

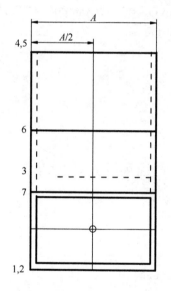
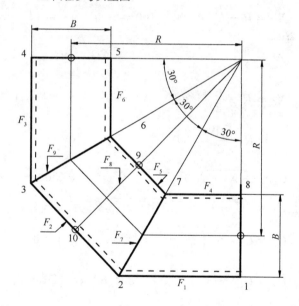

图 9-3-3-2 三节直角矩形弯头总图

二、计算公式和计算举例

已知：$A=300$，$B=200$，$R=400$，

计算角 $G=\dfrac{90°}{3}=30°$

以下计算各转角点和特征点的 X，Y，Z 的坐标值。

$X_1 = R + \dfrac{B}{2} = 400 + \dfrac{200}{2} = 500 \quad Y_1 = 0 \quad Z_1 = \dfrac{A}{2} = \dfrac{300}{2} = 150$

$$X_2 = R + \frac{B}{2} = 500 \quad Y_2 = \left(R + \frac{B}{2}\right)\tan G = 500 \times \tan 30° = 288.7$$

$$Z_2 = \frac{A}{2} = \frac{300}{2} = 150$$

$$X_3 = \left(R + \frac{B}{2}\right)\tan G = 500 \times \tan 30° = 288.7 \quad Y_3 = R + \frac{B}{2} = 400 + 100 = 500$$

$$Z_3 = \frac{A}{2} = 150$$

$$X_4 = 0 \quad Y_4 = R + \frac{B}{2} = 500 \quad Z_4 = \frac{A}{2} = \frac{300}{2} = 150$$

$$X_5 = 0 \quad Y_5 = R - \frac{B}{2} = 400 - 100 = 300 \quad Z_5 = \frac{A}{2} = \frac{300}{2} = 150$$

$$X_6 = \left(R - \frac{B}{2}\right)\tan G = 300 \times \tan 30° = 173.2 \quad Y_6 = R - \frac{B}{2} = 400 - 100 = 300$$

$$Z_6 = \frac{A}{2} = 150$$

$$X_7 = R - \frac{B}{2} = 400 - 100 = 300 \quad Y_7 = \left(R - \frac{B}{2}\right)\tan G = 300 \times \tan 30° = 173.2$$

$$Z_7 = \frac{A}{2} = 150$$

$$X_8 = R - \frac{B}{2} = 300 \quad Y_8 = 0 \quad Z_8 = \frac{A}{2} = 150$$

$$C_1 = R - \frac{B}{2} = 300$$

$$C_2 = \sqrt{(X_7 - X_8)^2 + (Y_7 - Y_8)^2} = \sqrt{(300 - 300)^2 + (173.2 - 0)^2} = 173.2$$

$$C_3 = \sqrt{C_1^2 + C_2^2} = \sqrt{300^2 + 173.2^2} = 346.4$$

$$C_4 = C_3 \cdot \cos\left(\frac{G}{2}\right) = 346.4 \times \cos\left(\frac{30°}{2}\right) = 334.6$$

$$C_5 = C_4 \cdot \cos\left(G + \frac{G}{2}\right) = 334.6 \times \cos\left(30° + \frac{30°}{2}\right) = 236.6$$

$$C_6 = C_4 \cdot \sin\left(G + \frac{G}{2}\right) = 334.6 \times \cos\left(30° + \frac{30°}{2}\right) = 236.6$$

$$X_9 = C_5 = 236.6$$

$$Y_9 = C_6 = 236.6$$

$$Z_9 = \frac{A}{2} = \frac{300}{2} = 150$$

$$E_1 = \sqrt{X_1^2 + Y_2^2} = \sqrt{500^2 + 288.7^2} = 577.36$$

$$E_2 = E_1 \cdot \cos\left(\frac{G}{2}\right) = 577.36 \times \cos\left(\frac{30°}{2}\right) = 557.69$$

$$E_3 = E_2 \cdot \cos\left(G + \frac{G}{2}\right) = 557.69 \times \cos\left(30° + \frac{30°}{2}\right) = 394.35$$

$$E_4 = E_2 \cdot \sin\left(G + \frac{G}{2}\right) = 557.69 \times \sin45° = 394.35$$

$$X_{10} = E_3 = 394.35$$

$$Y_{10} = E_4 = 394.35$$

$$Z_{10} = \frac{A}{2} = \frac{300}{2} = 150$$

以下计算各线段的长度：

$$F_1 = \sqrt{(X_1 - X_2)^2 + (Y_1 - Y_2)^2 + (Z_1 - Z_2)^2}$$
$$= \sqrt{(500 - 500)^2 + (0 - 288.7)^2 + (150 - 150)^2} = 288.7$$

$$F_2 = \sqrt{(X_2 - X_3)^2 + (Y_2 - Y_3)^2 + (Z_2 - Z_3)^2}$$
$$= \sqrt{(500 - 288.7)^2 + (288.7 - 500)^2 + (150 - 150)^2} = 298.8$$

$$F_3 = \sqrt{(X_3 - X_4)^2 + (Y_3 - Y_4)^2 + (Z_3 - Z_4)^2}$$
$$= \sqrt{(288.7 - 0)^2 + (500 - 500)^2 + (150 - 150)^2} = 288.7$$

$$F_4 = \sqrt{(X_7 - X_8)^2 + (Y_7 - Y_8)^2 + (Z_7 - Z_8)^2}$$
$$= \sqrt{(300 - 300)^2 + (173.2 - 0)^2 + (150 - 150)^2} = 173.2$$

$$F_5 = \sqrt{(X_6 - X_7)^2 + (Y_6 - Y_7)^2 + (Z_6 - Z_7)^2}$$
$$= \sqrt{(173.2 - 300)^2 + (300 - 173.2)^2 + (150 - 150)^2} = 179.3$$

$$F_6 = \sqrt{(X_5 - X_6)^2 + (Y_5 - Y_6)^2 + (Z_5 - Z_6)^2}$$
$$= \sqrt{(0 - 173.2)^2 + (300 - 300)^2 + (150 - 150)^2} = 173.2$$

$$F_7 = \sqrt{(X_2 - X_7)^2 + (Y_2 - Y_7)^2 + (Z_2 - Z_7)^2}$$
$$= \sqrt{(500 - 300)^2 + (288.7 - 173.2)^2 + (150 - 150)^2} = 230.9$$

$$F_8 = \sqrt{(X_9 - X_{10})^2 + (Y_9 - Y_{10})^2 + (Z_9 - Z_{10})^2}$$
$$= \sqrt{236.6 - 394.35)^2 + (236.6 - 394.35)^2 + (150 - 150)^2} = 223.1$$

$$F_9 = \sqrt{(X_3 - X_6)^2 + (Y_3 - Y_6)^2 + (Z_3 - Z_6)^2}$$
$$= \sqrt{(288.7 - 173.2)^2 + (500 - 300)^2 + (150 - 150)^2} = 230.9$$

以上的计算过程是先求线段两端的坐标点，然后求线段的实长，该方法是用计算机作图的先决条件，有兴趣的读者可仔细阅读计算过程，了解计算每一步所起的作用是什么，这样对今后用计算机作图会有一定帮助。

三、用光盘计算举例

图 9-3-3-3 是用上例的已知条件的计算结果，二者完全吻合。

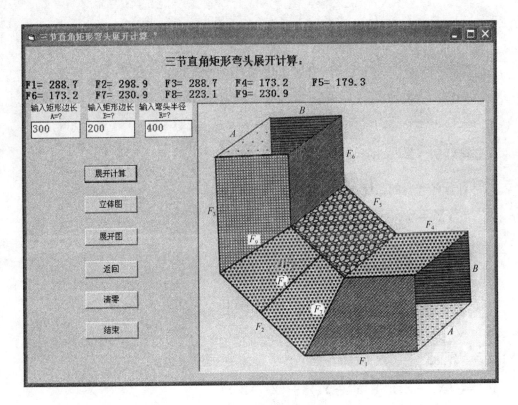

图 9-3-3-3　三节直角矩形弯头光盘计算举例

9.3.4　四节直角矩形弯头

一、说明

图 9-3-4-1 为四节直角矩形弯头立体图，图 9-3-4-2 为总图和展开图，四节直角矩形弯头的展开计算采用常规的三角函数的计算方法，适用于手工公式计算，简单实用，但它不像前面的三节直角弯头用求坐标的方法求出线的实长，后者虽然计算过程冗长，但特别适合用计算机建造数学模型而绘制展开图形。本书所列的两种不同的计算方式供不同读者参考。

二、计算公式及计算举例

已知：$A=400$，$B=300$，$W=90°$，$R=500$，$N=4$（弯头节数），

符号含义如图 9-3-4-2 所示

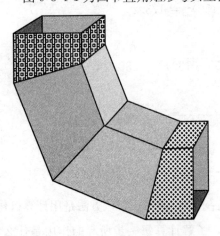

图 9-3-4-1　四节直角矩形弯头立体图

$$半角\ \frac{W}{2}=\frac{90°}{2(N-1)}=\frac{90°}{2\times(4-1)}=15°$$

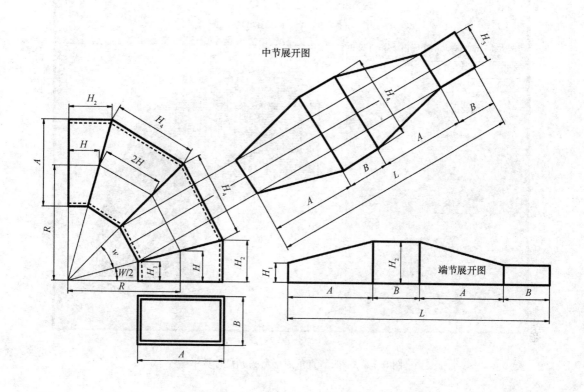

图 9-3-4-2　四节直角矩形弯头总图和展开图

$$H_1 = \left(R - \frac{A}{2}\right)\tan\frac{W}{2} = \left(500 - \frac{400}{2}\right)\times\tan 15° = 80.4$$

$$H_3 = 2H_1 = 2\times 80.4 = 160.8$$

$$H_2 = \left(R + \frac{A}{2}\right)\tan\frac{W}{2} = \left(500 + \frac{400}{2}\right)\times\tan 15° = 187.6$$

$$H_4 = 2H_2 = 2\times 187.6 = 375.1$$

$$H = R \cdot \tan\frac{W}{2} = 500\times\tan 15° = 134$$

$$L = 2(A + B) = 2\times(400 + 300) = 1400$$

第 9.3.3 节的三节直角弯头计算方法可参考本例进行。

三、用光盘计算举例

计算结果与手工公式计算相同，见图 9-3-4-3。

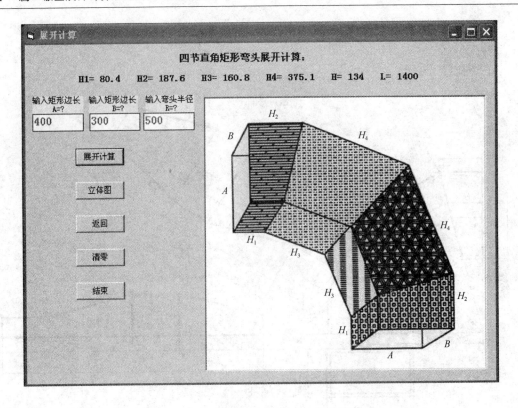

图 9-3-4-3 四节直角矩形弯头光盘计算举例

9.3.5 五节直角矩形弯头

一、说明

图 9-3-5-1 为五节直角弯头的立体图，图 9-3-5-2 为总图和展开图。由于弯头的壁厚不同，四角接缝形式不同，光盘程序设计时未有考虑单一形式的展开计算，只给出外皮展开的数据，由于接缝有一条、二条、三条、四条和接口有焊接及扣缝连接等多种形式，读者可自行考虑增减加工余量，因此程序设计时考虑了通用性强的方式。

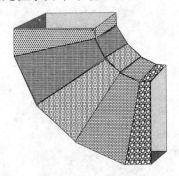

图 9-3-5-1 五节直角矩形弯头立体图

二、计算公式及计算举例

已知：$A=600$，$B=300$，弯头半径 $R=700$，$N=5$（弯头节数），

符号含义如图 9-3-5-2 所示

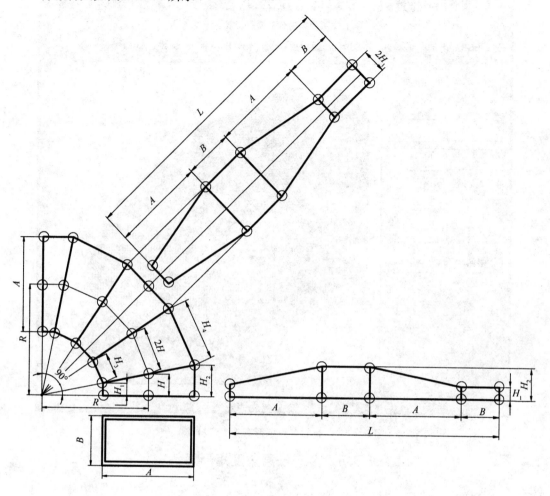

图 9-3-5-2 五节直角矩形弯头总图和展开图

$$半角 W = \frac{90°}{2(N-1)} = \frac{90°}{2 \times (5-1)} = 11.25°$$

$$H = R \cdot \tan W = 700 \times \tan 11.25° = 139.2$$

$$H_1 = \left(R - \frac{A}{2}\right)\tan W = \left(700 - \frac{600}{2}\right) \times \tan 11.25° = 79.6$$

$$H_2 = \left(R + \frac{A}{2}\right)\tan W = \left(700 + \frac{600}{2}\right) \times \tan 11.25° = 198.9$$

$$H_3 = 2H_1 = 2 \times 79.6 = 159.1$$

$$H_4 = 2H_2 = 2 \times 198.9 = 397.8$$

$$L = 2(A + B) = 2 \times (600 + 300) = 1800$$

三、用光盘计算举例

计算结果与用公式计算完全相同，见图 9-3-5-3。

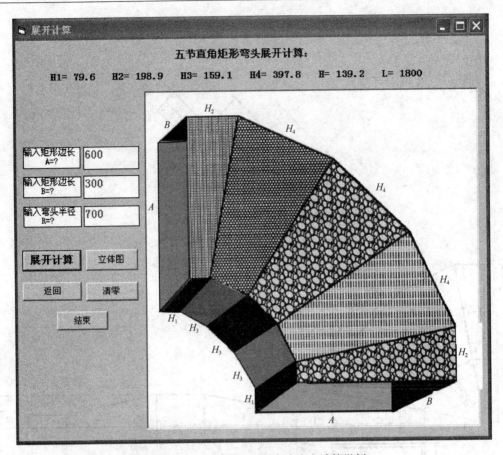

图 9-3-5-3　五节直角矩形弯头光盘计算举例

9.3.6　多节任意角度矩形弯头

一、说明

图 9-3-6-1 为任意节数和任意角度的矩形弯头的立体图，图 9-3-6-2 为总图和展开图，该图仅以三节的任意角度 W 弯头示意。

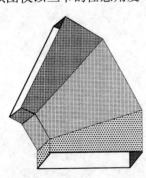

图 9-3-6-1　多节任意角度
矩形弯头立体图

本节程序能处理前面的矩形弯头的展开计算，读者输入数据时请注意数据的准确和真实，例如输入弯头半径 R 小于矩形边长 A 的二分之一时，显然两端节平面的交点 O 就不存在了，这是在用程序计算时应注意的地方。

二、用公式计算举例

已知：$A=600$，$B=360$，$R=600$，$W=60°$，弯头节数 $N=3$，半角 $W_1 = \dfrac{W}{2(N-1)} = \dfrac{60°}{2\times(3-1)} = 15°$

$$H_1 = \left(R - \frac{A}{2}\right)\tan W_1 = \left(600 - \frac{600}{2}\right)\times \tan 15°$$

$$= 80.4$$

464

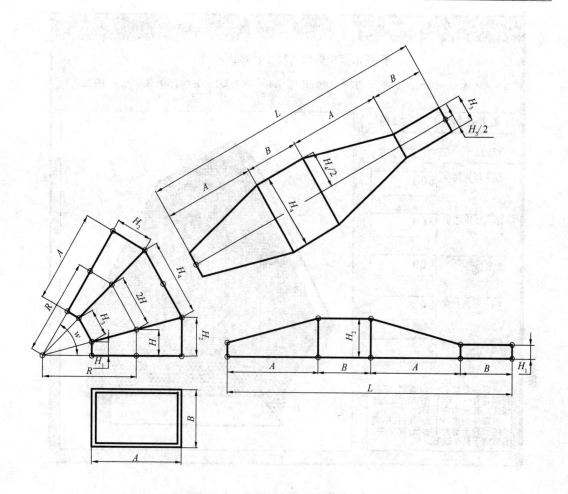

图 9-3-6-2　多节任意角度矩形弯头总图和展开图

$$H_2 = \left(R + \frac{A}{2}\right)\tan W_1 = \left(600 + \frac{600}{2}\right) \times \tan 15° = 241.2$$

$$H_3 = 2H_1 = 2 \times 80.4 = 160.8$$

$$H_4 = 2H_2 = 2 \times 241.2 = 482.4$$

$$H = R \cdot \tan W_1 = 600 \times \tan 15° = 160.8$$

$$L = 2(A + B) = 2 \times (600 + 360) = 1920$$

三、用光盘计算举例

本节程序设计时是将计算结果显示在屏幕顶部，在输入数据后并单击"展开计算"按钮后，计算数据才会显示出来（若已连接上打印机，则先显示后打印）。

图 9-3-6-3、图 9-3-6-5、图 9-3-6-7 分别是矩形弯头 60° 3 节，180° 7 节，360° 12 节的计算示例，图 9-3-6-4 和图 9-3-6-6 分别为 180° 和 360° 矩形弯头示意图。图 9-3-6-6 的 360° 矩形弯头可视为由图 9-3-6-4 中两个 180° 7 节弯头组成。

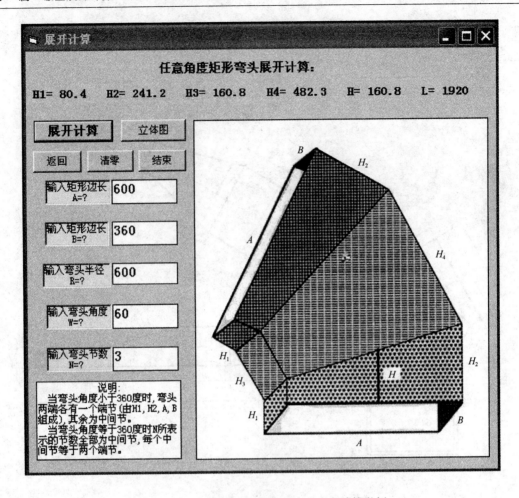

图 9-3-6-3 多节任意角度矩形弯头光盘计算举例

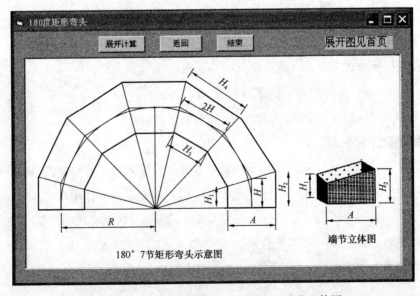

图 9-3-6-4 180°7 节矩形弯头主视图和端节立体图

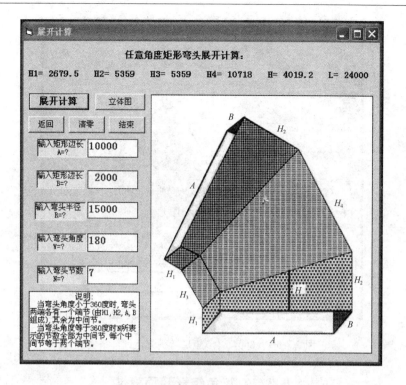

图 9-3-6-5　180°7 节矩形弯头光盘计算举例

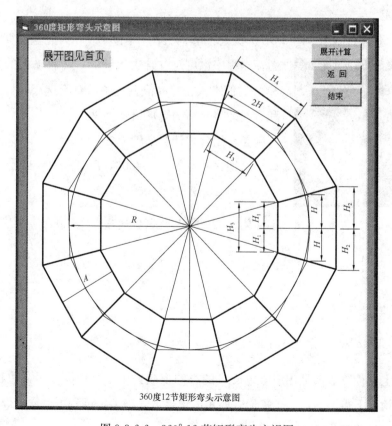

图 9-3-6-6　360°12 节矩形弯头主视图

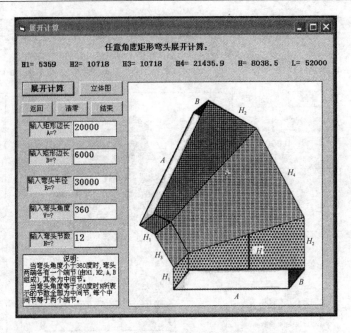

图 9-3-6-7　360°12 节矩形弯头光盘计算举例

9.3.7　直角矩形弧面弯头

一、说明

图 9-3-7-1 为立体图，图 9-3-7-2 为总图和展开图，图 9-3-7-3 为光盘计算举例的打印

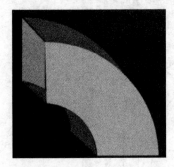

图 9-3-7-1　立体图

图，本程序也可对方管进行计算，即将输入的数据中的 A 和 B 的值键入相等的值就行了，对于这点同样适用于前面和后面即将介绍的矩形风管。

二、用公式计算举例

已知：$A=800$，$B=500$，$T=3$，$R=800$

$B_1 = B-2T = 500-2\times3 = 494$

$R_1 = R+\dfrac{A}{2} = 800+\dfrac{800}{2} = 1200$

$R_2 = R-\dfrac{A}{2} = 800-\dfrac{800}{2} = 400$

$L_1 = \pi\cdot\dfrac{R_1-T/2}{2} = 3.1415927\times\left(1200-\dfrac{3}{2}\right)/2 = 1882.6$

$L_2 = \pi\cdot\dfrac{R_2+T/2}{2} = 3.1415927\times\left(400+\dfrac{3}{2}\right)/2 = 630.7$

请注意上面计算数据是在矩形边长 B 的方向上减去了 2 个壁厚，而在边长 A 方向未减去壁厚的情况下得出的，由于矩形管四角的连接方式很多，读者可根据是焊接还是扣接等情况在原始尺寸 A 和 B 的基础上进行加减。

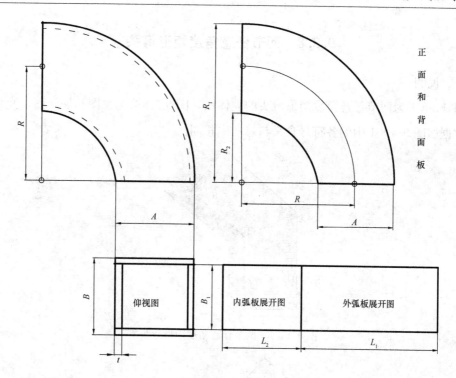

图 9-3-7-2　直角矩形弧面弯头总图

三、用光盘计算举例

用上例的已知条件输入程序的计算结果见图 9-3-7-3。

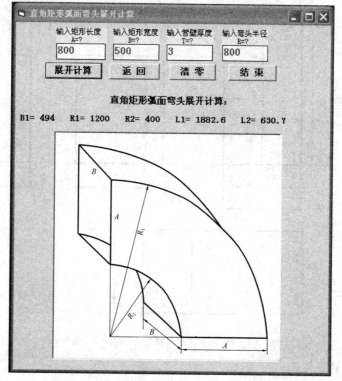

图 9-3-7-3　直角矩形弧面弯头光盘计算举例

9.3.8　两节任意角度矩形弯头

一、说明

图 9-3-8-1 为两节任意角度矩形弯头的立体图，图 9-3-8-2 为总图和展开图。光盘计算展开数据如图 9-3-8-1 中的各符号含义与总图中相同。

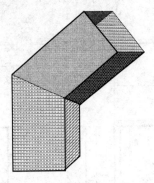

图 9-3-8-1　两节任意角度矩形弯头

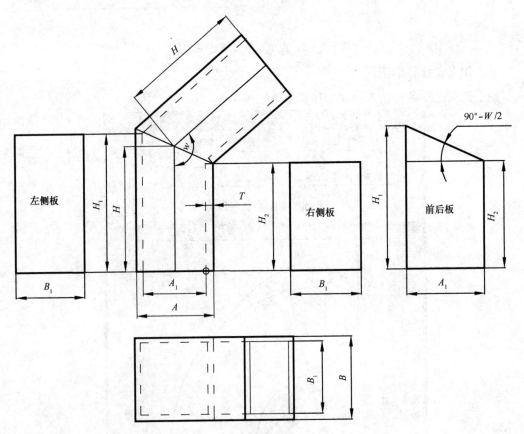

图 9-3-8-2　两节任意角度矩形弯头总图和展开图

二、用公式计算举例

已知：矩形的两边长 $A=1020$，$B=820$，弯头壁厚 $T=5$，

单节中心线高度 $H=1200$，弯头两端节中心线夹角 $W=120°$

$A_1 = A - 2T = 1020 - 2 \times 5 = 1010$

$B_1 = B - 2T = 820 - 2 \times 5 = 810$

$$H_2 = H - \frac{A_1}{2\tan\frac{W}{2}} = 1200 - \frac{1010}{2 \times \tan\frac{120°}{2}} = 908.4$$

$$H_1 = H_2 + \frac{A_1}{2\tan\frac{W}{2}} = 908.4 + \frac{1010}{2 \times \tan\frac{120°}{2}} = 1491.5$$

三、用光盘计算举例

用上例的已知数据输入程序的计算结果详如图 9-3-8-3 所示。

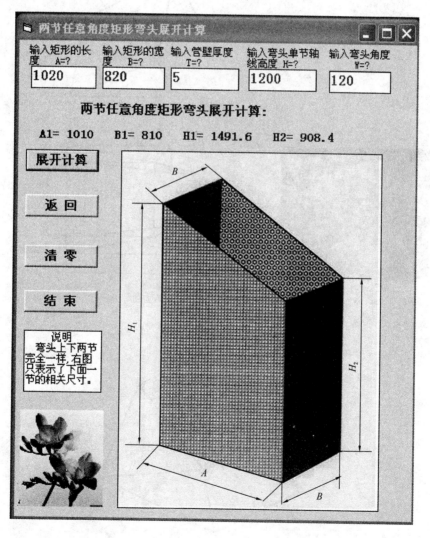

图 9-3-8-3　两节任意角度矩形弯头光盘计算举例

9.3.9 两节方管渐缩弯头

一、说明

图 9-3-9-1 为两节方管渐缩弯头的立体图，图 9-3-9-2 为主视图和俯视图，在图 9-3-9-3 的关系尺寸图中，正面图和背面图的展开图中 A、F_2 和 F_3 不在一个平面内，F_2 为折线；F_3、F_5 和 B 也不在一个平面内，F_5 为折线。在组装成形时应将 F_2 和 F_5 线折成一定角度与两侧板拼装，折角大小以对齐两侧面上下口为准。图 9-3-9-4 为两节任意角度方管渐缩弯头展开图。

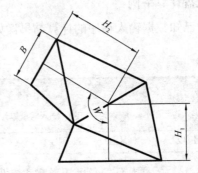

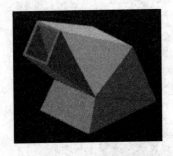

图 9-3-9-1 两节方管弯头立体图

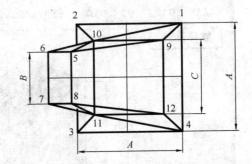

图 9-3-9-2 两节方管渐缩弯头主视图和俯视图

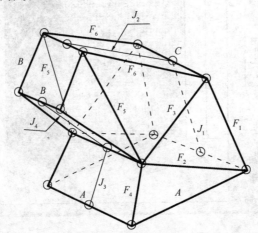

图 9-3-9-3 两节任意角度方管渐缩弯头关系尺寸图

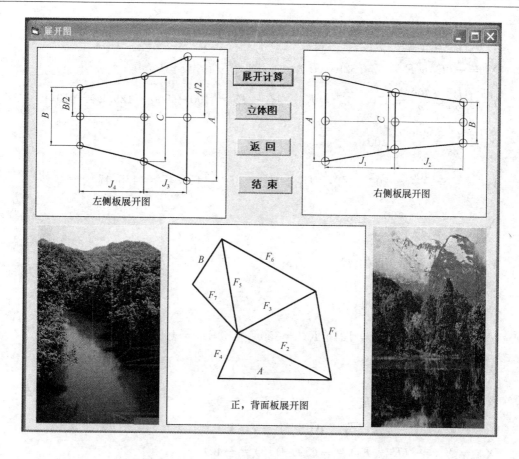

图 9-3-9-4　两节任意角度方管渐缩弯头展开图

二、用公式计算举例

已知：$A=500$，$B=300$，$C=400$，$H_1=350$，$H_2=380$，$W=120°$

先求各线段两个端点的 X，Y，Z 的坐标值：

$$X_1 = \frac{A}{2} = \frac{500}{2} = 250 \quad Y_1 = \frac{A}{2} = \frac{500}{2} = 250 \quad Z_1 = 0$$

$$X_2 = -\frac{A}{2} = -\frac{500}{2} = -250 \quad Y_2 = \frac{A}{2} = \frac{500}{2} = 250 \quad Z_2 = 0$$

$$E_1 = H_2 \cdot \sin(180° - W) = 380 \times \sin(180° - 120°) = 329$$

$$E_2 = \frac{B}{2} \cdot \cos(180° - W) = 150 \times \cos(180° - 120°) = 75$$

$$E_3 = \frac{B}{2} \cdot \sin(180° - W) = 150 \times \sin(180° - 120°) = 129.9$$

$$K_1 = H_2 \cdot \cos(180° - W) = 380 \times \cos(180° - 120°) = 190$$

$$K_2 = \frac{C}{2} \cdot \tan\left(90° - \frac{W}{2}\right) = 200 \times \tan\left(90° - \frac{120°}{2}\right) = 115.47$$

$$X_5 = -(E_1 - E_2) = -(329 - 75) = -254$$

$$Y_5 = \frac{B}{2} = 150 \quad Z_5 = E_3 + K_1 + H_1 = 129.9 + 190 + 350 = 669.9$$

$$X_6 = -(E_1 + E_2) = -(329 + 75) = -404$$

$$Y_6 = \frac{B}{2} = \frac{300}{2} = 150 \quad Z_6 = K_1 + H_1 - E_3 = 190 + 350 - 129.9 = 410.1$$

$$X_9 = \frac{C}{2} = \frac{400}{2} = 200$$

$$Y_9 = \frac{C}{2} = \frac{400}{2} = 200 \quad Z_9 = H_1 + K_2 = 350 + 115.47 = 465.47$$

$$X_{10} = -\frac{C}{2} = -\frac{400}{2} = -200$$

$$Y_{10} = \frac{C}{2} = \frac{400}{2} = 200 \quad Z_{10} = H_1 - K_2 = 350 - 115.47 = 234.53$$

$$X_{13} = \frac{C}{2} = \frac{400}{2} = 200$$

$$Y_{13} = 0 \quad Z_{13} = Z_9 = H_1 + K_2 = 350 + 115.47 = 465.47$$

$$X_{14} = \frac{A}{2} = \frac{500}{2} = 250 \quad Y_{14} = 0 \quad Z_{14} = 0$$

$$X_{15} = X_5 = -(E_1 - E_2) = -(329 - 75) = -254$$

$$Y_{15} = 0 \quad Z_{15} = Z_5 = E_3 + K_1 + H_1 = 129.9 + 190 + 350 = 669.9$$

$$X_{16} = X_6 = -(E_1 + E_2) = -(329 + 75) = -404$$

$$Y_{16} = 0 \quad Z_{16} = Z_6 = K_1 + H_1 - E_3 = 190 + 350 - 129.9 = 410.1$$

$$X_{17} = -\frac{C}{2} = -\frac{400}{2} = -200$$

$$Y_{17} = 0 \quad Z_{17} = Z_{10} = H_1 - K_2 = 350 - 115.47 = 234.53$$

$$X_{18} = -\frac{A}{2} = -\frac{500}{2} = -250$$

$$Y_{18} = 0 \quad Z_{18} = 0$$

以下求各素线的实长:

$$F_1 = \sqrt{(X_1 - X_9)^2 + (Y_1 - Y_9)^2 + (Z_1 - Z_9)^2}$$
$$= \sqrt{(250 - 200)^2 + (250 - 200)^2 + (0 - 465.47)^2} = 470.8$$

$$F_2 = \sqrt{(X_1 - X_{10})^2 + (Y_1 - Y_{10})^2 + (Z_1 - Z_{10})^2}$$
$$= \sqrt{(250 + 200)^2 + (250 - 200)^2 + (0 - 243.53)^2} = 509.9$$

$$F_3 = \sqrt{(X_9 - X_{10})^2 + (Y_9 - Y_{10})^2 + (Z_9 - Z_{10})^2}$$
$$= \sqrt{(200 + 200)^2 + (200 - 200)^2 + (465.47 - 243.53)^2} = 461.9$$

$$F_4 = \sqrt{(X_2 - X_{10})^2 + (Y_2 - Y_{10})^2 + (Z_2 - Z_{10})^2}$$

$$= \sqrt{(-250+200)^2+(250-200)^2+(0-243.53)^2} = 245$$

$$F_5 = \sqrt{(X_5-X_{10})^2+(Y_5-Y_{10})^2+(Z_5-Z_{10})^2}$$

$$= \sqrt{(-254+200)^2+(150-200)^2+(669.9-243.53)^2} = 441.6$$

$$F_6 = \sqrt{(X_5-X_9)^2+(Y_5-Y_9)^2+(Z_5-Z_9)^2}$$

$$= \sqrt{(-254-200)^2+(150-200)^2+(669.9-465.47)^2} = 500.4$$

$$F_7 = \sqrt{(X_6-X_{10})^2+(Y_6-Y_{10})^2+(Z_6-Z_{10})^2}$$

$$= \sqrt{(-404+200)^2+(150-200)^2+(410.1-243.53)^2} = 273.8$$

$$J_1 = \sqrt{(X_{13}-X_{14})^2+(Y_{13}-Y_{14})^2+(Z_{13}-Z_{14})^2}$$

$$= \sqrt{(200-250)^2+(0-0)^2+(465.47-0)^2} = 468.1$$

$$J_2 = \sqrt{(X_{13}-X_{15})^2+(Y_{13}-Y_{15})^2+(Z_{13}-Z_{15})^2}$$

$$= \sqrt{(200+254)^2+(0-0)^2+(465.47-669.9)^2} = 497.9$$

$$J_3 = \sqrt{(X_{17}-X_{18})^2+(Y_{17}-Y_{18})^2+(Z_{17}-Z_{18})^2}$$

$$= \sqrt{(-200+250)^2+(0-0)^2+(234.53-0)^2} = 239.8$$

$$J_4 = \sqrt{(X_{16}-X_{17})^2+(Y_{16}-Y_{17})^2+(Z_{16}-Z_{17})^2}$$

$$= \sqrt{(-404+200)^2+(0-0)^2+(410.1-234.53)^2} = 269.2$$

三、用光盘计算举例

详见图 9-3-9-5。

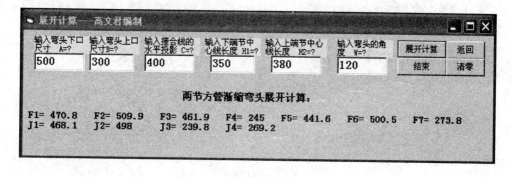

图 9-3-9-5　两节方管渐缩弯头光盘计算举例

9.3.10　两节任意角度渐缩弯头

一、说明

图 9-3-10-1 为两节任意角度渐缩弯头立体图，图 9-3-10-2 表示主视图和水平投影图，图 9-3-10-3 为展开图，图 9-3-10-4 中符号含义同展开图和总图。

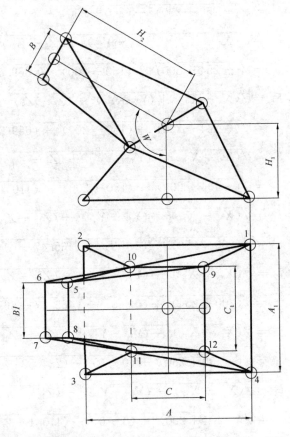

图 9-3-10-1 两节任意角度渐缩
弯头立体图

图 9-3-10-2 两节任意角度矩形渐缩弯头主视图和俯视

左侧板展开图

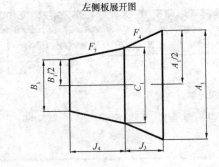

前后板展开图

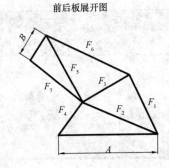

右侧板展开图

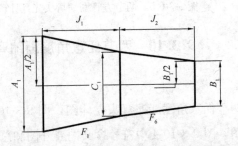

图 9-3-10-3 两节任意角度矩形渐缩弯头展开图

二、计算公式及计算举例

已知：$A=400$，$A_1=300$，$B=120$，$B_1=150$，$C=200$，$C_1=220$，$H_1=200$，$H_2=250$，$W=120°$

$$X_1 = \frac{A}{2} = \frac{400}{2} = 200 \quad Y_1 = \frac{A_1}{2} = \frac{300}{2} = 150 \quad Z_1 = 0$$

$$X_2 = -\frac{A}{2} = -\frac{400}{2} = -200 \quad Y_2 = \frac{A_1}{2} = \frac{300}{2} = 150 \quad Z_2 = 0$$

$$E_1 = H_2 \cdot \sin(180°-W) = 250 \times \sin(180°-120°) = 216.5$$

$$E_2 = \frac{B}{2} \cdot \cos(180°-W) = \frac{120}{2} \times \cos(180°-120°) = 30$$

$$E_3 = \frac{B}{2} \cdot \sin(180°-W) = \frac{120}{2} \times \sin(180°-120°) = 51.96$$

$$K_1 = H_2 \cdot \cos(180°-W) = 250 \times \cos(180°-120°) = 125$$

$$K_2 = \frac{C}{2} \cdot \tan\left(\frac{180°}{2}-\frac{W}{2}\right) = \frac{200}{2} \times \tan\left(90°-\frac{120°}{2}\right) = 54.74$$

$$X_5 = -(E_1-E_2) = -(216.5-30) = -186.5$$

$$Y_5 = \frac{B_1}{2} = \frac{150}{2} = 75 \quad Z_5 = E_3 + K_1 + H_1 = 51.96 + 125 + 200 = 376.96$$

$$X_6 = -(E_1+E_2) = -(216.5+30) = -246.5$$

$$Y_6 = \frac{B_1}{2} = \frac{150}{2} = 75 \quad Z_6 = K_1 + H_1 - E_3 = 125 + 200 - 51.96 = 273.04$$

$$X_9 = \frac{C}{2} = \frac{200}{2} = 100$$

$$Y_9 = \frac{C_1}{2} = \frac{220}{2} = 110 \quad Z_9 = H_1 + K_2 = 200 + 57.74 = 257.74$$

$$X_{10} = -\frac{C}{2} = -\frac{200}{2} = -100$$

$$Y_{10} = \frac{C_1}{2} = \frac{220}{2} = 110 \quad Z_{10} = H_1 - K_2 = 200 - 57.74 = 142.26$$

$$X_{13} = \frac{C}{2} = \frac{200}{2} = 100$$

$$Y_{13} = 0 \quad Z_{13} = Z_9 = 257.74$$

$$X_{14} = \frac{A}{2} = \frac{400}{2} = 200 \quad Y_{14} = 0 \quad Z_{14} = 0$$

$$X_{15} = X_5 = -186.5$$

$$Y_{15} = 0 \quad Z_{15} = Z_5 = 376.96$$

$$X_{16} = X_6 = -246.5 \quad Y_{16} = 0 \quad Z_{16} = Z_6 = 273.04$$

$$X_{17} = -\frac{C}{2} = -\frac{200}{2} = -100 \quad Y_{17} = 0 \quad Z_{17} = Z_{10} = 142.26$$

$$X_{18} = -\frac{A}{2} = -\frac{400}{2} = -200 \quad Y_{18} = 0 \quad Z_{18} = 0$$

$$F_1 = \sqrt{(X_1 - X_9)^2 + (Y_1 - Y_9)^2 + (Z_1 - Z_9)^2}$$
$$= \sqrt{(200 - 100)^2 + (150 - 110)^2 + (0 - 257.74)^2} = 279.3$$

$$F_2 = \sqrt{(X_1 - X_{10})^2 + (Y_1 - Y_{10})^2 + (Z_1 - Z_{10})^2}$$
$$= \sqrt{(200 + 100)^2 + (150 - 110)^2 + (0 - 142.26)^2} = 334.4$$

$$F_3 = \sqrt{(X_9 - X_{10})^2 + (Y_9 - Y_{10})^2 + (Z_9 - Z_{10})^2}$$
$$= \sqrt{(100 + 100)^2 + (110 - 110)^2 + (257.74 - 142.26)^2} = 230.9$$

$$F_4 = \sqrt{(X_2 - X_{10})^2 + (Y_2 - Y_{10})^2 + (Z_2 - Z_{10})^2}$$
$$= \sqrt{(-200 + 100)^2 + (150 - 110)^2 + (0 - 142.26)^2} = 178.4$$

$$F_5 = \sqrt{(X_5 - X_{10})^2 + (Y_5 - Y_{10})^2 + (Z_5 - Z_{10})^2}$$
$$= \sqrt{(-186.5 + 100)^2 + (75 - 110)^2 + (376.96 - 142.26)^2} = 252.6$$

$$F_6 = \sqrt{(X_5 - X_9)^2 + (Y_5 - Y_9)^2 + (Z_5 - Z_9)^2}$$
$$= \sqrt{(-186.5 - 100)^2 + (75 - 110)^2 + (376.96 - 257.74)^2} = 312.3$$

$$F_7 = \sqrt{(X_6 - X_{10})^2 + (Y_6 - Y_{10})^2 + (Z_6 - Z_{10})^2}$$
$$= \sqrt{(-246.5 + 100)^2 + (75 - 110)^2 + (273.04 - 142.26)^2} = 199.5$$

$$J_1 = \sqrt{(X_{13} - X_{14})^2 + (Y_{13} - Y_{14})^2 + (Z_{13} - Z_{14})^2}$$
$$= \sqrt{(100 - 200)^2 + (0 - 0)^2 + (257.74 - 0)^2} = 276.1$$

$$J_2 = \sqrt{(X_{13} - X_{15})^2 + (Y_{13} - Y_{15})^2 + (Z_{13} - Z_{15})^2}$$
$$= \sqrt{(100 + 186.5)^2 + (0 - 0)^2 + (257.74 - 376.96)^2} = 310.3$$

$$J_3 = \sqrt{(X_{17} - X_{18})^2 + (Y_{17} - Y_{18})^2 + (Z_{17} - Z_{18})^2}$$
$$= \sqrt{(-100 + 200)^2 + (0 - 0)^2 + (142.26 - 0)^2} = 173.9$$

$$J_4 = \sqrt{(X_{16} - X_{17})^2 + (Y_{16} - Y_{17})^2 + (Z_{16} - Z_{17})^2}$$
$$= \sqrt{(-246.5 + 100)^2 + (0 - 0)^2 + (273.04 - 142.26)^2} = 196.4$$

三、用光盘计算举例

将上例的已知条件输入程序后的计算结果如图 9-3-10-4 所示。

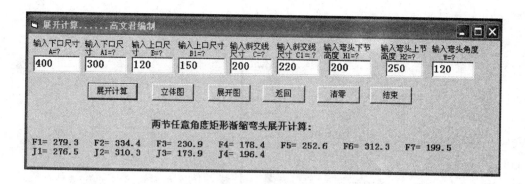

图 9-3-10-4　两节任意角度渐缩弯头光盘计算举例

9.3.11　三节乙形矩形弯头

一、说明

图 9-3-11-1 为三节乙形矩形弯头的立体图，图 9-3-11-2 为主视图和俯视图，图 9-3-11-3 为展开图，图 9-3-11-4 为计算数据的打印输出图。图中各符号含义与图 9-3-11-2 和图 9-3-11-3 相同。

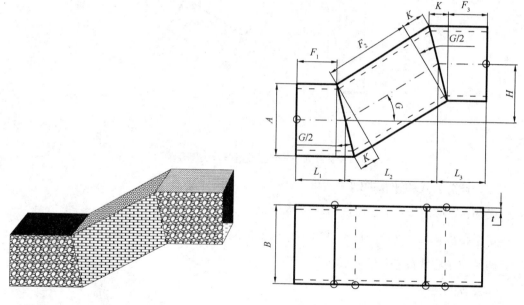

·图 9-3-11-1　三节乙形矩形弯头立体图　　　　图 9-3-11-2　三节乙形矩形弯头主视图和俯视图

　　本小节采用三角函数计算而未采用坐标计算法求各线段的实长，本例公式简单明了，用手工计算方便，但不利于计算机建造数学模型；第 9.3.10 节是用坐标法求线段实长，公式虽然繁杂，但对于读者而言，通过它可一步一步地了解各线段两个端点在空间所处的坐标位置，对加强空间概念会有较大帮助。

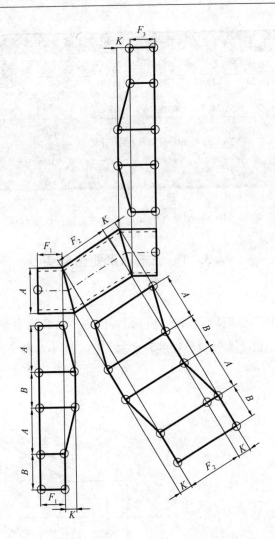

图 9-3-11-3 三节乙形矩形弯头展开图

二、计算公式和计算举例

已知：矩形边长：$A = 330$，$B = 360$，

水平距离：$L_1 = 230$，$L_2 = 430$，$L_3 = 235$，

两端口中心线高差：$H = 270$。

试计算其他参数值。

$$G = \arctan\left(\frac{H}{L_2}\right) = \arctan\left(\frac{270}{430}\right) = 32.125°$$

$$K = A \cdot \tan\left(\frac{G}{2}\right) = 330 \times \tan\left(\frac{32.125°}{2}\right) = 95$$

$$F_1 = L_1 - \frac{K}{2} = 230 - \frac{95}{2} = 182.5$$

$$F_2 = \sqrt{H^2 + L_2^2} - K = \sqrt{270^2 + 430^2} - 95 = 412.7$$

$$F_3 = L_3 - \frac{K}{2} = 235 - \frac{95}{2} = 187.5$$

三、用光盘计算举例

用上例的已知条件键入程序后的计算结果如图 9-3-11-4 所示。

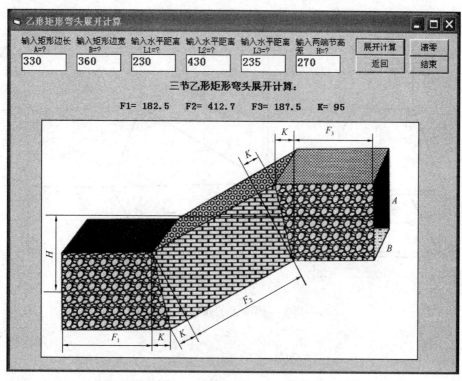

图 9-3-11-4　三节乙形矩形弯头光盘计算举例

9.3.12　三节直角矩形换向弯头

一、说明

图9-3-12-1 为三节直角矩形换向弯头的立体图，图 9-3-12-2 为总图，图 9-3-12-3 为展开图，图 9-3-12-4 为展开计算数据的打印图。

本小节程序采用三角函数计算和坐标计算相结合的方法计算展开数据。请注意，在总图中点 2、3、6、7 所围绕的四边不在同一个平面上，弯头的换向主要由折线 $\overline{37}$ 来完成。

二、用公式计算举例

已知：$A=300$，$B=150$，$R=408$

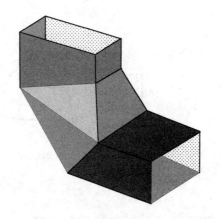

图 9-3-12-1　三节矩形直角换向弯头立体图

481

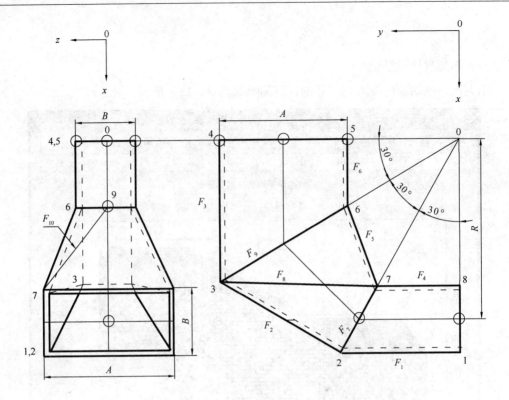

图 9-3-12-2 三节矩形直角换向弯头总图

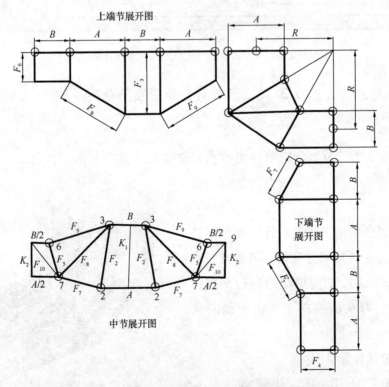

图 9-3-12-3 三节矩形直角换向弯头展开图

1. $F_1 = \left(R + \dfrac{B}{2}\right)\tan 30° = \left(408 + \dfrac{150}{2}\right)\tan 30° = 278.9$

2. 计算 F_2：

$X_2 = R + \dfrac{B}{2} = 408 + \dfrac{150}{2} = 483$ $X_3 = \left(R + \dfrac{A}{2}\right)\tan 30° = \left(408 + \dfrac{300}{2}\right)\tan 30° =$

322.16

$Y_2 = \left(R + \dfrac{B}{2}\right)\tan 30° = 278.9$ $Y_3 = R + \dfrac{A}{2} = 408 + \dfrac{300}{2} = 558$

$Z_2 = \dfrac{A}{2} = \dfrac{300}{2} = 150$ $Z_3 = \dfrac{B}{2} = \dfrac{150}{2} = 75$

$F_2 = \sqrt{(X_2 - X_3)^2 + (Y_2 - Y_3)^2 + (Z_2 - Z_3)^2}$

$\quad = \sqrt{(483 - 322.16)^2 + (278.9 - 558)^2 + (150 - 75)^2} = 330.74$

3. $F_3 = \left(R + \dfrac{A}{2}\right)\tan 30° = \left(408 + \dfrac{300}{2}\right)\tan 30° = 322.16$

4. $F_4 = \left(R - \dfrac{B}{2}\right)\tan 30° = \left(408 - \dfrac{150}{2}\right)\tan 30° = 192.26$

5. 计算 F_5：

$X_6 = \left(R - \dfrac{A}{2}\right)\tan 30° = \left(408 - \dfrac{300}{2}\right)\tan 30° = 148.96$

$X_7 = R - \dfrac{B}{2} = 408 - \dfrac{150}{2} = 333$

$Y_6 = \left(R - \dfrac{A}{2}\right) = 408 - \dfrac{300}{2} = 258$ $Y_7 = \left(R - \dfrac{B}{2}\right)\tan 30° = 333 \times \tan 30° = 192.26$

$Z_6 = \dfrac{B}{2} = \dfrac{150}{2} = 75$ $Z_7 = \dfrac{A}{2} = \dfrac{300}{2} = 150$

$F_5 = \sqrt{(X_6 - X_7)^2 + (Y_6 - Y_7)^2 + (Z_6 - Z_7)^2}$

$\quad = \sqrt{(148.96 - 333)^2 + (258 - 192.26)^2 + (75 - 150)^2} = 209.33$

6. $F_6 = \left(R - \dfrac{A}{2}\right)\tan 30° = \left(408 - \dfrac{300}{2}\right)\tan 30° = 148.96$

7. 计算 F_7 实际上是计算点 2 和点 7 的 X，Y，Z 空间三维坐标差值并按求空间任意线段实长的公式就可解出 F_7 的值来。由点 2 和点 7 的三维坐标值在前面计算 F_2 和 F_5 时已经作出，直接代入公式就可求出 F_7 的值来。

$F_7 = \sqrt{(X_2 - X_7)^2 + (Y_2 - Y_7)^2 + (Z_2 - Z_7)^2}$

$$= \sqrt{(483-333)^2 + (278.9-192.26)^2 + (150-150)^2} = 173.2$$

上面计算 F_7 是按坐标求值的方法得出，由于从总图中看出点 1，2，7，8 形成的平面是平行于正投影面的一个平面，F_7（即点 2 和点 7 的连线）在该平面上反映了实长，因此直接由三角函数求出 F_7 的实长值，计算公式如下：

$$F_7 = \frac{B}{\cos 30°} = \frac{150}{\cos 30°} = 173.2$$

通过上面对 F_7 的两种不同计算方法可看出，用三角函数求解非常简单，但要求读者空间概念要清晰，不能出错，要能识别哪些是能反映实长的平面，哪些又不是，当你不能确认时，最可靠的办法就是认认真真地用求每个点的坐标的方法来完成上述工作。下面对点 3 和点 7 的连线为一折线，由于不明显反映两点连线的几何关系，就可采用求坐标值的方法来计算 F_8 的实长。

8. 计算 F_8：

先计算点 3 和点 7 的三维坐标值，然后代入用空间两点求线段实长的公式即可求出 F_8 的值，由于前面已经求出了点 3 和点 7 的坐标，下面即可得出 F_8 的实长值。

$$F_8 = \sqrt{(X_3-X_7)^2 + (Y_3-Y_7)^2 + (Z_3-Z_7)^2}$$
$$= \sqrt{(322.16-333)^2 + (558-192.26)^2 + (75-150)^2}$$
$$= 373.5$$

9. $F_9 = \dfrac{A}{\cos 30°} = \dfrac{300}{\cos 30°} = 346.4$（在点 3，4，5，6 围成的平面内求解）

10. 求 F_{10}：

$$X_9 = X_6 = 148.96 \qquad Y_9 = Y_6 = 258 \qquad Z_9 = 0$$

$$F_{10} = \sqrt{(X_7-X_9)^2 + (Y_7-Y_9)^2 + (Z_7-Z_9)^2}$$
$$= \sqrt{(333-148.96)^2 + (192.26-258)^2 + (150-0)^2}$$
$$= 246.36$$

11. 计算 K_1 和 K_2：

$$K_1 = \sqrt{(X_2-X_3)^2 + (Y_2-Y_3)^2} = \sqrt{(483-322.16)^2 + (278.9-558)^2} = 322.13$$

$$K_2 = \sqrt{(X_6-X_7)^2 + (Y_6-Y_7)^2} = \sqrt{(148.96-333)^2 + (258-192.26)^2} = 195.43$$

三、用光盘计算举例

已知条件与上例相同，计算数据打印结果如图 9-3-12-4 所示。

图中各线段的名称（例如 F_1，F_2……）仅表示该线段在图中所处的位置，在图上的位置并不等于表示该线段的实长，公式计算值和光盘计算值才是实长值。

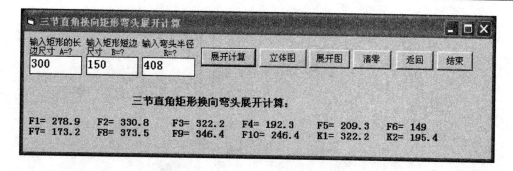

图 9-3-12-4 三节矩形直角换向弯头光盘计算举例

9.3.13 渐缩矩形弧面弯头

一、说明

图 9-3-13-1 为渐缩矩形弧面弯头的立体图，图 9-3-13-2 为总图，矩形弯头宽度尺寸 B 由设计或施工尺寸决定，B 不参与公式计算，但作图时由 B 决定宽度尺寸，如图所示。

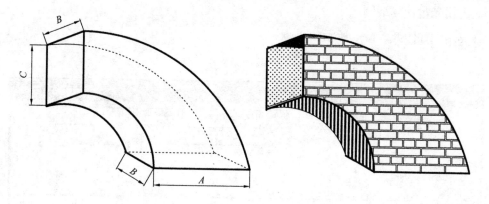

图 9-3-13-1 渐缩矩形弧面弯头立体图

二、计算公式和计算举例

已知：$A = 820$，$C = 550$，$R_1 = 650$，

计算式：

$$L = \sqrt{(R_1 + A)^2 + (R_1 + C)^2} = \sqrt{(650 + 820)^2 + (650 + 550)^2} = 1897.6$$

$$W = \arctan\left(\frac{R_1 + C}{R_1 + A}\right) = \arctan\left(\frac{650 + 550}{650 + 820}\right) = 39.226°$$

$$R_2 = \frac{L}{2\sin 39.226°} = \frac{1897.6}{2\sin 39.226°} = 1500.4$$

$$L_1 = \frac{\pi}{2} \cdot R_1 = 1.5708 \times 650 = 1021$$

$$L_2 = 2WR_2 = 2 \times \left(\frac{39.226°}{180°} \times 3.1416\right) \times 1500.4 = 2054.4$$

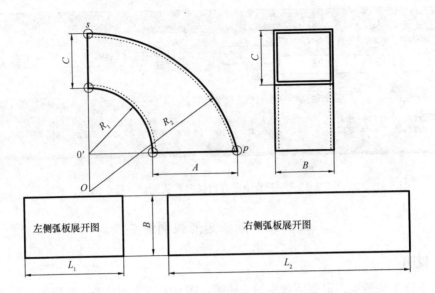

图 9-3-13-2 渐缩矩形弧面弯头总图

三、用光盘计算举例

计算结果如图 9-3-13-3 所示。

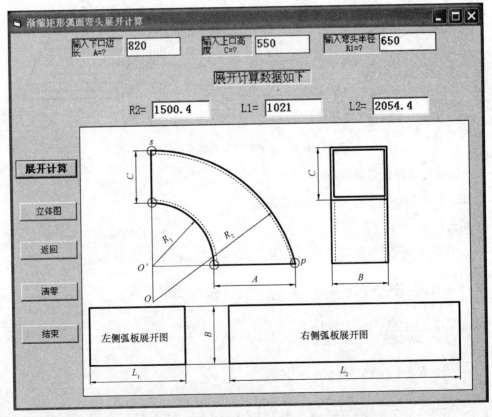

图 9-3-13-3 渐缩矩形弧面弯头光盘计算举例

9.3.14　五节蛇形矩形弯头

一、说明

图 9-3-14-1 为五节蛇形矩形弯头的立体图，图 9-3-14-2 为弯头主视图和展开图。图中尺寸 B 即弯头的宽度尺寸不参与公式计算，由设计或施工时决定。

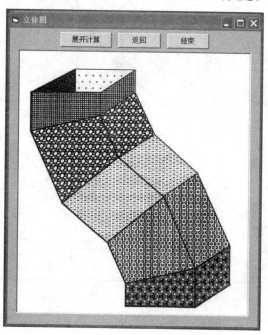

图 9-3-14-1　五节蛇形矩形弯头立体图

二、计算公式和计算举例

已知：矩形断面尺寸 $A = 500$，B（设计定），上下口偏心距 $E = 700$

计算式如下：

$R = E = 700$

$R_1 = R + A = 700 + 500 = 1200$

$H = \sqrt{(2R+A)^2 - (R+A)^2} = \sqrt{(2 \times 700 + 500^2 + 430)^2 - (700+500)^2} = 1473.1$

$W = \arctan\left(\dfrac{H}{R_1}\right) = \arctan\left(\dfrac{1473.1}{1200}\right) = 50.833°$

$G = \dfrac{W}{(N-1)} = \dfrac{50.833°}{(5-1)} = 12.708°$

$H_1 = R \cdot \tan G = 700 \times \tan 12.708° = 157.9$

$H_2 = R_1 \cdot \tan G = 1200 \times \tan 12.708° = 270.6$

$H_3 = H_1 + H_2 = 157.9 + 270.6 = 428.5$

三、用光盘计算举例

用上例的已知条件输入程序后的计算结果如图 9-3-14-3 所示。

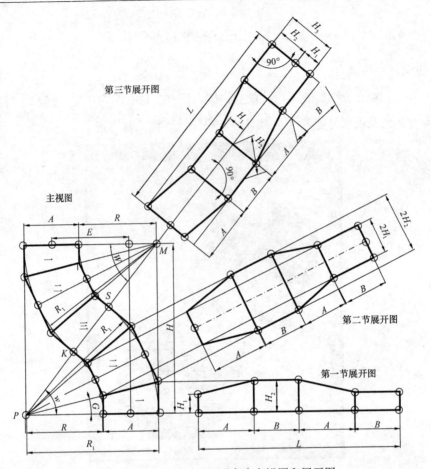

图 9-3-14-2 五节蛇形矩形弯头主视图和展开图

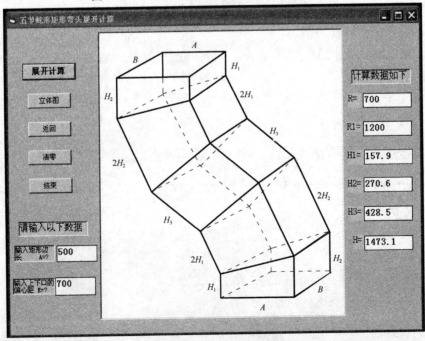

图 9-3-14-3 五节蛇形矩形弯头光盘计算举例

9.3.15　任意角度矩形弧面弯头

一、说明

图 9-3-15-1 为任意角度矩形弧面弯头的立体图，图 9-3-15-2 是矩形弧面弯头总图，图 9-3-15-3 中的符号含义与总图中一致，前后板的展开图相同，左右侧板不等。

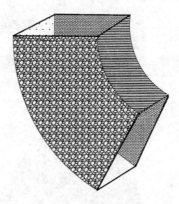

图 9-3-15-1　任意角度矩形弧面弯头

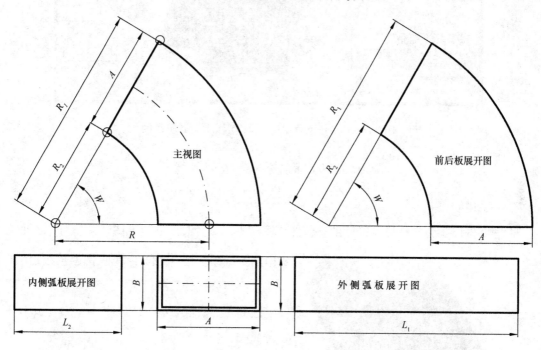

图 9-3-15-2　任意角度矩形弧面弯头总图

二、用公式计算举例

已知：$A = 500$，$B = 300$，$R = 600$，$W = 60°$

$$R_1 = R + \frac{A}{2} = 600 + \frac{500}{2} = 850$$

$$R_2 = R - \frac{A}{2} = 600 - \frac{500}{2} = 350$$

$$L_1 = R_1 \cdot W \cdot \frac{\pi}{180°} = 850 \times 60° \times \frac{3.1415927}{180°} = 890.1$$

$$L_2 = R_2 \cdot W \cdot \frac{\pi}{180°} = 350 \times 60° \times \frac{3.1415927}{180°} = 366.5$$

三、用光盘计算举例

计算结果如图 9-3-15-3 所示。

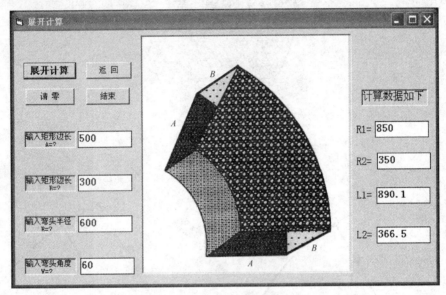

图 9-3-15-3　任意角度矩形弧面弯头光盘计算举例

9.3.16 斜 矩 形 连 接 管

一、说明

图 9-3-16-1 为斜矩形连接管的立体图，图 9-3-16-2 为总图和展开图。该管可作乙形弯头中间节或两个接口之间的单向错位连接使用。

图 9-3-16-1　斜矩形连接管立体图

二、用公式计算举例

已知：$A = 340$，$B = 270$，$T = 0$，$H = 420$，$E = 170$

$$B_1 = B - T = 270$$

$$L = \sqrt{E^2 + H^2} = \sqrt{170^2 + 420^2} = 453.1$$

$$F = \sqrt{(A - E)^2 + H^2}$$

$$= \sqrt{(340 - 170)^2 + 420^2} = 453.1$$

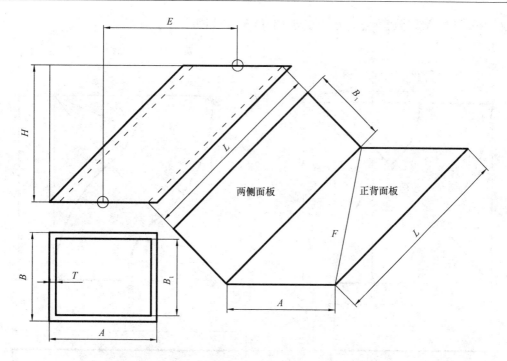

图 9-3-16-2　斜矩形管总图和展开图

三、用光盘计算举例

计算示例如图 9-3-16-3 所示。

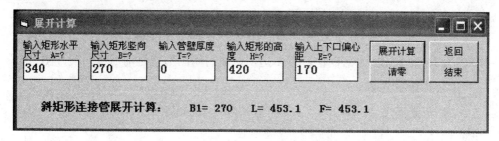

图 9-3-16-3　斜矩形连接管光盘计算举例

9.3.17　蛇形矩形弧面弯头

一、说明

图 9-3-17-1 为蛇形矩形弧面弯头的立体图，图 9-3-17-2 为总图和展开图，图 9-3-17-3 各符号含义与总图和展开图相同，前后板展开图的做法可按以下步骤进行。

1. 以 H 和 R_2+A 为矩形的两边作一个矩形。

2. 连接矩形的一根对角线，如前后板展开图所示。

3. 分别以对角线的两个端点为圆心，R_1 和 R_2 为

图 9-3-17-1　蛇形矩形弧面弯头立体图

半径画弧与对角线形成交点，在交点处 R_1 和 R_2 弧相切。

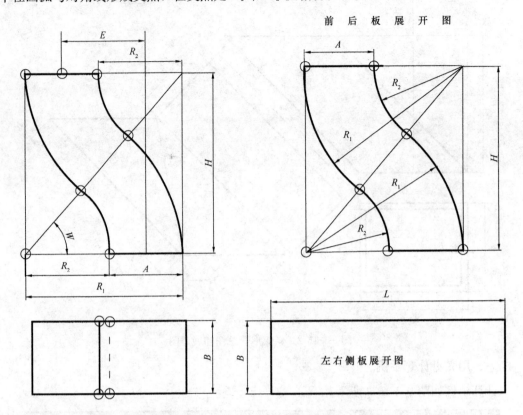

图 9-3-17-2　蛇形矩形弧面弯头总图和展开图

4.·四段 R_1 和 R_2 以及矩形上下口 A 边所组成封闭图形就是前后板的展开图。

二、用公式计算举例

已知：矩形断面尺寸 $A=700$，B（由设计定），偏心距 $E=800$

计算式：$R_2=E=800$

$$H = \sqrt{(2R_2+A)^2-(R_2-A)^2} = \sqrt{(2\times800+700)^2-(800+700)^2} = 1743.6$$

$$R_1 = R_2+A = 800+700 = 1500$$

$$W = \arctan\left(\frac{H}{R_2+A}\right) = \arctan\left(\frac{1743.6}{800+700}\right) = 49.29°$$

$$L_1 = R_1 \cdot \frac{W}{180°} \cdot \pi = 1500 \times \frac{49.29°}{180°} \times 3.1415927 = 1290.4$$

$$L_2 = R_2 \cdot \frac{W}{180°} \cdot \pi = 800 \times \frac{49.29°}{180°} \times 3.1415927 = 688.22$$

$$L = L_1+L_2 = 1290.4+688.22 = 1978.62$$

三、用光盘计算举例

将已知尺寸 $A=700$，$E=800$ 输入程序后的计算数据如图 9-3-17-3 所示。

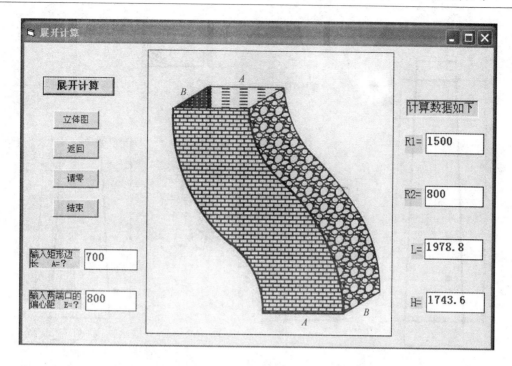

图 9-3-17-3　蛇形矩形弧面弯头光盘计算举例

9.3.18　多节任意角度矩形渐缩弯头

一、说明

多节任意角度渐缩弯头按照两端口断面形状，常见的可分为正方形和矩形两种，如图 9-3-18-1 为两节任意角渐缩弯头，图 9-3-18-2 为 90° 4 节渐缩弯头，图 9-3-18-3 为上大下小 125° 5 节渐缩弯头和图 9-3-18-4 为 180° 8 节矩形渐缩弯头。在计算过程中需要注意的是，对于矩形断面的渐缩弯头，内外侧板和前后板的展开图斜率要一致，否则不能保证渐

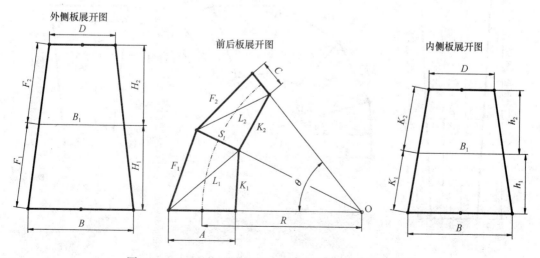

图 9-3-18-1　两节矩形渐缩弯头前后板和内外侧板展开图

493

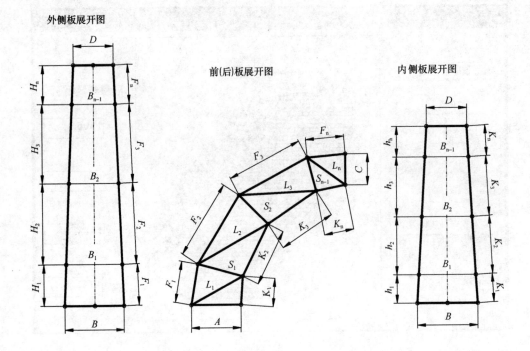

图 9-3-18-2 N 节任意角度矩形渐缩弯头展开图（此图 $N=4$）

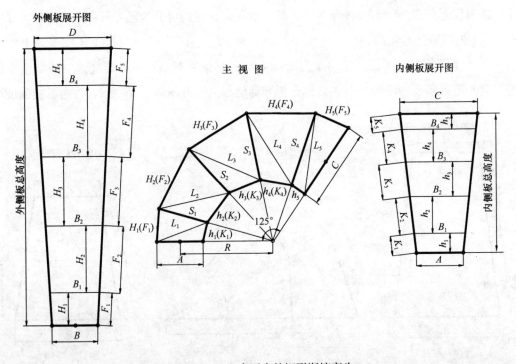

图 9-3-18-3 上大下小的矩形渐缩弯头

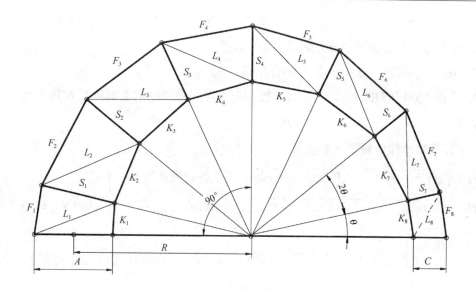

图 9-3-18-4　180°8 节矩形渐缩弯头示意图

缩的效果，即在本节的主视图和展开图中要使 $A-C=B-D$。但对于正方形断面的渐缩弯头无此要求。另外，前后板和内外侧板随着节数的增多其折线同时增多，对于金属类的加工构件，从工艺角度讲，以弧形板替代折线板可降低一些加工难度，但是随着上下端口尺寸相差值加大，前后板的扭曲程度和加工难度也随着加大，因此要根据构件的具体情况酌情处理。对于非金属类型的建筑物和构件就只能采用本节程序或者计算公式处理。

　　由于计算公式较为复杂，特别是随着弯头节数增多，计算工作量也随着加大，以作者编制的本节程序为例，当节数等于 500 时（实际工程中一般不会这么多），用目前的家用计算机（主频 2G，内存 2M）计算共花去 1min 多钟，计算机如此，手工计算就可想而知了。因此，本节仅列出计算公式，其主要目的是让部分读者了解公式的由来，仅作为基础知识了解而已，并不提倡用手工计算的方法来处理本节钣金展开的计算问题。

　　二、用公式计算示例

　　如图 9-3-18-1 两节任意角渐缩弯头所示，已知条件为：$R=1200$，$\theta=50°$，$N=2$，$A=500$，$B=800$，$C=200$，$D=500$ 其中 $A-C=500-200=300$，$B-D=800-500=300$，两者满足程序对矩形渐缩弯头计算的要求，可以开始计算。计算公式如下：

　　1. 计算圆心至弯头外边各转折点的长度

$$\beta=\frac{\theta}{2\times(N-1)} \qquad F_1=\frac{A-C}{4\times(N-1)} \qquad F_2=2\times F_1 \qquad J_{(0)}=R+\frac{A}{2}$$

$$J_1=J_0-F_1$$

$$J_{(i)}=J_{(i-1)}-F_2 \qquad (i=2,3,4,\cdots,N-1) \qquad J_{(N)}=J_{(N-1)}-F_1$$

　　2. 计算圆心至弯头内边各转折点的距离

$$T_0=R-\frac{A}{2} \qquad T_1=T_0+F_1$$

$$T_{(i)} = T_{(i-1)} + F_2 \quad (i=2,3,4,\cdots,N-1) \quad T_{(N)} = T_{(N-1)} + F_1$$

3. 计算弯头前后板每一节上端（折线）长度

$$S_{(i)} = J_{(i)} - T_{(i)} \quad (i=1,2,3,\cdots,N-1)$$

4. 计算外侧板展开图中，每一节等腰梯形高度，展开图的总高度以及每节梯形的腰长和总长

（1）计算每节梯形高度

$$H_1 = \sqrt{{J_0}^2 + J_1^2 - 2\times J_0 \times J_1 \times \cos\beta}\cdots（用余弦定理计算第一节高度）$$

$$H_{(i)} = \sqrt{{J_{(i-1)}}^2 + {J_{(i)}}^2 - 2\times J_{(i-1)} \times J_{(i)} \times \cos(2\beta)} \quad [(i=2,3,4\cdots N-1)各中间节高度]$$

$$H_{(N)} = \sqrt{{J_{(N-1)}}^2 + {J_{(N)}}^2 - 2\times J(N-1) \times J(N) \times \cos(\beta)}（用余弦定理计算末节高度）$$

（2）计算每节梯形腰长

$$F_1 = \sqrt{H_1^2 + F_1^2} \quad F_{(i)} = \sqrt{{H_{(i)}}^2 + F_2^2} \quad (i=2,3,\cdots\cdots,N-1)$$

$$F_{(N)} = \sqrt{H_{(N)}^2 + F_1^2}$$

（3）计算外侧板总高度＝$\Sigma H_{(i)}$（$i=1, 2, 3, \cdots\cdots, N$）

（4）计算外侧板总腰长＝$\Sigma F_{(i)}$（$i=1, 2, 3, \cdots\cdots, N$）

5. 计算内侧板展开图中每一节等腰梯形高度，展开图的总高度以及每节梯形的腰长和总长

（1）计算内侧板每节梯形高度

$$h_1 = \sqrt{T_0^2 + T_1^2 - 2\times T_0 \times T_1 \times \cos\beta}（用余弦定理计算第一节高度）$$

$$h_{(i)} = \sqrt{T_{(i-1)}^2 + T_{(i)}^2 - 2\times T_{(i-1)} \times T_{(i)} \times \cos(2\beta)} \quad [(i=2,3,4,\cdots\cdots,N-1)各中间节高度]$$

$$h_N = \sqrt{T_{(N-1)}^2 + T_{(N)}^2 - 2\times T_{(N-1)} \times T_{(N)} \times \cos\beta} \quad （用余弦定理计算末节高度）$$

（2）计算内侧板每节梯形腰长

$$K_1 = \sqrt{h_1^2 + F_1^2} \quad k(i) = \sqrt{h_i^2 + F_2^2}(i=2,3,\cdots\cdots,N-1)$$

$$k_{(N)} = \sqrt{h_{(N)}^2 + F_1^2}$$

（3）计算内侧板总高度＝$\Sigma h_{(i)}$（$i=1, 2, 3, \cdots\cdots, N$）

（4）计算内侧板总腰长＝$\Sigma k_{(i)}$（$i=1, 2, 3, \cdots\cdots, N$）

6. 计算前后板展开图中每一节折线的长度

$$L_1 = \sqrt{J_0^2 + T_1^2 - 2\times J_0 \times T_1 \times \cos\beta + F_1^2}（用余弦定理计算第一节长度）$$

$$L_{(i)} = \sqrt{J_{(i-1)}^2 + T_{(i)}^2 - 2\times J_{(i-1)} \times T_{(i)} \times \cos(2\beta) + F_2^2}(i=2,3,4,\cdots,N-1)（各中间$$

节长度）

$$L_{(N)} = \sqrt{J_{(N-1)}^2 + T_{(N)}^2 - 2 \times J_{(N-1)} \times T_{(N)} \times \cos\beta + F_1^2}$$（用余弦定理计算末节长度）

7. 计算内外侧板展开图每节梯形上底长度（水平线）

$$B_{(1)} = B - 2 \times F_1 \qquad B_{(i)} = B_{(i-1)} - 2 \times F_2 (i = 2, 3, \cdots, N-1)$$

将已知数据代入上述各个公式，可以计算出各线段的展开实长。

三、用光盘计算

1. 用通用计算程序计算（双击"19. 矩形渐缩弯头计算"程序名计算）

所谓通用计算程序计算就是能同时计算渐缩弯头上下口断面为矩形和正方形的程序。该程序能同时对上小下大和上大下小的渐缩弯头计算。但是在使用通用计算程序计算断面为矩形时，一定要使输入的已知条件能够保证前后板与内外侧板的斜率一致（即 $A-C = B-D$）。

2. 用上下口断面为正方形的渐缩弯头计算程序（双击"18. 方管渐缩弯头计算"）计算。该程序除了不能对弯头断面为矩形的渐缩弯头计算外，其他与通用程序相同，本程序与通用程序相比，减少了判别前后板与内外侧板斜率是否一致问题，另外也减少了两个输入已知值。

3. 当弯头节数较多时，程序运行中出现杯状图标时，请等数秒钟后才有数据显示，由于数据太多，屏幕不能显示全部数据，此时可按住鼠标左键向下拉动屏幕右方的滚动条就可看完全部内容。

4. 用光盘计算示例

（1）任意角度节数方管渐缩弯头计算步骤。

双击"第 9 章　弯头"→双击"9.3　方矩管弯头展开计算"→双击"9.3.18-1 方管渐缩弯头"文件名→出现图 9-3-18-5 的程序启动界面→单击"展开计算"→再单击"展开计算"后，由于程序预先输入了一组已知条件，所以 90°七节渐缩方管弯头的计算数据会立即显示出来。如图 9-3-18-6 所示。在图 9-3-18-5 的上方，单击"计算不渐缩矩形方管弯头示例"，则会出现如图 9-3-18-7 的界面。该按钮的作用表明本程序同时能够具有计算两端是等截面的多节任意角度方矩管弯头。图 9-3-18-8 是与图 9-3-18-6 的 7 节 90°弯头配套的展开图表。

（2）矩形渐缩弯头计算。

双击"第 9 章　弯头"→双击"9.3. 方矩管弯头展开计算"→双击"9.3.18-2 矩形渐缩弯头"文件名→单击"展开计算"→再单击"展开计算"后，计算结果如图 9-3-18-9 所示。

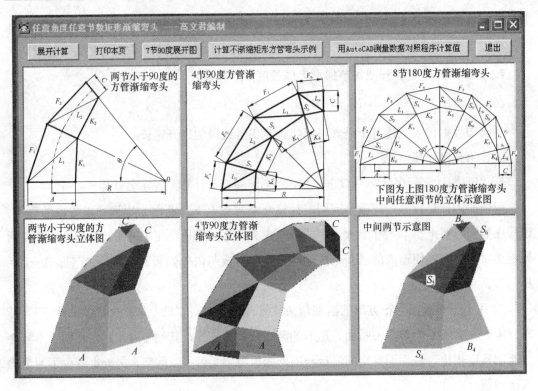

图 9-3-18-5　多节任意角度矩形渐缩弯头程序启动界

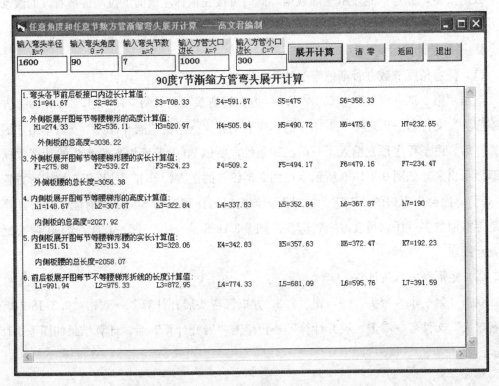

图 9-3-18-6　7 节 90°方管渐缩弯头光盘计算示例

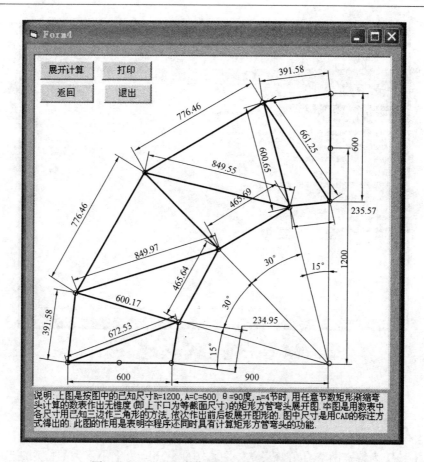

图 9-3-18-7　用程序作无锥度弯图展开计算示例

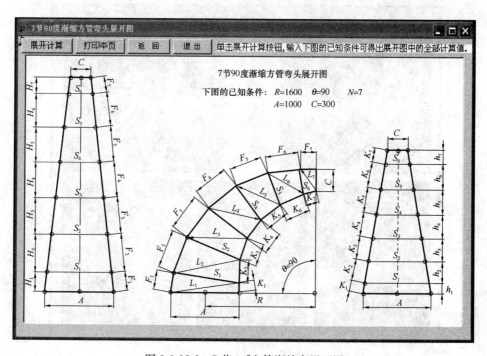

图 9-3-18-8　7 节 90°方管渐缩弯展开图

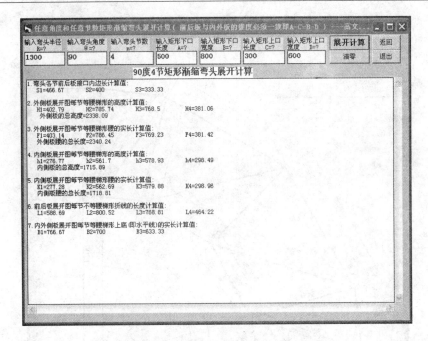

图 9-3-18-9　4 节 90°矩形渐缩弯头光盘计算示例

9.3.19　特殊两节直角弯头

一、说明

图 9-3-19-1 为特殊两节直角弯头立体图，图 9-3-19-2 为上小下大的特殊两节直角弯头

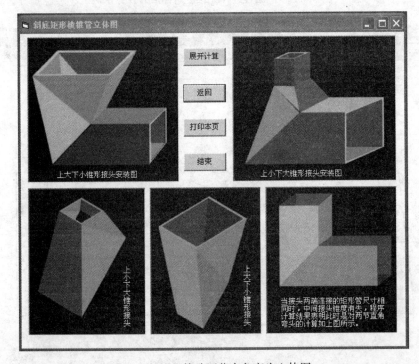

图 9-3-19-1　特殊两节直角弯头立体图

总图，图 9-3-19-3 为上大下小的特殊两节直角弯头总图，图 9-3-19-4 和图 9-3-19-5 为其展开图及作图步骤。本小节是通过先求出各个角点坐标，然后再用已知空间两点求线段实长

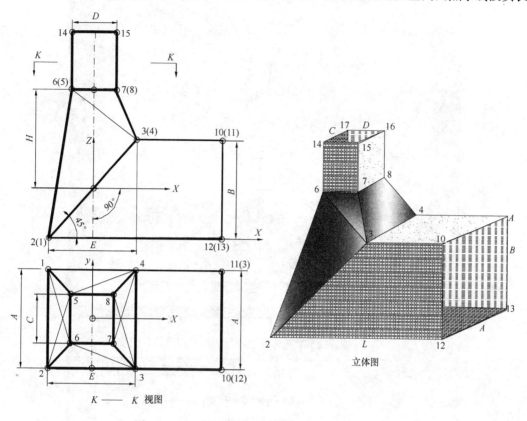

图 9-3-19-2　特殊两节直角弯头（上小下大）总图

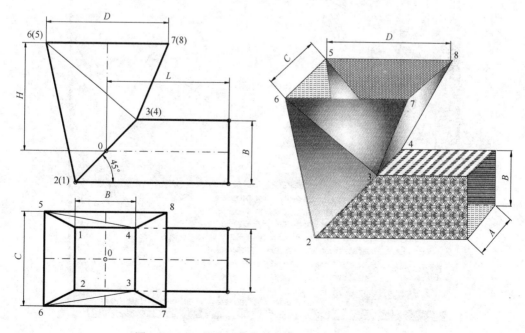

图 9-3-19-3　特殊两节直角弯头（上小下大）总图

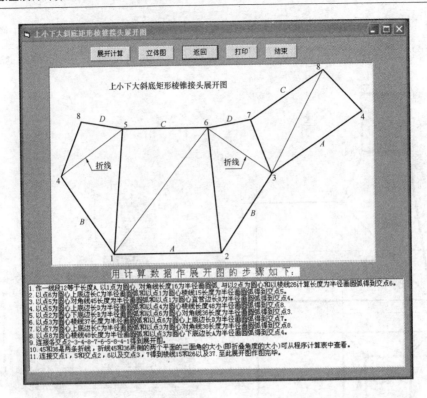

图 9-3-19-4 特殊两节直角弯头上小下大展开图及其作图步骤

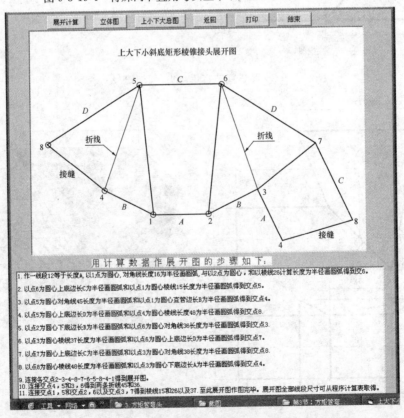

图 9-3-19-5 特殊两节直角弯头中节展开图及其作图步骤

的计算公式求出各棱线和对角线的实长，最后用三角形法作出它们的展开图。本节的特殊两节直角弯头是下底倾斜不偏心棱锥管的应用实例，一些工厂常用本构件作为除尘除渣装置。假如连接的是两条空间垂直且错位的矩形直管，此时就可选择下口倾斜且上下口偏心的矩形棱锥管连接。

二、计算公式及计算示例

如图 9-3-19-3 所示，已知条件为：$A = 200$，$B = 200$，$C = 300$，$D = 400$，$H = 340.75$，$L = 400$，$T = 1$

1. 建立直角坐标系，以水平矩形管和锥管两轴线的交点 O 为坐标原点，x 轴向右为正，y 轴向后为正，z 轴向上为正。先计算点 1 至点 8 的 x，y，z 坐标。计算公式如下：

斜交线的水平投影长度：$E = B \times \tan(45°) = B = 200$

$$x_1 = -\frac{E}{2} = -100 \qquad y_1 = \frac{A}{2} = \frac{200}{2} = 100 \qquad z_1 = -\frac{B}{2} = -\frac{200}{2} = -100$$

$$x_2 = x_1 = -100 \qquad y_2 = -y_1 = -100 \qquad z_2 = z_1 = -100$$

$$x_3 = \frac{E}{2} = 100 \qquad y_3 = y_2 = -100 \qquad z_3 = \frac{B}{2} = 100$$

$$x_4 = x_3 = 100 \qquad y_4 = y_1 = 100 \qquad z_4 = z_3 = 100$$

$$x_5 = -\frac{D}{2} = -\frac{400}{2} = -200 \qquad y_5 = \frac{C}{2} = \frac{300}{2} = 150 \qquad z_5 = H = 340.75$$

$$x_6 = x_5 = -200 \qquad y_6 = -y_5 = -150 \qquad z_6 = H = 340.75$$

$$x_7 = \frac{D}{2} = \frac{400}{2} = 200 \qquad y_7 = -\frac{C}{2} = -\frac{300}{2} = -150 \qquad z_7 = H = 340.75$$

$$x_8 = x_7 = 200 \qquad y_8 = y_5 = 150 \qquad z_8 = H = 340.75$$

2. 计算锥管各线段的实长

$$\underline{15} = \sqrt{(x_1 - x_5)^2 + (y_1 - y_5)^2 + (z_1 - z_5)^2}$$
$$= \sqrt{(-100 + 200)^2 + (100 - 150)^2 + (-100 - 340.75)^2} = 454.71$$

$$\underline{26} = \sqrt{(x_2 - x_6)^2 + (y_2 - y_6)^2 + (z_2 - z_6)^2}$$
$$= \sqrt{(-100 + 200)^2 + (-100 + 150)^2 + (-100 - 340.75)^2} = 454.71$$

$$\underline{37} = \sqrt{(x_3 - x_7)^2 + (y_3 - y_7)^2 + (z_3 - z_7)^2}$$
$$= \sqrt{(-100 - 200)^2 + (-100 + 150)^2 + (100 - 340.75)^2} = 265.4$$

$$\underline{48} = \sqrt{(x_4 - x_8)^2 + (y_4 - y_8)^2 + (z_4 - z_8)^2}$$
$$= \sqrt{(100 - 200)^2 + (100 - 150)^2 + (-100 - 340.75)^2} = 265.4$$

3. 计算锥管 4 块侧板对角线的实长

$$\underline{16} = \sqrt{(x_1 - x_6)^2 + (y_1 - y_6)^2 + (z_1 - z_6)^2}$$

$$= \sqrt{(-100+200)^2 + (100+150)^2 + (-100-340.75)^2} = 516.5$$

同样用求对角线 16 的方法可计算出其他 7 条对角线的实长值为：

25 = 516.5   27 = 535.5   36 = 387.9   38 = 361.2   47 = 361.2   45 = 387.9   18 = 535.5

4. 二面角，矩形直管以及面积和质量计算略。

三、程序计算步骤

单击"20. 特殊两节直角弯头"程序名，输入上例的已知条件，其光盘计算结果如图 9-3-19-6 所示。程序启动后屏幕上方有关于立体图、展开图的绘制方法、展开计算等多种按钮，由于篇幅有限，此处不作介绍，读者可调用光盘了解。

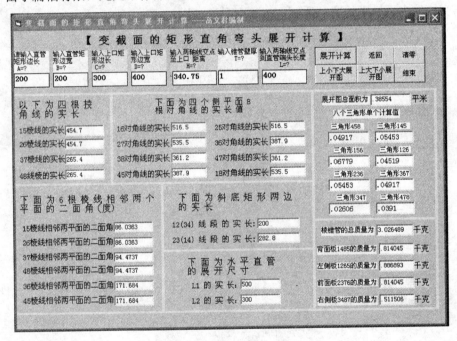

图 9-3-19-6　特殊两节直角弯头光盘计算举例

四、展开图的作图步骤

如图 9-3-19-4 和图 9-3-19-5 中所述。

第 **10** 章 三　　通

10.1　正交 90°等径三通

一、说明

图 10-1-1 为正交 90°等径三通立体图，图 10-1-2 为主视图和侧视图，图 10-1-3 为主管孔和支管的展开图。程序按支管的内表面与主管的外表面的相贯线进行展开计算。支管展开图和主管孔的展开图均为轴对称，因此计算四分之一圆周等分点上的展开尺寸就可作出全部的展开图。当支管壁厚为零时，相贯线在主视图中就变成通过两轴线交点的两条相交直线。

图 10-1-1　立体图

计算公式如下：

已知条件：管外径 D，管壁厚 T，等分数 N

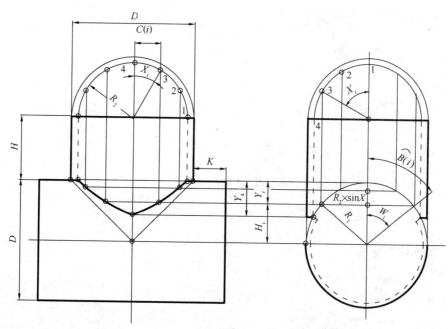

图 10-1-2　正交 90°等径三通主视图和侧视图

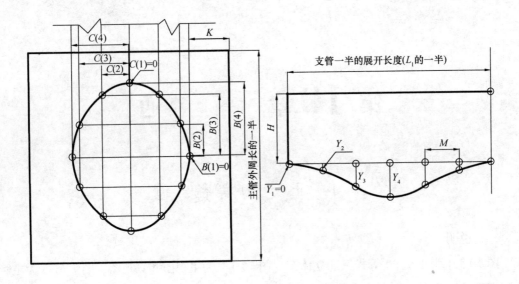

图 10-1-3　正交 90°等径三通主管孔和支管展开图

$$R_1 = \frac{D}{2}$$

$$R_2 = R_1 - T$$

$$X_i = (i-1)\frac{360°}{N}\ \left(i = 1, 2, \cdots\cdots, \frac{N}{4}+1\right)$$

$$Y_i = R_1 - \sqrt{R_1^2 - (R_2 \sin X_i)^2}\,,\text{(支管展开素线长度)}$$

$$C_i = R_2 \sin X_i\,,\text{(主管孔宽)}$$

$$W_i = \arcsin\left(\frac{R_2 \sin X_i}{R_1}\right)$$

$$B_i = \frac{\pi W_i \cdot R_1}{180°}\text{(主管孔展开长)}$$

$$L = \pi(D - T)\text{(管中心径展开长度)}$$

$$L_1 = \pi(D + 1)\text{(管外径加 1mm 样板厚展开长度)}$$

$$M = \frac{L_1}{N}\text{(L_1 的每等分距离)}$$

二、公式计算举例

已知：$D = 325$，$T = 8$，$N = 12$

计算式：

$$R_1 = \frac{D}{2} = \frac{325}{2} = 162.5 \quad R_2 = R_1 - T = 162.5 - 8 = 154.5$$

每等分圆心角 $X = \dfrac{360^\circ}{N} = \dfrac{360^\circ}{12} = 30^\circ$ $X_1 = 0^\circ$ $X_2 = 30^\circ$ $X_3 = 60^\circ$ $X_4 = 90^\circ$

$$Y_1 = R_1 - \sqrt{R_1^2 - (R_2 \sin X_i)^2} = 162.5 - \sqrt{162.5^2 - (154.5 \times \sin 0^\circ)^2} = 0$$

$$Y_2 = 162.5 - \sqrt{162.5^2 - (154.5 \times \sin 30^\circ)^2} = 19.5$$

$$Y_3 = 162.5 - \sqrt{162.5^2 - (154.5 \times \sin 60^\circ)^2} = 70.3$$

$$Y_4 = 162.5 - \sqrt{162.5^2 - (154.5 \times \sin 90^\circ)^2} = 112.1$$

$$C_1 = R_2 \sin X_i = 154.5 \times \sin 0^\circ = 0$$

$$C_2 = R_2 \sin 30^\circ = 154.5 \times \sin 30^\circ = 77.25$$

$$C_3 = R_2 \sin 60^\circ = 154.5 \times \sin 60^\circ = 133.8$$

$$C_4 = R_2 \sin 90^\circ = 154.5 \times \sin 90^\circ = 154.5$$

$$W_1 = \arcsin\left(\frac{R_2 \sin X_i}{R_1}\right) = \arcsin\left(\frac{154.5 \times \sin 0^\circ}{162.5}\right) = 0^\circ$$

$$W_2 = \arcsin\left(\frac{154.5 \times \sin 30^\circ}{162.5}\right) = 28.3844^\circ$$

$$W_3 = \arcsin\left(\frac{154.5 \times \sin 60^\circ}{162.5}\right) = 55.4256^\circ$$

$$W_4 = \arcsin\left(\frac{154.5 \times \sin 90^\circ}{162.5}\right) = 79.9468^\circ$$

$$B_1 = \frac{\pi \cdot W_i \cdot R_1}{180^\circ} = \frac{\pi \times 0^\circ \times 162.5}{180^\circ} = 0$$

$$B_2 = \frac{\pi \times 28.3844^\circ \times 162.5}{180^\circ} = 80.5$$

$$B_3 = \frac{\pi \times 55.4256^\circ \times 162.5}{180^\circ} = 157.2$$

$$B_4 = \frac{\pi \times 71.9968^\circ \times 162.5}{180^\circ} = 204.1$$

三、用光盘计算举例

已知条件同上例，计算结果如图 10-1-4 所示。上例用公式法计算采用的等分数为 12 是为了减少篇幅，仅仅作为计算过程举例，而实际工程中要根据结构件的大小来确定等分数，下面程序计算用的是 48 等分，用它的展开数据作出的展开图比用 12 等分作出的展开图要准确和圆滑一些。

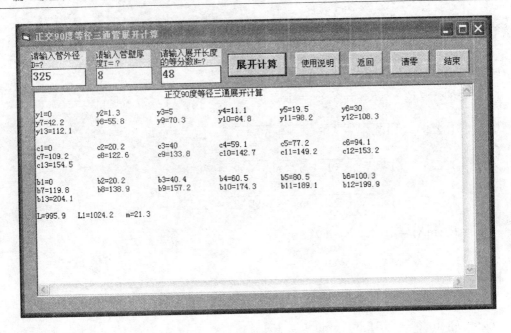

图 10-1-4　正交 90°等径三通光盘计算举例

10.2　正交 90°异径三通

一、说明

图 10-2-1 为正交 90°异径三通管的立体图，图 10-2-2 为主视图和侧视图，图 10-2-3 为异径三通主管孔和支管的展开图。程序按支管内表面与主管外表面的相贯线进行展开计算。由于展开图形对称，只作出四分之一圆周等分点上有关尺寸的计算，就能作出全部展开图形。

由已知条件计算支管展开素线高度 Y_i 和主管孔的展开长度 B_i 可由侧视图中心角 W_i 构成的直角三角形及含 W_i 角的扇形中求出。主管孔的宽度等于主视图上方支管圆周上每等分点向下的水平投影宽度，可直接由支管断面圆周上每等分点所对应的中心角和支管半径求出。这种计算方法与正交 90°等径三通管完全相同，上述情形主视图和侧视图可明显地反映出来。

图 10-2-1　正交 90°异径三通立体图

二、计算公式

已知尺寸：D_1，D_2，T，N

$$R_1 = \frac{D_1}{2}$$

$$R_2 = \frac{D_2 - 2T}{2}$$

$$X_i = (i-1)\frac{360°}{N}\left(i=1, 2, \cdots\cdots, \frac{N}{4}+1\right)$$

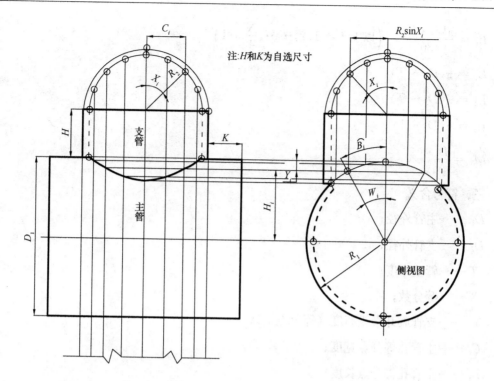

图 10-2-2　正交 90°异径三通主视图和侧视图

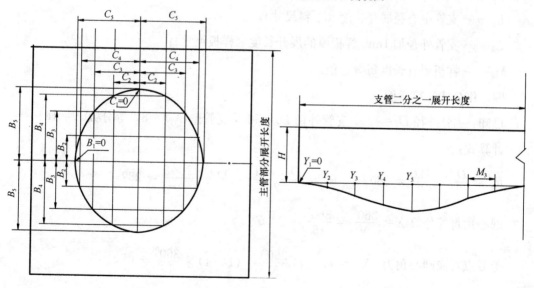

图 10-2-3　正交 90°异径三通主管孔和支管展开图

$$Y_i = R_1 - \sqrt{R_1^2 - (R_2 \sin X_i)^2}$$

$$C_i = R_2 \sin X_i$$

$$W_i = \arcsin \left(\frac{R_2 \sin X_i}{R_1} \right)$$

$$B_i = \frac{\pi W_i \cdot R_1}{180°} \quad \left(\text{以上 } i = 1, 2, \cdots\cdots, \frac{N}{4} + 1\right)$$

$$L_1 = \pi(D_1 - T)$$

$$L_2 = \pi(D_2 - T)$$

$$L_3 = \pi(D_2 + 1)$$

$$M_3 = \frac{L_3}{N}$$

三、符号含义

D_1——主管外径；

D_2——支管外径；

T——管壁厚度；

N——等分数；

Y_i——支管展开素线高度（等分点上）；

C_i——主管孔等分点宽度；

B_i——主管孔等分点长度；

L_1——主管中心径展开长度（下料尺寸）；

L_2——支管中心径展开长度（下料尺寸）；

L_3——支管外径加 1mm 样板厚的展开长度（样板尺寸）；

M_3——样板展开长度每等分值。

四、用公式计算举例

已知：主管外径 $D_1 = 720$，支管外径 $D_2 = 580$，支管壁厚 $T = 8$，等分数 $N = 16$

计算式：

$$R_1 = \frac{D_1}{2} = \frac{720}{2} = 360 \qquad R_2 = \frac{D_2 - 2T}{2} = \frac{580 - 2 \times 8}{2} = 282$$

圆心角每等分值 $X = \dfrac{360°}{N} = \dfrac{360°}{16} = 22.5°$

等分点对应圆心角为：$X_1 = (i-1)\dfrac{360°}{N} = (1-1) \times \dfrac{360°}{16} = 0°$

$X_2 = (2-1) \cdot x = 22.5° \qquad X_3 = (3-1) \cdot x = 2 \times 22.5° = 45°$

$X_4 = (4-1) \cdot x = 3 \times 22.5° = 67.5° \qquad X_5 = (5-1) \cdot x = 4 \times 22.5° = 90°$

$X_6 = (6-1) \cdot x = 5 \times 22.5° = 112.5° \qquad X_7 = (7-1) \cdot x = 6 \times 22.5° = 135°$

$X_8 = (8-1) \cdot x = 7 \times 22.5° = 157.5° \qquad X_9 = (9-1) \times 22.5° = 180°$

1. 计算支管展开尺寸

$$Y_1 = R_1 - \sqrt{R_1^2 - (R_2 \cdot \sin x_i)^2} = 360 - \sqrt{360° - (282 \times \sin 0°)^2} = 0$$

$$Y_2 = 360 - \sqrt{360^2 - (282 \times \sin 22.5°)^2} = 16.6$$

$$Y_3 = 360 - \sqrt{360^2 - (282 \times \sin 45°)^2} = 60.3$$

$$Y_4 = 360 - \sqrt{360^2 - (282 \times \sin 67.5°)^2} = 111.6$$

$$Y_5 = 360 - \sqrt{360^2 - (282 \times \sin 90°)^2} = 136.2$$

$$Y_6 = 360 - \sqrt{360^2 - (282 \times \sin 112.5°)^2} = Y_4 = 111.6$$

$$Y_7 = Y_3 = 60.3$$

$$Y_8 = Y_2 = 16.6$$

$$Y_9 = Y_1 = 0$$

从图中看出，由于支管与主管相贯线是左右前后对称，因此计算四分之一圆周等分点的展开素线长度就够了。

支管中心径展开长度　　$L_2 = \pi(D_2 - T) = \pi(580 - 8) = 1797$

支管展开长度的每等分值　　$M_2 = \dfrac{L_2}{N} = \dfrac{1797}{16} = 112.3$

2. 计算主管孔的展开尺寸

$$C_1 = R_2 \sin X_1 = 282 \times \sin 0° = 0$$

$$C_2 = 282 \times \sin 22.5° = 107.9$$

$$C_3 = 282 \times \sin 45° = 199.4$$

$$C_4 = 282 \times \sin 67.5° = 260.5$$

$$C_5 = 282 \times \sin 90° = 282$$

$$W_1 = \arcsin\left(\frac{R_2 \cdot \sin X_i}{R_1}\right) = \arcsin\left(\frac{282 \times \sin 0°}{360}\right) = 0°$$

$$W_2 = \arcsin\left(\frac{282 \times \sin 22.5°}{360}\right) = 17.4437°$$

$$W_3 = \arcsin\left(\frac{282 \times \sin 45°}{360}\right) = 33.635°$$

$$W_4 = \arcsin\left(\frac{282 \times \sin 67.5°}{360}\right) = 46.3613°$$

$$W_5 = \arcsin\left(\frac{282 \times \sin 90°}{360}\right) = 51.5668°$$

$$B_1 = \frac{\pi W_1 \cdot R_1}{180°} = \frac{3.1416 \times W_1 \times R_1}{180°} = \frac{3.1416 \times 0° \times 360}{180°} = 0$$

$$B_2 = \frac{3.1416 \times 17.4437° \times 360}{180°} = 109.6$$

$$B_3 = \frac{3.1416 \times 33.635° \times 360}{180°} = 211.3$$

$$B_4 = \frac{3.1416 \times 46.3613° \times 360}{180°} = 291.3$$

$$B_5 = \frac{3.1416 \times 51.5668° \times 360}{180°} = 324$$

主管展开长度　$L_1 = \pi(D_1 - T) = 3.1416 \times (720 - 8) = 2236.8$

五、用光盘计算举例

已知条件同上面公式计算例题，计算结果如图 10-2-4 所示。

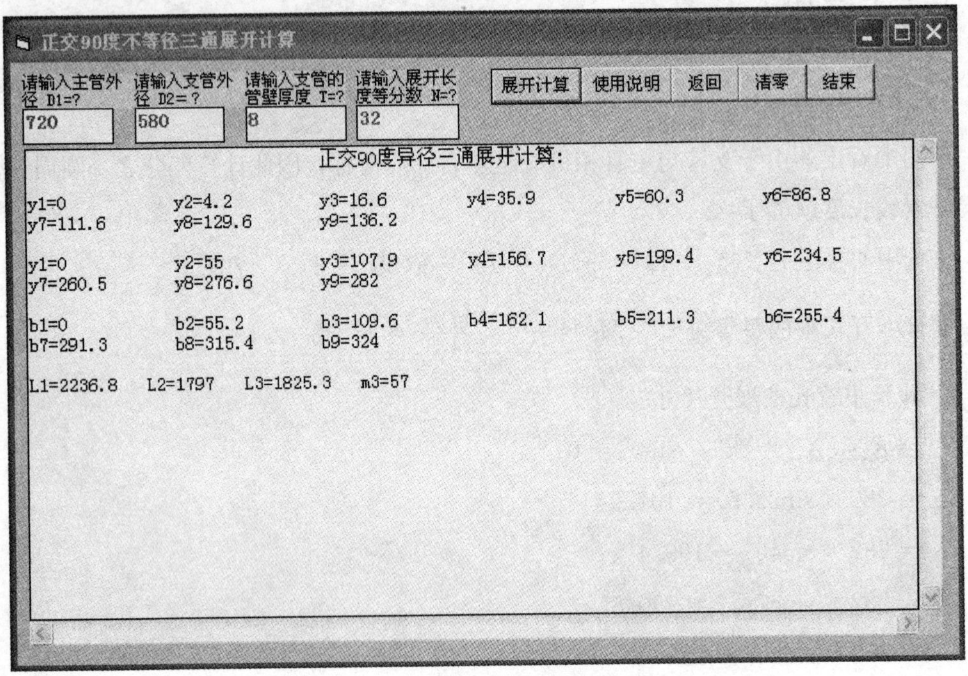

```
正交90度不等径三通展开计算                                          _  □  ✕

请输入主管外     请输入支管外     请输入支管的     请输入展开长      展开计算  使用说明  返回  清零  结束
径 D1=?          径 D2=?          管壁厚度 T=?     度等分数 N=?
720             580             8               32

                          正交90度异径三通展开计算:

y1=0          y2=4.2        y3=16.6       y4=35.9        y5=60.3        y6=86.8
y7=111.6      y8=129.6      y9=136.2

y1=0          y2=55         y3=107.9      y4=156.7       y5=199.4       y6=234.5
y7=260.5      y8=276.6      y9=282

b1=0          b2=55.2       b3=109.6      b4=162.1       b5=211.3       b6=255.4
b7=291.3      b8=315.4      b9=324

L1=2236.8   L2=1797   L3=1825.3   m3=57
```

图 10-2-4　正交 90°异径三通光盘计算示例

10.3　一般位置的偏心直交三通

一、说明

图 10-3-1 为一般位置的偏心直交三通的立体图，图 10-3-2 为其主视图和侧视图，图 10-3-3 为支管展开图，由于偏心距的改变使侧视图中的 Y_i 素线高度也随着改变，但在主视图中的水平相贯尺寸与一边平齐的偏心直交三通管完全相同。

二、用公式计算举例

已知：$D_1 = 800$，$D_2 = 400$，$E = 100$，$H = 800$，$N = 12$

图 10-3-1　一般位置的偏心直交三通立体图

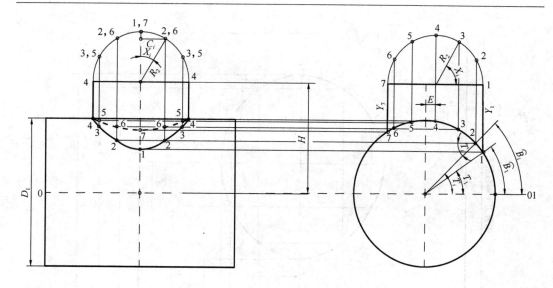

图 10-3-2 偏心直交异径三通管主视图和侧视图

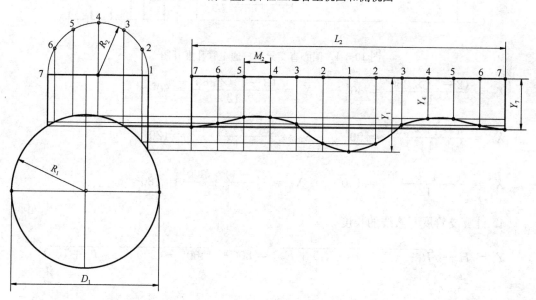

图 10-3-3 偏心直交异径三通支管展开图

计算式：

$$R_1 = \frac{D_1}{2} = \frac{800}{2} = 400 \quad R_2 = \frac{D_2}{2} = \frac{400}{2} = 200$$

圆心角的每等分值　$X = \dfrac{360°}{N} = \dfrac{360°}{12} = 30°$

12 等分时半圆周上各等分点对应的圆心角为：

$$X_1 = \frac{(i-1)\cdot 360°}{N} = \frac{(1-1)\times 360°}{12} = 0° \quad (i \text{ 为等分点的编号})$$

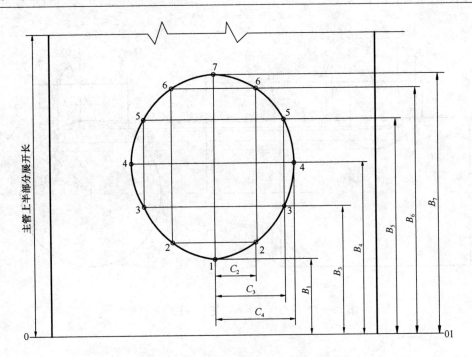

主管上半部分展开长

图 10-3-4 偏心直交异径三通主管孔展开图

$$X_2 = \frac{(2-1) \times 360°}{12} = 30° \qquad X_3 = \frac{(3-1) \times 360°}{12} = 60°$$

$$X_4 = \frac{(4-1) \times 360°}{12} = 90° \qquad X_5 = \frac{(5-1) \times 360°}{12} = 120°$$

$$X_6 = \frac{(6-1) \times 360°}{12} = 150° \qquad X_7 = \frac{(7-1) \times 360°}{12} = 180°$$

1. 计算支管展开素线的长度

$$Y_1 = H - \sqrt{R_1^2 - (R_2 \cdot \cos(X_1) + E)^2} = 800 - \sqrt{400^2 - (200 \times \cos 0° + 100)^2}$$

$$= 535.4$$

$$Y_2 = 800 - \sqrt{400^2 - (200 \times \cos 30° + 100)^2} = 507.8$$

$$Y_3 = 800 - \sqrt{400^2 - (200 \times \cos 60° + 100)^2} = 453.6$$

$$Y_4 = 800 - \sqrt{400^2 - (200 \times \cos 90° + 100)^2} = 412.7$$

$$Y_5 = 800 - \sqrt{400^2 - (200 \times \cos 120° + 100)^2} = 400$$

$$Y_6 = 800 - \sqrt{400^2 - (200 \times \cos 150° + 100)^2} = 406.6$$

$$Y_7 = 800 - \sqrt{400^2 - (200 \times \cos 180° + 100)^2} = 412.7$$

2. 计算主管孔的展开尺寸

514

$$C_1 = R_2 \cdot \sin X_1 = 200 \times \sin 0° = 0$$

$$C_2 = R_2 \cdot \sin X_2 = 200 \times \sin 30° = 100$$

$$C_3 = R_2 \cdot \sin X_3 = 200 \times \sin 60° = 173.2$$

$$C_4 = R_4 \cdot \sin X_4 = 200 \times \sin 90° = 200$$

$$T_1 = \arccos\left(\frac{R_2 \cdot \cos X_i + E}{R_1}\right) = \arccos\left(\frac{200 \times \cos 0° + 100}{400}\right) = 41.4096°$$

$$T_2 = \arccos\left(\frac{200 \times \cos 30° + 100}{400}\right) = 46.9205°$$

$$T_3 = \arccos\left(\frac{200 \times \cos 60° + 100}{400}\right) = 60°$$

$$T_4 = \arccos\left(\frac{200 \times \cos 90° + 100}{400}\right) = 75.5225°$$

$$T_5 = \arccos\left(\frac{200 \times \cos 120° + 100}{400}\right) = 90°$$

$$T_6 = \arccos\left(\frac{200 \times \cos 150° + 100}{400}\right) = 100.5453°$$

$$T_7 = \arccos\left(\frac{200 \times \cos 180° + 100}{400}\right) = 104.4775°$$

$$B_1 = \frac{T_1 \cdot \pi \cdot R_1}{180°} = \frac{41.4096° \times 3.1416 \times 400}{180°} = 289.1$$

$$B_2 = \frac{46.9205° \times 3.1416 \times 400}{180°} = 327.6$$

$$B_3 = \frac{60° \times 3.1416 \times 400}{180°} = 418.9$$

$$B_4 = \frac{75.5225° \times 3.1416 \times 400}{180°} = 527.2$$

$$B_5 = \frac{90° \times 3.1416 \times 400}{180°} = 628.32$$

$$B_6 = \frac{100.5453° \times 3.1416 \times 400}{180°} = 701.9$$

$$B_7 = \frac{104.4775° \times 3.1416 \times 400}{180°} = 729.4$$

三、用光盘计算举例

用上面公式计算的已知条件输入程序的计算结果如图 10-3-5 所示。

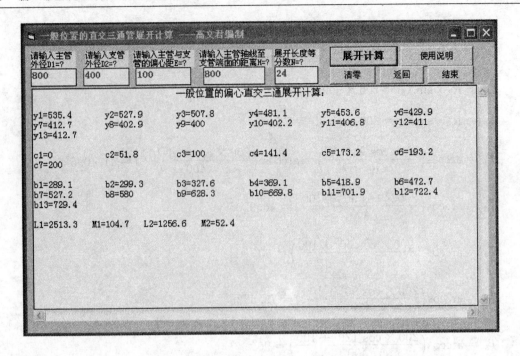

图 10-3-5 一般位置的偏心直交三通光盘计算示例

10.4 一边平齐的偏心直交三通

一、说明

图 10-4-1 为一边平齐的偏心直交三通的立体图，图 10-4-2 为主视图和侧视图，图 10-4-3 为展开图，图 10-4-4 为主管孔展开图。一边平齐的偏心直交三通与一般位置的偏心直交三通不同之处在于支管与主管的相对位置固定，支管的一根边缘素线与主管断面圆周相切，偏心距 E 为一个定值，不能任意设定。

图 10-4-1 一边平齐的偏心直交三通立体图

二、公式计算举例

已知：$D_1 = 800$，$D_2 = 400$，$H = 800$，$N = 12$

计算式：

$$R_1 = \frac{D_1}{2} = \frac{800}{2} = 400 \quad R_2 = \frac{D_2}{2} = \frac{400}{2} = 200 \quad E = R_1 - R_2 = 400 - 200 = 200$$

圆心角的每等分值 $\quad X = \frac{360°}{N} = \frac{360°}{12} = 30°$

12 等分时半圆周上各等分点 i 对应的圆心角为：

$$X_1 = \frac{(i-1) \cdot 360°}{N} = \frac{(1-1) \times 360°}{12} = 0°$$

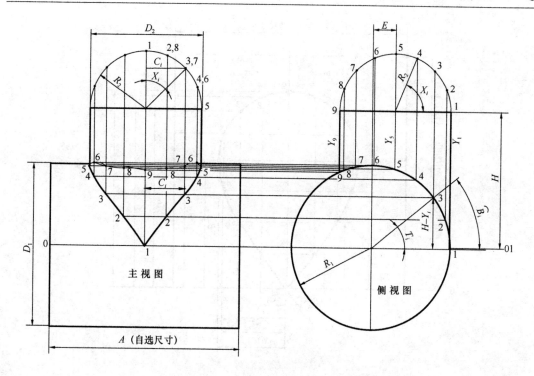

图 10-4-2　一边平齐的偏心直交三通主视图和侧视图

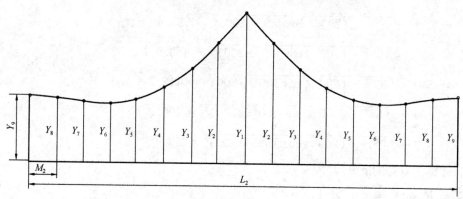

图 10-4-3　一边平齐的偏心直交三通支管展开图

$$X_2 = \frac{(2-1) \times 360°}{12} = 30° \qquad X_3 = \frac{(3-1) \times 360°}{12} = 60°$$

$$X_4 = \frac{(4-1) \times 360°}{12} = 90° \qquad X_5 = \frac{(5-1) \times 360°}{12} = 120°$$

$$X_6 = \frac{(6-1) \times 360°}{12} = 150° \qquad X_7 = \frac{(7-1) \times 360°}{12} = 180°$$

1. 计算支管展开素线的长度

$$Y_1 = H - \sqrt{R_1^2 - (R_2 \cdot \cos X_1 + E)^2} = 800 - \sqrt{400^2 - (200 \times \cos 0° + 200)^2} = 800$$

$$Y_2 = 800 - \sqrt{400^2 - (200 \times \cos 30° + 200)^2} = 656.1$$

517

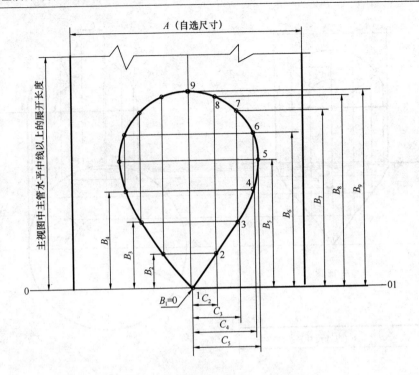

图 10-4-4 一边平齐的直交三通主管孔展开图

$$Y_3 = 800 - \sqrt{400^2 - (200 \times \cos 60° + 200)^2} = 535.4$$

$$Y_4 = 800 - \sqrt{400^2 - (200 \times \cos 90° + 200)^2} = 453.6$$

$$Y_5 = 800 - \sqrt{400^2 - (200 \times \cos 120° + 200)^2} = 412.7$$

$$Y_6 = 800 - \sqrt{400^2 - (200 \times \cos 150° + 200)^2} = 400.9$$

$$Y_7 = 800 - \sqrt{400^2 - (200 \times \cos 180° + 200)^2} = 400$$

2. 计算主管孔的展开尺寸

$$C_1 = R_2 \sin X_1 = 200 \times \sin 0° = 0$$

$$C_2 = R_2 \sin X_2 = 200 \times \sin 30° = 100$$

$$C_3 = R_2 \sin X_3 = 200 \times \sin 60° = 173.2$$

$$C_4 = R_2 \sin X_4 = 200 \times \sin 90° = 200$$

$$T_1 = \arccos \left(\frac{R_2 \cdot \cos X_i + E}{R_1} \right) = \arccos \left(\frac{200 \times \cos 0° + 200}{400} \right) = 0°$$

$$T_2 = \arccos \left(\frac{R_2 \cdot \cos X_2 + E}{R_1} \right) = \arccos \left(\frac{200 \times \cos 30° + 200}{400} \right) = 21.0906°$$

$$T_3 = \arccos \left(\frac{R_2 \cdot \cos X_3 + E}{R_1} \right) = \arccos \left(\frac{200 \times \cos 60° + 200}{400} \right) = 41.4096°$$

$$T_4 = \arccos \left(\frac{R_2 \cdot \cos X_4 + E}{R_1} \right) = \arccos \left(\frac{200 \times \cos 90° + 200}{400} \right) = 60°$$

$$T_5 = \arccos\left(\frac{R_2 \cdot \cos X_5 + E}{R_1}\right) = \arccos\left(\frac{200 \times \cos 120° + 200}{400}\right) = 75.5225°$$

$$T_6 = \arccos\left(\frac{R_2 \cdot \cos X_6 + E}{R_1}\right) = \arccos\left(\frac{200 \times \cos 150° + 200}{400}\right) = 86.159°$$

$$T_7 = \arccos\left(\frac{R_2 \cdot \cos X_7 + E}{R_1}\right) = \arccos\left(\frac{200 \times \cos 180° + 200}{400}\right) = 90°$$

$$B_1 = \frac{T_1 \cdot \pi \cdot R_1}{180°} = \frac{0° \times 3.1416 \times 400}{180°} = 0$$

$$B_2 = \frac{T_2 \cdot \pi \cdot R_1}{180°} = \frac{21.0906° \times 3.1416 \times 400}{180°} = 147.2$$

$$B_3 = \frac{T_3 \cdot \pi \cdot R_1}{180°} = \frac{41.4096° \times 3.1416 \times 400}{180°} = 289.1$$

$$B_4 = \frac{T_4 \cdot \pi \cdot R_1}{180°} = \frac{60° \times 3.1416 \times 400}{180°} = 418.9$$

$$B_5 = \frac{T_5 \cdot \pi \cdot R_1}{180°} = \frac{75.5225° \times 3.1416 \times 400}{180°} = 527.2$$

$$B_6 = \frac{T_6 \cdot \pi \cdot R_1}{180°} = \frac{86.159° \times 3.1416 \times 400}{180°} = 601.5$$

$$B_7 = \frac{T_7 \cdot \pi \cdot R_1}{180°} = \frac{90° \times 3.1416 \times 400}{180°} = 628.3$$

三、用光盘计算举例

已知条件同上，计算结果如图 10-4-5 所示。

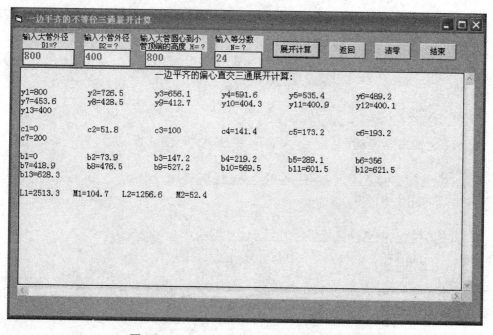

图 10-4-5　一边平齐的直交三通管光盘计算举例

10.5 斜 交 等 径 三 通

一、说明

图 10-5-1 为斜交等径三通立体图，图 10-5-2 为总图，图 10-5-3 为斜交等径三通光盘计算举例，图中各参数符号的含义与总图相同，符号含义如下：

D——管直径；

B——主管与支管夹角；

N——圆周等分数；

Y_i——支管展开素线长度；

C_i——主管孔宽度展开素线长度；

L——圆周长；

M——周长每等分值。

图 10-5-1 斜交等径三通立体图

二、用公式计算举例

已知条件：$D=325$，$B=60°$，$N=16$

计算式：

圆周每个等分点对应的圆心角为：

$$X_i = (i-1) \cdot \frac{360°}{N} \text{（通用计算式，} i \text{ 为等点的编号）}$$

$$X_1 = (1-1) \cdot \frac{360°}{16} = 0° \qquad X_2 = (2-1) \times \frac{360°}{16} = 22.5°$$

$$X_3 = (3-1) \times 22.5° = 45° \qquad X_4 = 3 \times 22.5° = 67.5°$$

$$X_5 = 90° \qquad X_6 = (6-1) \times 22.5° = 112.5°$$

$$X_7 = 6 \times 22.5° = 135° \qquad X_8 = 7 \times 22.5° = 157.5°$$

$$X_9 = 8 \times 22.5° = 180° \qquad R = \frac{D}{2} = \frac{325}{2} = 162.5$$

$$Y_1 = \frac{R \cdot (1-\cos X_1)}{\tan\left(\frac{B}{2}\right)} = \frac{162.5 \times (1-\cos 0°)}{\tan\left(\frac{60°}{2}\right)} = 0 = C_1$$

$$Y_2 = \frac{R \cdot (1-\cos X_2)}{\tan\left(\frac{B}{2}\right)} = \frac{162.5 \times (1-\cos 22.5°)}{\tan\left(\frac{60°}{2}\right)} = 21.4 = C_2$$

$$Y_3 = \frac{R \cdot (1-\cos X_3)}{\tan\left(\frac{B}{2}\right)} = \frac{162.5 \times (1-\cos 45°)}{\tan 30°} = 82.4 = C_3$$

$$Y_4 = \frac{162.5 \times (1-\cos 67.5°)}{\tan 30°} = 173.7 = C_4$$

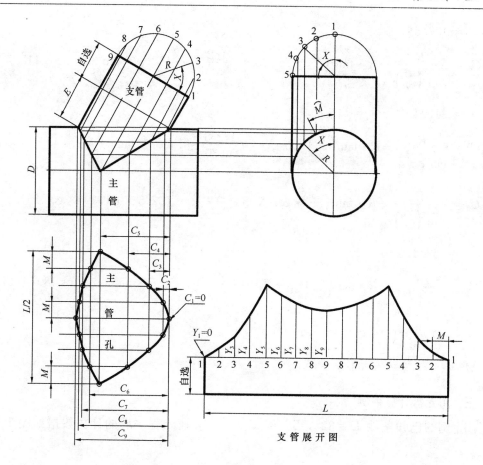

图 10-5-2 斜交等径三通总图

$$Y_5 = \frac{162.5 \times (1 - \cos 90°)}{\tan 30°} = 281.5 = C_5$$

当 $X_i > 90°$ 时

$$E = Y\left(\frac{N}{4} + 1\right) - \frac{D}{2}\tan\left(\frac{B}{2}\right) = Y_5 - R \cdot \tan\left(\frac{B}{2}\right) = 281.5 - 162.5 \times \tan 30° = 187.68$$

$$Y_6 = E + \frac{D}{2}(1 + \cos X_6) \cdot \tan\left(\frac{B}{2}\right) = 187.68 + 162.5 \times (1 + \cos 112.5°) \times \tan 30°$$
$$= 245.6$$

$$Y_7 = E + \frac{D}{2}(1 + \cos X_7) \cdot \tan\left(\frac{B}{2}\right) = 187.68 + 162.5 \times (1 + \cos 135°) \times \tan 30°$$
$$= 215.1$$

$$Y_8 = E + \frac{D}{2}(1 + \cos X_8) \cdot \tan\left(\frac{B}{2}\right) = 187.68 + 162.5 \times (1 + \cos 157.5°) \times \tan 30°$$
$$= 194.8$$

$$Y_9 = E + \frac{D}{2}(1 + \cos X_9) \cdot \tan\left(\frac{B}{2}\right) = 187.68 + 162.5 \times (1 + \cos 180°) \times \tan 30°$$

$$= 187.68$$

$$C_6 = \frac{R}{\tan\left(\dfrac{B}{2}\right)} - R \cdot \tan\left(\frac{B}{2}\right) \cdot \cos X_6 = \frac{162.5}{\tan 30°} - 162.5 \times \tan 30° \times \cos 112.5°$$

$$= 317.4$$

$$C_7 = \frac{R}{\tan\left(\dfrac{B}{2}\right)} - R \cdot \tan\left(\frac{B}{2}\right) \cdot \cos X_7 = \frac{162.5}{\tan 30°} - 162.5 \times \tan 30° \times \cos 135° = 347.8$$

$$C_8 = \frac{R}{\tan\left(\dfrac{B}{2}\right)} - R \cdot \tan\left(\frac{B}{2}\right) \cdot \cos X_8 = \frac{162.5}{\tan 30°} - 162.5 \times \tan 30° \times \cos 157.5°$$

$$= 368.1$$

$$C_9 = \frac{R}{\tan\left(\dfrac{B}{2}\right)} - R \cdot \tan\left(\frac{B}{2}\right) \cdot \cos X_9 = \frac{162.5}{\tan 30°} - 162.5 \times \tan 30° \times \cos 180° = 375.3$$

$$L = \pi D = 3.1416 \times 325 = 1021$$

$$M = \frac{L}{N} = \frac{1021}{16} = 63.8$$

三、用光盘计算举例

用上例的已知条件 $D=325$，$B=60°$，$N=16$，输入程序后的计算数据如图 10-5-3 所示。

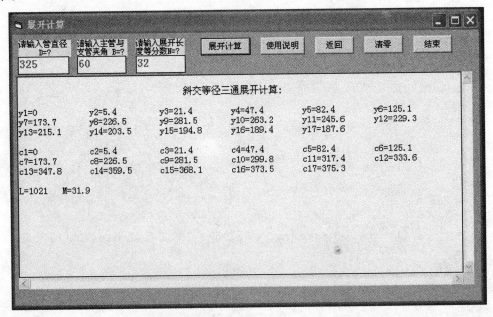

图 10-5-3 斜交等径三通光盘计算举例

10.6　斜交异径三通

一、说明

图 10-6-1 为斜交异径三通的立体图，图 10-6-2 为其总图和展开图，总图中的等分数取 12，主要考虑到图形清楚简明，在实际工程中，等分数应根据构件的大小确定，构件大时，等分数取值也要大一些。

二、公式计算举例

已知：主管外径 $D_1=500$，支管外径 $D_2=450$，主支管中心线夹角 $B=60°$，圆周等分数 $N=12$

计算式：

$$R_1=\frac{D_1}{2}=\frac{500}{2}=250$$

图 10-6-1　斜交异径三通立体图

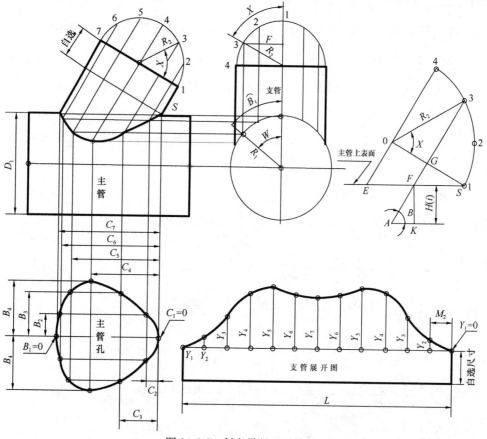

图 10-6-2　斜交异径三通总图

$$R_2 = \frac{D_2}{2} = \frac{450}{2} = 225$$

圆周上每个等分点所对应的圆心角为：

$$X_1 = \frac{(i-1) \times 360°}{N} = \frac{(1-1) \times 360°}{12} = 0° \qquad X_2 = \frac{(2-1) \times 360°}{N} = \frac{360°}{12} = 30°$$

$$X_3 = \frac{(3-1) \times 360°}{12} = 60° \qquad X_4 = \frac{(4-1) \times 360°}{12} = 90°$$

$$X_5 = \frac{(5-1) \times 360°}{12} = 120° \qquad X_6 = \frac{(6-1) \times 360°}{12} = 150°$$

$$X_7 = \frac{(7-1) \times 360°}{12} = 180°$$

$$F_1 = R_2 \times \sin X_1 = 225 \times \sin 0° = 0$$

$$F_2 = R_2 \times \sin X_2 = 225 \times \sin 30° = 112.5$$

$$F_3 = 225 \times \sin 60° = 194.86 \qquad F_4 = 225 \times \sin 90° = 225$$

$$F_5 = 225 \times \sin 120° = 194.86 \qquad F_6 = 225 \times \sin 150° = 112.5$$

$$F_7 = 225 \times \sin 180° = 0$$

$$H_1 = \sqrt{R_1^2 - F_1^2} = \sqrt{250^2 - 0^2} = 250 \qquad H_2 = \sqrt{R_1^2 - F_2^2} = \sqrt{250^2 - 112.5^2} = 223.26$$

$$H_3 = \sqrt{R_1^2 - F_3^2} = 156.62 \qquad H_4 = \sqrt{R_1^2 - F_4^2} = \sqrt{250^2 - 225^2} = 108.97$$

$$H_5 \sqrt{R_1^2 - F_5^2} = \sqrt{250^2 - 194.86^2} = 156.62 \qquad H_6 = H_2 = 223.6 \qquad H_7 = H_1 = 250$$

$$Z_1 = R_1 - H_1 = 250 - 250 = 0 \qquad Z_2 = R_1 - H_2 = 250 - 223.6 = 26.5$$

$$Z_3 = R_1 - H_3 = 250 - 156.62 = 93.38 \qquad Z_4 = R_1 - H_4 = 250 - 108.97 = 141$$

$$Z_5 = R_1 - H_5 = 250 - 156.62 = 93.38 \qquad Z_6 = R_1 - H_6 = 250 - 223.6 = 26.5$$

$$Z_7 = R_1 - H_7 = 250 - 250 = 0$$

1. 计算支管展开素线的长度

$$Y_1 = \frac{R_2 \cdot (1 - \cos X_i)}{\tan B} + \frac{Z_i}{\sin B} = \frac{R_2 \cdot (1 - \cos X_1)}{\tan B} + \frac{Z_1}{\sin B}$$

$$= \frac{225 \times (1 - \cos 0°)}{\tan 60°} + \frac{0}{\sin 60°} = 0$$

$$Y_2 = \frac{R_2 \cdot (1 - \cos X_2)}{\tan B} + \frac{Z_2}{\sin B} = \frac{225 \times (1 - \cos 30°)}{\tan 60°} + \frac{26.5}{\sin 60°} = 48$$

$$Y_3 = \frac{R_2 \cdot (1 - \cos X_3)}{\tan B} + \frac{Z_3}{\sin B} = \frac{225 \times (1 - \cos 60°)}{\tan 60°} + \frac{93.38}{\sin 60°} = 172.8$$

$$Y_4 = \frac{R_2 \cdot (1 - \cos X_4)}{\tan B} + \frac{Z_4}{\sin B} = \frac{225 \times (1 - \cos 90°)}{\tan 60°} + \frac{141}{\sin 60°} = 292.7$$

$$Y_5 = \frac{R_2 \cdot (1 - \cos X_5)}{\tan B} + \frac{Z_5}{\sin B} = \frac{225 \times (1 - \cos 120°)}{\tan 60°} + \frac{93.38}{\sin 60°} = 302.68$$

$$Y_6 = \frac{R_2 \cdot (1 - \cos X_6)}{\tan B} + \frac{Z_6}{\sin B} = \frac{225 \times (1 - \cos 150°)}{\tan 60°} + \frac{26.5}{\sin 60°} = 273$$

$$Y_7 = \frac{R_2 \cdot (1 - \cos X_7)}{\tan B} + \frac{Z_7}{\sin B} = \frac{225 \times (1 - \cos 180°)}{\tan 60°} + \frac{0}{\sin 60°} = 259.8$$

2. 计算主算孔的展开尺寸（$i = 1, 2, \cdots\cdots, 7$）

$$P_1 = \frac{Z_i}{\tan B} = \frac{Z_1}{\tan B} = \frac{0}{\tan 60°} = 0$$

$$P_2 = \frac{Z_2}{\tan B} = \frac{26.5}{\tan 60°} = 15.3$$

$$P_3 = \frac{Z_3}{\tan B} = \frac{93.38}{\tan 60°} = 53.9$$

$$P_4 = \frac{Z_4}{\tan B} = \frac{141}{\tan 60°} = 81.4$$

$$P_5 = \frac{Z_5}{\tan B} = \frac{93.38}{\tan 60°} = 53.9$$

$$P_6 = \frac{Z_6}{\tan B} = \frac{26.5}{\tan 60°} = 15.3$$

$$P_7 = \frac{Z_7}{\tan B} = \frac{0}{\tan 60°} = 0$$

$$C_1 = P_i + \frac{R_2(1 - \cos X_i)}{\sin B} = P_1 + \frac{R_2(1 - \cos X_1)}{\sin B} = 0 + \frac{225 \times (1 - \cos 0°)}{\sin 60°} = 0$$

$$C_2 = P_2 + \frac{R_2(1 - \cos X_2)}{\sin B} = 15.3 + \frac{225 \times (1 - \cos 30°)}{\sin 60°} = 50.1$$

$$C_3 = P_3 + \frac{R_2(1 - \cos X_3)}{\sin B} = 53.9 + \frac{225 \times (1 - \cos 60°)}{\sin 60°} = 183.8$$

$$C_4 = P_4 + \frac{R_2(1 - \cos X_4)}{\sin B} = 81.4 + \frac{225 \times (1 - \cos 90°)}{\sin 60°} = 341.2$$

$$C_5 = P_5 + \frac{R_2(1 - \cos X_5)}{\sin B} = 53.9 + \frac{225 \times (1 - \cos 120°)}{\sin 60°} = 443.6$$

$$C_6 = P_6 + \frac{R_2(1 - \cos X_6)}{\sin B} = 15.3 + \frac{225 \times (1 - \cos 150°)}{\sin 60°} = 500.1$$

$$C_7 = P_7 + \frac{R_2(1 - \cos X_7)}{\sin B} = 0 + \frac{225 \times (1 - \cos 180°)}{\sin 60°} = 519.6$$

$$W_1 = \arcsin\left(\frac{F_1}{R_1}\right) = \arcsin\left(\frac{0}{250}\right) = 0°$$

$$W_2 = \arcsin\left(\frac{F_2}{R_1}\right) = \arcsin\left(\frac{112.5}{250}\right) = 26.7437°$$

$$W_3 = \arcsin\left(\frac{F_3}{R_1}\right) = \arcsin\left(\frac{194.86}{250}\right) = 51.2093°$$

$$W_4 = \arcsin\left(\frac{F_4}{R_1}\right) = \arcsin\left(\frac{225}{250}\right) = 64.158°$$

$$W_5 = \arcsin\left(\frac{F_5}{R_1}\right) = \arcsin\left(\frac{194.86}{250}\right) = 51.2093°$$

$$W_6 = \arcsin\left(\frac{F_6}{R_1}\right) = \arcsin\left(\frac{112.5}{250}\right) = 26.7437°$$

$$W_7 = \arcsin\left(\frac{F_7}{R_1}\right) = \arcsin\left(\frac{0}{250}\right) = 0°$$

$$B_1 = \frac{W_1}{180°} \cdot \pi \cdot R_1 = \frac{0°}{180°} \times \pi \times 250 = 0$$

$$B_2 = \frac{W_2}{180°}\pi R_1 = \frac{26.7437°}{180°} \times 3.1416 \times 250 = 116.7$$

$$B_3 = \frac{W_3}{180°}\pi R_1 = \frac{51.2093°}{180°} \times 3.1416 \times 250 = 223.4$$

$$B_4 = \frac{W_4}{180°}\pi R_1 = \frac{64.158°}{180°} \times 3.1416 \times 250 = 279.9$$

$$L_1 = \pi D_1 = 3.1416 \times 500 = 1570.8$$

$$L_2 = \pi(D_2 + 1) = 3.1416 \times (450 + 1) = 1416.9$$

$$M_2 = \frac{L_2}{N} = \frac{1416.9}{12} = 118.1$$

三、用光盘计算举例

光盘计算结果如图 10-6-3 所示。

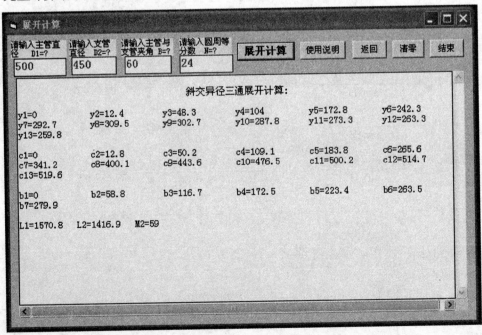

图 10-6-3　斜交异径三通管光盘计算举例

10.7　Y 形 等 径 三 通

一、说明

图 10-7-1 为 Y 形等径三通的立体图，图 10-7-2 为总图和展开图，支管两节对称，因此计算一节支管的展开尺寸就行了。

二、用公式计算举例

已知：$D=450$，$T=6$，$B=90°$，$N=16$，T 为壁厚

$$R = \frac{D}{2} = \frac{450}{2} = 225$$

$$E = \frac{R}{\tan\left(\dfrac{B}{2}\right)} - R\tan\left(\frac{B}{4}\right)$$

$$= \frac{225}{\tan 45°} - 225 \times \tan 22.5°$$

$$= 131.8$$

图 10-7-1　Y 形等径三通立体图

圆周上每等分点所对的圆心角为：

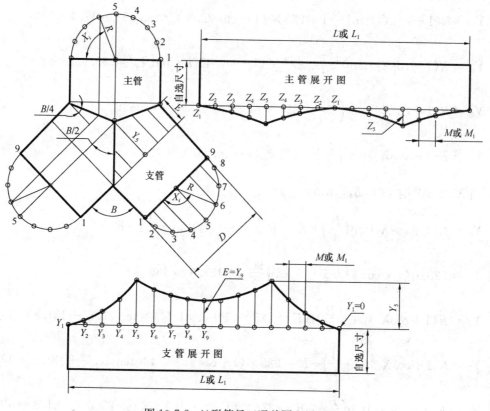

图 10-7-2　Y 形等径三通总图和展开图

$$X_1 = \frac{(i-1) \times 360°}{N} = \frac{(1-1) \times 360°}{16} = 0°$$

$$X_2 = \frac{(2-1) \times 360°}{16} = 22.5°$$

$$X_3 = 2 \times 22.5° = 45°$$

$$X_4 = 3 \times 22.5° = 67.5°$$

$$X_5 = 4 \times 22.5° = 90°$$

$$X_6 = 5 \times 22.5° = 112.5°$$

$$X_7 = 6 \times 22.5° = 135°$$

$$X_8 = 7 \times 22.5° = 157.5°$$

$$X_9 = 8 \times 22.5° = 180°$$

1. 计算支管的展开尺寸

当 $X_i \leqslant 90°$ 时 $(i = 1,2,3,4,5)$

$$Y_1 = R(1 - \cos X_i)\tan\left(\frac{B}{2}\right) = R(1 - \cos X_1) \cdot \tan\left(\frac{B}{2}\right)$$

$$= 225 \times (1 - \cos 0°) \cdot \tan\left(\frac{90°}{2}\right) = 0$$

$$Y_2 = R(1 - \cos X_2)\tan\left(\frac{B}{2}\right) = 225 \times (1 - \cos 22.5°) \times \tan 45° = 17.1$$

$$Y_3 = R(1 - \cos X_3)\tan\left(\frac{B}{2}\right) = 225 \times (1 - \cos 45°) \times \tan 45° = 65.9$$

$$Y_4 = R(1 - \cos X_4)\tan\left(\frac{B}{2}\right) = 225 \times (1 - \cos 67.5°) = 138.9$$

$$Y_5 = R(1 - \cos X_5)\tan\left(\frac{B}{2}\right) = 225 \times (1 - \cos 90°) = 225$$

当 $X_i > 90°$ 时 $(i = 6,7,8,9)$

$$Y_6 = R(1 + \cos X_i)\tan\left(\frac{B}{4}\right) + E = R(1 + \cos X_6)\tan\left(\frac{B}{4}\right) + E$$

$$= 225 \times (1 + \cos 112.5°) \times \tan\left(\frac{90°}{4}\right) + 131.8 = 189.3$$

$$Y_7 = R(1 + \cos X_7)\tan\left(\frac{B}{4}\right) + E = 225 \times (1 + \cos 135°) \times \tan 22.5° + 131.8 = 159.1$$

$$Y_8 = R(1 + \cos X_8)\tan\left(\frac{B}{4}\right) + E = 225 \times (1 + \cos 157.5°) \times \tan 22.5° + 131.8 = 138.9$$

$$Y_9 = R(1 + \cos X_9)\tan\left(\frac{B}{4}\right) + E = 225 \times (1 + \cos 180°) \times \tan 22.5° + 131.8 = 131.8$$

$$L_1 = \pi\,(D+1) = 3.1416 \times (450+1) = 1416.9 \qquad M_1 = \frac{L_1}{N} = \frac{1416.9}{16} = 88.6$$

2. 计算主管的展开尺寸 $(i = 1,2,3,4,5)$

$$Z_1 = R(1-\cos X_i)\tan\left(\frac{B}{4}\right) = 225 \times (1-\cos 0°) \times \tan\frac{90°}{4} = 0$$

$$Z_2 = R(1-\cos X_2)\tan\left(\frac{B}{4}\right) = 225 \times (1-\cos 22.5°) \times \tan 22.5° = 7.1$$

$$Z_3 = R(1-\cos X_3)\tan\left(\frac{B}{4}\right) = 225 \times (1-\cos 45°) \times \tan 22.5° = 27.3$$

$$Z_4 = R(1-\cos X_4)\tan\left(\frac{B}{4}\right) = 225 \times (1-\cos 67.5°) \times \tan 22.5° = 57.5$$

$$Z_5 = R(1-\cos X_5)\tan\left(\frac{B}{4}\right) = 225 \times (1-\cos 90°) \times \tan 22.5° = 93.2$$

$$L = 3.1416 \times (D-T) = 3.1416 \times (450-6) = 1394.9$$

$$M = \frac{L}{N} = \frac{1394.9}{16} = 87.2$$

三、用光盘计算举例

用前面公式计算法的已知条件输入程序后的计算数据如图 10-7-3 所示。

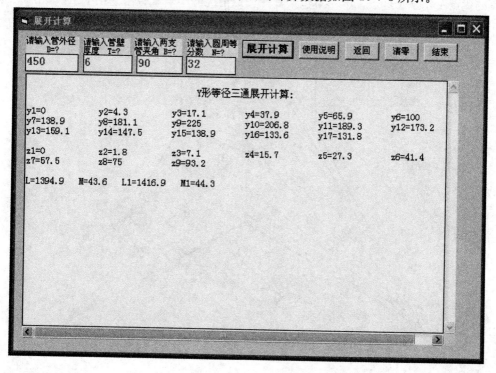

图 10-7-3　Y 形等径三通管光盘计算举例

10.8 Y 形 渐 缩 三 通

一、说明

图 10-8-1 为 Y 形渐缩三通的立体图，图 10-8-2 为主视图，图 10-8-3 为主管展开图，图 10-8-4 为支管的展开图，图 10-8-5 为 Y 形渐缩三通光盘计算实例。

展开图以 12 等分为例，实际工程中应按构件大小确定等分数 N 的大小，需说明的是在支管展开图中对尺寸 C 的确定，图例中是以第 4 点为圆心，C 为半径画弧，但当 N 不等于 12 时的圆心点为第 $\frac{N}{4}+1$ 点，例如当 $N=16$ 时的圆心点为 $\frac{16}{4}+1$ $=5$。

本小节的展开计算由于计算公式复杂，计算一根展开素线都要花去不少时间，等分数稍多时用手

图 10-8-1 Y 形渐缩三通立体图

工计算（用计算器计算）就力不从心了，时间久了还容易出现差错，此时就会显出用光盘计算的优点了，基于这点，本小节包括其他类似情况的小节就省略了用手工计算的过程。

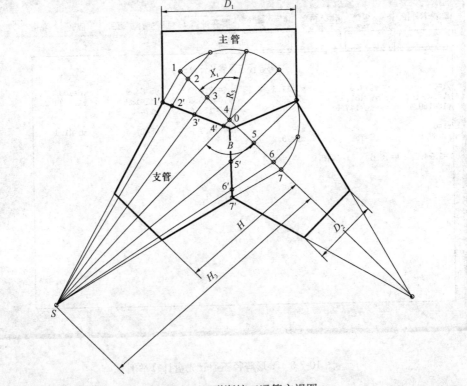

图 10-8-2 Y 形渐缩三通管主视图

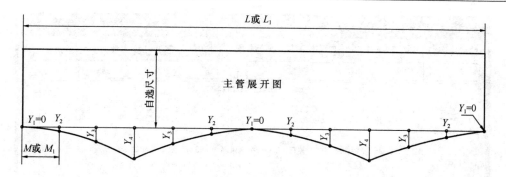

图 10-8-3 Y 形渐缩三通主管展开图

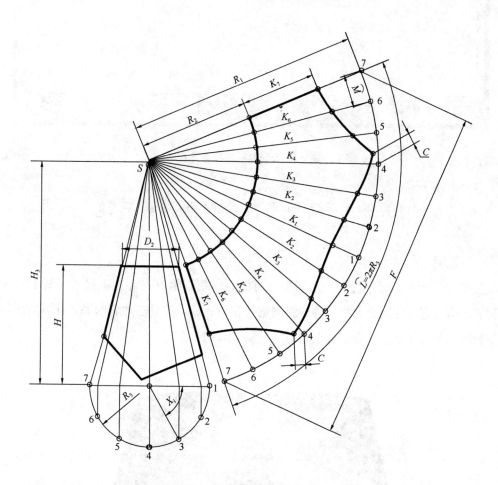

图 10-8-4 Y 形渐缩三图支管展开图

二、用光盘计算举例

已知 Y 形渐缩弯头主管外径 $D_1=650$，支管端口外径 $D_2=320$

主支管中轴线交点 O 到支管端口平面的距离 $H=650$

两支管中轴线的夹角 $B=90°$，取圆周等分数 $N=24$

将上述已知数据输入程序后的计算结果如图 10-8-5 所示。

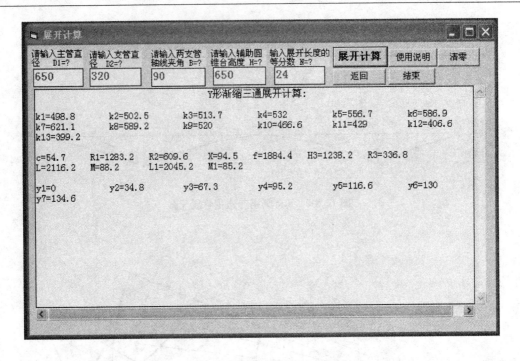

图 10-8-5　Y 形渐缩三通光盘计算举例

10.9　两端面平行的 Y 形渐缩三通

一、说明

图 10-9-1 为两端面平行的 Y 形渐缩三通的立体图，图 10-9-2 为主视图，图 10-9-3 为支管展开图。它是由两个大小相等的斜圆锥管相贯而成，这种三通管的展开计算方法与斜圆锥相同，但另外还需计算锥底至相贯线一段素线的长度。

图 10-9-1　两端口平行的 Y 形渐缩三通管立体图

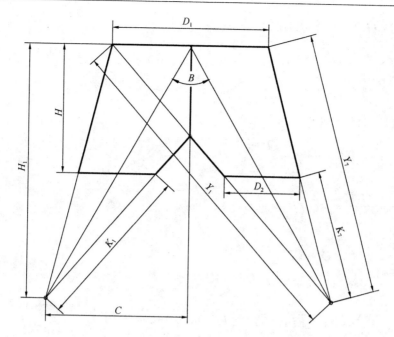

图 10-9-2 两端面平行的 Y 形渐缩三通主视图

说明:Y_1~Y_7分别表示锥顶点S到点1′至7′的长度。

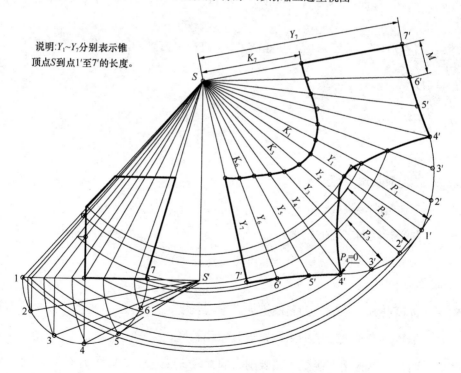

图 10-9-3 两端面平行的 Y 形渐缩三通支管展开图

二、计算公式

已知条件:D_1,D_2,H,B,N

计算式:

$$H_1 = \frac{D_1 H}{D_1 - D_2}$$

$$C = H_1 \tan\left(\frac{B}{2}\right)$$

$$B_1 = (H_1 - H)\tan\left(\frac{B}{2}\right)$$

$$X_i = (i-1)\frac{360°}{N}$$

$$E_i = \frac{H_1}{C + \dfrac{D_1}{2}\cos X_i}$$

$$G_i = \arctan\left[\frac{D_1 \sin X_i}{2\left(C + \dfrac{D_1}{2}\cos X_i\right)}\right]$$

$$P_i = \frac{D_1 \cos X_i}{2\cos G_i} \cdot \sqrt{1 + E_i^2 \cos^2 G_i} \quad \left(i = 1, 2 \cdots\cdots, \frac{N}{4} + 1\right)$$

$$Y_i = \sqrt{\left(C + \frac{D_1}{2}\cos X_i\right)^2 + \left(\frac{D_1}{2}\sin X_i\right)^2 + H_1^2} \quad \left(i = 1, 2, \cdots\cdots, \frac{N}{2} + 1\right)$$

$$K_i = \sqrt{\left(B_1 + \frac{D_2}{2}\cos X_i\right)^2 + \left(\frac{D_2}{2}\sin X_i\right)^2 + (H_1 - H)^2} \quad \left(i = 1, 2, \cdots\cdots, \frac{N}{2} + 1\right)$$

$$L = \pi D_1$$

$$M = \frac{L}{N}$$

符号含义：

D_1——三通管大端直径；

D_2——三通管小端直径；

H——两平行端面之间的距离；

B——两管轴线夹角；

N——圆周等分数；

K_i——锥顶点 S 至小端辅助斜圆锥展开素线长度；

Y_i——锥顶点 S 至大端辅助斜圆锥展开素线长度；

P_i——两斜圆锥管相贯线至大端被削去的素线长度。

三、用公式计算举例（略）

四、用光盘计算举例

已知：三通上端口直径 $D_1 = 500$，下端口直径 $D_2 = 250$，上下口的平行距离 $H = 400$，两支管中轴线的夹角 $B = 60°$ 等分数取 $N = 12$

将上面数据输入程序后的计算结果如图 10-9-4 所示。

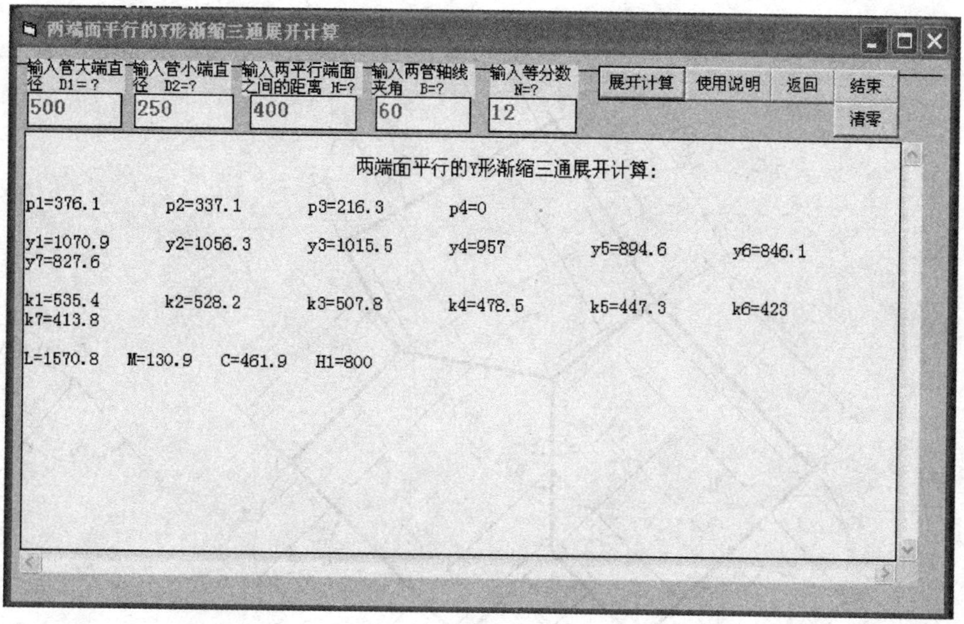

```
两端面平行的Y形渐缩三通展开计算                                    _ □ ×

输入管大端直   输入管小端直   输入两平行端面   输入两管轴线   输入等分数
径 D1＝?       径 D2＝?        之间的距离 H＝?   夹角 B＝?      N＝?      展开计算  使用说明  返回  结束

500          250           400             60          12                                清零

              两端面平行的Y形渐缩三通展开计算:

p1=376.1        p2=337.1        p3=216.3        p4=0

y1=1070.9       y2=1056.3       y3=1015.5       y4=957        y5=894.6      y6=846.1
y7=827.6

k1=535.4        k2=528.2        k3=507.8        k4=478.5      k5=447.3      k6=423
k7=413.8

L=1570.8   M=130.9   C=461.9   H1=800
```

图 10-9-4 两端面平行的丫形渐缩三通光盘计算举例

10.10 不对称丫形等径三通

一、说明

图 10-10-1 为不对称丫形等径三通的立体图，图 10-10-2 为主视图，图 10-10-3～图 10-10-5 为展开图。当 $B_1＝B_2＝120°$ 时，本节程序的计算结果与对称丫形等径三通程序的计算结果完全相同。

图 10-10-1 不对称丫形等径三通立体图

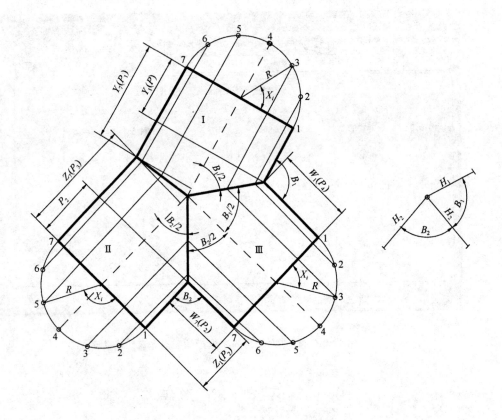

图 10-10-2　不对称 Y 形等径三通主视图

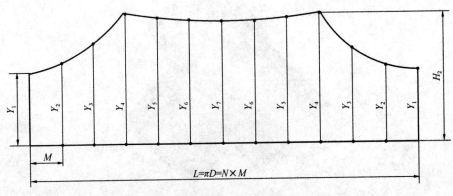

图 10-10-3　不对称 Y 形等径三通第一节展开图

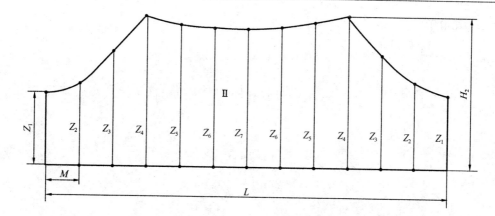

图 10-10-4 不对称丫形等径三通第二节展开图

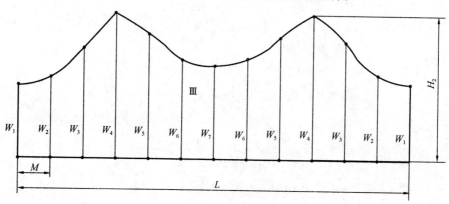

图 10-10-5 不对称丫形等径三通第三节展开图

二、计算公式

1. 已知条件：D，B_1，B_2，H_1，H_2，N

（1）第 I 节

$$P = H_1 - \frac{D}{2}\tan\left(90° - \frac{B_1}{2}\right)$$

$$P_1 = H_1 - \frac{D}{2}\tan\left(\frac{B_1 + B_2}{2} - 90°\right)$$

$$X_1 = (i-1)\frac{360°}{N} \quad \left(i = 1, 2, \cdots\cdots, \frac{N}{2}+1\right)$$

当 $0° \leqslant X_i \leqslant 90°$ 时

$$Y_i = P + \frac{D(1 - \cos X_i)}{2\tan\left(\frac{B_1}{2}\right)} \quad \left(i = 1, 2, \cdots\cdots, \frac{N}{2}+1\right)$$

当 $90° < X_i \leqslant 180°$ 时

$$Y_i = P_1 - \frac{D(1 + \cos X_i)}{2\tan\left(\frac{B_1 + B_2}{2}\right)} \quad \left(i = 1, 2, \cdots\cdots, \frac{N}{2}+1\right)$$

（2）第Ⅱ节

$$P_2 = H_2 - \frac{D}{2}\tan\left(90° - \frac{B_2}{2}\right)$$

$$P_3 = H_2 - \frac{D}{2}\tan\left(\frac{B_1 + B_2}{2} - 90°\right)$$

当 $0°\leqslant X_i\leqslant 90°$ 时

$$Z_i = \frac{D(1-\cos X_i)}{2\tan\left(\frac{B_2}{2}\right)} + P_2$$

当 $90°< X_i\leqslant 180°$ 时

$$Z_i = P_3 - \frac{D(1+\cos X_i)}{2\tan\left(\frac{B_1 + B_2}{2}\right)}$$

（3）第Ⅲ节

$$P_4 = H_2 - \frac{D}{2}\tan\left(90° - \frac{B_1}{2}\right)$$

当 $0°\leqslant X_i\leqslant 90°$ 时

$$W_i = P_4 + \frac{D(1-\cos X_i)}{2\tan\left(\frac{B_1}{2}\right)}$$

当 $90°< X_i\leqslant 180°$ 时

$$W_i = P_2 + \frac{D(1+\cos X_i)}{2\tan\left(\frac{B_2}{2}\right)} \quad \left(以上\ i = 1,2,\cdots\cdots,\frac{N}{2}+1\right)$$

2. 符号含义

D——管子直径；

B_2——两支管（第Ⅱ，第Ⅲ节）轴线的夹角；

B_1——支管与主管两轴线的夹角；

H_1——主管端面至轴线交点的距离；

H_2——支管端面至轴线交点的距离。

其他符号含义与图中和程序一致。

三、计算举例

已知：$D=400$，$B_1=105°$，$B_2=90°$，$H_1=400$，$H_2=800$，$N=12$

1. 第Ⅰ节

$$P = H_1 - \frac{D}{2}\tan\left(90° - \frac{B_1}{2}\right) = 400 - \frac{400}{2}\times\tan\left(90° - \frac{105°}{2}\right) = 246.53$$

$$P_1 = H_1 - \frac{D}{2}\tan\left(\frac{B_1 + B_2}{2} - 90°\right) = 400 - \frac{400}{2} \times \tan\left(\frac{105° + 90°}{2} - 90°\right) = 373.7$$

$$X_1 = (i-1)\frac{360°}{N} = (1-1) \times \frac{360°}{12} = 0° \qquad X_2 = (2-1) \times \frac{360°}{12} = 30°$$

$$X_3 = 2 \times 30° = 60° \qquad X_4 = 3 \times 30° = 90° \qquad X_5 = 4 \times 30° = 120°$$

$$X_6 = 5 \times 30° = 150° \qquad X_7 = 6 \times 30° = 180°$$

当 $0° \leqslant X_i \leqslant 90°$ 时：

$$Y_1 = P + \frac{D}{2} \cdot \frac{(1 - \cos X_1)}{\tan\left(\frac{B_1}{2}\right)} = 246.53 + \frac{400}{2} \times \frac{(1 - \cos 0°)}{\tan\left(\frac{105°}{2}\right)} = 246.53$$

$$Y_2 = P + \frac{D}{2} \cdot \frac{(1 - \cos X_2)}{\tan\left(\frac{B_1}{2}\right)} = 246.53 + \frac{400}{2} \times \frac{(1 - \cos 30°)}{\tan\left(\frac{105°}{2}\right)} = 267.1$$

$$Y_3 = P + \frac{D}{2} \cdot \frac{(1 - \cos X_3)}{\tan\left(\frac{B_1}{2}\right)} = 246.53 + \frac{400}{2} \times \frac{(1 - \cos 60°)}{\tan\left(\frac{105°}{2}\right)} = 323.3$$

$$Y_4 = P + \frac{D}{2} \cdot \frac{(1 - \cos X_4)}{\tan\left(\frac{B_1}{2}\right)} = 246.53 + \frac{400}{2} \times \frac{(1 - \cos 90°)}{\tan\left(\frac{105°}{2}\right)} = 400$$

当 $X_i > 90°$ 时即 $i > \frac{N}{4} + 1$ 时：（本例中当 $i > \frac{12}{4} + 1$ 即 $i > 4$ 时）

$$P_1 = H_1 - \frac{D}{2}\tan\left(\frac{B_1 + B_2}{2} - 90°\right) = 400 - 200 \times \tan\left(\frac{105° + 90°}{2} - 90°\right) = 373.7$$

$$Y_5 = P_1 - \frac{D}{2} \cdot \frac{(1 + \cos X_5)}{\tan\left(\frac{B_1 + B_2}{2}\right)} = 373.7 - 200 \times \frac{(1 + \cos 120°)}{\tan\left(\frac{105° + 90°}{2}\right)}$$

$$= 373.7 - 200 \times \frac{(1 + \cos 120°)}{(-7.5956)} = 386.8$$

$$Y_6 = P_1 - \frac{D}{2} \cdot \frac{(1 + \cos X_6)}{\tan\left(\frac{B_1 + B_2}{2}\right)} = 373.7 - 200 \times \frac{(1 + \cos 150°)}{(-7.5956)} = 377.2$$

$$Y_7 = P_1 - \frac{D}{2} \cdot \frac{(1 + \cos X_7)}{\tan\left(\frac{B_1 + B_2}{2}\right)} = 373.7 - 200 \times \frac{(1 + \cos 180°)}{(-7.5956)} = 373.7$$

2. 第 Ⅱ 节

$$P_2 = H_2 - \frac{D}{2}\tan\left(90° - \frac{B_2}{2}\right) = 800 - 200 \times \tan\left(90° - \frac{90°}{2}\right) = 600$$

$$P_3 = H_2 - \frac{D}{2}\tan\left(\frac{B_1+B_2}{2}-90°\right) = 800 - 200 \times \tan\left(\frac{105°+90°}{2}-90°\right) = 773.66$$

当 $0° \leqslant X_i \leqslant 90°$ 时

$$Z_1 = P_2 + \frac{D}{2} \cdot \frac{(1-\cos X_1)}{\tan\left(\frac{B_2}{2}\right)} = 600 + 200 \times \frac{(1-\cos 0°)}{\tan\left(\frac{90°}{2}\right)} = 600$$

$$Z_2 = P_2 + \frac{D}{2} \cdot \frac{(1-\cos X_2)}{\tan\left(\frac{B_2}{2}\right)} = 600 + 200 \times (1-\cos 30°) = 626.8$$

$$Z_3 = P_2 + \frac{D}{2} \cdot \frac{(1-\cos X_3)}{\tan\left(\frac{B_2}{2}\right)} = 600 + 200 \times (1-\cos 60°) = 700$$

$$Z_4 = 600 + 200 \times (1-\cos 90°) = 800$$

当 $90° \leqslant X_i \leqslant 180°$ 时

$$Z_5 = P_3 - \frac{D}{2} \cdot \frac{(1+\cos X_5)}{\tan\left(\frac{B_1+B_2}{2}\right)} = 773.66 - 200 \times \frac{(1+\cos 120°)}{(-7.5956)} = 786.8$$

$$Z_6 = P_3 - \frac{D}{2} \cdot \frac{(1+\cos X_6)}{\tan\left(\frac{B_1+B_2}{2}\right)} = 773.66 - 200 \times \frac{(1+\cos 150°)}{(-7.5956)} = 777.2$$

$$Z_7 = P_3 - \frac{D}{2} \cdot \frac{(1+\cos X_7)}{\tan\left(\frac{B_1+B_2}{2}\right)} = 773.66 - 200 \times \frac{(1+\cos 180°)}{(-7.5956)} = 773.66$$

3. 第Ⅲ节

$$P_4 = H_2 - \frac{D}{2}\tan\left(90°-\frac{B_1}{2}\right) = 800 - 200 \times \tan\left(90°-\frac{105°}{2}\right) = 646.53$$

当 $0° \leqslant X_i \leqslant 90°$ 时

$$W_1 = P_4 + \frac{D}{2} \cdot \frac{(1-\cos X_1)}{\tan\left(\frac{B_1}{2}\right)} = 646.53 + 200 \times \frac{(1-\cos 0°)}{\tan\left(\frac{105°}{2}\right)} = 646.53$$

$$W_2 = P_4 + \frac{D}{2} \cdot \frac{(1-\cos X_2)}{\tan\left(\frac{105°}{2}\right)} = 646.53 + 200 \times \frac{(1-\cos 30°)}{\tan 52.5°} = 667.1$$

$$W_3 = P_4 + \frac{D}{2} \cdot \frac{(1-\cos X_3)}{\tan\left(\frac{105°}{2}\right)} = 646.53 + 200 \times \frac{(1-\cos 60°)}{\tan 52.5°} = 723.3$$

$$W_4 = P_4 + \frac{D}{2} \cdot \frac{(1-\cos X_4)}{\tan\left(\frac{105°}{2}\right)} = 646.53 + 200 \times \frac{(1-\cos 90°)}{\tan 52.5°} = 800$$

当 $90° \leqslant X_i \leqslant 180°$ 时 $\left(\text{即当} \dfrac{N}{4}+1 < i \leqslant \dfrac{N}{2}+1 \text{ 时}\right)$

$$W_5 = P_2 + \frac{D}{2} \cdot \frac{(1+\cos X_5)}{\tan\left(\dfrac{B_2}{2}\right)} = 600 + 200 \times \frac{(1+\cos 120°)}{\tan\left(\dfrac{90°}{2}\right)} = 700$$

$$W_6 = P_2 + \frac{D}{2} \cdot \frac{(1+\cos X_6)}{\tan 45°} = 600 + 200 \times (1+\cos 150°) = 626.8$$

$$W_7 = P_2 + \frac{D}{2} \cdot \frac{(1+\cos X_7)}{\tan 45°} = 600 + 200 \times (1+\cos 180°) = 600$$

四、用光盘计算举例

用上例的已知数据输入程序后的计算打印结果如图 10-10-6 所示，各符号含义与图完全一致。

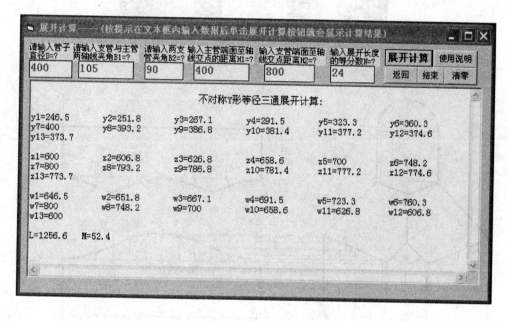

图 10-10-6　不对称 Y 形等径三通光盘计算举例

10.11　等 径 裤 叉 三 通

一、说明

图 10-11-1 为等径裤叉三通管的立体图，图 10-11-2 为总图和展开图，展开图仅以 12 等分示例，实际工程中根据管的大小来选取 N 的大小。

二、用公式计算举例

已知：管径 $D=426$，两支管夹角 $B=90°$，等分数取 $N=12$，主管中轴线至支管中心线距离 $A=500$

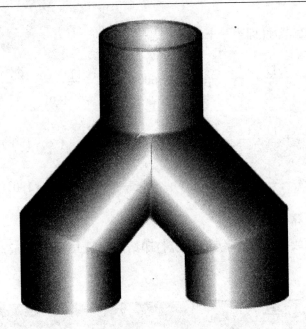

图 10-11-1 裤叉等径三通管立体图

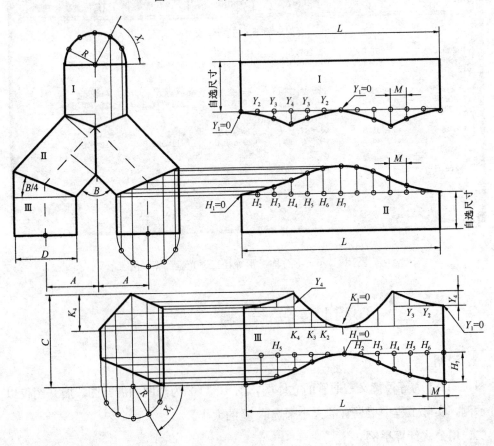

图 10-11-2 裤叉等径三通总图和展开图

计算式：

$$C = \frac{A}{\sin\left(\frac{B}{2}\right)} + \frac{D}{2}\tan\left(\frac{B}{4}\right) = \frac{500}{\sin\left(\frac{90°}{2}\right)} + \frac{426}{2}\times\tan\left(\frac{90°}{4}\right) = 795.3$$

计算各圆周上等分点对应的圆心角：（以下的 i 指等分点 D 的编号）

$$X_1 = (i-1)\frac{360°}{N} = (1-1)\times\frac{360°}{12} = 0° \qquad X_2 = (2-1)\times 30° = 30°$$

$$X_3 = (3-1)\times 30° = 60° \qquad X_4 = (4-1)\times 30° = 90°;$$

$$X_5 = 120° \qquad X_6 = 150° \qquad X_7 = 180°$$

1. 第 I 节：$R = \frac{D}{2} = \frac{426}{2} = 213$

$$Y_1 = \frac{D}{2}(1-\cos X_1)\tan\left(\frac{B}{4}\right) = \frac{426}{2}\times(1-\cos 0°)\times\tan(22.5°) = 0$$

$$Y_2 = R(1-\cos X_2)\tan\left(\frac{B}{4}\right) = 213\times(1-\cos 30°)\times\tan(22.5°) = 11.8$$

$$Y_3 = R(1-\cos X_3)\tan\left(\frac{B}{4}\right) = 213\times(1-\cos 60°)\times\tan(22.5°) = 44.1$$

$$Y_4 = R(1-\cos X_4)\tan\left(\frac{B}{4}\right) = 213\times(1-\cos 90°)\times\tan(22.5°) = 88.2$$

2. 第 II 节：

$$H_1 = Y_1 = 0 \qquad H_2 = Y_2 = 11.8 \qquad H_3 = Y_3 = 44.1 \qquad H_4 = Y_4 = 88.2$$

$$H_5 = R(1-\cos X_5)\tan\left(\frac{B}{4}\right) = 213\times(1-\cos 120)°\times\tan 22.5° = 132.3$$

$$H_6 = R(1-\cos X_6)\tan\left(\frac{B}{4}\right) = 213\times(1-\cos 150°)\times\tan 22.5° = 164.6$$

$$H_7 = R(1-\cos X_7)\tan\left(\frac{B}{4}\right) = 213\times(1-\cos 180°)\times\tan 22.5° = 176.5$$

3. 第 III 节：

H_1 至 H_7 的展开尺寸全同第 II 节的 H_1 至 H_7。

三、用光盘计算举例

用上例的已知数据输入程序后的计算打印数据如图 10-11-3 所示。

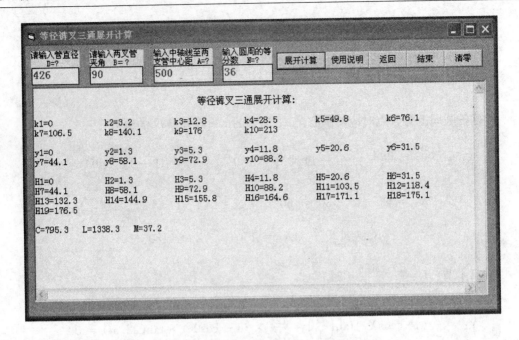

图 10-11-3　等径裤叉三通管光盘计算举例

10.12　裤叉渐缩三通

一、说明

图 10-12-1 为裤叉渐缩三通管的立体图，图 10-12-2 为主视图，图 10-12-3 为主管和支管的展开图，图 10-12-4 为叉管的展开图。计算公式是按先求展开素线两个端点的坐标值作出的，比用三角函数求展开素线的公式略嫌冗长，但对于计算机建立数学模型特有好处，考虑到即使用三角函数公式计算裤衩渐缩三通的展开长度也是十分费时的事，所以本小节略去了用公式计算举例这个环节。

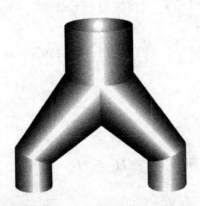

图 10-12-1　裤叉渐缩三通管立体图

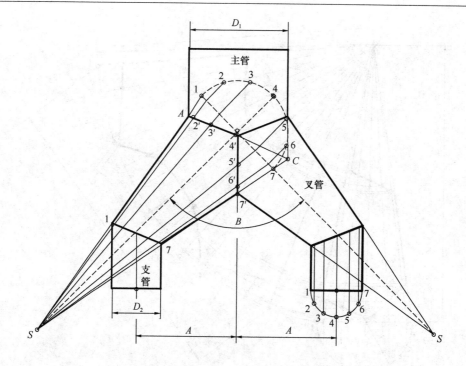

图 10-12-2 裤叉渐缩三通主视图

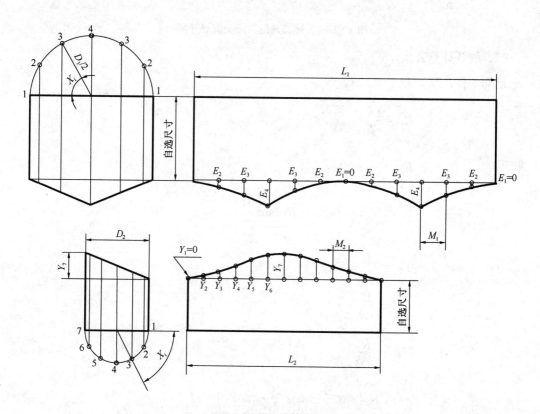

图 10-12-3 裤叉渐缩三通主管和支管展开图

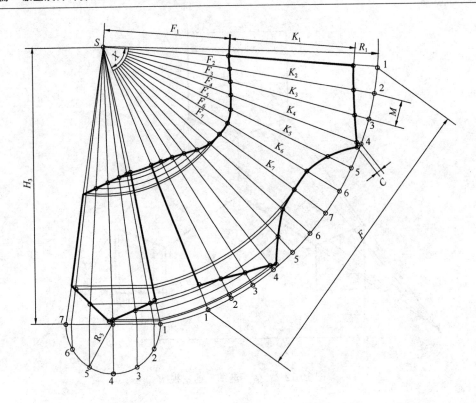

图 10-12-4 裤叉渐缩三通叉管展开图

二、展开计算公式

已知条件：D_1，D_2，B，A，N

$$R_1 = \frac{D_1}{2}$$

$$R_2 = \frac{D_2}{2}$$

$$Y_0 = \arcsin\left[\frac{(R_1 - R_2)\sin\frac{B}{2}}{A}\right]$$

$$Y_1 = 90° - Y_0$$

$$R_3 = \frac{R_1}{\sin Y_1}$$

$$H_3 = \frac{R_1}{\cos Y_1}$$

$$X_A = \frac{R_1\left(\sin\frac{B}{2} + \cos\frac{B}{2} \cdot \tan Y_1\right) - H_3}{\cos\frac{B}{2} - \sin\frac{B}{2} \cdot \tan Y_1} \qquad Y_A = R$$

$$X_C = \frac{R_1\left(\cos\frac{B}{2}\cdot\tan Y_1 - \sin\frac{B}{2}\right) - H_3}{\cos\frac{B}{2} + \sin\frac{B}{2}\cdot\tan Y_1} \qquad Y_C = -R$$

$$X_1 = \frac{(A+R_2)\left(\sin\frac{B}{2} + \cos\frac{B}{2}\cdot\tan Y_1\right) - H_3}{\cos\frac{B}{2} - \sin\frac{B}{2}\cdot\tan Y_1}$$

$$X_7 = \frac{(A-R_2)\left(\sin\frac{B}{2} - \cos\frac{B}{2}\cdot\tan Y_1\right) - H_3}{\cos\frac{B}{2} + \sin\frac{B}{2}\cdot\tan Y_1}$$

$$X_S = -H_3\cos\frac{B}{2}$$

$$Y_S = H_3\sin\frac{B}{2}$$

$$K_1 = \frac{X_C - X_A}{Y_C - Y_A}$$

$$Y_7 = A - R_2$$

$$Y_5 = A + R_2$$

$$K_2 = \frac{X_7 - X_1}{Y_7 - Y_5}$$

$$X_i = (i-1)\frac{360°}{N} \quad \left(i = 1, 2, \cdots\cdots, \frac{N}{2}+1\right)$$

$$X_{(i)} = R_3\sin\frac{B}{2}\cdot\cos X_i$$

$$Y_{(i)} = R_3\cos\frac{B}{2}\cdot\cos X_i$$

$$Z_{(i)} = R_3\sin X_i$$

$$K_3 = \frac{X_S - X_{(i)}}{Y_S - Y_{(i)}}$$

$$K_{Si} = \frac{Z_S - Z_{(i)}}{X_S - X_{(i)}}$$

$$Y_{2(i)} = \frac{K_3\cdot Y_{(i)} - K_1\cdot Y_A + X_A - X_{(i)}}{K_3 - K_1}$$

$$X_{2(i)} = K_1[Y_{2(i)} - Y_A] + X_A$$

$$Z_{2(i)} = K_{Si}[X_{2(i)} - X_{(i)}] + Z_{(i)}$$

$$U = \frac{N}{4} + 1$$

$$Y_{3(i)} = \frac{K_3 \cdot Y_{(i)} - K_2 \cdot Y_5 + X_1 - X_{(i)}}{K_3 - K_2}$$

$$X_{3(i)} = K_2[Y_{3(i)} - Y_5] + X_1$$

$$Z_{3(i)} = K_{Si}[X_{3(i)} - X_{(i)}] + Z_{(i)}$$

当 $i = U$：
$$X_{4(i)} = X_A - K_1 \cdot R_1$$

当 $1 \leqslant i \leqslant \dfrac{N}{2} + 1$：

$$X_{4(i)} = -K_3 \cdot Y_{(i)} + X_{(i)} （除 i = U 外）$$

$$Y_{4(i)} = 0$$

$$Z_{4(i)} = K_{Si}[X_{4(i)} - X_{(i)}] + Z_{(i)}$$

$$F_i = \sqrt{[X_S - X_{3(i)}]^2 + [Y_S - Y_{3(i)}]^2 + [Z_S - Z_{3(i)}]^2} \quad \left(i = 1, 2, \cdots\cdots, \frac{N}{2} + 1\right)$$

当 $1 \leqslant i \leqslant \dfrac{N}{4} + 1$：

$$K_i = \sqrt{[X_{3(i)} - X_{2(i)}]^2 + [Y_{3(i)} - Y_{2(i)}]^2 + [Z_{3(i)} - Z_{2(i)}]^2}$$

当 $\dfrac{N}{4} + 2 \leqslant i \leqslant \dfrac{N}{2} + 1$

$$K_i = \sqrt{[X_{4(i)} - X_{3(i)}]^2 + [Y_{4(i)} - Y_{3(i)}]^2 + [Z_{4(i)} - Z_{3(i)}]^2}$$

$$R = \frac{R}{\cos Y_1}$$

$$X = 360° \cos Y_1$$

$$F = 2R \sin\left(\frac{X}{2}\right)$$

$$E_i = R_1 \cos X_i \cdot \tan \frac{B}{4}$$

$$Y_i = K_2 \cdot R_2 (1 - \cos X_i)$$

符号含义：

D_1——主管直径；

D_2——支管直径；

B——两个叉管轴线夹角；

A——两支管中轴线距离的$\frac{1}{2}$；

N——大、小圆周等分数；

Y_i——支管展开素线长度；

E_i——主管展开素线长度；

K_i——叉管展开素线长度；

$X_{(i)}$、$Y_{(i)}$、$Z_{(i)}$——辅助锥底圆等分点的 x，y，z 坐标；

$X_{2(i)}$、$Y_{2(i)}$、$Z_{2(i)}$——主管与叉管相贯线上各点的 x，y，z 坐标；

$X_{3(i)}$、$Y_{3(i)}$、$Z_{3(i)}$——叉管与支管相贯线上各点的 x，y，z 坐标；

$X_{4(i)}$、$Y_{4(i)}$、$Z_{4(i)}$——叉管与叉管相贯线上各点的 x，y，z 坐标。

其余符号含义如图所示。

三、用光盘计算举例

详细情况如图 10-12-5 所示。

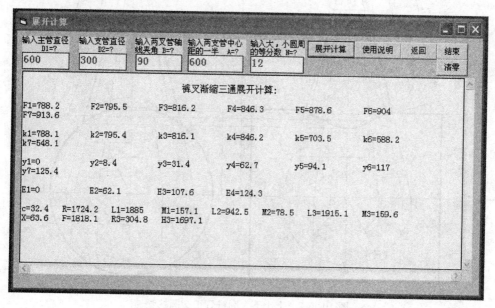

图 10-12-5　裤叉渐缩三通管光盘计算举例

10.13　上小下大圆锥管正交圆柱管

一、说明

图 10-13-1 为圆锥管正交圆柱管的立体图，图 10-13-2 为主视图和侧视图。图 10-13-3 为锥管的展开图，所有图都是按 12 等分作出的，实际工程中可根据构件大小确定等分数

N 的大小。由于图形对称，所以对支管和主管孔只作四分之一的展开图即可。

图 10-13-1　上小下大圆锥管正交圆柱管立体图

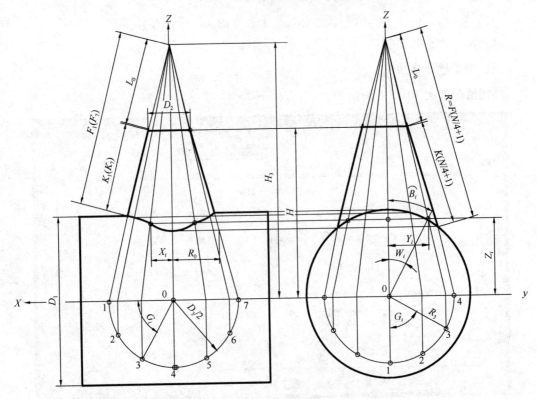

图 10-13-2　上小下大圆锥管正交圆柱管

二、计算公式

已知条件：D_1，D_2，D_3，H，N

$$R_1 = \frac{D_1}{2}$$

$$R_2 = \frac{D_2}{2}$$

$$R_3 = \frac{D_3}{2}$$

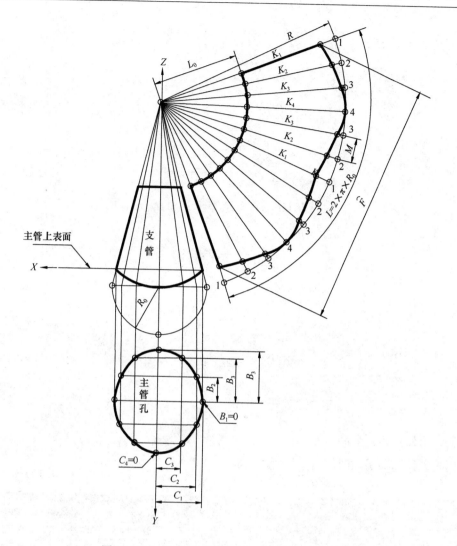

图 10-13-3 上小下大圆锥管正交圆柱管展开图

$$H_3 = \frac{R_3 \cdot H}{R_3 - R_2}$$

$$L_0 = \sqrt{R_2^2 + (H_3 - H)^2}$$

$$G_i = (i-1)\frac{360°}{N} \quad \left(i = 1, 2, \cdots\cdots, \frac{N}{4}+1\right)$$

$$E_i = R_3 \sin G_i$$

$$Z_i = \frac{H_3\left[E_i^2 + \sqrt{R_1^2(H_3^2 + E_i^2) - (H_3 \cdot E_i)^2}\right]}{H_3^2 + E_i^2}$$

$$H_0 = Z_i(\min) \quad (H_0 \text{ 等于 } Z_i \text{ 的最小值})$$

$$Y_i = \sqrt{R_1^2 - Z_i^2} \quad (\text{根号内取绝对值})$$

$$X_i = R_3^2 \left(1 - \frac{Z_i}{H_3}\right)^2 - Y_i^2 \quad (\text{取} \, |X_i|)$$

$$W_i = \arctan\left(\frac{Y_i}{Z_i}\right)$$

$$B_i = \frac{\pi W_i R_i}{180°}$$

$$C_i = X_i$$

$$F_i = \sqrt{X_i^2 + Y_i^2 + (H_3 - Z_i)^2}$$

$$R = F_i(\max) \quad (R \text{ 等于 } F_i \text{ 的最大值})$$

$$K_i = F_i - L_0$$

$$R_0 = \sqrt{R^2 - (H_3 - H_0)^2}$$

$$L = 2\pi R_0$$

$$M = \frac{L}{N}$$

$$X = 360° \frac{R_0}{R}$$

$$F = 2R_0 \sin\left(\frac{X}{2}\right)$$

三、用光盘计算举例

用光盘计算结果如图 10-13-4 所示。

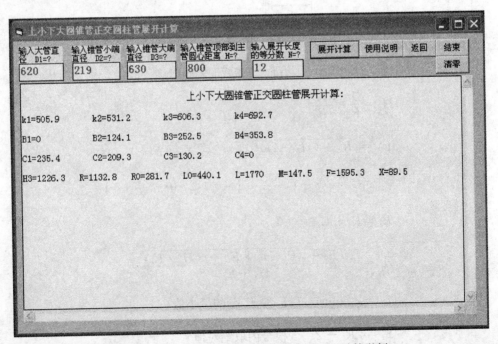

图 10-13-4　上小下大圆锥管正交圆柱管光盘计算举例

10.14 上大下小圆锥管正交圆柱管

一、说明

图 10-14-1 为上大下小圆锥管正交圆柱管锥管立体图，图 10-14-2 为主视图和侧视图，

图 10-14-3 为锥管的展开图，图 10-14-4 为主管孔
展开图。需要指出的是，在用光盘计算时必须要
确认圆锥管的两条边界轮廓线要与圆柱管相贯，
即在侧视图中圆锥管从上底往下 H 处，锥管与圆
管相切圆的直径必须小于或等于主管直径 D_1，否
则计算无解，程序将自动停止计算。

二、计算公式

已知条件：D_1，D_2，H，H_3，N

$$R_1 = \frac{D_1}{2}$$

图 10-14-1 上大下小圆锥管
正交圆柱管立体图

$$R_2 = \frac{D_2}{2}$$

$$E_1 = \arctan\left(\frac{H_3}{R_2}\right)$$

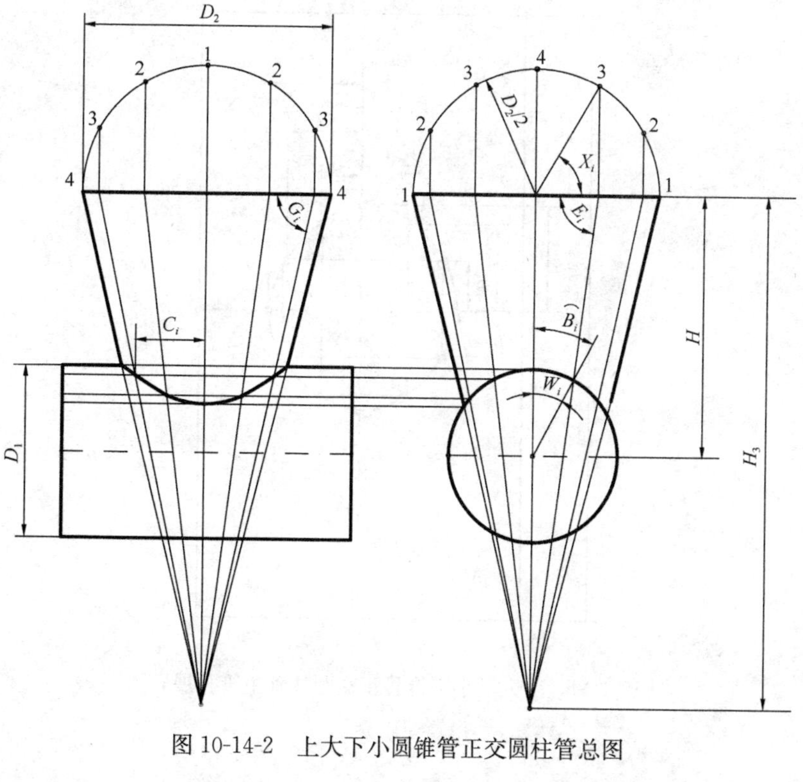

图 10-14-2 上大下小圆锥管正交圆柱管总图

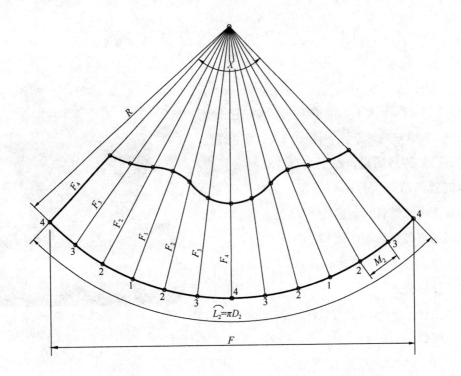

图 10-14-3 上大下小圆锥管正交圆柱管锥管展开图

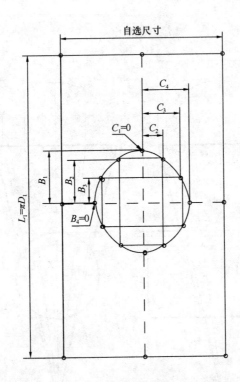

图 10-14-4 上大下小圆锥管正交圆柱管主管孔展开图

$$X_i = (i-1)\frac{360^\circ}{N} \quad \left(i = 1, 2, \cdots\cdots, \frac{N}{4}+1\right)$$

$$E_i = \arctan\left(\frac{H_3}{R_2 \cos X_i}\right)$$

$$Y_i = \arccos\left[\frac{(H_3-H)\cos E_i}{R_1}\right]$$

$$W_i = 180^\circ - E_i - Y_i$$

当 $i = \dfrac{N}{4}+1$：$F = \dfrac{H-R_1}{\sin E_1}$

当 $1 \leqslant i < \dfrac{N}{4}+1$：$F = \dfrac{(R_2\cos X_i - R_1\sin W_i)\tan E_i}{\sin E_1}$

$$G_i = \arctan\left(\frac{H_3}{R_2\sin X_i}\right) \quad (X_i > 0)$$

$$C_i = \frac{H_3 - H + R_1\cos W_i}{\tan G_i}$$

$$B_i = \frac{\pi W_i R_1}{180^\circ} \quad \left(\text{以上 } i = 1, 2, \cdots\cdots, \frac{N}{4}+1\right)$$

$$R = \sqrt{R_2^2 + H_3^2}$$

$$X = 180^\circ \frac{D_2}{R}$$

$$F = 2R\sin\left(\frac{X}{2}\right)$$

三、用光盘计算举例

光盘计算结果如图 10-14-5 所示。

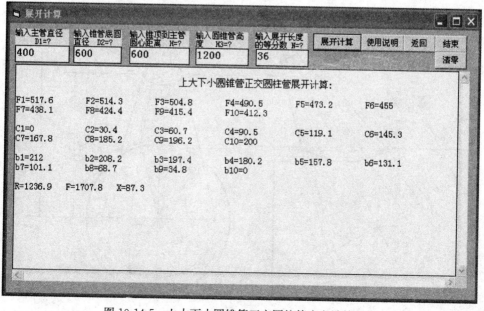

图 10-14-5　上大下小圆锥管正交圆柱管光盘计算举例

10.15 圆锥管斜交圆柱管

一、说明

图 10-15-1 为立体图，图 10-15-2 为主视图和侧视图，图 10-15-3 为圆锥管斜交圆柱管的支管和主管孔展开图。本小节程序的计算公式是用求线段两端点的直角坐标的方法求出各展开素线实长，由于计算公式较为复杂，本小节省略了用公式计算举例的环节。

二、计算公式

已知条件：D_1，D_2，D_3，H，B，N

计算式：

$$R_1 = \frac{D_1}{2} \qquad R_2 = \frac{D_2}{2} \qquad R_3 = \frac{D_3}{2}$$

$$H_2 = \frac{H}{\sin B} \qquad H_3 = \frac{R_2 H}{R_3 - R_2}$$

$$H_1 = H_3 \sin B \qquad SZ = H_1 \qquad SX = \frac{-H_1}{\tan B}$$

图 10-15-1 圆锥管斜交圆柱管立体图

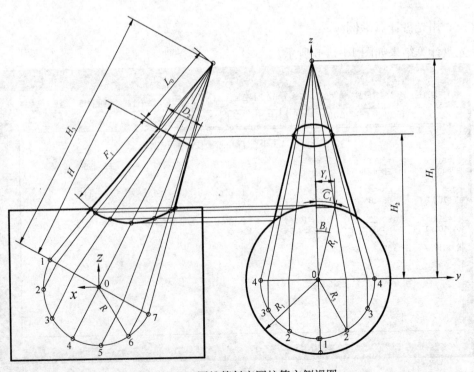

图 10-15-2 圆锥管斜交圆柱管主侧视图

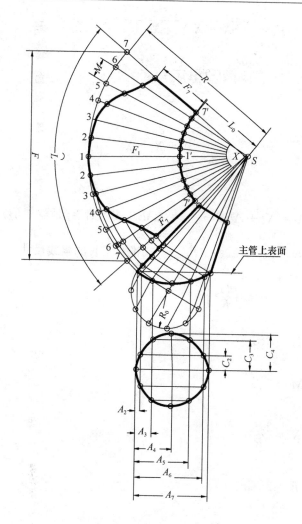

图 10-15-3　圆锥管斜交圆柱管的支管和主管孔展开图

$$Y_0 = \arccos\left(\frac{R_1}{H_1}\right) \qquad Y_1 = \arctan\left(\frac{H_1}{R_3}\right)$$

$$D_4 = \frac{2R_1}{\sin Y_0} \qquad L_0 = \sqrt{R_2^2 + (H_3 - H)^2}$$

$$K_i = (i-1) = \frac{360°}{N} \qquad E_i = R_3 \sin K_i$$

$$Y_i = \frac{E_i(H_1^2 - \sqrt{R_1^2(H_1^2 + E_i^2) - H_1^2 E_i^2})}{H_1^2 + E_i^2}$$

$$Z_i = \sqrt{R_1^2 - Y_i^2}$$

$$X_i = \frac{H_3 \cdot R_3 \cos K_i - Z_i H_3 \cos B - Z_i R_3 \sin B \cdot \cos K_i}{H_3 \sin B - R_3 \cos B \cdot \cos K_i}$$

$$F_i = \sqrt{(SX - X_i)^2 + Y_i^2 + (SZ - Z_i)^2} - L_0$$

$$C_i = \frac{\pi R_1}{180°} \arcsin\left(\frac{Y_i}{R_1}\right)$$

当 $X_i \geqslant 0$ 时

$$A_i = X_1 - X_i$$

当 $X_i < 0$ 时

$$A_i = X_1 + ABS(x_i) \qquad (ABS \text{ 表示对 } X_i \text{ 取绝对值})$$

$$R = L_0 + F_{imax} \qquad (F_{imax} - \text{圆锥管最长的素线尺寸})$$

$$Y = \arctan\left(\frac{H_3}{R_3}\right)$$

$$R_0 = R\cos Y$$

$$M = \frac{2\pi R_0}{N}$$

$$X = \frac{2\pi R_0}{R}$$

$$F = 2R\sin\left(\frac{X_1}{2}\right)$$

$$\left(\text{以上所有 } i = 1, 2, \cdots\cdots, \frac{N}{2}+1\right)$$

符号含义：

D_1——圆柱管直径；

D_2——圆锥管小端直径；

D_3——辅助圆锥底直径；

D_4——校验 D_3 输入值的直径，D_3 大于 D_4 时锥管两边线与圆柱管无交点，程序提示
出错，需重新输入 D_3 值；

B——主管与支管两轴线夹角；

N——圆周等分数。

其他符号如图或程序中所示。

三、用光盘计算举例

光盘计算结果如图 10-15-4 所示。

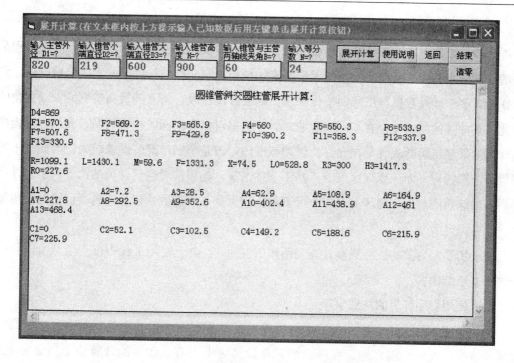

图 10-15-4 圆锥管斜交圆柱管光盘计算举例

10.16 圆管与圆锥（管）相贯

10.16.1 圆管与圆锥（管）相贯展开计算概述

一、圆管与圆锥（管）相贯内容

本章包括八个方面的内容，在下面第三项有专门的介绍。根据画法几何学的知识可知，在八种结构件的主视图中，圆管的圆周上各个等分点所在素线对应的正垂面，在与圆锥相切时可能得到三种不同的切平面曲线；一是椭圆；二是抛物线；三是双曲线。在计算圆管素线展开实长和圆锥（管）素线展开实长时，首先必须先求出各个等分点对应的相贯点的 x，y 和 z 坐标。传统做法是先根据已知条件画出主视图和俯视图，采用球面法作出接合线，然后再分别量取圆管和圆锥各条素线实长，而后再分别画出展开图。可以看出其作图过程十分麻烦，其优点是避免了用公式手工计算时判断上述三种曲线的问题，即使编制程序也离不开要判断圆锥切平面是何种曲线的问题。然而程序一旦编制成功，程序运行后可直接输入已知条件，立即就可得到圆管和圆锥展开图所需要的各种数据。

本章对在实际工程中出现频率较多的切平面为椭圆曲线进行了精细编程计算。其中作者通过数例用程序计算数据作出相贯线后，再用球面法求得一系列相贯点，经观察，它们全部准确地落在相贯线上，验证了程序的准确可靠性。读者也可尝试用球面法和程序计算法作一实例比较，孰优孰劣一作便知。

另外需要说明的是，本章节提供的切平面为双曲线（$\beta < \gamma$）的计算程序，由于编程采用的是近似双曲线的求解法，不能保证所有切平面为双曲线结构件展开素线的精确值。经过作者对多个计算数据与用球面法作图求出的展开值比较，随着圆管与锥管两轴线夹角的变化，其计算的准确性也有不同程度的差异，根据对多个实例的检查表明，大部分结构件的计算结果是正确的或者是在允许的误差范围内；但是个别情况的误差较大。因此它不如相贯线为椭圆切平面计算程序准确。基于上述情况，建议读者遇到此类结构件的展开计算时，可用球面法对照，确认无误后方可下料，以做到心中有数，以后遇到类似情况使用程序计算可提高效率。

对于切平面为抛物线的展开计算（图中的 $\beta = \gamma$），由于实际工程中很少遇到所以暂时未纳入本章节内容。

二、使用程序计算的注意事项

1. 本章节程序判断圆锥切平面是何种曲线时，是以锥底角 β 是否大于或者小于圆管素线与锥底的夹角 γ 实现的。程序运行后在计算表上方有 β 和 γ 的计算值。当 β 大于 γ 时，说明程序进入切平面为椭圆的计算状态，计算结果将会完全显示出来；如果 $\beta < \gamma$ 时，程序将不能显示展开数据，此时请退出程序后再采用 $\gamma > \beta$ 时的双曲线计算程序或者用球面法作出展开图。

2. 当程序运行后，单击"展开计算"按钮出现新的界面中，有一组预先设置的已知条件作为圆管与圆锥（管）相交的示例，单击"展开计算"按钮后，计算数据立即会显示出来，点击"清零"按钮，重新输入已知条件即可作新的计算。

各个小节的计算示例详见各小节光盘计算结果实例图。

三、圆管与圆锥（管）相贯的展开计算

包括以下 8 种情况：

1. 圆管与圆锥相贯（$D_3 = 0$）

（1）两轴线交点在锥底中点的上方（$H_0 > 0$）

（2）两轴线交点在锥底中点的下方（$H_0 < 0$）

（3）两轴线交点与锥底中心重合（$H_0 = 0$）

（4）两轴线夹角为 90°（$\phi = 90°$）

2. 圆管与圆锥管相贯（$D_3 \neq$ 零）

（1）两轴线交点在锥底中点的上方（$H_0 > 0$）

（2）两轴线交点在锥底中点的下方（$H_0 < 0$）

（3）两轴线交点与锥底中心重合（$H_0 = 0$）

（4）两轴线夹角为 90°（$\phi = 90°$）

四、画展开图的方法

（1）利用计算数据 R_0，R_4，和 $L_1(\pi \times D_1)$ 可作出圆锥或者锥管的展开图。

（2）利用程序计算数表中的 y_0，y_1，$y_2 \cdots y_{(n/2)}$ 和 $CZ0$，$CZ1$，$\cdots$，$CZ(N/2)$ 可作出孔的实形。

（3）利用计算数据 L，M，$L_2(i)$ 可作出圆管的展开图。

10.16.2　圆管斜交正圆锥（$H_0 > 0$）

一、说明

图 10-16-2-1 为圆管斜交正圆锥的立体图，图 10-16-2-2 为主视图和圆锥的展开图，图 10-16-2-3 为圆管的展开图。下面仅列出圆锥切平面为椭圆的计算公式，利用该公式可以精确计算其展开数据。公式中除了已知条件和展开图标注的字母符号以外的全部为中间变量，读者可自行将已知数据代入公式计算，由于计算过程麻烦和篇幅太大，所以本节不作用公式法的计算示例。

二、计算公式（$\beta > \gamma$）

已知条件：H_1，D_1，D_2，L，H_0，Φ，N，符号含义如图 10-16-2-2 所示。

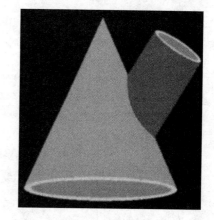

图 10-16-2-1　立体图

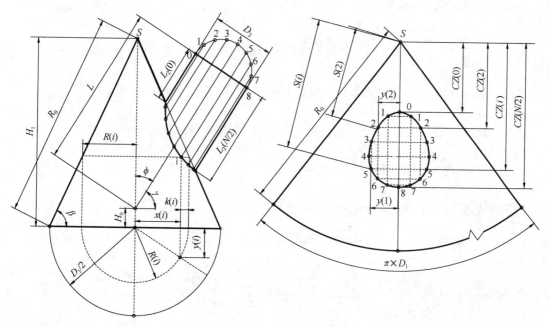

图 10-16-2-2　圆管斜交正圆锥主视图和展开图（$H_0 > 0$）

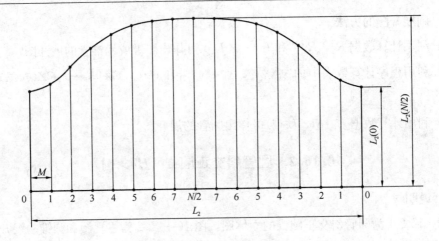

图 10-16-2-3　圆管展开图

1. $n_1 = N/2$　　　　　　　　　　$r_1 = D_1/2$　　　　　　　$r_2 = D_2/2$

2. $\beta = \arctan(H_1/r_1)$　（锥底角）　$\theta = 90° - \beta$　　　　　$\gamma = 90° - \Phi$

3. $jddyx = (H_1 - H_0) \times \cos\phi$　　$yscc = L - jddyx$　　　$yxcc = jddyx - L$

4. $a_1 = H_0 \times \tan\phi$　　　　　　$cc = H_0 \times \cos\Phi$　　　$ff_0 = (H_1 - H_0) \times \sin\Phi$

5. $xL = ff_0 \times \tan(\gamma - \theta)$　　　$R_0 = \dfrac{H_1}{\cos\theta}$

6. $L_2 = 3.1416 \times D_2$　　　　　$M = \dfrac{L_2}{N}$

7. $daa_0 = \sqrt{ff_0^2 + xL^2}$　　　　$GA_0 = daa_0 \times \dfrac{\sin\theta}{\sin\Phi}$　　$GB_0 = (H_1 - H_0) \times \dfrac{\sin\theta}{\sin(\beta - \gamma)}$

8. $xa_0 = \dfrac{GA_0 + GB_0}{2}$　（圆管中轴线所在正垂面切得圆锥椭圆切面的长半轴）

9. $xx_0 = (GB_0 - xa_0) \times \sin\Phi$　　$rr_0 = \left(H_1 - H_0 + \dfrac{xx_0}{\tan\Phi}\right) \times \tan\theta$

10. $bb_0 = \sqrt{rr_0^2 - xx_0^2}$（圆管中轴线所在正垂面切得圆锥椭圆切面的短半轴）

11. $q_1 = \dfrac{xa_0}{ff_0}$　　$q_2 = \dfrac{bb_0}{ff_0}$　　$dfj = \dfrac{360°}{N}$

12. $W_2(i) = i \times dfj$　　$xt_1(i) = r_2 \times \cos[W_2(i)]$

$xt_2(i) = r_2 \times \sin[W_2(i)]$　$\left(i = 0, 1, 2, \cdots\cdots, \dfrac{N}{2}\right)$

13. $F(i) = ff_0 - xt_1(i)$　　　　　　　　$\left(i = 0, 1, 2, \cdots\cdots, \dfrac{N}{2}\right)$

14. $L_1(i) = F(i) \times \tan(\gamma - \theta)$　　　　　$\left(i = 0, 1, 2, \cdots\cdots, \dfrac{N}{2}\right)$

15. $AA_n(i) = \sqrt{L_1(i)^2 + f(i)^2}$ $\left(i = 0, 1, 2, \cdots\cdots, \dfrac{N}{2}\right)$

16. $G_nA_n(i) = \dfrac{AA_n(i) \times \sin\theta}{\sin\Phi}$ $\left(i = 0, 1, 2, \cdots\cdots, \dfrac{N}{2}\right)$

17. $G_nB_n(i) = \dfrac{F(i) \times \sin\theta}{\cos\gamma \times \sin(\beta - \gamma)}$ $\left(i = 0, 1, 2, \cdots\cdots, \dfrac{N}{2}\right)$

18. $A_n(i) = \dfrac{G_nA_n(i) + G_nB_n(i)}{2}$

19. $X_n(i) = [G_nB_n(i) - A_n(i)] \times \sin\Phi$

20. $G_nA(i) = \dfrac{F(i)}{\cos(\gamma)}$ $\left(i = 0, 1, 2, \cdots\cdots, \dfrac{N}{2}\right)$

21. $R_n(i) = \{G_nA(i) + X_n(i) \times \tan(90° - \Phi) \times \tan\theta\}$（第 i 条素线相贯点的水平圆半径）

22. $B_n(i) = \sqrt{R_n(i)^2 - X_n(i)^2}$（第 i 条素线所在正垂面切得圆锥椭圆切面的短半轴）

23. $S_n(i) = \dfrac{A_n(i)}{B_n(i)} \times \sqrt{B_n(i)^2 - xt_2(i)^2}$（第 i 个相贯点在椭圆切面坐标系的 y 坐标）

24. $ajs(i) = A_n(i) - S_n(i)$ $\left(i = 0, 1, 2\cdots, \dfrac{N}{2}\right)$

25. $L_2(i) = L_1(I) + ajs(i) + yscc$（当 $L > jddyx$ 时）（圆管第 i 条素线的展开长度）

26. $L_2(i) = L_1(I) + ajs(i) - yxcc$（当 $L \leqslant jddyx$ 时）（圆管第 i 条素线的展开长度）

27. $x(i) = \{G_nA_n(i) - ajs(i) \times \sin\Phi\}$（相管点的 x 坐标）

28. $Y(i) = xt_2(i)$（相管点在主视图坐标系的 y 坐标）

29. $K(i) = \dfrac{aja(i) \times \sin\{90° - (\gamma - \theta)\}}{\sin\beta}$（相管点至锥管斜腰的水平距离）

30. $R(i) = X(i) + K(i)$（相管点的水平圆半径）

31. $S(i) = \dfrac{R(i)}{\sin\theta}$（锥顶点至相管点的实长）

32. $CZ(i) = \sqrt{S(i)^2 - y(i)^2}$（锥管展开图中锥顶点至孔第 i 点的垂直距离）

三、用程序计算的步骤

双击"10.16.2 圆管斜交正圆锥（$H_0 > 0$）"程序文件名，由于程序预先输入了一组已知条件作为示例，所以只要单击"展开计算"按钮，计算结果就会显示出来。单击"清零"按钮，重新输入数据就可作新的计算。有关程序的使用方法和注意事项见本章的概述。程序启动后的界面如图 10-16-2-4 所示，计算示例如图 10-16-2-5 所示。

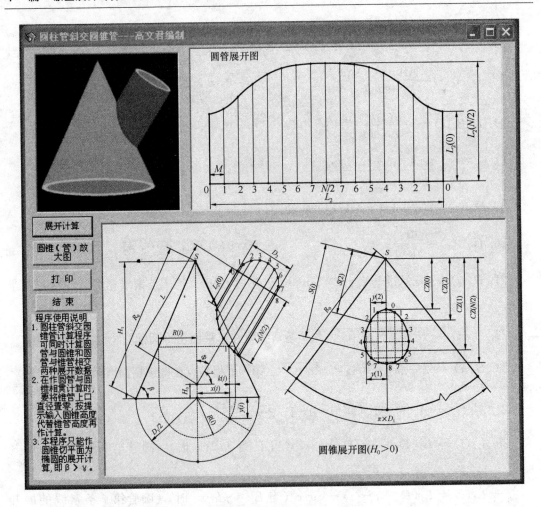

图 10-16-2-4 程序启动首页界面

四、展开图的作法

1. 圆锥及孔展开图的作法

（1）如图 10-16-2-2 所示，作一竖直线段等于 R_0，其上端标注为 S，并通过 S 作一条水平线。

（2）以 S 点为圆心，计算值 R_0 为半径画弧使其长度等于锥底的展开长度 $\pi \times D_1$，并连接锥顶点 S 与弧的两端，形成的扇面即为圆锥的展开图。

（3）以 S 点的水平线为基准，取 $CZ(0)$，$CZ(1)$，……，$CZ\left(\dfrac{N}{2}\right)$ 的计算值作一系列与 S 点的水平线的平行线。

（4）以 S 点的竖直线为基准，在其两侧分别取计算值 y_0，y_1，y_2，……，$y\left(\dfrac{N}{2}\right)$ 作 S 点的竖直线的平行线，y_0 与 $CZ(0)$ 相交于 0 点，y_1 与 $CZ(1)$ 相交于 1 点，以此类推作完全部交点后，圆滑连接各个交点所形成的封闭曲线就是孔的展开图。$S(0)$，

【圆柱管与正圆锥相贯的展开计算——高文君编制】

输入圆锥高度 H1=?	锥底圆直径 D1=?	圆管直径 D2=?	圆管中轴线长度 L=?	两轴线交点至锥底高 H0=?	两轴线夹角 Φ=?	圆周等分数 N=?	展开计算	返回
3000	2800	1000	2600	300	32	16	清零	结束

【圆柱管与正圆锥相贯的展开计算（H0>0）】

锥底角 β=64.98296　　圆管素线与锥底的夹角 γ=58　　圆锥高度 H1=3000　　锥底圆展开长度 L1=8796.5
圆锥展开半径 R0=3310.6　　圆管周长展开长度 L2=3141.6　　圆管周长每等分值 M=196.4

L2(0)=914.3　　L2(1)=979.8　　L2(2)=1135.6　　L2(3)=1302.9　　L2(4)=1429.4　　L2(5)=1505.6
L2(6)=1543.8　　L2(7)=1559.4　　L2(8)=1563.3

X(0)=469.2　　X(1)=466.9　　X(2)=476.1　　X(3)=525.1　　X(4)=620.3　　X(5)=742.2
X(6)=859.6　　X(7)=943.2　　X(8)=973.4

y(0)=0　　y(1)=191.3　　y(2)=353.6　　y(3)=461.9　　y(4)=500　　y(5)=461.9
y(6)=353.6　　y(7)=191.3　　y(8)=0

k(0)=0　　k(1)=37.7　　k(2)=116.9　　k(3)=174.3　　k(4)=176.4　　k(5)=132
k(6)=69.9　　k(7)=19.2　　k(8)=0

R(0)=469.2　　R(1)=504.6　　R(2)=593　　R(3)=699.4　　R(4)=796.7　　R(5)=874.2
R(6)=929.5　　R(7)=962.4　　R(8)=973.4

S(0)=1109.5　　S(1)=1193.2　　S(2)=1402.3　　S(3)=1653.9　　S(4)=1884　　S(5)=2067.2
S(6)=2198　　S(7)=2275.2　　S(8)=2301.8

CZ(0)=1109.5　　CZ(1)=1177.8　　CZ(2)=1357　　CZ(3)=1588.1　　CZ(4)=1816.4　　CZ(5)=2014.9
CZ(6)=2169.4　　CZ(7)=2267.7　　CZ(8)=2301.8

图 10-16-2-5　圆管斜交正圆锥（$H_0>0$）光盘计算举例

$S(1)$，……，$S\left(\dfrac{N}{2}\right)$ 的计算长度是锥管展开图顶点 S 至各对应交点的长度，可作为检验尺寸，如果上述三种尺寸不吻合，应检查所作的平行线是否正确。

2. 圆管展开图如图 10-16-2-3 所示，先作一条水平线段等于计算值 $L_2=\pi\times D_2$，N 等分 L_2，即按计算值 M 在 L_2 上画出 N 等分，再通过每一个等分点上作垂线，以中线为基准依次量取计算值 $L_2(N/2),L_2(N/2-1),……,L_2(2),L_2(1),L_2(0)$ 并圆滑连接各垂直线段的顶点，即可作出圆管的展开图。

10.16.3　圆管斜交正圆锥管（$H_0>0$）

图 10-16-3-1 为圆管斜交正圆锥管的立体图，图 10-16-3-2 为主视图和圆锥管的展开图，图 10-16-3-3 为圆管的展开图。下面仅列出圆锥管切平面为椭圆的计算公式，利用该公式可以精确计算其展开数据。在下面公式中，除了各个视图已经标注的符号外，其余是为便于计算所设置的中间变量。

一、计算公式（$\beta>\gamma$）

已知条件：H，D_1，D_2，D_3，L，H_0，Φ，N 符号含义如图 10-16-3-2 所示。

1. $n_1=\dfrac{N}{2}$，$r_1=\dfrac{D_1}{2}$，$r_2=\dfrac{D_2}{2}$，$r_3=\dfrac{D_3}{2}$

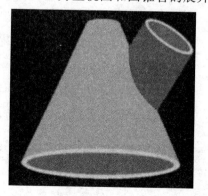

图 10-16-3-1　立体图

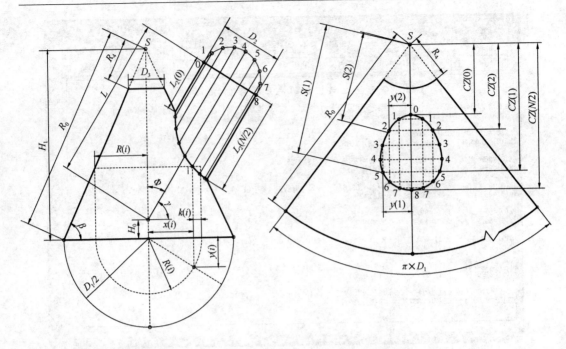

图 10-16-3-2　圆管斜交正圆锥管主视图和展开图（$H_0 > 0$）

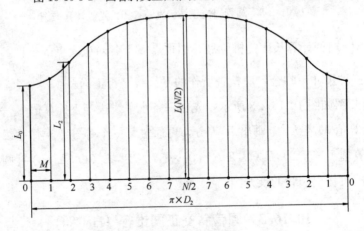

图 10-16-3-3　圆管展开图

2. $\beta = \arctan\{H/(r_1 - r_3)\}$（锥底角）

3. $\theta = 90° - \beta \qquad \gamma = 90° - \Phi$

4. $H_1 = r_1 \times \tan\beta$

5. $jddyx = (H_1 - H_0) \times \cos\Phi \qquad yscc = L - jddyx \qquad yxcc = jddyx - L$

6. $a_1 = H_0 \times \tan\Phi \qquad cc = H_0 \times \cos\Phi \qquad ff_0 = (H_1 - H_0) \times \sin\Phi$

7. $xL = ff_0 \times \tan(\gamma - \theta) \qquad R_0 = \dfrac{H_1}{\cos\theta}$

8. $L_2 = 3.1416 \times D_2 \qquad M = \dfrac{L_2}{N}$

9. $daa_0 = \sqrt{ff_0^2 + xL^2}$　　$GA_0 = daa_0 \times \dfrac{\sin\theta}{\sin\Phi}$　　$GB_0 = (H_1 - H_0) \times \dfrac{\sin\theta}{\sin(\beta - \gamma)}$

10. $xa_0 = \dfrac{GA_0 + GB_0}{2}$（圆管中轴线所在正垂面切得圆锥椭圆切面的长半轴）

11. $xx_0 = (GB_0 - xa_0) \times \sin\Phi$　　$rr_0 = \left(H_1 - H_0 + \dfrac{xx_0}{\tan\Phi}\right) \times \tan\theta$

12. $bb_0 = \sqrt{rr_0^2 - xx_0^2}$（圆管中轴线所在正垂面切得圆锥椭圆切面的短半轴）

13. $q_1 = \dfrac{xa_0}{ff_0}$　　$q_2 = \dfrac{bb_0}{ff_0}$　　$dfj = \dfrac{360°}{N}$

14. $W_2(i) = i \times dfj$　　$xt_1(i) = r_2 \times \cos[W_2(i)]$　　$xt_2(i) = r_2 \times \sin[W_2(i)]$

$$\left(i = 0,\ 1,\ 2,\ \cdots\cdots,\ \dfrac{N}{2}\right)$$

15. $F(i) = ff_0 - xt_1(i)$　　　　　　　　$\left(i = 0,\ 1,\ 2,\ \cdots\cdots,\ \dfrac{N}{2}\right)$

16. $L_1(i) = F(i) \times \tan(\gamma - \theta)$　　　　　$\left(i = 0,\ 1,\ 2,\ \cdots\cdots,\ \dfrac{N}{2}\right)$

17. $AA_n(i) = \sqrt{L_1(i)^2 + F(i)^2}$　　　　$\left(i = 0,\ 1,\ 2,\ \cdots\cdots,\ \dfrac{N}{2}\right)$

18. $G_nA_n(i) = \dfrac{AA_n(i) \times \sin\theta}{\sin\Phi}$　　　　$\left(i = 0,\ 1,\ 2,\ \cdots\cdots,\ \dfrac{N}{2}\right)$

19. $G_nB_n(i) = \dfrac{F(i) \times \sin\theta}{\cos\gamma \times \sin(\beta - \gamma)}$　　$\left(i = 0,\ 1,\ 2,\ \cdots\cdots,\ \dfrac{N}{2}\right)$

20. $A_n(i) = \dfrac{G_nA_n(i) + G_nB_n(i)}{2}$

21. $X_n(i) = [G_nB_n(i) - A_n(i)] \times \sin\Phi$

22. $G_nA(i) = \dfrac{F(i)}{\cos(\gamma)}$　　　　　　　　$\left(i = 0,\ 1,\ 2,\ \cdots\cdots,\ \dfrac{N}{2}\right)$

23. $R_n(i) = \{G_nA(i) + X_n(i) \times \tan(90° - \Phi) \times \tan\theta\}$（第 i 条素线相贯点的水平圆半径）

24. $B_n(i) = \sqrt{R_n(i)^2 - X_n(i)^2}$（第 i 条素线所在正垂面切得圆锥椭圆切面的短半轴）

25. $S_n(i) = \dfrac{A_n(i)}{B_n(i)} \times \sqrt{B_n(i)^2 - xt_2(i)^2}$（第 i 个相贯点在椭圆切面坐标系的 y 坐标）

26. $ajs(i) = A_n(i) - S_n(i)$　　　　　　$\left(i = 0,\ 1,\ 2,\ \cdots\cdots,\ \dfrac{N}{2}\right)$

27. $L_2(i) = L_1(I) + ajs(i) + yscc$（当 $L > jddyx$ 时）（圆管第 i 条素线的展开长度）
28. $L_2(i) = L_1(I) + ajs(i) - yxcc$（当 $L \leqslant jddyx$ 时）（圆管第 i 条素线的展开长度）

29. $x(i) = \{G_{\mathrm{n}}A_{\mathrm{n}}(i) - ajs(i) \times \sin\Phi\}$（相贯点的 x 坐标）

30. $Y(i) = xt_2(i)$（相贯点在俯视图坐标系的 y 坐标）

31. $K(i) = \dfrac{ajs(i) \times \sin\{90° - (\gamma - \theta)\}}{\sin\beta}$（相贯点至锥管斜腰的水平距离）

32. $R(i) = X(i) + K(i)$（相贯点的水平圆半径）

33. $S(i) = \dfrac{R(i)}{\sin\theta}$（锥顶点至相贯点的实长）

34. $CZ(i) = \sqrt{S(i)^2 - y(i)^2}$（锥管展开图中锥顶点至孔第 i 点的垂直距离）

二、用程序计算的步骤

双击"10.16.3 圆管斜交正圆锥管（$H>0$）"程序文件名，由于程序预先输入了一组已知条件作为示例，所以只要点击"展开计算"按钮，计算结果就会显示出来。单击"清零"按钮，重新输入数据就可作新的计算。有关程序的使用方法和注意事项详见本章的概述。计算示例如图 10-16-3-4 所示。

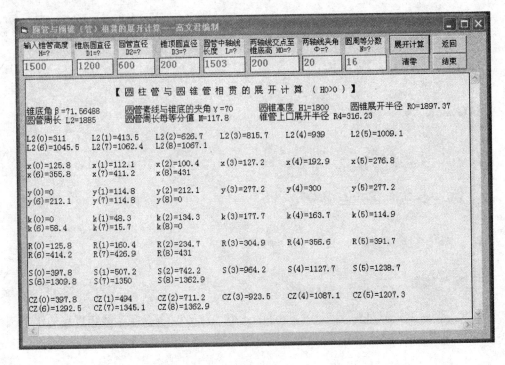

图 10-16-3-4　圆管斜交正圆管（$H_0>0$）光盘计算举例

三、展开图的作法

1. 如图 10-16-3-2 所示，作一垂直线段等于 R_0，其上端标注为 S，并通过 S 作一条水平线。

2. 以 S 点为圆心，计算值 R_0 为半径画弧使其长度等于锥底的展开长度 $\pi \times D_1$，并连接顶点 S 与弧的两端，再以 S 点为圆心，以计算值 R_4 为半径画弧，交扇形两直边得到的两个交点，两交点之间的圆弧为锥管上底的展开长度，上下底圆弧与两直边形成的扇面即为锥管的展开图。

3. 以 S 点的水平线为基准，取 $CZ(0)$，$CZ(1)$，……，$CZ\left(\dfrac{N}{2}\right)$ 的计算值作一系列与 S 点的水平线平行的平行线。

4. 以 S 点的垂直线为基准，在其两侧分别取计算值 y_0，y_1，y_2，……，$y\left(\dfrac{N}{2}\right)$ 作 S 点的垂直线的平行线，y_0 与 $CZ(0)$ 相交于 0 点，y_1 与 $CZ(1)$ 相交于 1 点，以此类推作完全部交点后，圆滑连接各个交点所形成的封闭曲线就是孔的展开图。$S(0)$，$S(1)$，……，$S(N/2)$ 的计算长度是锥管展开图顶点 S 至各对应交点的长度，可作为检验尺寸，如果上述三种尺寸不吻合，应检查所作的平行线是否正确。

5. 圆管展开图如图 10-16-3-3 所示，用计算数据采用三角形法可作出展开图。

10.16.4　圆管斜交正圆锥（$H_0 < 0$）

图 10-16-4-1 为圆管斜交正圆锥的立体图，图 10-16-4-2 是当两轴线交点在锥底下方时（即 $H_0 < 0$）的主视图和圆锥的展开图，图 10-16-4-3 为圆管的展开图。

一、计算公式（$\beta > \gamma$）

已知条件：H，D_1，D_2，L，H_0，Φ，N，符号含义如图 10-16-4-2 所示。计算公式同第 10 章第 16.2 节，但两轴线交点至锥底的距离 H_0 在代入公式时应取负值。

二、用程序计算的步骤

双击"10.16.4 圆管斜交正圆锥（$H_0 < 0$）"程序文件名，再单击"展开计算"按钮，计算示例立刻显示出来。单击"清零"按钮，

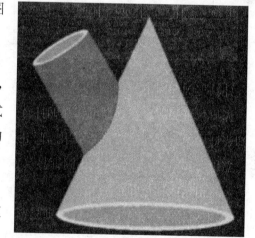

图 10-16-4-1　立体图

重新输入已知条件又可作新的计算。需要注意的是：输入已知条件时，除了 H_0 取负值外，其他已知条件均输入正值。程序计算的步骤同前面各个章节，本节不再叙述。光盘计算示例如图 10-16-4-4 所示。

三、展开图的作法

如图 10-16-4-2 所示，以 S 点为基准分别作水平线和垂直线作为绘制圆锥孔一系列平行线的基准线，用计算数据 $CZ(i)$ 和 y_i 采用平行线法可作出圆锥上孔的展开图。展开图的作法可参考第 10 章第 10.16.3 节的相关内容。

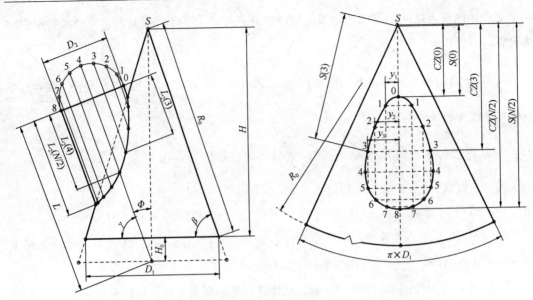

图 10-16-4-2　圆管斜交正圆锥的主视图和圆锥展开图 ($H_0 < 0$)

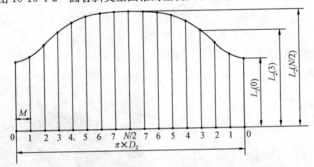

图 10-16-4-3　圆管展开图

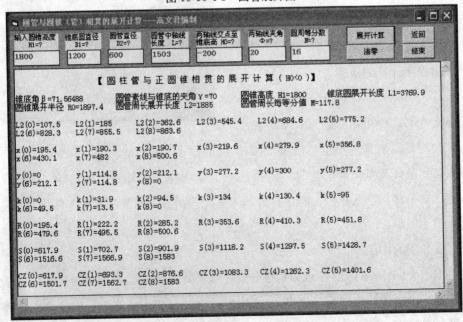

图 10-16-4-4　圆管斜交正圆锥 ($H_0 < 0$) 光盘计算举例

10.16.5 圆管斜交正圆锥管 ($H_0 < 0$)

图 10-16-5-1 为圆管斜交正圆锥管的立体图，图 10-16-5-2 是当两轴线交点在锥底下方时（即 $H_0 < 0$）的主视图和圆锥管的展开图，图 10-16-5-3 为圆管的展开图（$H_0 < 0$）。

图 10-16-5-1 立体图

一、计算公式 ($\beta > \gamma$)

已知条件：H，D_1，D_2，D_3，L，H_0，Φ，N，符号含义如图 10-16-5-2 所示。

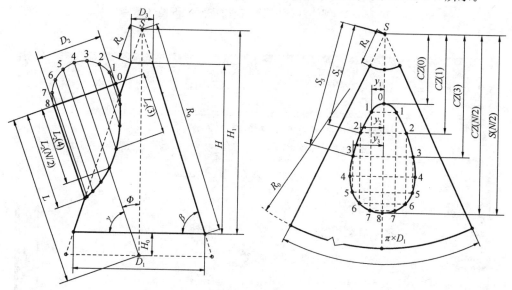

图 10-16-5-2 主视图及锥管展开图（$H_0 < 0$）

计算公式同第 10 章第 10.16.4 小节，两者区别在于第 10.16.4 小节的正圆锥无上口，本小节正圆锥管多一个上口，已知条件略有不同但可互相转换。

二、用程序计算的步骤

双击"10.16.5 圆管斜交正圆锥管（$H_0 < 0$）"程序名，由于程序预先输入了一组已

知条件作为示例，因此只要单击"展开计算"按钮，计算结果立即就会显示出来，计算示例如图 10-16-5-4 所示。需要注意的是：程序启动后，输入已知条件时，除了 H_0 取负值外，其他已知条件均输入正值。程序计算的步骤同前面各个章节，本节不再叙述。

三、展开图的作法

锥管及圆管展开图的作法与前面章节完全相同。圆锥管和圆管的展开图分别见图 10-16-5-2 和图 10-16-5-3。

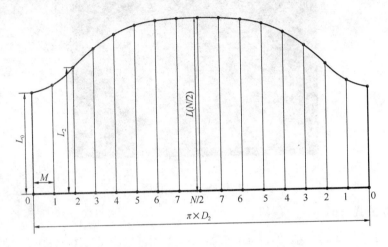

图 10-16-5-3　圆管斜交正圆锥管时的圆管展开图（$H_0<0$）

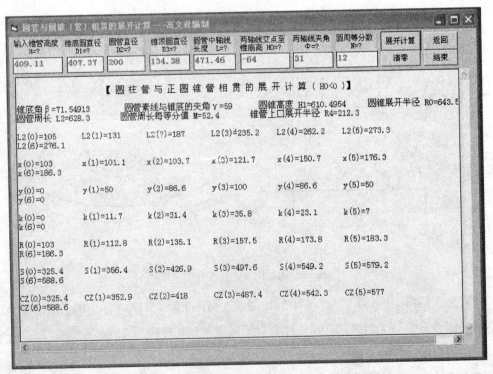

图 10-16-5-4　圆管斜交正圆锥管（$H_0<0$）光盘计算举例

10.16.6　圆管斜交正圆锥（$H_0=0$）

一、说明

立体图见图 10-16-6-1，主视图和圆锥展开图见图 10-16-6-2，圆管展开图见图 10-16-6-3。计算时除了输入 H_0 的数据为零外，其他操作过程与前面几个小节完全相同。

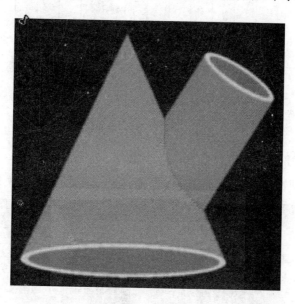

图 10-16-6-1　立体图

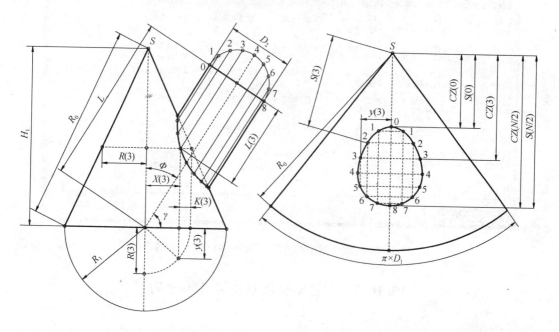

图 10-16-6-2　圆管斜交正圆锥主视图和正圆锥的展开图（$H_0=0$）

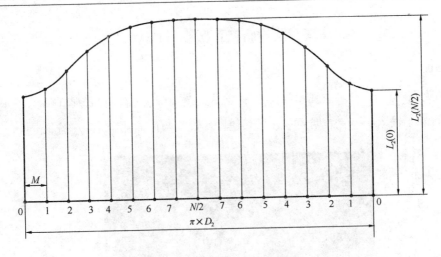

图 10-16-6-3　圆管展开图

二、光盘计算举例

双击"10.16.6 圆管斜交正圆锥（$H_0＝0$）"程序文件名后的计算示例如图 10-16-6-4 所示。

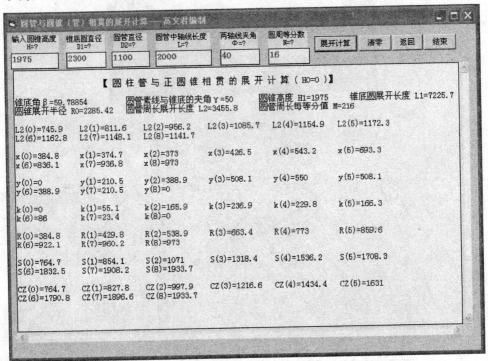

图 10-16-6-4　圆管斜交正圆锥（$H_0＝0$ 时）光盘计算举例

10.16.7　圆管斜交正圆锥管（$H_0＝0$）

一、说明

立体图见图 10-16-7-1，主视图和锥管展开图见图 10-16-7-2，圆管展开图见图 10-16-7-3。计算时除了输入 H_0 的数据为零外，其他操作过程与前面几个小节完全相同。

图 10-16-7-1　立体图

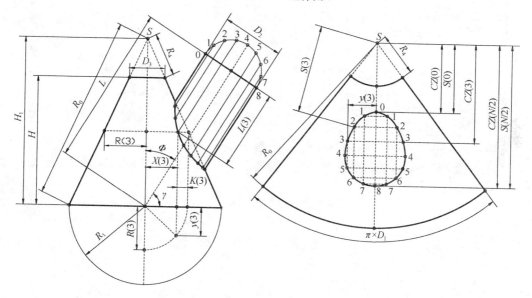

图 10-16-7-2　圆管斜交正圆锥管的主视图和正圆锥管展开图（$H_0 = 0$）

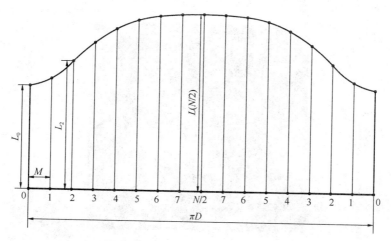

图 10-16-7-3　圆管展开图（$H_0 = 0$）

二、光盘计算举例

双击"10.16.7 圆管斜交正圆锥管（$H_0 = 0$）"程序文件名的计算示例如图 10-16-7-4 所示。

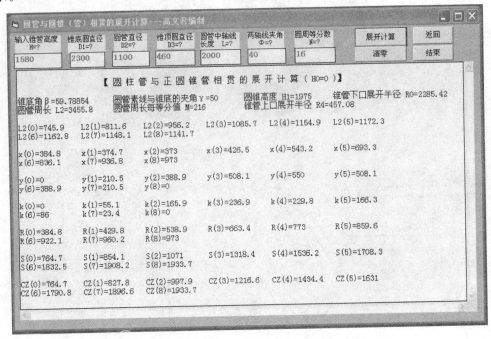

图 10-16-7-4　圆管斜交正圆锥管（$H_0 = 0$ 时）光盘计算举例

10.16.8　圆管水平正交正圆锥（$\Phi = 90°$）

一、说明

立体图见图 10-16-8-1，主视图和圆锥展开图见图 10-16-8-2，圆管展开图与图 10-16-6-3 相似，在启动程序后的首页可查看。其他操作过程与前面几个小节完全相同。

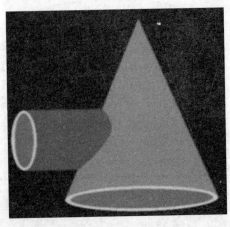

图 10-16-8-1　立体图

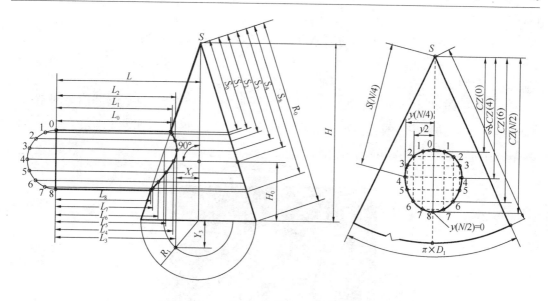

图 10-16-8-2　圆管正交正圆锥主视图和圆锥展开图（$H_0 = 90°$）

二、光盘计算举例

双击"10.16.8 圆管水平正交正圆锥（$\Phi = 90°$）"程序名后的计算示例如图 10-16-8-3 所示。

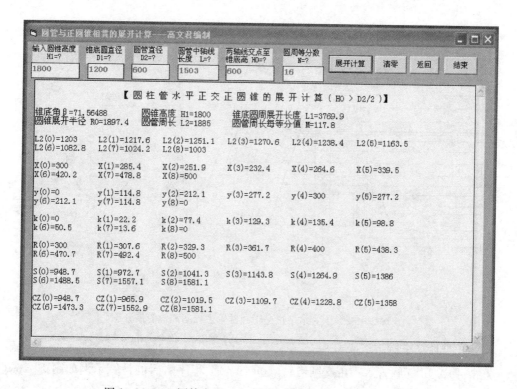

图 10-16-8-3　圆管水平正交正圆锥（$\Phi = 90°$）光盘计算举例

10.16.9 圆管水平正交正圆锥管（$\Phi=90°$）

一、说明

立体图见图 10-16-9-1，主视图和圆锥展开图见图 10-16-9-2，圆管展开图与图 10-16-6-3 相似，在启动程序后的首页可查看圆管展开示意图，如图 10-16-9-3 所示。其他操作过程与前面几个小节完全相同。

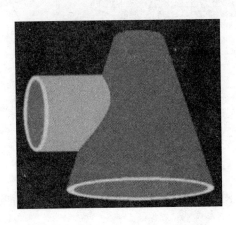

图 10-16-9-1 立体图

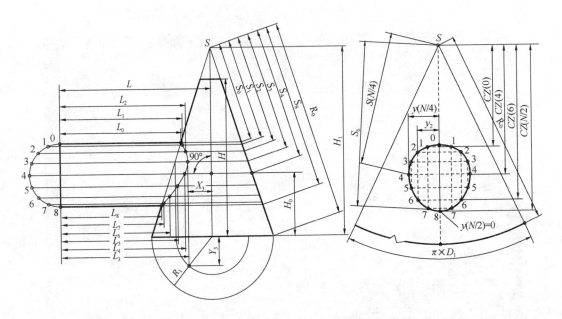

图 10-16-9-2 圆管水平正交正圆锥管主视图和锥管展开图

二、光盘计算举例

双击"10.16.9 圆管水平正交圆锥管（$\Phi=90°$）"程序名后的计算示例如图 10-16-9-4 所示。

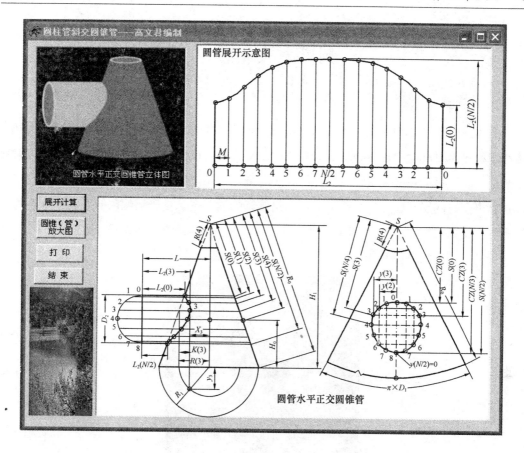

图 10-16-9-3　圆管水平正交正圆锥管程序启动首页

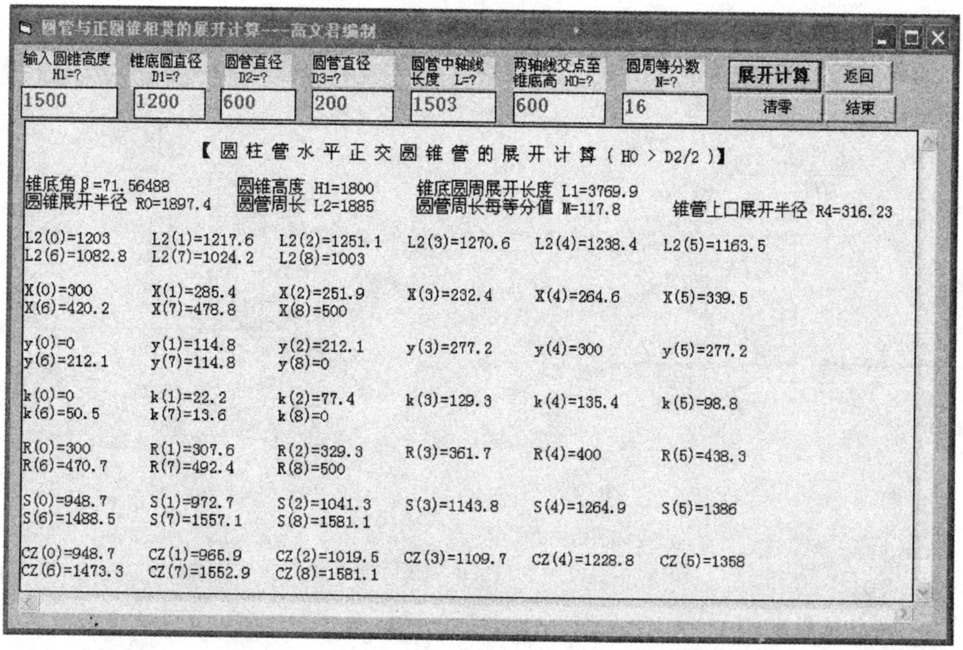

图 10-16-9-4　圆管水平正交正圆锥管主光盘计算举例

10.17　圆管斜交正圆锥（γ＞β）

一、说明

立体图见图 10-17-1，主视图和圆锥展开图见图 10-17-2，圆管展开图与图 10-17-3 相似。本小节程序是对圆管中轴线与锥底的夹角大于锥底角时设计的，上述几种视图是圆管斜交正圆锥的图。对于圆管斜交锥管的计算，读者可自行用上口的半径，下口半径以及圆锥高度计算出上口的展开扇形半径，从而可作出锥管的展开图。由于篇幅限制，本小节不再叙述圆管斜交圆锥管在 γ＞β 展开计算方面的内容。关于程序使用注意事项见"10.16.1 圆管与圆锥（管）相贯展开计算概述"的总说明。

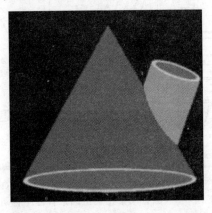

图 10-17-1　圆管斜交正圆锥（γ＞β）立体图

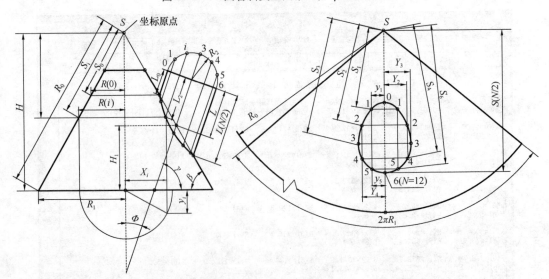

图 10-17-2　角度 γ＞β 时圆管斜交正圆锥管的主视图和锥管展开图

二、光盘计算举例

双击"10.17 圆管斜交正圆锥（γ＞β）"程序名后的计算示例如图 10-17-3 所示。

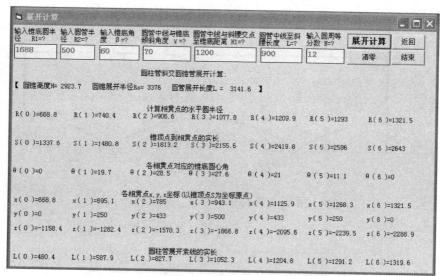

图 10-17-3 圆管斜交正圆锥（γ＞β）光盘计算举例

10.18 带补料的正交 90°三通

图 10-18-1 为带补料的正交 90°三通管的立体图，图 10-18-2 为主视图。立管，水平管和补料的展开图如图 10-18-3、图 10-18-4、图 10-18-5 所示。展开计算时的已知尺寸为 D，H_1，H，E_1，N。在图 10-18-2 主视图中标注的尺寸 E 由读者自行确定。

一、计算公式和计算举例

已知：$D=426$，$H_1=600$，$H=300$，$E_1=600$，等分数 $N=12$

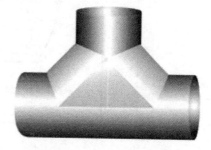

图 10-18-1 立体图

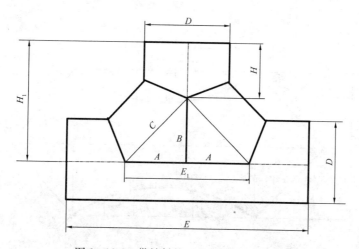

图 10-18-2 带补料的正交 90°等径三通管

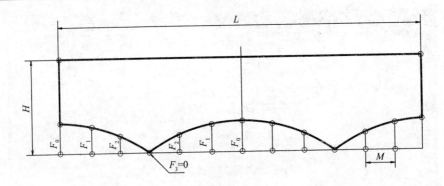

图 10-18-3 带补料的 90°等径三通立管展开图

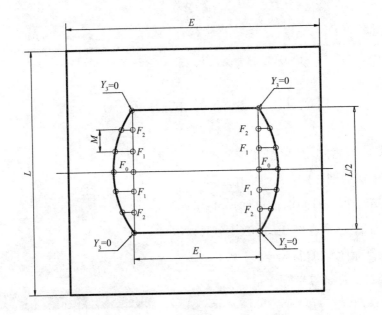

图 10-18-4 带补料的 90°等径三通水平管及孔的展开图

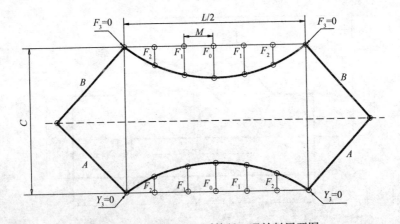

图 10-18-5 带补料的 90°等径三通补料展开图

计算式：

$$A = \frac{E_1}{2} = \frac{600}{2} = 300$$

$$B = H_1 - H = 600 - 300 = 300$$

$$C = \sqrt{A^2 + B^2} = \sqrt{300^2 + 300^2} = 424.3$$

$$W = \frac{360°}{N} = \frac{360°}{12} = 30°(W \text{ 为圆周 } 12 \text{ 等分时每等分值})$$

第 i 点对应的圆心角为 $W_i = i \times W \left(i = 0,1,2,\cdots\cdots,\dfrac{N}{4} \right)$

$$W_0 = 0 \times W = 0 \times 30° = 0, W_1 = 1 \times W = 30°, W_2 = 2W = 60°, W_3 = 3W = 90°$$

$$K_1 = \arctan\left[\frac{E_1}{2(H_1 - H)} \right] = \arctan\left[\frac{600}{2(600 - 300)} \right] = 45°$$

$$K_2 = \arctan\left[\frac{2(H_1 - H)}{E_1} \right] = \arctan\left[\frac{2(600 - 300)}{600} \right] = 45°$$

$$P = \frac{D\tan\left(\dfrac{H_1}{2} \right)}{2} = \frac{426 \times \tan\left(\dfrac{45°}{2} \right)}{2} = 88.23$$

$$F_0 = P \cdot \cos(i \cdot W) = 88.23 \times \cos(0 \times 30°) = 88.23$$

$$F_1 = P \cdot \cos(i \cdot W) = 88.23 \times \cos(1 \times 30°) = 76.41$$

$$F_2 = P \cdot \cos(i \cdot W) = 88.23 \times \cos(2 \times 30°) = 44.1$$

$$F_3 = P \cdot \cos(i \cdot W) = 88.23 \times \cos(3 \times 30°) = 0$$

$$L = \pi D = 3.1416 \times 426 = 1338.3, M = \frac{L}{N} = \frac{1338.3}{12} = 111.5$$

二、用光盘计算举例

双击"10.18 带补料的正交 90°三通"文件名后的计算示例如图 10-18-6 所示。

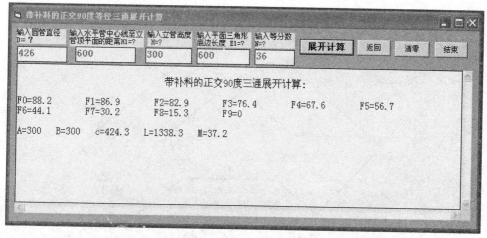

图 10-18-6　带补料的等径正交 90°三通光盘计算举例

10.19 Y形带补料的等径三通

图 10-19-1 为立体图,图 10-19-2 为主视图,图 10-19-3、图 10-19-4、图 10-19-5 分别为立管展开图、支管展开图和补料展开图。支管两节与立管中心线左、右对称。各展开图的绘制均是以 16 等分圆周为例,用公式计算举例中采用的等分数为 16,与上述各图一致。而光盘计算举例采用的等分数为 64,因此在比较两者计算数据是否吻合时,光盘计算数据与公式法计算数据跳 3 格相等,显然用光盘计算数据作的展开图要精确一些。实际工程中应以构件大小确定 N(等分数)的多少。

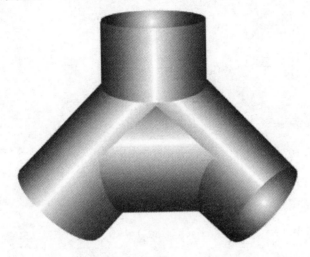

图 10-19-1 Y形带补料的等径三通立体图

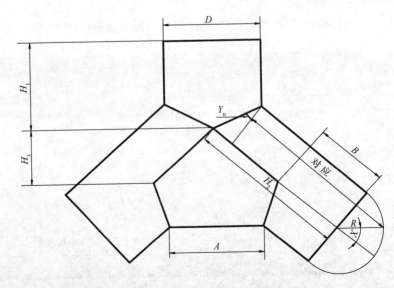

图 10-19-2 Y形带补料的等径三通主视图

584

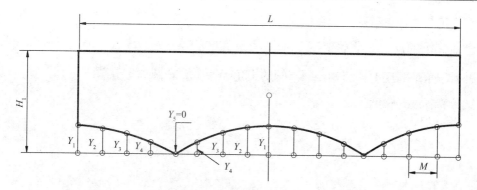

图 10-19-3 Y 形带补料的等径三通主管展开图

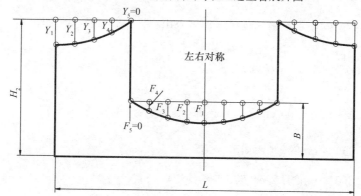

图 10-19-4 Y 形带补料的等径三通支管展开图

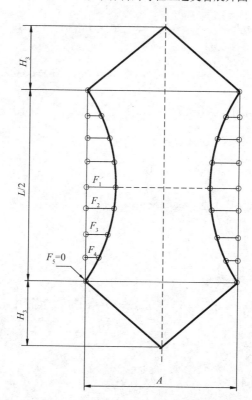

图 10-19-5 Y 形带补料的等径三通补料展开图

一、用公式计算举例

已知管外径 $D=520$，管壁厚 $T=8$，立管高度 $H_1=460$，支管长度 $H_2=850$

补料三角形高度 $H_3=290$，两支管的夹角 $W=100°$，圆周等分数 $N=16$

试计算各展开长度：

$$X_1=0° \quad X_2=\frac{360°}{16}=22.5° \quad X_3=45° \quad X_4=67.5° \quad X_5=90°$$

$$R=\frac{D}{2}=\frac{520}{2}=260$$

$$Y_1=R \cdot \tan\left(\frac{W}{4}\right) \cdot \cos X_i = 260 \times \tan\left(\frac{100°}{4}\right) \times \cos 0° = 121.24$$

$$\left(\text{上式中的 } i = 0,1,2,3,4,5,\cdots\cdots,\frac{N}{4}+1\right)$$

$$Y_2=R \cdot \tan\left(\frac{W}{4}\right) \cdot \cos X_2 = 260 \times \tan 25° \times \cos 22.5° = 112$$

$$Y_3=260 \times \tan 25° \times \cos 45° = 85.7$$

$$Y_4=260 \times \tan 25° \times \cos 67.5° = 46.4$$

$$Y_5=260 \times \tan 25° \times \cos 90° = 0$$

$$F_1=R \cdot \tan\left(45° - \frac{W}{4}\right) \cdot \cos X_1 = 260 \times \tan 20° \times \cos 0° = 94.6$$

$$F_2=R \cdot \tan\left(45° - \frac{W}{4}\right) \cdot \cos X_2 = 260 \times \tan 20° \times \cos 22.5° = 87.4$$

$$F_3=260 \times \tan 20° \times \cos 45° = 66.9$$

$$F_4=260 \times \tan 20° \times \cos 67.5° = 36.2$$

$$F_5=260 \times \tan 20° \times \cos 90° = 0$$

$$A=2H_3 \cdot \tan\left(\frac{W}{2}\right) = 2 \times 290 \times \tan\left(\frac{100°}{2}\right) = 691.2$$

$$B=H_2 - \frac{H_3}{\cos\left(\frac{W}{2}\right)} = 850 - \frac{290}{\cos 50°} = 398.8$$

$$L=\pi(D-T) = 3.1416 \times (520-8) = 1608.5 \text{（管中心径展开长度）}$$

$$M=\frac{L}{N}=\frac{1608.5}{16}=100.5$$

二、用光盘计算举例

双击 "10.19Y 形带补料的等径三通" 程序名的计算示例如图 10-19-6 所示。

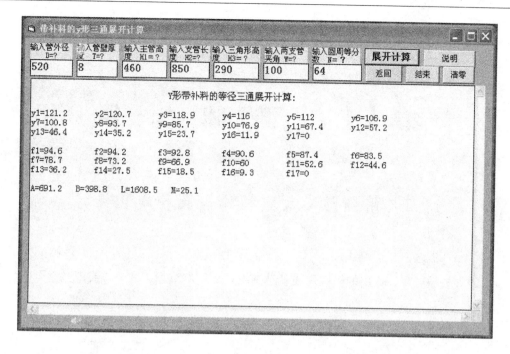

图 10-19-6 Y形带补料的等径三通管光盘计算举例

三、程序使用说明

如图 10-19-7 所示。

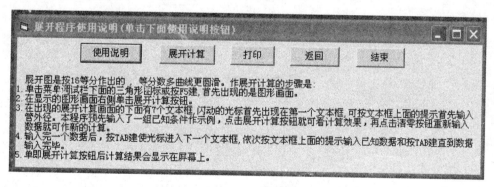

图 10-19-7 程序使用说明

第**11**章 椭 圆 构 件

11.1 用椭圆参数方程作椭圆和周长计算

图 11-1-1 是主视图，利用图 11-1-2 的输出数据 x 和 y 的坐标值，可以准确地作出椭圆，取的等分数越多，作出的椭圆曲线就越圆滑，利用本节介绍的公式或用光盘可以计算出椭圆周长的精确值。

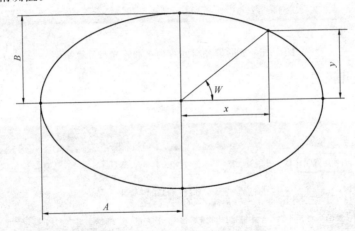

图 11-1-1 用椭圆参数方程作图和周长计算

一、用公式计算举例

已知椭圆的长半轴 $A=500$，短半轴 $B=300$，等分数 $N=24$

计算式：（计算四分之一椭圆的参数）

$$W_i = (i-1) \cdot \frac{360°}{N} \left(i = 1, 2, \cdots\cdots, \frac{N}{4}+1\right) \quad X_i = A \cdot \cos W_i \qquad Y_i = B \cdot \sin W_i$$

$$W_1 = (1-1) \times \frac{360°}{24} = 0° \quad W_2 = (2-1) \times \frac{360°}{24} = 15° \quad W_3 = (3-1) \times \frac{360°}{24} = 30°$$

$$W_4 = 45° \quad W_5 = 60° \quad W_6 = 75° \quad W_7 = 90°$$

$$X_1 = A \cdot \cos W_1 = 500 \times \cos 0° = 500 \quad X_2 = A \cdot \cos W_2 = 500 \times \cos 15° = 483$$

$$X_3 = 500 \times \cos 30° = 433 \quad X_4 = 500 \times \cos 45° = 353.6 \quad X_5 = 500 \times \cos 60° = 250$$

$$X_6 = 500 \times \cos 75° = 129.4 \quad X_7 = 500 \times \cos 90° = 0$$

$$Y_1 = B \cdot \sin W_1 = 300 \times \sin 0° = 0 \quad Y_2 = B \cdot \sin W_1 = 300 \times \sin 15° = 77.6$$

$$Y_3 = 300 \times \sin 30° = 150 \quad Y_4 = 300 \times \sin 45° = 212.1 \quad Y_5 = 300 \times \sin 60° = 259.8$$

$$Y_6 = 300 \times \sin 75° = 289.8 \quad Y_7 = 300 \times \sin 90° = 300$$

以下计算椭圆的周长值：

$$K = \frac{\sqrt{A^2 - B^2}}{A} = \frac{\sqrt{500^2 - 300^2}}{500} = 0.8$$

$$L = \frac{4A\pi}{2} \cdot \left[1 - \left(\frac{K}{2}\right)^2 - \left(\frac{3}{8}\right)^2 \cdot \frac{K^4}{3} - \left(\frac{15}{48}\right)^2 \cdot \frac{K^6}{5} \right]$$

$$= \frac{4 \times 500 \times 3.1416}{2} \times \left[1 - \left(\frac{0.8}{2}\right)^2 - \left(\frac{3}{8}\right)^2 \times \frac{0.8^4}{3} - \left(\frac{15}{48}\right)^2 \times \frac{0.8^6}{5} \right] = 2562.5$$

二、用光盘计算举例

双击"11.1用椭圆参数方程作椭圆和周长计算"程序文件名的计算示例如图 11-1-2 所示。

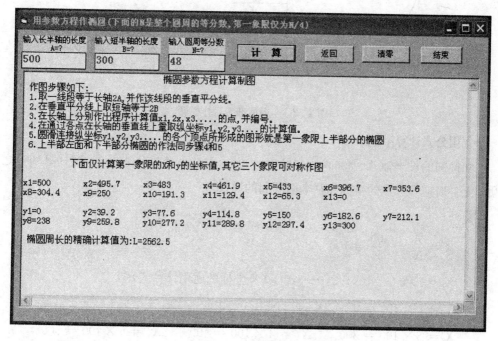

图 11-1-2　用椭圆参数方程作椭圆和周长计算举例

三、作椭圆的步骤

见光盘计算图 11-1-2 中详细的叙述。

11.2　用标准方程作椭圆和周长计算

图 11-2-1 是用标准方程计算值作椭圆的示意图，由于四个象限的椭圆弧长完全相等，因此只求出第一象限的 x 坐标和 y 坐标值就行了，作椭圆的步骤和方法与第 11.1 节用椭

圆参数方程作图完全相同，可从计算图获得，本节就不再次叙述。图 11-2-1 示意图是按 20 等分圆周作出的（圆周是指用标准椭圆作图法的圆周而不是椭圆周），实际工程中可按构件形状大小来确定等分数的多少，程序计算图 11-2-2 的长半轴等分数 N 是按 10 计算的，如果将等分数改为 $N=5$，则计算结果与下面用公式的计算结果完全相等。程序设计的最大等分数 $N=1100$，主要是针对建筑物的计算，一般钣金展开几十等分（相对于圆周百等分以上了）就足够了。

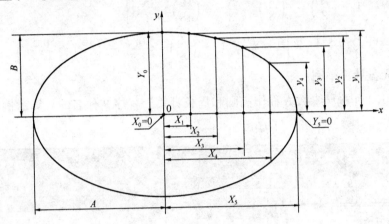

图 11-2-1 用标准方程作椭圆

一、用公式计算举例

已知椭圆的长半轴 $A=500$，短半轴 $B=300$，取长半轴等分 $N=5$，试计算四分之一椭圆周上各对应等分点的坐标和整个椭圆周的周长。

计算式：

$$C=\frac{A}{N}=\frac{500}{5}=100$$

$$X_i = i \cdot C (i = 0, 1, 2, \cdots\cdots, N) \ (X \text{坐标的通用计算式})$$

$$X_0 = 0 \times 100 = 0 \qquad X_1 = 1 \times 100 = 100 \qquad X_2 = 2 \times 100 = 200$$

$$X_3 = 3 \times 100 = 300 \qquad X_4 = 4 \times 100 = 400 \qquad X_5 = 5 \times 100 = 500$$

$$Y_i = \frac{B}{A} \cdot \sqrt{A^2 - X_i^2} \quad (Y \text{坐标的通用计算式})(\text{标准方程})$$

$$Y_0 = \frac{300}{500} \cdot \sqrt{500^2 - 0^2} = 300$$

$$Y_1 = \frac{300}{500} \cdot \sqrt{500^2 - 100^2} = 293.9$$

$$Y_2 = \frac{300}{500} \cdot \sqrt{500^2 - 200^2} = 275$$

$$Y_3 = \frac{300}{500} \cdot \sqrt{500^2 - 300^2} = 240$$

$$Y_4 = \frac{300}{500} \cdot \sqrt{500^2 - 400^2} = 180$$

$$Y_5 = 0$$

以下计算椭圆的周长：

$$K = \frac{\sqrt{A^2 - B^2}}{A} = \frac{\sqrt{500^2 - 300^2}}{500} = 0.8$$

$$L = \frac{4A\pi}{2} \cdot \left[1 - \left(\frac{K}{2}\right)^2 - \left(\frac{3}{8}\right)^2 \cdot \frac{K^4}{3} - \left(\frac{15}{48}\right)^2 \cdot \frac{K^6}{5} \right]$$

$$= \frac{4 \times 500 \times 3.1416}{2} \times \left[1 - \left(\frac{0.8}{2}\right)^2 - \left(\frac{3}{8}\right)^2 \times \frac{0.8^4}{3} - \left(\frac{15}{48}\right)^2 \times \frac{0.8^6}{5} \right]$$

$$= 2562.5 \text{（精确值）}$$

二、用光盘计算举例

双击程序名"11.2用标准方程作椭圆和周长计算"后，单击"清零"按钮，将已知数据 $A = 500$，$B = 300$，$N = 10$，输入程序后的计算值如图 11-2-2 所示。由于程序计算图 11-2-2 的等分数大于用公式计算举例的等分数，所以按照图 11-2-2 的计算数据作出的椭圆要准确和圆滑一些。

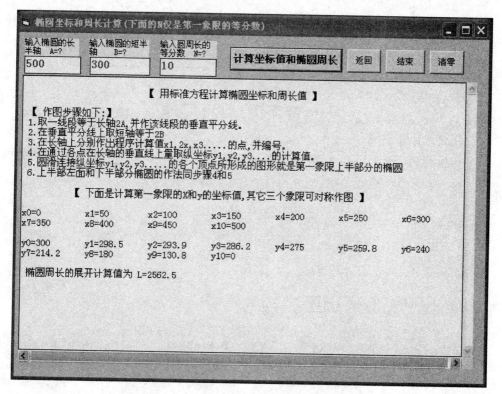

图 11-2-2　用标准方程作椭圆和周长计算举例

11.3 椭圆管周长展开计算

图 11-3-1 为椭圆管的立体图，图 11-3-2 为示意图和展开图。计算椭圆周长以前多采用近似计算的方法。随着计算机的普及，采用微积分计算和相似于 π 的用正多边形无限逼

近圆的计算方法，可以大大提高计算椭圆周长的精度，作者在第 11 章中对椭圆构件作周长计算时和在程序编制过程中都用上了后面的两种方法，因而计算出的周长值都是比较精确的。

为了节省篇幅，本节只对椭圆管的周长作了展开计算，假如要在管的一端或两端加封板时，其封板的制图过程其实就是椭圆的作图过程，因此可参考前面第 11 章第 11.1 和第 11.2 节关于椭圆的做法就行了，此处不再重述。

图 11-3-1 椭圆管立体图

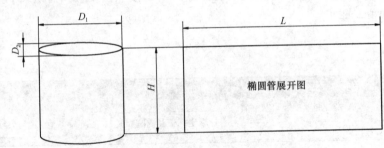

图 11-3-2 椭圆管主视图和展开图

一、用公式计算举例

已知椭圆管的长轴 $D_1 = 1200$，短轴尺寸 $D_2 = 700$，管壁厚 $T = 6$。试计算椭圆管周长的展开长度。

$$a = \frac{D_1}{2} - T = \frac{1200}{2} - 6 = 594$$

$$b = \frac{D_2}{2} - T = \frac{700}{2} - 6 = 344$$

$$K = \frac{\sqrt{a^2 - b^2}}{a} = \frac{\sqrt{594^2 - 344^2}}{594} = 0.81524$$

$$L = 4a \cdot \frac{\pi}{2}\left[1 - \left(\frac{0.81524}{2}\right)^2 - \left(\frac{3}{8}\right)^2 \times \frac{(0.81524)^4}{3} - \left(\frac{15}{48}\right)^2 \times \frac{(0.81524)^6}{5}\right]$$

$$= 3013.4$$

（上式中 $\pi = 3.1416$，$a = 594$）

二、用光盘计算举例

双击程序名"11.3 椭圆管周长展开计算"，单击"展开计算"按钮其计算结果如图
11-3-3 所示。

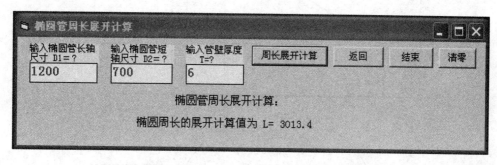

图 11-3-3　椭圆周长展开计算光盘计算举例

11.4　平面斜切椭圆管

图 11-4-1 为平面斜切椭圆管立体图，图 11-4-2 是按 12 等分圆周作出的斜切椭圆管主
视图和水平投影图，选取等分数少的原因是让绘出的图形显得清楚些。图 11-4-3 和图 11-
4-4 是按 16 等分作出的展开图，实际工程中应根据
构件大小来选取等分数的多少。

请读者注意，在椭圆周展开长度 L 上的 F_1，
F_2，F_3，F_4 它们并不相等，作展开图时应按图 11-
4-5 计算的 F_1，F_2，F_3，F_4 在圆周的展开长度 L
上依次排序确定点位，然后在对应点，作 L_0，L_1，
L_2，L_3 的长度，最后圆滑连接各顶点，就可以作
出 16 等分的展开图，如图 11-4-3 所示。

图 11-4-1　平面斜切椭圆管立体图

图 11-4-5 列出了图 11-4-3 和图 11-4-4 两种展开图的展开数据，读者可根据自己的习
惯，选择其中一种，展开图（一）的数据只能用于按展开图（一）的形式作图，不要错
用。表中的 X 和 Y 坐标值可用作椭圆管的封板作图使用。

一、用公式计算举例

已知：椭圆长轴 $D_1 = 530$，短轴 $D_2 = 270$，管壁厚 $T = 0.5$，管的中心高度 $H = 280$，
斜裁角度 B=29.5°，D_2 圆周等分数 $N = 12$。试计算各展开尺寸。

$$a = \frac{D_1 - T}{2} = \frac{530 - 0.5}{2} = 264.75 \text{（椭圆的长半轴）}$$

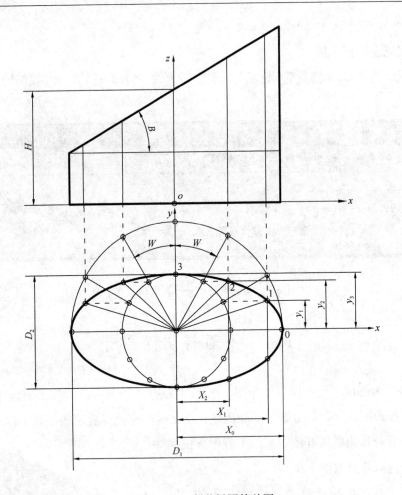

图 11-4-2 斜裁椭圆管总图

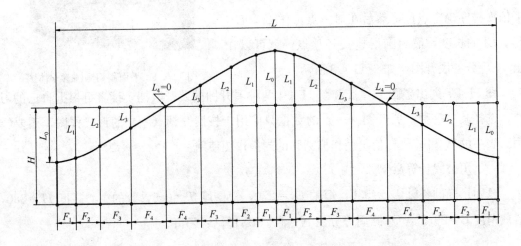

图 11-4-3 16 等分斜切椭圆管展开图（一）

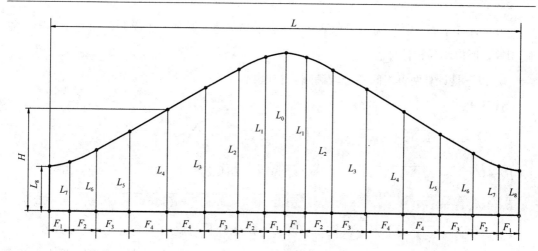

图 11-4-4 16 等分斜切椭圆管展开图（二）

$$b = \frac{D_2 - T}{2} = \frac{270 - 0.5}{2} = 134.75 \ (\text{椭圆的短半轴})$$

D_1 圆周 12 等分时的圆心角为：$W_i = i \times \dfrac{360°}{N}\left(i = 0,1,2,\cdots\cdots,\dfrac{N}{4}\right)$

$$W_0 = 0 \times \frac{360°}{12} = 0° \qquad W_1 = \frac{360°}{12} = 30° \qquad W_2 = 2 \times 30° = 60°$$

$$W_3 = 3 \times 30° = 90°$$

1. 计算椭圆周上第 i 点的横坐标：

计算式：

$$X_i = a \cdot \cos W_i \left(i = 0,1,2,\cdots\cdots,\frac{N}{4}\right)$$

$$X_0 = a \cdot \cos W_0 = 264.75 \times \cos 0° = 264.75$$

$$X_1 = a \cdot \cos W_1 = 264.75 \times \cos 30° = 229.3$$

$$X_2 = a \cdot \cos W_2 = 264.75 \times \cos 60° = 132.4$$

$$X_3 = a \cdot \cos W_3 = 264.75 \times \cos 90° = 0$$

2. 计算第 i 点的纵坐标：

计算式：

$$Y_i = b \cdot \sin W_i \left(i = 0,1,2,\cdots\cdots,\frac{N}{4}\right)$$

$$Y_0 = b \cdot \sin W_0 = 134.75 \times \sin 0° = 0$$

$$Y_1 = b \cdot \sin W_1 = 134.75 \times \sin 30° = 67.4$$

$$Y_2 = b \cdot \sin W_2 = 134.75 \times \sin 60° = 116.7$$

$$Y_3 = b \cdot \sin W_3 = 134.75 \times \sin 90° = 134.8$$

以上计算了第一象限椭圆周上第 i 点的纵横坐标值，其他三个象限的值完全与第一象限相等，所以不另行计算。

3. 以下是计算两点之间各分段椭圆弦长值：

计算式：

$$F_i = \sqrt{(x_i - x_{i-1})^2 + (y_i - y_{i-1})^2} \quad \left(i = 0, 1, 2, \cdots\cdots, \frac{N}{4}\right)$$

$$F_1 = \sqrt{(x_1 - x_0)^2 + (y_1 - y_0)^2} = \sqrt{(229.3 - 264.75)^2 + (67.4 - 0)^2} = 76.1$$

$$F_2 = \sqrt{(x_2 - x_1)^2 + (y_2 - y_1)^2} = \sqrt{(132.4 - 229.3)^2 + (116.7 - 67.4)^2} = 108.7$$

$$F_3 = \sqrt{(x_3 - x_2)^2 + (y_3 - y_2)^2} = \sqrt{(0 - 132.4)^2 + (134.8 - 116.7)^2} = 133.6$$

以上是计算的四分之一椭圆周上每两点之间的弦长，即实际上是计算椭圆周上每两个点之间的直线距离，等分点越少，所计算的分段直线累加值，已不能代表真实的每两点弧长的累加值。鉴于以上情况，应适当将等分数取大一点，作图精度可大大提高。但对于手工计算而言已感到力不从心，这就是用光盘计算的优点。在作展开图时，应将椭圆周长的精确值与分段弦长的累加值两者的误差，按比例分摊到 F_1，F_2…$F\left(\dfrac{N}{4}+1\right)$ 中去，否则作出的椭圆管周长值偏小，本节程序未考虑分摊，请读者注意，后面几个小节的程序中一些构件已考虑了分摊的问题。

4. 计算展开素线的高度

计算式：

$$L_i = x_i \cdot \tan B \quad \left(i = 0, 1, 2, \cdots\cdots, \frac{N}{4}\right)$$

$$L_0 = x_0 \cdot \tan B = 264.75 \times \tan 29.5° = 149.8$$

$$L_1 = x_1 \cdot \tan B = 229.3 \times \tan 29.5° = 129.7$$

$$L_2 = x_2 \cdot \tan B = 132.4 \times \tan 29.5° = 74.9$$

$$L_3 = x_3 \cdot \tan B = 0 \times \tan 29.5° = 0$$

5. 计算椭圆周长的精确值

$$K = \frac{\sqrt{a^2 - b^2}}{a} = \frac{\sqrt{264.75^2 - 134.75^2}}{264.75} = 0.86078$$

$$L = \frac{4a\pi}{2}\left[1 - \left(\frac{K}{2}\right)^2 - \left(\frac{3}{8}\right)^2 \cdot \frac{K^4}{3} - \left(\frac{15}{48}\right)^2 \cdot \frac{K^6}{5}\right]$$

$$= 2 \times 264.75 \times 3.1416 \times \left[1 - \left(\frac{0.86078}{2}\right)^2 - \left(\frac{3}{8}\right)^2 \cdot \frac{(0.86078)^4}{3}\right.$$

$$\left. - \left(\frac{15}{48}\right)^2 \cdot \frac{(0.86078)^6}{5}\right]$$

$$= 1299.3$$

6. 计算分段椭圆弦长的累计值：

$$E = 4 \times (F_1 + F_2 + F_3) = 4 \times (76.1 + 108.7 + 133.6) = 1273.6$$

7. 计算 L 与 E 的差值：$L - E = 1299.3 - 1273.6 = 25.7$

二、用光盘计算举例

双击文件名"11.4 平面斜切椭圆管"后的计算示例如图 11-4-5 所示。表中的已知条件等分数 N 为 16，程序设计时考虑与展开图一致，但是与上面用公式计算所取的 $N = 12$ 有所区别，如果在程序运行后，将 N 设置为 12，其计算结果会将与上面用公式法的计算值完全相同。

程序启动后有一个"画椭圆"按钮，单击该按钮后在出现新的界面中，程序预先设置了已知数据，只要单击"画椭圆"按钮，就会出现一个等分数为 12 的椭圆，可以看出该椭圆只是由 12 条折线组成，它们就是前面公式计算值 F_1，F_2，F_3 在四个象限的分布情况，如图 11-4-6 中小的一个椭圆所示。如果将等分数加大，例如设置为 50 或者更多，那么所画的就是一个比较圆滑的椭圆曲线了，如图 11-4-6 中大的一个椭圆所示。如果不断改变三个已知条件，可以画出不同的椭圆，作者设置该按钮的目的是为了让读者了解椭圆形成的过程以及等分数对展开图精度的影响。

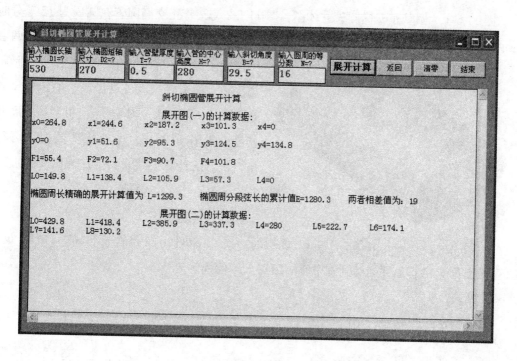

图 11-4-5　平面斜切椭圆管光盘计算举例

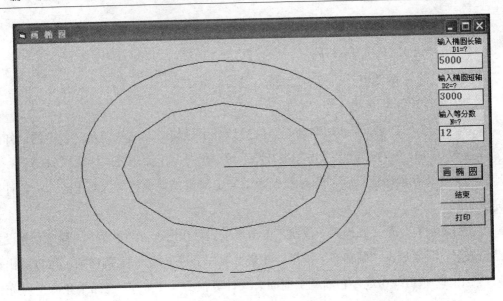

图 11-4-6 等分数不同对作图精度的影响举例

11.5 圆管正交椭圆管

图 11-5-1 为圆管正交椭圆管立体图，图 11-5-2 为圆管正交椭圆管在圆周为 12 等分时的示意图，图中尺寸 A 是自由尺寸，但必须使椭圆管的长度大于圆管的直径，否则两者不能完全相贯，尺寸 A 由设计或工程实际距离决定。椭圆管未画展开图，它的矩形尺寸是 $(2A + D_3) \times L_1$，其中 L_1 是椭圆周的展开长度，从图 11-5-4 的光盘计算数据中可得出，也可从计算公式求得。L 为圆管的展开长度，M 为其每等分值。

图 11-5-1 圆管正交椭圆管立体图

一、计算公式

已知条件：椭圆管长轴 D_1，短轴 D_2，圆管直径 D_3，圆管顶部到椭圆管中心的距离 H，圆周等分数 N

计算式：

$$R_1 = \frac{D_1}{2} \qquad R_2 = \frac{D_2}{2} \qquad R_3 = \frac{D_3}{2}$$

$$W_i = i \cdot \frac{360°}{N} \left[求圆周上第\ i\ 点对应的圆心角\left(i=0,\ 1,\ 2,\ \cdots\cdots,\ \frac{N}{2}\right) \right]$$

1. $X_i = R_3 \cdot \sin W_i$（计算椭圆周上第 i 点的横坐标）

$$G_i = \arccos\left(\frac{X_i}{R_1}\right)$$

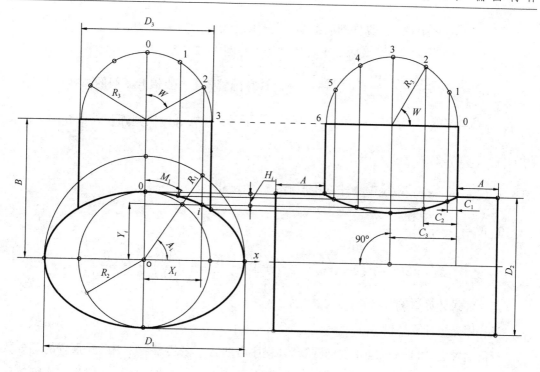

图 11-5-2 管正交椭圆管 12 等分示例图

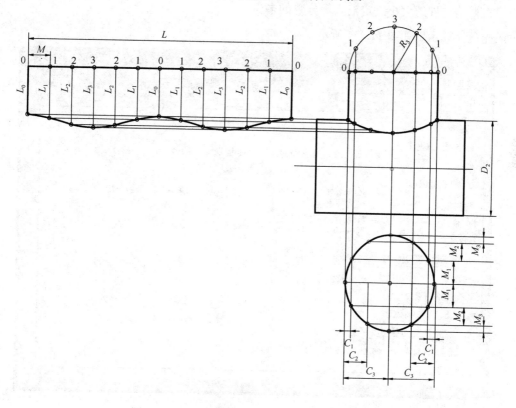

图 11-5-3 圆管正交椭圆管的管孔和圆管展开图

2. $Y_i = R_2 \cdot \sin G_i$（计算椭圆周上第 i 点的纵坐标）

$$H_i = R_2 - Y_i \text{（符号含义如图 11-5-2 所示）}$$

3. $L_i = \dfrac{H - R_3 \cdot \cos W_i \cdot \cos 90° - Y_i}{\sin 90°}$（计算圆管各等分点展开素线的高度）

4. $M_i = \sqrt{[X_i - X(i-1)]^2 + [Y_i - Y(i-1)]^2}$（计算分段椭圆弧长，即孔的纵向尺寸）$\left(i = 0,\ 1,\ 2,\ \cdots\cdots,\ \dfrac{N}{4} + 1\right)$

5. $C_i = R_3 - R_3 \cdot \cos W_i$（计算孔水平方向的尺寸）

6. $K = \dfrac{\sqrt{R_1^2 - R_2^2}}{R_1}$

$$L_1 = 2R_1 \cdot \pi \left[1 - \left(\frac{K}{2}\right)^2 - \left(\frac{3}{8}\right)^2 \cdot \frac{(K)^4}{3} - \left(\frac{15}{48}\right)^2 \cdot \frac{(K)^6}{5}\right]$$

二、公式计算举例（略）

三、用光盘计算举例

双击文件名"11.5 圆管正交椭圆管"，程序启动后，在已知条件中已经预置的等分数为 36 与图 11-5-2 有所不同，因为图 11-5-2 等分数少会使图形清楚一些，但是在实际工程中应根据结构件的大小决定输入等分数的多少。

光盘计算示例如图 11-5-4 所示。

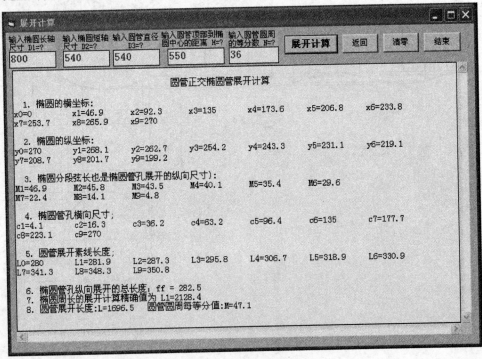

图 11-5-4　圆管正交椭圆管光盘计算举例

11.6 圆管斜交椭圆管

图 11-6-1 为圆管斜交椭圆管的立体图，图 11-6-2 为主视图和侧视图。图 11-6-5 是用光盘计算的 24 等分圆周的展开数据，由于用手工或用计算器计算麻烦且容易出错，建议读者尽量使用光盘来计算展开数据，鉴于此点，本小节未有用公式计算举例的篇幅，有兴趣的读者可按下面公式一步一步地计算，将计算结果与图 11-6-5 中的数据对照，从中可体会到用计算机处理展开数据的快速和准确。

图 11-6-1 圆管斜交椭圆管立体图

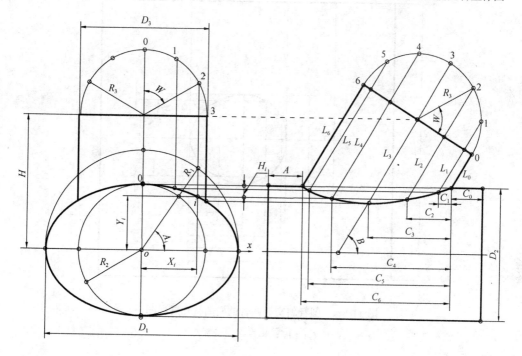

图 11-6-2 圆管斜交椭圆管（12 等分示例）

一、计算公式

已知：椭圆管的长轴 D_1，短轴 D_2，圆管直径 D_3，圆管顶部中点到椭圆管中心的距离 H，圆管中心线与椭圆管中心水平线的夹角 B，圆管圆周的等分数 N。

计算公式：

$$R_1 = \frac{D_1}{2},\ R_2 = \frac{D_2}{2},\ R_3 = \frac{D_3}{2},\ \pi = 3.1416$$

$$W_i = i \cdot \frac{360°}{N}\ \left(i\ \text{表圆周上等分点的编号，如}\ i = 0,1,2,\cdots\cdots,\frac{N}{2}\right)$$

601

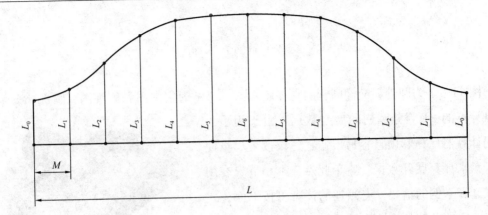

图 11-6-3　圆管斜交椭圆管的圆管展开图

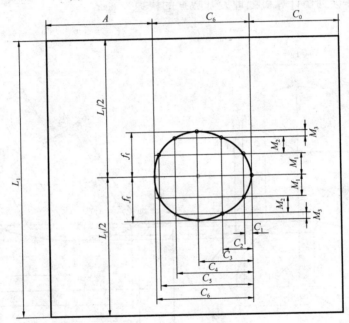

图 11-6-4　圆管斜交椭圆管的椭图管孔展形图

（A 和 C_0 为自选尺寸）

1. 求椭圆周上第 i 点的 X 坐标

$$X_i = R_3 \cdot \sin(W_i)$$

2. 求椭圆周上第 i 点的 Y 坐标

$$A_i = \arctan\left(\frac{X_i}{R_1}\right)$$

$$Y_i = R_2 \cdot \sin(A_i) \text{（第 } i \text{ 点的 } Y \text{ 坐标值）} \quad H_i = R_2 - Y_i$$

3. 计算圆管各等分点展开素线的长度

$$L_i = \frac{H - R_3 \cdot \cos B \cdot \cos W_i - Y_i}{\sin B}$$

4. 计算椭圆周上分段椭圆弧长（即计算椭圆管孔的纵向尺寸）

$$M_i=\sqrt{[X_i-X(i-1)]^2+[Y_i-Y(i-1)]^2}\left(i=1,2,\cdots\cdots,\frac{N}{4}+1\right)$$

5. 计算椭圆管孔的横向尺寸

$$W_i=i\cdot\frac{360°}{N}\left(i=1,2,\cdots\cdots,\frac{N}{2}\right)$$

$$C_i=\frac{R_3(1-\cos W_i)}{\sin B}+\frac{H_i}{\tan B}$$

6. 计算椭圆周长的展开长度（精确值）

$$K=\frac{\sqrt{R_1^2-R_2^2}}{R_1}$$

$$L_1=\frac{4R_1\pi}{2}\left[1-\left(\frac{K}{2}\right)^2-\left(\frac{3}{8}\right)^2\cdot\frac{K^4}{3}-\left(\frac{15}{48}\right)^2\cdot\frac{K^6}{5}\right]$$

7. 计算圆管的展开长度及每等分值

$$L=\pi\cdot D_3（圆管展开长度）$$

$$M=\frac{L}{N}（每等分值）$$

二、用光盘计算举例

已知：椭圆的长轴尺寸 $D_1=800$，短轴 $D_2=540$，圆管直径 $D_3=540$，圆管顶部中心到椭圆中心的尺寸 $H=550$，圆管中心线与水平线的夹角 $B=60°$，圆周等分数 $N=24$。

双击程序名"11.6 圆管斜交椭圆管"，单击"展开计算"后的计算示例如图 11-6-5 所示。

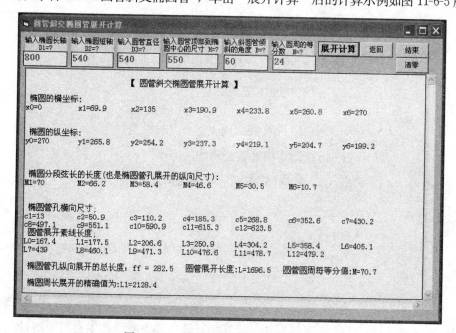

图 11-6-5　圆管斜交椭圆管光盘计算举例

11.7　圆管偏心直交椭圆管

图 11-7-1 为圆管偏心直交椭圆管的立体图，图 11-7-2 为总图，图 11-7-3 为圆管的展开图。需要注意的是，偏心尺寸 E 的值不能太大，当 E 的值大于 R_1-R_3 时，圆管的边界线会超过椭圆管的边界线，不能完全相贯，此时程序会自动提示输入的 E 值过大，需重新输入 E 的尺寸。根据光盘计算图 11-7-4 的 X 和 Y 坐标值可作出椭圆。

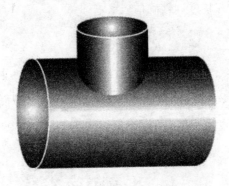

图 11-7-1　圆管偏心直交椭圆管立体图

一、计算公式

已知 D_1，D_2，D_3，H，E，N，符号含义如图 11-7-2 所示。

$$R_1 = \frac{D_1}{2} \qquad R_2 = \frac{D_2}{2} \qquad R_3 = \frac{D_3}{2}$$

$$W_i = \frac{i \cdot 360°}{N} \left(i = 0, 1, 2, \cdots\cdots, \frac{N}{2} \right)$$

$$X_i = E + R_3 \cdot \cos W_i \text{（计算椭圆周上第 } i \text{ 点的横坐标）}$$

$$B_i = \arccos \left(\frac{E + R_3 \cdot \cos W_i}{R_1} \right)$$

$$Y_i = R_2 \cdot \sin B_i \text{（计算椭圆周上第 } i \text{ 点的纵坐标）}$$

$$H_i = H - Y_i \text{（计算圆管展开素线的高度）}$$

$$C_i = R_3 \cdot \sin W_i \text{（计算椭圆管孔的横向尺寸）}$$

$$\left(\text{以上的 } i = 0, 1, 2, \cdots\cdots, \frac{N}{2} \right)$$

$$M_i = \sqrt{(X_i - X_{i-1})^2 + (Y_i - Y_{i-1})^2} \text{（计算椭圆周上每两点之间距离）}$$

$$\left(i = 0, 1, 2, \cdots\cdots, \frac{N}{2} \right)$$

$$ff = \sqrt{E^2 + \left[R_2 - Y\left(\frac{N}{4} \right) \right]^2} \text{（计算椭圆管顶部边线至孔中心的距离）}$$

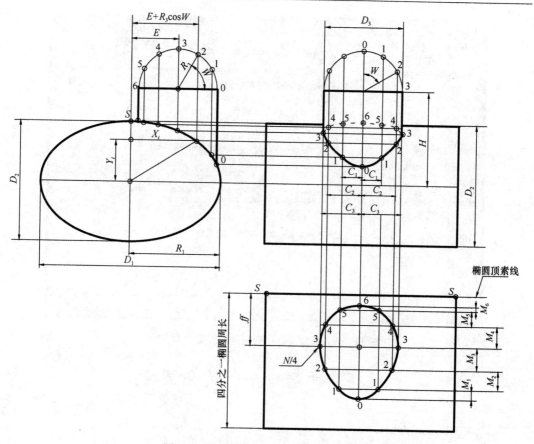

图 11-7-2　圆管偏心直交椭圆管三视图

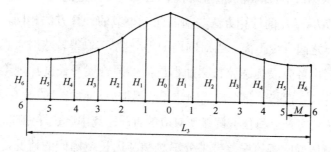

图 11-7-3　圆管偏心直交椭圆管的圆管展开图

$L_3 = \pi \cdot D_3$（计算圆管周长的展开长度）

$M = \dfrac{L_3}{N}$（计算圆管周长展开长度的每等分值）

$K = \dfrac{\sqrt{R_1^2 - R_2^2}}{R_1}$

$L = 4R_1 \dfrac{\pi}{2}\left[1 - \left(\dfrac{K}{2}\right)^2 - \left(\dfrac{3}{8}\right)^2 \cdot \dfrac{K^4}{4} - \left(\dfrac{15}{48}\right)^2 \cdot \dfrac{K^6}{5}\right]$（计算椭圆管周长的精确值）

二、用光盘计算举例

双击程序名"11.7 圆管偏心直交椭圆管"的计算示例如图 11-7-4 所示。

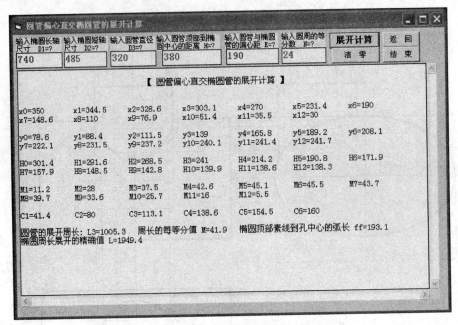

图 11-7-4 圆管偏心直交椭圆管光盘计算举例

11.8 两端口平行的椭圆管

一、说明

图 11-8-1 是两端口平行的椭圆管立体图，图 11-8-2 为总图和展开图，在图 11-8-3 中，分段椭圆弧 M_1，M_2，M_3 的计算方法与前面几个小节的计算方法相同，实际上计算的是椭圆周上每两个点之间直线距离，当对圆周的等分数 N 取得较小时，直线距离与弧长差值明显增大，最后由各分段椭圆弦长累加得出的椭圆管展开长度比理论计算的精确值要短。本小节已考虑这一因素，将分段椭圆弦长的累加值与精确值的误差按加权平均方法将总误差按比例的方法分配到每段椭圆弧所对应的直线距离中，这样处理的结果可保证作出的展开图不会因分段椭圆弧的误差带来分不尽椭圆周长精确值的情况，从图 11-8-3 中可看出 $L_1 = M_+ = 969 = 4(M_1 + M_2 + M_3)$。

从图 11-8-2 中还可看出只作出了第一象限周长的计算，其他三个象限完全相同，所以椭圆周长的展开值应等于 $4(M_1 + M_2 + M_3)$。

本例中总图和展开图仅表示 24 等分圆周时的情况，随着等分数 N 取值的多少，展开素线（即 M_i 的数量）的根数也会自动变化，这些用不着读者考虑，只要 N 的取值一旦确定，展开素线的根数也由程序自动生成并通过如图 11-8-3 的形式显示或打印出来。

二、计算公式

已知条件：端口直径 D_1，高度 H_1，椭圆管中心线与水平线的夹角 B，端口圆周的等分数 N

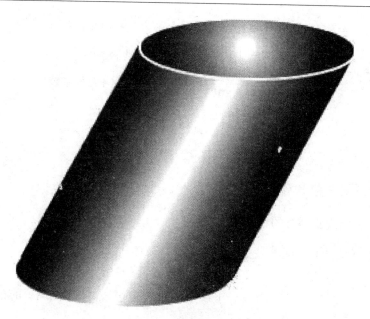

图 11-8-1　两端口平行的椭圆管立体图

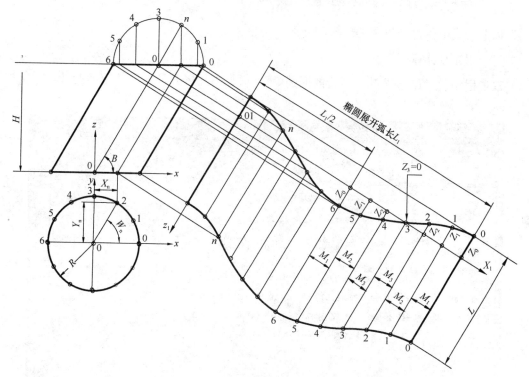

图 11-8-2　两平行圆口椭圆柱管总图

计算式：

$$D_2 = D_1 \times \sin(B) \qquad R_1 = \frac{D_1}{2} \qquad R_1 = \frac{D_2}{2}$$

$$W_i = i \cdot \frac{360°}{N}$$

$X_i = R_2 \cdot \cos(W_i)$（计算椭圆周上第 i 点的横坐标）

$Y_i = R_1 \cdot \sin(W_i)$（计算椭圆周上第 i 点的纵坐标）

$Z_i = \dfrac{R_2 \cdot \cos(W_i)}{\tan B} = \dfrac{X_i}{\tan B}$（计算斜三角形内展开素线的长度）

$$\left(\text{以上 } i = 0,1,2,\cdots\cdots,\frac{N}{2}\right)$$

$$M_i = \sqrt{[X_i - X(i-1)]^2 + [Y_i - Y(i-1)]^2}$$

$$\left[\text{计算分段圆弧弦长}\left(\text{以上 } i = 1,2,\cdots\cdots,\frac{N}{4}\right)\right]$$

以下计算椭圆周长展开的精确长度：

$$K = \frac{\sqrt{R_1^2 - R_2^2}}{R_1}$$

$$L_1 = 4R_1 \frac{\pi}{2}\left[1 - \left(\frac{K}{2}\right)^2 - \left(\frac{3}{8}\right)^2 \cdot \frac{K^2}{3} - \left(\frac{15}{48}\right)^2 \cdot \frac{K^6}{5}\right]$$（椭圆周长的精确值）

$$L = \frac{H}{\sin B}$$（计算椭圆管展开素线的长度）

以上公式中各符号的含义与图 11-8-2 中一致。

三、用光盘计算举例

双击程序名"11.8 两端口平行的椭圆管"，再单击"展开计算"按钮后的计算示例如图 11-8-3 所示。

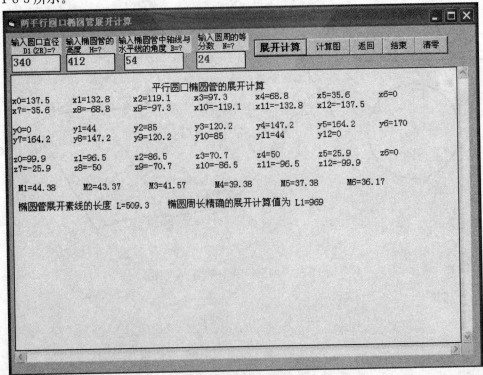

图 11-8-3　两端口平行的椭圆管光盘计算举例

608

11.9 正 椭 圆 锥

图 11-9-1 为正椭圆锥的立体图，图 11-9-2 为主视图和水平投影图，图 11-9-3 为展开图。在水平投影图中建立直角坐标系，S 为坐标原点，向右为 X 坐标的正方向，向左为 X 坐标的负方向，向后为 Y 坐标的正方向。图 11-9-4 计算的 X 为负值，表示由原点 S 向左的坐标值，利用表中 X_i 和 Y_i 的值可画出椭圆。

图 11-9-1 正椭圆锥立体图

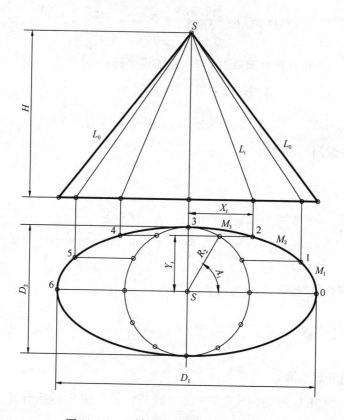

图 11-9-2 正椭圆锥主视图和水平投影图

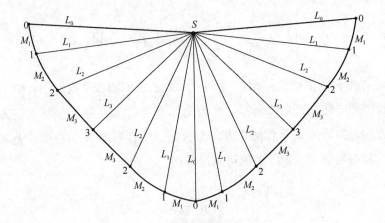

图 11-9-3　正椭圆锥展开图

一、计算公式

已知：椭圆的长轴 D_1，短轴 D_2，圆锥高度 H，等分数 N

$$R_1 = \frac{D_1}{2} \qquad R_2 = \frac{D_2}{2}$$

$$W_i = (i-1) \cdot \frac{360°}{N} \left(i = 0, 1, 2, \cdots\cdots, \frac{N}{2}+1 \right)$$

1. $X_i = R_1 \cdot \cos W_i$（计算椭圆周上第 i 点的横坐标）

2. $Y_i = R_2 \cdot \sin W_i$（计算椭圆周上第 i 点的纵坐标）

3. $L_i = \sqrt{X_i^2 + Y_i^2 + H^2}$（计算椭圆锥第 i 条展开素线的长度）

4. 以下计算椭圆周的精确展开长度：

$$K = \frac{\sqrt{R_1^2 - R_2^2}}{R_1}$$

$$L = 4R_1 \frac{\pi}{2} \left[1 - \left(\frac{K}{2} \right)^2 - \left(\frac{3}{8} \right)^2 \cdot \frac{K^4}{4} - \left(\frac{15}{48} \right)^2 \cdot \frac{K^6}{5} \right] \text{（椭圆管周长的精确值）}$$

5. 计算椭圆分段圆弧所对应的弦长

$$M_i = \sqrt{(X_i - X_{i+1})^2 + (Y_i - Y_{i+1})^2} \left(i = 1, 2, 3, \cdots\cdots, \frac{N}{4} \right)$$

二、用光盘计算举例

双击程序名"11.9 正椭圆锥"，单击"展开计算"按钮后的计算示例如图 11-9-4 所示。

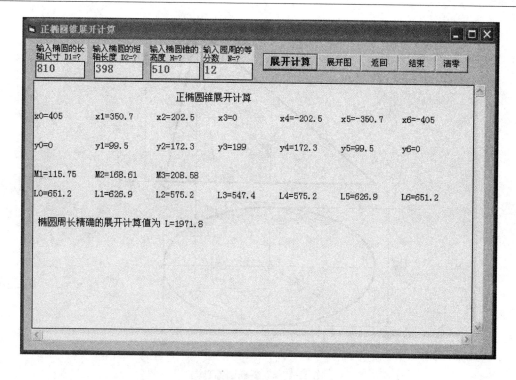

图 11-9-4　正椭圆锥光盘计算举例

11.10　斜 椭 圆 锥

一、说明

图 11-10-1 为斜椭圆锥的立体图，图 11-10-2 是锥顶点 S 在底平面内的示意图；图 11-10-3 是锥顶点 S 在锥底平面外的示意图；当锥顶点 S 在椭圆长轴的一个端点投影重合时就变成直角椭圆锥；图 11-10-4 是斜椭圆锥展开图。图 11-10-5 是锥顶点 S 在锥底平面内时的计算举例，图 11-10-6 是锥顶点 S 在锥底平面外的计算举例。两者在程序运行时的区别仅仅是输入的偏心距离的不同而已。举两个例子的目的主要说明该程序的通用性。

若用本节程序作直角椭圆锥的展开数据计算时，在其他已知条件相同时只将偏心距 E 设置为 $\dfrac{D_1}{2}$ 就行了。例如以图 11-10-6 为例，其他已知数据不变，只将 E 的值改为 $\dfrac{730}{2}=365$，在单击"展开计算"按钮后，有一根最短的展开素线那就是 L_0，其计算值 $L_0=500$ 与椭圆锥的高度 H 相等，这就是直角椭圆锥的特征。而最长的一根展开素线 $L_6=884.8$，它是由椭圆锥高为一直角边，由椭圆锥的长轴 D_1 构成另

图 11-10-1　斜椭圆锥立体图

611

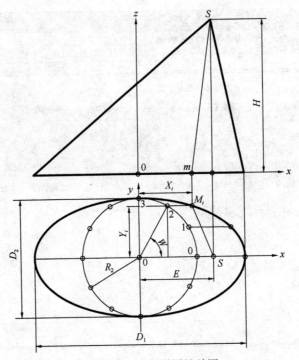

图 11-10-2　斜椭圆锥总图

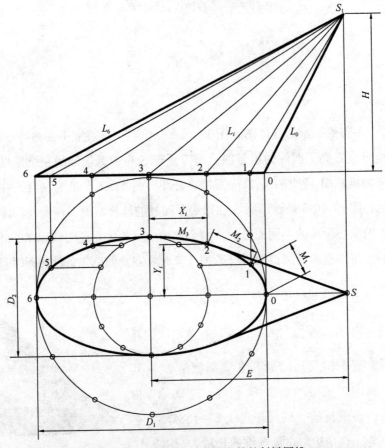

图 11-10-3　锥顶点 S 在锥底外的斜椭圆锥

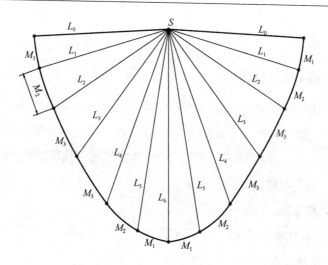

图 11-10-4 斜椭圆锥展开图

一个直角边的斜边长度，即 $L_6 = \sqrt{H_2^2 + D_1^2} = \sqrt{500^2 + 730^2} = 884.8$，这个结果与程序计算值完全相同。

另需说明的是，图 11-10-3 是示意图，在水平投影图中，椭圆锥面在上，底部椭圆周右部应为虚线，但考虑尺寸标注清楚，将其绘成实线，仅作示意。

二、计算公式

已知条件：椭圆的长轴尺寸 D_1，短轴尺寸 D_2，斜椭圆锥的高度 H 和长短轴圆周的等分数 N。

计算式：

$$R_1 = \frac{D_1}{2} \qquad R_1 = \frac{D_2}{2}$$

$$W_i = (i-1) \cdot \frac{360°}{N} \quad \left(i = 1, 2, \cdots\cdots, \frac{N}{2} + 1\right)$$

$X_i = R_1 \cdot \cos(W_i)$（计算椭圆周上第 i 点的横坐标）

$Y_i = R_2 \cdot \sin(W_i)$（计算椭圆周上第 i 点的纵坐标）

$L_i = \sqrt{(E - X_i)^2 + Y_i^2 + H^2}$（计算椭圆锥面展开素线的长度）

$$K = \frac{\sqrt{R_1^2 - R_2^2}}{R_1}$$

$$L = 4R_1 \frac{\pi}{2}\left[1 - \left(\frac{K}{2}\right)^2 - \left(\frac{3}{8}\right)^2 \cdot \frac{K^2}{3} - \left(\frac{15}{48}\right)^2 \cdot \frac{K^6}{5}\right]$$（计算椭圆周长的精确值）

$$M_i = \sqrt{[X_i - X_{i+1}]^2 + [Y_i - Y_{i+1}]^2}$$

$$\left[\text{计算分段椭圆弧的弦长}\left(\text{以上 } i = 1, 2, \cdots\cdots, \frac{N}{4}\right)\right]$$

四分之一椭圆周累计弦长值 $\Sigma M_i \left(i = 1, \ 2, \ \cdots\cdots, \ \dfrac{N}{4} \right)$

整个椭圆周长的累计值为 $M_+ = 4\Sigma M_i \left(i = 1, \ 2, \ \cdots\cdots, \ \dfrac{N}{4} \right)$

从上面看出，由 $4\Sigma M_i$ 组成的多边形椭圆周的展开长度要比精确值短，等分数 N 的取值越小，这两者的误差就越大。本节程序已将两者的误差按比例分配到每段弦长中去，计算出的分段弦长值大，分配的比例就大，虽然实际情况不是呈线性比例分配的关系，但这样处理的结果，精度明显提高。

三、用光盘计算举例

双击程序名"11.10 斜椭圆锥"的计算示例详见图 11-10-5 锥顶点 S 在锥底平面内的计算和图 11-10-6 锥顶点 S 在锥底平面外的计算。

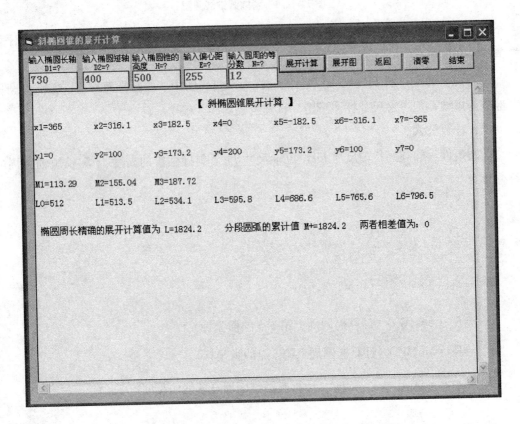

图 11-10-5　锥顶点在椭圆内的斜椭圆锥展开计算举例

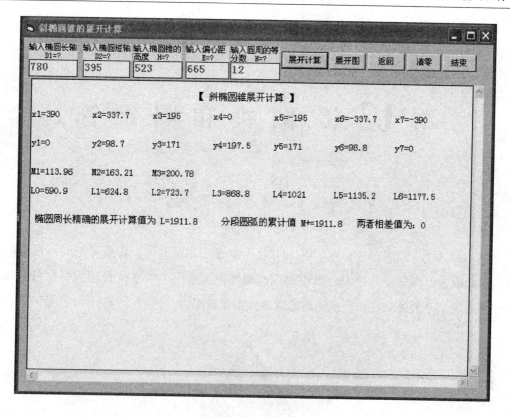

图 11-10-6　锥顶点在椭圆外的斜椭圆锥展开计算举例

第 12 章 圆锥和圆锥管

12.1 正 圆 锥

图 12-1-1 为正圆锥的立体图，图 12-1-2 为主视图和展开图。作展开图时可根据半径 R 的大小确定。当半径 R 小时，可用圆规或地规直接画出。当半径 R 很大时，可选择本书后面有关章节的等分弦长法或弦高递减法作出展开图。

图 12-1-1 正圆锥立体图

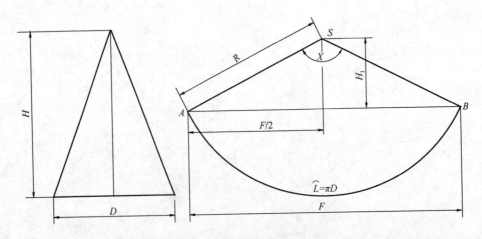

图 12-1-2 正圆锥主视图和展开图

一、计算公式及举例

已知：圆锥底的直径 $D=600$，圆锥高度 $H=800$

计算式：

$$R = \sqrt{\left(\frac{D}{2}\right)^2 + H^2} = \sqrt{\left(\frac{600}{2}\right)^2 + 800^2} = 854.4 \text{（计算展开扇形圆弧半径）}$$

$$X = \frac{180° \cdot D}{R} = \frac{180° \times 600}{854.4} = 126.4° \text{（计算扇形角）}$$

$$F = 2R \cdot \sin\left(\frac{X}{2}\right) = 2 \times 854.4 \times \sin\left(\frac{126.4°}{2}\right) = 1525.3$$

$$H_1 = \sqrt{R^2 - \left(\frac{F}{2}\right)^2} = \sqrt{854.4^2 - \left(\frac{1525.3}{2}\right)^2} = 385.3$$

二、用光盘计算举例

双击程序名"12.1 正圆锥"的计算示例如图 12-1-3 所示。

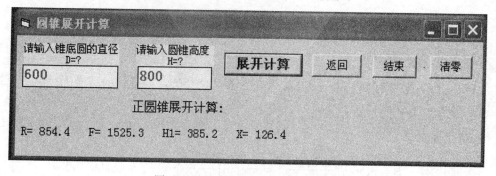

图 12-1-3　正圆锥展开光盘计算举例

12.2　正　圆　锥　管

图 12-2-1 为正圆锥管的立体图，图 12-2-2 为主视图和展开图。本例已考虑了板厚处

图 12-2-1　正圆锥管立体图

理的问题，当输入的壁厚 T 为零时，$D_1=D_3 D_2=D_4$，展开图的作法同正圆锥；当展开半径 R_1 和 R_2 很大时，可按下一节"大直径和渐缩率小的圆锥管"的方法进行。

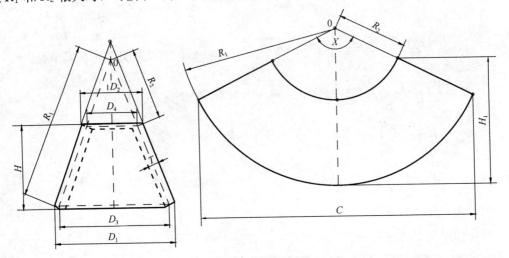

图 12-2-2　正圆锥管主视图和展开图

一、计算公式及举例

已知：圆锥管大端外径 $D_1=1000$，小端外径 $D_2=800$，圆锥管的高度 $H=500$，壁厚 $T=10$。试计算展开尺寸。

计算式如下：

$$B=\arctan\left(\frac{2H}{D_1-D_2}\right)=\arctan\left(\frac{2\times500}{1000-800}\right)=78.69°$$

$$D_3=D_1-T\cdot\sin B=1000-10\times\sin(78.69°)=990$$

$$D_4=D_2-T\cdot\sin B=800-10\times\sin(78.69°)=790.2$$

$$R_1=\frac{D_3}{2\cos B}=\frac{990}{2\times\cos(78.69°)}=2524$$

$$R_2=\frac{D_4}{2\cos B}=\frac{790.2}{2\times\cos(78.69°)}=2014.6$$

$$X=180°\cdot\frac{D_4}{R_2}=180°\times\frac{790.2}{2014.6}=70.6°$$

$$C=2R_1\sin\left(\frac{X}{2}\right)=2\times2524\times\sin\left(\frac{70.6°}{2}\right)=2917$$

当 $X\leqslant180°$ 时，

$$H_1=R_1-R_2\cdot\cos\left(\frac{X}{2}\right)=2524-2014.6\times\cos\left(\frac{70.6°}{2}\right)=880$$

当 $X>180°$ 时，按下式计算：

$$H_1=R_1+R_2\cdot\sin\left(\frac{X-180°}{2}\right)\qquad \text{本例 }X=70.6°\text{ 属第一种情况。}$$

二、用光盘计算举例

双击程序名"12.2 正圆锥管"的计算示例如图 12-2-3 所示。当等分数多时，上下拉动右面的滚动条可看完全部计算数据。

图 12-2-3　正圆锥管展开计算举例

12.3　大直径和渐缩率小的正圆锥管

一、说明

图 12-3-1 为大直径和渐缩率小的圆锥管立体图，图 12-3-2、图 12-3-3 是主视图和对大直径圆锥管用弦高递减法所作的展开图，图中标注的尺寸符号与图 12-3-4 和图 12-3-5 相对应。

本节程序能自动处理展开图形是大直径还是小直径的展开计算，当计算出的 R_1 值大于 2m 难以用地规作图时，就自动按弦高递减法输出展开数据。图 12-3-4 是大直径正圆锥管的展开计算表，图 12-3-5 是小直径正圆锥管展开计算输出表。

图 12-3-1　大直径和渐缩率小的
圆锥管立体图

二、展开图的作法

1. 当 R_1 的长度在圆规和地规所能及的范围内时，可直接按图 12-3-3 作图。

2. 当 R_1 很大时，如图 12-3-2 所示，先以尺寸 F_1、K_1、P_1 作第一个梯形 $ABCD$，在梯形的上下底中垂线上分别量取 H_1 和 T_1 两个弦高，连接 $\overline{A5}, \overline{D5}, \overline{B5'}, \overline{C5'}$，此时应检查 $\overline{A5}$ 和 $\overline{D5}$ 应等于 F_2，$\overline{B5'}$ 和 $\overline{C5'}$ 应等于 K_2。

3. 在 $\overline{A5}, \overline{D5}, \overline{B5'}$ 和 $\overline{C5'}$ 的中垂线上分别取弦高等于 T_2 和 H_2，连接 $\overline{A3}, \overline{53}, \overline{B3'}$ 和 $\overline{5'3'}$（扇形另一半一样处理），它们的长度应分别等于 F_3 和 K_3。

4. 再作 $\overline{A3}, \overline{53}, \overline{B3'}$ 和 $\overline{5'3'}$ 等线段的中垂线并分别取弦高值等于 T_3 和 H_3，其弦高顶点分别为 2、4 和 2'、4'、连接 $\overline{A2}, \overline{23}, \overline{34}, \overline{45}$ 和 $\overline{B2'}, \overline{2'3'}, \overline{3'4'}, \overline{4'5'}$（扇形另一半一样处理），再作以上线段的中垂线上的弦高，如此循环下去直到弦高值小于 0.5mm 为止。

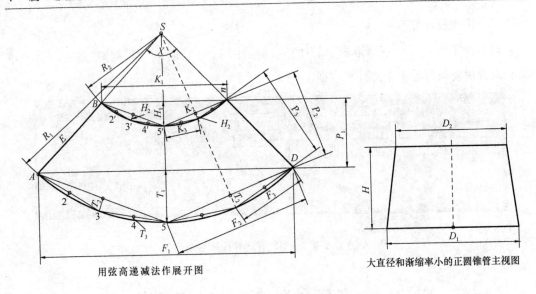

用弦高递减法作展开图

大直径和渐缩率小的正圆锥管主视图

图 12-3-2 渐缩率小和大直径的正圆锥管总图

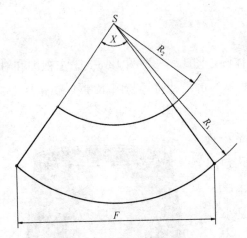

图 12-3-3 小直径圆锥管展开图

5. 光滑曲线连接各弦高顶点, 所得到的两段圆弧与线段 AB 及 CD 组成的扇形即为所求的展开图形。

6. 用此法作出的展开图制作成的圆锥管几何成形好, 做好的锥管底平面很平整, 比用三角形展开图法作出的工件精度高质量好 (因三角形展开图法等分数越多累计误差也就越大)。

7. 从图 12-3-2 看出, 当工件很大时, 由于受到板材尺寸的限制, 不可能一次作完整个扇形面的展开图, 此时可根据板料尺寸, 在图中选择合适的梯形做成许多小的扇形板然后拼装而成为一个整体, 例如将整个扇面分成四块由 P_3、F_3 和 K_3 所在的梯形 (即 A、B、3′ 和 3 四点构成的梯形), 用 T_3、H_3、F_4、K_4、T_4、H_4……作这一小块梯形的大小圆弧。作好圆弧的扇形板每两块用尺寸 F_2 及 K_2 作校验尺寸控制 $\overline{A5}$ 等于 F_2, $\overline{B5'} = K_2$, 组装完毕后再用 F_1 及 K_1 尺寸控制已组装好的两块, 使 $\overline{AD} = F_1$ 和 $\overline{BC} = K_1$ 直至整个扇面展开图拼装完毕。

三、程序使用说明

1. 输入变量中的 N 为循环计算的次数, 先可指定 N 值大些, 当运算结果发现输出的弦高值 T_i 和 H_i 已小于 0.5mm, 此时可中断程序运行, 将输出结果记录下来, 由于对小于 0.5mm 尺寸的弦高在量尺上难于辨认, 已无多大实际意义且上述运行结果已能满足作图精度要求, 因此可以在此时中断。

2. 程序计算分为两段: 当计算出展开大圆弧半径 R_1 大于 2m 时就转向图 12-3-4 所示

的作图尺寸计算；小于或等于 2m 时，按图 12-3-5 的作图尺寸输出运算结果。

四、用光盘计算举例

双击程序名 "12.3 大直径和渐缩率小的正圆锥管" 的计算示例详见图 12-3-4 和图 12-3-5 所示。当等分数多时，上下拉动右面的滚动条可看完全部计算数据。

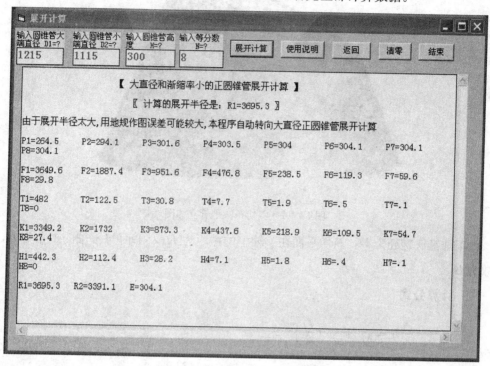

图 12-3-4　大直径圆锥管展开光盘计算举例

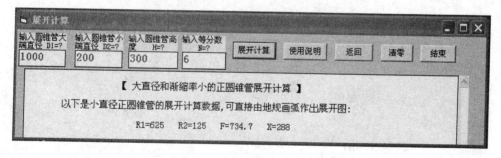

图 12-3-5　小直径圆锥管展开光盘计算举例

12.4　平面斜切正圆锥管

一、说明

图 12-4-1 为斜切正圆锥管立体图，图 12-4-2 为主视图和展开图。平面斜切上端正圆锥管展开尺寸的求解方法与两节渐缩弯头下端节展开尺寸的求解方法大体相同，不同点是

本节将斜率、截距和正圆锥的高度作为已知条件，因此直接可代入公式求出展开素线的尺寸。

图 12-4-1 斜切正圆锥管立体图

设正圆锥底直径为 D，斜切平面在 y 轴上的截距为 H_1，平面与 y 轴的夹角为 B，等分数为 N。

二、计算公式

$$R = \sqrt{H^2 + \left(\frac{D}{2}\right)^2}$$

$$X_i = (i-1)\frac{360°}{N} \quad \left(i = 1,2,3,\cdots\cdots,\frac{N}{2}+1\right)$$

$$A_i = \frac{R\left[\dfrac{D}{2}\cos X_i - H_1 \tan B\right]}{\dfrac{D}{2}\cos X_i - H\tan B} \quad \left(i = 1,2,3,\cdots\cdots,\frac{N}{2}+1\right)$$

$$X = \frac{180° D}{R}$$

$$F = 2R\sin\left(\frac{X}{2}\right)$$

$$L = \pi D$$

$$M = \frac{L}{N}$$

符号含义，如图 12-4-2 所示。

三、用光盘计算举例

双击程序名"12.4 平面斜切正圆锥管"的计算示例如图 12-4-3 所示。当等分数多时，上下拉动右面的滚动条可看完全部计算数据。

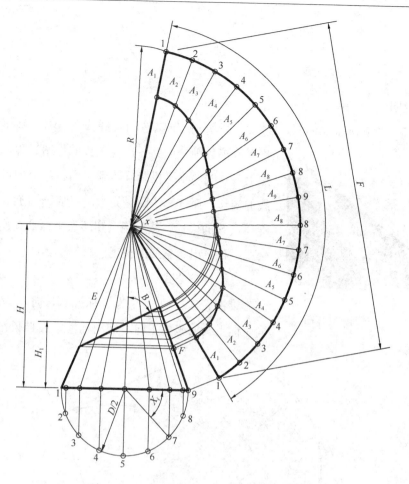

图 12-4-2　平面斜切正圆锥管主视图和展开图

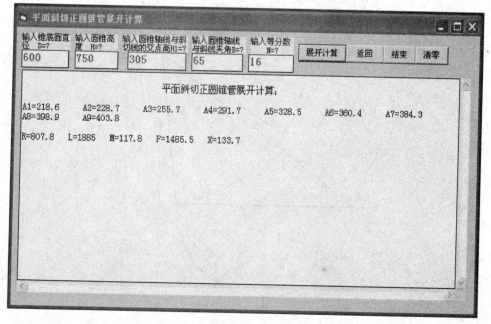

图 12-4-3　平面斜切正圆锥管展开计算举例

623

12.5　斜　圆　锥

一、说明

图 12-5-1 为斜圆锥立体图，图 12-5-2 为斜圆锥示意图及展开图，图中画出了一般用投影法求各等分点上各素线实长的作图过程，即将等分点上各素线的水平投影旋转到正面投影上即可求出各素线的实长，而计算法则是先求出锥底圆周上各等分点和锥顶点 S 的坐标，然后用已知两点坐标求其连线实长的公式，计算出各素线的长度。

图 12-5-1　斜圆锥立体图

二、计算公式

设锥底延长线上 S 为坐标原点，向左为 x 坐标正向，向上为 z 坐标正向，借用辅助锥底半圆作为水平投

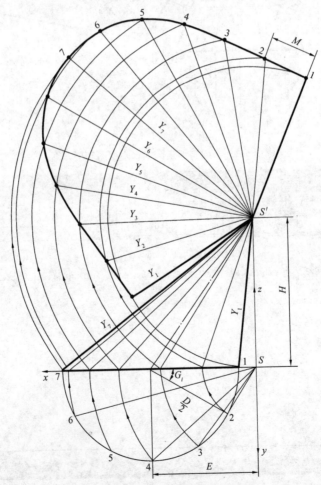

图 12-5-2　斜圆锥示意图和展开图

影时可令向下为 y 坐标的正向，由此可建立如下关系式。

已知条件：D，H，E，N

计算式：

$$G_i = (i-1)\frac{360°}{N}\ \left(i=1,2,\cdots\cdots,\frac{N}{2}+1\right)$$

锥底上圆周等分点坐标：

$$X_i = E - R\cos G_i\,(R\ 为底半径)$$

$$Y_i = R\sin G_i$$

$$Z_i = 0$$

锥顶点 S 坐标：

$$X_s = 0$$

$$Y_s = 0$$

$$Z_s = H$$

展开素线长度：

$$Y_i = \sqrt{(X_s-X_i)^2+(Y_s-Y_i)^2+(Z_s-Z_i)^2}$$

$$= \sqrt{(E-R\cdot\cos G_i)^2+(R\sin G_i)^2+H^2}$$

锥底圆周展开长和每等分值：

$$L = \pi D \qquad M = \frac{L}{N}$$

三、用光盘计算举例

双击程序名"12.5 斜圆锥"的计算示例如图 12-5-3 所示。当等分数多时，上下拉动右面的滚动条可看完全部计算数据。

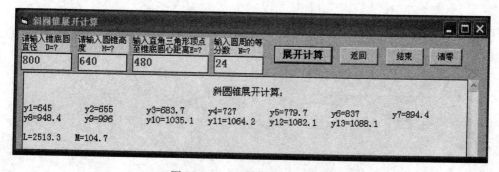

图 12-5-3　斜圆锥展开计算举例

12.6　斜　圆　锥　管

一、说明

图 12-6-1 为斜圆锥管的立体图，图 12-6-2 为主视图和展开图。锥管的展开素线长度等于分别以 D_1 和 D_2 为底的两个斜圆锥展开素线之差，因此斜圆锥管展开计算方法与斜圆锥基本相同。

图 12-6-1　斜圆锥管立体图

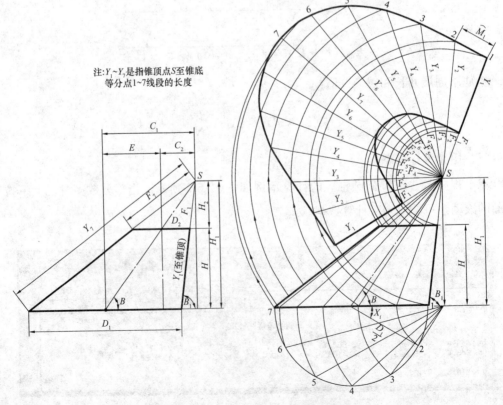

图 12-6-2　斜圆锥管主视图和展开图

二、计算公式

已知条件：D_1，D_2，H，E，N

计算式：

$$R_1 = \frac{D_1}{2} \qquad R_2 = \frac{D_2}{2}$$

$$B = \arctan\left(\frac{H}{E}\right)$$

$$B_1 = \arctan\left(\frac{H}{E + R_2 - R_1}\right)$$

$$P = \frac{R_2 \sin B}{\sin(B_1 - B)}$$

$$H_2 = P \sin(B_1)$$

$$H_1 = H_2 + H$$

$$C_1 = \frac{H_1}{\tan B}$$

$$C_2 = \frac{H_2}{\tan B}$$

$$X_i = (i-1)\frac{360°}{N} \left(i = 1,2,3,\cdots\cdots,\frac{N}{2}+1\right)$$

$$Y_i = \sqrt{(C_1 - R_1 \cos X_i)^2 + (R_1 \sin X_i)^2 + H_1^2}$$

$$F_i = \sqrt{(C_2 - R_2 \cos X_i)^2 + (R_2 \sin X_i)^2 + H_2^2}$$

$$L_1 = \pi D_1 \text{（圆锥大端展开长度）}$$

$$M_1 = \frac{L_1}{N}$$

以上公式中符号含义如图 12-6-2 所示。但要注意标注的 Y_1、Y_2……Y_7 尺寸是指锥顶点 S 至大端圆周上各等分点的距离而并非管段上素线的长度。作展开图时首先以 Y_1、Y_2……Y_i 以及 M_1 尺寸作出大端展开曲线，并连接 S_1、S_2……S_7 等线段，然后在这些线段上量取 F_1、F_2……F_7 的尺寸就可作出小端的展开曲线，两曲线同 Y_1 线段组成的图形就是斜圆锥管的展开图。

三、用光盘计算举例

双击程序名"12.6 斜圆锥管（放射线法）"的计算示例如图 12-6-3 所示。当等分数多时，上下拉动右面的滚动条可看完全部计算数据。

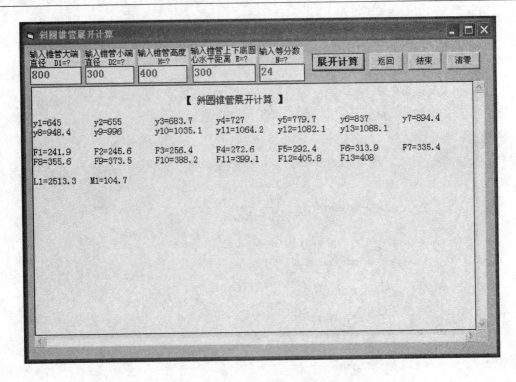

图 12-6-3　斜圆锥管光盘计算举例

12.7　单偏心斜圆锥管

一、说明

　　图 12-7-1 为单偏心斜圆锥管立体图，图 12-7-2 为主视图和水平投影图，图 12-7-3 是按三角形法得出的展开图。第 12.6 节适用于上下端直径相差较大或工件较小的斜圆锥管的展开计算，利用圆规或地规作出展开图；而本节程序适用于锥顶点偏离锥底很远的斜圆锥管的展开计算。

图 12-7-1　单偏心斜圆锥管立体图

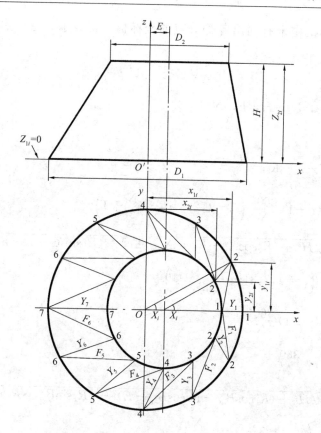

图 12-7-2　斜圆锥管主视图和水平投影图

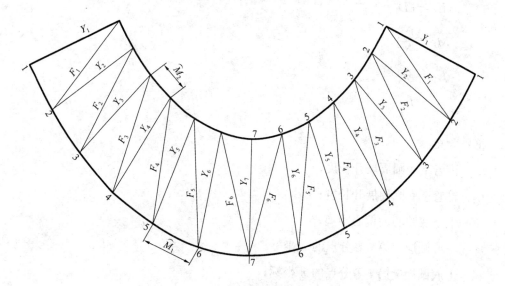

图 12-7-3　斜圆锥管展开图

　　三角形法展开计算的原理如图 12-7-2 所示，先求出线段两端点在直角坐标系 $Oxyz$ 中的坐标值，然后利用已知空间两点坐标求线段实长的公式求出各展开素线的实长，尔后作出展开图。

在以下的计算式中未有列出各等分点的坐标值，其表示方法可参考上一节，本节从略。

二、计算公式

已知条件：D_1，D_2，H，E，N

计算式：

$$R_1 = \frac{D_1}{2} \qquad R_2 = \frac{D_2}{2}$$

$$X_i = (i-1)\frac{360°}{N} \quad \left(i = 1,2,3,\cdots\cdots,\frac{N}{2}+1\right)$$

$$Y_i = \sqrt{H^2 + (R_1\cos X_i - R_2\cos X_i - E)^2 + (R_1\sin X_i - R_2\sin X_i)^2}$$

$$\left(i = 1,2,3,\cdots\cdots,\frac{N}{2}+1\right)$$

$$B_{1j} = (j-1)\frac{360°}{N}$$

$$B_{2j} = j \cdot \frac{360°}{N}$$

$$F_j = \sqrt{H^2 + (R_1\cos B_{2j} - R_2\cos B_{1j} - E)^2 + (R_1\sin B_{2j} - R_2\sin B_{1j})^2}$$

$$\left(j = 1,2,3,\cdots\cdots,\frac{N}{2}\right)$$

$$L_1 = \pi D_1$$

$$M_1 = \frac{L_1}{N}$$

$$L_2 = \pi D_2$$

$$M_2 = \frac{L_2}{N}$$

符号含义：

L_1—锥管下底圆周展开长度；

L_2—锥管上底圆周展开长度；

E—上下底圆心的偏心距离；

x_{1i}—下底圆周上第 i 等分点的 x 坐标；

x_{2i}—上底圆周上第 i 等分点的 x 坐标；

y_{1i}—下底圆周上第 i 等分点的 y 坐标；

y_{2i}—上底圆周上第 i 等分点的 y 坐标；

Z_{1i}—下底圆周上第 i 等分点的 z 坐标，由于在 z 轴上所有 $Z_{1i}=0$；

Z_{2i}—上底圆周上第 i 等分点的 z 坐标，由于平行于 x 轴，所有 $Z_{2i}=H$。

其余符号含义如图所示。

三、用光盘计算举例

双击程序名"12.7 单偏心斜圆锥管（三角形法）"的计算示例如图 12-7-4 所示。当等分数多时，上下拉动右面的滚动条可看完全部计算数据。

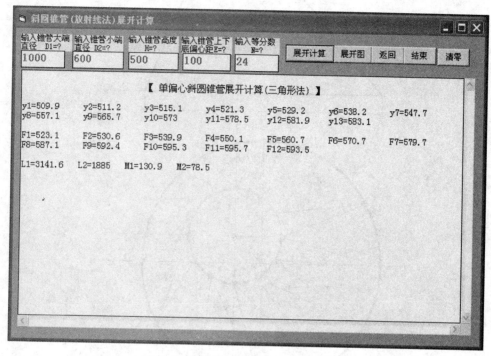

图 12-7-4 单偏心斜圆锥管展开计算举例

12.8 双偏心斜圆锥管

一、说明

图 12-8-1 为双偏心斜圆锥管主体图，图 12-8-2，图 12-8-3、图 12-8-4、图 12-8-5 和图 12-8-6 分别表示斜圆锥管上底圆心在四个象限内的不同情况，它们的展开图的做法可参考"图 12-8-3 上底圆心在第一象限时的双偏心圆锥管展开图"制作。

展开素线的表示方法如下：

1. 上下圆周同编号等分点之间的连接线用 Y_i 表示。

例如 Y_1 表示上圆周上第 1 个等分点（编号 1）与底部圆周上编号为 1 的等分点的连接素线，其余类推。

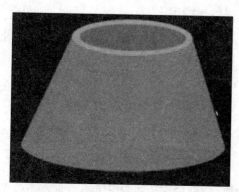

图 12-8-1 双偏心斜圆锥管立体图

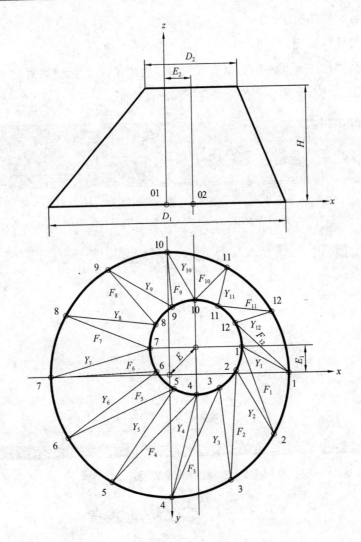

图 12-8-2 上底圆心在第一象限时的偏心圆锥管

请注意在水平投影图中标注的 Y_1，Y_2，……，F_1，F_2 等仅表示它们所处的位置，但不表示它们真实的长度，光盘计算表中的计算数值才是实长。

2. 上圆周上第 i 点与底部圆周上第 $i+1$ 点之间的连线用 F_i 表示。

例如在图 12-8-2 的水平投影图中小圆周（即上圆周）上的第 1 点与大圆周（下圆周）上第 2 点之间的连接线用 F_1 表示，其余以此类推。图 12-8-5 水平投影图中未标明 F_i 的位置，但一样按上面的连接方式表示 F_i，作展开图时按图 12-8-9 中的数据和按上面的连接方法即可作展开图。关于怎样作展开图可用三角形法参照图 12-8-3 执行。

二、计算公式

已知条件：D_1，D_2，H，E_1，E_2，N（等分数），符号含义如图中所示。

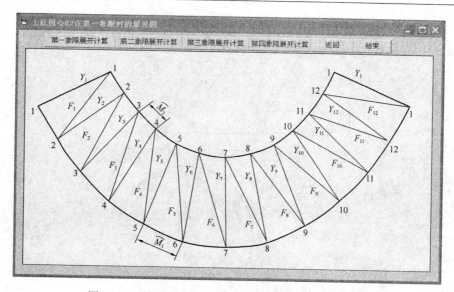

图 12-8-3　上底圆心在第一象限时的偏心圆锥管展开图

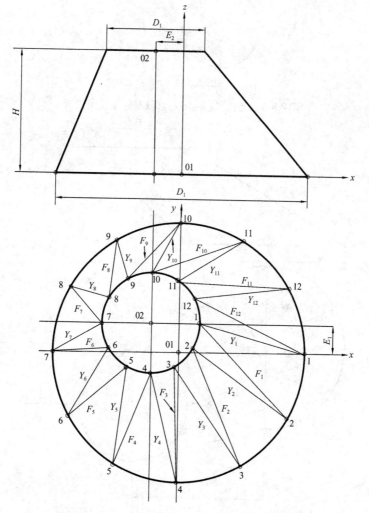

图 12-8-4　上底圆心在第二象限时的偏心圆锥管

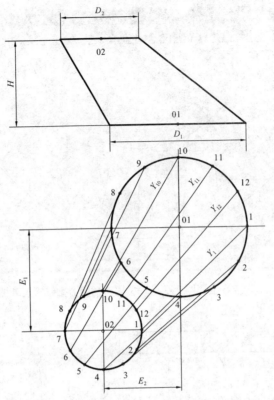

图 12-8-5 上底圆心在第三象限时的偏心圆锥管

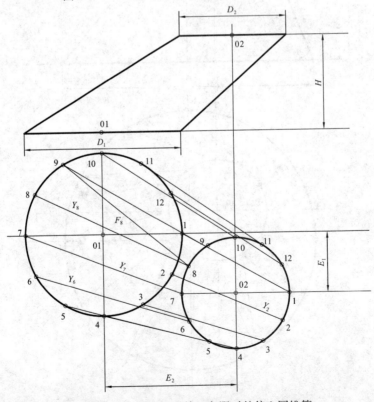

图 12-8-6 上底圆心在第四象限时的偏心圆锥管

计算式：

$$R_1 = \frac{D_1}{2} \qquad R_2 = \frac{D_2}{2}$$

1. 计算圆周等分点对应的计算角

$$X_i = (i-1) \cdot \frac{360°}{N} (i = 1, 2, \cdots\cdots, N) \qquad B_i = i \cdot \frac{360°}{N} (i = 1, 2, \cdots\cdots, N)$$

$$Y_i = \sqrt{H^2 + (R_1\cos X_i - R_2\cos X_i - E_2)^2 + (R_1\sin X_i - R_2\sin X_i + E_1)^2}$$

2. 第 1 象限的展开计算：

$$F_i = \sqrt{H^2 + (R_1\cos B_i - R_2\cos X_i - E_2)^2 + (R_1\sin B_i - R_2\sin X_i + E_1)^2}$$

$$L_1 = \pi D_1 (锥管底圆的展开长度)$$

$$L_2 = \pi D_2 (锥管小圆的展开长度)$$

$$M_1 = \frac{L_1}{N} (L_1 的每等分值)$$

$$M_2 = \frac{L_2}{N} (L_2 的每等分值)$$

3. 第 2 象限的展开计算

$$Y_i = \sqrt{H^2 + (R_1\cos X_i - R_2\cos X_i + E_2)^2 + (R_1\sin X_i - R_2\sin X_i + E_1)^2}$$

$$F_i = \sqrt{H^2 + (R_1\cos B_i - R_2\cos X_i + E_2)^2 + (R_1\sin B_i - R_2\sin X_i + E_1)^2}$$

L_1，L_2，M_1 和 M_2 的计算式与第 1 象限全等（3，4 象限全同）

4. 第 3 象限的展开计算

$$Y_i = \sqrt{H^2 + (R_1\cos X_i - R_2\cos X_i + E_2)^2 + (R_1\sin X_i - R_2\sin X_i - E_1)^2}$$

$$F_i = \sqrt{H^2 + (R_1\cos B_i - R_2\cos X_i + E_2)^2 + (R_1\sin B_i - R_2\sin X_i - E_1)^2}$$

5. 第 4 象限的展开计算

$$Y_i = \sqrt{H^2 + (R_1\cos X_i - R_2\cos X_i - E_2)^2 + (R_1\sin X_i - R_2\sin X_i - E_1)^2}$$

$$F_i = \sqrt{H^2 + (R_1\cos B_i - R_2\cos X_i - E_2)^2 + (R_1\sin B_i - R_2\sin X_i - E_1)^2}$$

三、用光盘计算举例

双击程序名"12.8 双偏心斜圆锥管（第 1，2，3，4 象限）"的计算示例如图 12-8-7，图 12-8-8，图 12-8-9 和图 12-8-10 所示。当等分数多时，上下拉动右面的滚动条可查看全部数据。

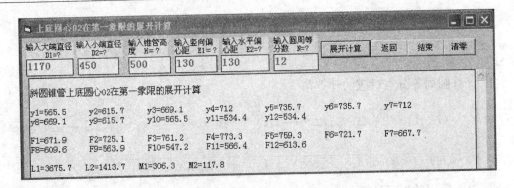

图 12-8-7　右后偏心圆锥管展开计算举例

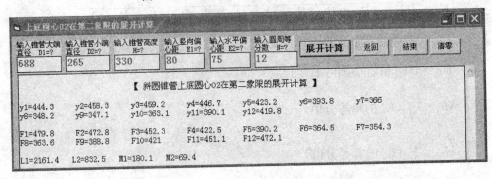

图 12-8-8　左后偏心圆锥管展开计算举例

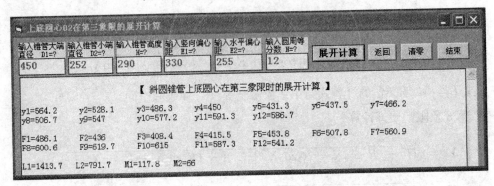

图 12-8-9　左前偏心圆锥管展开计算举例

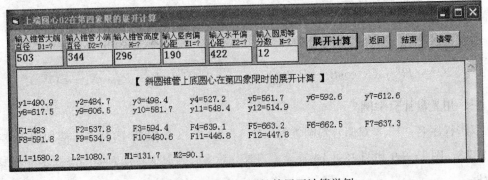

图 12-8-10　右前偏心圆锥管展开计算举例

12.9　直　角　圆　锥

一、说明

图 12-9-1 为直角圆锥的立体图，图 12-9-2 为主视图，它是斜圆锥的特殊情形，即最右边（或最左边）的轮廓线垂直于水平面。本小节用三角形法对斜圆锥面展开，即将斜圆锥面用素线分割成若干个三角形，并依次将这些三角形一一展开在同一平面上，其展开图形如图 12-9-3 所示。

二、计算公式及举例

已知：直角圆锥底圆直径 $D=500$，圆锥高度 $H=650$，圆周等分数 $N=12$。试计算各素线的展开长度。

计算式：

$$R = \frac{D}{2} = \frac{500}{2} = 250$$

圆周上各等分点对应的圆心角为：

$$X_i = (i-1) \cdot \frac{360°}{N} \quad \left(i = 1,2,3,\cdots\cdots,\frac{N}{2}+1 \right)$$

图 12-9-1　直角圆锥立体图

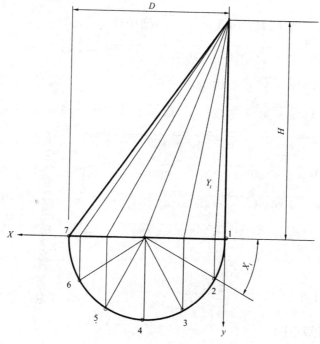

图 12-9-2　直角圆锥主视图

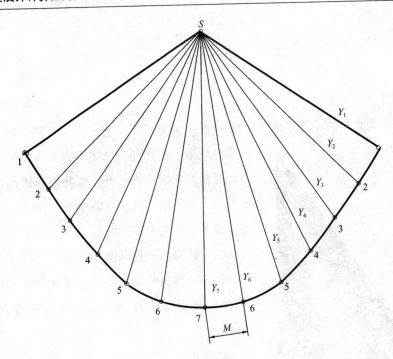

图 12-9-3 直角圆锥展开图

$$X_1 = (1-1) \cdot \frac{360°}{12} = 0° \quad X_2 = (2-1) \cdot \frac{360°}{12} = 30° \quad X_3 = 2 \times 30° = 60°$$

$$X_4 = 3 \times 30° = 90° \quad X_5 = 4 \times 30° = 120° \quad X_6 = 5 \times 30° = 150° \quad X_7 = 6 \times 30° = 180°$$

计算素线的展开长度：

$$Y_i = \sqrt{(R - R\cos X_i)^2 + (R \cdot \sin X_i)^2 + H^2} \text{（通用计算式）}$$

$$Y_1 = \sqrt{(250 - 250 \times \cos X_i)^2 + (250 \times \sin X_i)^2 + 650^2} = 650 \text{（将 } X_1 = 0° \text{ 代入左式）}$$

$$Y_2 = \sqrt{(250 - 250 \times \cos 30°)^2 + (250 \times \sin 30°)^2 + 650^2} = 662.8 \text{（其中 } X_2 = 30°\text{）}$$

$$Y_3 = \sqrt{(250 - 250 \times \cos 60°)^2 + (250 \times \sin 60°)^2 + 650^2} = 696.4 \text{（其中 } X_3 = 60°\text{）}$$

$$Y_4 = \sqrt{(250 - 250 \times \cos 90°)^2 + (250 \times \sin 90°)^2 + 650^2} = 739.9 \text{（其中 } X_4 = 90°\text{）}$$

$$Y_5 = \sqrt{(250 - 250 \times \cos 120°)^2 + (250 \times \sin 120°)^2 + 650^2} = 781 \text{（其中 } X_5 = 120°\text{）}$$

$$Y_6 = \sqrt{(250 - 250 \times \cos 150°)^2 + (250 \times \sin 150°)^2 + 650^2} = 809.8 \text{（其中 } X_6 = 150°\text{）}$$

$$Y_7 = \sqrt{(250 - 250 \times \cos 180°)^2 + (250 \times \sin 180°)^2 + 650^2} = 820.1 \text{（其中 } X_7 = 180°\text{）}$$

圆周展开长度 $L = \pi D = 3.1416 \times 500 = 1570.8$

12 等分圆周时每等分展开长度 $M = \dfrac{1570.8}{12} = 130.9$

三、用光盘计算举例

双击程序名"12.9 直角圆锥"的计算示例如图 12-9-4 所示。当等分数多时，上下拉动右面的滚动条可看完全部计算数据。

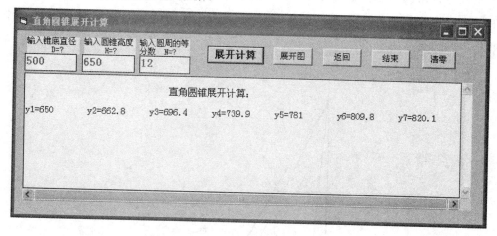

图 12-9-4　直角圆锥光盘计算举例

12.10　直角圆锥管

一、说明

图 12-10-1 为直角圆锥管的立体图，图 12-10-2 为主视图，图 12-10-3 为展开图。

图 12-10-1　直角圆锥管立体图

展开原理与直角圆锥相同。由于展开图是由无数个三角形组成，因此要求作展开图的工具要好，作图工作要仔细，否则累计误差较大时，做成的直角圆锥管底部平面不平整。

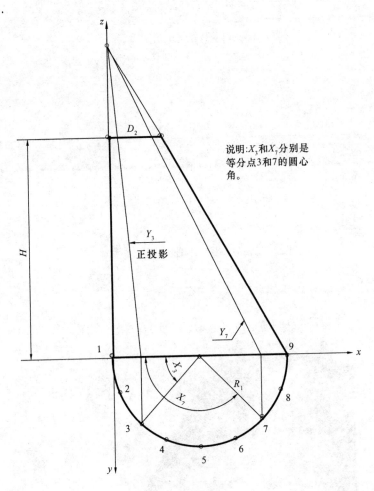

图 12-10-2　直角圆锥管主视图

二、计算公式

已知条件：直角圆锥管的大端外径 D_1，小端外径 D_2，锥管高度 H，锥管壁厚 T，圆周等分数 N。

计算式：

大端中心径 $D_3 = D_1 - T$　　　小端中心径 $D_4 = D_2 - T$

$$R_1 = \frac{D_3}{2} \qquad R_2 = \frac{D_4}{2}$$

$$H_2 = \frac{H \cdot D_4}{D_3 - D_4} \qquad H_1 = H_2 + H$$

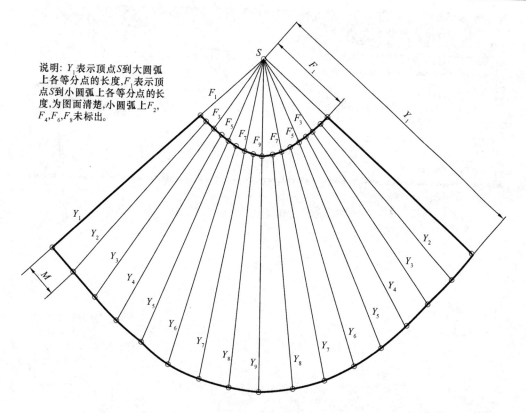

说明：Y_1 表示顶点 S 到大圆弧上各等分点的长度，F_1 表示顶点 S 到小圆弧上各等分点的长度，为图面清楚，小圆弧上 F_2，F_4，F_6，F_8 未标出。

图 12-10-3　直角圆锥管展开图（24 等分示例）

$$X_i = (i-1) \cdot \frac{360°}{N} \quad \left(i = 1,2,3,\cdots\cdots,\frac{N}{2}+1\right)$$

$$Y_i = \sqrt{(R_1 - R_1\cos X_i)^2 + (R_1 \cdot \sin X_i)^2 + H_1^2}$$

$$F_i = \sqrt{(R_2 - R_2\cos X_i)^2 + (R_2 \cdot \sin X_i)^2 + H_2^2}$$

$$L_1 = \pi \cdot D_3 \text{(中心径展开长度)}$$

$$M_1 = \frac{L_1}{N}$$

以上各符号含义如主视图和展开图所示。

三、用光盘计算举例

已知：直角圆锥大端外径 $D_1 = 1020$，小端外径 $D_2 = 426$，锥管壁厚 $T = 4$，锥管高度 $H = 500$ 圆周等分数 $N = 16$。

双击程序名"12.10 直角圆锥管"后，由于程序已经预先设置了上面的已知条件，所以只要单击"展开计算"按钮后，计算结果立刻就会显示出来，如图 12-10-4 所示。当等分数多时，上下拉动右面的滚动条可看完全部计算数据。

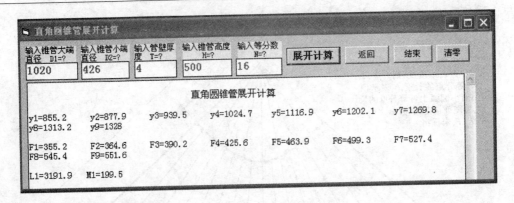

图 12-10-4 直角圆锥管光盘计算举例

第13章　圆 方 接 头

13.1　上下口平行的圆方接头展开计算

13.1.1　正 天 圆 地 方

一、说明

圆方接头也称天圆地方或叫做天方地圆，图 13-1-1-1 为正天圆地方的立体图，图 13-1-1-2 为主视图和俯视图，图 13-1-1-3 为展开图。由于上底圆心和下底矩形（或正方形）中心的水平投影重合，四个象限的弧面素线展开计算数据完全相同，因此，只计算一段弧面的展开数据就够了。

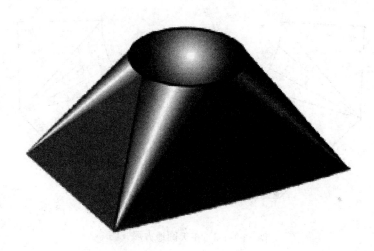

图 13-1-1-1　正天圆地方主体图

二、用公式计算举例

已知：上底圆的直径 $D=300$，下底矩形边长 $A=600$，$B=380$，天圆地方接头的高度 $H=280$，圆周等分数 $N=12$。试计算素线的展开长度。

计算式：

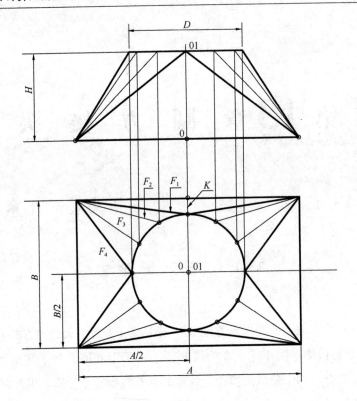

图 13-1-1-2　正天圆地方

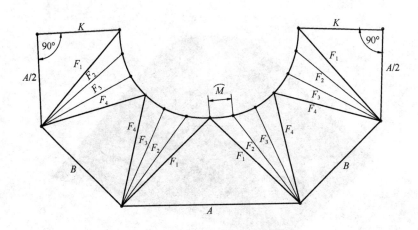

图 13-1-1-3　正天圆地方展开图

$$R = \frac{D}{2} = 150 \quad X_i = (i-1) \cdot \frac{360°}{N} \quad X_1 = (1-1) \cdot \frac{360°}{12} = 0° \quad X_2 = \frac{360°}{12} = 30°$$

$$X_3 = 2 \times 30° = 60° \quad X_4 = 3 \times 30° = 90°$$

$$F_j = \sqrt{H^2 + \left(\frac{B}{2} - R \cdot \sin X_i\right)^2 + \left(\frac{A}{2} - R \cdot \cos X_i\right)^2} \quad \left(i = \frac{N}{4}+1, \frac{N}{4}, \cdots\cdots, 1\right)$$

$$\left(j = 1, 2, \cdots\cdots, \frac{N}{4}+1\right)$$

$$F_1 = \sqrt{280^2 + \left(\frac{380}{2} - 150 \times \sin 90°\right)^2 + \left(\frac{600}{2} - 150 \times \cos 90°\right)^2} = 412.3$$

$$(X_4 = 90°)$$

$$F_2 = \sqrt{280^2 + \left(\frac{380}{2} - 150 \times \sin 60°\right)^2 + \left(\frac{600}{2} - 150 \times \cos 60°\right)^2} = 364.2$$

$$(X_3 = 60°)$$

$$F_3 = \sqrt{280^2 + \left(\frac{380}{2} - 150 \times \sin 30°\right)^2 + \left(\frac{600}{2} - 150 \times \cos 30°\right)^2} = 347.2$$

$$(X_2 = 30°)$$

$$F_4 = \sqrt{280^2 + \left(\frac{380}{2} - 150 \times \sin 0°\right)^2 + \left(\frac{600}{2} - 150 \times \cos 0°\right)^2} = 370.1$$

$$(X_1 = 0°)$$

三、用光盘计算举例

双击"13.1.1 正天圆地方"文件名→单击"展开计算"按钮后，计算结果如图 13-1-1-4 所示。单击"清零"重新输入已知数据又可作新的计算。当下底为正方形的展开计算示例如图 13-1-1-5 所示。

图 13-1-1-4　正天圆地方下底为矩形的展开计算举例

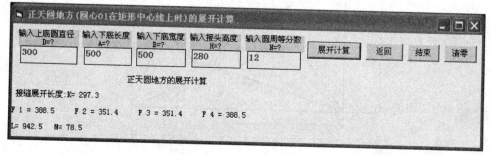

图 13-1-1-5　正天圆地方下底为正方形的展开计算举例

13.1.2　天圆地方（圆心在第一象限）

一、说明

图 13-1-2-1 为右后编心天圆地方立体图，图 13-1-2-2 为主视图和水平投影图，图 13-1-2-3 为展开图。对于此类构件的展开计算可采用建立直角坐标系的方法，将坐标系的原

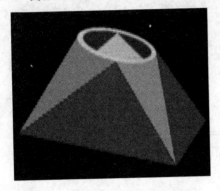

点 O 设立在下口矩形的中心点上，圆心 O_1 在直角坐标系 $oxyz$ 的 x 坐标设为 E_2，y 坐标设为 E_1，由于构件上下底平行，O_1 的 z 坐标等于 H。另外，同本书其他双偏心结构件一样，"圆心在第一象限"与"右后偏心"是相同的含义，前者是引用了三角函数中关于点的坐标（本节的点为圆心）的概念，后者是行业习惯的说法。

图 13-1-2-1　右后偏心天圆地方立体图

在图 13-1-2-2 的俯视图中，对四个放射形弧面上各素线的展开计算，仍然是在坐标系内求得圆周上各等分点以及矩形四个角顶点的坐标值，然后利用空间两点坐标求线段实长的公式求出各展开素线 F_i 的长度，尔后作出展开图。

本节程序能对上圆下方或上方下圆的偏心圆方接头（即天圆地方）作出精确的展开计

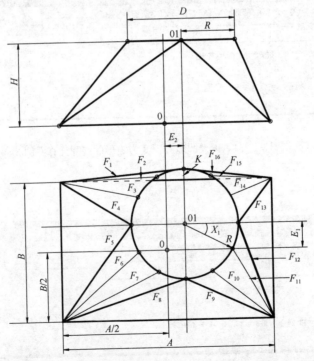

图 13-1-2-2　天圆地方（圆心 01 在第一象限）主视图和俯视图

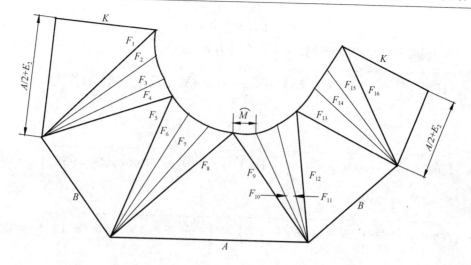

图 13-1-2-3　天圆地方展开图（圆心在第一象限）

算，本节程序（包括以后几节的程序），对展开素线输出的顺序是将水平图中左上角第一根素线作为 F_1，按反时针旋转方向依次为 F_2，F_3，F_4，……，F_{N+4}。F_{N+4} 为编号最大的一根素线，若等分数 $N=12$，则最大编号的素线为 F_{16}，$N=16$ 时为 F_{20}，依此类推。为便于正确作出展开图，程序输出时已用空行将四个放射弧面的展开数据分开，这样可以避免错用数据。

当 $E_2 = \dfrac{A}{2}$ 时，展开图的接缝线 K（扣缝或焊缝位置）与 F_1（或 F_{N+4}）重合，当 $E_2 > \dfrac{A}{2}$ 时，接缝线 K 已无实际意义，此时可根据工件易于组装焊接或扣接的位置应另设接缝。

二、用公式计算举例

已知：$D=500$，$A=1200$，$B=700$，$H=600$，$E_1=160$，$E_2=120$，$N=12$。试计算各素线的展开长度。

计算式：

$$R = \frac{D}{2} = \frac{500}{2} = 250$$

接缝线
$$K = \sqrt{H^2 + \left(E_1 + R - \frac{B}{2}\right)^2} = 603$$

圆周上各等分点对应的圆心角：

$$X_i = (i-1)\frac{360°}{N} \quad (通用式)$$

$$X_1 = (1-1)\cdot\frac{360°}{12} = 0° \qquad X_2 = (2-1)\times\frac{360°}{12} = 30°$$

$$X_3 = 2\times30° = 60° \qquad X_4 = 3\times30° = 90°$$

$$X_5 = 4\times30° = 120° \qquad X_6 = 5\times30° = 150°$$

$$X_7 = 6 \times 30° = 180°$$

1. 第一段弧面素线的展开计算（$N=12$ 时为 F_1 至 F_4）

$$F_j = \sqrt{H^2 + \left(\frac{B}{2} - R \cdot \sin X_i - E_1\right)^2 + \left(\frac{A}{2} - R\cos X_i + E_2\right)^2} \quad \text{（通用计算式）}$$

$$\left(j = 1, 2, \cdots\cdots, \frac{N}{4} + 1; \ i = \frac{N}{4} + 1, \frac{N}{4}, \cdots\cdots, 1\right)$$

$$F_1 = \sqrt{600^2 + \left(\frac{700}{2} - 250 \times \sin 90° - 160\right)^2 + \left(\frac{1200}{2} - 250 \times \cos 90° + 120\right)^2} = 939.1$$

$$(X_i = X_4 = 90°)$$

$$F_2 = \sqrt{600^2 + \left(\frac{700}{2} - 250 \times \sin 60° - 160\right)^2 + \left(\frac{1200}{2} - 250 \times \cos 60° + 120\right)^2} = 845.4$$

$$(X_i = X_3 = 60°)$$

$$F_3 = \sqrt{600^2 + \left(\frac{700}{2} - 250 \times \sin 30° - 160\right)^2 + \left(\frac{1200}{2} - 250 \times \cos 30° + 120\right)^2} = 785.9$$

$$(X_i = X_2 = 30°)$$

$$F_4 = \sqrt{600^2 + \left(\frac{700}{2} - 250 \times \sin 0° - 160\right)^2 + \left(\frac{1200}{2} - 250 \times \cos 0° + 120\right)^2} = 785.5$$

$$(X_i = X_1 = 0°)$$

2. 第二段弧面素线的展开计算（$N=12$ 时为 $F_5 \sim F_8$）

$$F_j = \sqrt{H^2 + \left(\frac{B}{2} - R \cdot \sin X_i + E_1\right)^2 + \left(\frac{A}{2} - R \cdot \cos X_i + E_2\right)^2} \quad \text{（通用计算式）}$$

$$\left(j = \frac{N}{4} + 2, \frac{N}{4} + 3, \frac{N}{2} + 2; \ i = 1, 2, \cdots\cdots, \frac{N}{4} + 1\right)$$

$$F_5 = \sqrt{600^2 + \left(\frac{700}{2} - 250 \times \sin 0° + 160\right)^2 + \left(\frac{1200}{2} - 250 \times \cos 0° + 120\right)^2} = 917.1$$

$$(X_1 = 0°)$$

$$F_6 = \sqrt{600^2 + \left(\frac{700}{2} - 250 \times \sin 30° + 160\right)^2 + \left(\frac{1200}{2} - 250 \times \cos 30° + 120\right)^2} = 872.8$$

$$(X_2 = 30°)$$

$$F_7 = \sqrt{600^2 + \left(\frac{700}{2} - 250 \times \sin 60° + 160\right)^2 + \left(\frac{1200}{2} - 250 \times \cos 60° + 120\right)^2} = 894.5$$

$$(X_3 = 60°)$$

$$F_8 = \sqrt{600^2 + \left(\frac{700}{2} - 250 \times \sin 90° + 160\right)^2 + \left(\frac{1200}{2} - 250 \times \cos 90° + 120\right)^2} = 972.6$$

$$(X_4 = 90°)$$

3. 第三段弧面素线的展开计算（$N=12$ 时为 F_9 至 F_{12}）

$$F_j = \sqrt{H^2 + \left(\frac{B}{2} - R \cdot \sin X_i + E_1\right)^2 + \left(\frac{A}{2} - R \cdot \cos X_i - E_2\right)^2} \quad \text{（通用计算式）}$$

$$\left(j = \frac{N}{2}+3,\ \frac{N}{2}+4,\ \cdots\cdots,\ \frac{3N}{4}+3;\ i = \frac{N}{4}+1,\ \frac{N}{4},\ \cdots\cdots,1\right)$$

$$F_9 = \sqrt{600^2 + \left(\frac{700}{2}-250\times\sin 90°+160\right)^2 + \left(\frac{1200}{2}-250\times\cos 90°-120\right)^2} = 811.2$$
$$(X_i = x_4 = 90°)$$

$$F_{10} = \sqrt{600^2 + \left(\frac{700}{2}-250\times\sin 60°+160\right)^2 + \left(\frac{1200}{2}-250\times\cos 60°-120\right)^2} = 756.4$$
$$(X_3 = 60°)$$

$$F_{11} = \sqrt{600^2 + \left(\frac{700}{2}-250\times\sin 30°+160\right)^2 + \left(\frac{1200}{2}-250\times\cos 30°-120\right)^2} = 760$$
$$(X_2 = 30°)$$

$$F_{12} = \sqrt{600^2 + \left(\frac{700}{2}-250\times\sin 0°+160\right)^2 + \left(\frac{1200}{2}-250\times\cos 0°-120\right)^2} = 820.4$$
$$(X_1 = 0°)$$

4. 第四段弧面素线的展开计算（$N=12$ 时为 F_{13} 至 F_{16}）

$$F_j = \sqrt{H^2 + \left(\frac{B}{2}-R\cdot\sin X_i-E_1\right)^2 + \left(\frac{A}{2}-R\cdot\cos X_i-E_2\right)^2}\ （通用计算）$$

$$\left(j = \frac{3N}{4}+4,\ \frac{3N}{4}+5\cdots\cdots N+4;\ i = 1,\ 2\cdots\cdots\frac{N}{4}+1\right)$$

$$F_{13} = \sqrt{600^2 + \left(\frac{700}{2}-250\times\sin 0°-160\right)^2 + \left(\frac{1200}{2}-250\times\cos 0°-120\right)^2} = 670.1$$
$$(X_1 = 0°)$$

$$F_{14} = \sqrt{600^2 + \left(\frac{700}{2}-250\times\sin 30°-160\right)^2 + \left(\frac{1200}{2}-250\times\cos 30°-120\right)^2} = 658.5$$
$$(X_2 = 30°)$$

$$F_{15} = \sqrt{600^2 + \left(\frac{700}{2}-250\times\sin 60°-160\right)^2 + \left(\frac{1200}{2}-250\times\cos 60°-120\right)^2} = 697.7$$
$$(X_3 = 60°)$$

$$F_{16} = \sqrt{600^2 + \left(\frac{700}{2}-250\times\sin 90°-160\right)^2 + \left(\frac{1200}{2}-250\times\cos 90°-120\right)^2} = 770.7$$
$$(X_4 = 90°)$$

5. 计算圆周的展开长度和每等分值：

$$L = \pi D = 3.1416 \times 500 = 1570.8$$

$$M = \frac{L}{N} = \frac{1570.8}{12} = 130.9$$

三、用光盘计算举例

双击"13.1.2 天圆地方（圆心在第一象限）"文件名→单击"展开计算"按钮后，计算结果如图 13-1-2-4 所示。单击"清零"重新输入已知数据又可作新的计算。

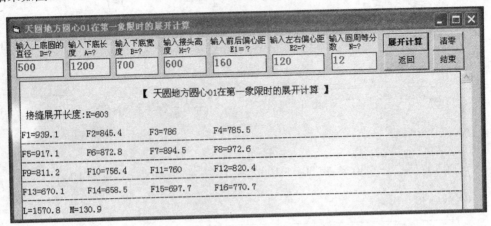

图 13-1-2-4　右后双偏心天圆地方光盘计算举例

13.1.3　天圆地方（圆心在第二象限）

一、说明及计算公式

图 13-1-3-1 为立体图，图 13-1-3-2 为主视图和俯视图，图 13-1-3-3 为展开图。相对第一象限的展开计算而言，除了偏心距 E_2 发生了变化，其他完全相同，其计算公式变化如下。

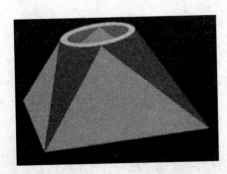

图 13-1-3-1　天圆地方立体图

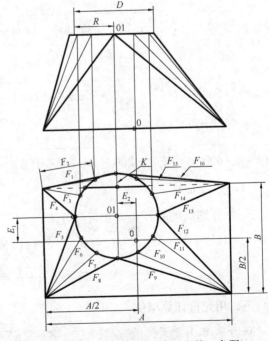

图 13-1-3-2　天圆地方（圆心在第二象限）

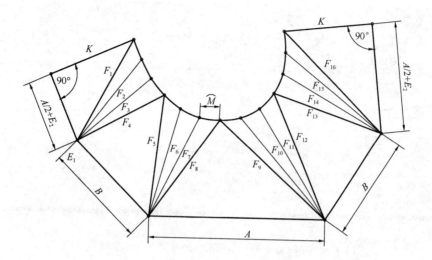

图 13-1-3-3　天圆地方展开图（圆心在第二象限）

计算式：

1. 第一段弧面素线的计算式

$$F_j = \sqrt{H^2 + \left(\frac{B}{2} - R \cdot \sin X_i - E_1\right)^2 + \left(\frac{A}{2} - R \cdot \cos X_i - E_2\right)^2}$$

2. 第二段弧面素线的计算式

$$F_j = \sqrt{H^2 + \left(\frac{B}{2} - R \cdot \sin X_i + E_1\right)^2 + \left(\frac{A}{2} - R \cdot \cos X_i - E_2\right)^2}$$

3. 第三段弧面素线的计算式

$$F_j = \sqrt{H^2 + \left(\frac{B}{2} - R \cdot \sin X_i + E_1\right)^2 + \left(\frac{A}{2} - R \cdot \cos X_i + E_2\right)^2}$$

4. 第四段弧面素线的计算式

$$F_j = \sqrt{H^2 + \left(\frac{B}{2} - R \cdot \sin X_i - E_1\right)^2 + \left(\frac{A}{2} - R \cdot \cos X_i + E_2\right)^2}$$

除了偏心距 E_2 的符号发生变化外，其他计算步骤和方法与圆心在第一象限的展开计算完全相同。

二、用公式计算举例

可参考圆心在第一象限时的展开计算步骤和方法，本节从略。

三、用光盘计算举例

双击"13.1.3 天圆地方（圆心在第二象限）"文件名→单击"展开计算"按钮后，计算结果如图 13-1-3-4 所示。

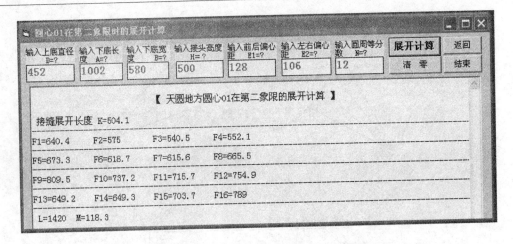

图 13-1-3-4　圆心在第二象限的天圆地方展开光盘计算举例

13.1.4　天圆地方（圆心在第三象限）

一、说明及计算公式

图 13-1-4-1 为立体图，图 13-1-4-2 为主视图和俯视图，图 13-1-4-3 为展开图。圆心在第三象限的天圆地方的展开计算与第一象限的展开计算相比，偏心距 E_1 和 E_2 都发生了变化，其变化后的计算公式如下：

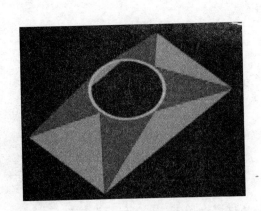

图 13-1-4-1　立体图

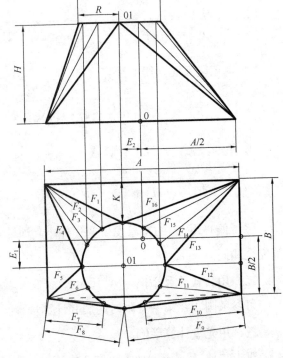

图 13-1-4-2　天圆地方（圆心在第三象限）
主视图和俯视图

K
90°
A/2−E21
F1
F2
F3
F4
F5
F6
F7
F8
M
F9
F10
F11
F12
F13
F14
F15
F16
K
90°
A/2+E2
B
A
B

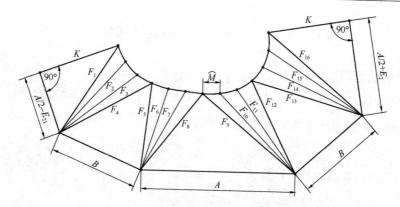

图 13-1-4-3　天圆地方展开图（图心在三象限）

1. 第一段弧面素线的展开计算式

$$F_j=\sqrt{H^2+\left(\frac{B}{2}-R\cdot \sin X_i+E_1\right)^2+\left(\frac{A}{2}-R\cdot \cos X_i-E_2\right)^2}$$

2. 第二段弧面素线的展开计算式

$$F_j=\sqrt{H^2+\left(\frac{B}{2}-R\cdot \sin X_i-E_1\right)^2+\left(\frac{A}{2}-R\cdot \cos X_i-E_2\right)^2}$$

3. 第三段弧面素线的展开计算式

$$F_j=\sqrt{H^2+\left(\frac{B}{2}-R\cdot \sin X_i-E_1\right)^2+\left(\frac{A}{2}-R\cdot \cos X_i+E_2\right)^2}$$

4. 第四段弧面素线的展开计算式

$$F_j=\sqrt{H^2+\left(\frac{B}{2}-R\cdot \sin X_i+E_1\right)^2+\left(\frac{A}{2}-R\cdot \cos X_i+E_2\right)^2}$$

除了偏心距 E_1 和 E_2 的符号发生变化外，其余完全与天圆地方圆心在第一象限的展开计算步骤和方法完全相同。

二、用光盘计算举例

双击“13. 1. 4 天圆地方（圆心在第三象限）”文件名→单击“展开计算”按钮后，计算结果如图 13-1-4-4 所示。

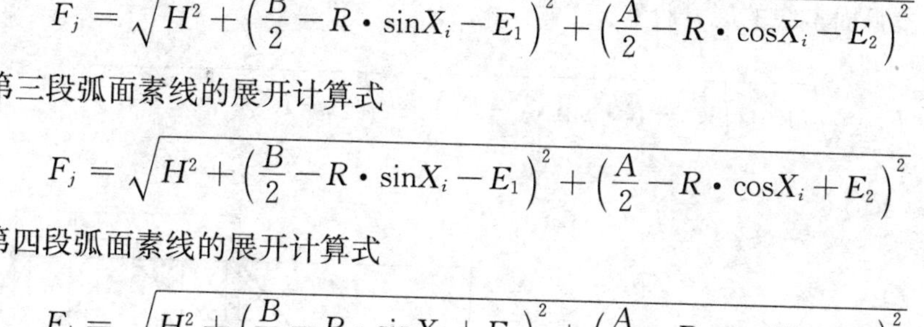

圆心O1在第三象限时的展开计算（输入数据后单击展开计算按钮）
输入上底圆直径 D=?
430
输入下底的长度 A=?
1006
输入下底的宽度 B=?
580
输入接头的高度 H=?
496
输入前后偏心距 E1=?
130
输入左右偏心距 E2=?
102
输入圆周的等分数 N=?
12
展开计算
返回
清零
结束
【天圆地方圆心O1在第三象限时的展开计算 】
接缝展开长度：K=536.7
F1=670　F2=622　F3=624.4　F4=676
F5=553.4　F6=543.1　F7=576.9　F8=640.2
F9=784.3　F10=703　F11=651.3　F12=650.9
F13=758　F14=720.5　F15=740.4　F16=808.7
L=1350.9　M=112.6

图 13-1-4-4　圆心在第三象限的天圆地方展开光盘计算举例

13.1.5 天圆地方（圆心在第四象限）

一、说明及计算公式

图 13-1-5-1 为立体图，图 13-1-5-2 为主视图和俯视图，图 13-1-5-3 为展开图。本程序与圆心在其他象限的展开计算不同之处在于偏心距 E_1 和 E_2 发生了变化，变化后的计算公式如下：

1. 第一段弧面素线的展开计算式

$$F_j = \sqrt{H^2 + \left(\frac{B}{2} - R \cdot \sin X_i + E_1\right)^2 + \left(\frac{A}{2} - R \cdot \cos X_i + E_2\right)^2}$$

2. 第二段弧面素线的展开计算式

$$F_j = \sqrt{H^2 + \left(\frac{B}{2} - R \cdot \sin X_i - E_1\right)^2 + \left(\frac{A}{2} - R \cdot \cos X_i + E_2\right)^2}$$

3. 第三段弧面素线的展开计算式

$$F_j = \sqrt{H^2 + \left(\frac{B}{2} - R \cdot \sin X_i - E_1\right)^2 + \left(\frac{A}{2} - R \cdot \cos X_i - E_2\right)^2}$$

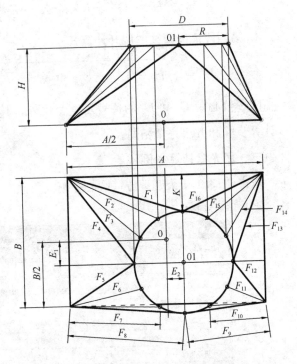

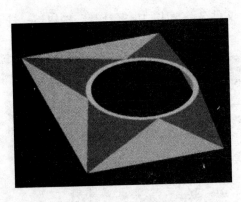

图 13-1-5-1 立体图

图 13-1-5-2 天圆地方（圆心在第四象限）主视图和俯视图

A
B
B
F1
F2
F3
F4
F5
F6
F7
F8
F9
F10
F11
F12
F13
F14
F15
F16
A/2+E2
A/2−E2
90°
90°
K
K

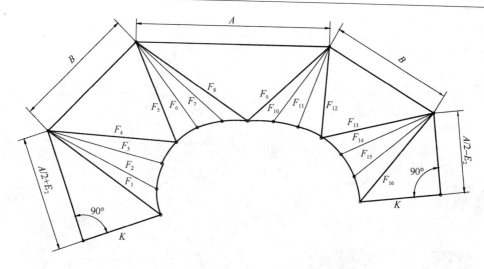

图 13-1-5-3　天圆地方展开图（圆心在第四象限）

4. 第四段弧面素线的展开计算式

$$F_j=\sqrt{H^2+\left(\frac{B}{2}-R\cdot\sin X_i+E_1\right)^2+\left(\frac{A}{2}-R\cdot\cos X_i-E_2\right)^2}$$

其余的计算步骤与计算方法与圆心在第一象限全同。

二、用光盘计算举例

双击“13.1.5 天圆地方（圆心在第四象限）”文件名→单击“展开计算”按钮后，计算结果如图 13-1-5-4 所示。

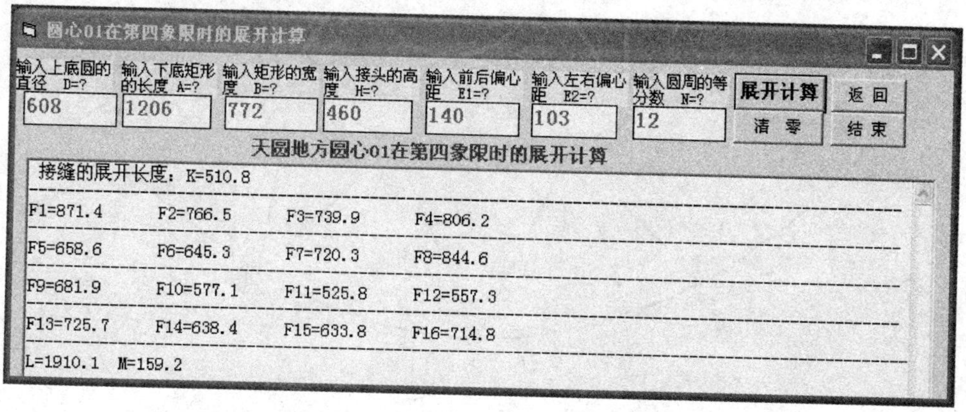

圆心01在第四象限时的展开计算
输入上底圆的直径 D=?
608
输入下底矩形的长度 A=?
1206
输入矩形的宽度 B=?
772
输入接头的高度 H=?
460
输入前后偏心距 E1=?
140
输入左右偏心距 E2=?
103
输入圆周的等分数 N=?
12
展开计算
清 零
返 回
结 束
天圆地方圆心01在第四象限时的展开计算
接缝的展开长度：K=510.8
F1=871.4　F2=766.5　F3=739.9　F4=806.2
F5=658.6　F6=645.3　F7=720.3　F8=844.6
F9=681.9　F10=577.1　F11=525.8　F12=557.3
F13=725.7　F14=638.4　F15=633.8　F16=714.8
L=1910.1　M=159.2

图 13-1-5-4　圆心在第四象限的天圆地方展开光盘计算举例

13.1.6　正天方地圆（圆大于方）

一、说明

图 13-1-6-1 为正天方地圆的立体图，图 13-1-6-2 为主视图和俯视图，图 13-1-6-3 为展开图。由于上底矩形（或正方形）中心和下底圆心的水平投影重合，四个象限的弧面素线展开计算数据完全相同，因此，只计算一段弧面的展开数据就够了。

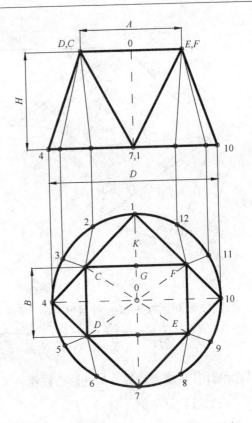

图 13-1-6-2　正天方地圆主视图（方小圆大）

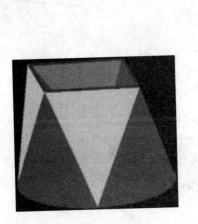

图 13-1-6-1　立体图

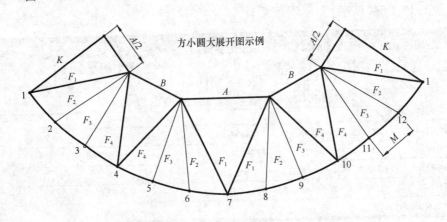

图 13-1-6-3　正天方地圆展开图（方小圆大）

二、用公式计算

可参考"13.1.8　天方地圆（圆心在第一象限）"的计算公式，将偏心距 E_1 和 E_2 取零即可。

三、用光盘计算举例

双击"13.1.6 正天方地圆（圆大于方）"文件名→单击"展开计算"按钮后，计算结果如图 13-1-6-4 所示。当等分数 N 取值较大时，可拉动滚动条看完全部计算数据。

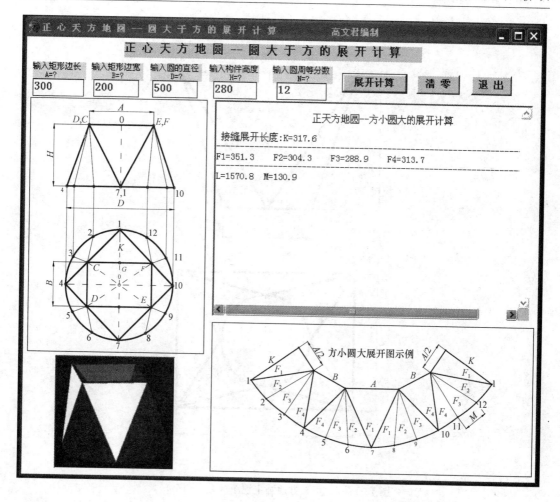

图 13-1-6-4 圆大于方的正天方地圆展开光盘计算举例

13.1.7 正天方地圆 (方大于圆)

一、说明

图 13-1-7-1 为立体图，图 13-1-7-2 为主视图和俯视图，图 13-1-7-3 为展开图。由于上底矩形（或正方形）中心和下底圆心的水平投影重合，四个象限的弧面素线展开计算数据完全相同，因此，只计算一段弧面的展开数据就够了。

二、用光盘计算举例

双击 "13.1.7 正天方地圆（方大于圆）" 文件名→单击 "展开计算" 按钮后，计算结果如图 13-1-7-4 所示。单击 "清零" 按钮重新输入已知数据又可作新的计算。

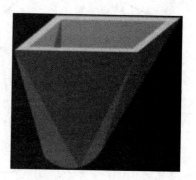

图 13-1-7-1 立体图

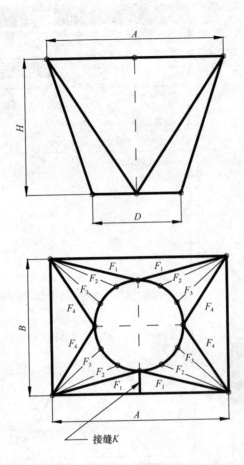

图 13-1-7-2　正天方地圆主视图（方大圆小）

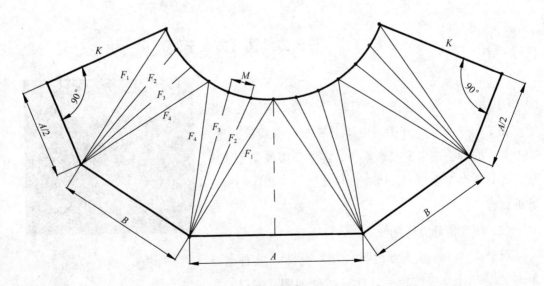

图 13-1-7-3　正天方地圆展开图（方大圆小）

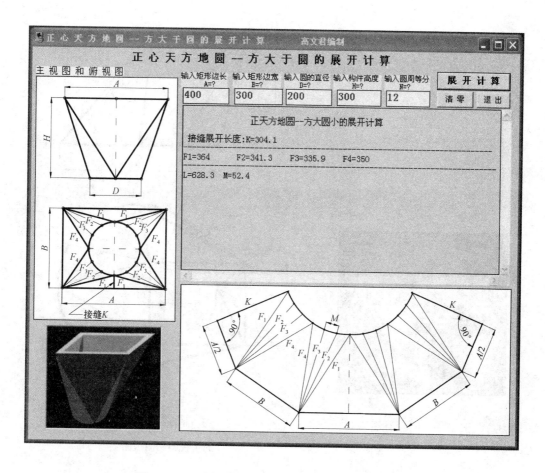

图 13-1-7-4 方大于圆的正天方地圆展开光盘计算举例

13.1.8 天方地圆（圆心在第一象限）

一、说明

图 13-1-8-1 为立体图，图 13-1-8-2 为主视图和俯视图，图 13-1-8-3 为展开图。计算时将直角坐标系的原点设置在上口矩形的中点，x 坐标向右为正，y 坐标向后为正，z 坐标向下为正。左右偏心距 E_1 向右为正；前后偏心距 E_2 向后为正。本节在计算时根据焊缝最短和工艺制造方便的原则，将接缝选择在如俯视图标注为 K 的位置。但是当偏心距 E_2 大于二分之一 B 时，K 值已不存在，此时可选择三角形中线 Z 作为接缝，程序计算时会自动给出。当 $E_2=\dfrac{B}{2}$ 时，计算值为 $K=Z$。

二、用公式计算举例

已知：$A=600$，$B=500$，$D=1000$，$H=700$，$E_1=380$，$E_2=100$，$N=12$。试计算素线的展开长度。

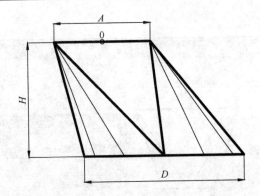

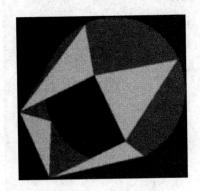

图 13-1-8-1　立体图

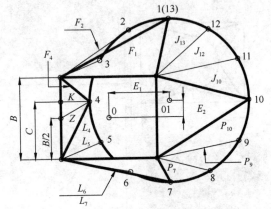

图 13-1-8-2　天方地圆（圆心的在第 1 象限）
的主视图和俯视图

计算式：

$$R = \frac{D}{2} = 500 \quad K = \sqrt{H^2 + \left(E_1 + \frac{A}{2} - R_1\right)^2} = \sqrt{700^2 + \left(380 + \frac{600}{2} - 500\right)^2} = 722.77$$

$$Z = \sqrt{H^2 + \left(R - E_1 - \frac{A}{2}\right)^2 + (E_2)^2} \quad \text{由于} E_2 < \frac{B}{2} \text{本例不计算} Z \text{值}$$

$$X_i = (i-1) \cdot \frac{360°}{N} \quad X_1 = (1-1) \cdot \frac{360°}{12} = 0° \quad X_2 = \frac{360°}{12} = 30°$$

$$X_3 = 2 \times 30° = 60° \quad X_4 = 3 \times 30° = 90°$$

1. 计算第一扇形区素线的展开长度

通用计算公式：

$$F_j = \sqrt{H^2 + \left(\frac{B}{2} - R \times \sin(x_i) - E_2\right)^2 + \left(\frac{A}{2} - R \times \cos(x_i) + E_1\right)^2}$$

$$\left(i = \frac{N}{4} + 1, \cdots\cdots, 3, 2, 1; j = 1, 2, \cdots\cdots, \frac{N}{4} + 1\right)$$

$$F_1 = \sqrt{700^2 + \left(\frac{500}{2} - 500 \times \sin 90° - 100\right)^2 + \left(\frac{600}{2} - 500 \times \cos 90° + 380\right)^2} = 1036.77$$

$$F_2 = \sqrt{700^2 + \left(\frac{500}{2} - 500 \times \sin 60° - 100\right)^2 + \left(\frac{600}{2} - 500 \times \cos 60° + 380\right)^2} = 868.9$$

$$F_3 = \sqrt{700^2 + \left(\frac{500}{2} - 500 \times \sin 30° - 100\right)^2 + \left(\frac{600}{2} - 500 \times \cos 30° + 380\right)^2} = 749$$

$$F_4 = \sqrt{700^2 + \left(\frac{500}{2} - 500 \times \sin 0° - 100\right)^2 + \left(\frac{600}{2} - 500 \times \cos 0° + 380\right)^2} = 738.17$$

2. 计算第二扇形区素线的展开长度

通用计算公式:

$$L_i = \sqrt{H^2 + \left(\frac{B}{2} - R \times \sin(x_i) + E_2\right)^2 + \left(\frac{A}{2} - R \times \cos(x_i) + E_1\right)^2}$$

$$\left(i = \frac{n}{4} + 1, \cdots\cdots, \frac{n}{2} + 1\right)$$

$$L_4 = \sqrt{700^2 + \left(\frac{500}{2} - 500 \times \sin 0° + 100\right)^2 + \left(\frac{600}{2} - 500 \times \cos 0° + 380\right)^2} = 803.1$$

$$L_5 = \sqrt{700^2 + \left(\frac{500}{2} - 500 \times \sin 30° + 100\right)^2 + \left(\frac{600}{2} - 500 \times \cos 30° + 380\right)^2} = 749$$

$$L_6 = \sqrt{700^2 + \left(\frac{500}{2} - 500 \times \sin 60° + 100\right)^2 + \left(\frac{600}{2} - 500 \times \cos 60° + 380\right)^2} = 825.7$$

$$L_7 = \sqrt{700^2 + \left(\frac{500}{2} - 500 \times \sin 90° + 100\right)^2 + \left(\frac{600}{2} - 500 \times \cos 90° + 380\right)^2} = 987.37$$

3. 计算第三扇形区素线的展开长度

通用计算公式:

$$P_i = \sqrt{H^2 + \left(\frac{B}{2} - R \times \sin(x_i) + E_2\right)^2 + \left(\frac{A}{2} - R \times \cos(x_i) - E_1\right)^2}$$

$$\left(i = \frac{N}{2} + 1, \cdots\cdots, \frac{N \times 3}{4} + 1\right)$$

$$P_7 = \sqrt{700^2 + \left(\frac{500}{2} - 500 \times \sin 90° + 100\right)^2 + \left(\frac{600}{2} - 500 \times \cos 90° - 380\right)^2} = 720.3$$

$$P_8 = \sqrt{700^2 + \left(\frac{500}{2} - 500 \times \sin 60° + 100\right)^2 + \left(\frac{600}{2} - 500 \times \cos 60° - 380\right)^2} = 778.3$$

$$P_9 = \sqrt{700^2 + \left(\frac{500}{2} - 500 \times \sin 30° + 100\right)^2 + \left(\frac{600}{2} - 500 \times \cos 30° - 380\right)^2} = 873.6$$

$$P_{10} = \sqrt{700^2 + \left(\frac{500}{2} - 500 \times \sin 0° + 100\right)^2 + \left(\frac{600}{2} - 500 \times \cos 0° - 380\right)^2} = 974.1$$

4. 计算第四扇形区素线的展开长度

通用计算公式:

$$J_i = \sqrt{H^2 + \left(\frac{B}{2} - R \times \sin(x_i) - E_2\right)^2 + \left(\frac{A}{2} - R \times \cos(x_i) - E_1\right)^2}$$

$$\left(i = \frac{N \times 3}{4} + 1, \cdots\cdots, N + 1\right)$$

$$J_{10} = \sqrt{700^2 + \left(\frac{500}{2} - 500 \times \sin 0° - 100\right)^2 + \left(\frac{600}{2} - 500 \times \cos 0° - 380\right)^2} = 921.35$$

$$J_{11} = \sqrt{700^2 + \left(\frac{500}{2} - 500 \times \sin 30° - 100\right)^2 + \left(\frac{600}{2} - 500 \times \cos 30° - 380\right)^2} = 873.6$$

$$J_{12} = \sqrt{700^2 + \left(\frac{500}{2} - 500 \times \sin 60° - 100\right)^2 + \left(\frac{600}{2} - 500 \times \cos 60° - 380\right)^2} = 824$$

$$J_{13} = \sqrt{700^2 + \left(\frac{500}{2} - 500 \times \sin 90° - 100\right)^2 + \left(\frac{600}{2} - 500 \times \cos 90° - 380\right)^2} = 786.7$$

$$L = \pi \times D = 3.1416 \times 1000 = 3141.6 \quad M = L/N = 3.1416 = 261.8$$

$$C = B/2 + E_2 = 250 + 100 = 350$$

三、用光盘计算举例

双击"13.1.8 天方地圆（圆心在第一象限）"→单击"展开计算"按钮后其计算结果见图 13-1-8-3 所示。当输入的等分数 N 很大时，可拉动滚动条显示全部数据。

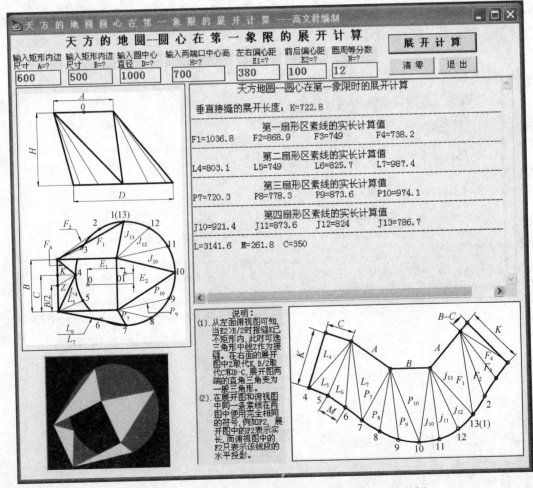

图 13-1-8-3 圆心在第一象限的天方地圆展开光盘计算举例

13.1.9　天方地圆(圆心在第二象限)

一、说明

图 13-1-9-1 为立体图，图 13-1-9-2
为主视图和俯视图，图 13-1-9-3 是展
开图。本节的计算示例可参考圆心在
第一象限的天方地圆的相关内容，它
们的区别在于 E_1 和 E_2 的正负值不同，
下面只列出计算公式，不再代入数值
计算。

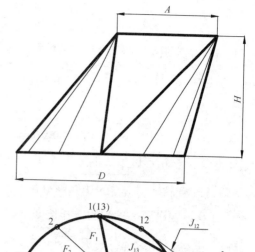

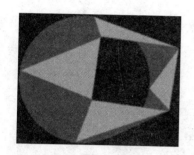

图 13-1-9-1　立体图

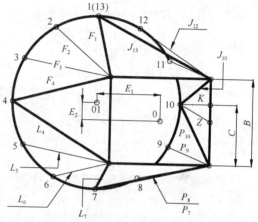

图 13-1-9-2　天方地圆（圆心在第 2 象限）
主视图和俯视图

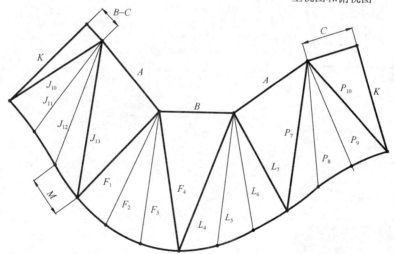

图 13-1-9-3　天方地圆（圆心在第 2 象限）展开图

二、计算公式

已知：A，B，D，H，E_1，E_2，N

计算式：

$$R = \frac{D}{2} \qquad X_i = (i-1) \cdot \frac{360°}{N}$$

1. 计算第一扇形区素线的展开长度

$$F_i = \sqrt{H^2 + \left(\frac{B}{2} - R \times \sin(X_i) - E_2\right)^2 + \left(\frac{A}{2} - R \times \cos(X_i) - E_1\right)^2}$$

2. 计算第二扇形区素线的展开长度

$$L_i = \sqrt{H^2 + \left(\frac{B}{2} - R \times \sin(X_i) + E_2\right)^2 + \left(\frac{A}{2} - R \times \cos(X_i) - E_1\right)^2}$$

3. 计算第三扇形区素线的展开长度

$$P_i = \sqrt{H^2 + \left(\frac{B}{2} - R \times \sin(X_i) + E_2\right)^2 + \left(\frac{A}{2} - R \times \cos(X_i) + E_1\right)^2}$$

4. 计算第四扇形区素线的展开长度

$$J_i = \sqrt{H^2 + \left(\frac{B}{2} - R \times \sin(X_i) - E_2\right)^2 + \left(\frac{A}{2} - R \times \cos(X_i) + E_1\right)^2}$$

三、用光盘计算举例

双击"13.1.9 天方地圆（圆心在第二象限）"→本节程序已经输入一组已知数据作为计算示例，单击"展开计算"按钮后其计算结果见图 13-1-9-4 所示。当输入的等分数 N 很大时，可拉动滚动条显示全部数据。

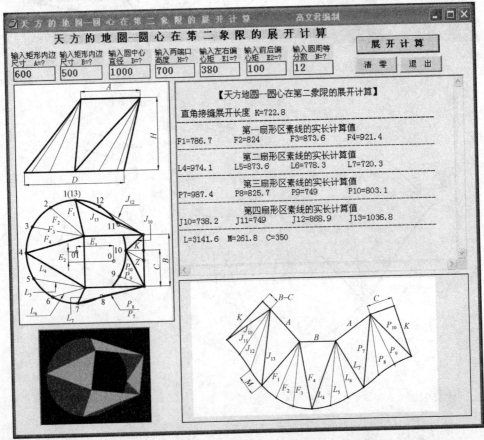

图 13-1-9-4　圆心在第二象限的天方地圆光盘计算举例

13.1.10 天方地圆(圆心在第三象限)

一、说明

图 13-1-10-1 为立体图，图 13-1-10-2 为主视图和俯视图，图 13-1-10-3 为展开图。本节的计算示例可参考圆心在第一象限的天方地圆的相关内容。

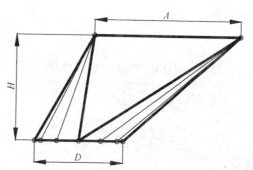

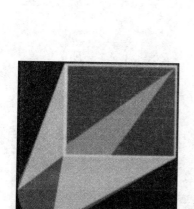

图 13-1-10-1　立体图

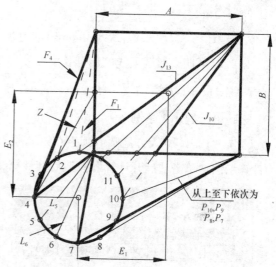

图 13-1-10-2　天方地圆（圆心在第 3 象限）主视图和俯视图

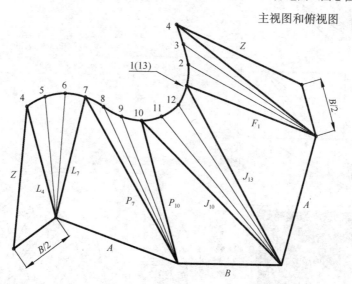

图 13-1-10-3　天方地圆（圆心在第 3 象限）展开图

二、计算公式

已知：A，B，D，H，E_1，E_2，N

计算式:

$$R = \frac{D}{2} \qquad X_i = (i-1) \cdot \frac{360°}{N}$$

1. 计算第一扇形区素线的展开长度

$$F_i = \sqrt{H^2 + \left(\frac{B}{2} - R \times \sin(X_i) + E_2\right)^2 + \left(\frac{A}{2} - R \times \cos(X_i) - E_1\right)^2}$$

2. 计算第二扇形区素线的展开长度

$$L_i = \sqrt{H^2 + \left(\frac{B}{2} - R \times \sin(x_i) - E_2\right)^2 + \left(\frac{A}{2} - R \times \cos(X_i) - E_1\right)^2}$$

3. 计算第三扇形区素线的展开长度

$$P_i = \sqrt{H^2 + \left(\frac{B}{2} - R \times \sin(x_i) - E_2\right)^2 + \left(\frac{A}{2} - R \times \cos(x_i) + E_1\right)^2}$$

4. 计算第四扇形区素线的展开长度

$$J_i = \sqrt{H^2 + \left(\frac{B}{2} - R \times \sin(x_i) + E_2\right)^2 + \left(\frac{A}{2} - R \times \cos(x_i) - E_1\right)^2}$$

三、用光盘计算举例

双击"13.1.10 天方地圆(圆心在第三象限)"→本节程序已经输入一组已知数据作为计算示例,单击"展开计算"按钮后其计算结果见图 13-1-10-4 所示。

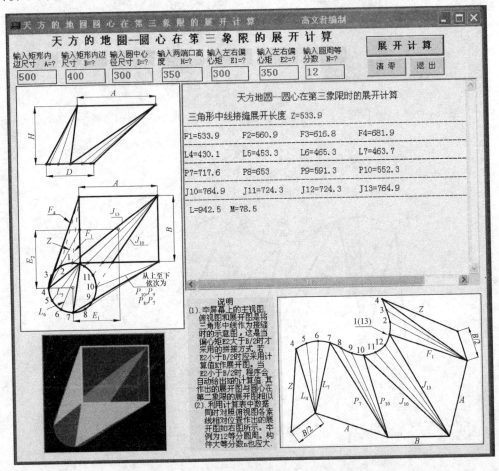

图 13-1-10-4　圆心在第三象限的天方地圆光盘计算举例

13. 1. 11　天方地圆(圆心在第四象限)

一、说明

图 13-1-11-1 为立体图，图 13-1-11-2
为主视图和俯视图，图 13-1-11-3 是展开
图。本节的计算示例可参考圆心在第一象
限的天方地圆的相关内容。

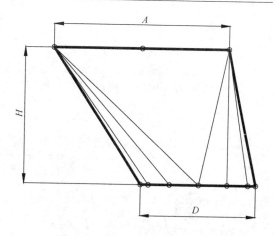

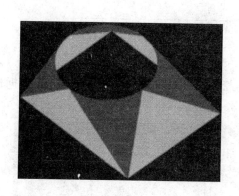

图 13-1-11-1　立体图

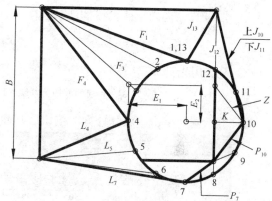

图 13-1-11-2　天方地圆（圆心在第 4 象限）

主视图和俯视图

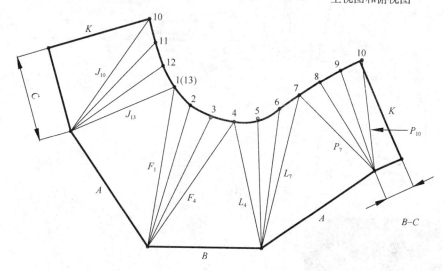

图 13-1-11-3　天方地圆（圆心在第 4 象限）的展开图

二、计算公式

已知：A，B，D，H，E_1，E_2，N

计算式：

$$R = \frac{D}{2} \qquad X_i = (i-1) \cdot \frac{360°}{N}$$

1. 计算第一扇形区素线的展开长度

$$F_i = \sqrt{H^2 + \left(\frac{B}{2} + R \times \sin(X_i) + E_2\right)^2 + \left(\frac{A}{2} - R \times \cos(X_i) + E_1\right)^2}$$

2. 计算第二扇形区素线的展开长度

$$L_i = \sqrt{H^2 + \left(\frac{B}{2} - R \times \sin(x_i) - E_2\right)^2 + \left(\frac{A}{2} - R \times \cos(X_i) + E_1\right)^2}$$

3. 计算第三扇形区素线的展开长度

$$P_i = \sqrt{H^2 + \left(\frac{B}{2} - R \times \sin(x_i) - E_2\right)^2 + \left(\frac{A}{2} - R \times \cos(x_i) - E_1\right)^2}$$

4. 计算第四扇形区素线的展开长度

$$J_i = \sqrt{H^2 + \left(\frac{B}{2} - R \times \sin(x_i) + E_2\right)^2 + \left(\frac{A}{2} - R \times \cos(x_i) - E_1\right)^2}$$

三、用光盘计算举例

双击"13.1.11 天方地圆（圆心在第四象限）"→本节程序已经输入一组已知数据作为计算示例，单击"展开计算"按钮后其计算结果见图 13-1-11-4 所示。

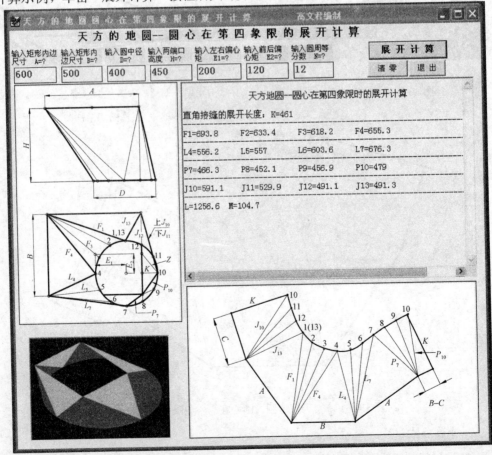

图 13-1-11-4　圆心在第四象限的天方地圆展开光盘计算举例

13.1.12　天方地圆综合程序

天方地圆综合程序是一个综合本节各个独立程序功能的通用程序，该程序包含了不偏心和双偏心天方地圆的计算功能，读者在已经熟悉各个独立程序的使用方法后，可考虑用本程序进行各类圆方接头的展开计算。本程序的优点是可以在同一界面进行子程序之间的互相转换。

双击程序名"13.1.12 天方地圆综合程序"后的界面上有 6 个子程序，单击任意一个子程序都会出现象独立程序一样的界面，其操作方法与独立程序完全一样。程序启动后的界面和单击编号 3 的圆心在第一象限的计算示例如图 13-1-12-1 所示。

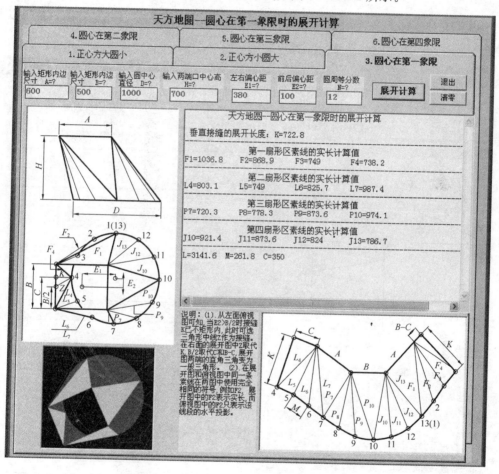

图 13-1-12-1　天方地圆综合程序启动界面及计算示例

13.2　上下端口垂直的天圆地方展开计算

一、说明

本小节包括上口圆心相对于下口矩形中心原点在四个不同象限双偏心的计算，此类构件的已知条件为圆的直径 D，下口矩形边长 A，边宽 B，圆心至底的高度 H，圆心与矩形中心的左右偏心距 E_1，前后偏心距 E_2，以及圆周的等分数 N。对于单偏心计算时只要将偏心距 E_1 或者 E_2 取值为零，对于不偏心的计算则将 E_1 和 E_2 的值都设置为零就可以了。考虑到篇幅过多，计算公式繁杂等原因，本小节不再叙述用公式计算方面的内容，对于想了解这方面知识的读者，可参考第 13.3 节有关斜圆顶矩形底的计算公式，将倾斜角度设置为 90° 代入公式计算。

二、用光盘计算举例

1. 圆心在第一象限

双击程序名"13.2.1 圆心在第一象限顶圆垂直矩形底的天圆地方"的计算结果以及立体图和展开图如图 13-2-1 所示，三视图如图 13-2-2 所示。

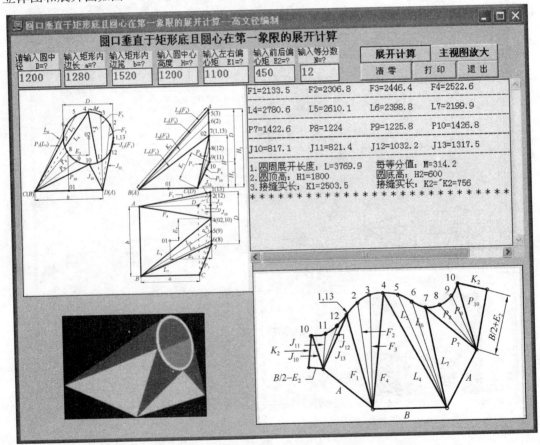

图 13-2-1　圆心在第一象限顶圆垂直矩形底的天圆地方光盘计算举例

2. 圆心在第二象限

双击程序名"13.2.2 圆心在第二象限顶圆垂直矩形底的天圆地方"的计算结果、立体图和展开图如图 13-2-3 所示，三视图如图 13-2-4 所示。

3. 圆心在第三象限

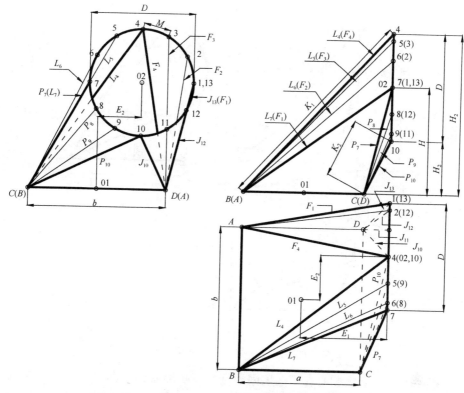

图 13-2-2 双偏心两端口垂直圆心在第一象限的三视图

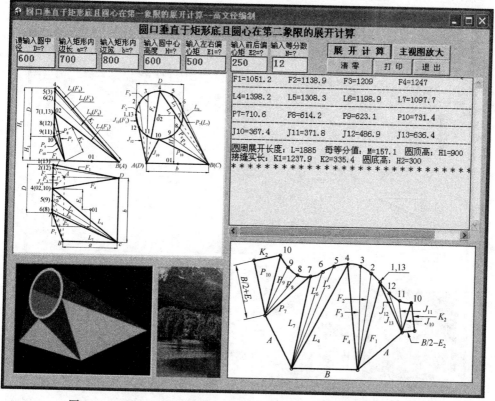

图 13-2-3 圆心在第二象限顶圆垂直矩形底的天圆地方光盘计算举例

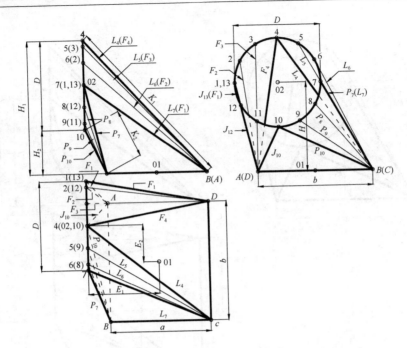

图 13-2-4 双偏心两端口垂直圆心在第二象限的三视图

双击程序名"13.2.3 圆心在第三象限顶圆垂直矩形底的天圆地方"的计算结果如图 13-2-5 所示，三视图如图 13-2-6 所示。

4. 圆心在第四象限

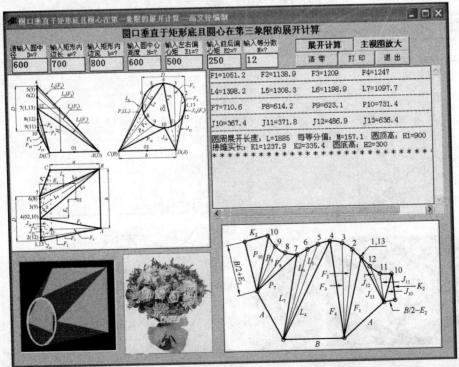

图 13-2-5 圆心在第三象限顶圆垂直矩形底的天圆地方光盘计算举例

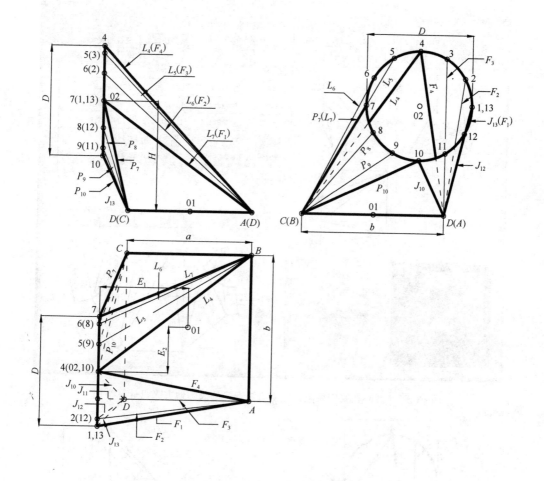

图 13-2-6 双偏心两端口垂直圆心在第三象限的三视图

双击程序名"13.2.4 圆心在第四象限顶圆垂直矩形底的天圆地方"的计算结果、立体图和展开图如图 13-2-7 所示,三视图如图 13-2-8 所示。

为了减少篇幅本节省略了单偏心和不偏心的计算示例。有兴趣的读者可按照前面第一项中改变偏心距的方法,通过程序计算所得到的数据可画出单偏心或者不偏心的展开图。

三、展开图的画法

可根据计算表的素线长度,矩形边长 A 或者 B 和圆周每等分值 M 按照三角形法作出,如本节各个图表所示。

为了保证工程质量,特别是对于大型结构件在下料之前,建议先将展开图缩小比例做成纸质实体模型,确认无误后方可下料。在已经十分了解程序的性能后可以免去这一步骤。

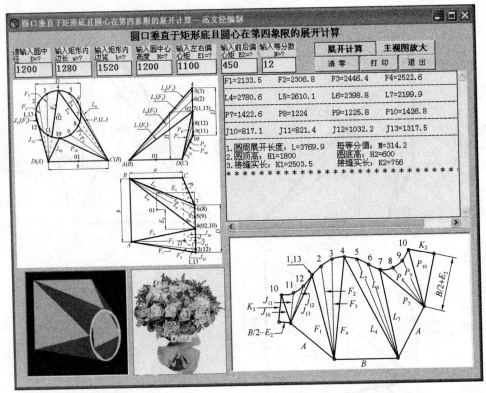

图 13-2-7　圆心在第四象限顶圆垂直矩形底的天圆地方光盘计算举例

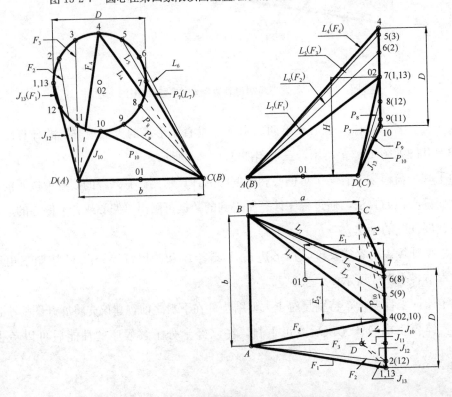

图 13-2-8　双偏心两端口垂直圆心在第四象限的三视图

13.3　斜圆顶矩形平底的天圆地方展开计算

13.3.1　斜圆顶矩形平底的天圆地方概述

1. 本小节按照上口圆心相对于下口矩形中心（或者指定角点）的偏心方向，可对圆心在第一象限（右后偏心）右倾斜和左倾斜；圆心在第二象限（左后偏心）右倾斜和左倾斜；圆心在第三象限（左前偏心）右倾斜和左倾斜以及圆心在第四象限（右前偏心）右倾斜和左倾斜等八种构件进行展开计算。当倾斜角度 $\theta=0°$ 时可计算上下口平行的天圆地方，除此之外，还可计算斜四棱锥（$D=0$）；斜圆锥（$A=0$，$B=0$）和楔形结构件等（书中未包括此内容，可用程序计算）。

2. 除了个别构件外，由于计算公式内容较多，为了减少篇幅，本节省略了用公式计算的示例内容。

3. 对于此类构件的展开计算，本节采用建立直角坐标系的方法，将坐标系的原点 O 设立在下口矩形的中心点或者矩形左下角点上，x 向右为正，y 向后为正，z 向上为正。圆心 O_1 在直角坐标系 $Oxyz$ 的 x 坐标设为 E_1，y 坐标设为 E_2。

4. 对四个放射形弧面上各素线的展开计算，仍然是在坐标系内求得圆周上各等分点以及矩形四个角点的坐标值，然后利用空间两点坐标求线段实长的公式求出各展开素线的长度，尔后作出展开图。

本节程序能对上圆下方或上方下圆的偏心圆方接头（即天圆地方）作出精确的展开计算，本节的程序设定，对展开素线输出的顺序是将俯视图中第二象限作为第一扇形区，素线编号为 F_i；第三象限作为第二扇形区，素线编号为 L_i；第四象限作为第三扇形区，素线编号为 P_i；将第一象限作为第四扇形区，素线编号为 J_i。为便于正确作出展开图，程序输出时已用分格线将四个放射弧面的展开数据分开，这样可以避免错用数据。

5. 对于大型结构件，由于等分数 N 较大，计算数据不能在屏幕上一次全部显示，此时可上下（或者左右）拉动滚动条看完全部数据。

6. 展开图的画法可根据本章各节光盘计算表所计算的素线长度，矩形的边长 A 或者 B，以及圆周的每等分值 M 按照三角形法作出，具体做法可参考本章各节展开图的画法。

13.3.2　右后偏心上口右倾斜的天圆地方

一、说明

图 13-3-2-1 为立体图，图 13-3-2-2 为主视图和俯视图，图 13-3-2-3 是选择俯视图中

K_2 作为接缝的展开图，图 13-3-2-4 为是选择俯视图中 K_1 作为接缝的展开图。举出两种展开图的目的主要是为了说明同一结构件可以选择多种作展开图的方法，在实际工程中为了节约材料和减少工时以及工艺简单等原因，一般将接缝选择最短线如图俯视图中的 K_2。

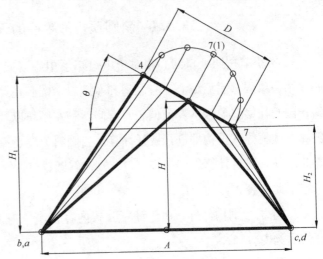

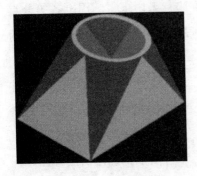

图 13-3-2-1　立体图

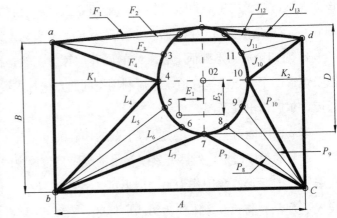

图 13-3-2-2　右倾斜圆顶矩形平底的天圆地方主视图和俯视图（第一象限）

本例的计算方法是先建立直角坐标系，将坐标系的原点 O 设立在矩形左下角点 b 上，圆心 O_1 在直角坐标系 $Oxyz$ 的 x 坐标设为 E_1，y 坐标设为 E_2。

在图 13-3-2-2 的俯视图中，对四个放射形弧面上各素线的展开计算，仍然是在坐标系内求得圆周上各等分点以及矩形四个角顶点的坐标值，然后利用空间两点坐标求线段实长的公式求出各展开素线的长度，尔后作出展开图。

二、用公式计算举例

如图 13-3-2-2 的主视图和俯视图所示：

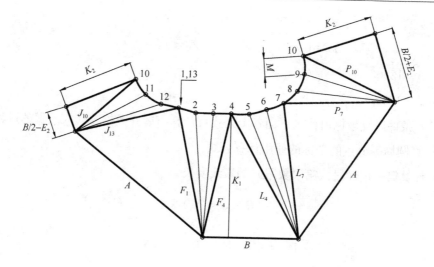

图 13-3-2-3　右倾斜圆顶矩形平底的天圆地方展开图（K_2 为接缝）

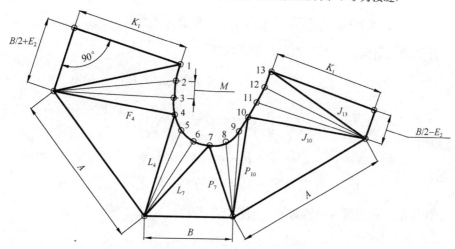

图 13-3-2-4　右倾斜圆顶矩形平底的天圆地方展开图（K_1 为接缝）

已知：$D=500$，$A=1200$，$B=700$，$H=600$，$\theta=30°$，$E_1=120$，$E_2=160$，$N=12$。试计算各素线的展开长度。

计算式：

$$R=\frac{D}{2}=\frac{500}{2}=250$$

圆周上各等分点对应的圆心角：

$$X_i=i\times\frac{360°}{N}\text{（通用式）}$$

第一段弧面素线的展开计算（$N=12$ 时为 F_1 至 F_4）：

1. 首先计算矩形四个角点的坐标

（以矩形左下角点 b 为原点，X 向右为正，y 向后为正，Z 向上为正）：

$$X_a = 0 \qquad Y_a = B = 700 \qquad Z_a = 0$$

$$X_b = 0 \qquad Y_b = 0 \qquad Z_b = 0$$

$$X_c = A = 1200 \qquad Y_c = 0 \qquad Z_c = 0$$

$$X_d = A = 1200 \qquad Y_d = B = 700 \qquad Z_d = 0$$

用已知条件以及坐标值代入下面各个公式可计算出展开数据，代入数据的过程略。

2. 计算圆周等分点的坐标的通用计算公式

(1) 计算第一扇面段（第二象限）的素线实长

$$F_x = \frac{A}{2} - R \times \cos(X_i) \times \cos\theta + E_1$$

$$F_y = \frac{B}{2} + E_2 + R \times \sin(X_i)$$

$$F_z = H + R \times \cos(X_i) \times \sin\theta$$

$$F_i = \sqrt{(X_a - F_x)^2 + (y_a - F_y)^2 + (Z_a - F_z)^2}$$

(2) 计算第二扇面段（第三象限）的素线实长

$$L_x = \frac{A}{2} - R \times \cos(X_i) \times \cos\theta + E_1$$

$$L_y = \frac{B}{2} + E_2 - R \times \sin(X_i)$$

$$L_z = H + R \times \cos(X_i) \times \sin\theta$$

$$L_i = \sqrt{(X_b - L_x)^2 + (y_b - L_y)^2 + (Z_b - L_z)^2}$$

(3) 计算第三扇面段（第四象限）的素线实长

$$P_x = \frac{A}{2} + R \times \cos(X_i) \times \cos\theta + E_1$$

$$P_y = \frac{B}{2} + E_2 - R \times \sin(X_i)$$

$$P_z = H - R \times \cos(X_i) \times \sin\theta$$

$$P_i = \sqrt{(X_c - P_x)^2 + (y_c - P_y)^2 + (Z_c - P_z)^2}$$

(4) 计算第四扇面段（第一象限）的素线实长

$$J_x = \frac{A}{2} + R \times \cos(X_i) \times \cos\theta + E_1$$

$$J_y = \frac{B}{2} + E_2 + R \times \sin(X_i)$$

$$J_z = H - R \times \cos(X_i) \times \sin\theta$$

$$J_i = \sqrt{(X_d - J_x)^2 + (y_d - J_y)^2 + (Z_d - J_z)^2}$$

(5) 计算圆周的展开长度和每等分值：

$$L = \pi D \qquad M = \frac{L}{N}$$

三、用光盘计算举例

双击"13.3.2 右后偏心上口右倾斜的天圆地方"程序名→单击"展开计算"按钮后计算示例如图 13-3-2-5 所示。

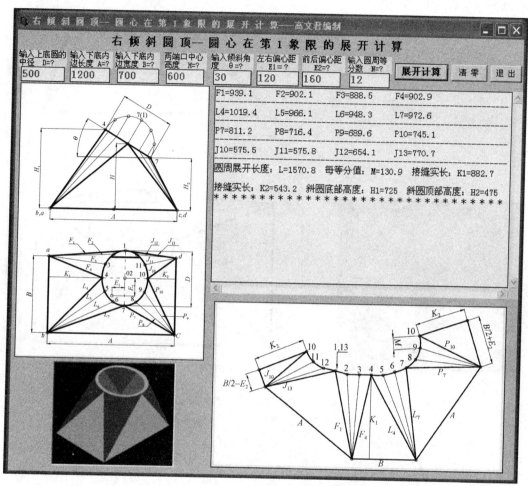

图 13-3-2-5 右后偏心右倾斜圆顶矩形平底的天圆地方光盘计算举例

四、展开图的画法

可根据图 13-3-2-5 计算的素线长度，矩形边长 A 或者 B 和圆周每等分值 M 按照三角形法作出，如图 13-3-2-3 和图 13-3-2-4 所示。

13.3.3 右后偏心上口左倾斜的天圆地方

一、说明

图 13-3-3-1 为立体图，图 13-3-3-2 为主视图和俯视图，图 13-3-3-3 为展开图，计算公式可参考"第 13.3.1 节斜圆顶矩形平底的天圆地方概述"的计算式，主要区别在于上口的倾斜方向不同。

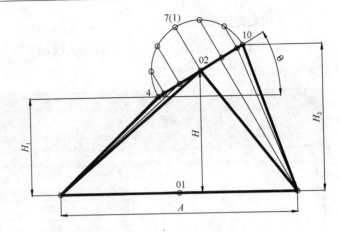

图 13-3-3-1 立体图

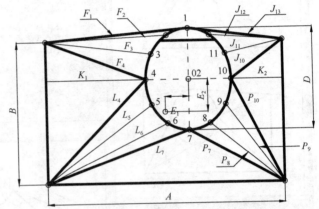

图 13-3-3-2 左倾斜圆顶矩形平底的天圆地方主视图和
俯视图（右后偏心）

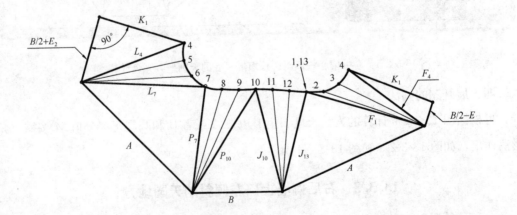

图 13-3-3-3 左倾斜圆顶矩形平底的天圆地方展开图（第一象限）

二、用光盘计算举例

双击"13.3.3 右后偏心上口左倾斜的天圆地方"程序名→单击"展开计算"按钮后
的计算示例如图 13-3-3-4 所示。

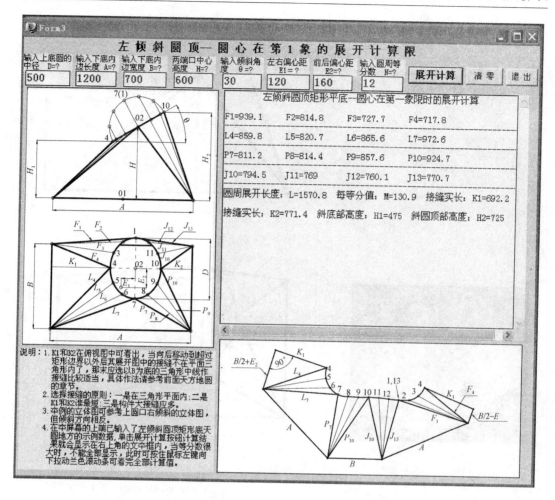

图 13-3-3-4 右后偏心上口左倾斜的天圆地方光盘计算举例

三、展开图的画法

可根据图 13-3-3-4 计算的素线长度 F_i，L_i，P_i，J_i 和矩形边长 A 或者 B 以及圆周每等分值 M 按照三角形法作出，如图 13-3-3-3 所示。

13.3.4 左后偏心上口右倾斜的天圆地方

一、说明

图 13-3-4-1 为立体图，图 13-3-4-2 为主视图和俯视图，图 13-3-4-3 为展开图，计算公式可参考"第 13.3.1 节 斜圆顶矩形平底的天圆地方概述"的相关内容。

二、用光盘计算举例

双击"13.3.4 左后偏心上口右倾斜的天圆地方"程序名→单击"展开计算"按钮后计算示例如图 13-3-4-4 所示。

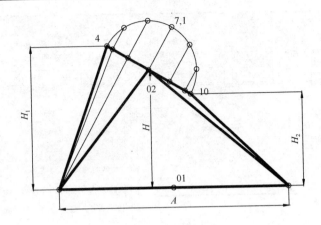

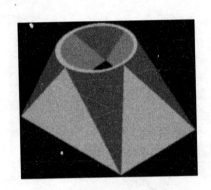

图 13-3-4-1 立体图

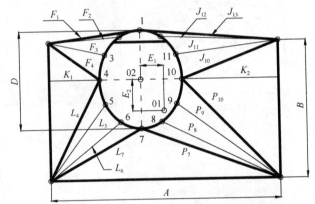

图 13-3-4-2 右倾斜圆顶矩形平底圆心在第二象
限的主视图和俯视图

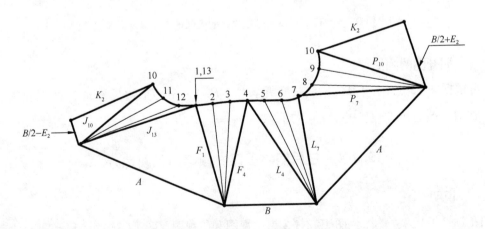

图 13-3-4-3 右倾斜圆顶矩形平底圆心在第二象限的展开图

三、展开图画法

可根据图 13-3-4-4 计算的素线长度 F_i、L_i、P_i，J_i 和矩形边长 A 或者 B 以及圆周每

等分值 M 按照三角形法作出，如图 13-3-4-3 所示。

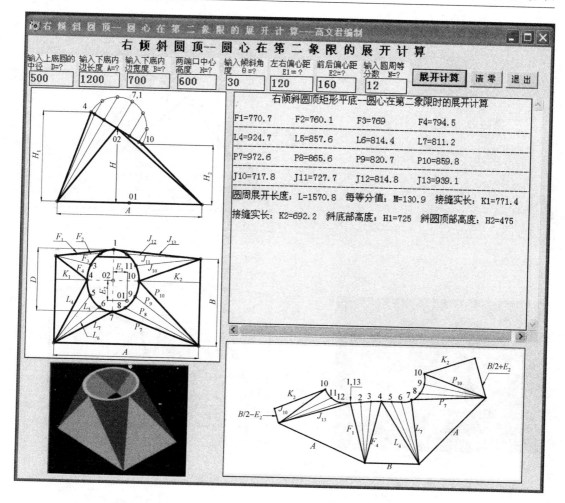

图 13-3-4-4　左后偏心上口右倾斜的天圆地方光盘计算举例

13.3.5　左后偏心上口左倾斜的天圆地方

一、说明

图 13-3-5-1 为立体图，图 13-3-5-2 为主视图和俯视图，图 13-3-5-3 为展开图。由于计算公式占用篇幅多，因此计算公式略

二、用光盘计算举例

双击"13.3.5 左后偏心上口左倾斜的天圆地方"程序名→单击"展开计算"按钮后计算示例如图 13-3-5-4 所示。

三、展开图的画法

可根据图 13-3-5-4 计算的素线长度 F_i、L_i、P_i、J_i 和矩形边长 A 或者 B 以及圆周每等分值 M 按照三角形法作出，如图 13-3-5-3 展开图所示。

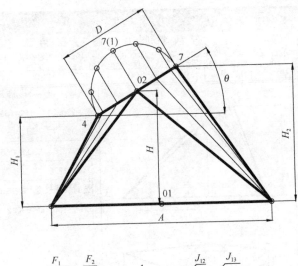

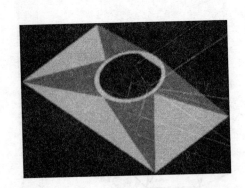

图 13-3-5-1 立体图

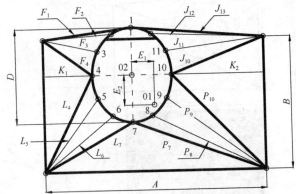

图 13-3-5-2 左倾斜圆顶矩形平底圆心在第二象限
的天圆地方的主视图和俯视图

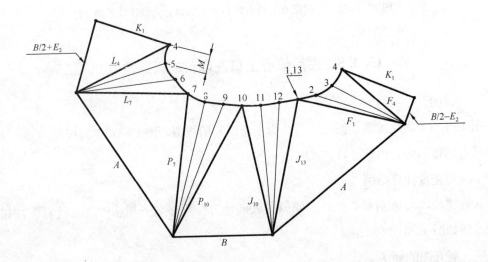

图 13-3-5-3 左斜倾圆顶圆心在第二象限的天圆地方的展开图

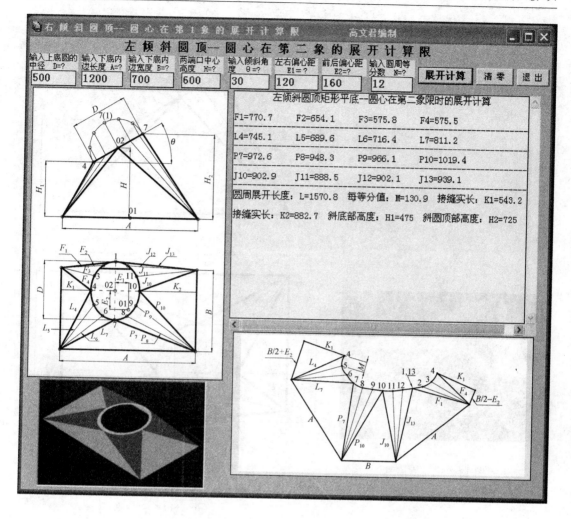

图 13-3-5-4　左后偏心上口左倾斜的天圆地方光盘计算举例

13.3.6　左前偏心上口右倾斜的天圆地方

一、说明

图 13-3-6-1 为立体图，图 13-3-6-2 为主视图和俯视图，图 13-3-6-3 为展开图。计算公式略。

二、用光盘计算举例

双击"13.3.6 左前偏心上口右倾斜的天圆地方"程序名→单击"展开计算"按钮后计算示例如图 13-3-6-4 所示。

三、展开图的画法

可根据图 13-3-6-4 的计算数据用三角形法作出展开图，如图 13-3-6-3 所示。

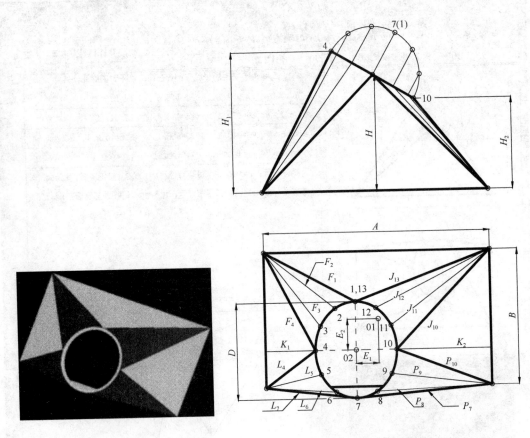

图 13-3-6-1 立体图

图 13-3-6-2 左倾斜圆顶圆心在
第 3 象限的主视图和俯视图

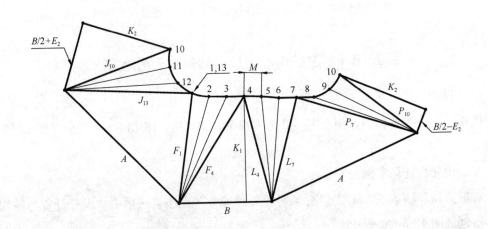

图 13-3-6-3 左倾斜圆顶圆心在第 3 象限的展开图

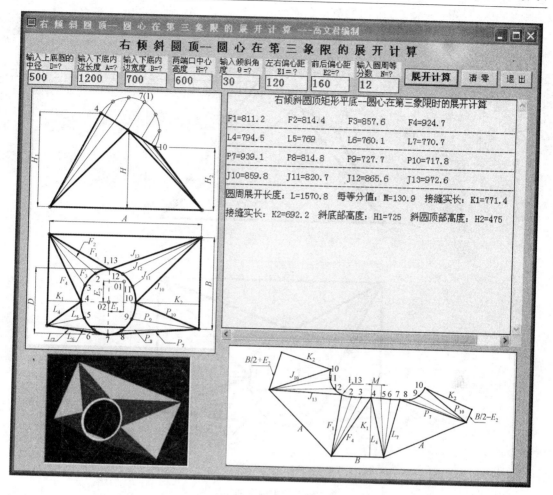

图 13-3-6-4　左前偏心上口右倾斜的天圆地方光盘计算举例

13.3.7　左前偏心上口左倾斜的天圆地方

一、说明

图 13-3-7-1 为立体图，图 13-3-7-2 为主视图和俯视图，图 13-3-7-3 为展开图。计算公式略。

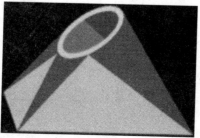

图 13-3-7-1　立体图

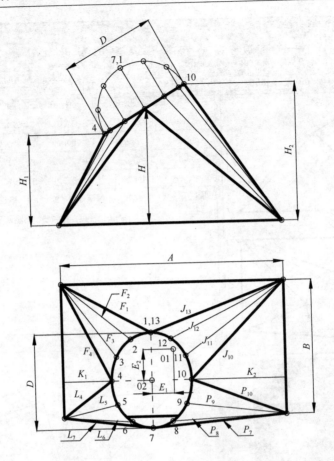

图 13-3-7-2 左倾斜圆顶矩形平底圆心在

第 3 象限的主视图和俯视图

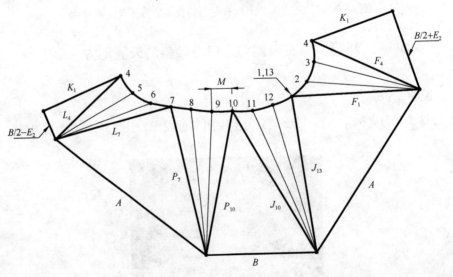

图 13-3-7-3 左倾斜圆顶矩形平底圆心在第 3 象限的展开图

二、用光盘计算举例

双击"13.3.7 左前偏心上口左倾斜的天圆地方"程序名→单击"展开计算"按钮后计算示例如图 13-3-7-4 所示。

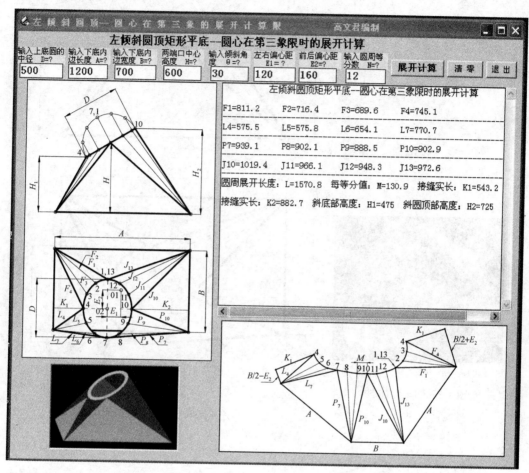

图 13-3-7-4　左前偏心上口左倾斜的天圆地方光盘计算举例

三、展开图的画法

可根据图 13-3-7-4 用三角形法作出，如图 13-3-7-3 所示。

13.3.8　右前偏心上口右倾斜的天圆地方

一、说明

图 13-3-8-1 为立体图，图 13-3-8-2 为主视图和俯视图，图 13-3-8-3 为展开图。计算公式略。

二、用光盘计算举例

双击"13.3.8 右前偏心上口右倾斜的天圆地方"程序名→单击"展开计算"按钮后的计算示例如图 13-3-8-4 所示。

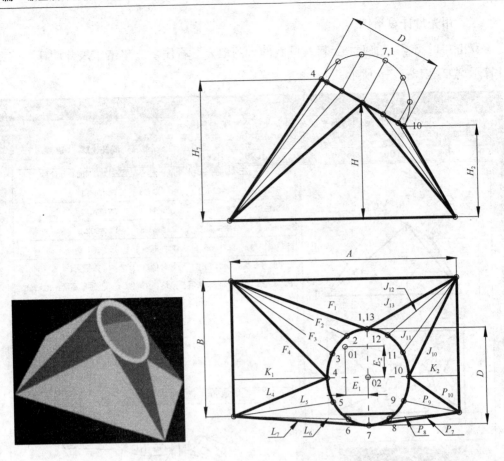

图 13-3-8-1　立体图

图 13-3-8-2　左倾斜圆顶圆心在
第 4 象限的主视图和俯视图

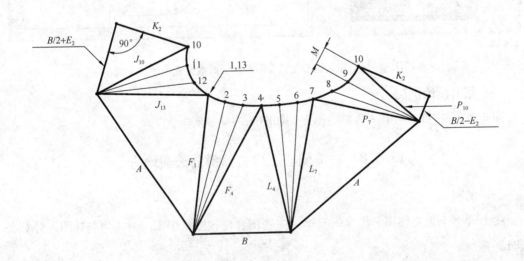

图 13-3-8-3　展开图

三、展开图的画法

可根据图 13-3-8-4 的展开数据用三角形法作出展开图，如图 13-3-8-3 所示。

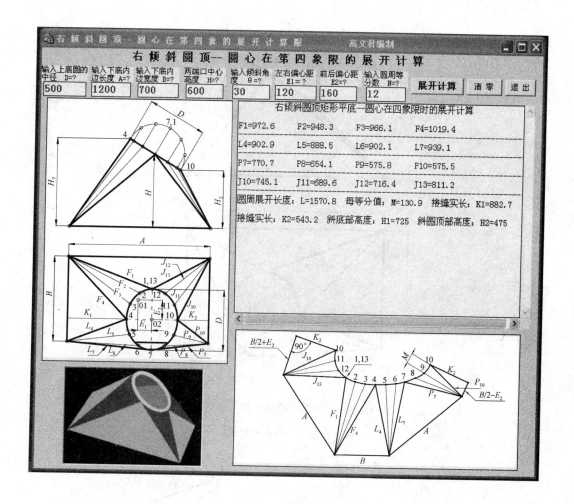

图 13-3-8-4　右前偏心上口右倾斜的天圆地方光盘计算举例

13.3.9　右前偏心上口左倾斜的天圆地方

一、说明

图 13-3-9-1 为立体图，图 13-3-9-2 为主视图和俯视图，图 13-3-9-3 为展开图。计算公式略。

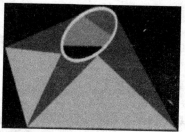

图 13-3-9-1　立体图

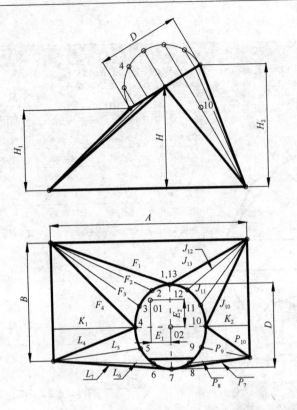

图 13-3-9-2 左倾斜圆顶矩形平底圆心在
第 4 象限的主视图和俯视图

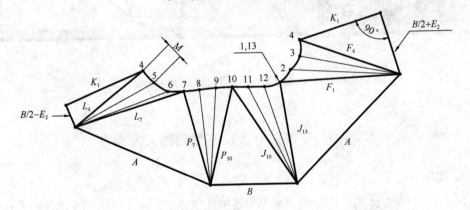

图 13-3-9-3 左倾斜圆顶矩形平底圆心在第 4 象限的展开图

二、用光盘计算举例

双击"13.3.9 右前偏心上口左倾斜的天圆地方"程序名→单击"展开计算"按钮后
计算示例如图 13-3-9-4 所示。

三、展开图的画法

同前面几节一样，可根据图 13-3-9-4 的计算数据用三角形法作出展开图，如图 13-3-9-3 所示。

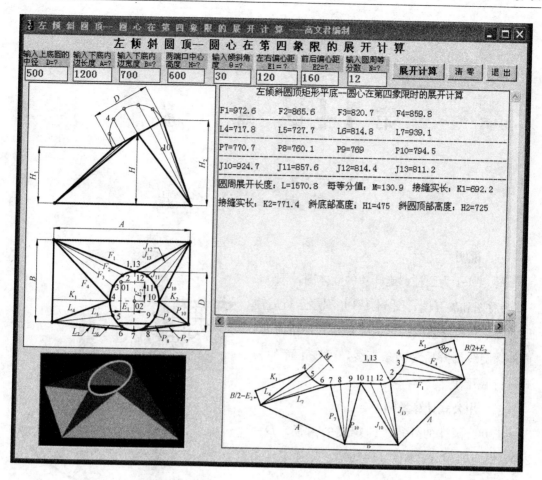

图 13-3-9-4　右前偏心上口左倾斜的天圆地方光盘计算举例

第 14 章　螺　　旋

14.1　圆 柱 螺 旋 叶 片

一、说明

图 14-1-1 为圆柱螺旋叶片的立体图，图 14-1-2 为总图和展开图，图 14-1-3 是程序运行后输出的图形和展开数据。螺旋叶片是一种扭曲面，内外螺旋线展开后为两条直线，可按下面的公式进行展开计算。

二、用公式计算举例

已知：圆柱的外径（即螺旋的内径）$D=200$，螺旋导程（螺距）$H=600$，叶片宽度 $S=280$

计算式：

$$C_1 = \pi(D+2S) = 3.1416 \times (200+2 \times 280)$$
$$=2387.6$$

$$C_2 = \pi D = 3.1416 \times 200 = 628.32$$

$$L_1 = \sqrt{H^2 + C_1} = \sqrt{600^2 + 2387.6^2} = 2461.8$$

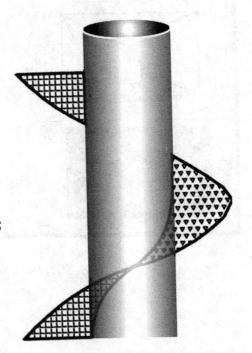

图 14-1-1　圆柱螺旋叶片立体图

$$L_2 = \sqrt{H^2 + C_2^2} = \sqrt{600^2 + 628.32^2} = 868.8$$

$$R_2 = \frac{S \cdot L_2}{L_1 - L_2} = \frac{280 \times 868.8}{2461.8 - 868.8} = 152.7$$

$$R_1 = R_2 + S = 152.7 + 280 = 432.7$$

$$W = 360° - \frac{180°}{\pi} \cdot \frac{L_2}{R_2} = 360° - \frac{180°}{3.1416} \times \frac{868.8}{152.7} = 34°$$

$$K = 2R_1 \cdot \sin\left(\frac{W}{2}\right) = 253$$

三、用光盘计算举例

双击程序名"14.1 圆柱螺旋叶片"的计算示例（已知条件同上）如图 14-1-3 所示。

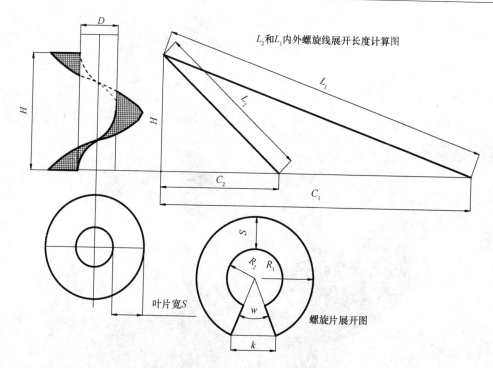

图 14-1-2 圆柱螺旋叶片总图和展开图

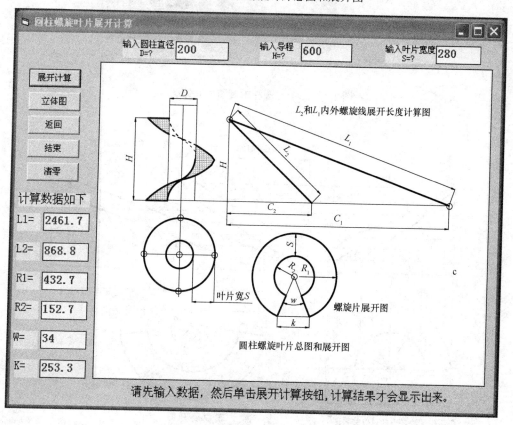

图 14-1-3 圆柱螺旋叶片光盘计算举例

14.2　180°圆柱螺旋溜槽

一、说明

图 14-2-1 为立体图，图 14-2-2 为 180°圆柱螺旋溜槽总图和展开图。图 14-2-3 为光盘计算的输出数据。

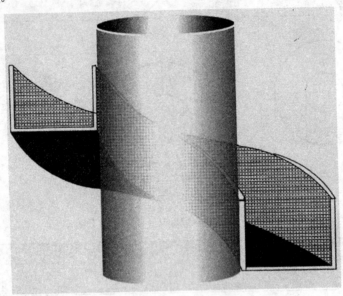

图 14-2-1　180°圆柱螺旋溜槽立体图

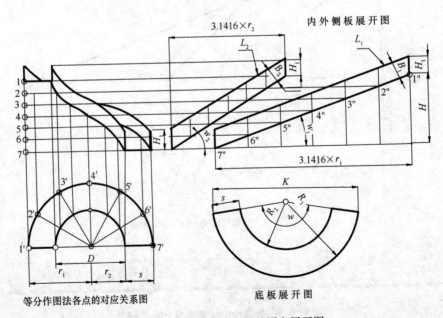

图 14-2-2　180°螺旋溜槽总图和展开图

二、计算公式及计算举例

已知：螺旋溜槽的内径（即圆柱的外径）$D = 1500$，螺旋导程 $H = 1800$，溜槽底板宽度 $S = 600$，侧板高度 $H_1 = 500$

计算式如下：（符号含义如图 14-2-2 所示）

$$C_1 = \pi\left(\frac{D}{2} + S\right) = 3.1416 \times \left(\frac{1500}{2} + 600\right) = 4241.16$$

$$C_2 = \frac{\pi D}{2} = \frac{3.1416 \times 1500}{2} = 2356.2$$

$$L_1 = \sqrt{H^2 + C_1^2} = \sqrt{1800^2 + 4241.16^2} = 4607.3$$

$$L_2 = \sqrt{H^2 + C_2^2} = \sqrt{1800^2 + 2356.2^2} = 2965.1$$

$$R_2 = \frac{S \cdot L_2}{L_1 - L_2} = \frac{600 \times 2965.1}{4607.3 - 2965.1} = 1083.34$$

$$R_1 = R_2 + S = 1083.34 + 600 = 1683.34$$

$$W = \frac{180°}{\pi} \times \frac{L_1}{R_1} = \frac{180°}{3.1416} \times \frac{4607.3}{1683.34} = 156.82°$$

$$W_1 = \arctan\left(\frac{H}{C_1}\right) = \arctan\left(\frac{1800}{4241.16}\right) = 22.997°$$

$$W_2 = \arctan\left(\frac{H}{C_2}\right) = \arctan\left(\frac{1800}{2356.2}\right) = 37.378°$$

$$K = 2R_1 \cdot \sin\left(\frac{W}{2}\right) = 2 \times 1683.34 \times \sin\left(\frac{156.82°}{2}\right) = 3298$$

$$B_1 = H_1 \cdot \sin(90° - W_1) = 500 \times \sin(90° - 22.997°) = 460.3$$

$$B_2 = H_1 \cdot \sin(90° - W_2) = 500 \times \sin(90° - 37.378°) = 397.3$$

三、用光盘计算举例

双击程序名"14.2 180 度圆柱螺旋溜槽"，用上面的已知条件输入程序后，计算结果如图 14-2-3 所示。

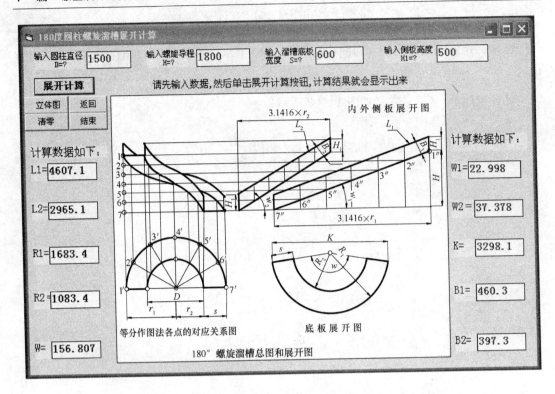

图 14-2-3 180°圆柱螺旋溜槽光盘计算举例

14.3 360°圆柱螺旋溜槽

一、说明

图 14-3-1 为圆柱螺旋溜槽的立体图，图 14-3-2 为单体立体图，图 14-3-3 为主视图、水平投影图和展开图。程序运行后出现图 14-3-4 画面时，应先在光标闪动处输入已知数据后，再单击"展开计算"按钮，展开计算数据就会在图框的顶部显示出来（本节已经输入了一组已知条件作为示例）。

二、用公式计算举例

已知：圆柱外径（即螺旋内径）$D = 1500$，螺距 $H = 5000$，溜槽底板宽度 $S = 800$，侧板的高度 $H_1 = 500$

计算式：（符号含义如图 14-3-3 所示）

$$C_1 = \pi(D + 2S) = 3.1416 \times (1500 + 2 \times 800) = 9738.96$$

$$C_2 = \pi D = 3.1416 \times 1500 = 4712.4$$

$$L_1 = \sqrt{H^2 + C_1^2} = \sqrt{5000^2 + 9738.96^2} = 10947.4$$

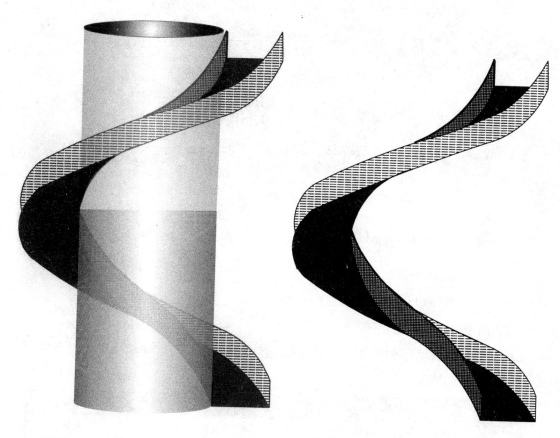

图 14-3-1　360°螺旋溜槽立体（安装）图　　　　图 14-3-2　360°螺旋溜槽立体图

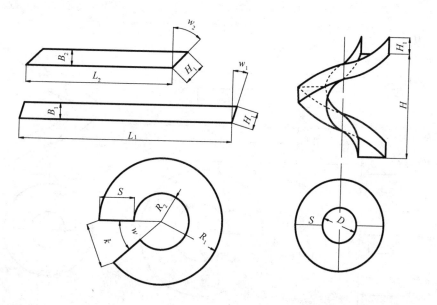

图 14-3-3　360°螺旋溜槽总图和展开图

$$L_2 = \sqrt{H^2 + C_2^2} = \sqrt{5000^2 + 4712.4^2} = 6870.7$$

$$R_2 = \frac{S \cdot L_2}{L_1 - L_2} = \frac{800 \times 6870.7}{10947.4 - 6870.7} = 1348.3$$

$$R_1 = R_2 + S = 1348.3 + 800 = 2148.3$$

$$W = 360° - \frac{180°}{\pi} \times \frac{L_2}{R_2} = 360° - \frac{180°}{3.1416} \times \frac{6870.7}{1348.3} = 68.05°$$

$$W_1 = \arctan\left(\frac{H}{C_1}\right) = \arctan\left(\frac{5000}{9738.96}\right) = 27.2°$$

$$W_2 = \arctan\left(\frac{H}{C_2}\right) = \arctan\left(\frac{5000}{4712.4}\right) = 46.7°$$

$$K = 2R_1 \cdot \sin\left(\frac{W}{2}\right) = 2 \times 2148.3 \times \sin\left(\frac{68.05°}{2}\right) = 2404.2$$

$$B_1 = H_1 \sin(90° - W_1) = 500 \times \sin(90° - 27.2°) = 444.7$$

$$B_2 = H_1 \sin(90° - W_2) = 500 \times \sin(90° - 46.7°) = 342.9$$

三、用光盘计算举例

双击程序名"14.3 360度圆柱螺旋溜槽"的计算示例（用上面的已知条件）如图 14-3-4 所示。

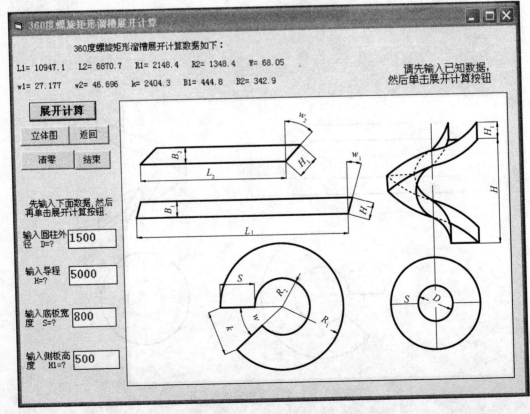

图 14-3-4　360°矩形螺旋溜槽光盘计算举例

14.4　180°矩形螺旋管

一、说明

图 14-4-1 为 180°矩形螺旋管的立体图，图 14-4-2 为总图和展开图。本节的计算公式完全与 180°圆柱螺旋溜槽相同，不同之处仅在于螺旋管比螺旋溜槽多出一块跟底板一样的盖板，计算过程可参考 180°圆柱螺旋溜槽进行，本节不再重述。

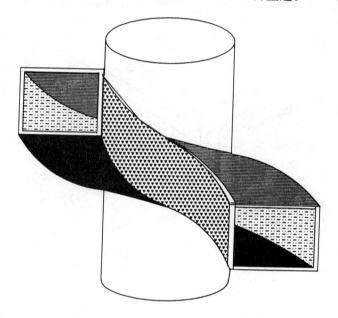

图 14-4-1　180°螺旋管立体图

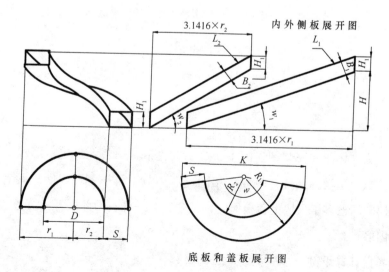

图 14-4-2　180°矩形螺旋管总图和展开图

二、光盘计算举例

双击程序名"14.4 180度矩形螺旋管"的计算示例详见图14-4-3所示。

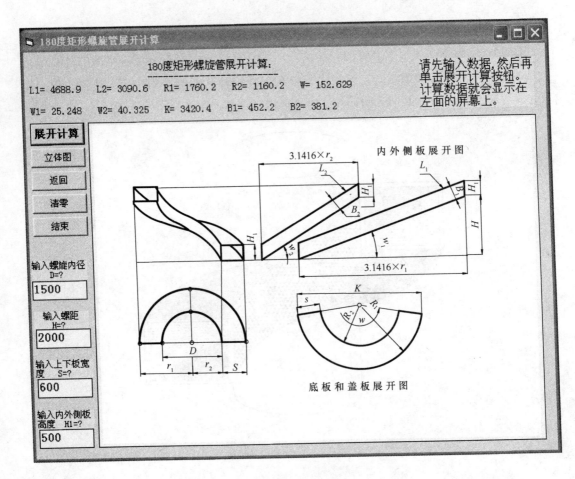

图14-4-3 180°矩形螺旋管光盘计算举例

14.5 360°矩形螺旋管

一、说明

图14-5-1为立体图和安装图,图14-5-2为总图和展开图,360°矩形螺旋管的展开计算与360°圆柱螺旋溜槽的展开计算完全相同,本小节不再举例和说明。两者的区别仅在于螺旋管比螺旋溜槽多了一块上盖板而已,其余完全一样,因此展开计算过程可参照螺旋溜槽的章节内容进行。

二、用光盘计算举例

双击程序名"14.5 360度矩形螺旋管"的计算示例如图14-5-4所示。

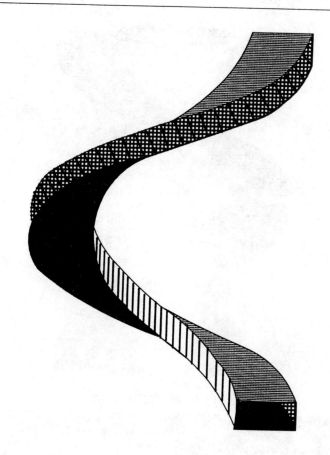

图 14-5-1　360°螺旋管立体图

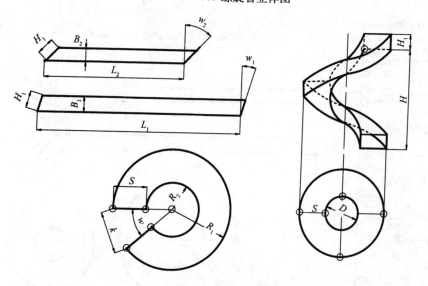

图 14-5-2　360°矩形螺旋管总图和展开图

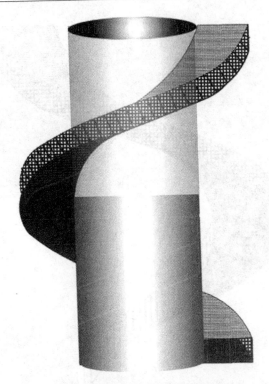

图 14-5-3 360°螺旋管安装图

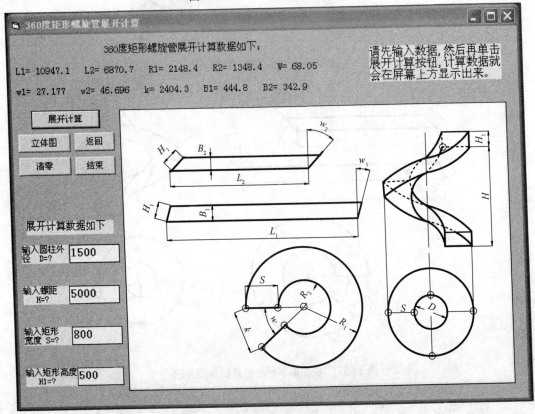

图 14-5-4 360°矩形螺旋管光盘计算举例

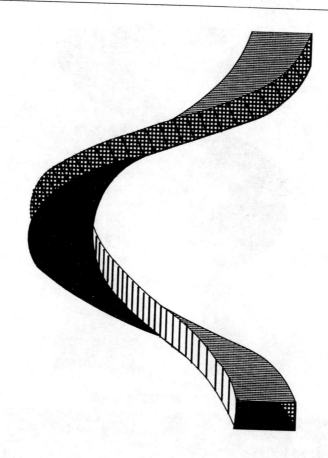

图 14-5-1　360°螺旋管立体图

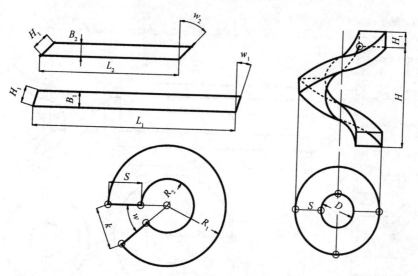

图 14-5-2　360°矩形螺旋管总图和展开图

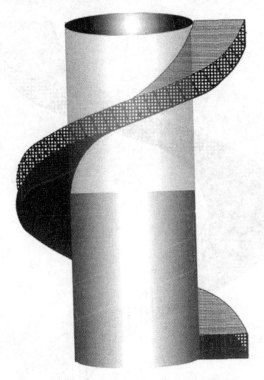

图 14-5-3　360°螺旋管安装图

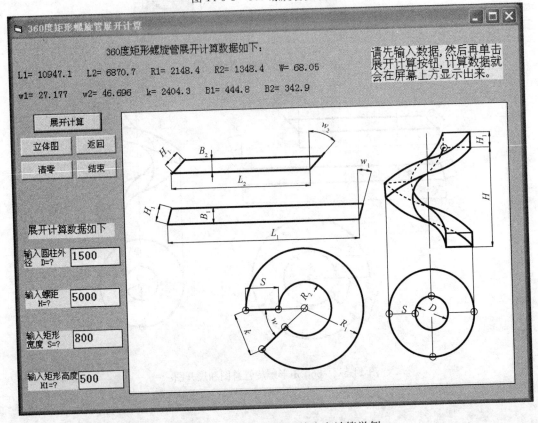

图 14-5-4　360°矩形螺旋管光盘计算举例

14.6　螺　旋　卷　板

一、说明和计算举例

图 14-6-1 为螺旋卷板总图和展开图，该构件的展开计算较为简单，其展开计算公式和举例如下：

已知：螺旋卷板的内径 $D=520$，板的厚度 $T=5$，板的宽度 $B=200$，螺距 $H=700$
计算式如下，符号含义如图 14-6-1 所示。

$$C = \pi(D+T) = 3.1416 \times (520+5) = 1649.34$$

$$W = \arctan\left(\frac{H}{C}\right) = \arctan\left(\frac{700}{1649.34}\right) = 23°$$

$$L = \sqrt{H^2 + C^2} = \sqrt{700^2 + 1649.34^2} = 1791.7$$

$$A = \frac{B}{\cos W} = \frac{200}{\cos 23°} = 217.3$$

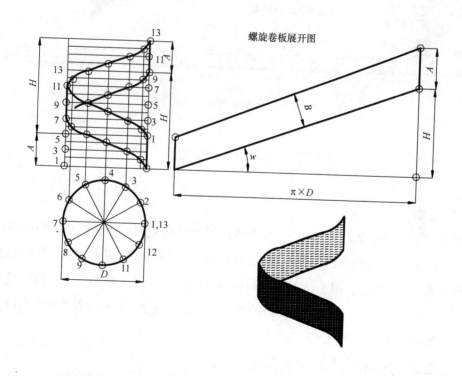

图 14-6-1　螺旋卷板总图和展开图

二、用光盘计算举例

双击程序名"14.6 螺旋卷板"的计算示例如图 14-6-2 所示。

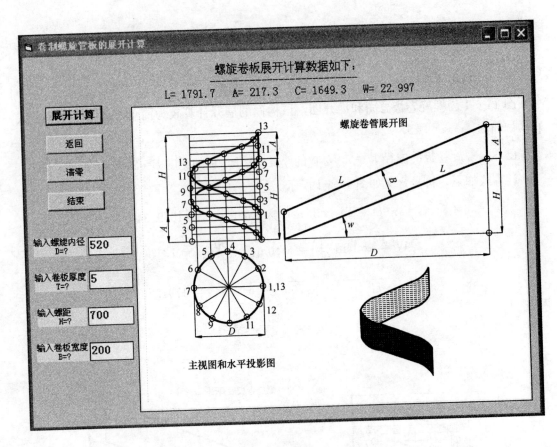

图 14-6-2　螺旋卷板光盘计算举例

14.7 圆柱螺旋梯

一、说明

图 14-7-1 为圆柱螺旋梯立体图。本节所指的螺旋梯是指围绕着圆柱形物体旋转的走梯。在立体图中未画出旋梯的支架，由设计确定。图 14-7-2 是用于油罐、气柜和其他类似圆柱形物体上的旋梯。图 14-7-3 为螺旋梯内外侧板展开图。图 14-7-4 可用于高塔上的旋梯，此图只画出了一个导程（螺距）的图形，实际工程中可根据建筑物的总高度和中间休息平台具体处理。

二、公式计算举例

已知：储气柜的高度 $H=14000$，旋梯内径 $R=11000$，旋梯的旋转角度 $W=70°$

梯踏步的垂直间距 $H_3=260$，旋梯宽度 $P=700$，侧板的厚度 $T=8$，侧板的宽度 $B=180$。试计算各侧板的展开尺寸。

计算式如下，各符号的含义如图 14-7-2 和图 14-7-3 所示。

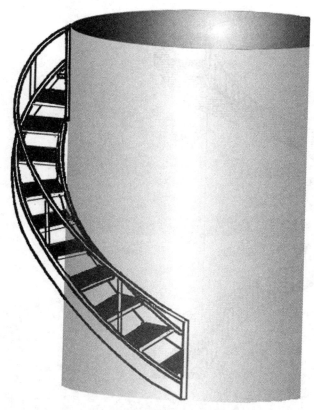

图 14-7-1 圆柱螺旋梯立体图

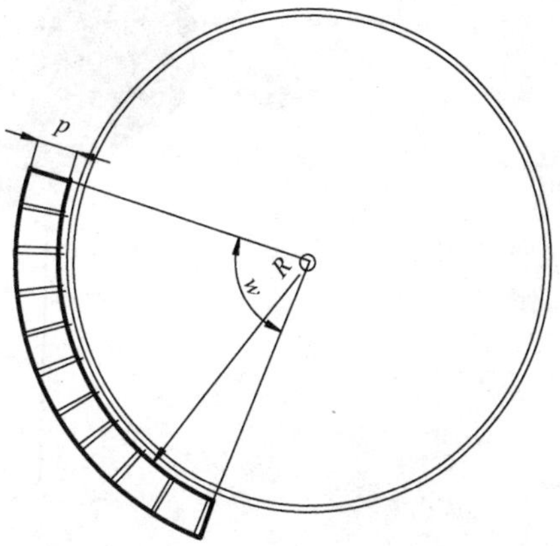

图 14-7-2 圆柱螺旋梯水平投影图

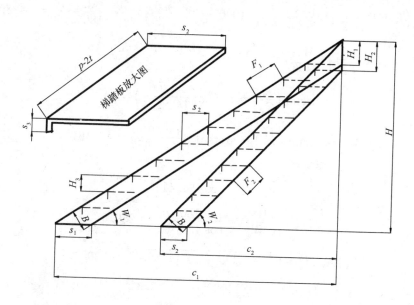

图 14-7-3 螺旋梯内外侧板展开图

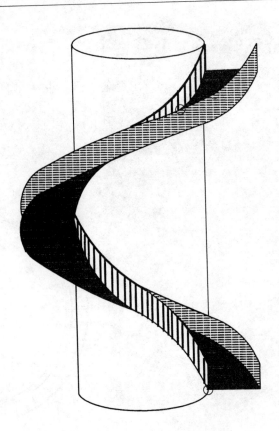

图 14-7-4　360°高塔螺旋梯示意图

$$C_1 = \left(R + P - \frac{T}{2}\right) \times \frac{W \cdot \pi}{180°} = \left(11000 + 700 - \frac{8}{2}\right) \times \frac{70° \times 3.1416}{180°} = 14289.4$$

$$C_2 = \left(R + \frac{T}{2}\right) \times \frac{W \cdot \pi}{180°} = \left(11000 + \frac{8}{2}\right) \times \frac{70° \times 3.1416}{180°} = 13443.95$$

$$W_1 = \arctan\left(\frac{H}{C_1}\right) = \arctan\left(\frac{14000}{14289.4}\right) = 44.414°$$

$$W_2 = \arctan\left(\frac{H}{C_2}\right) = \arctan\left(\frac{14000}{13443.95}\right) = 46.161°$$

$$H_1 = \frac{B}{\cos W_1} = \frac{180}{\cos 44.414°} = 252$$

$$H_2 = \frac{B}{\cos W_2} = \frac{180}{\cos 46.161°} = 259.5$$

$$L_1 = \sqrt{H^2 + C_1^2} = \sqrt{14000^2 + 14289.4^2} = 20004.7$$

$$L_2 = \sqrt{H^2 + C_2^2} = \sqrt{14000^2 + 13443.95^2} = 19409.8$$

$$S_1 = \frac{B}{\sin W_1} = \frac{180}{\sin 44.414°} = 257.2$$

$$S_2 = \frac{B}{\sin W_2} = \frac{180}{\sin 46.161°} = 249.6$$

$$N = \frac{H}{H_3} = \frac{14000}{260} = 53 \text{(梯踏步的等分数，踏步数为 } N+1)$$

三、用光盘计算举例

双击程序名"14.7 圆柱螺旋梯"的计算示例如图 14-7-5 所示。

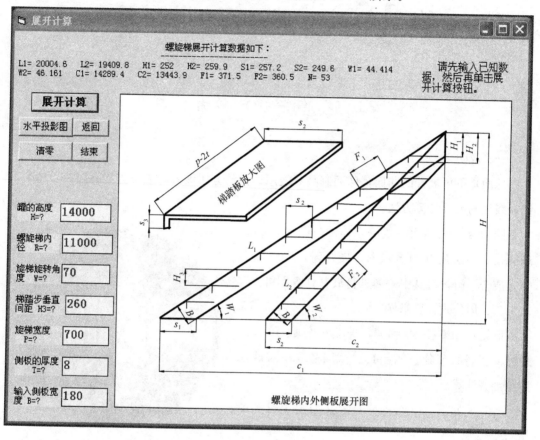

图 14-7-5　圆柱螺旋梯光盘计算举例

四、高塔螺旋梯的展开计算

两侧板的展开计算可参考 360°螺旋溜槽章节内容，梯踏步的计算可按本节的方法处理。

图 14-7-4 仅是高塔螺旋梯一个导程的立体图，实际工程可根据塔的总高度设置多个导程的螺旋梯和多个中间休息平台，此节仅提供一种展开计算方法，有关高塔螺旋梯的材料的选择和工艺过程处理由设计决定。

第15章 球 面 构 件

15.1 球面经线法展开计算

一、说明

球面是不可展开的曲面，球面制品只能用近似的方法展开，展开方法有多种，本节介绍径线法的展开计算方法。

图 15-1-1 为球面经线法立体图，图 15-1-2 为球面按径线法展开的示意图，展开时，先将球面等分成若干瓣，对其中一瓣进行展开计算即可。

二、用公式计算举例

已知：球半径 $R=400$，球瓣等分数 $J=12$，球断面圆周的等分数 $N=16$。试用径线法对球面进行展开计算。

计算式如下（下面各符号含义如图 15-1-2 所示）：

$$A = \frac{360°}{J} = \frac{360°}{12} = 30°$$

图 15-1-1 球面经线法立体图

$$X_i = i \cdot \frac{360°}{N} \quad \left(i = 1, 2, \cdots\cdots, \frac{N}{4}\right) \text{（通用计算式）}$$

$$X_1 = \frac{360°}{16} = 22.5° \quad X_2 = 2 \times 22.5° = 45°$$

$$X_3 = 3 \times 22.5° = 67.5°$$

$$X_4 = 4 \times 22.5° = 90°$$

$$K_1 = R \cdot \sin X_1 = 400 \times \sin 22.5° = 153.1$$

$$K_2 = R \cdot \sin X_2 = 400 \times \sin 45° = 282.84$$

$$K_3 = R \cdot \sin X_3 = 400 \times \sin 67.5° = 369.55$$

$$K_4 = R \cdot \sin X_4 = 400 \times \sin 90° = 400$$

$$C_1 = 2K_1 \cdot \tan\left(\frac{A}{2}\right) = 2 \times 153.1 \times \tan\left(\frac{30°}{2}\right) = 82.03$$

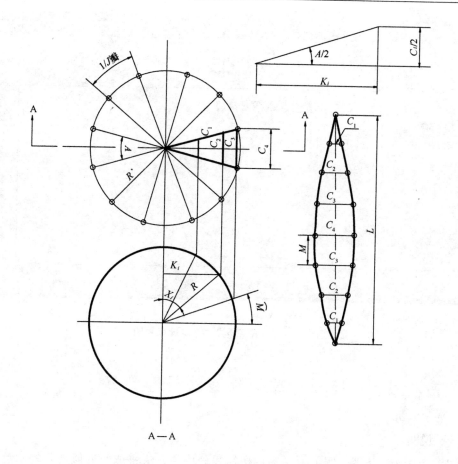

图 15-1-2 球面经线法展开总图

$$C_2 = 2K_2 \cdot \tan\left(\frac{A}{2}\right) = 2 \times 282.84 \times \tan\left(\frac{30°}{2}\right) = 151.57$$

$$C_3 = 2K_3 \cdot \tan\left(\frac{A}{2}\right) = 2 \times 369.55 \times \tan\left(\frac{30°}{2}\right) = 198.04$$

$$C_4 = 2K_4 \cdot \tan\left(\frac{A}{2}\right) = 2 \times 400 \times \tan\left(\frac{30°}{2}\right) = 214.36$$

$$L = \pi R = 3.1416 \times 400 = 1256.64$$

$$M = \frac{2L}{N} = \frac{2 \times 1256.64}{16} = 157.08$$

三、用光盘计算举例

双击程序名"15.1 球面经线法展开计算"的计算示例如图 15-1-3 所示。请读者注意，由于光盘计算的等分数为 32，是上面用公式计算采用的等分数 16 的 2 倍，所以光盘计算值与公式计算值跳一格相等。在实际工程中要根据结构件的大小确定等分数，构件大时等分数 N 要取大一点，一般情况下每一等分在几十毫米到一百多毫米就行了，如果展开曲线比较平滑，等分数可取小一点。

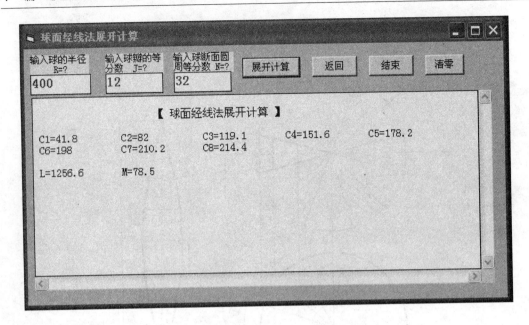

图 15-1-3 球面径线法光盘计算举例

15.2 球面纬线法展开计算

一、说明

图 15-2-1 为立体图，图 15-2-2 表示按纬线分块的方法将球面近似展开的示意图，右面各图是将主视图中水平位置的圆柱和截头正圆锥平移出球体外面的视图和展开图。在主视图中，第 1 带为圆柱形，第 2、3、4 带为正圆锥台，第 5 带为极帽。各带从主视图中移出后其视图和展开图一目了然，第一带的展开图形是矩形，第 2、3、4 带的展开图形为扇

图 15-2-1 球面纬线法立体图

形，第 5 带的展开图形为圆。这些视图和展开图的计算及作图方法前面有关章节均有介绍，此处从略。

图 15-2-2 是用相互平行的纬线将球面划分成五个部分（5 带）时的示意图，实际施工中不管划分为多少带，第 1 带只有 1 个，极帽（本示意图中为第 5 带）只有 2 个，而起变化的是中间的正圆锥台，程序输出将从 D_2 开始顺序编号直至比极帽的编号少一为止。

本程序输入，输出变量符号含义与图

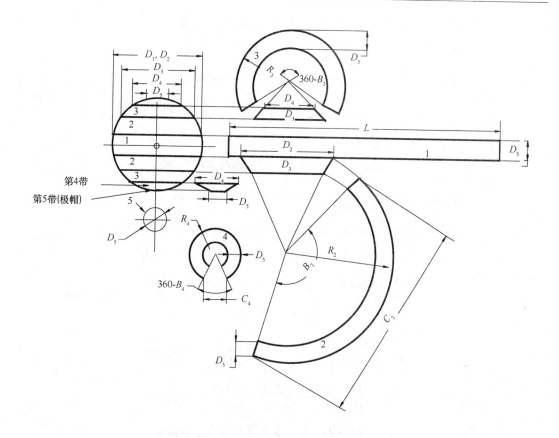

图 15-2-2　球面纬线法展开计算总图和展开图

15-2-2 一致，图中未反映出的变量 N 表示圆周的等分数。

二、用公式计算举例

已知：球半径 $R=500$，圆周等分数 $N=16$

计算式：

$$D_5 = 2R\sin\left(\frac{180°}{N}\right) = 2\times500\times\sin\left(\frac{180°}{16}\right) = 195.1$$

$$L = 2\pi R\cos\left(\frac{180°}{N}\right) = 3081.2$$

$$X_i = (2i-1)\cdot\frac{180°}{N} \quad \left(i=1,2,\cdots\cdots,\frac{N}{4}-1\right)$$

$$X_1 = (2\times1-1)\cdot\frac{180°}{16} = 11.25° \qquad X_2 = (2\times2-1)\times11.25° = 33.75°$$

$$X_3 = (2\times3-1)\times11.25° = 56.25°$$

$$Y_i = (2i+1)\cdot\frac{180°}{N} \quad \left(i=1,2,\cdots\cdots,\frac{N}{4}-1\right)$$

$$Y_1 = (2\times1+1)\cdot\frac{180°}{16} = 3\times11.25° = 33.75°$$

$$Y_2 = (2 \times 2 + 1) \times 11.25° = 56.25°$$

$$Y_3 = (2 \times 3 + 1) \times 11.25° = 78.75°$$

$$D_j = 2R\cos X_i \quad \left(i = 1, 2 \cdots\cdots \frac{N}{4} - 1; j = 2, 3, \cdots\cdots, \frac{N}{4}\right)$$

$$D_2 = 2R\cos X_1 = 2 \times 500 \times \cos 11.25° = 980.8$$

$$D_3 = 2R\cos X_2 = 2 \times 500 \times \cos 33.75° = 831.5$$

$$D_4 = 2R\cos X_3 = 2 \times 500 \times \cos 56.25° = 555.6$$

$$F_j = 2R\cos Y_i \quad \left(i = 1, 2, \cdots\cdots, \frac{N}{4} - 1; j = 2, 3, \cdots\cdots, \frac{N}{4}\right)$$

$$F_2 = 2R\cos Y_1 = 2 \times 500 \times \cos 33.75° = 831.5$$

$$F_3 = 2R\cos Y_2 = 2 \times 500 \times \cos 56.25° = 555.6$$

$$F_4 = 2R\cos Y_3 = 2 \times 500 \times \cos 78.75° = 195.1$$

$$R_j = \frac{D_5 \cdot D_j}{D_j - F_j} \quad \left(j = 2, 3, \cdots\cdots, \frac{N}{4}\right)$$

$$R_2 = \frac{D_5 \cdot D_2}{D_2 - F_2} = \frac{195.1 \times 980.8}{980.8 - 831.5} = 1281.4$$

$$R_3 = \frac{D_5 \cdot D_3}{D_3 - F_3} = \frac{195.1 \times 831.5}{831.5 - 555.6} = 587.9$$

$$R_4 = \frac{D_5 \cdot D_4}{D_4 - F_4} = \frac{195.1 \times 555.6}{555.6 - 195.1} = 300.7$$

$$B_i = 180° \cdot \frac{D_i}{R_i} \quad \left(i = 2, 3, \cdots\cdots, \frac{N}{4}\right)$$

$$B_2 = 180° \cdot \frac{D_2}{R_2} = 180° \times \frac{980.8}{1281.4} = 137.8°$$

$$B_3 = 180° \cdot \frac{D_3}{R_3} = 180° \times \frac{831.5}{587.9} = 254.6°$$

$$B_4 = 180° \cdot \frac{D_4}{R_4} = 180° \times \frac{555.6}{300.7} = 332.6°$$

$$C_i = 2R_i \sin\left(\frac{B_i}{2}\right) \quad \left(i = 2, 3, \cdots\cdots, \frac{N}{4}\right)$$

$$C_2 = 2 \times R_2 \times \sin\left(\frac{B_2}{2}\right) = 2 \times 1281.2 \times \sin\left(\frac{137.8°}{2}\right) = 2390.6$$

$$C_3 = 2 \times R_3 \times \sin\left(\frac{B_3}{2}\right) = 2 \times 587.9 \times \sin\left(\frac{254.6°}{2}\right) = 935.3$$

$$C_4 = 2 \times R_4 \times \sin\left(\frac{B_4}{2}\right) = 2 \times 300.7 \times \sin\left(\frac{332.6°}{2}\right) = 142.4$$

三、用光盘计算举例

双击程序名"15.2 球面纬线法展开计算"的计算示例如图 15-2-3 所示。

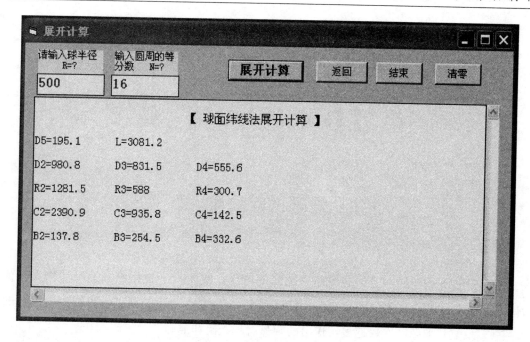

图 15-2-3　球面纬线法光盘计算举例

第**16**章 大 圆 弧

16.1 弦高递减法作大圆弧

一、说明

在钣金展开中，经常遇到需要作大圆弧的情况，图 16-1-1 是用弦高递减法作大圆弧的示意图。通过程序计算值顺序光滑连接弦高 Y_1、Y_2、Y_3……的顶点就可得到所需要的大圆弧。反复量取弦高次数越多，作出的圆弧就越光滑和准确。

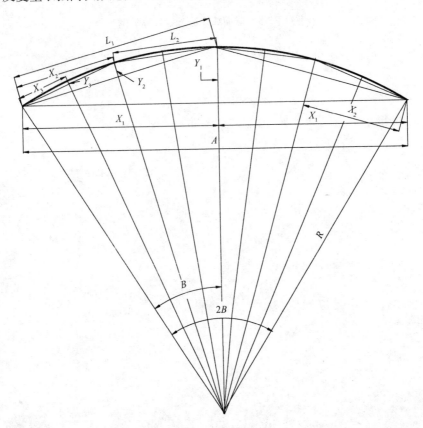

图 16-1-1 用弦高递减法作大圆弧

程序输入的已知值 N 可取大些（例如 $N=10$ 或更大），当最终的弦高值小于 0.5mm 时，再增大 N 已无必要，因为此时依据它们作出的圆弧精度，已能满足工程质量的要求。

本节程序输出的数据具有作图的可拼性，如图 16-1-1 所示，用两段 $2X_3$ 为弦长作的大圆弧，用 $2X_2$ 弦长尺寸定位可以得到新的更长的大圆弧，因此根据这一可拼装的特点，我们在作既长又大的圆弧时，可通过上述方法先作出一小段圆弧样板，然后辗转几次就能获得所需的弧长。

二、用公式计算举例

已知：圆弧半径 $R=4500$，圆弧所对弦长 $A=1000$，输出弦高的次数 $N=4$
计算式：

1. 输出第一次弦高及其他参数

$$B_1 = \frac{180°}{\pi} \cdot \frac{A}{2R} = \frac{180°}{3.1416} \times \frac{1000}{2 \times 4500} = 6.3661976°$$

$$H_1 = R \cdot \cos B_1 = 4500 \times \cos 6.3662° = 4472.25$$

$$X_1 = \frac{A}{2} = 500$$

$$Y_1 = R - H_1 = 4500 - 4472.25 = 27.75（第一次的弦高）$$

$$L_1 = \sqrt{X_1^2 + Y_1^2} = \sqrt{500^2 + 27.75^2} = 500.8$$

2. 输出第二次弦高

$$B_2 = \frac{B_1}{2} = \frac{6.3661976°}{2} = 3.1831°$$

$$H_2 = R \cdot \cos B_2 = 4500 \times \cos 3.1831° = 4493.06$$

$$X_2 = R \cdot \sin B_2 = 4500 \times \sin 3.1831° = 250$$

$$Y_2 = R - H_2 = 4500 - 4493.06 = 7（第 2 次的弦高）$$

$$L_2 = \sqrt{X_2^2 + Y_2^2} = \sqrt{250^2 + 7^2} = 250.1$$

3. 第三次输出弦高

$$B_3 = \frac{B_2}{2} = \frac{3.1831°}{2} = 1.59155°$$

$$H_3 = R \cdot \cos B_3 = 4500 \times \cos 1.59155° = 4498.26$$

$$X_3 = R \cdot \sin B_3 = 4500 \times \sin 1.59155° = 125$$

$$Y_3 = R - H_3 = 4500 - 4498.26 = 1.74（第 3 次的弦高）$$

$$L_3 = \sqrt{X_3^2 + Y_3^2} = \sqrt{125^2 + 1.74^2} = 125$$

4. 第 4 次输出弦高

$$B_4 = \frac{B_3}{2} = \frac{1.59155°}{2} = 0.795775°$$

$$H_4 = R \cdot \cos B_4 = 4500 \times \cos 0.795775° = 4499.56$$

$$X_4 = R \cdot \sin B_4 = 4500 \times \sin 0.795775° = 62.5$$

$$Y_4 = R - H_4 = 4500 - 4499.56 = 0.44(\text{第 4 次的弦高})$$

$$L_4 = \sqrt{X_4^2 + Y_4^2} = \sqrt{62.5^2 + 0.44^2} = 62.51$$

三、用光盘计算举例

双击程序名"16.1 弦高递减法作大圆弧"后的计算结果如图 16-1-2 所示。

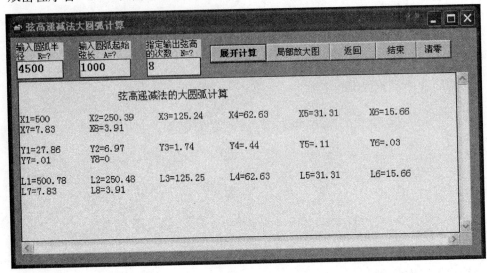

图 16-1-2　弦高递减法作大圆弧光盘计算举例

四、大圆弧的作法

1. 取一线段其长度等于 $A = 1000$。

2. 作线段 A 的中垂线并使其高度等于 Y_1。

3. 在以 Y_1 为一直角边，$\dfrac{A}{2}$ 为另一直角边的直角三角形的斜边 L_1 上，作中垂线使其高度等于 Y_2。

4. 在以 Y_2 为一直角边，X_2 为另一直角边的直角三角形的斜边上作中垂线，并使其等于 Y_3。

5. 按上述步骤依次作出余下的弦高 Y_4、$Y_5 \cdots\cdots Y_N$，（本节 $N = 4$ 所以 Y_4 是最后的弦高）。

6. 用曲线尺连接各弦高 Y_1、Y_2、Y_3、Y_4 的顶点所形成的曲线就是所要求作出的大圆弧，作图过程从图 16-1-1 也很直观地观察出来。

16.2　等分弦长法作大圆弧

一、说明

图 16-2-1 为等分弦长的方法作大圆弧的示意图。作图时先将弦长 A 的二分之一分成

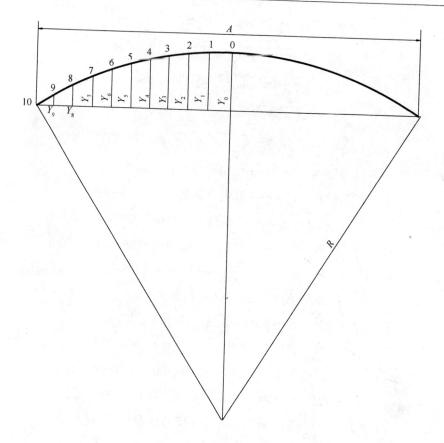

图 16-2-1 等分弦长法计算作图

若干等分，通过各等分点引弦的直角线，按程序算出的 Y_i 值依次在直角线上量取，光滑连接各直角线的顶点，所得到的曲线，就是所要求作的大圆弧。

二、用公式计算举例

已知：圆弧半径 $R=4500$，圆弧起始弦长 $A=1000$，输入 A 的二分之一等分数 $N=10$

计算式：

$$C = \frac{A}{2N} = \frac{1000}{2 \times 10} = 50$$

$$F = R - \sqrt{\left| R^2 - \left(\frac{A}{2}\right)^2 \right|} = 4500 - \sqrt{\left| 4500^2 - \left(\frac{1000}{2}\right)^2 \right|} = 27.864$$

$$E_i = \sqrt{\left| R^2 - (iC)^2 \right|} \text{（通用计算式）}(i = 0,1,2,\cdots\cdots,N)$$

$$E_0 = \sqrt{\left| R^2 - (0C)^2 \right|} = \sqrt{\left| 4500^2 - (0 \times 50)^2 \right|} = 4500$$

$$E_1 = \sqrt{\left| 4500^2 - (1 \times 50)^2 \right|} = 4499.72$$

$$E_2 = \sqrt{\left| 4500^2 - (2 \times 50)^2 \right|} = 4498.88$$

$$E_3 = \sqrt{\left| 4500^2 - (3 \times 50)^2 \right|} = 4497.499$$

$$E_4 = \sqrt{\left| 4500^2 - (4 \times 50)^2 \right|} = 4495.55$$

$$E_5 = \sqrt{\left|4500^2 - (5 \times 50)^2\right|} = 4493.05$$

$$E_6 = \sqrt{\left|4500^2 - (6 \times 50)^2\right|} = 4489.99$$

$$E_7 = \sqrt{\left|4500^2 - (7 \times 50)^2\right|} = 4486.37$$

$$E_8 = \sqrt{\left|4500^2 - (8 \times 50)^2\right|} = 4482.19$$

$$E_9 = \sqrt{\left|4500^2 - (9 \times 50)^2\right|} = 4474.44$$

$$E_{10} = \sqrt{\left|4500^2 - (10 \times 50)^2\right|} = 4472.14$$

$$Y_i = F - (R - E_i) \cdots\cdots 通用计算式(i = 0,1,2,\cdots\cdots,N)$$

$$Y_0 = F - (R - E_0) = 27.864 - (4500 - 4500) = 27.9$$

$$Y_1 = F - (R - E_1) = 27.864 - (4500 - 4499.72) = 27.6$$

$$Y_2 = F - (R - E_2) = 27.864 - (4500 - 4498.88) = 26.7$$

$$Y_3 = F - (R - E_3) = 27.864 - (4500 - 4497.5) = 25.4$$

$$Y_4 = F - (R - E_4) = 27.864 - (4500 - 4495.55) = 23.4$$

$$Y_5 = F - (R - E_5) = 27.864 - (4500 - 4493.05) = 20.9$$

$$Y_6 = F - (R - E_6) = 27.864 - (4500 - 4490) = 17.9$$

$$Y_7 = F - (R - E_7) = 27.864 - (4500 - 4486.37) = 14.2$$

$$Y_8 = F - (R - E_8) = 27.864 - (4500 - 4482.19) = 10.1$$

$$Y_9 = F - (R - E_9) = 27.864 - (4500 - 4474.44) = 2.3$$

$$Y_{10} = F - (R - E_{10}) = 27.864 - (4500 - 4472.14) = 0$$

三、用光盘计算举例

双击程序名"16.2 等分弦长法作大圆弧"后的计算结果如图 16-2-2 所示。

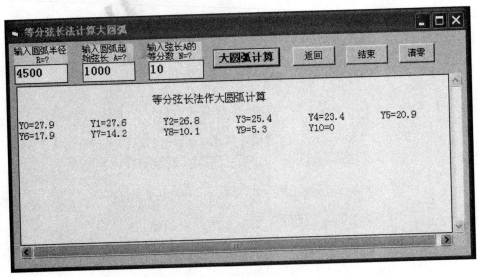

图 16-2-2 等分弦长法光盘计算举例

第 **17** 章　钣金展开计算应用软件

17.1　概　　述

钣金展开技术从作坊式的生产工艺发展到今天用现代化的数控技术直接下料，经历了漫长的历史。直到今天两种情况并存，而且前者还占据了绝对的优势，究其原因是应用软件在我国发展的速度比较慢，普及率实在太低。作者在前言中已经提到，现代化的数控技术除了在少数大型的专业性的工厂使用外，目前绝大部分从事钣金展开技术工作的专业人员和工人尚还停留在用投影方法作展开图的状况，作者认为用投影方法作展开图，作为青年工人入门的基础知识是非常必要的，这对他们了解钣金展开的基本原理和建立空间概念是十分有利的，但作图的时间长，作出的展开图累计误差大，精度低，容易使人疲劳，这是采用此法作展开图的最大缺点，但它要求条件低，不需要设备和特殊的环境，只要有一块平整的场地，用一根粉线，一把卷尺和一把圆规就可作出展开图，正因为如此，这种放样的方法一直沿用至今，丝毫没有完全被高新技术取代的迹象。

用公式计算出素线的展开长度然后再作展开图，这种方法比用投影作图的方法从提高效率的角度讲前进了一大步，它的优点是精度高，省略了用投影方法量取展开素线实长的过程，因此花去的时间和人数相对较少（稍大构件投影作图至少两人），但对于某些构件的展开计算，由于公式复杂和需要反复计算几十或上百次的情况就显得力不从心，并且计算后还需复查，这种用计算器来计算展开图数据的方法，对于一般计算量不大时尚可应付，对于计算工作量大时也就无能为力了。细心的读者会发现，在本书中某些构件没有用公式计算举例的篇幅，或者只计算了一根展开素线的例子，其原因也就是计算工作量太大。作者大约估计在计算某一根素线所花的时间就用了一个多小时，假若几十根或上百根素线的计算量就可想而知了。从上述情况可知，用公式计算法和采用计算器计算作展开图的方法也是受到许多条件的限制。

作者曾用带有编程功能的计算器计算展开数据，但由于好的计算器的内存只允许几十或百多个程序步，在处理复杂公式的计算时也有局限性的。在事后的数年中作者用 PC-1500AAPPLE-Ⅱ、IBMPC-XT IBMPⅢ-450、联想奔四、AMD3000＋、直到现在用的主频 3G，内存 4G，硬盘 1000G 及其他各类微机在处理钣金展开计算的工作中，经历了从初级逐渐过渡到中高级的过程，体会到用计算机处理数据的快速准确和方便。当然好的计算机硬件虽然提供了先决条件，但真正影响到钣金展开技术的发展还是应用软件不能及时跟上或普及率不够，现在钣金行业已开发出一些应用软件，但对于普通读者而言因其价格高昂，使读者望而却步。作者编著本书的目的，就是搭建一个在使用作坊式的手工放样计算与先进的用数控编程进行展开下料技术之间的一个中间桥梁，通过对本书配套光盘的使用，使更多的读者意识到应用软件在钣金展开技术中的巨大作用，让更多的人群提高自己的工艺水平，为我国国民经济发展作出贡献。

17.2　钣金展开应用软件

钣金展开应用软件只是一种最终产品，靠它可以直接处理构件的展开计算或通过数控机床直接下料。但它不是空中楼阁，它必须靠其他相关软件的支持和帮助才能完成上述工作。下面介绍几种常用的软件，因为它们往往是与钣金展开应用软件密切相关的。

一、Windows 系统软件

它是大家十分熟悉的与计算机硬件配套的系统软件，计算机的所有操作都是在操作系统控制下完成的。钣金展开应用软件也是如此，它必须建立在这个操作平台上才能展示它的功能，离开了操作系统，应用软件将一事无成，离开了操作系统，光盘上的文件将无法进入计算机，就更谈不上应用软件的应用了。

Windows 系列软件的前身是 DOS 磁盘操作系统，Windows 系列软件有 Windows 95、Windows 98、Windows Me、Windows 2000 和直到目前广泛使用的 Windows XP 及 Windows 7。位宽由 32 位向 64 位过渡。由于 64 位应用软件尚在开发中，所以目前许多应用软件还在使用 32 位的操作系统，钣金展开应用软件也是如此。

二、绘图软件

目前功能强大的绘图软件有 AutoCAD、CATIA、Pro/ENGINEER、3ds max、CAXA、Solid Works 等，它们是目前国内广泛应用的绘制二维和三维图形的软件。由于钣金展开图形大多以二维的形式较多，所以又以 AutoCAD 和 SolidWorks 绘图软件应用最为广泛，本书中各个构件的三视图、展开图和部分立体图，都是用 Auto CAD 2008 绘图软件画出的。国内一些钣金展开应用软件在输出展开计算数据的同时，也输出 AutoCAD 二次开发后自动生成的展开图。因此可以说，绘图软件是与钣金展开应用软件密切相关的几乎是不可分割的配套软件。下面单独介绍 AutoCAD 二次开发的应用情况。

AutoCAD 以其简单易学，操作方便，适用面广和功能强大深受各行专业人员的欢迎，是目前国内外使用最为广泛的计算机绘图软件，特别是在机械、建筑、化工、钢铁、航空、电子和船舶等行业的众多制图人员很多都采用 AutoCAD 来绘图，从中已感受到它所带来的方便和实用。但是 AutoCAD 毕竟只是一个通用的绘图软件，AutoCAD 软件的开发者们不可能面面俱到考虑到各个行业专业的要求，因此对于那些专业性强的图形，特别是复杂图形并要经过复杂计算后才能画出的图形表现出明显的不足。对此各行业的专业人员，可使用随 AutoCAD 软件自身所提供的二次开发语言，通过编程的方法来解决。

　　AutoCAD 软件提供的开发语言有四种：AutoLISP、Visual LISP、AutoCAD VBA 和 ObjectARX。各行业专业人员可根据具体情况选用。

　　目前国内钣金展开应用软件在参数化图形输出时多采用 Visual LISP 和 AutoCADV-BA。这两种都是可视化的编程语言。下面仅对 AutoCAD VBA 语言作简单介绍，Visual LISP 语言的相关内容可查阅其他书籍。

　　Visual Basic 语言（简称 VB）由于编程简单易懂，是广大软件设计者十分喜爱的一种程序设计语言。AutoCAD 应用软件的开发者将 VB 语言引进 AutoCAD 形成了 VBA 语言，利用 VBA 语言编程可以充分发挥 AutoCAD 功能强大，绘图清晰，质量高的优点。VBA 和 VB 一样是面向对象的编程语言，它在 AutoCAD 的平台上充分发挥了 VB 语言的优点，同时具备了方便调用 ActiveX 所有方法和属性的功能。

　　由于 VBA 是面向对象的程序设计语言，它去除了早期编程语言基于顺序、条件、循环和转移等诸多语句带来的呆板编程方式，同 VB、VC 等面向对象的程序设计语言一样，它定义了大量的类，标准模块和控件，从而使应用程序的开发变得更加方便和简单，提高了代码的可靠性，可极大地缩短程序的开发周期，它可以根据需要在程序中设置某些对象，并用对象所发生的事件去处理你想要解决的事情，例如你可在 AutoCAD 启动后，调用主菜单中的"工具"→"宏"→"Visal Basic 编辑器"后，建立窗体和在窗体里设置许多控件，利用控件可设置代码去完成你要去解决的问题，它不像早期程序设计语言那样，非要按程序一步一步地不能颠倒先后顺序的呆板方式去执行，而是在程序运行过程中可以不按顺序，你单击哪个控件，程序就自动转向那个控件所触发的事件，通过它的代码去执行它的工作。其中怎样转换和执行，你从本书配套光盘在运行程序的过程中，就可体会的上述过程的真正含义。需说明的是，本书配套光盘所编制的程序是基于 Windows 和 VB 软件平台上的执行程序，而上面所讲的 VBA 是建立在 Windows 和 AutocAD 软件平台上的执行程序，它们二者在操作过程中没有什么本质上的区别，这就是为什么请读者通过光盘的运算过程来体会事件驱动的道理。

　　目前面向对象的程序设计语言 VBA 提供了可视化的集成开发环境，用户可利用 Windows 操作系统的交互方式设计专用程序，利用这些程序语言提供的开发环境，可设置对象（例如窗体），图像图片框，控件按钮等，并可对它们设置属性和属性值，在程序的编制过程中你还可以利用 Windows 的一般操作方式在程序中进行复制、粘贴。因此说面向对象的程序设计语言的交互方式是人机对话的人性化的方式。

其他绘图软件由于受篇幅限制，在此就不作介绍，有兴趣的读者可参考相关的书籍，它们对这些软件都作了非常详细的介绍。

三、图像处理软件

Photoshop7.0 和 PhotoshopCS 是二款集设计、图像处理和图像输出于一体的图形图像处理软件，它广泛应用于广告设计、出版和艺术创作等领域，在钣金行业，它绘制的立体图自然、美观大方，由于它是一个图像处理软件，所以不能像 AutocAD 进行二次开发的参数化设计那样，通过程序运算后能自动生成展开图形，但它在对图形图像的处理方面却有着强大的功能。本书中的许多立体图都是通过 Photoshop 7.0 版本绘制的。

四、程序设计语言软件

1. 机器语言是人机交换信息最早使用的语言。由于计算机只能识别 0 和 1 两种状态，人和机器的联系和沟通只能通过编制由 0 和 1 组成的数字代码让机器识别，这些代码称为机器指令，这些机器指令的集合体称为机器语言，用机器语言编写的程序称直译程序，由于这种语言对不同计算机的兼容性差，与人的语言习惯差别太大，难写，难记，编写十分困难，所以很快被以后出现的高级语言所代替。

2. 汇编语言也是面向机器的语言，是直接控制硬件的设计语言，它将令人难懂的机器语言，用通俗易懂，具有一定含义的符号指令来表示，使机器语言符号化，所以汇编语言又称符号语言，它能大大改善程序的可读性，它比机器语言前进了一步，但跟机器语言一样，通用性和移植性差，目前控制一些机器设备运行还在使用这种语言。

3. 高级语言就是接近人们语言习惯的一种程序设计语言，人们利用高级语言通过中间的解释程序或编译程序同计算机交换信息。高级语言比机器语言可节省许多编程的工作量，用它来编写程序时，人们可以不考虑计算机的工作原理和计算机是如何去接受这些语言的，因此高级语言的出现，给软件设计人员带来极大的方便，使他们从机器语言的困扰中彻底解放出来。FORTRAN、ALGOL、COBOL、PASCALBASIC 以及目前广泛使用的 C 语言就是高级语言的典型代表。

4. 可视化程序设计语言 Visual StudioR

高级语言虽然比机器语言前进了一大步，但是不够直观，人与机器的交流还是要靠输入大量的代码和命令来完成程序的设计工作，为了减少编程的工作量，可视化程序设计语言就是在这种情况下出现的。

Visual Studio 软件包，含有 VB、VC++、VF、VI、VJ、VP 和 VT7 种可视程序设计语言。

上述程序语言各有优缺点，到底选择那种语言要根据自身的具体情况而定，总之适合自己的就是最好的。

由于本书选用的是 Visual Basic（简称 VB）可视化程序设计语言编程的，所以下面对它作简单介绍，以便读者在使用光盘作展开计算时，可带来一些方便以及对应用软件作初步的了解和认识。

（1）Visual Basic 可视化程序设计语言是在 Basic 语言的基础上发展的，所谓 Visual 是可视化的意思，即指的是开发图形用户界面的方法；Basic 指的是 Basic 语言。作者在 1994 年 6 月由中国建筑工业出版社发行的《钣金展开及制作工艺实用手册》一书中，编制程序所使用的高级语言就是 Basic 语言。至今 VB 语言已包含了数百条语句，函数和关键字，其功能远远超过原来的 Basic 语言。VB 语言以其功能强大，编程容易以及具有人性化的人机对话和图形界面等优点备受广大软件工作者的欢迎，作者也不例外，本书所有程序都是在 Windows 操作系统平台上利用 VB6.0 程序设计语言编制而成的。

VB6.0 有学习版、专业版和企业版三个版本，其中企业版是最高版本，本书所选用的版本为企业版。

（2）VB6.0 软件的启动。

启动 VB6.0 会出现如图 17-2-1 所示的窗口，单击"打开"按钮就进入如图 17-2-2 的集成开发环境。

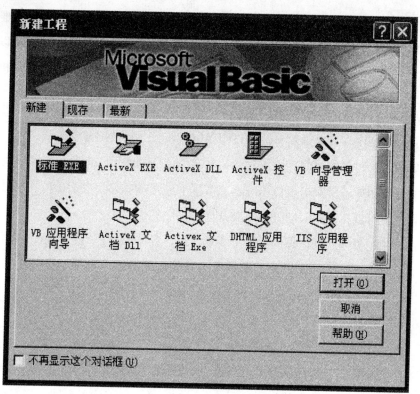

图 17-2-1　VB 程序设计语言启动界面

（3）编制展开计算程序就从集成开发环境开始，先建立第一个窗体，如图 17-2-2 所示的 From1，用鼠标左键拉动窗体周边上的小方块即可调节窗体的大小。

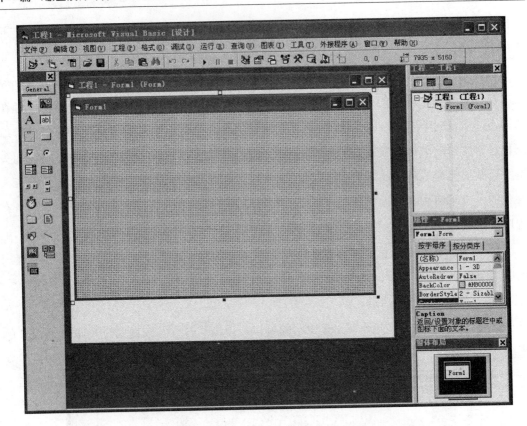

图 17-2-2　集成开发环境

　　此时在窗体内就按您所想象的设计思路，将左面工具箱内的相关控件拖放到窗体内您想放的位置，本书中在光盘计算举例的打印表中，作者一般是把命令按钮、文本框、标签放在窗体的顶部，窗体的中部一般放置图片框或图像框，然后双击各个对象，例如双击命令按钮和其他按钮或者是双击窗体本身，双击哪个控件或对象就表示该控件或对象的触发事件开始，您就可以在光标闪动处输入展开计算程序的代码了。

　　读者在使用光盘作展开计算的过程中不难发现，程序开始运行后的第一个屏幕画面实际上就是第一个窗体画面，先出现的窗体称为启动窗体。以本书第 9.1 节的第一个构件"平面斜切圆柱管"为例，将光盘放入驱动器，等待数秒钟后，双击"第 9 章　弯头"→双击"9.1　等径弯头展开计算"→双击"9.1.1 平面斜切圆柱管"。

　　通过上面各个操作步骤后，首先出现的就是第一个窗体的画面，如图 17-2-3 所示。窗体内装有一幅立体图，一幅展开图，两个命令按钮（"展开计算"和"结束"）和文字说明，画面顶部还显示有"平面斜切圆柱管总图"的字样，也许读者会问，它们是怎样形成的呢？这个问题实际上就是前面提到的编制展开计算程序时就要考虑的问题，前面的内容也基本上说明了怎样形成第一个窗体的情形，此例中两幅图片是用工具箱里的图片框控件，通过两次拖动装入的，"展开计算"和"结束"是用了工具箱里的命令按钮通过两次

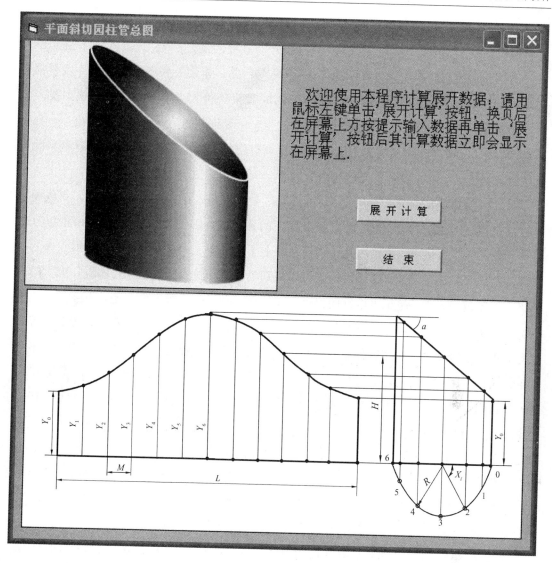

图 17-2-3　启动窗体控件布置示意图

拖动而成，文字说明是使用了工具箱内的标签按钮。需要说明的是，这些按钮在从工具箱调入窗体（Form1）内后，通过拉动每个控件四周的小方块可调整矩形框的大小，还可总体移动它们的位置。至于怎样调入和调整控件由于受篇幅限制的原因，读者可参考VB6.0 的书籍（书店均有出售），里面介绍十分详细，由于本章节主要介绍 VB6.0 与钣金展开计算相关的衔接内容，因此涉及 VB6.0 的程序设计方法就不在此处详细介绍了。

五、钣金展开应用软件的编制

1. 对计算机硬件的要求

钣金展开应用软件的编制要求是随着计算机应用技术的发展而有所不同的。作者在1994 年 6 月由中国建筑工业出版社出版的《钣金展开及制作工艺实用手册》一书中，用Basic 语言编制了钣金展开计算的第一个软件，当时要求条件不高，用一台内存 RAM 只有 64K,系统软件为 DOS 2.0 的磁盘操作系统和无硬盘的 APPLE—Ⅱ（苹果机）就完成了该软件的编制工作。当时一台苹果机售价在 6000 元左右,一台 IBM PC-XT 机卖价高达 3 万多元,而它的内存却只有 256K,硬盘只有一兆,连装一张稍大点的图片资料都装不下,就更谈不上作其他数据处理了。由于当时微机售价太高,一般单位都感到投入太大,对于个人而言实在就是一种奢望了。因此当时作者编制的第一个软件无法推广,只能用程序制定一些数表供操作工人使用。随着计算机硬件制造技术的飞速发展,这种状况得到了彻底改变。

计算机硬件发展经历了由电子管,晶体管,集成电路,超大规模集成电路,集成模块的发展过程。RAM 内存由几十 K 发展等现在的几个 G,CPU 的运算速度由每秒数万次发展到每秒数千万亿次,硬盘由几兆到现在的上千 G,兼之刻录光盘的出现使得数据的存储空间几乎变得无穷大,打印机由针式打印机到喷墨打印机发展到激光打印机,庞大的计算机亦变得越来越小,笔记本电脑的出现更是给施工现场带来极大的方便,上述的变化给人类带来了福音,同时给钣金展开的工艺改革也提供了先进的数据处理手段,因此与钣金展开相关的系统软件、应用软件装入电脑中占用的空间和编制程序所占用的空间,都不会影响只有一般配置的电脑的正常使用。与本书所关联的系统软件 Windows XP 或者 Windows7 占用硬盘（一般分区放在 C 盘）空间约几个 G,Autoc AD2008 约 1 个多 G,Photoshop 7.0 约几百兆,VB 应用软件约几百兆,加上 VB 的帮助系统软件装入后两者之和共也不到 2000 兆（2G）,再加上刻录软件、扫描仪驱动软件、打印机驱动软件、自动化办公软件（Office）几个之和也不过几个 G 的存放空间,因此可以说对于处理器主频在 400 兆以上,内存 128 兆以上,硬盘在 10G 以上,硬盘转速在 4200 转以上的电脑均可以胜任钣金展开编程的工作。

对于那些只要求用光盘作展开计算的用户来说,只需装入 Windows XP 和打印机驱动软件而言,要求计算机的配置还可降低,一般"奔三"系列的计算机,主频在 400 兆以上,内存 128 兆以上,硬盘 4000 兆都可顺利执行本书应用光盘的程序。

但是需要说明的是,上面所讲的是电脑硬件的最低配置,作者并不希望你选用这种配置,因为本书的配套光盘装入了大量的图形图片资料,虽然光盘总容量只有 400 兆左右,但由于低配置的电脑在每次从光盘调用数据所占用的时间较长,目前计算机较低配置一般的主频均在 1G 以上,内存一般都是 256 兆、硬盘为 40G,而且价格也比较低,所以在经济能力许可的情况下,尽可能选用配置稍好的计算机。这样可大大提高计算机的运行速度。

2. 程序设计的基本步骤和方法

（1）根据构件的几何特征,确定已知条件;

（2）根据已知条件建立数学模型;

（3）确定程序算法和程序步（即数据处理的先后顺序）；

（4）选择程序设计语言；

（5）根据数学模型和程序设计语言编制程序；

（6）调试程序。

程序一经调试成功就可反复使用。

3. 用 Visual Basic（VB）可视化程序设计语言编程举例

下面从光盘文件第九章第一节的第 3 个构件，两节任意角度等径弯头的编程作局部介绍，以使读者有一个初步的了解。

（1）根据构件的几何特征，确定两节任意角度等径弯头的必须具备的已知条件为管径的大小 D、管壁厚度 T、弯头的夹角 B 和辅助圆周的等分数 N。

（2）根据上述已知条件建立计算公式

当 $X_i > 90°$ 时

$$Y_i = \frac{\frac{D}{2} - \left(\frac{D}{2} - T\right) \cdot \cos X_i}{\tan\left(\frac{B}{2}\right)}$$

当 $X_i \leqslant 90°$ 时

$$Y_i = \frac{D(1 - \cos X_i)}{2\tan\left(\frac{B}{2}\right)}$$

以上公式和各符号的含义，本书第 9 章第 9.1 节已作了详细的介绍。此处就不再重述。

（3）确定程序算法和程序步骤的意思，主要是如何建立算法和完成程序设计的步骤。

本例中作者建立了六个窗体，图 17-2-4 表示了第一个窗体的内容，第一窗体又是程序运行时的启动窗体，它概括地反映了两节任意角度等径弯头作展开计算时的全貌，在第一个窗体中，用一个图片框装立体图，用一个图片框装主视图（兼计算图），用一个图片框装展开图，另一个图片框装管子下料示意图，同时在这个管子下料框内又装入了一个标签按钮作管子下料的说明文字存放处，还另有一个管子下料的立体图。

在第一个窗体左上方设计了六个命令按钮，上排左面第一个按钮在程序启动后单击它，程序就自动转换到另一个窗体画面执行展开计算的相关工作。上排中间"说明"按钮单击它，程序将转换到另一个窗体，单击那个窗体的"说明"按钮，就可阅读两节任意角度等径弯头在程序使用过程中的注意事项，余下的"主视图"、"下料图"和"展开图"按钮，当程序运行后单击它们就可看它们的放大图。"结束"按钮起着清屏和退出的作用。

其他五个窗体有三个里面设置了图片框，分别放置主视图，下料图和展开图的放大图，剩余两个中的一个窗体作显示说明文件使用，另一个窗体作展开计算使用。

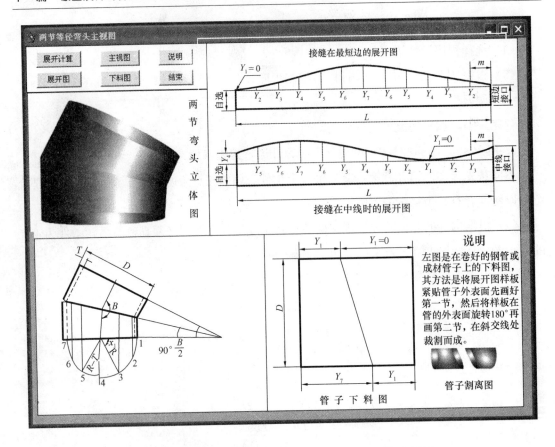

图 17-2-4　VB 程序设计时在启动窗体中各个控件布置示例

　　设置好窗体文件的存放位置仅仅是第一步，下面还要考虑如何绘制立体图、主视图、展开图、下料图，绘制完成后如何装入窗体内，如何编制代码进行展开计算和窗体之间如何转换等等。要解决上述问题，除 VB 程序设计语言起着主导作用外，但还要借助 Auto-CAD 绘图软件，Photoshop 图像处理软件、扫描仪，打印机等外部设备的帮助才能完成窗体内设置的全部内容。从这个局部例子可看出，可视化程序语言的设计与原有 Basic 单一的计算数据的程序设计有着本质的区别，这与计算机硬件和相关软件的迅速发展密切相关的。

　　（4）本例选用了可视化程序设计语言 Visual Basic（VB）进行编程。

　　（5）编写程序代码。程序代码包含两部分，一种是作为展开计算使用的代码，它将计算公式转换成能让计算机识别的信息。第二种是控制窗体之间转换和控制命令按钮去执行相关任务的代码，由于受到篇幅的限制，此处就不作介绍了，读者可查阅 1994 年 6 月由中国建筑工业出版社出版的《钣金展开制作工艺实用手册》一书和用 VB 编程的书籍，其中有详细的资料介绍。

　　（6）程序调试。程序调试的作用是检验程序运行的结果是否正确。程序在编制过程中要输入大量的代码，难免会出错，所以必须通过调试工作来消除错误。检验程序计算是否